Wolfram Fischer · Andreas Kunz (Hrsg.)

Grundlagen der Historischen Statistik von Deutschland

Schriften des Zentralinstituts für sozialwissenschaftliche Forschung der Freien Universität Berlin

ehemals Schriften des Instituts für politische Wissenschaft

Band 65

Wolfram Fischer · Andreas Kunz (Hrsg.)

Grundlagen der Historischen Statistik von Deutschland

Quellen, Methoden, Forschungsziele

Springer Fachmedien Wiesbaden GmbH

Die Deutsche Bibliothek – CIP-Einheitsaufnahme

Grundlagen der historischen Statistik von Deutschland:
Quellen, Methoden, Forschungsziele / Wolfram Fischer;
Andreas Kunz (Hrsg.). – Opladen: Westdt. Verl., 1991
  (Schriften des Zentralinstituts für Sozialwissenschaftliche
  Forschung der Feien Universität Berlin; Bd. 65)

NE: Fischer, Wolfram [Hrsg.]; Zentralinstitut für
  Sozialwissenschaftliche Forschung <Berlin>: Schriften
  des Zentralinstituts . . .

ISBN 978-3-531-12246-5   ISBN 978-3-663-12157-2 (eBook)
DOI 10.1007/978-3-663-12157-2

Alle Rechte vorbehalten
© 1991 Springer Fachmedien Wiesbaden
Ursprünglich erschienen bei Westdeutscher Verlag GmbH, Opladen 1991.
Softcover reprint of the hardcover 1st edition 1991

Umschlaggestaltung: Horst Dieter Bürkle, Darmstadt

Gedruckt auf säurefreiem Papier

Inhalt

**III. Quellen zur historischen Wirtschafts- und Sozialstatistik
    Deutschlands im 19. und 20. Jahrhundert**

Vorwort

Brauchbare statistische Daten gehören zum wichtigsten Quellenmaterial, das der Historiker, insbesondere der Wirtschafts- und Sozialhistoriker, aber auch der an historischen Fragestellungen interessierte Sozialwissenschaftler, Politologe oder Ökonom für seine Arbeit benötigt. Es gehört sicher mit zu den Vorzügen des heutigen Wissenschaftsbetriebs, daß derartiges historisch-statistisches Material dem Benutzer zunehmend in Form von Datenhandbüchern zur Verfügung gestellt werden kann. Die veröffentlichten Ergebnisse der im Bereich der historischen Grundlagenforschung beheimateten *Historischen Statistik* erspart deshalb in vielen Fällen dem Wissenschaftler das äußerst zeitaufwendige und oft mühselige Aufspüren eigener statistischer Quellen und deren Reaggregierung zu sog. Langzeitreihen.

Trotz der deshalb begrüßenswerten Zunahme solcher Datenhandbücher – zu denen sich sicher in nicht allzu langer Zeit elektronische Datenbanken gesellen werden – muß es dem Nutzer solcher aufbereiteter statistischer Angaben aber weiterhin jederzeit möglich sein, das publizierte Zahlenmaterial an der Quelle selbst zu verifizieren und ggfs. zu ergänzen, oder auch für Themenbereiche Daten neu zusammenzustellen, die – aus welchen Gründen auch immer – von der bisherigen Grundlagenforschung im Bereich der historischen Statistik nicht oder nur teilweise abgedeckt worden sind. Für diesen Benutzerkreis will der vorliegende Band eine Anleitung und zugleich ein erster Einstieg in das schwierige Geschäft mit den statistischen Quellen zur deutschen Geschichte sein. Ziel des Bandes, in dem Experten aus der Sicht von aktiv im Forschungsbereich der historischen Statistik über die von ihnen bearbeiteten Quellenbestände referieren, ist es, in einer chronologisch und thematisch weit gespannten Art und Weise die Vielfalt historisch-statistischer Überlieferungen und ihrer Auswertungsmöglichkeiten anhand von ausgewählten Beispielen exemplarisch darzustellen. Da es sich also um eine thematische Auswahl handelt, erhebt dieser Band nicht den Anspruch eines Handbuchs. Allerdings ist der zeitliche Rahmen (16. Jahrhundert bis heute) und auch die bewußt angestrebte Vielfalt der behandelten Themen (und damit auch der Quellen) dazu geeignet, ihn als eine grundlegende Einführung zum Auffinden und Auswerten insbesondere auch früher statistischer Quellen zu bezeichnen. Von den lokalen und regionalen Steuerlisten der frühneuzeitlichen Städte und Territorien reicht die Betrachtung der Quellen über die bereits wesentlich systematischeren Erhebungen des merkantilistischen Staates in der sog. "frühstatistischen Zeit" bis zum Beginn der amtlichen zentralen Statistiken um die Mitte des 19. Jahrhunderts und der Epoche der Massendaten des späten 19. und 20. Jahrhunderts.

Dieser Grobeinteilung in eine "vor- und frühstatistische Epoche" (16. bis 18. Jahrhundert) und eine "statistische" mit dem Einsetzen der amtlichen Statistik seit etwa Mitte des 19. Jahrhunderts – die erste Hälfte des 19. Jahrhunderts stellt sich oft als Mischung beider Epochen, bzw. als eine Übergangszeit dar – folgt auch der Grundaufbau des vorliegenden Bandes. Nach einem einführenden *ersten Teil* mit drei Beiträgen zur

Geschichte der Statistik in Deutschland bzw. zum Arbeitsgebiet der historischen Statistik werden in *Teil II* neun Beiträge zu den statistischen Quellen in der vor- und frühstatistischen Periode, im abschließenden *dritten Teil* dann zehn Beiträge zur Wirtschafts- und Sozialstatistik des 19. und 20. Jahrhunderts präsentiert. Dieser *chronologischen*, an der Geschichte und Entwicklung der Statistik sich orientierenden Aufteilung wurde vor einer auch durchaus möglichen *thematischen* Anordnung der Beiträge der Vorzug gegeben, nicht zuletzt um auch die Veränderungen der Quellengattungen und deren Güte im Kontext des jeweiligen politisch-administrativen und ökonomisch-sozialen Umfeldes darstellen zu können. Der Leser sollte aber beachten, daß zwischen den drei Hauptteilen durchaus direkte thematische Bezüge bestehen; so kann man sich beispielsweise nahezu lückenlos über Quellenbestände zu Montanstatistik von 1750 bis heute informieren, da in den beiden Hauptteilen II und III jeweils Beiträge zu diesem Thema vorhanden sind.

Einige Einschränkungen bzw. Hinweise zur Benutzung des Bandes sollten erwähnt werden. Auf eine eigentlich vorgesehene kommentierte Bibliographie zur historischen Statistik mußte aus Platzgründen leider verzichtet werden. Dafür wurden aber die Anmerkungsapparate, aus denen sich bibliographische Angaben entnehmen lassen, im vollen Umfange abgedruckt. Auch auf Listen von Archivbeständen wurde, bis auf wenige Ausnahmen, verzichtet, schon deshalb, weil hier nicht die Findbüchern von Archiven exzerpiert, sondern Archivbestände kommentiert werden sollen.

Die Produktion dieses Bandes wurde, wie so vieles in den vergangenen Monaten, von den politischen Ereignissen im Zusammenhang mit der deutschen Vereinigung begleitet. Durch die Eingliederung der Archive der ehemaligen DDR in das Archivwesen der Bundesrepublik ist es zu organisatorischen Veränderungen und Umbenennungen in den Archiven der neuen Bundesländer gekommen. Diese Änderungen konnten in den vorliegenden Band noch nicht berücksichtigt werden. Auf Seite 383 f. ist deshalb eine Namenskonkordanz der Archive in den neuen Bundesländern nach dem heutigen Stand (Juni 1991) gegeben. Auch Änderungen der Reposita-Bezeichnungen, die in einigen Archiven durchgeführt worden sind (z.B. im Geheimen Staatsarchiv, Abtlg. Merseburg, dem ehemaligen Zentralen Staatsarchiv Merseburg) konnten nicht mehr korrigiert werden. Es ist aber davon auszugehen, daß die Archive selbst Konkordanzen zur Verfügung stellen werden, so daß auch weiterhin mit den alten Signaturen gearbeitet werden kann.

Die in diesem Band veröffentlichten Beiträge sind größtenteils überarbeitete und teilweise ergänzte Fassungen von Referaten, die anläßlich einer Tagung des DFG-Schwerpunkts "Historische Statistik von Deutschland" in Verbindung mit dem Arbeitsbereich Wirtschafts- und Sozialgeschichte und dem Zentralinstitut für Sozialwissenschaftliche Forschung der Freien Universität Berlin im Juni 1989 in Berlin gehalten worden sind; sechs Beiträge wurden nachträglich beigesteuert. Es sei an dieser Stelle nochmals all denjenigen gedankt, die am Entstehen dieses Bandes seit seiner ursprünglichen Planung am Rande des Bamberger Historikertages 1988 teilgehabt haben. Die FAZIT-Stiftung förderte die Berliner Tagung von 1989, die im Hause der Historischen Kommission stattfand. Beiden Institutionen gilt dafür unser Dank. Dem Zentralinstitut für Sozialwissenschaftliche Forschung der Freien Universität Berlin sei für die Aufnahme des Bandes in seine Schriftenreihe gedankt. Hermann Stauffer und Silke Schaab (Mainz) haben in oft mühevoller Kleinarbeit die Korrekturen sowie den Computersatz besorgt. Unser Dank gilt auch den Archiven, die bereitwillig Erlaubnis für den Abdruck von Archivalien gestattet haben.

Mainz/Berlin, im Juni 1991   Die Herausgeber

I.

Geschichte, Entwicklung und
Forschungsauftrag
der Historischen Statistik
in Deutschland

Wieland Sachse

Die publizierte Statistik bis um 1860
Grundzüge und Entwicklungstendenzen

> *Regionis potentia consistit in terra,*
> *rebus, hominibus*
> *G.W. Leibniz (1646-1716)*

Statistiken und statistische Daten können bisweilen einen geradezu spektakulären Charakter annehmen und weithin Aufmerksamkeit erregen, zumindest dann, wenn sie ins Blickfeld der Öffentlichkeit geraten oder die Öffentlichkeit mit ihnen konfrontiert wird. Gute Beispiele dafür sind etwa die jüngste Volkszählung in der Bundesrepublik Deutschland oder die soeben erstmals in ihrer Geschichte offiziell publizierte Statistik der Verteidigungsausgaben der Sowjetunion. In beiden Fällen wurde – positiv oder negativ – eine bestimmte Vorstellung von Herrschaftswissen assoziiert, dessen Beschaffung, Veröffentlichung, Interpretation und politische Verwertung höchste Aufmerksamkeit erregte, zielte sie doch mitten in ein komplexes Kräftefeld widerstreitender Interessen, Emotionen, Befürchtungen und Hoffnungen: beschworen die einen in Anlehnung an Orwells finstere Visionen das apokalyptische Bild des allgewaltigen, alleswissenden und alles kontrollierenden Datenstaates herauf, in dem der ungeschützte Bürger bis aufs Hemd durchleuchtet werde, so galt für viele andere die neue Publizität im Zeichen von Glasnost und Perestroika als lichtvolles Exempel der Öffnung, Transparenz und Kontrollierbarkeit eines bis dato timide-verschlossenen Staatsapparates.

Überblickt man nun die Geschichte und Entwicklung der Statistik[1] und insbesondere der veröffentlichten Statistik seit ihren Anfängen, so zeigt sich, daß sie stets in ein sich wandelndes Geflecht von interessengeleiteten Einflüssen im Spannungsfeld von Politik, Staat und Gesellschaft eingebettet war. Dies hatte erhebliche Auswirkungen auf die Statistik selbst, ihren Inhalt, ihre Form, ihre Methodik und auf die Ansprüche, die von ihr ausgingen wie auch auf die, die an sie gestellt wurden. Für den Umgang mit Quellen der publizierten Statistik ergibt sich daraus, daß der Historiker – selbstverständlich – Daten quantitativer Art nicht einfach unbesehen übernehmen darf, sondern in seiner Quellenkritik sehr genau auf die Entstehungsbedingungen, die Herkunft und den Verwertungszusammenhang von Zahlen zu achten hat.

---

1 Generell dazu: Carl Gustav Adolph Knies, *Die Statistik als selbständige Wissenschaft*, Kassel 1850; Vincenz John, *Geschichte der Statistik*. Teil 1: Ursprung der Statistik bis auf Quetelet, Stuttgart 1884; Horst Kern, *Empirische Sozialforschung. Ursprünge, Ansätze, Entwicklungslinien*, München 1982.

In Mitteleuropa gilt dies insgesamt – abgeschwächt für Sachsen und Preußen – wohl für die gesamte Zeit bis um 1860, bis zu dem Zeitpunkt also, zu dem es in den meisten Staaten des Deutschen Bundes zur dauerhaften Einrichtung statistischer Büros kam und zu dem die erste vollständige Veröffentlichung der amtlichen großen Zollvereinsstatistik erfolgte. Lange hat man – reichlich vorschnell – diese Zeit als "vorstatistisches Zeitalter" bezeichnet, und um diese Epoche soll es hier gehen.

Wirtschaftsbücher, Rechnungen und Zählungen sind schon aus den vorderorientalischen Hochkulturen und aus der Antike bekannt[2]. Im Alten Testament etwa wird berichtet, König David habe sein Volk zählen lassen. Über diese Anmaßung sei Gott erzürnt und habe Israel mit der Pestilenz bestraft[3]. Doch erst dem heraufkommenden institutionellen Flächenstaat mit seiner an der frühmodernen Souveränitätslehre orientierten Verwaltungspraxis blieb ein Bemühen um eine administrativ-systematische Erfassung von Daten aller Art vorbehalten. So sind dann in der Tat mindestens die letzten 200 Jahre vor 1860 alles andere als "vorstatistisch". Genaue Kenntnis des eigenen Staatsterritoriums, der Bevölkerung und anderer ökonomischer Ressourcen war Grundlage und Voraussetzung der Wiederaufbauaktivitäten nach dem Dreißigjährigen Krieg, des Retablissements, der Ermittelung der Steuerkraft des Landes und des administrativen Durchgriffs bis auf den letzten Untertanen, auf den es dem sich entwickelnden absoluten Staat mit seiner sozialdisziplinierenden Absicht doch ankam.

Was an Quellen davon für uns erhalten geblieben ist, ist jedoch spärlich und verstreut. In Brandenburg-Preußen etwa reichen statistische Erhebungen unterschiedlichen Umfangs und verschiedener Güte bis in die Zeit des Großen Kurfürsten zurück. Seiner Herkunft entsprechend blieb dieses Material jedoch zumeist in den Akten der Verwaltung; es stellte ein geheimes Herrschaftswissen dar, das es peinlich zu schützen galt, um die wahren Staatskräfte Untertanen und konkurrierenden Staaten nicht transparent zu machen. Noch bis weit in den aufgeklärten Absolutismus Friedrichs II. von Preußen wirkte die Beachtung dieser Arkanpolitik nach: Als Anton Friedrich Büsching um 1770 für eigene Arbeiten um offizielle statistische Daten bat, ließ der König ihm mitteilen, er solle das veröffentlichen, was er selbst erhoben habe, staatliche Daten gingen ihn nichts an[4].

Erst mit der breiten Entfaltung einer bürgerlich-publizistischen Öffentlichkeit[5] im Laufe des 18. Jahrhunderts, als sich die Aufklärungspublizistik und mehr noch kamerali-

2 Zu deren Kommunikationsgeschichte allgemein: Wieland Sachse, Wirtschaftsliteratur und Kommunikation bis 1800. Beispiele und Tendenzen aus Mittelalter und früher Neuzeit: Kaufmannsbücher, Enzyklopädien, kameralistische Schriften und Statistiken, in: Hans Pohl (Hrsg.), *Die Bedeutung der Kommunikation für Wirtschaft und Gesellschaft*. Stuttgart 1989, S. 199-215.
3 *2. Sam.* 24. Kap., 3.
4 Nach Knies, *Statistik* (Anm. 1), S. 3.
5 Grundlegend zu diesem Prozeß: Fritz Valjavec, *Die Entstehung der politischen Strömungen in Deutschland*, (Reprint) Düsseldorf 1978; Ursula A. J. Becher, *Politische Gesellschaft. Studien zur Genese bürgerlicher Öffentlichkeit in Deutschland*. Göttingen 1978; Jürgen Habermas, *Strukturwandel der Öffentlichkeit. Untersuchungen zu einer Kategorie der bürgerlichen Gesellschaft*, Neuwied 1962; Rudolf Vierhaus, *Staaten und Stände* (=Propyläen Geschichte Deutschlands), 5, Berlin 1984.

stische Schriftsteller aus – wie noch zu zeigen sein wird – sehr unterschiedlichen Motiven der Statistik zuwandten, kam es zu einer tendenziellen Auflockerung dieser Geheimhaltungspolitik. Eine literarische Epoche begann, in der die Diskussion und das Raisonnement über und anhand von Statistik öffentliche Wirksamkeit erreichte. "Nützliche" statistische Beiträge wurden vor dem interessierten Publikum der sich entwickelnden Schicht der Gebildeten in den verschiedensten literarischen Genres entfaltet: in fachwissenschaftlichen Werken, in Topographien, Reisebeschreibungen, Ortsgeschichten, Briefwechseln, Monographien über einzelne Gewerbezweige, Produkte und Personengruppen, in technologischen Schriften, Periodika, Adressbüchern, Fabrikenbeschreibungen und sogar in Biographien.[6]

Dieses Schrifttum ist inzwischen in einer Reihe guter Bibliographien erschlossen. Hier sollen nur zwei ältere genannt werden: Johann Georg Meusel *Litteratur der Statistik.* (Leipzig 1790) sowie Magdalene Humpert *Bibliographie der Kameralwissenschaften* (Köln 1937), deren über 14.000 nachgewiesene Titel allerdings über den Bereich der Statistik hinausgehen. Der Statistiker Meusel bezeichnet in seiner August Ludwig Schlözer gewidmeten Schrift seine Disziplin als "den edelsten Zweig der Geschichte"[7] und deutet damit schon an, daß der zeitgenössische Statistikbegriff mit dem heutigen nicht deckungsgleich ist. Statistik war in der 2. Hälfte des 18. Jahrhunderts ein ganzes Ensemble von später getrennten und ausdifferenzierten Methoden, Betrachtungsweisen und Inhalten: Staatswissenschaft, Staatenkunde, Geographie, Geschichte, nicht selten unter Einschluß von Jurisprudenz, Ökonomie, Militärkunde und Verwaltungswesen[8].

War die Statistik in Deutschland im 17. Jahrhundert – anknüpfend an Pufendorf und den Helmstedter Universitätsprofessor Hermann Conring – lediglich die frühmoderne Lehre von den "Staatsmerckwürdigkeiten" (notitia rerum politicarum) gewesen, so gingen in der Folgezeit von dem Bevölkerungsstatistiker Johann Peter Süßmilch (1741 erschien sein Werk: *Die Göttliche Ordnung in den Veränderungen des menschlichen Geschlechts aus der Geburt, dem Tode und der Fortpflanzung desselben erwiesen*) und besonders dem Göttinger Historiker Gottfried Achenwall neue Impulse aus, die auf die sukzessive Einbeziehung auch numerischer, quantitativer Informationen abzielten. Pate standen dabei sowohl die politischen Arithmetiker John Graunt und William Petty aus England als auch und noch stärker die akademische Kameralistik, die Fortentwicklung der älteren allgemeinen Kameralwissenschaft. Deren Herkunft aus der territorialstaatlichen Finanz- und Verwaltungspraxis der frühen Neuzeit verdankt sie ihren pragmatischen Grundzug, ihre Sach- und Zweckgebundenheit im Sinne politischer Gestaltungsmöglichkeiten.

Vor allem im letzten Drittel des 18. Jahrhunderts wurde Statistik zur Modeerscheinung, sowohl als akademische Disziplin für angehende Beamte als auch als literarische

---

6 Am Beispiel Preußens: Wieland Sachse, *Bibliographie zur preußischen Gewerbestatistik 1750–1850*, (= Göttinger Beiträge zur Wirtschafts- und Sozialgeschichte, 6), Göttingen 1981.

7 Johann Georg Meusel, *Litteratur der Statistik*, Leipzig 1790, Vorerinnerungen, S. IX.

8 Guter Überblick in den Beiträgen bei Mohamed Rassem und Justin Stagl (Hrsg.), *Statistik und Staatsbeschreibung in der Neuzeit, vornehmlich im 16.-18. Jahrhundert*, Paderborn usw. 1980.

Gattung. Die europäische Staatenwelt war in Bewegung geraten, Mächte stiegen auf und ab, erweiterten ihren Aktionshorizont und traten miteinander in Konkurrenz. Man verglich die gegenwärtigen Staaten miteinander: ihre geschichtlichen Grundlagen, ihren identitätsstiftenden Entwicklungsgang, ihre Staatskräfte, ihre Wirtschaft. Vielen Arbeiten lag dabei ein durchaus recht naives, statisches Schablonendenken zugrunde, etwa wenn tabellarisch-synoptische Darstellungsweisen oder voluminöse, lehrbuchhafte Kompendien vorgelegt wurden, in denen alles über die Staaten Bekannte ausgebreitet wurde. Wichtig ist dabei, daß sich die Statistiker stets um die Vereinigung einer Vielzahl von induktiv-empirisch zusammengetragenen Daten und Fakten über Staatszustände und Ereignisse mit dem aufklärerischen Interesse einer systematischen Zuordnung zu einer die Gegenwart einschließenden einheitlichen Sichtweise von Sozial-, Wirtschafts-, Verfassungs- und Kulturgeschichte bemühten.

Gerade das ökonomische Interesse stand seit der zweiten Hälfte des 18. Jahrhunderts immer mehr im Brennpunkt: nicht mehr nur die Verwaltung der fürstlichen Rentkammer allein, sondern die ökonomischen Möglichkeiten des Staates galt es zu verbessern. Die wahre Kraft moderner Staaten beruhte für die Statistiker ganz wesentlich auf ihrer wirtschaftlichen Leistungsfähigkeit, ihrer quantitativen und qualitativen Bevölkerungskraft, ihrem Export, der positiven Handelsbilanz, einer möglichst hohen Zahl gewerblicher Großbetriebe und Fabriketablissements und dergleichen mehr. Es lag nahe, dies in Tabellenform darzustellen und dem detail- und faktenhungrigen gebildeten Lesepublikum raisonnierend zu unterbreiten, das derartige "nützliche" Beiträge begierig aufnahm. Dadurch glaubte es Einblick in die hohe Politik zu gewinnen, mitwirken und mitreden zu können und dem aufklärerischen Postulat des Selbstdenkens zu folgen.

Auch kam diese Tendenz dem Staatsverständnis und spezifischen Loyalitätsbewußtsein der Statistiker entgegen. Wenn eine entwickelte, gute und leistungsstarke Ökonomie eine wichtige Grundlage der Entfaltung der allgemeinen Staatskräfte war, entsprach es geradezu der Pflicht des publizistisch wirksamen Patrioten und Aufklärers, deren Zustand, Geschichte und Entwicklung zu erforschen, zu beschreiben und darüber zu raisonnieren. Gleichbedeutend war nun aber der Anspruch, an zentralen staatlichen Angelegenheiten politikberatend zu partizipieren, die vorher ein von der Zensur gehütetes, staatliches Geheimnis gewesen waren. Statistik zu publizieren hieß aber auch, Kritik zu üben und Maßstäbe für die Politik zu setzen sowie vor allem diese öffentlich kundzutun. Das Haupt der Göttinger Schule der Statistik[9], der einflußreiche Professor und Publizist August Ludwig Schlözer schrieb 1804 in seiner *Theorie der Statistik*: "Statistik und Despotism vertragen sich nicht zusammen. Unzälige Gebrechen des Landes sind Fehler der StatsVerwaltung: Die Statistik zeigt sie an, controlirt dadurch die Regierung, wird gar

---

9   Systematisch dazu: Karl Heinrich Kaufhold und Wieland Sachse, Die Göttinger 'Universitäts-
    statistik' und ihre Bedeutung für die Wirtschafts- und Sozialgeschichte, in: Hans-Georg Herr-
    litz und Horst Kern (Hrsg.), *Anfänge Göttinger Sozialwissenschaft. Methoden, Inhalte und so-*
    ziale Prozesse im 18. und 19. Jahrhundert, Göttingen 1987, S. 72-95, dort auch weitere Literatur
    zu diesem Problemfeld.

Abb. 1: Titelblatt der Erstausgabe August Ludwig v. Schlözers *Theorie der Statistik*
(Göttingen 1804)

Theorie

der

Statistik.

Nebst Ideen

über das

Studium der Politik

überhaupt.

Erstes Heft. Einleitung.

Göttingen,
in Vandenhoek = und Ruprechtschem Verlag
1804.

ihr Ankläger: das nimmt der Despot ungnädig, der in solchen Angaben sein SündenRegister liest"[10].

Statistik als Medium der Verwaltungskontrolle und der Kritik wirkte besonders überzeugend im Bereich ökonomischer Verbesserungen. So kam es, daß im statistischen Schrifttum der Zeit und vor allem in Zeitschriftenartikeln neben der Vielfalt der Themen, die dem aufgeklärten Gebildeten des späten 18. Jahrhunderts selbstverständlich waren (wie Fragen der praktischen Philosophie, der besten Regierungsform, der Moral, der Literatur etc.), vor allem wirtschafts- und sozialstatistische Materien an Bedeutung gewannen: Gewerbe- und Fabrikentabellen, Handels- und Preisstatistiken, Bevölkerungstabellen, Münzen, Maße und Gewichte, Agrarstatistiken und vieles mehr in bunter Reihe und loser Folge auf staatlicher, territorialer und lokaler Ebene[11].

Auch der durchaus profane Charakter von "Fabrikenzuständen" einzelner Länder schreckte durchaus nicht ab, im Gegenteil: gerade die Verhältnisse in Preußen, dem erst kürzlich ins Konzert europäischer Großmächte aufgestiegenen Staat, fanden besonderes Interesse. Im Bewußtsein, durch Partizipation an der politischen Ausgestaltung des aufgeklärten Absolutismus mitwirken zu können, beteiligten sich seine überwiegend gut qualifizierten Beamten an Diskussionen, mit Leserbriefen, Artikeln und Korrespondenzen, die weithin öffentliche Resonanz fanden. Besonders ab etwa 1790 läßt sich in ihren Beiträgen der zunehmende, durch den Königsberger Nationalökonom Christian Jakob Kraus verstärkte Einfluß der Lehren des Adam Smith nachweisen, den die junge, nach-friderizianische Generation preußischer Staatsbeamter rasch rezipierte.

Mit zunehmend wirtschaftsliberalen Argumenten wurde hier am alten, bürokratisch-kameralistischen System eine Kritik geübt, die die Wendung nach der preußischen Staatskatastrophe von 1806 in vieler Hinsicht vorbereitete. Die Entfesselung der Wirtschaft aus feudalen Banden, das Ende der zentralistischen Bevormundung und die Entkollektivierung der Agrarwirtschaft wurden in diesem Zusammenhang gefordert und diskutiert, – Statistiken dienten stets zur Untermauerung der Argumente.

Ohne daß bei der Fülle von einschlägigen Zeitschriftenartikeln Vollständigkeit auch nur angestrebt werden kann, sind hier stellvertretend und exemplarisch einige Periodika und Reihen zu nennen, in denen sich derartige Debatten vollzogen: Johann Erich Biesters *Neue Berlinische Monatsschrift*, Friedrich Gottlob Canzlers *Allgemeines Archiv*, Carl Renatus Hausens *Staatsmaterialien*, Johann Adolph Hildts *Handlungszeitung*, seine *Neue Zeitung für Kaufleute, Fabrikanten und Manufakturisten*, Peter Adolph Winkopps *Bibliothek für Denker und Männer von Geschmack* sowie die *Denkwürdigkeiten und Tagesgeschichte der Mark Brandenburg* von Kosmann und Heinsius, die jeweils statistisches Material enthalten[12].

---

10 August Ludwig v. Schlözer, *Theorie der Statistik. Nebst Ideen über das Studium der Politik überhaupt.* Göttingen 1804, S. 51.
11 Sachse, *Bibliographie* (Anm. 6), mit vielen preußischen Beispielen.
12 Nachweise ebd.; hier und im folgenden werden nur die wichtigsten direkt nachgewiesen.

Die Reiseliteratur[13], die in der zweiten Hälfte des 18. Jahrhunderts eine wachsende Beliebtheit erreichte – was sich in einer starken Zunahme publizierter Reiseberichte ausdrückte, war unter anderem auch ein Instrument der Sozialkritik in der Spätaufklärung. Allerdings darf darüber nicht vergessen werden, daß es auch weniger ambitionierte Reiseschriftsteller gab, deren Anliegen nichts weiter als minutiöse Landesbeschreibung eingebettet in die Schilderung persönlichen Erlebens war. So sind etwa die Reisebeschreibungen des schon erwähnten Anton Friedrich Büsching[14] historisch-statistisch überaus reichhaltig. Dabei scheint insbesondere Schlesien für die Reiseschriftsteller ein beliebtes Objekt gewesen zu sein; offenbar war das Lesepublikum besonders begierig, etwas vom Reichtum der neuen preußischen Eroberung zu erfahren. Ein berühmtes bibliographisches Verzeichnis zur Reiseliteratur insgesamt, in dem zahlreiche statistisch ergiebige Publikationen nachgewiesen sind, ist *Die vornehmsten Europäischen Reisen* von Gottlob Friedrich Krebel, das zwischen 1767 und 1796 in mehreren Bänden und in verschiedenen Auflagen erschien[15].

Innerhalb der Reiseliteratur, der Apodemik, kommt den sogenannten technologischen Reisen ein besonderer Quellenwert zu. Oft wurden in der Ausbildung befindliche junge Staatsbeamte, angehende oder schon etablierte Fabrikenkommissare auf Bildungs- und Enquêtereisen geschickt (so etwa der Freiherr vom Stein als junger Oberbergrat 1786/87 nach England) und faßten umfangreiche und statistisch ergiebige Rechenschaftsberichte ab. Aus der Fülle derartiger Schriften können hier die *Voyages metallurgiques* von Gabriel Jars oder die *Berg- und hüttenmännischen Reisebemerkungen* von Johann Ludwig Jordan als herausragende Beispiele genannt werden[16].

Besonders eindrucksvolle Gutachten etwa über den Reichtum und die Gewerbeverhältnisse in den Napoleonischen Satellitenstaaten sind im Auftrag der französischen Regierung angefertigt worden und reflektieren den hohen methodisch-administrativen Entwicklungsstand der Statistik dort. So beruht *De la richesse minérale* des französischen Generalinspekteurs des Berg- und Hüttenwesens Héron de Villefosse[17], der vor allem das Königreich Westfalen behandelte, auf einer in offizieller Mission unternommenen

13 Dazu jüngst: Hans-Jürgen Teuteberg, Reise- und Hausväterliteratur der frühen Neuzeit, in: Hans Pohl (Hrsg.), *Die Bedeutung der Kommunikation für Wirtschaft und Gesellschaft*. Stuttgart 1989, S. 216-254 sowie Wolfgang Griep, Reiseliteratur im späten 18. Jahrhundert, in: Rolf Grimminger (Hrsg.), *Hansers Sozialgeschichte der deutschen Literatur*, Band 3, München 1980, S. 739-764.

14 Gewerbestatistisch ergiebige Titel bei Sachse, *Bibliographie* (Anm. 6).

15 Gottlob Friedrich Krebel, *Die vornehmsten Europäischen Reisen, wie solche durch Deutschland, die Schweitz, die Niederlande, England, Portugall, Spanien, Frankreich, Italien, Dannemark, Schweden, Ungarn, Polen, Preußen und Rußland anzustellen sind, mit Anweisung der gewöhnlichsten Post- und Reise-Routen*, 5 Bände, Hamburg 1767-1796.

16 Deutsche Ausgabe: Gabriel Jars, *Metallurgische Reisen zur Untersuchung und Beobachtung der vornehmsten Eisen-, Stahl-, Blech- und Steinkohlen-Werke in Deutschland, Schweden, Norwegen, England, und Schottland, vom Jahre 1757 bis 1769*, 4 Bände, Berlin 1777-1785; Johann Ludwig Jordan, *Mineralogische berg- und hüttenmännische Reisebemerkungen vorzüglich in Hessen, Thüringen, am Rheine und in Seyn-Altenkirchner Gebiethe gesammelt*, Göttingen 1803.

17 A.M. Héron de Villefosse, *De la richesse minérale. Considérations sur les mines, usines et salines des différents états, et particulièrement du Royaume de Westphalie, pris pour terme de comparaison*, Paris 1810. Weitere Nachweise bei Sachse, *Bibliographie* (Anm. 6).

Reise; der kaiserliche Kommissar Beúgnot inspizierte die Industrie des Großherzogtums Berg und der Präfekt von Romberg das Ruhrdepartement. Diese Staaten, nach französischem Vorbild mit einer relativ modernen Verfassung, einer effektiven Verwaltung und einem neuen Justizwesen ausgestattet, sind nicht zuletzt im Interesse der zu leistenden Kriegskontributionen besonders intensiv auf ihre wirtschaftliche Potenz hin untersucht worden. Aber auch jenseits offizieller Inspektionsreisen gibt es eine recht vielfältige Literatur über sie, in der die Statistik breiten Raum einnimmt. So behandeln die Arbeiten des Statistikers August Friedrich Wilhelm Crome, des Publizisten, Enzyklopädisten und Bibliographen Johann Samuel Ersch und des Geographen Georg Hassel besonders das Königreich Westfalen, Johann Andreas Demian die Rheinbundstaaten insgesamt, Johann Jakob Ohm das Großherzogtum Berg und Anton Joseph Dorsch das Roerdepartement. Dorsch, deutscher Jakobiner und ab 1793 französischer Staatsbeamter, war Regierungskommissar des Roerdepartements in Köln[18]. Die übrigen Schriften sind Dokumente für das Interesse, ja sogar eine gewisse distanzierte Sympathie, die man vor den Befreiungskriegen diesen neu geschaffenen, in vieler Hinsicht modernen Staatsgebilden entgegenbrachte. So waren die Autoren denn auch bemüht, nicht nur das Verwaltungssystem und die Verwaltungseinheiten, sondern auch die Entwicklung des Gewerbes unter den Bedingungen der Gewerbefreiheit minutiös zu beschreiben und dies mit Statistiken zu unterlegen.

Waren viele Reiseberichte schon nicht mehr eigentlich Privatliteratur, weil sie auf in offiziellem Auftrag unternommenen Erhebungen beruhten, so nahmen vielfach mit der Nähe eines Autors zur staatlichen Verwaltung und ihres Verwaltungswissens auch die Dichte und Zuverlässigkeit seiner Daten zu; hier handelt es sich dann zumeist um offizielle oder offiziöse Schriften. Ein gutes Beispiel ist das statistische Taschenbuch des Dodo Heinrich Frhr. v. Knyphausen für das Jahr 1769, das allerdings erst im Jahre 1969 veröffentlicht wurde[19].

In diesen Zusammenhang gehört auch der 1883 vollständig publizierte Bericht des jülich-bergischen Hofkammerrats Friedrich Heinrich Jacobi über die Industrie der Herzogtümer Jülich und Berg, der in den Jahren 1773 und 1774 entstanden ist[20]. Der Autor, hervorgetreten als Philosoph und Romanschriftsteller, war zunächst Kaufmann und Staatsbeamter. Als solcher verfaßte er den gewerbestatistisch sehr ergiebigen Bericht, der nicht nur eine minutiöse Zustandsbeschreibung des Gewerbes dieser Gebiete enthält, sondern auch – sonst seltene – Angaben über Betriebskosten, Löhne, Absatzrichtungen und Transportkosten beibringt. In Verbindung mit den *Beiträgen zur Churpfälzischen Staatengeschichte vom Jahre 1742 bis 1792* des Carl Friedrich von Wiebeking, der wahrscheinlich Jacobis Bericht im Original eingesehen, ihn aber nicht

18 Ebd.
19 Hildegard Hoffmann, *Handwerk und Manufaktur in Preußen 1769, (Das Taschenbuch Knyphausen)*, Berlin 1969.
20 W. Gebhard (Hrsg.), Bericht des Hof-Kammerrats Friedrich Heinrich Jacobi über die Industrie der Herzogtümer Jülich und Berg aus den Jahren 1773 und 1774, in: *Zeitschrift des Bergischen Geschichtsvereins*, 18. Band, S. 1-148, Bonn 1883.

erwähnt hat, kann auch diese Quelle wichtige Daten zur historischen Statistik der Herzogtümer Jülich und Berg im 18. Jahrhundert beitragen[21].

Weitere berühmte Beispiele für den Informationsgehalt und spektakulären Charakter offiziöser Schriften sind das *Mémoire sur les produits du regne minéral de la Monarchie Prussienne* des preußischen Staatsministers Friedrich Anton von Heinitz, der Stein gefördert und sich um das schlesische Berg- und Hüttenwesen verdient gemacht hat. Darüber hinaus müssen die *Huit dissertations...* des Staatsministers Ewald Friedrich von Hertzberg erwähnt werden; es handelt sich um veröffentlichte Akademievorträge, die Friedrich der Große selbst angeregt hatte. Sind sie aber hinsichtlich ihrer Genauigkeit mit einiger Skepsis zu betrachten, liegt ihre Bedeutung doch darin, daß sie der wohl früheste Versuch sind, einen statistischen Gesamtüberblick über die Produktion des Gewerbes in Preußen zu gewinnen[22]. Hertzbergs Zahlenangaben fanden ein breites öffentliches Echo, zahlreiche Wiederabdrucke auch in verschiedenen Zeitschriften mit erheblichem Multiplikatoreffekt regten vielfältige Diskussionen an. Nicht zuletzt ließ die Tatsache, daß hier ein Staat wie Preußen die bislang gepflegte Geheimhaltung aufgab und genaue Angaben über seine ökonomische Potenz machte, sie dem Publikum als ein unerhörtes Novum erscheinen.

Als ein erst im 18. Jahrhundert zur europäischen Großmacht aufgestiegener Staat fand Preußen ohnehin breites Interesse. Ein Beleg dafür mag das umstrittene und heftig kritisierte *De la Monarchie prussienne sous Frédéric le Grand* von 1788 sein, das der berühmte Graf Mirabeau d.J. unter Mithilfe des deutschen Majors Mauvillon schrieb. Es beruhte auf einer Berlinreise, die Mirabeau im Auftrag der französischen Regierung (zumindest teilweise mit geheimen Spionageabsichten) unternommen hatte. Besonderes Aufsehen erregte seine frühe Kritik an verschiedenen Schwächen des friderizianischen Staates, vor allem an der schon erkennbaren, durch dirigistische Gängelung und Bevormundung seitens der Staatsverwaltung bewirkten Verkrustung des Wirtschaftslebens. So vertritt er im sehr materialreichen Abschnitt über "Manufactures" demgegenüber bereits wirtschaftsliberale Postulate. Diese Kritik, besonders die an der grundsätzlichen Unterordnung des Wirtschaftslebens unter staatlich-politische, administrative und nicht selten militärische Ziele, wiederholte Mauvillon dann 1793 in einer deutschen Bearbeitung des Werkes, allerdings auch mit einer physiokratischen Nuance, die die doktrinäre Überbetonung des sekundären Wirtschaftssektors durch die noch immer vorherrschende Lehre des Kameralismus verurteilte[23].

---

21 Carl Friedrich v. Wiebeking, *Beiträge zur Churpfälzischen Staatengeschichte vom Jahre 1742 bis 1792, vorzüglich in Rücksicht der Herzogthümer Gülich und Berg, gesamlet von C. F. Wiebeking 1792*, Heidelberg und Mannheim 1793.
22 Deutsche Ausgabe: Friedrich Anton v. Heinitz, *Abhandlungen über die Produkte des Mineralreiches in den Königlich-Preußischen Staaten, und über die Mittel, diesen Zweig des Staats Haushaltes immer mehr emporzubringen*, Berlin 1786; Ewald Friedrich v. Hertzberg, *Huit dissertations...*, Berlin 1787, mit einer Gewerbestatistik Preußens für 1785.
23 Honoré Gabriel de Riqueti Mirabeau, *De la monarchie prussienne sous Frédéric le Grand*, 7 Bände, London 1788; Johann Jacob Mauvillon, *Von der Preußischen Monarchie unter Friedrich dem Großen*, 4 Bände. Braunschweig und Leipzig 1793-1795.

Dessen neben liberalen Vorstellungen noch immer ungebrochen fortdauernde Wirksamkeit kam auch in einer reichhaltigen zeitgenössischen Publizistik mit statistischen Inhalten zum Ausdruck, in der bezeichnenderweise die Schriften von akademischen Kameralisten und Staatsbeamten ein nahezu merkmalsgleiches, weil die zentrale Rolle des Staates als Wirtschaftssubjekt betonendes Corpus bilden. Sie haben vor allem einen normativen, teilweise von pedantischer Regelhaftigkeit gekennzeichneten Charakter und betonen – darin vor allem ihren berühmten Vorbildern Paul Jacob Marperger, Georg Heinrich Zincke und Johann Heinrich Gottlob von Justi folgend – die Handlungsanweisungen für Beamte und wirtschaftlich Tätige, enthalten aber auch oft reichhaltige Informationen und Dokumente zur Sozial- und Kulturgeschichte, zum Gewerberecht und zur Gewerbestatistik, zum Feuerversicherungswesen, zur Erhebungstechnik von Tabellen und anderes mehr[24]. In Gestalt der Verwaltungs- und Polizeiwissenschaft hat diese Disziplin bis weit ins 19. Jahrhundert hinein gewirkt und zahlreiche Fortwirkungen im modernen Sozialstaat erfahren[25].

Als dann 1805 das statistische Bureau zu Berlin eingerichtet wurde, geschah dies auch, um staatlicherseits die Flut publizierter statistischer Informationen zu kanalisieren und – wenn möglich – zu kontrollieren. Im Umfeld dieser Gründung und in der darauffolgenden Zeit entstand denn auch ein veröffentlichtes statistisches Schrifttum, das überaus ergiebig ist. Es hat einen stärker offiziellen, mindestens offiziösen Charakter, denn Autoren waren zumeist führende Mitarbeiter oder Direktoren des Bureaus, gelegentlich auch Aspiranten, die durch die Vorlage ihrer Arbeiten einen Befähigungsnachweis für ein Amt in der Staatsverwaltung vorlegen wollten. Beides traf auf Leopold Krug zu, der sich mit seinem ab 1796 erscheinenden *Topographisch-statistisch-geographischen Wörterbuch* als erster Direktor des Bureaus empfahl. Sein *Nationalreichthum des preußischen Staats* steht als historisch-statistische Quelle konkurrenzlos da. Weniger erfolgreich war dagegen Friedrich Wilhelm Bratring, dem es trotz der Vorlage seines dreibändigen Monumentalwerkes *Statistisch-topographische Beschreibung der gesamten Mark Brandenburg* nicht gelang, in der preußischen Staatsverwaltung Fuß zu fassen[26].

Darüber hinaus müssen in diesem Zusammenhang die Publikationen von Johann Gottfried Hoffmann und Carl Friedrich Wilhelm Dieterici genannt werden, die als Nachfolger Krugs im Amt umfassendes statistisches Material verarbeiten. Ihre Schriften spiegeln nicht nur das jeweils erreichte zeitgenössische Entwicklungsniveau der Me-

24 Dazu im Überblick Sachse, Wirtschaftsliteratur (Anm. 2), sowie Peter Borscheid, Feuerversicherung und Kameralismus, in: *Zeitschrift für Unternehmensgeschichte* 30. Jg., Heft 2 (1985), S. 96-117.
25 Diese Entwicklungslinie betont Hans Maier, Die ältere deutsche Staats- und Verwaltungslehre, 2. Aufl. München 1980, passim u. bes. S. 292-296.
26 Leopold Krug, *Topographisch-statistisch-geographisches Wörterbuch der sämmtlichen preußischen Staaten oder Beschreibung aller Provinzen, Kreise, Distrikte, Städte etc. in den preußischen Staaten. Theile 1-13*, Halle 1796-1803.; ders., *Betrachtungen über den National-Reichthum des preußischen Staats und über den Wohlstand seiner Bewohner, 2 Theile*, Berlin 1805 (Reprint Aalen 1970); Friedrich Wilhelm August Bratring, *Statistisch-topographische Beschreibung der gesammten Mark Brandenburg. Für Statistiker, Geschäftsmänner, besonders für Kameralisten, 3 Bände*, Berlin 1804, 1805, 1809 (Reprint Berlin 1968).

thodenlehre der amtlichen preußischen Statistik (das nicht immer internationalen Standards entsprach) wider, sondern sind insbesondere auch gewerbestatistisch überaus ergiebig, folgen sie doch mit ihren Daten dem Drei-Jahres-Rhythmus der offiziellen Erhebungen nach 1816. Um sie herum gruppierte sich in der ersten Hälfte des 19. Jahrhunderts eine ganze Reihe von handbuchartigen Gesamtdarstellungen, die ganz offensichtlich den Daten des statistischen Bureaus folgten. Sie beschränkten sich keineswegs nur auf die Bevölkerungs- und Gewerbestatistik, sondern enthielten sehr dichtes quantitatives Material zu allen öffentlichen Bereichen, wie Militär, Staatshaushalt, Landwirtschaft, Außenhandel, Gesundheitswesen, Verkehrswesen, Messen, Konfessionen, Preisen und dergleichen mehr[27].

Neben diesen statistischen Gesamtdarstellungen deutscher Staaten, vor allem Preußens, sind eine nicht weniger ergiebige Quelle zur veröffentlichten Statistik die Orts- oder Regionalmonographien, die sowohl im 18. wie auch im 19. Jahrhundert weite Verbreitung fanden. Etwas vereinfacht lassen sich zwei Haupttypen unterscheiden:
a. Die stärker literarisch ambitionierten, in vieler Hinsicht mit der Gattung der Reiseliteratur im Zusammenhang stehenden privaten Ortsbeschreibungen, die eher im 18. Jahrhundert gelesen wurden, und
b. Regionalmonographien oder Beschreibungen von Verwaltungseinheiten, die im 19. Jahrhundert verstärkt Verbreitung fanden.
Herausragend sind für den Typ a) die verschiedenen Auflagen[28] der *Beschreibung der Königlichen Residenzstädte Berlin und Potsdam* von Friedrich Nicolai, der vor allem als Herausgeber der *Allgemeinen Deutschen Bibliothek*, als Buchhändler und Verleger, Philosoph, Romancier und Reiseschriftsteller wirkte. Seine *Beschreibungen*, aber auch seine zwölfbändige *Beschreibung einer Reise durch Deutschland und die Schweiz im Jahre 1781* sind gespickt mit einem reichen Fundus exakter, quantitativer Daten zur jeweiligen lokalen Statistik. Vor allem aber – und auch das sei hier erwähnt – sind sie jeweils großartige Quellen zur Kultur- und Geistesgeschichte, enthalten sie doch eine Fülle von Details und Zustandsschilderungen zu den verschiedenen Bereichen des gesellschaftlichen Lebens der bereisten Gebiete.

Der im 19. Jahrhundert häufiger repräsentierte Typ b) der Verwaltungs- und Regionalmonographien hat einen stärker offiziösen Charakter, das Verwaltungswissen hat einen erheblich höheren Anteil als im 18. Jahrhundert, und nicht selten belegt ein nüchterner Stil, daß die Autoren Verwaltungsmänner und Landräte sind. Statistische Genauigkeit und Ausgewogenheit überwiegen, und hinter pragmatischer Distanz zum Gegenstand müssen die noch im 18. Jahrhundert gepflegten, so charmanten Werturteile über "Kunst und Aufgeklärtheit des Ortes" zurücktreten. Als Quellen zur historischen Statistik sind sie entsprechend wertvoller. Ihre Verfasser waren meist in ihrer akademischen Ausbildung mit der Statistik in Kontakt gekommen und trugen so zur Diffusion von Inhalt und Methode dieses paradigmatischen Konzeptes bei. Noch wichtiger waren

---

27 Ausführliche Nachweise bei Sachse, Bibliographie (Anm. 6).
28 Christoph Friedrich Nicolai, *Beschreibung der Königlichen Residenzstädte Berlin und Potsdam...* (weitere Titelvariationen). 1. Aufl. Berlin 1769, 2. Aufl. Berlin 1779, 3. Aufl. Berlin 1786.

aber die politisch-ökonomisch-administrativ verankerten Reformabsichten, die immer wieder von derartigen Schriften und ihrer Veröffentlichung ausgingen, ohne daß diese Richtung auf jede Schrift und jeden Verfasser zuträfe. Die öffentliche Wirkung der publizierten Statistiken von Dieterici, Viebahn, Weber und Reden ist aber beispielsweise auch vor dem Hintergrund der Diskussionen um die Gewerbefreiheit und die deutsche Zolleinigung zu sehen. Man wirkte politikberatend, zugleich nahm man Einfluß auf Staat und Öffentlichkeit, was unter den restaurativen Bedingungen des frühen 19. Jahrhunderts einiges hieß.

Erst mit den 1860er Jahren, nachdem nahezu alle deutschen Staaten statistische Zentralbüros unterhielten und Statistiken durchgehend amtlicherseits erhoben und veröffentlicht wurden, klang die Epoche der Aufklärungsstatistik in Deutschland aus. Von nun an nahmen statistische Veröffentlichungen ihren Ausgang von der staatlichen Administration, sei es nun direkt oder von der Provenienz des Datenmaterials her, was ihnen viel von ihrem spektakulären Charakter nahm.

Egon Hölder/Manfred Ehling

Zur Entwicklung der amtlichen Statistik in Deutschland

1. Einleitung

In der amtlichen Statistik wurde in den vergangenen Jahren in vielen Arbeiten der Blick nach vorn, in die Zukunft gerichtet. Strategien und Tendenzen für die Weiterentwicklung der Statistik, neue Herausforderungen, Wege in die neunziger Jahre sind Themen, die in zahlreichen Aufsätzen von Repräsentanten der amtlichen Statistik behandelt werden[1]. Nicht weniger wichtig ist der Blick in die Vergangenheit, um die Gegenwart als Ergebnis eines historischen Prozesses zu verstehen, um die Ursachen und Entwicklungen für Gegenwartsphänomene zu erkennen, um bei Gegenwartsproblemen aus Problemlösungen der Vergangenheit zu lernen oder nur um die Leistungen, die in der Vergangenheit erbracht wurden, zu entdecken und zu würdigen.

Die historische Entwicklung der Funktionen, Methoden, Programme und Organisation der amtlichen Statistik ist in den vergangenen Jahren nur sehr selten Gegenstand wissenschaftlicher Analysen gewesen[2]. Auch die amtliche Statistik selbst hat sich nicht intensiv einer Aufarbeitung und Interpretation statistischer Sachverhalte der Vergangenheit gewidmet[3]. Wenn Arbeiten zur Geschichte der amtlichen Statistik entstanden sind, waren häufig Jubiläen der Ämter Anlaß für die Publikationen[4]. Einzelne Statistikbereiche waren darüber hinaus Gegenstand historischer Ausarbeitungen[5]. Im Zusammenhang mit der Volkszählungsdiskussion fand beispielsweise auch eine Auseinandersetzung mit der Entstehung und der geschichtlichen Entwicklung der Volkszählungen statt[6].

Eine grundlegende Aufarbeitung von Quellen zu einzelnen Statistiken mit dem Ziel, eine regional gegliederte historische Datenbasis zu schaffen, fand in dem Schwerpunktprogramm der Deutschen Forschungsgemeinschaft "Quellen und Forschungen zur Historischen Statistik von Deutschland" statt. Sowohl die zeitliche als auch die inhaltli-

---

1 Vgl. beispielsweise Wingen 1989; Schmidl 1987; Appel 1984; Hölder 1984.
2 Vgl. Litz/Lipowatz 1986; Grohmann 1986; Grohmann 1989. Zu den älteren Ausarbeitungen, die sich mit der Geschichte der amtlichen Statistik auseinandersetzen, vgl. z.B. John 1884; Meitzen 1903; Günther 1911; Zahn 1925; Günther 1940.
3 Vgl. Hölder 1988.
4 Vgl. Statistisches Bundesamt 1956; Statistisches Landesamt Berlin 1962; Fürst 1972 (a, b); Bayerisches Landesamt für Statistik und Datenverarbeitung 1983; Statistisches Amt des Saarlandes 1985; Hessisches Statistisches Landesamt 1986; Elsner 1987; Groß 1987.
5 Vgl. z.B. Rothenbacher 1987; Pierenkemper 1987.
6 Vgl. Berthold 1987; Hofmeister-Lemke 1987; Momsen 1987.

che Perspektive dieses Programms geht weit über die in amtlichen Statistiken veröffentlichten Daten hinaus. Die Arbeiten setzen sich quellenkritisch auch mit den frühen Publikationen der amtlichen Statistik auseinander und versuchen die unterschiedlichen
Maße, Gewichte und Preise, die z.B. in den Statistischen Ämtern der Länder verwandt
wurden, auf moderne Maßeinheiten umzurechnen, um nach einheitlichen Gesichtspunkten aufbereitete lange Reihen bereitzustellen[7].

Der vorliegende Beitrag beschränkt sich darauf, die Entwicklung der amtlichen Statistik in den wesentlichen Zügen nachzuzeichnen. Im Mittelpunkt wird die Darstellung
der sich wandelnden Aufgaben der amtlichen Statistik stehen. Diese Aufgaben sind eng
mit dem gesellschaftlichen Wandel und dem Umfang und dem Inhalt staatlichen Han-
delns verbunden. "Je mehr sich die Einflußnahme des Staates auf die verschiedensten
Gebiete des staatlichen, wirtschaftlichen, sozialen oder richtiger des gesellschaftlichen
Lebens erstreckt, desto größer wird der Bedarf an statistischen Unterlagen und der Umfang des Programms der amtlichen Statistik"[8]. Dabei ist es wichtig herauszustellen, daß
die amtliche Statistik in Deutschland stets einer rechtsverbindlichen Anordnung bedurfte, um Aufgaben wahrzunehmen. Für die Ausgestaltung des Erhebungsprogramms
ist der Statistiker nicht selbstverantwortlich, sondern die Legislative legt durch Gesetze
und Rechtsverordnungen die Aufgaben fest. Bei der Ausgestaltung des Erhebungsprogramms und der Darstellung der Ergebnisse bestand für die amtliche Statistik bisher
immer die Möglichkeit auf die Erhebung, Aufbereitung und Darstellung der Daten Einfluß zu nehmen, um z.B. die Qualität der Daten zu verbessern, wobei aber immer streng
auf die Einhaltung der Grundsätze der Neutralität, Objektivität und wissenschaftlicher
Unabhängigkeit geachtet wurde. Die zunehmende Verrechtlichung der amtlichen Statistik hat jetzt zur Folge, daß die Handlungsautonomie der statistischen Ämter immer geringer wird[9].

Nachfolgend soll die Entwicklung der amtlichen Statistik ausgehend von der Gründung der statistischen Ämter, der Errichtung des Kaiserlichen Statistischen Amtes über
die Änderungen im Arbeitsprogramm in der Weimarer Republik und im Nationalsozialismus bis hin zur Ausgestaltung der Statistik in der Bundesrepublik Deutschland nachgezeichnet werden. Den Abschluß bilden einige Gedanken zu den künftigen Schwer-
punkten der Arbeiten des Statistischen Bundesamtes vornehmlich im Bereich der Historischen Statistik.

2. Gründung der Statistischen Ämter

Das 19. Jahrhundert war gekennzeichnet durch eine fortschreitende Ausdehnung, methodische Verbesserung und vor allem Institutionalisierung der statistischen Aktivitäten.
Fast alle selbständigen Staaten schufen zu dieser Zeit eigene statistische Institutionen.

7   Vgl. Fischer 1985; Kunz 1985 und zu den Ergebnissen z.B. Ott 1986; Borscheid 1988; Kauf-
    hold 1989.
8   Fürst 1972 (a), S. 13.
9   Vgl. ausführlicher dazu Wingen 1989, S. 17 ff.

1805 wurde auf Anregung des Freiherrn vom Stein das Königliche Statistische Bureau in Berlin gegründet, aus dem später das Preußische Statistische Landesamt hervorging. Von dem Statistischen Amt wurden zu Beginn seiner Tätigkeit die verschiedensten Zahlenzusammenstellungen für den "Statistisch-historischen Bericht" angefertigt, z.B. Tabellen über die Produktion einiger Gewerbezweige, den Verbrauch der Stadtbewohner an Getreide, Schlachtvieh, Wein, Branntwein, Bier, Zucker, Kaffee usw. Weiterhin wurden Angaben über den Unterricht, den Handel, das Justizwesen und die Staatseinkünfte zusammengestellt. Im Jahre 1810 wurde zum erstenmal die "Große Statistische Tabelle" mit Angaben über Gebäude, Bevölkerung, Unterrichtsanstalten, Polizeianstalten, der Zahl der Betriebe und zum Teil auch der Beschäftigten aufgestellt. Seit 1811 meldeten 38 preußische Städte monatlich die Preise für Getreide, Erbsen, Kartoffeln, Hopfen, Rind- und Schweinefleisch, Talg, Butter, Bier, Branntwein, Stroh und Heu, außerdem jährlich u.a. die Preise für Bau- und Brennmaterialien.

In den anfänglichen Arbeiten des Statistischen Bureaus wurden nur Tatbestände erfaßt, die objektiv feststellbar waren, so wurde z.B. auf Angaben über die Landwirtschaft oder Todesursachen verzichtet. Weiterhin sollte die Belastung der aufnehmenden Beamten möglichst gering gehalten werden. Prinzipiell wurde von dem Verfahren der direkten Zählung ausgegangen, etwa im Gegensatz zur französischen Statistik, wo überwiegend Enquêten erstellt wurden, in denen differenzierte Beobachtungen von zum Teil singulären Ereignissen in Worten und weniger in Zahlen festgehalten wurden[10].

Die Tätigkeit des Preußischen Statistischen Bureaus blieb vorbildlich und maßgebend für die übrigen deutschen Teilstaaten, die nachfolgend eigene statistische Ämter gründeten[11]. Erste zentralstaatliche Aktivitäten entwickelten sich im Deutschen Zollverein seit 1834. Starke Impulse für die Arbeit der Statistischen Ämter gab der Verein mit seiner stark ausgebauten Außenhandelsstatistik und den in dreijährigem Abstand durchgeführten Volkszählungen nach einheitlichem Muster, die notwendig waren, weil die Einnahmen des Zollvereins nach Einwohnerzahlen verteilt wurden.

Da die Statistik des Deutschen Zollvereins als nicht ausreichend und methodisch z.T. als unzulänglich empfunden wurde, setzte der Bundesrat des Zollvereins im Jahre 1869 eine "Kommission zur weiteren Ausbildung der Statistik des Zollvereins" ein, die sich hauptsächlich aus verantwortlichen Persönlichkeiten der Statistischen Ämter der Zollvereins-Staaten zusammensetzte. Der amtliche statistische Dienst blickte damals in einigen deutschen Staaten schon auf jahrzehntelange Erfahrungen zurück. Die Kenntnisse und Erfahrungen aus den damaligen "Landesämtern" bildeten eine wertvolle Basis für den Aufbau einer einheitlichen Reichsstatistik. Die Kommission hat in zahlreichen Sitzungen in den Jahren 1870 und 1871 ein Programm entwickelt, das zur Grundlage der Planung für die Statistik des neuentstandenen Deutschen Reiches wurde.

In dem abschließenden Kommissionsbericht wurden u.a. auch die Arbeitsbereiche der Landesämter klar gegen die Aufgaben der künftigen Reichsbehörde abgegrenzt. Die

---

10 Vgl. Meitzen 1903, S. 29.
11 Zu den Gründungsjahren der Statistischen Ämter in Deutschland vgl. Tabelle 1 auf S. 21.

Aufgabenteilung zwischen Landes- und Bundesstatistik gilt im wesentlichen auch heute noch:

" 'Sämtliche Arbeiten von statistischen Behörden Deutschlands werden künftig in drei Klassen zerfallen, die ich mir der Kürze wegen durch den Namen der zentralen, der föderierten und der partikularen Statistik erlauben will zu unterscheiden.

Den zentralen Teil bilden diejenigen statistischen Arbeiten, welche ohne alle Mitwirkung der Einzelstaaten ganz und unmittelbar von Behörden des Reichs besorgt werden' (z.B. die Außenhandelsstatistik).

'Die föderierte Statistik bildet dasjenige, was zwar von den Einzelstaaten, aber nach gemeinsamen Grundsätzen und gleichartigen Formularen zu erheben und an die Reichsbehörde vorzulegen ist. Auf die Zentralbehörde treffen hier die Arbeiten der Einsammlung und Prüfung und Berichtigung etwaiger Mängel und Ungleichheiten, der Zusammenstellung und Verarbeitung, der Veröffentlichung' (z.B. die Volkszählungen).

'Die partikulare Statistik besteht aus denjenigen Arbeiten, welche in den einzelnen Staaten nach freiem Ermessen und ohne Beziehung zum Reich ausgeführt werden', (z.B. die Kulturstatistik)."[12]

3. Von der Gründung des Statistischen Reichsamtes bis zum Ersten Weltkrieg

Die Vorschläge der Kommission fanden breite Zustimmung, so daß an die Stelle des "Zentralbureaus" des Zollvereins eine statistische Reichsbehörde zuerst beim Reichskanzler und ab 1879 beim Reichsamt des Innern, das "Kaiserliche Statistische Amt", ins Leben gerufen wurde. Nach der vom Reichskanzler erlassenen Geschäftsordnung hat das Amt die Aufgaben:

"1. das aufgrund von Gesetzen oder auf Anordnung des Reichskanzlers für die Reichsstatistik zu liefernde Material zu sammeln, zu prüfen, technisch und wissenschaftlich zu bearbeiten und die Ergebnisse geeignetenfalls zu veröffentlichen,

2. auf Anordnung des Reichskanzlers statistische Nachweisungen aufzustellen und über statistische Fragen gutachterlich zu berichten."[13]

Großen Wert legte die Kommission darauf, daß die neue Reichsbehörde kein Rechnungs- und Redaktionsbüro bleibt, sondern mit wissenschaftlich ausgebildeten Mitarbeitern besetzt wird, die in der Lage sind, die statistischen Daten auch wissenschaftlich zu bearbeiten, und die Ergebnisse zu veröffentlichen[14].

---

12 Zitiert nach Statistisches Bundesamt 1956, S. 7.
13 Die Errichtung eines "Statistischen Amtes des Deutschen Reiches" - wie es in der Vorbereitungszeit genannt wurde - und seine Aufgaben sind in der Thronrede bei der Eröffnung des Reichstages am 8. April 1872 angekündigt worden. Vgl. Zahn 1925, S. 28.
14 Der Streit darum, ob die amtliche Statistik eher eine Verwaltungsbehörde oder eine stärker wissenschaftlich ausgerichtete Institution ist, besteht noch heute.

Das Amt wurde daraufhin mit einem Direktor, zwei wissenschaftlichen Fachkräften, acht Bürobeamten und einem Kanzleidiener ausgestattet. Im ersten Haushalt des Amtes waren drei Arbeitseinheiten vorgesehen:[15]

1. Für Bevölkerungsstatistiken,
2. für Statistiken der Landwirtschaft und des Gewerbes,
3. für Statistiken des Verkehrs, der gemeinschaftlichen Einnahmen und der Steuer- und Zollverwaltung.

Auf diese Abteilungen wurden die Arbeiten verteilt, die das Kaiserliche Statistische Amt von dem früheren Zentralbureau des Zollvereins übernahm, sowie die zusätzlichen Aufgaben, die ihm entsprechend den Vorschlägen der Kommission von Anfang an übertragen wurden.

Das Zentralbureau des Zollvereins war im wesentlichen eine Abrechnungsstelle für die gemeinschaftlichen Zolleinnahmen, die nach Maßgabe der Bevölkerungszahl auf die Mitglieder verteilt wurden. Hieraus ergab sich seit den Anfangszeiten des Zollvereins die Notwendigkeit, die Ergebnisse der in den einzelnen Bundesstaaten regelmäßig durchzuführenden Volkszählungen zusammenzustellen.

Die *Statistik des auswärtigen Handels* war eine ausgesprochene Zollstatistik, die sich lange Zeit nur auf die zollpflichtigen Waren bezog, nur Mengenangaben kannte und statt der Herkunfts- und Bestimmungsländer der Waren nur die Grenzabschnitte des Warenübergangs nachwies. Die warenmäßige Gliederung war durch den Zolltarif gegeben. Die Statistik der gemeinschaftlichen Zölle und Steuern ergab die zu verteilende Finanzmasse. Übernommen wurde ferner die seit 1860 geführte Statistik der Bergwerke, Salinen und Hütten. In das Grundprogramm der *Bevölkerungsstatistik* neu aufgenommen wurden vor allem die jährliche Statistik der Bevölkerungsbewegung, also die Eheschließungen, Geburten und Sterbefälle, der überseeischen Auswanderung und des Erwerbs und Verlustes der Bundes- oder Staatsangehörigkeit. Die *Landwirtschaftsstatistik* war zunächst nur durch eine Statistik der Viehhaltung vertreten. Großen Umfang hatte von Anfang an die *Verkehrsstatistik*, sie umfaßte den Verkehr auf den Binnenwasserstraßen, den Bestand an Binnenschiffen und ein beschreibendes Verzeichnis der Wasserstraßen. Zu den "Uralt-Statistiken" gehört auch der Seeverkehr mit den Nachweisungen des Schiffsbestandes, der ankommenden und abgehenden Schiffe, des Verkehrs zwischen außerdeutschen Häfen und der Schiffsunfälle.

Das Grundprogramm von zehn Statistiken bei der Gründung des Amtes wurde auf rd. 60 Statistiken bis zum Ende des Ersten Weltkrieges erweitert. Rechnet man die zahlreichen und teilweise sehr speziellen Sachgebiete der "Arbeiterstatistik" hinzu, so kommt man auf rd. 100 Statistiken bis zum Ende dieser Periode. Außerdem hat sich durch methodische Verbesserungen und Erweiterungen der einmal eingeführten Statistiken das Arbeitsfeld der amtlichen Statistik erheblich vergrößert. Einen Maßstab hierfür bietet

---

15 Die nachfolgenden Beschreibungen zur Veränderung des statistischen Arbeitsprogramms beruhen im wesentlichen auf den Arbeiten von Fürst 1972 (a, b) und Statistisches Bundesamt 1956.

das ständig beschäftigte Personal, das von ursprünglich 12 Köpfen im Lauf des in diesem Abschnitt dargestellten Zeitraums auf über 600 Personen angestiegen ist, zu denen bei großen Zählungen noch zahlreiche Zeitangestellte hinzu kamen.

Grundsätzlich lassen sich drei Ansatzpunkte für die Entwicklung der Aufgabenstellung unterscheiden:

1. Statistiken über Verwaltungsvorgänge, bei denen statistisch verwertbare Unterlagen bei den Behörden anfallen,
2. Statistiken zur Vorbereitung oder zur Kontrolle gezielter Maßnahmen der Gesetzgebung und Verwaltung,
3. Statistiken, die der allgemeinen Beobachtung der Bevölkerung und der Wirtschaft dienen.

Für den Zeitraum bis zum Ende des Ersten Weltkrieges läßt sich zusammenfassend feststellen, daß die Bevölkerungsstatistik relativ gut ausgebaut worden ist. Für die allgemeine Beobachtung der wirtschaftlichen Verhältnisse mußte man sich hauptsächlich auf die in großen zeitlichen Abständen erfolgten Strukturerhebungen, also die Berufszählungen, die landwirtschaftlichen und gewerblichen Betriebszählungen stützen. Erste Reihen für eine kontinuierliche Beobachtung gab es vornehmlich in der Landwirtschaft, im Außenhandel und Verkehr, im Geld- und Kreditwesen, bei den Finanzen und Steuern und bei den Preisen. Das Aufgabenprogramm wurde im Zeitablauf um folgende wesentliche Statistiken ergänzt:

ab 1872: Aufbau und Ausbau der Verkehrsstatistik (Entwicklung des Eisenbahnwesens, Aufbau der deutschen Handelsflotte),

ab 1882: Beginn der Berufszählungen ("Soziale Frage", Einführung der Sozialversicherung),

ab 1892: Beginn der Arbeitsstatistik (Arbeitszeitregelungen in der Gewerbeordnung, Enquêten über die Lebenssituation der Arbeiter).

4. Weimarer Republik

In der Weimarer Verfassung wurden viele Aufgaben von den Ländern zur zentralen Reichsgewalt verlagert. In diesem Zusammenhang entstanden neue Zuständigkeiten, so daß das Reichswirtschaftsministerium für die Statistik die stärkste Bedeutung gewann. Aus dem Kaiserlichen Statistischen Amt wurde das Statistische Reichsamt, das nicht mehr dem Reichsministerium des Innern, sondern dem neuen Reichswirtschaftsministerium unterstellt war. 1920 wurde die Abteilung für "Arbeiterstatistik" vom Statistischen Reichsamt abgetrennt und der neugegründeten "Reichsanstalt für Arbeitsvermittlung und Arbeitslosenversicherung" angegliedert.

Die nachstehende Tabelle gibt eine Übersicht über die Ausstattung des Statistischen Reichsamtes mit Personal und Maschinen im Vergleich zu den Statistischen Ämtern der Länder in den Jahren 1913 und 1922.

Tabelle 1: Ausstattung der Statistischen Ämter mit Personal und Maschinen in den Jahren 1913 und 1922

Staat und Gründungsjahr	Personal								Maschinen 1922			
	höheres (akad. gebild.) ständig u. nichtständig		mittleres und unteres		durchschn. Zahl der nichtständigen Hilfskräfte		überhaupt		Allg. Rechenmaschinen	Additionsmaschinen	Elektr. Zähl- u. Ausscheidemaschinen	zusammen
	1913	1922	1913	1922	1913	1922	1913	1922				
Deutsches Reich 1872 . .	27	35	349	379	346	680	722	1094	50	73	¹)	123
Preußen 1805	15	21	80	82	242	275	337	378	46	5	—	51
Bayern 1808 bzw. 1833 . .	7	9	30	53	64	96	101	158	8	7	—	15
Sachsen 1850	13	13	59	51	26	39	98	103	9	2	²)	11
Württemberg 1820 . . .	13	13	35	62	50	30	98	105	2	1	—	3
Baden 1852	5	7	27	45	3	5	35	57	2	1	—	3³)
Hessen 1861	2	2	17	17	50	50	69	69	2	1	—	3⁴)
Mecklenb.-Schwerin 1851 .	1	1	12	12	4	4	15	15	1	1	—	2
Mecklenb.-Strelitz 1919. .	—	1	—	2	—	2	—	5	—	—	—	—
Oldenburg 1855	1	1	7	14	12	—	20	15	1	1	—	2
Braunschweig 1854 . . .	1	1	9	10	2	2	12	13	3	—	—	3
Thüringen 1864 bzw. 1921 .	3	4	10	18	5	3	18	25	3	—	—	3
Anhalt 1866	2	2	4	4	—	2	6	8	—	—	—	—
Hamburg 1866	4	6	99	158	240	400	343	564	4	5	—	9⁵)
Bremen 1850	2	2	21	30	20	24	43	56	1	2	—	3
Lübeck 1871	1	1	11	12	—	—	12	13	—	2	—	2⁶)

¹) Bis zum Jahre 1915 waren 4 elektrische Sortier- und 3 Tabelliermaschinen vorhanden, außerdem 22 Lochapparate und 2 Universalstanzer. ²) Im J. 1913 6 gemietete elektrische Maschinen. ³) Außerdem 1 Rechenschieber. ⁴) Außerdem 1 Rechenwalze Loga. ⁵) Außerdem 1 Rechenwalze. ⁶) Außerdem 1 Rechenwalze, 1 Rechenapparat, 1 Rechentafel.

Quelle: Zahn 1925, S. 26.

Die im Vergleich zu den meisten Statistischen Ämtern der Länder überproportionale Zunahme des Personals beim Reichsamt ergibt sich aus dem beschriebenen Zuwachs zentralstaatlicher Aufgaben. Der Personalbedarf der Ämter ist je nach Verwendung und Ausstattung mit Maschinen verschieden, denn bei maschinengestützten Auszählungen wird weniger Personal benötigt. Die Zahlen in Tabelle 1 sind nur unter diesem Vorbehalt vergleichbar.

Das vor dem Ersten Weltkrieg erreichte statistische Arbeitsprogramm ist zwar teilweise durch den Krieg unterbrochen, aber nach dem Kriege in vollem Umfange weitergeführt worden, wobei auf vielen Gebieten methodische Verbesserungen und sachliche Erweiterungen stattfanden.

In der *Bevölkerungsstatistik* ist das Interesse an der zukünftigen Bevölkerungsentwicklung und die Familien- und Haushaltsstatistik als neues Element hervorzuheben. Der Nachweis der Erwerbstätigkeit blieb auf eine, allerdings methodisch sehr moderni-

sierte Berufszählung beschränkt. Zu nennen ist auch der Ausbau der Industrieberichterstattung zu einem Instrument der Beobachtung der Beschäftigungslage. Die *Landwirtschaftsstatistik* wurde vor allem durch die Milchproduktion erweitert, und die Untersuchung der Eigentums- und Besitzverhältnisse, zu denen im weiteren Sinne auch die
Reichssiedlungsstatistik zu rechnen ist, gewann an Bedeutung. In der *Gewerbestatistik*
blieb es bei der – erheblich verbesserten – Darstellung der Zahl und der Größe der
Betriebe und Unternehmen. Die *Produktionsstatistik* blieb weiterhin auf ausgewählte
Industriezweige beschränkt. Sie wurde allerdings durch die *Bautätigkeitsstatistik* ergänzt.
Die *Finanz- und Steuerstatistik* wurde – als Folge der Weimarer Verfassung, wonach die
Länder stärker hinter die Reichsgewalt zurücktraten – als die umfangreichste der neu
hinzugekommenen Aufgaben zentral von der Reichsstatistik übernommen. Der Ausbau
der *Preisstatistik*, der *Lohn- und Gehaltsstatistik* und die Aufnahme von
Volkseinkommens- und Zahlungsbilanzberechnungen stellten weiterhin bedeutende
Vervollständigungen des statistischen Programms dar. Auf sehr vielen Sachgebieten
wurde zu einer monatlichen Periodizität der Statistiken übergegangen, um die
Wirtschaftsbeobachtung zu erleichtern.

Zusammenfassend können für die Zeit der Weimarer Republik die folgenden bedeutenden Veränderungen im Arbeitsprogramm festgehalten werden:

ab 1919: Reichsindexziffer für die Lebenshaltung (Geldentwertung 1919/1923),

ab 1920: Gründung einer selbständigen Reichsanstalt für Arbeitsvermittlung und Arbeitslosenversicherung (Statistik des Arbeitseinsatzes, der Arbeitslosigkeit und der
Arbeitsvermittlung),

ab 1920: Lohn- und Gehaltsstatistik (im Zusammenhang mit der sich andeutenden sozialen Krise),

ab 1921: Geld- und Kreditstatistik (im Zusammenhang mit der Nachkriegsinflation),

ab Mitte der 20er Jahre: Aufbau einer Volkseinkommensrechnung (zur Berechnung der
Leistungsfähigkeit der Wirtschaft im Zusammenhang mit den Reparations-
zahlungen).

5. Nationalsozialismus

In der Zeit des Nationalsozialismus gaben die engen Beziehungen zwischen amtlicher
Statistik und staatlicher Verwaltung dem Statistischen Amt den Charakter eines Kon-
trollorgans über weite Bereiche des wirtschaftlichen und sozialen Lebens.

Die enge Bindung des Programms der amtlichen Statistik an die Aufgaben, die der
Staat sich stellte, führte zu zeitspezifischen Veränderungen. Vor allem reichte das statistisch unzureichend entwickelte Instrumentarium auf dem Gebiet der industriellen Pro-

duktionsstatistik für die Planung und Lenkung der Produktion und der Versorgung nicht aus und wurde erweitert. Der grundlegende Wandel ist von dem damaligen Präsidenten E. Reichardt auf die Formel gebracht worden: Von der Wirtschaftsstatistik zur Bewirtschaftungsstatistik[16]. Während es bisher Aufgabe der Statistik war, die von den Einzelnen erhobenen Daten als Massenerscheinungen zu gruppieren und auszuwerten, also der Feststellung und Beobachtung von allgemeinen Wirtschaftsvorgängen zu dienen, sollten jetzt die Einzelangaben für die Verwaltung und Bewirtschaftung, für die Zuteilung an den einzelnen Betrieb und für die Kontrolle seiner Leistungen dienstbar gemacht werden. Wollte man Doppelbefragungen vermeiden, so mußten die Statistiken zwangsläufig zu denjenigen Stellen abwandern, die mit der Bewirtschaftung und Überwachung betraut waren. Daraus ergab sich, daß vielfach statistische Arbeiten außerhalb des Reichsamtes durchgeführt wurden.

Andererseits zeigte sich, daß andere Ziele der Wirtschafts- und Gesellschaftspolitik nicht grundsätzlich auch ein anderes statistisches Programm verlangen. Die Sachverhalte, die statistisch gemessen werden müssen, bleiben vielfach die gleichen und unbeeinflußt von der Politik, für die die Statistik die Ausgangsdaten liefert. So ist auch im Zeitraum 1933 bis 1945, wenn man von den Wirren der letzten Kriegsjahre absieht, das gesamte erreichte statistische Instrumentarium beibehalten und verbessert worden. Die Aufhebung der Länderhoheit im "Dritten Reich" und die Verschmelzung des Preußischen Statistischen Landesamtes mit dem Statistischen Reichsamt führten zu einer starken regionalen Zentralisierung aller statistischen Arbeiten. Die starke Zentralgewalt erreichte leichter die Vereinheitlichung statistischer Programme und ihre Ausdehnung auf das gesamte Reichsgebiet.

Die bevölkerungspolitischen Ziele einer Geburtenförderung durch Ehestandsdarlehen und der Familienlastenausgleich führten im Verein mit dem Rassenwahn zu entsprechenden Ergänzungen der Volkszählung und der übrigen *Bevölkerungsstatistik*, aber auch z.B. der Handwerkszählung. Die *industrielle Produktionsstatistik* wurde – zeitweilig außerhalb des Reichsamtes – für Zwecke der wehrwirtschaftlichen Planung auf eine breite Grundlage gestellt. Die Erfassung des Rohstoffverbrauchs und der Bruttoproduktion lieferte Material, das man normalerweise in einem Industriezensus erhebt. Auch die Industrieberichterstattung wurde von einer reinen Beschäftigtenstatistik mit Hilfe der Fragen nach dem Absatz im In- und Ausland zu einer Art Produktionsstatistik, die jedoch ebenfalls aus dem Arbeitsgebiet des Reichsamtes ausschied. Die *allgemeine Arbeitsstättenzählung* erfaßte zum erstenmal alle Bereiche der Erwerbstätigkeit. Sie wurde durch Bereichszählungen ergänzt, und zwar für das Handwerk und den Einzelhandel. Auch der 1936 durchgeführte Industriezensus kann als eine solche, auf der Arbeitsstättenzählung aufbauende Bereichszählung angesehen werden. Die Handwerksberichterstattung wurde ergänzend zur Industrieberichterstattung aufgenommen.

Wichtige Veränderungen im statistischen Arbeitsprogramm sind nachfolgend in ihrem zeitlichen Ablauf aufgezählt.

---

16 Vgl. Reichardt 1940, S. 77.

ab 1933: Aufbau der Industriestatistik (Rohstoffbilanzen, produktionstechnische Verflechtungen in Vorbereitung der wehrwirtschaftlichen Planung),

ab 1935: Ausbau der Agrarstatistik (im Rahmen der Autarkiebestrebungen des Dritten Reichs),

ab 1939: Ausweitung der Volkszählung um haushalts- und familienstatistische Daten (im Rahmen der nationalsozialistischen Bevölkerungspolitik).

6. Entwicklung der amtlichen Statistik in der Bundesrepublik Deutschland

In den Übergangsjahren (1945 bis 1949) bis zur Gründung der Bundesrepublik Deutschland konsolidierte sich auch die Arbeit der statistischen Ämter. Die Befugnisse der in den Besatzungszonen sehr unterschiedlich organisierten Ämter gingen nach und nach in deutsche Hände über. Bereits 1946 kam es zur ersten – und einzigen – vierzonalen Volkszählung, die jedoch durch unzureichende Vorbereitung und den Zuzug von Flüchtlingen und Vertriebenen zu wenig brauchbaren und bald überholten Ergebnissen führte. Mit dem Zusammenschluß der britischen und der amerikanischen Besatzungszone wurde ein Statistisches Amt des Vereinigten Wirtschaftsgebiets errichtet, das sich nach der Gründung der Bundesrepublik Deutschland zum Statistischen Bundesamt entwickelte. Die Grundlagen für den systematischen Aufbau des Statistischen Programms wurden bereits in den Übergangsjahren gelegt[17].

Das Statistische Bundesamt hat wie die statistischen Ämter in der Vergangenheit die Aufgabe, laufend Daten über Massenerscheinungen zu erheben, zu sammeln, aufzubereiten und zu analysieren[18]. Dem föderalistischen Staats- und Verwaltungsaufbau entsprechend teilen sich Bund und Länder die Erfüllung der statistischen Aufgaben. Im Gegensatz zu der zentralistisch orientierten Organisationsform in der Weimarer Republik und im Nationalsozialismus ist die Bundesstatistik deshalb regional dezentral aufgebaut und organisiert. Während die methodische und technische Vorbereitung der einzelnen Statistiken sowie die Zusammenstellung und Darbietung der Bundesergebnisse beim Statistischen Bundesamt liegen, sind für die Erhebung und Aufbereitung bis zum Landesergebnis – von wenigen Ausnahmen, wie z.B. den Kostenstrukturstatistiken und der Außenhandelsstatistik abgesehen – die Statistischen Landesämter zuständig.

Als selbständige Bundesoberbehörde untersteht das Bundesamt – nachdem das Statistische Amt im Kaiserreich dem Reichsministerium des Innern unterstand, dann nach dem ersten Weltkrieg dem Wirtschaftsministerium – jetzt wieder der Dienstaufsicht des Bundesministers des Innern, ist aber in Fachfragen unmittelbar den fachlich zuständigen Ministerien verantwortlich. Um die Objektivität und Neutralität

---

17 Vgl. Statistisches Amt des Vereinigten Wirtschaftsgebiets 1949.
18 Vgl. zum folgenden Statistisches Bundesamt 1988, S. 11 ff.

der Arbeiten zu gewährleisten, sind die statistischen Ämter in methodischen und wissenschaftlichen Fragen der Statistik nicht an Weisungen gebunden.

Zur Sicherstellung der Qualität der Ergebnisse, insbesondere im Hinblick auf Genauigkeit und Vollständigkeit, besteht für die meisten Bundesstatistiken Auskunftspflicht. Der Auskunftspflicht der Befragten steht die Geheimhaltungspflicht der statistischen Ämter und der Personen gegenüber, die die Statistik durchführen. Grundsätzlich sind alle Einzelangaben über persönliche und sachliche Verhältnisse, die für eine Bundesstatistik gemacht werden, geheimzuhalten.

Von grundlegender Bedeutung für die Arbeit der amtlichen Statistik ist das Prinzip der Legalisierung, d.h. für jede Bundesstatistik ist eine Rechtsgrundlage zwingend erforderlich. Dabei wird darauf geachtet, daß jeweils der vordringliche Bedarf an Daten unter optimaler Ausnutzung der verfügbaren Informationen gedeckt wird. Die Aufbereitung, Auswertung und Darbietung wird unter Einsatz moderner Techniken sachgerecht durchgeführt. Der Aufgabenkatalog des Statistischen Bundesamtes ist im Bundesstatistikgesetz festgelegt. Zu den Aufgaben des Amtes zählen insbesondere:[19]

- Statistiken für Bundeszwecke methodisch und technisch vorzubereiten und weiterzuentwickeln. Hier handelt es sich vor allem um methodische Untersuchungen zur Ausgestaltung der Erhebungen sowie um die Entwicklung der Erhebungs- und Aufbereitungsunterlagen und -verfahren. Dabei ist der jeweils modernste Entwicklungsstand anzustreben mit dem Ziel, Belastungen für die Auskunftgebenden möglichst gering zu halten.
- Auf die einheitliche und termingemäße Durchführung der Erhebungs- und Aufbereitungsprogramme von Bundesstatistiken durch die Länder sowie auf die sachliche, zeitliche und räumliche Abstimmung der Statistiken hinzuwirken. Dies geschieht insbesondere durch die Ausarbeitung einheitlicher Erhebungs- und Aufbereitungsunterlagen, wie z.B. von Fragebögen und sonstigen Erhebungspapieren mit Erläuterungen, die Aufstellung bundeseinheitlicher Tabellenprogramme und die Arbeitsablauf- und Terminplanung.
- Die Ergebnisse der Bundesstatistiken in der erforderlichen sachlichen und regionalen Gliederung zusammenzustellen und für allgemeine Zwecke zu veröffentlichen und darzustellen. Das gleiche gilt für Statistiken anderer Staaten, der Europäischen Gemeinschaften und internationaler Organisationen[20].
- Bundesstatistiken zu erheben und aufzubereiten, wenn es in einem Bundesgesetz bestimmt ist oder soweit die beteiligten Länder zustimmen, sowie Zusatzaufbereitun-

---

19 Vgl. dazu Statistisches Bundesamt 1987, S. 10 f.
20 Einen Überblick über das umfangreiche Angebot an Veröffentlichungen des Statistischen Bundesamtes gibt das jährlich erscheinende Veröffentlichungsverzeichnis, das kostenlos bezogen werden kann. Umfassende Informationen und einen Einblick in das Zahlenangebot der amtlichen Statistik bieten das Statistische Jahrbuch für die Bundesrepublik Deutschland und das Statistische Jahrbuch für das Ausland, die jeweils jährlich erscheinen. Die Ergebnisse einzelner Statistiken werden in Fachserien veröffentlicht, die nach großen Sachgebieten gegliedert sind. Jede Fachserie umfaßt Veröffentlichungsreihen mit den Ergebnissen laufender Statistiken, die im Bedarfsfall durch Sonderveröffentlichungen ergänzt werden.

gen für Bundeszwecke und Sonderaufbereitungen durchzuführen, soweit die Statistischen Ämter der Länder diese Aufbereitungen nicht selbst durchführen.

- Im Auftrag oberster Bundesbehörden Geschäftsstatistiken aufzubereiten. Hierbei handelt es sich um Daten aus dem Verwaltungsvollzug.

- An der Vorbereitung des Programms der Bundesstatistik und der Rechts- und allgemeinen Verwaltungsvorschriften des Bundes, die die Bundesstatistik berühren, mitzuwirken.

- Volkswirtschaftliche Gesamtrechnungen und sonstige Gesamtsysteme statistischer Daten für Bundeszwecke aufzustellen und zu veröffentlichen.

- Das statistische Material in aggregierter und anonymisierter Form im "Statistischen Informationssystem des Bundes" (STATIS-BUND) zu speichern und zur Nutzung bereitzustellen. Damit kann für die verschiedensten Untersuchungs- und Planungszwecke eine rasche Auswertung je nach Bedarf mit Hilfe moderner mathematisch-statistischer Methoden erreicht werden[21].

- Die Bundesbehörden bei der Vergabe von Forschungsaufträgen bezüglich der Gewinnung und Bereitstellung statistischer Daten zu beraten sowie im Auftrag der obersten Bundesbehörden auf dem Gebiet der Bundesstatistik Forschungsaufträge auszuführen, Gutachten zu erstellen und sonstige Arbeiten statistischer Art durchzuführen.

Die Entwicklung des statistischen Programms in der Bundesrepublik Deutschland kann nicht im einzelnen nachgezeichnet werden, da dies den Rahmen des Aufsatzes sprengen würde. Die nachfolgende Aufzählung soll einen kurzen Überblick über Weiterentwicklungen des Arbeitsprogramms nach dem zweiten Weltkrieg geben:

ab 1946: Ausbau der Gebäude- und Wohnungsstatistik (zur Feststellung der Kriegszerstörungen und Unterbringung der Flüchtlinge),

ab 1950: Aufbau der Sozialproduktsberechnung und der volkswirtschaftlichen Gesamtrechnungen (im Zusammenhang der Beteiligung der Bundesrepublik Deutschland an internationalen Wiederaufbauprogrammen und den Wirtschaftsgemeinschaften),

ab 1957: Durchführung des Mikrozensus (zur Beschreibung der Struktur der Erwerbstätigkeit und der Bevölkerung),

ab 1962/63: Durchführung der Einkommens- und Verbrauchsstichprobe (zur Erfassung der Einnahmen und Ausgaben privater Haushalte),

ab 1965: Aufbau der Input-Output-Rechnung (auf Anforderungen der EG),

ab 1971: Ausbau der Bildungs-(Hochschul-)Statistik (im Zusammenhang mit der Expansion des Hochschulbereichs),

---

21 In STATIS-BUND sind z.Z. 550.000 Zeitreihen aus vielen Gebieten des gesellschaftlichen und wirtschaftlichen Lebens in tiefer sachlicher und zeitlicher Gliederung verfügbar. Der Datenbestand wird laufend aktualisiert und erweitert. Auf die Daten kann on line zugegriffen oder sie können auf Magnetband, auf Diskette oder als Ausdruck geliefert werden. Informationen zum Datenbestand, den Bezugsbedingungen und die Nutzung von STATIS-BUND können vom Statistischen Bundesamt angefordert werden.

ab 1974: Aufbau der Umweltstatistiken (zur Beschreibung des Umweltzustandes und als Informationsbasis für die Umweltpolitik),

ab 1976: Neuordnung der Statistik des Produzierenden Gewerbes (Vereinheitlichung, Ergänzung und Rationalisierung der Statistiken),

ab 1978: Neuordnung der Statistik im Handel und Gastgewerbe (Einführung eines Systems aufeinander abgestimmter laufender und mehrjähriger Statistiken),

Ende der 70er Jahre: "Statistikbereinigung" (Entbürokratisierung, Straffung des Arbeitsprogramms) und

ab Mitte der 80er Jahre: Aufbau statistischer Gesamtsysteme (Umwelt, Tourismus).

7. Ausblick

Die Entwicklung der amtlichen Statistik in der Bundesrepublik Deutschland ist von der Überzeugung geprägt, daß die Bundesstatistik nicht nur Verwaltungszwecken zu dienen habe, sondern auch den Informationsbedarf der Öffentlichkeit, der Wirtschaft und der Wissenschaft zu decken hat. Die Aufgaben der amtlichen Statistik haben sich von daher mehr und mehr von einem Hilfsorgan der öffentlichen Verwaltung zu einer allgemeinen Dienstleistungseinrichtung gewandelt mit entsprechenden Auswirkungen auf Umfang und Vielfalt des Arbeitsprogramms.

Gerhard Fürst hat versucht, die Entwicklung der zentralstaatlichen amtlichen Statistik in groben Linien nachzuzeichnen und Perspektiven für künftige Arbeitsschwerpunkte aufzuzeigen. Seine 1972 veröffentlichten Gedanken haben bis heute Aktualität bewahrt:

"1. Die Entwicklung des statistischen Programms war im gesamten Zeitraum der 100 Jahre an die sich wandelnden und erweiternden Verwaltungsbedürfnisse gebunden.
2. Die Verwaltungsbedürfnisse waren ihrerseits abhängig vom Staats- und Wirtschaftssystem, das in den vier großen Zeitabschnitten die Akzente verschieden setzte und damit letzten Endes das Gesicht der Statistik bestimmte.
3. Die Wirtschafts- und Gesellschaftswissenschaften übten einen zunehmenden Einfluß auf den Stil der staatlichen Wirtschaftspolitik und damit auch auf das statistische Programm aus, das mehr und mehr der allgemeinen Wirtschaftsbeobachtung dienstbar gemacht wurde.
4. Die Zeit ist schnellebiger geworden und damit ergänzten kurzfristige, laufende Statistiken die anfänglich stark im Vordergrund stehenden Großzählungen mit großen zeitlichen Abständen.
5. Die internationale Zusammenarbeit gewinnt an Bedeutung und nimmt besonders innerhalb der EWG zunehmenden Einfluß auf das Programm der Statistik.
6. Der Weg von der Einzelstatistik zur Gesamtschau wirtschaftlicher, sozialer und gesellschaftlicher Zusammenhänge ist unverkennbar."[22]

Auf die weitere Entwicklung der amtlichen Statistik soll an dieser Stelle nur soweit eingegangen werden, wie sie die Auseinandersetzung mit der Geschichtswissenschaft betrifft.

---

22 Fürst 1972 (b), S. 337 f.

Um aus einem aktuellen Ist-Zustand sich andeutende künftige Entwicklungen erkennen zu können, ist häufig die Vergegenwärtigung des Vergangenen hilfreich. Die Geschichte der Statistik, ihrer Methoden und Institutionen kann somit Einsichten liefern, die zur Bewertung und schnellen Lösung zeitgenössischer Aufgaben Anregungen geben kann. Eine intensive Auseinandersetzung mit der Vergangenheit der amtlichen Statistik ist nicht nur wünschenswert, sondern auch hilfreich. In den vergangenen Jahren ist so z.B. versucht worden, den Lesern des Statistischen Jahrbuchs historische Dokumente näher zu bringen.

Noch wichtiger als die Geschichte der amtlichen Statistik ist der Ausbau der sogenannten "Historischen Statistik", also der Nachweis historischer Sachverhalte in Zahlen bzw. in Mengeneinheiten. In dem Forschungsprojekt "Quellen und Forschungen zur Historischen Statistik von Deutschland" sind für zahlreiche Statistikbereiche wertvolle Arbeiten zum Nachweis langer regional tiefgegliederter Zeitreihen in Angriff genommen worden. Die vorliegenden Ergebnisbände zeigen, daß die Daten nicht nur für Historiker, sondern auch für andere Wissenschaftsbereiche und die amtliche Statistik interessant sind.

Eine punktuelle Aufnahme historischer Daten in die Fachserien des Statistischen Bundesamtes, soweit sie eine gewinnbringende Ergänzung der bisherigen Angaben darstellen, ist sicherlich eine Aufgabe für die Zukunft. Im Einzelfall wird mit den zuständigen Fachabteilungen zu entscheiden sein, in welchem Umfang historische Daten in die Veröffentlichungen aufgenommen werden.

Eine vollständige Überarbeitung der Festschrift, die das Statistische Bundesamt zum 100jährigen Bestehen der zentralen amtlichen Statistik in Deutschland herausgebracht hat, stellt eine weitere wichtige Zukunftsaufgabe dar[23]. Die Neubearbeitung mußte in der Vergangenheit bereits mehrfach aufgrund anderer wichtiger Arbeiten zurückgestellt werden. Dieses leider seit Jahren vergriffene Werk liefert in seinem Textteil einen ausführlichen Überblick über die Veränderungen in den Aufgaben und im Programm der amtlichen Statistik seit 1872. Der Tabellenteil stellt vor allem Informationen aus amtlichen statistischen Quellen dar und umfaßt alle in Zahlen erfaßten Tatbestände aus dem wirtschaftlichen und sozialen Leben, die seit mehreren Jahrzehnten zum Arbeitsprogramm der amtlichen Statistik gehören. Bei einer Überarbeitung dieses Werkes könnten einerseits die neuen methodischen Erkenntnisse der Historischen Statistik genutzt werden, aber andererseits könnten auch die Zahlenangaben gemäß der Ergebnisse der Forschungsarbeiten aus dem DFG-Schwerpunktprogramm ergänzt und vervollständigt werden.

Um die künftige Erforschung statistischer Quellen und eine kontinuierliche Forschungsarbeit sicherzustellen, scheint eine Institutionalisierung, z. B. in der Form einer "Arbeitsgemeinschaft für Historische Statistik" unumgänglich. In dieser Arbeitsgemeinschaft sollten sowohl die amtliche Statistik als auch die universitäre und die außeruniversitäre Geschichtsforschung vertreten sein. Diese Arbeitsgemeinschaft sollte die finan-

---

23 Vgl. Statistisches Bundesamt 1972.

ziellen und organisatorischen Voraussetzungen dafür schaffen, daß vorhandene Forschungslücken im Bereich der Historischen Statistik gezielt geschlossen werden.

Literatur

Appel, Gunther: Tendenzen und Wege einer Weiterentwicklung der Statistik zur Erfüllung des Informationsbedarfs, in: Verband Deutscher Städtestatistiker (Hrsg.): *Statistik im Spannungsfeld der Gesellschaft*, Hamburg 1984, S. 33 - 56.

Bayerisches Landesamt für Statistik und Datenverarbeitung (Hrsg.): *150 Jahre amtliche Statistik in Bayern von 1833 bis 1983*, München 1983.

Berthold, Georg: Die Berliner Volkszählungen 1709 - 1871, in: *Berliner Statistik*, 7/1987, (Nachdruck aus der Zeitschrift des Vereins für die Geschichte Berlins "Der Bär", 9/1878), S. 187 - 188.

Borscheid, Peter: *Versicherungsstatistik Deutschlands: 1750 - 1985*, St. Katharinen 1988.

Elsner, Eckart: Kleiner Abriß der Geschichte der Berliner Statistik. Dargestellt anläßlich des 125jährigen Bestehens eines selbständigen statistischen Amtes der Stadt Berlin, in: *Berliner Statistik*, 1/1987, S. 2 - 4.

Fischer, Wolfram: Quellen und Forschungen zur Historischen Statistik von Deutschland. Ein Forschungsschwerpunkt der Deutschen Forschungsgemeinschaft, in: Arbeitsgemeinschaft außeruniversitärer historischer Forschungseinrichtungen in der Bundesrepublik Deutschland (Hrsg.): *Jahrbuch der historischen Forschung in der Bundesrepublik Deutschland. Berichtsjahr 1985*, München 1986, S. 47 - 52.

Flaskämper, Paul: *Allgemeine Statistik. Grundriß der Statistik. Teil 1*, Hamburg 1949.

Fürst, Gerhard: Wandlungen im Programm und in den Aufgaben der amtlichen Statistik in den letzten 100 Jahren, in: Statistisches Bundesamt (Hrsg.): *Bevölkerung und Wirtschaft 1872 - 1972. Herausgegeben anläßlich des 100jährigen Bestehens der zentralen amtlichen Statistik*, Stuttgart, Mainz 1972 (a), S. 12 - 83.

Fürst, Gerhard: 100 Jahre Reichs- und Bundesstatistik. Gedanken und Erinnerungen, in: *Allgemeines Statistisches Archiv*, 4/1972 (b), S. 336 - 363.

Grohmann, Heinz: Statistik als gesellschaftspolitische Aufgabe, in: *Staat und Wirtschaft in Hessen*, 4/1986, S. 103 - 108.

Grohmann, Heinz: Von der "Kabinettsstatistik" zur "Statistischen Infrastruktur" - Reflexionen über die Entwicklung einer Dienstleistung für die Gesellschaft, in: *Allgemeines Statistisches Archiv*, 1/1989, S. 1 - 15.

Groß, Manfred: Berlin, als das Statistische Bureau gegründet wurde. Zum 125jährigen Bestehen des Statistischen Amtes, in: *Berliner Statistik*, 2/1987, S. 22 - 40.

Günther, Adolf: Die Geschichte der deutschen Statistik, in: Zahn, Friedrich (Hrsg.): *Die Statistik in Deutschland nach ihrem heutigen Stand*. Bd. 1, München und Berlin 1911, S. 1 - 65.

Günther, Adolf: Geschichte der Statistik - Historische Statistik, in: Burgdörfer, Friedrich (Hrsg.): *Die Statistik in Deutschland nach ihrem heutigen Stand. Ehrengabe für Friedrich Zahn*. Bd. 1, Berlin 1940, S. 3 - 9.

Hessisches Statistisches Landesamt (Hrsg.): *Hessen im Wandel. Eine Bevölkerungs- und Wirtschaftskunde: Herausgegeben zum 125jährigen Jubiläum der amtlichen Statistik in Hessen*, Wiesbaden 1986.

Hölder, Egon: Bundesstatistik heute und morgen - Strategien für ihre Weiterentwicklung, in: Statistisches Bundesamt (Hrsg.): *Bundesstatistik in Kontinuität und Wandel. Festschrift für Hildegard Bartels zu ihrem 70. Geburtstag*, Stuttgart, Mainz 1984, (Forum der Bundesstatistik, Bd. 1), S. 14 - 24.

Hölder, Egon: Historische Statistik, in: Hölder, Egon u.a.: *Historische Statistik in der Bundesrepublik Deutschland*, Berlin 1988, (Berliner Arbeitshefte und Berichte zur sozialwissenschaftlichen Forschung, Nr. 5), S. 1 - 38.

Hofmeister-Lemke, Karl-Heinz: Die Volkszählung 1987 in historischer Perspektive. Fragenprogramme der Volkszählungen im Deutschen Reich und in der Bundesrepublik Deutschland 1871 bis 1987, in: *Berliner Statistik*, 7/1987, S. 154 - 158.

John, Vinzenz: *Geschichte der Statistik. Erster Teil. Von dem Ursprung der Statistik bis auf Quetelet* (1835), Stuttgart 1884 (Unveränderter Neudruck, Wiesbaden 1968).

Kunz, Andreas: *DFG-Forschungsschwerpunkt. "Quellen und Forschungen zur Historischen Statistik von Deutschland"*. Bericht *1981 - 1985/86*, Berlin 1985 (Manuskript).

Litz, Hans P./Lipowatz, Athanasios: *Amtliche Statistik in marktwirtschaftlich organisierten Industriegesellschaften. Eine vergleichende Untersuchung der amtlichen Statistik der Bundesrepublik Deutschland, der Niederlande und Frankreichs*, Frankfurt/M. und New York 1986.

Mayr, Gustav v.: *Statistik und Gesellschaftslehre. Erster Band. Theoretische Statistik*. Tübingen 1914.

Momsen, Ingwer E.: Die ersten Volkszählungen in Schleswig-Holstein, in: *Statistische Monatshefte Schleswig-Holstein*, 4/1987, S. 86 - 95.

Ott, Hugo (Hrsg.): *Historische Energiestatistik von Deutschland, I. Statistik der öffentlichen Elektrizitätsversorgung Deutschlands 1890 - 1913*, St. Katharinen 1986.

Pierenkemper, Toni: *Haushalt und Verbrauch in historischer Perspektive: Zum Wandel des privaten Verbrauchs in Deutschland im 19. und 20. Jahrhundert*, St. Katharinen 1987.

Reichardt, Wolfgang: Die Reichsstatistik, in: Burgdörfer, Friedrich (Hrsg.): *Die Statistik in Deutschland nach ihrem heutigen Stand. Ehrengabe für Friedrich Zahn*. Bd. 1, Berlin 1940.

Rothenbacher, Franz: Haushalts- und Familienstatistik im Deutschen Reich mit Rückblicken auf die Zollvereins- und Vorzollvereinsstatistik, in: Rothenbacher, Franz/ Putz, Friedrich: *Die Haushalts- und Familienstatistik im Deutschen Reich und in der Bundesrepublik Deutschland*, Wiesbaden 1987 (Materialien zur Bevölkerungswissenschaft, Heft 51), S. 5 - 80.

Schmidl, Josef: Die amtliche Statistik auf dem Weg in die neunziger Jahre, in: *Österreichische Zeitschrift für Statistik und Informatik*, 3/1987, S. 145 - 152.

Statistisches Amt des Saarlandes (Hrsg.): *Geschichte und Aufgabe: Statistisches Amt des Saarlandes von 1935 bis 1985*, Saarbrücken 1985.

Statistisches Amt des Vereinigten Wirtschaftsgebiets (Hrsg.): *Das Statistische Amt des Vereinigten Wirtschaftsgebiets. Aufgabengebiet - Aufbau. Tätigkeitsbericht 1948*, Wiesbaden 1949.

Statistisches Bundesamt (Hrsg.): *Kleine Chronik des Statistischen Bundesamtes*, Wiesbaden 1956.

Statistisches Bundesamt (Hrsg.): *Bevölkerung und Wirtschaft 1872 - 1972*, Stuttgart und Mainz 1972.

Statistisches Bundesamt (Hrsg.): *Bundesstatistik - für wen und wofür?* Wiesbaden 1987.

Statistisches Bundesamt (Hrsg.): *Das Arbeitsgebiet der Bundesstatistik 1988*, Stuttgart und Mainz 1988.

Statistisches Landesamt Berlin (Hrsg.): *100 Jahre Berliner Statistik 1862 - 8. Februar 1962*, Berlin 1962.

Wingen, Max: Herausforderungen der amtlichen Statistik durch den gesellschaftlichen Wandel, in: *Allgemeines Statistisches Archiv*, 1/1989, S. 16 - 41.

Wolfram Fischer/Andreas Kunz

Quellen und Forschungen zur Historischen Statistik von Deutschland. Ein Forschungsschwerpunkt der Deutschen Forschungsgemeinschaft

1. Entstehung, Zielsetzung und Organisation des Forschungsschwerpunkts

In fast allen sozialwissenschaftlichen Forschungszweigen hat sich die Statistik sowohl als Quellenbasis als auch als methodische Hilfswissenschaft zunehmende Bedeutung gesichert. Sie wird inzwischen nicht nur zur Analyse von Gegenwarts- und Zukunftsproblemen, sondern auch zur Klärung historischer Fragestellung angewandt. Da die Zahl wissenschaftlicher Arbeiten, die längerfristigen Entwicklungen und quantitativ meßbaren Zusammenhängen nachgehen, im Ansteigen begriffen ist, wächst auch der Bedarf an Langzeitreihen, der Bedarf an einer sogenannten "Historischen Statistik". Daß die Erstellung einer derartig langfristig angelegten Statistik eine der bedeutendsten Aufgaben der deutschen wirtschafts- und sozialhistorischen Forschung ist, wurde von der Deutschen Forschungsgemeinschaft (DFG) bereits 1976 anerkannt. Damals wurde diesem Sachverhalt durch die Förderung von Pilotprojekten Rechnung getragen, die teilweise in anderen, damals bestehenden Forschungsschwerpunkten angesiedelt waren[1]. Aber erst mit der Einrichtung eines eigenen Forschungsschwerpunktes "Quellen und Forschungen zur historischen Statistik von Deutschland" im Frühjahr 1981 wurden die Voraussetzungen geschaffen, um ein von der deutschen Forschung bis dahin vernachlässigtes Gebiet mit größeren finanziellen Ressourcen und mit Hilfe einer geeigneten organisatorischen Infrastruktur gezielt anzugehen. Die Resonanz war groß: Im insgesamt zehnjährigen Förderungszeitraum (1981-1991) fanden sich mehr als 20 Antragsteller mit nahezu 70 wissenschaftlichen Mitarbeitern und Hilfskräften, um in einer Reihe von Einzelprojekten die notwendigen Arbeiten zu leisten.

Die Historische Statistik von Deutschland ist ein zeitlich möglichst weit zurückgreifendes, regional tief gegliedertes und thematisch breit angelegtes Dienstleistungsunternehmen für zukünftige, unterschiedlichste Forschung. Sie veröffentlicht in einer eigens dafür gegründeten Schriftenreihe kritisch kommentierte Daten aus den Bereichen Bevölkerung, Wirtschaft, Gesellschaft und Staat[2]. Für das 19. und 20. Jahrhundert, dem

---

1 Ein aus Pilotprojekten hervorgegangener statistischer Band liegt vor: Die Produktion der deutschen Hüttenindustrie 1850-1914. Ein historisch-statistisches Quellenwerk. Bearb. v. Stefi Jersch-Wenzel u. Jochen Krengel (= Einzelveröffentlichungen der Historischen Kommission zu Berlin, Bd. 43, Quellenwerke), Berlin 1984. – Dieser Beitrag ist die wesentlich überarbeitete und ergänzte Fassung eines ursprünglich im *Jahrbuch der Historischen Forschung 1985*, München 1986, S. 47-52 erschienen Artikels.

2 *Quellen und Forschungen zur Historischen Statistik von Deutschland*, hrsg. von Wolfram Fischer, Franz Irsigler, Karl Heinrich Kaufhold und Hugo Ott, St. Katharinen: Scripta Mercatu-

quellenbedingten Schwerpunkt der Arbeiten, werden Langzeitreihen für den jeweiligen Gebietsstand des Deutschen Bundes ohne Cisleithanien und ab 1871 des Reiches bzw. seiner Nachfolgestaaten erstellt. Um auch regional orientierten Forschungen eine möglichst optimale Datenbasis zu bieten, werden die Bundes- bzw. Reichsreihen aus der Aggregation der Reihen deutscher Einzelstaaten und ihrer Verwaltungseinheiten (Provinzen, Regierungsbezirke, Kreise, Oberbergamtskreise) erstellt. Außerdem greifen die Reihen möglichst weit in die sogenannte "vorstatistische Zeit" vor 1800 zurück, für die für einzelne Territorien oder Städte höchst interessante Datenreihen für einige Problembereiche gewonnen werden konnten.

Für das Schwerpunktprogramm wurden von der Deutschen Forschungsgemeinschaft in den zehn Jahren seines Bestehens etwa 8 Millionen Mark ausgeworfen. Dieses Bewilligungsvolumen verteilte sich auf insgesamt 20 Einzelvorhaben. Die Arbeit des Schwerpunkts geschieht dezentral in verschiedenen Universitäten und Forschungseinrichtungen der Bundesrepublik. Die laufenden Projekte werden jedoch aufeinander abgestimmt, gemeinsame Probleme in regelmäßig stattfindenden Colloquien erörtert.

2. Forschungsprogramm und Bearbeitungsschwerpunkte

Die Ermittlung von Langzeitreihen vorwiegend wirtschaftlicher und sozialer Daten erfordert einen erheblichen Arbeitsaufwand und ständige methodische Reflexion. Je weiter die Reihen zeitlich zurückgehen, desto intensiver müssen die Bearbeiter statistische Quellenkritik betreiben, um die Qualität der Daten, Erhebungsfehler, Lücken, aber auch die mit dem Erkenntnisinteresse der erhebenden Instanz verbundenen Eigenarten des Materials beurteilen zu können. Nur so ist es möglich, ausreichende Zuverlässigkeit und Aussagekraft des historisch-statistischen Datenmaterials zu garantieren. Dies ist um so wichtiger, als der Bearbeiter von historisch-statistischen Reihen, ebenso wie der Bearbeiter eines statistischen Jahrbuchs, Basismaterial für verschiedenartige Fragestellungen und Forschungen bereitstellen muß, deren Vielfalt er selbst nicht voraussehen kann. Die Erarbeitung einer Historischen Statistik muß sich daher an eine strenge Definition des "vollständigen Erhebungsgrades" halten. Für eine problemorientierte quantitative Analyse ist oft ein Erhebungsgrad ausreichend, der einige ausgewählte oder besonders gut dokumentierte Zeitreihen umfaßt, die zufriedenstellende Antworten auf die gestellten Fragen geben. An eine Historische Statistik sind demgegenüber höhere Anforderungen zu stellen: Zwar muß auch sie eine sinnvolle Auswahl des vorhandenen Materials darstellen, grundsätzlich ist jedoch ein möglichst umfassender Erhebungsgrad anzustreben, d.h. zu bestimmten Problemkreisen sind nicht nur eine, sondern mehrere, meist regional differenzierte Reihen zu erstellen, um möglichst viele zukünftige Fragestellungen, die aus unterschiedlichen Forschungsinteressen herrühren, befriedigend beantworten zu können.

---

rae, 1986 ff. (Im folgenden *Projektreihe* zitiert und mit dem Erscheinungstermin der einzelnen Bände versehen).

Diesem im Erstantrag an die DFG entwickelten Gedankengang wurde durch eine
ebenfalls dort aufgestellte Gliederung des zukünftigen Forschungsprogramms Rechnung
getragen. Im einzelnen nannte der Antrag folgende Themen- und Arbeitsbereiche einer
zu erstellenden Historischen Statistik:

Teil I. Natürliche Voraussetzungen, Bevölkerungs- und Beschäftigtenstruktur

1. Bevölkerungsstruktur (Bevölkerungsstand und natürliche Bewegung der Bevölkerung, Bevölkerung nach Alter, Geschlecht und Familienstruktur, nach Gemeinde-
   größenklassen und Konfession, Urbanisierung und Binnenwanderung sowie Ein-
   und Auswanderung)
2. Beschäftigtenstruktur (die Beschäftigten nach Wirtschaftsbereichen, Stellung im Betrieb, nach Betrieben und Betriebsgrößenklassen)
3. Klimastatistik

Teil II. Wirtschaftsstruktur und Wirtschaftsentwicklung

1. Materialien zur Aufbringungsrechnung des Sozialprodukts (Kapitalstock und Investitionen, Arbeitszeit und Arbeitslosigkeit, die Produktion nach Wirtschaftsbereichen)
2. Materialien zur Verteilungsrechnung (Arbeitseinkommen, Kapitaleinkommen,
   Einkommens- und Vermögensverteilung)
3. Materialien zur Verwendungsrechnung (Außenhandel, Preise, Verbrauchsberech-
   nungen, öffentliche und private Finanzierung der Investitionen)
4. Das Sozialprodukt nach Maßgabe der Aufbringungs-, Verteilungs- und
   Verwendungsrechnung
5. Die Organisation des Wirtschaftslebens

Teil III. Staat und Gesellschaft

1. Die Entwicklung der Territorien
2. Behördenaufbau und -organisation
3. Gesundheits- und Medizinalwesen
4. Entwicklung der sozialen Sicherung
5. Unterricht und Bildung
6. Sozialer Protest und Arbeitskämpfe
7. Kriminalstatistik
8. Soziale Mobilität
9. Statistik der Parteien und Verbände
10. Wahlstatistik

Diese Gliederung galt vor allem für die Zeit nach 1815. Für die sog. "vorstatistische Zeit" wurden im weiteren Verlauf des Schwerpunktprogramms andere Gliederungsprinzipien entwickelt.

Gemessen an dem im Erstantrag entwickelten Arbeitsprogramm sind durch die bisher durchgeführten oder in Arbeit befindlichen Einzelvorhaben wesentliche Teilbereiche abgedeckt worden. Dabei ergab sich aufgrund der Vielfalt der im Programm aufgeführten Problemstellungen beinahe zwangsläufig, daß sich im Verlauf des Schwerpunktprogramms wieder gewisse Bearbeitungsschwerpunkte herauskristallisierten. Diese seien im folgenden kurz skizziert:

Große Fortschritte konnten in der Erarbeitung langer Reihen zur gewerblichen und industriellen Produktionsstatistik gemacht werden, und zwar in den Bereichen Bergbau- und Hüttenwesen, der Textilproduktion sowie im Bereich Energiewirtschaft. Hier wird es teilweise möglich sein, regional und branchenmäßig tief gegliederte lange Reihen vom 18. bis zum 20. Jahrhundert zu erstellen[3]. Mit der Erarbeitung von Reihen zur Agrarstatistik ist begonnen worden[4], doch muß hier die Bearbeitung noch intensiver gestaltet werden.

Als *zweiter* Bearbeitungsschwerpunkt kann die Handels- und Finanzstatistik im 19. und 20. Jahrhundert aufgeführt werden. Hier wurden Vorhaben zur Versicherungsstatistik, zur Außenhandelsstatistik sowie zur Geld- und Finanzstatistik verwirklicht[5].

In der zweiten Bewilligungsperiode (1986-1991) wurde die Verkehrsstatistik in Angriff genommen, die sich damit als *dritter* Bearbeitungsschwerpunkt im Bereich der historischen Wirtschaftsstatistik etablieren konnte[6].

Ein *vierter* Schwerpunkt ergab sich in der Bearbeitung von Daten zur sog. vorstatistischen Zeit, d.h. für die Zeit *vor* 1800. Bereits im Rahmenantrag war dies als ein wesentlicher Bestandteil einer historischen Statistik von Deutschland bezeichnet worden. Die hier angesiedelten Projekte beschäftigen sich mit Fragen der Handels-, Geld-, Bevölkerungs-, Gewerbe- sowie der Lohn- und Preisstatistik[7]. Dazu kommt noch eine territoriale Gesamtstatistik für das Herzogtum Württemberg[8].

Als *fünfter* Bearbeitungsschwerpunkt ist die historische Sozialstatistik im 19. und 20. Jahrhundert zu nennen. In diesem Arbeitsbereich waren Projekte zur sozialen Mobilität, zur Gesundheits- und Medizinalstatistik sowie zur Streikstatistik im 20. Jahrhundert an-

---

3 Dazu gehören folgende Projekte bzw. Pilotprojekte (die jeweiligen Projektleiter sind in Klammern gesetzt): Die Produktion der deutschen Hüttenindustrie (Otto Büsch/Wolfram Fischer), Gewerbestatistik der vor- und frühindustriellen Zeit in Deutschland (Karl Heinrich Kaufhold), Historische Energiestatistik von Deutschland (Hugo Ott), Die Produktionsstatistik des deutschen Bergbaus (Wolfram Fischer).
4 Deutsche Agrarstatistik 1750-1980 (Willi A. Boelcke).
5 Geld- und Wechselkurse in Deutschland im 19. Jahrhundert (Jürgen Schneider), Versicherungsstatistik Deutschlands seit Mitte des 18. Jahrhunderts (Peter Borscheid), Hamburger Handelsstatistik im 18. Jahrhundert (Jürgen Schneider).
6 Historische Verkehrsstatistik von Deutschland 1835-1989 (Rainer Fremdling/Andreas Kunz)
7 Deutsche Agrarpreisstatistik ca. 1400 bis 1800 (Franz Irsigler), Städtische Bevölkerung in Niedersachsen 1600-1834 (Thomas Schuler), Preise und Löhne in der Reichsstadt Nürnberg während des 16. bis 18. Jahrhunderts (Rainer Gömmel).
8 Historische Statistik des Herzogtums Württemberg vom 15./16. bis zum 18./19. Jahrhundert (Wolfgang von Hippel).

gesiedelt[9]. Insgesamt trat die Sozialstatistik auch bei der Mittelzuwendung jedoch gegenüber der Wirtschaftsstatistik zurück.

3. Darstellung einzelner Projekte

Im folgenden kann nur eine knappe Auswahl von bisher im Schwerpunktprogramm geförderten Projekten gegeben werden. Dabei sollen jeweils zumindest zwei Projekte aus den oben genannten Themenbereichen bzw. Bearbeitungsschwerpunkten vorgestellt werden.

1. Gewerbliche und industrielle Produktionsstatistik. In diesem Themenbereich hat eine von Karl Heinrich Kaufhold in Göttingen betreute Arbeitsgruppe Reihen zur Gewerbestatistik der vor- und frühindustriellen Zeit (1750-1850) insbesondere für Preußen erarbeitet. Eine erste Publikation dieser Forschungen, die im Rahmen eines Pilotprojekts begannen, war eine detaillierte, kritisch kommentierte Bibliographie zur preußischen Gewerbestatistik[10]. Es folgte ein weiterer Band, in dem eine umfassende Produktionsstatistik des Bergbaus sowie des Hütten- und Salinenwesens in Preußen vor 1850 geboten wird. In über 500 Tabellen erscheinen Angaben über die Zahl der produzierenden Anlagen (Bergwerke, Hütten, Salinen), der dort beschäftigten Personen, der Produktionsmittel sowie der Produktionsmengen und der Produktionswerte[11].

Gewissermaßen eine zeitliche Verlängerung dieser Erhebung ist die von Wolfram Fischer in Berlin betreute Produktionsstatistik des deutschen Bergbaus zwischen 1850 und 1914. Die gewählte Produktpalette sowie die regionale Tiefengliederung nach Regierungs- und Bergamtsbezirken werden den Vergleich mit den Göttinger Daten sowie den eingangs bereits erwähnten Erhebungen zur Hüttenproduktion von Jersch-Wenzel und Krengel ermöglichen[12].

In einem von Hugo Ott an der Universität Freiburg betreuten Projekt zur Historischen Energiestatistik von Deutschland werden lange Reihen im Bereich der Energieerzeugung und -verwendung erstellt. Dabei wurde auf einen möglichst vollständigen Erhe-

---

9 Untersuchungen zur Langzeitentwicklung der sozialen Mobilität im 19. und 20. Jahrhundert in Berlin (Hartmut Kaelble), Statistik der Arbeitskämpfe in Deutschland 1933-1980 (Heinrich Volkmann), Historische Statistik des Gesundheitswesens in Deutschland (Reinhard Spree).

10 Wieland Sachse, *Bibliographie zur preußischen Gewerbestatistik 1750-1850* (= Göttinger Beiträge zur Wirtschafts- und Sozialgeschichte, Bd. 6), Göttingen 1981.

11 Karl Heinrich Kaufhold, Wieland Sachse, Hrsg., *Gewerbestatistik Preußens vor 1850, Bd. 1: Bergbau, Hüttenwesen, Salinen*, (Projektreihe, Bd. 3, 1989). Zu den gleichfalls von der Göttinger Gruppe erarbeiteten Reihen zum preußischen Textilgewerbe vor 1850 vgl. die Beiträge von Ulrike Albrecht und Yvonne Bathow in diesem Band.

12 Wolfram Fischer, Hrsg., *Statistik der Bergbauproduktion Deutschlands 1850-1914*, (Projektreihe, Bd. 8, 1989); ders., Hrsg., *Statistik der Stahlproduktion im deutschen Zollgebiet 1850-1911*, (Projektreihe, Bd. 7, 1989). Als Bearbeiter zeichnen Philipp Fehrenbach (Freiburg) und Jochen Krengel (Berlin) verantwortlich. Ein weiterer Band, der den Zeitraum 1914-1989 abdecken wird, ist in Vorbereitung.

bungsgrad und eine tiefe regionale Gliederung Wert gelegt, damit die Datenreihen möglichst viele – auch zukünftige – Fragestellungen der Forschung beantworten können[13]. 2. Handels- und Finanzstatistik im 19. und 20. Jahrhundert Innerhalb dieses Themenbereichs wurden von Peter Borscheid (Münster) in einem dreijährigen Projekt Reihen zur Versicherungsstatistik zusammengestellt. Ganz im Sinne des Schwerpunkts handelt es sich hierbei um wirkliche "lange Reihen", denn der von Borscheid und seinen Mitarbeitern erhobene Datensatz ist eine nach Geschäftsbereichen und Regionen ausdifferenzierte Statistik der deutschen Versicherungswirtschaft (einschließlich der staatlichen Sozialversicherung) seit der Mitte des 18. Jahrhunderts bis heute[14]. Von Jürgen Schneider (Bamberg) wurde ein Projekt zur Statistik der Geld- und Wechselkurse in Deutschland im 19. Jahrhundert geleitet. Ziel war eine möglichst vollständige Rekonstruktion der Wechsel- und Geldkurse von 1815 bis 1914 an verschiedenen deutschen Börsenplätzen. Schon um Vergleiche von Geldangaben in verschiedenen Regionen zu ermöglichen, werden die in diesem Projekt erhobenen Daten für die weitere wirtschafts- und sozialgeschichtliche Forschung von Bedeutung sein[15]. 3. Arbeiten zur "vorstatistischen Zeit". In einem von Franz Irsigler (Trier) geleiteten Projekt wurden Agrarpreise für die Zeit von 1400 bis 1800 erfaßt. Regional besonders auf den niederdeutschen Raum bezogen, werden Preise für Roggen, Weizen, Gerste, Hafer und andere Früchte in aggregierten Monats- (bzw. Vierteljahres-) und Jahresreihen publiziert. Für die weitere Forschung werden außerdem die Ausgangsdaten (Tages-, Wochendaten, auch Erntedaten) in einer Datenbank zur Verfügung stehen[16]. Von Thomas Schuler (Bielefeld) wurde eine Erhebung zur städtischen Bevölkerung in Niedersachsen im 17. Jahrhundert (1600-1834) durchgeführt. Es entstand ein Daten- und Quellenhandbuch zu den 103 niedersächsischen Städten der frühen Neuzeit, in denen sozialstatistisch relevante Daten, insbesondere zur Bevölkerungsstatistik, in Form von Tabellen und Kurzbeschreibungen der weiteren Forschung zugänglich gemacht werden[17].

---

13 Hugo Ott, Hrsg., *Bibliographie zur Geschichte der Energiewirtschaft in Deutschland*, (*Projektreihe*, Bd. 3, 1986); ders., Hrsg., *Statistik der öffentlichen Elektrizitätsversorgung Deutschlands 1890-1913*, bearb. v. Thomas Herzig u.a., (*Projektreihe*, Bd. 1, 1986). Ein weiterer Band für die Jahre 1913-1948 ist in Vorbereitung.

14 Peter Borscheid/Annette Drees, Hrsg., *Deutsche Versicherungsstatistik 1678-1984*, (*Projektreihe*, Bd. 4, 1988). Vgl. auch Peter Borscheid, Die Entstehung der deutschen Lebensversicherungswirtschaft im 19. Jahrhundert, in: *VSWG* 70 (1983), S. 305-330 sowie ders., Feuerversicherung und Kameralismus, in: Zeitschrift für Unternehmensgeschichte 1985,2.

15 Jürgen Schneider/Oskar Schwarzer, *Geld- und Wechselkurse in Deutschland 1815-1913*, (*Projektreihe*, Bd. 11, 1990).

16 Rheinische Agrarpreise vom späten Mittelalter bis ca. 1914: Aachen, Düren, Trier, bearb. von Rolf Häfele und Franz Irsigler, (*Projektreihe* in Vorbereitung). Vgl. auch Franz Irsigler, Rainer Metz, The statistical evidence of "long waves" in pre-industrial and industrial times, in: *Social Science Information*, Bd. 23, Nr. 2, 1984, S. 381-419.

17 Thomas Schuler, *Die Bevölkerung der niedersächsischen Städte in der Vormoderne, Bd. 1: Das nördliche Niedersachsen* (*Projektreihe*, Bd. 13, 1990). Ein zweiter Band zum südlichen Niedersachsen ist in Vorbereitung. Vgl. auch ders., Ein neues Handbuch zur historischen Statistik: "Stadtbevölkerung in Niedersachsen (vor 1834)", in: *Archive in Niedersachsen*, Heft 8 (1985).

4. Sozialstatistik im 19. und 20. Jahrhundert. In diesem Bearbeitungsfeld wurde ein von Hartmut Kaelble (Berlin) geleitetes Projekt zur Entwicklung der sozialen Mobilität in Berlin zwischen dem frühen 19. Jahrhundert und der Nachkriegszeit durchgeführt. Damit wurden erstmals für ein großstädtisches Regierungs- und Industriezentrum Langzeitreihen zur sozialen Mobilität erstellt[18]. Des weiteren wurde von Heinrich Volkmann (Berlin) ein Projekt zur Statistik der Arbeitskämpfe in Deutschland zwischen 1933 und 1980 durchgeführt, in dem speziell eine Fallsammlung von Arbeitskämpfen für die Jahre 1933 bis 1948 zusammengetragen und systematisch ausgewertet worden ist[19].

5. Historische Verkehrsstatistik. Das von Rainer Fremdling (Groningen) und Andreas Kunz (Mainz/Berlin) 1986 initiierte Projekt hat sich zum Ziel gesetzt, auf der Grundlage einer einheitlichen Erhebungssystematik lange Reihen zur Entwicklung der wichtigsten Verkehrsträger seit 1835 zusammenzustellen. Derzeit laufen Projekte zur Statistik der Eisenbahnen, der Binnen- und Seeschiffahrt sowie zum öffentlichen Nahverkehr[20].

4. Ausblick

Mit der Beendigung des Schwerpunktprogramms im Jahre 1991 wird die Arbeit an der historischen Statistik noch nicht beendet sein. Einige der laufenden Projekte sind noch nicht abgeschlossen und streben daher eine Verlängerung durch Einzelförderung der DFG an. Noch bestehende Lücken, besonders im Bereich der Sozialstatistik, müßten durch neue Projekte geschlossen werden. Als wichtiges Desiderat gilt auch die Speicherung der bisher im Schwerpunkt erhobenen maschinenlesbaren Daten in einer einheitlichen Datenbank[21]. Schließlich besteht seitens des Statistischen Bundesamts großes Interesse, die Ergebnisse der bisherigen Forschungen zur historischen Statistik in einer geplanten Neubearbeitung des seit langem vergriffenen, vom Bundesamt 1976 herausgegebenen Datenhandbuchs *Bevölkerung und Wirtschaft* einzuarbeiten.

Um die noch anstehenden Arbeiten zu planen und zu koordinieren, wurde im Anschluß an eine 1989 in Wiesbaden stattgefundene Tagung[22] eine *Arbeitsgemeinschaft Hi-*

---

18 Hartmut Kaelble/Ruth Federspiel, Hrsg., *Soziale Mobilität in Berlin 1825-1957.* (*Projektreihe*, Bd.10, 1990).

19 Heinrich Volkmann/Hasso Spode, *Arbeitskämpfe in Deutschland 1933-1980*, (*Projektreihe*, Bd. 15, 1991/92).

20 Rainer Fremdling, Hrsg., *Statistik der Eisenbahnen in Deutschland* (*Projektreihe*, Bd. 16, 1992); Andreas Kunz, Hrsg., *Statistik der Binnenschiffahrt in Deutschland* (*Projektreihe*, Bd. 17, 1992). Weitere Datenhandbücher zur Seeschiffahrt sowie zum öffentlichen Nahverkehr sind in Vorbereitung (*Projektreihe*, 1992/93).

21 Vgl. dazu Andreas Kunz, Eine Datenbank zur Historischen Statistik von Deutschland, in: N. Diederich u.a. *Historische Statistik* (s. Anm. 22), S. 159-161; ders./Ulrike Albrecht, Building a Datenbank on German Historical Statistics, in: Rainer Metz u.a., Hrsg., *Historical Information Systems*, Leuven 1990, S. 77-86.

22 Die Ergebnisse dieser Tagung liegen bereits gedruckt vor: Niels Diederich/Egon Hölder/Andreas Kunz, *Historische Statistik in der Bundesrepublik Deutschland* (= Schriftenreihe Forum der Bundesstatistik, hrsg. v. Statistischen Bundesamt, Bd. 15), Stuttgart 1990. Vgl. in diesem Zusammenhang insbesondere die S. 154-183, wo Referate und Diskussionsbeiträge

storische Statistik gegründet, deren Aufgabe es ist, weitere Forschungen und Publikationen zur Historischen Statistik von Deutschland voranzutreiben. Am Ende der Arbeiten soll letztlich ein inhaltlich umfassendes *Kompendium zur Historischen Statistik von Deutschland seit ca. 1500* stehen, in dem dann sämtliche Bereiche aus Bevölkerung, Wirtschaft, Staat und Gesellschaft gleichermaßen Berücksichtigung finden werden.

II.

**Quellen zur historischen Statistik
in der sogenannten
vor- und frühstatistischen Zeit
(vom 16. bis zum 19. Jahrhundert)**

Rainer Gömmel

Quellen zur Lohn- und Preisstatistik der Stadt Nürnberg vom 16. bis zum 18. Jahrhundert

Das Ziel eines an der Universität Regensburg im Rahmen des DFG-Schwerpunktprogramms "Historische Statistik" durchgeführten Projektes ist die Darstellung langfristiger Lohn- und Preisreihen für eine wirtschaftlich bedeutende Region. Diese Reihen sollen aufgrund ihrer Zusammensetzung und Zuverlässigkeit möglichst zahlreichen Fragestellungen offenstehen. Dies wiederum setzt vor allem unter dem langfristigen Aspekt eine Homogenität der Quellen voraus. Die Sammlung verstreuter Daten birgt meist die Gefahr in sich, daß damit der säkulare Trend nicht oder nur sehr grob dargestellt werden kann. Aus diesem Grund wurde versucht, möglichst wenige Quellen mit einer möglichst großen zeitlichen Spannweite zu erschließen. Bezüglich der Handwerkerlöhne waren dies z.B. die Rechnungen des Reichsstädtischen Bauamtes Nürnberg und hinsichtlich der wichtigsten Preise für landwirtschaftliche Produkte (Roggen und Dinkel) die Verlässe des Inneren Rates der Reichsstadt Nürnberg.

1. Die Lohnstatistik

Bei den gewerblichen Löhnen handelt es sich zunächst um Wochenlöhne für reichsstädtische Bauhandwerker von 1531 bis 1800. Die Quelle (*Stadtarchiv Nürnberg, Rep. B 1/III, Reichsstädtisches Bauamt Rechnungen, Nr. 16a - 135*) differenziert in Steinmetzen, Zimmerleute, Dachdecker, Pflasterer, Tüncher und Röhrenmeister sowie deren Gesellen, Lehrlinge und Handlanger. Darüber hinaus werden auch die Wochenlöhne für Wagenmeister, Schmiede, Fuhrknechte und verschiedene Hilfsarbeiter genannt. Da die Quelle neben der Anzahl der Wochen auch deren Anzahl an Arbeitstagen ausweist, können die verschiedenen Tagelöhne, das gesamte Jahreseinkommen und die Zahl der jährlichen Arbeitstage berechnet werden.

Das einzige Manko dieser Quelle liegt in ihrer Lückenhaftigkeit. Für das 16. Jahrhundert fehlen z.B. die Jahre 1536 bis 1542 und 1556 bis 1575, und für das 17. Jahrhundert sind zwischen 1600 und 1690 nur acht Jahresbände (1600, 1610, 1620, 1631, 1661, 1670, 1680, 1690) vorhanden. Danach ist die Reihe bis 1800 lückenlos, mit Ausnahme des Jahres 1790. Für die Jahre 1503 bis 1510 existiert eine vergleichbare Quelle im *Germanischen Nationalmuseum Nürnberg (Bestand Behaim Archiv, Nr. 65)*.

Die Lücken können jedoch relativ gut durch die für private und städtische Bauhandwerker gültigen Lohnordnungen, sowie die in diesem Zusammenhang offiziell festgestellten Lohnüberschreitungen geschlossen werden. Für folgende Jahre liegen Lohnordnungen vor: 1507, 1510, 1535, 1545, 1554, 1577, 1592, 1597, 1622, 1623, 1632, 1653, 1658, 1665, 1669, 1686, 1780, 1797 (*Staatsarchiv Nürnberg, Rep. 52b*, Amts- und Standbücher, Nr. 259. - *Stadtarchiv Nürnberg, Rep. B 1/III*, Reichsstädtisches Bauamt Akten, Titel XXXI, Nr. 128, 133, 141, 143, Titel LII, Nr. 4; *Rep. B 1/I*, Reichsstädtisches Bauamt Amtsbücher, Nr. 54, 57, 58).

Die landwirtschaftlichen Löhne werden anhand verschiedener Tätigkeitsmerkmale dargestellt. In dieser Hinsicht sind die Aufzeichnungen des Heilig-Geist-Spitals Nürnberg von 1490 bis 1566 besonders reichhaltig (*Stadtarchiv Nürnberg, Rep. D 2/III*, Rechnungen, Manuale Nr. 46 - 118). Allein bezüglich der Getreideernte und -lagerung werden das Schneiden, Aufsammeln usw., Dreschen und Wenden bzw. deren Entlohnung in den jeweiligen Monaten genannt. Gelegentlich wird auch in männliche und weibliche Arbeitskräfte unterschieden. Im Hinblick auf den Inhalt anderer Quellen für die Zeit nach 1566, verbunden mit einer sinnvollen Strukturierung der vielfältigen landwirtschaftlichen Arbeiten, sind folgende Tätigkeiten bzw. deren Löhne langfristig als repräsentativ zu betrachten: Schneiden, Aufsammeln, Binden und Laden von Getreide als Ernte im engeren Sinn bei einer insgesamt einheitlichen Entlohnung, wohingegen das Dreschen und spätere Wenden des Korns unterschiedlich entlohnt worden ist.

Andere landwirtschaftliche Arbeiten werden in der Quellen des Heilig-Geist-Spitals für Sonderkulturen bzw. bestimmte Getreidearten wie Hirse genannt. Hier lassen sich die Löhne für das Jäten und Schneiden verfolgen, ähnlich wie für verschiedene Gartenarbeiten. Weitere Tätigkeiten, die die Quelle häufig nennt sind das Heuen, sowie das Laden und Transportieren von Dünger, d.h. Mist. Damit dürfte die Landwirtschaft bezüglich ihrer Nominalentlohnung hinreichend charakterisiert sein.

Die für die Zeit nach 1566 verwendeten Quellen beziehen sich ebenfalls auf geistliche Güter, sind jedoch sehr lückenhaft. Die Ausgaben des südwestlich von Nürnberg gelegenen Klosters Heidenheim beginnen mit 1580 und enden zunächst 1616. Erst ab 1667 finden sich in den Rechnungsbüchern wieder Lohnausgaben und zwar bis 1705. [Quelle: *Staatsarchiv Nürnberg, Rep. 225/13 I*, Rentamt Heidenheim, Klosterverwalteramt Heidenheim Nr. 1 (1580) - Nr. 87 (1705).]

2. Die Preisstatistik

Fast lückenlose Preisangaben für Roggen und Dinkel finden sich für die Zeit von 1498 bis 1806 in den Ratsverlässen (Quelle: *Staatsarchiv Nürnberg, Rep. 60a*, Reichsstadt Nürnberg, Verlässe des Inneren Rates, Nr. 361 - 4433). Beide Produkte wurden vom Nürnberger Rat in vierzehntägigem Rhythmus taxiert. Davon abgesehen, daß für jedes Jahr rund 25 Preise endogene und exogene Einflüsse zum Ausdruck bringen, z.B. Saisonschwankungen widerspiegeln, werden die preisbildenden Faktoren genannt, d.h. der Rat hat seine Taxen begründet.

Leider ist diese Quelle wenig "benutzerfreundlich", da in den einzelnen Bänden die jeweiligen Preisangaben an den vermuteten Stellen gesucht werden müssen. Zum

Abb. 1: Auszug aus der Jahresrechnung des Baumeisteramtes (17. Juli 1700), Wochenlöhne.

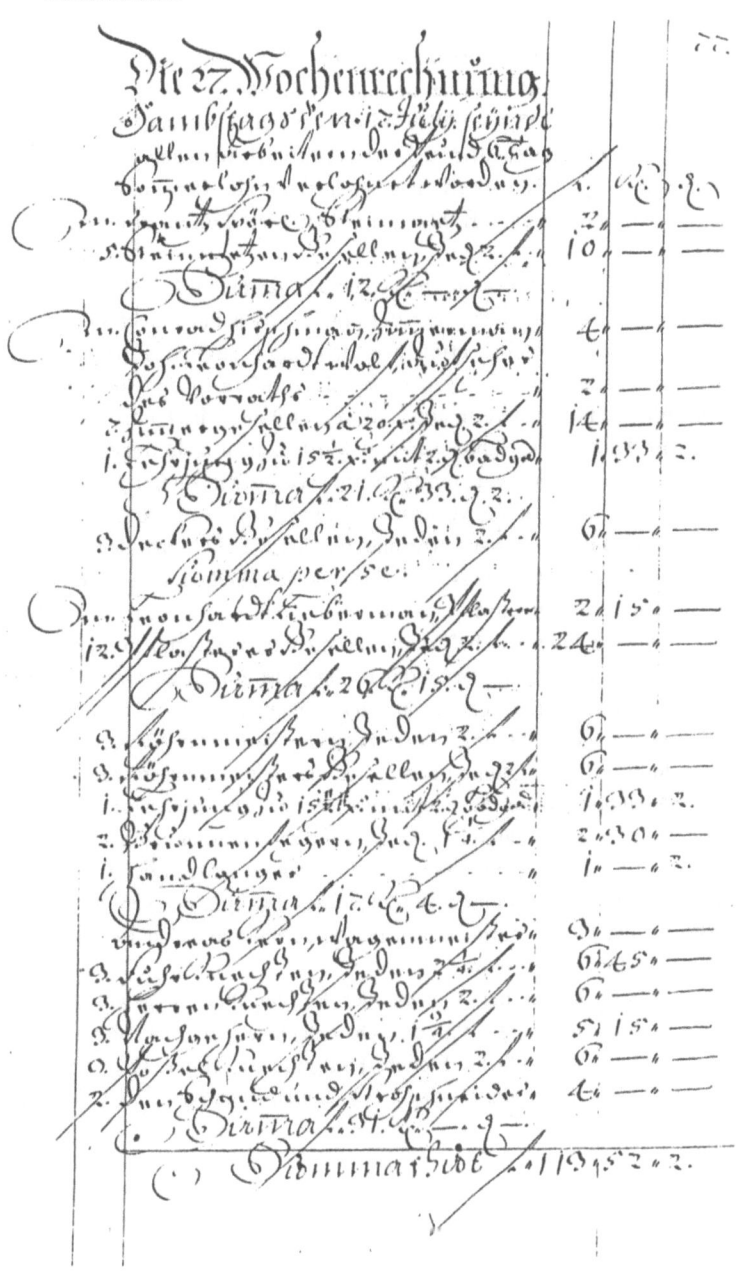

Quelle: Stadtarchiv Nürnberg, Sign. B1/III Nr. 34.

anderen wird auch der des Frühneuhochdeutschen kundige Leser häufig mit dem Schriftbild einige Mühe haben.

Eine lückenlose Reihe mit jährlichen Durchschnittspreisen kann aus den vom Stadtalmosenamt bezahlten Einkaufspreisen für Schmalz und Salz von 1528 bzw. 1531 bis 1783 bzw. 1791 erstellt werden. In der Quelle (*Stadtarchiv Nürnberg, Rep. D 1/I*, Rechnungen Stadtalmosenamt, 1528 - 1791) sind meistens die eingekauften Mengen und die jeweiligen Umsätze genannt, häufig auch der Preis für die Mengeneinheit. Dieser weicht vom errechneten Durchschnittspreis nicht selten etwas ab. Nicht immer sind die Differenzen nach oben oder unten, z.B. Mengenrabatte, Lieferkosten, direkt aus der Quelle ersichtlich.

Ähnliches gilt für Fleisch, dessen Preisreihe von 1525 bis 1804 reicht. Leider haben in diesem Falle die damaligen Buchhalter des Stadtalmosenamtes nicht stets die Fleischsorte genannt. Häufig ist jedoch ersichtlich, daß eine bestimmte Fleischmenge, bestehend aus verschiedenen Sorten eingekauft wurde. Insofern ist der Preis zumindest aus sozialgeschichtlicher Perspektive interessant, weil er einen Mischpreis für "das" Fleisch darstellt, das im Laufe eines Jahres verzehrt wurde, zumal nicht angenommen werden kann, daß ein Konsument nur eine einzige Sorte verzehrt hat. Im übrigen kann aufgrund der differenzierten Angaben für verschiedene Fleischsorten in der im folgenden Abschnitt erwähnten Quelle durchaus errechnet werden, welche Sorte den Durchschnittspreis besonders geprägt hat. Daraus wiederum läßt sich ableiten, welches Fleisch zu welchen Jahreszeiten bevorzugt wurde.

Für eine Fülle von landwirtschaftlichen und mehreren gewerblichen Produkten sind die Aufzeichnungen des schon erwähnten Heilig-Geist-Spitals eine wahre Fundgrube. Von 1503 bis 1578 finden sich Angaben in den Manualen (Nr. 56 - 129) und von 1579 bis 1618 in den Kassabüchern (Nr. 352 - 390), jeweils im *Stadtarchiv Nürnberg, Rep. D 2/III* (Heilig-Geist-Spital). Diese Quelle nennt unter dem Einkaufsdatum zumeist den Preis für die Mengeneinheit, sowie die eingekaufte Menge. Die Eintragungen sind jedoch nicht nach den einzelnen Produkten geordnet, sondern offensichtlich nach jedem gerade stattgefundenen Einkauf vorgenommen worden. Insofern ist die Suche nach einem bestimmten Produkt unter Umständen sehr zeitaufwendig. Unter diesem Aspekt liegt ein weiterer Mangel der Quelle darin, daß nicht von vornherein sicher ist, ob ein Produkt tatsächlich langfristig genannt wird.

Um einen Eindruck von der Vielzahl der Preisangaben zu gewinnen, seien abschließend verschiedene Güter alphabetisch aufgelistet: Bier, Dinkel, Eier, Eisen (Nägel, Hufeisen), Erbsen, Flachs, Fleisch, Fisch, Gerste, Hafer, Heu, Holz, Hopfen, Hühner, Kümmel, Kraut, Linsen, Milch, Öl (Unschlitt), Pech, Reis, Tuch, Wein, Zucker.

Otto-Ernst Krawehl

Quellen zur Hamburger Handelsstatistik
im 18. Jahrhundert

1. Einleitung

Unter Handelsstatistik verstehen wir die zahlenmäßige Aufzeichnung des auswärtigen Warenverkehrs eines Wirtschaftsraumes. Es wäre sicherlich wünschenswert, den Hamburger Außenhandel des 18. Jahrhunderts in diesem umfassenden Sinn statistisch zu erfassen. Mangels ausreichender Quellen ist dies indessen nicht möglich, denn die Ausfuhr, die landwärtigen Zufuhren, der Transithandel, der nicht unbeträchtliche Nahverkehr mit dem Umland, namentlich mit Altona, lassen sich zahlenmäßig nicht oder nur höchst unzureichend belegen. Allein für die seewärtigen Einfuhren stehen Quellen zur Verfügung, die eine statistische Darstellung als möglich erscheinen lassen – zwar keineswegs in der Vollständigkeit und Präzision der amtlichen Statistik unserer Tage, aber immerhin doch in dem "beschreibenden" Sinn, in dem Zeitgenossen den Begriff "Statistik" verstanden haben. Von einer "Hamburger Handelsstatistik" kann hier demnach nur in dieser sehr eingeschränkten Bedeutung gesprochen werden; allerdings können Umfang und Entwicklung der seewärtigen Einfuhren zweifellos als der wichtigste Indikator und damit als repräsentativ für den damaligen Handel insgesamt betrachtet werden.

In Hamburg hat es im 18. Jahrhundert eine Registrierung des Warenverkehrs, die dem erklärten Ziel gedient hätte, eine amtliche Handels- (oder auch nur Einfuhr-) Statistik zu erstellen, nicht gegeben. Wer den Handel jener Zeit oder auch nur Teile desselben statistisch erfassen will, steht deshalb zunächst vor der Frage, welcher Quellen er sich angesichts dieses Mangels ersatzweise bedienen kann. Es bieten sich hierzu grundsätzlich drei Möglichkeiten an:

– Zum einen liegt es nahe, behördliche Aufzeichnungen in Erwägung zu ziehen, die zwar nicht für handelsstatistische Zwecke bestimmt waren, die aber gleichwohl eine Registrierung des Warenverkehrs zum Inhalt hatten. Hierbei kommen in erster Linie Aufzeichnungen der Zollbehörden in Betracht.

– Zum zweiten ist zu prüfen, ob in Hamburg nicht auch außerhalb der Behörden Versuche unternommen worden sind, statistische Übersichten über den Warenverkehr anzufertigen.

– Zum dritten schließlich kann man versuchen, statt der in Hamburg entstandenen Quellen entsprechende Aufzeichnungen, die in den Partnerländern des Hamburger Handels entstanden sind, zur statistischen Darstellung heranzuziehen, zumindest soweit es die mit diesen Partnern unterhaltenen Handelsbeziehungen betrifft.

Auf die zuletzt genannte Quellengruppe wird im folgenden nur beispielhaft hingewiesen werden. Im Mittelpunkt der Darstellung stehen die in Hamburg selbst entstandenen Quellen. Diese sind durchweg auf der Grundlage von Informationen entstanden, die im Verlauf des (durch die Einfuhr ausgelösten) zollmäßigen Procedere anfielen. Um den Aussagegehalt der überlieferten Erhebungen über den Warenverkehr, ihre Zuverlässigkeit, ihre Vollständigkeit und natürlich auch ihre Grenzen in Hinblick auf eine handelsstatistische Auswertung einschätzen zu können, dürfte es hilfreich sein, der eigentlichen Darstellung der Quellen einen Überblick über die Abwicklung dieser im 18. Jahrhundert in Hamburg praktizierten Einfuhrverzollung vorauszuschicken. In einem dritten Abschnitt soll auf einige Besonderheiten hingewiesen werden, denen man bei der Arbeit mit diesem Material begegnet. Den Abschluß bildet ein Blick auf die Listen über den von See her in Hamburg einlaufenden Schiffsverkehr, die, was ihre Entstehung und ihre inhaltliche Aussage angeht, eng mit den Aufzeichnungen über den Warenverkehr zusammenhängen.

2. Die Abwicklung der Einfuhrverzollung in Hamburg

Der von See her nach Hamburg kommende Warenverkehr unterlag zweimal der Verzollung: Zuerst der Erhebung des *Stader Zolls*, der dem Königreich Hannover zustand, dann den in der Hansestadt selbst erhobenen Zöllen.

Der *Stader Zoll*[1] wurde in der Weise erhoben, daß die die Elbe heraufkommenden Schiffsführer der (nahe bei Stade gelegenen) Zollstelle in Brunshausen ihre Ladungspapiere einreichen mußten, damit man dort den fälligen Zoll ermitteln konnte; zugleich wurden sie verpflichtet, den anfallenden Zollbetrag bei der in Hamburg eingerichteten Außenstelle des Stader Zollbüros, dem *Hannöverschen Elbzoll-Kommissar*, zu bezahlen. Nach Errechnung des Zollbetrags schickte das Stader Büro Zollrechnung und Schiffspapiere an diesen Kommissar nach Hamburg. Nach Ankunft des Schiffes in Hamburg besorgte dort einer der vereidigten Schiffsmakler, deren jeder Schiffer sich während seines Aufenthalts in der Stadt bedienen mußte, bei den Ladungsempfängern die Einkassierung der (Stader) Zollgelder und übergab diese dem Hannöverschen Zoll-Kommissar; dafür erhielt er die Ladungspapiere zurück, dazu einen sogenannten *Interimschein*, der die Ladungsangaben (aus dem Schiffsmanifest) und die Stader Zollquittung enthielt.

Den von See her nach Hamburg kommenden Schiffen wies der Hafenmeister ihren Liegeplatz im *Rummelhafen* an, einem Bereich, der – kurz oberhalb der heutigen Landungsbrücken – außerhalb der Zollgrenze lag und zum Elbfahrwasser hin durch im Wasser liegende Baumstämme abgegrenzt war. An diesen sogenannten *Schlängels* legten

---

1 Zur Abwicklung beim Stader Zoll vgl.: Wesselhoeft [Hannöverscher Elbzoll-Kommissar in Hamburg] an Commerz-Deputation 13.6.1803 (in: *Commerzbibliothek Hamburg, Anlagen zu den Protokollen der Commerz-Deputation* [im folg. zit.: *Anl. Prot. CD*] 89/16.6.1803); Johann Carl Cornelius Krausz, ... *Pro Memoria "Bezahlung des Stader Zolls durch die Schiffsmakler" betreffend*. Hamburg 1840 (unveröffentlicht, als Manuskript gedruckt, in: *Anl. Prot. CD*, rot, No. 23).

die Schiffe an[2]. Bei Überfüllung des Hafens lagen hier siebzig und mehr Fahrzeuge in mehreren Reihen nebeneinander, teilweise auch auf der elbwärtigen Außenseite der Schlängels, damit beschäftigt oder darauf wartend, ihre Ladungen in Schuten und Ewer zu löschen. Diese dienten dazu, die einzelnen Warenpartien über die Zollgrenze in den Innenbereich des Hafens und in die dort befindlichen Speicher und Lager der Empfänger zu bringen.

Mit dem Entladen durfte freilich nicht begonnen werden, solange nicht die Einfuhrverzollung vollzogen oder zumindest eingeleitet war. Deren Abwicklung läßt sich am übersichtlichsten beschreiben, wenn man zunächst die hierbei tätigen Zolldienststellen in drei Instanzen gliedert und dann den Ablauf des Verzollungsgeschäfts in zwei Stränge aufteilt.

2.1. Die Instanzen der Hamburger Zollverwaltung

Den ersten, äußersten Kreis der Zollverwaltung bildeten zwei Einrichtungen im Rummelhafen: Die *Zolljagd*[3], und der *Zollaufseher auf Neptunus*[4], der vom Blockhaus aus die Einfahrt aus dem Rummelhafen in das (dem Rummelhafen westlich vorgelagerte) *Freygatt* überblickte. Beide Dienststellen sollten überwachen, daß nicht unverzollte Ware an Land gebracht wurde[5]. Der Kapitän der Zolljagd führte Listen über den ein- und auslaufenden Schiffsverkehr, und von ihm erhielt die zentrale Zollverwaltung zum ersten Mal Kunde von der Ankunft eines bestimmten Schiffes.

Als zweiter Kreis der Zollverwaltung fungierten die Zöllner an Toren und Bäumen. Alle seewärtigen Zufuhren passierten die Zollgrenze am *Niederbaum*: Die Amtsräume des dort zuständigen Zöllners[6] befanden sich im *Baumhaus* am Übergang vom Freygatt in den Binnenhafen.

---

2 Zum Betrieb in diesem Bereich des Hafens vgl. Aufsätze der Commerz-Deputierten Westphalen vom 4.11.1798 (=*Anl. Prot. CD* 101/6.11.1798) und Mohn vom 14.11.1798 (= *Anl. Prot. CD* 105/17.11.1798).
3 Zu den Aufgaben der Besatzung der "Zolljagd" vgl. *Instruction für den Aufseher, die Schiffer und sämtliche Equipagen des Zoll- und Wachtschiffes der Löblichen Admiralität* (in: Staatsarchiv Hamburg [im folg. zit.: StAH], *Admiralitäts-Kollegium A 15*, Kontraktbuch 1802-1808, S. 90 ff.).
4 Zu dessen Aufgaben vgl. Johann Klefeker (Hrsg.): *Sammlung der Hamburgischen Gesetze und Verfassungen...*, 12 Bde., Hamburg 1765-1774. [im folg. zit.: Klefeker.], Bd. 12, Hamburg 1773, S. 585 ff.
5 Wer im Bereich des "Freygatts", d.h. zwischen "Blockhaus" und "Baumhaus", bei den "Vorsetzen" und im "Herrengraben" anlegen oder löschen wollte, mußte die Verzollung beim "Blockhaus" vornehmen lassen (s.o. Anm. 4); kleine Elb- und Küstenschiffer, die mit ihren Fahrzeugen nicht im Rummelhafen anlegten, sondern direkt in den Binnenhafen einfuhren, verzollten beim Zollaufseher "auf der Kayen" (vgl. Klefeker, Bd. 2, Hamburg 1766, S. 520 f.). Das Procedere der weiteren Abwicklung war hierbei aber im Prinzip das gleiche wie bei einer Verzollung auf dem "Baumhaus" (s.u.).
6 Zu den Aufgaben des Zöllners am Niederbaum vgl. Klefeker, Bd. 2, Hamburg 1766, S. 515f.

Den dritten, innersten Kreis der Zollverwaltung bildeten die nach den einzelnen Zollarten unterteilten Zollstuben im Rathaus, wo auch die für den Gesamtbetrieb verantwortlichen *Zollherren* ihren Dienstsitz hatten.

2.2. Der Ablauf der Verzollung in Hamburg

Die Einfuhrverzollung[7] erfolgte in zwei äußerlich völlig unabhängig voneinander verlaufenden Geschäftsgängen.

(1) Der schon erwähnte Schiffsmakler meldete die Ankunft des von ihm betreuten Schiffs dem Zöllner am Niederbaum und legte diesem dabei eine Kopie des Ladungsverzeichnisses sowie den vom Elbzoll-Kommissar ausgestellten Interimschein vor[8]. Den Interimschein erhielt der Makler mit dem Vermerk "productum" zurück[9]. Das Ladungsverzeichnis behielt der Zöllner bei sich, um die darin enthalten Angaben in das von ihm geführte *Schiffs-Register-Buch am Niederbaum* einzutragen[10]. Dieses Buch war – zur "Conferierung" mit entsprechenden Aufzeichnungen (s.u.) der Zentrale – regelmäßig in der Zollstube im Rathaus vorzulegen[11]. Dort reichte, verpflichtet durch die Maklerordnung[12], der Schiffsmakler den schon genannten Interimschein sowie eine weitere Ausfertigung des Ladungsverzeichnisses ein, um so seinerseits die Ankunft des Schiffes anzuzeigen[13]. Anhand dieser Unterlagen führte der *Schreiber beim Herrenzoll* einerseits das *Contentbuch*, das (s.o.) mit dem am Niederbaum geführten *Schiffs-Register-Buch* abgestimmt wurde; zum anderen trug er alle erforderlichen Angaben "in die Herren Zoll Protocolle auf die Debet Contos der [Waren-] Empfänger (ein)"[14]; schließlich unterrichtete er die ebenfalls im Rathaus untergebrachten Schreiber beim Bürger- und Admiralitätszoll entsprechend.

7 Vgl. im allgemeinen zur "Geschichte und jetzigen Verfassung des Zollwesens in Hamburg" den 12. Band der Sammlung von Klefeker (s.o. Anm. 4), S. 585 ff.
8 Vgl. die Darstellung der Zollabwicklung durch den Herrenzoll-Schreiber Hartmann in dessen Schreiben vom 25.1.1808 (in: *StAH, Senatsakten*, Cl. VII, Ea, Pars 2, No.1, Vol. 10, darin: Beantwortung der dritten Frage "Welches ist der gewöhnliche Gang beim Verzollen?"); Denkschrift der Zöllner am Niederbaum, D. O. Francke (Amtsnachfolger des 1807 verstorbenen Wiechers), und J. H. Rademin, an die Commerz-Deputation über das "ehemalige Zollwesen" und mit "Bemerkungen in Hinsicht auf die Zukunft", (in: *Anl. Prot. CD*, rot, No. 33), datiert Mai 1813 [rectius: 1814].
9 Vgl. § 8 der Neuen Mäkler-Ordnung von 1792, (in: *Sammlung Hamburgischer Verordnungen.* Hrsg.: Christian Daniel Anderson. 8 Bde., Hamburg 1783-1810 [im folg. zit.: Anderson], Bd. 3, Hamburg 1793, S. 290 f.).
10 Klefeker, Bd. 2, Hamburg 1766, S. 515; diese Angaben bezogen sich auf den einbringenden Schiffer, den Warenempfänger, die Warenart, das Herkunftsland und die Zahl der Packstücke, dazu den Namen des Schiffes und das Datum der Ankunft.
11 Klefeker, Bd. 2, Hamburg 1766, S. 515 f.
12 Abgedruckt bei Anderson, Bd. 3, Hamburg 1793, S. 290 f.
13 Vgl. die Darstellung durch den Herrenzoll-Schreiber Hartmann vom 25.1.1808 (s.o. Anm. 8).
14 Ebenda.

(2) Hiervon völlig getrennt erfolgten die Zolldeklaration und die Zollzahlung seitens des Warenempfängers[15]. Dieser reichte dem Herrenzoll (-Schreiber) einen "Auf Bürgereid" unterschriebenen Zollschein in zweifacher Ausfertigung ein, der, genau wie der vom Schiffsmakler vorgelegte Interimschein, alle für die Verzollung wichtigen Angaben enthielt, dabei auf einem zweiten Exemplar auch den Warenwert[16]. Auf dem ersten dieser Zollscheine wurde von den Zollschreibern der jeweils fällige Betrag bei Herren-, Bürger- und Admiralitätszoll ermittelt und aufgetragen. Gegen Zahlung dieses Betrags erhielt der Kaufmann diesen Schein quittiert zurück, und mit diesem Dokument konnte der von ihm beauftragte Ewerführer die Ware über die Zollgrenze "*einpassieren*". Den zweiten, mit dem Warenwert versehenen Zollschein behielt die Zollverwaltung ein, um die erfolgte Verzollung in die entsprechenden *Zoll-Einnahme-Bücher* eintragen und zugleich den Empfänger auf dem *Kaufmanns-Conto* kreditieren zu können. Im Falle akzisepflichtiger Güter mußten der Schiffsmakler und der Warenempfänger die Einfuhr vor der Zolldeklaration im Akzisebüro anmelden[17]; entsprechendes galt für das Hopfenmagazin, den Kornverwalter, den Mattenpächter (für Mehl) und den Steinkohle-Buchhalter.

Dies war die Grundstruktur einer Einfuhrverzollung in Hamburg; zahlreiche Sonderregelungen, die es etwa für den Transitverkehr, die landwärtigen oder die von der Oberelbe kommenden Zufuhren oder für die Warenausfuhr gab, brauchen hier nicht beschrieben zu werden. Erwähnenswert ist noch, daß keineswegs alle mit einem Schiff angelangten Einzelpartien sofort nach der Ankunft und en bloc verzollt wurden; dies konnte sich vielmehr über Wochen und Monate hinziehen. An der Abwicklung der Verzollung waren, wie man sieht, mehrere Personen und Instanzen beteiligt; die hierbei anfallenden und weitergeleiteten Daten über den Warenverkehr wurden – vom Warenwert abgesehen – nicht streng geheim gehalten, sondern waren bei einigem Bemühen zugänglich.

3. Quellen zum Warenverkehr

3.1. *Quellen amtlichen Ursprungs*

Fragt man, welche Unterlagen aus diesem verzweigten Geschäftsbereich erhalten geblieben sind, so ist zunächst für die Stader Elbzoll-Verwaltung festzustellen, daß die

---

15 Vgl. hierzu eine Darstellung des Herrenzoll-Schreibers Hartmann vom 15.8.1793 (in: *StAH*, *Senatsakten*, Cl. VII, Ea, Pars 1, No. 1, Vol. 51); [undatierter] "Entwurf einer Verfügung wider einige bey der Verzollung der Schiffe und Waaren eingerissenen Mißbräuche und Unordnungen" (= *Anl. Prot. CD* No. 115/22.12.1794); Klefeker Bd. 12, Hamburg 1773, S. 610 f.
16 Maßgeblich für die Wertangabe war die Einkaufsrechnung; lag diese (noch) nicht vor, galt der Börsenpreis abzüglich 10% für Unkosten (vgl. "Entwurf einer Verfügung..." [s.o. Anm. 15]. pag. 9).
17 Vgl. Anderson, Bd. 3, Hamburg 1793, S. 291.

zu den hannoverschen Kammerakten gehörenden Zollregister 1943 verbrannt sind[18]. –
Aus der Hamburger Zollverwaltung sind hingegen für den hier in Betracht kommenden
Zeitraum drei Bestände erhalten geblieben:

3.1.1. Die Contentbücher (s. Abb. 1)

In die *Contentbücher*[19] wurden die Angaben aller bei der Zentrale, dem Herrenzoll, in
Zettelform eingereichten (Abschriften der) Ladungsverzeichnisse eingetragen. Diese
Zettel wurden zunächst nach Zufuhrgebieten sortiert: seewärts (Küsten- und Fernverkehr), landwärts per Fuhre aus Lübeck und aus Kiel, oberelbwärts aus Berlin, aus Magdeburg, aus Lauenburg (d.h. aus Lübeck über den Stecknitzkanal) sowie aus Lüneburg.
Für jedes dieser Fahrtgebiete wurde eine eigene Numerierung vorgenommen, und unter
der jeweiligen Nummer wurde der Inhalt des Ladungszettels dann eingetragen (Datum,
Schiffer, Herkunfshafen, Warenempfänger, Zahl und Art der Packstücke, Produkt). Bei
der Durchsicht dieser Nummernfolgen entdeckt man schnell, daß die Zettel dem Herrenzoll offenbar nicht lückenlos eingereicht oder daß sie nicht lückenlos hier eingetragen wurden; auch sind die Angaben teilweise so flüchtig notiert und in ihrem Inhalt so
unbestimmt gehalten, daß sie für eine handelsstatistische Auswertung kaum in Frage
kommen. Es ist allerdings festzuhalten, daß es andere originäre Quellen, die über die
oberelbwärtigen Zufuhren nach Hamburg genauere Auskunft gäben, nicht gibt. – Die
Contentbücher liegen für die Zeit von Juli 1777 bis Ende 1797 vor, der Band 1785 fehlt;
ab 1794 sind sie nur noch für die seewärtigen Zufuhren geführt worden.

3.1.2. *Specificationen* aus den Schiffs-Register-Büchern am Niederbaum (J. C. Wolters und S. M. Wiechers) (s. Abb. 2)

Im *Baumhaus* hatte der Niederbaum-Zöllner die Angaben der ihm eingereichten Ladungsverzeichnisse in das von ihm zu führende *Schiffs-Register-Buch* einzutragen. Hieraus hatte schon der Zöllner Johann Christoph Wolters Zusammenfassungen über den in
Hamburg eingehenden Schiffsverkehr hergestellt, die für die Jahre 1778 bis 1780 erhalten sind[20]. Wolters beschränkte sich auf Angaben über die Zahl der "im Zoll gekomme-
nen Schiffe". Er gliederte seine Tabellen nach Herkunfsländern, nannte für jedes einzelne Schiff den Herkunftshafen und brachte am Ende Zusammenfassungen für große
und kleine Schiffe[21] sowie für bestimmte Schiffsladungen (Torf-, Austern-, Kartoffel-
Schiffe).

Nachdem Wolters aus seinem Amt ausgeschieden war, forderte der Senat dessen
Nachfolger, Simon Martin Wiechers, dazu auf, nach dem Vorbild seines Vorgängers
"ähnliche Tabellen über die hier ankommenden Schiffe, ihre Ladungsörter, Flaggen und

---

18 Gemäß Schreiben des Niedersächsischen Staatsarchivs Stade an Verf. vom 19.1.1983
    (Gesch.Z. 50/83).
19 *StAH, Admiralitäts-Kollegium*, F 12.
20 *StAH, Admiralitäts-Kollegium*, F 8.
21 Zur Unterscheidung zwischen "großen" und "kleinen" Schiffen s.u. Anm. 54.

Abb. 1: Auszug aus dem Contentbuch für 1786

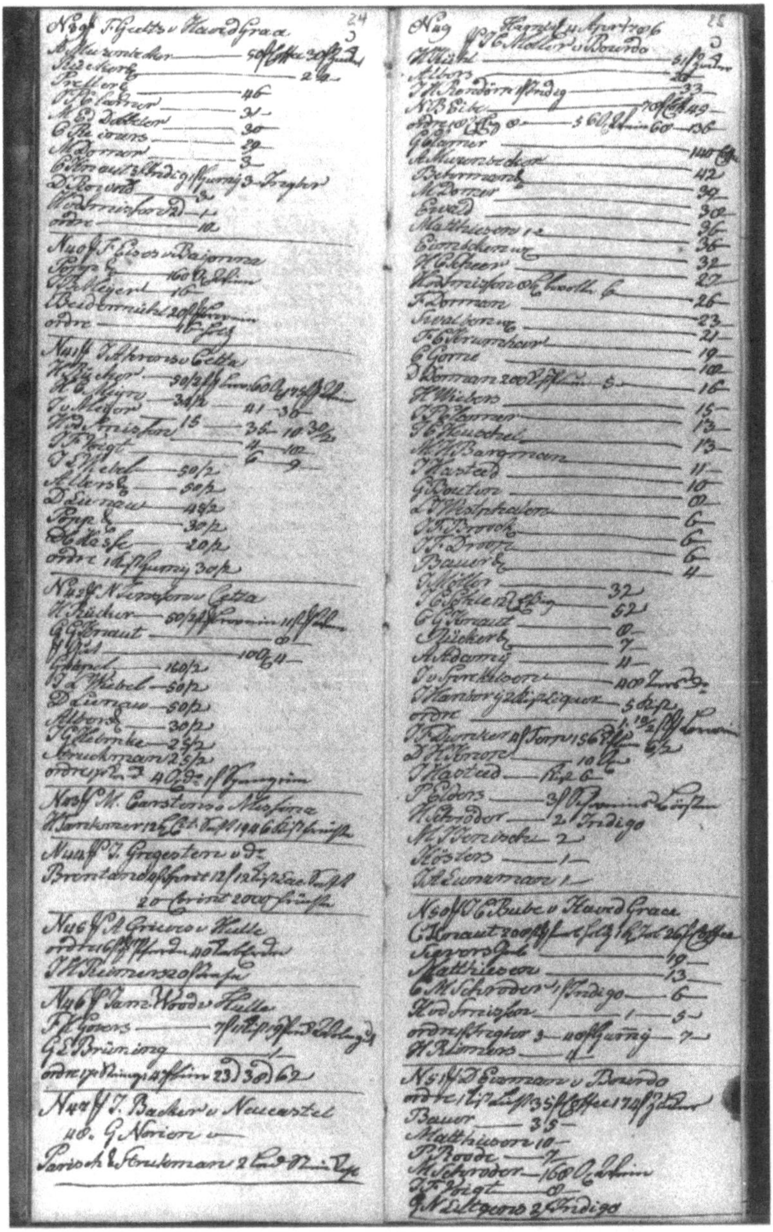

Quelle: StAH, Adm.-Koll, F 12, Bd. 9.

Abb. 2: Auszug aus Martin Simon Wiechers' "Specificatio aller im Jahr 1791 in Hamburg angelangten See-Schiffen nebst deren Ladungen"

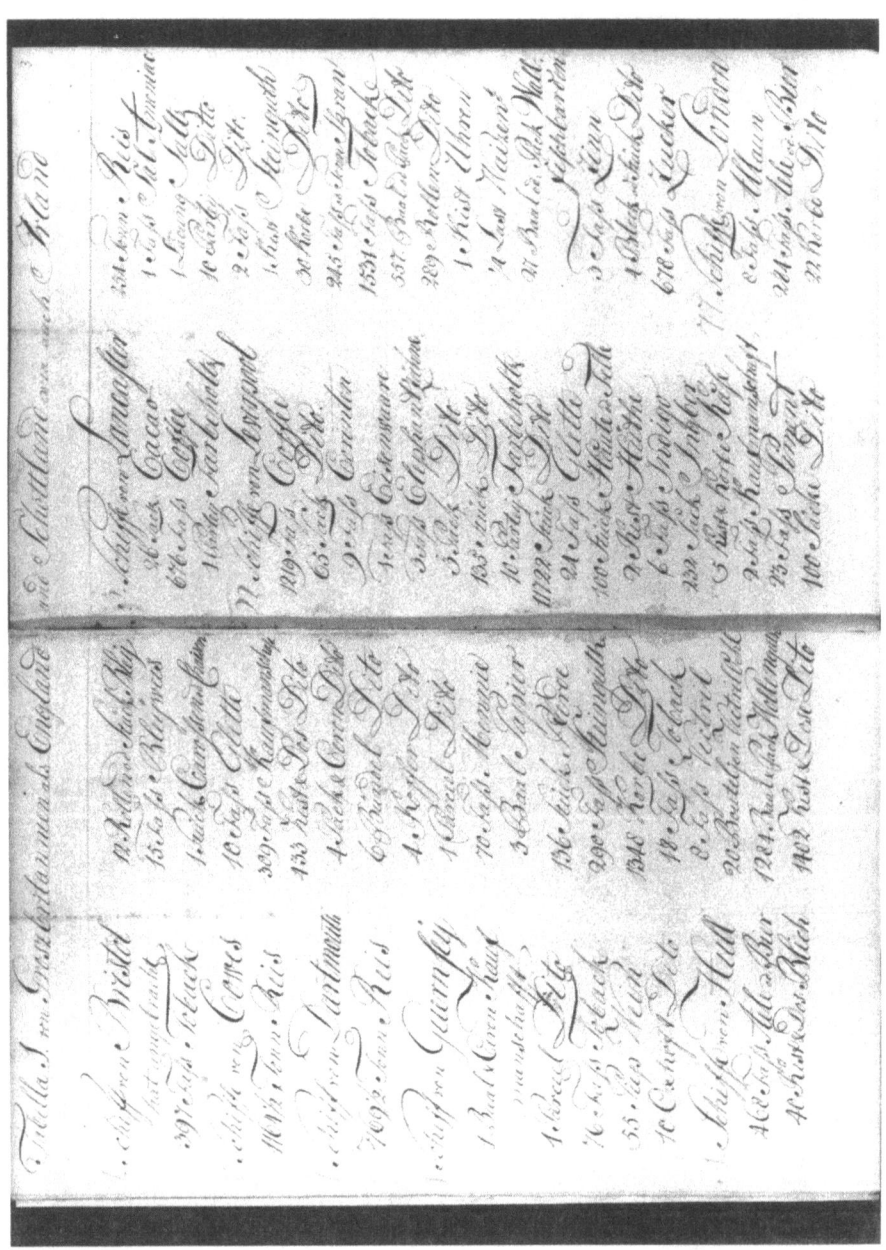

Quelle: StAH, Adm.-Koll., F 10, Bd. 5.

Abb. 3: Auszug aus "Admiralitätszoll- und Convoygeld-Einnahmebuch 1786"

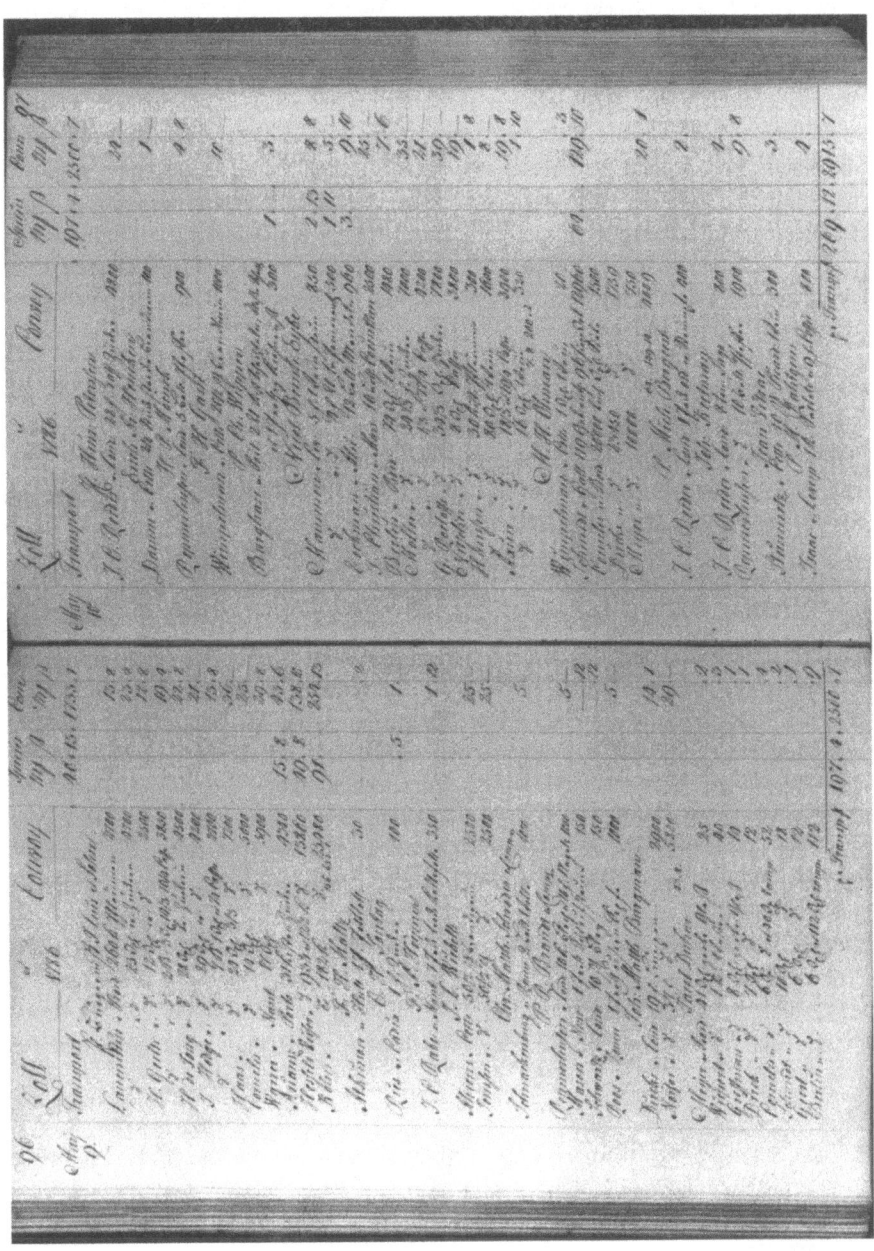

Quelle: StAH, Adm.-Koll., F10, Bd. 5.

Ladungen" aufzustellen[22]. Diesem (inhaltlich erweiterten) Auftrag ist Wiechers für die
Jahre 1783 bis 1801 nachgekommen[23]. An den Anfang seiner *Specificationen* (vgl. Abb.
2) stellte er nach dem Alphabet der Herkunftshäfen angeordnete "Anzeigen der zu
Hamburg angelangten Schiffe". Daran anschließend faßte er in fünfzehn Tabellen die
Warenzufuhr aus den verschiedenen Herkunftsregionen des seewärtigen Hamburger
Einfuhrhandels zusammen, wobei in jeder Tabelle wiederum für jeden Herkunftshafen
die Schiffsankünfte und Warenlieferungen aufgeführt wurden. Die Warenmengen wur-
den durch die Zahl der Packstücke gekennzeichnet, Zusammenfassungen gibt es nicht.
In den ersten drei Jahrgängen sind auch Tabellen über die landwärtigen Zufuhren ent-
halten; da diese durch die Stadttore bzw. im Oberhafen ins Zollgebiet gelangten, kann
Wiechers die Angaben hierüber nur von den dort zuständigen Zöllnern bzw. vom Herrenzoll (-Büro) bekommen haben.

Die Tatsache, daß die Zollaufseher am Niederbaum in ihrer dienstlichen Position
über Informationen aus erster Hand verfügten, ist der wichtigste Anhaltspunkt für die
Zuverlässigkeit ihrer Angaben. Hinsichtlich der Schiffslisten kann man diese Vermutung
durch einen Vergleich mit anderen Quellen stützen. Für die Qualität der Wiechers'schen *Specificationen* spricht im übrigen auch der Umstand, daß der Senat ihn
hierfür über fast zwanzig Jahre jährlich "remuneriert" hat[24].

3.1.3. Die Admiralitätszoll- und Convoygeld-Einnahmebücher (s. Abb. 3)

Die Admiralitätszoll- und Convoygeld-Einnahmebücher (*ACEB*)[25] wurden in der für die
Erhebung des Admiralitätszolls zuständigen Zollstube im Rathaus geführt. Man kann
die *ACEB* als chronologisch eingerichtete Registrierung der von den Warenempfängern
vorgenommenen Zolldeklarationen und der entsprechend erhobenen Zoll- und Convoy-
geld-Erhebungen bezeichnen. Neben der Verzeichnung dieser Gebühren enthalten sie
für jede deklarierte Partie das Deklarationsdatum, den Namen des Warenempfängers,
den Namen des Schiffers, den Herkunftshafen, die Zahl der Packstücke, die Warenart
und den Warenwert. Zusammmenfassungen oder Register irgendwelcher Art gibt es
auch hier nicht.

Einer handelsstatistischen Auswertung dieser Quelle sind in zweifacher Hinsicht
Grenzen gesetzt:

(1) Admiralitätszollpflichtig waren nur die Einfuhren aus Archangelsk und aus Häfen
jenseits der Schelde und aus Übersee (einschließlich England); nicht erfaßt wurden

---

22 Vgl. Senatsprotokoll (-Extrakt) v. 23.4.1784 (in: *StAH, Senatsakten*, Cl. VII, Lit. Ea, Pars 1,
    No. 5, Vol. 6).
23 Die Tabellen 1783-1785 in *StAH, Adm.-Kollegium*, F 9. Der Jahrgang 1786 fehlt, Gesamt-
    zahlen für 1786 finden sich in Band 1787. Die Tabellen 1787-1801 in *StAH, Admiralitäts-Kolle-
    gium*, F 10.
24 Die von Wiechers über seine Tabellen mehrfach mit dem Senat geführte Korrespondenz in
    StAH, Senatsakten, Cl. VII, Lit. Ea, Pars 1, No. 5, Vol. 6.
25 *StAH, Admiralitäts-Kollegium*, F 6; Der Bestand reicht - mit Lücken - von 1729 bis 1807, ei-
    nige Bände sind unvollständig.

demnach die Zufuhren aus der Ostsee und aus den (kontinentalen) Nordseehäfen von Antwerpen bis zum Nordkap.

(2) Registriert wurden lediglich die admiralitätszollpflichtigen Einfuhren; nicht erfaßt wurden demnach *zollfrei* bleibende Zufuhren, d.h. der gesamte Transitverkehr, die (im 18. Jahrhundert insgesamt unbedeutenden) Einfuhren der englischen Merchant Adventurers, Einfuhren als "Bürgergut" sowie einige zollfrei bleibende Artikel wie Steinkohle, Getreide, Bier etc., über deren Zufuhr teilweise andere Quellen Auskunft geben. Die *ACEB* belegen also nur einen Teil, freilich den weit überwiegenden Teil der seewärtigen Warenzufuhr nach Hamburg.

In Hinblick auf diesen Teil der Einfuhr sind es vor allem die Nennung der Firmennamen der Importeure und die Angaben der Importwerte, die den Aussagegehalt der *ACEB* weit über alle anderen Quellen, die man für eine Hamburger Handelsstatistik auswerten könnte, hinausragen lassen. Hinzu kommt, daß sie – wenn auch mit Lücken – für einen vergleichsweise langen Zeitraum vorliegen: Für die Zeit von 1733 bis 1798, für insgesamt 66 Jahre also, sind immerhin 37 der großformatigen Folianten vollständig erhalten geblieben. Schon Ludwig Beutin bezeichnete sie als "die wichtigste Quelle, aus der zahlenmäßige Angaben über den Hamburger Handel [des achtzehnten Jahrhunderts] zu schöpfen sind."[26].

3.1.4. Kleinere Quellen

Neben den Zollbehörden hat es in Hamburg noch andere Behörden gegeben, die – ganz unabbhängig vom Zoll – mit einzelnen Zweigen des in Hamburg eintreffenden Warenstroms in Berührung kamen und hierüber auch Aufzeichnungen vorgenommen haben. Von solchen Unterlagen sind die jährlichen Zusammenstellungen des (seit 1788 amtierenden) *Steinkohle-Buchhalters* nur lückenhaft erhalten geblieben[27]. Dagegen geben die Aufzeichnungen des *Kornverwalters*[28] in lückenloser Folge Auskunft über Ein- und Ausfuhr der wichtigsten Getreide- und Hülsenfrucht-Sorten. Weiterhin gehören zu diesen quasi-behördlichen Unterlagen die Aufzeichnungen über die jährlichen Ergebnisse der Grönlandfahrt[29]. Schließlich ist auf die von Ernst Baasch ausgewerteten, leider

26 Ludwig Beutin: *Der deutsche Seehandel im Mittelmeergebiet.* Neumünster 1933, S. 59, Anm. 1.
27 Für 1790, 1791, 1793, 1795, 1796, in *Anl. Prot. CD* 1791 ff. passim.
28 "Verzeichniß dessen, was anno 1753 [ff. bis 1811] ... an allerhand Getreyde eingekommen und ausgegangen." Manuskript des Kornverwalters J. H. Strauch, im Buchbestand der Commerzbibliothek Hamburg; vgl. auch die Briefe Strauchs an die Commerz-Deputation vom 25.4.1789 (*Anl. Prot. CD* 18/16.5.1789), 11.9.1789 (ebd. 24/24.9.1789) und vom 3.2.1790 (ebd. 63/20.3.1790). "Der Korn-Verwalter soll von allem ein- und ausgehenden Getreide ein genaues Register halten." (Neue Korn-Ordnung der Stadt Hamburg vom 22sten März 1737, Hamburg 1794, Cap. II, Art.1).
29 In: G. H. F. Grube: Verzeichniß der seit Anno 1669 von Hamburg nach Groenland und der Straße - Davied zum Wallfisch und Robbenfangst gesandten Schiffe, Hamburg 1845, Manuskript in *StAH, HSS-Abtlg*, No. 263.

nur für die ersten Jahre des 18.Jahrhunderts erhalten gebliebenen *Kassabücher* der Commerz-Deputation hinzuweisen[30].

3.2. *Quellen nicht-amtlicher Provenienz*

Sowohl die beim Stader Elbzoll-Kommissar einlaufenden Angaben über die Schiffsladungen als auch die beim Herrenzoll in Gestalt der Contentzettel zusammenfließenden Informationen über die in Schiffen und Fuhrwerken eintreffenden Warensendungen und deren Empfänger sind nicht streng geheim gehalten worden. Trotz gelegentlich vorgebrachter Beschwerden hierüber ist der Senat gegen diese Durchlässigkeit im Datenfluß nicht ernsthaft eingeschritten[31], wohl wissend, daß nicht nur die Schreiber in den Zollstuben des Rathauses, sondern auch schon die hannöverschen Zollbediensteten in Stade und Hamburg am Verkauf der Registerabschriften teilnahmen[32]. Im übrigen konnte dies auch deshalb nicht als überaus anstößig gelten, weil viele Makler und Warenempfänger Abschriften der Contentzettel der von ihnen betreuten Schiffsladungen – offenbar in werbender Absicht – an der Börse austeilten. – Dieser Möglichkeit, solche Abschriften vorzunehmen (oder käuflich zu erwerben), ist es zu verdanken, daß auch außerhalb der Behörden zahlenmäßige Aufzeichnungen über den Warenverkehr entstehen konnten.

3.2.1. Tabellen der englischen Gesandten: *Accounts of Imports at Hamburgh*

Eines der erhaltenen Beispiele hierfür sind Tabellen, die die in Hamburg residierenden englischen Gesandten für Hamburgs Einfuhren aus England (1768-1789) und Frankreich (1767-1789) anfertigen ließen, um sie, was zu ihren Dienstpflichten gehörte, an das Foreign Office nach Londen zu schicken[33]. Die Tabellen (Abb. 4) enthalten – neben detaillierten Schiffs-Ankunftslisten (1764-1797) – für etwa sechzig Produkte Angaben über die Zahl der zugeführten Packstücke und über deren geschätzten Wert (in Mark Banco). Entsprechende, allerdings weniger umfangreich gehaltene Listen liegen für die Bremer Einfuhren von 1774 bis 1789 vor.

---

30 Ernst Baasch: Zur Statistik des Ein- und Ausfuhrhandels Hamburgs Anfang des 18. Jahrhunderts, in: *Hansische Geschichtsblätter* 54 (1929), S. 89-144.
31 Stellungnahmen hierzu in *Anl. Prot. CD* 118/18.12.1780, 133/16.2.1776, 32/7.9.1779; im allg. vgl. Ernst Baasch: Handel und Öffentlichkeit der Presse in Hamburg, in: *Preußische Jahrbücher* 110 (1902), S. 121 ff.
32 Vgl. die ausführliche Stellungnahme der Commerz-Deputation vom 20.2.1767, in: *Anl. Prot. CD* 1764/1767 [ohne eigene Numerierung].
33 Alle Tabellen in *Public Record Office London*, SP 82-82 [= 1764] bis SP 82-98 [= 1779] und FO 33-1 [= 1780] bis FO 33-14 [= 1797].

Abb. 4: Tabellarische Übersicht des englischen Gesandten über die Hamburger Einfuhr
aus England und Irland 1782

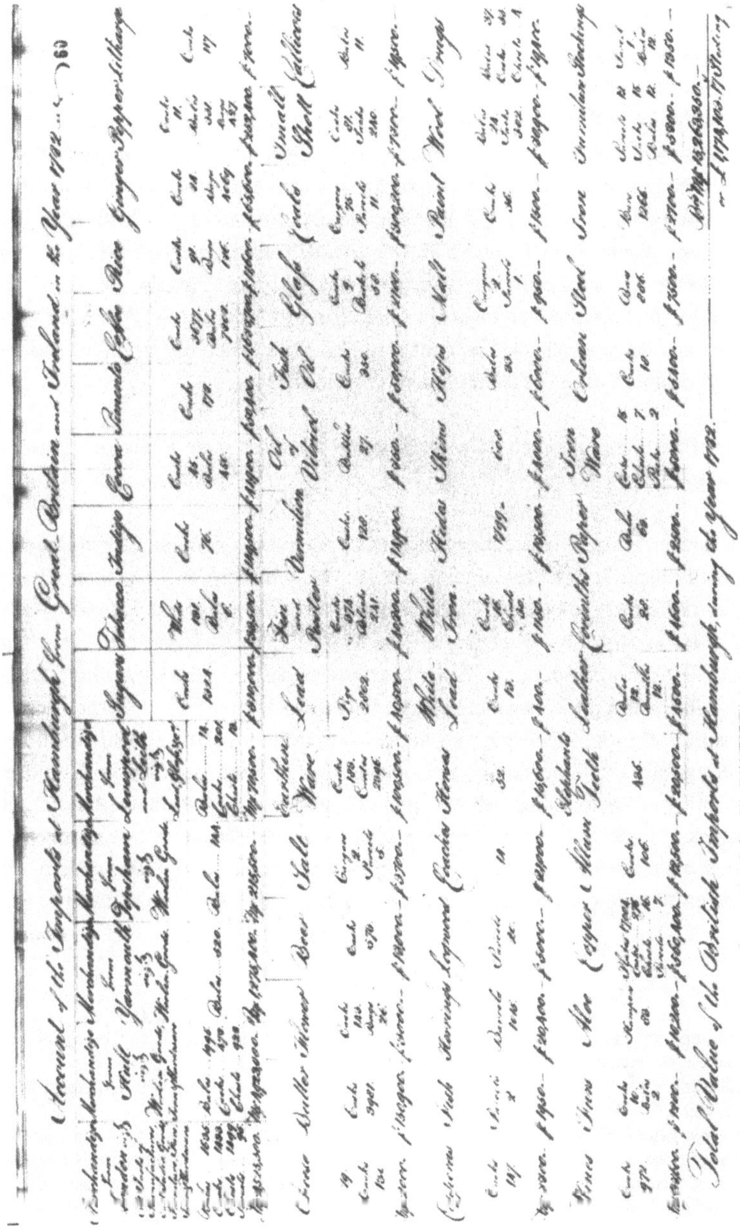

Quelle: Public Record Office London/Richmond, FO 33-3.

3.2.2. Tabellen der französischen Konsuln und Gesandten: *Etats des cargaisons de navires venus à Hambourg*

Auch die in Hamburg residierenden französischen Konsuln und Gesandten haben detaillierte Schiffs- und Einfuhrlisten dieser Art angefertigt[34]. Die wenigen erhalten gebliebenen Jahrgänge[35] lassen erkennen, daß die französischen Tabellen insofern über die englischen Berichte hinausgehen, als sie die nach Herkunftsländern aufgeschlüsselten Zufuhren nicht nur aus England und Frankreich, sondern auch aus allen anderen Bezugsländern umfassen; selbst für die oberelbische Zufuhr und für die Einfuhren "per Fuhre" finden sich eigene Listen. Innerhalb der Ländergruppen werden für jeden einzelnen Herkunftsort die von dort eingeführten Produkte unter Angabe der Zahl der Packstücke aufgeführt; abschließend wird der (geschätzte Mark-Banco-) Wert der (Gesamt-) Einfuhr aus dem jeweiligen Ort genannt. Den Schluß der Listen bilden zusammenfassende "Récapitulations" des Schiffs- und Warenverkehrs.

3.2.3. Johann Friedrich Francke's *"General-Einfuhr-Tabellen aller Waren & Güter in Hamburg"*

Die umfangreichsten Zusammenstellungen dieser Art stammen von dem Buchhalter Johann Friedrich Francke[36]. Erhalten sind Listen für die Zufuhren aus einzelnen Regionen[37], dazu für die Jahre 1784 bis 1791 die zusammenfassenden *General Tabelle(n) aller Waaren und Güter welche zu Wasser und zu Lande in Hamburg eingekommen* mit Angabe von etwa 270 Einfuhrprodukten. Auch hier wird nach Packstücken gezählt; Schätzungen der Einfuhrwerte finden wir bei Francke allerdings nicht.

Vergleicht man Franckes Tabellen und die der Gesandten hinsichtlich ihres äußeren Aussehens, ihrer formalen Anordnung und bei den Mengenangaben für die Zufuhren aus England und Frankreich miteinander, dann entdeckt man – bei mancherlei Differenz im einzelnen – doch so zahlreiche Ähnlichkeiten und Übereinstimmungen, daß man auf eine einheitliche Herkunft dieser Listen schließen darf. Hinsichtlich der Wertschätzungen allerdings stützten die Gesandten sich offenbar auf die Dienste von

---

34 Vgl. Pierre Jeannin: Die Hansestädte im europäischen Handel des achtzehnten Jahrhunderts, in: *Hansische Geschichtsblätter* 89 (1971), S. 41-73.

35 *Archives Etrangers Paris*, CCC Hambourg, passim; mir liegen vollständig die Jahrgänge 1752, 1766, 1777 und 1788-1791 vor.

36 In *StAH, Admiralitäts-Kollegium*, F 11.

37 Erhalten geblieben sind drei Jahrgänge (1785, 1786 und 1787) für die Zufuhren aus Spanien, dasselbe für Portugal, weiterhin jeweils ein Jahrgang (1785) für Zufuhren aus Dänemark/Schweden, für Rußland und "für Waaren und Güter welche aus Lübeck, Kiel, Lüneburg und aus dem Brandenb[urgischen] durch Fuhren in Hamburg eingekommen". Die Zufuhren aus Frankreich sind für 1785 bis 1791, die aus England für 1785 bis 1787 und 1789 bis 1791 nachgewiesen. Register der hamburgischen Gesamtzufuhren schließlich liegen für die Zeit von 1785 bis 1791 vor.

Maklern[38], die sich hierfür teuer bezahlen ließen und, wie ein Vergleich der englischen mit den französischen Listen zeigt, bei ihren Schätzungen der Einfuhrwerte zu durchaus unterschiedlichen Ergebnissen kamen.

3.2.4. Magnus Adolph Köncke's *Einfuhr-Listen* und *Specificationen*

Dem offenbar bestehenden Informationsbedürfnis der Kaufmannschaft suchte der ehemalige Warnemakler Magnus Adolph Köncke seit 1790 in der Weise zu entsprechen, daß er die ihm bei den Zollstellen erreichbaren Ladungsverzeichnisse (*Contenten*) zunächst zu *Einfuhr-Listen* zusammenstellte, die er wöchentlich publizierte[39]. Am Ende des Jahres faßte er diese Verzeichnisse zu Jahreskumulationen zusammen, die er unter dem Titel "*Specification der im Jahre ... an Hamburg gebrachten Waaren und Güter, ein Register meiner wöchentlich ausgebrachten Contenten* herausgab[40]. Köncke bezog seine Informationen sowohl aus dem Büro des Stader Elbzoll-Kommissars[41] als auch von den Hamburger Zollbediensteten, ohne deren Hilfe er die binnenwärtigen Zufuhren nicht hätte erfassen können. Seine "*Specificationen*" enthalten also, genau wie Franckes Tabellen, die hamburgische Gesamtzufuhr. Angeordnet sind sie nach dem Alphabet der Waren; für jede Ware werden die Zahlen der aus den einzelnen Herkunftshäfen bezogenen Packstücke genannt. Zusammenfassungen gibt es nur in Einzelfällen; auf Schätzungen der Einfuhrwerte verzichtete Köncke gänzlich. Unzulänglichkeiten, die Wiechers in den frühen Jahrgängen bei Köncke bemängelte[42], mögen im einzelnen berechtigt gewesen sein. Dem kaufmännischen Publikum indessen scheinen zumindest zur Information über das laufende Geschehen Könckes Einfuhrlisten genügt zu haben. Anders jedenfalls kann man sich den Umstand nicht erklären, daß dieses wöchentliche Periodikum bis 1867, seit 1850 also parallel zu den amtlichen *Tabellarischen Übersichten des Hamburgischen Handels* erschienen ist.

3.3. Statistische Quellen der Partnerländer

Zeitgenossen haben sich, wenn sie den Handel des späten 18. Jahrhunderts zahlenmäßig zu erfassen suchten, der Könckeschen Einfuhrlisten bedient (Westphalen, Schumann, Oddy); dasselbe gilt für Autoren des 19. Jahrhunderts (Soetbeer, Baasch, Hitzigrath). Die neuere Forschung ist bei der Untersuchung hamburgischer Handelsbeziehungen mit

---

38 Woodford [engl. Gesandter in Hamburg] an Foreign Office 3.5.1768, in: *Public Record Office London*, SP 82-86.

39 Hiervon sind in der Commerzbibliothek Hamburg und im Staatsarchiv Hamburg einige Stücke erhalten.

40 Die Jahrgänge 1790 bis 1802 (ohne 1796, 1798 und 1801) befinden sich in der Bibliothek des Staatsarchivs Hamburg; ein handschriftlicher Vorläufer erschien für 1789. Seit 1797 zeichnete als Herausgeber Johann Jacob Thiessen, seit 1800 J. H. C. Brandes.

41 Dies geht aus einem Brief hervor, den Könckes Mitarbeiter am 1.8.1798 an die Commerz-Deputation richteten (*Anl. Prot. CD* 44/5.8.1798).

42 Schreiben Wiechers' an den Senat vom 27.1.1792, in: *StAH, Senatsakten*, Cl. VII, Lit. Ea, Pars 1, No. 5, Vol. 6.

bestimmten Regionen über diese Hamburger Bestände hinausgegangen und hat sich
auch der Aufzeichnungen bedient, die in den entsprechenden Partnerländern
entstanden sind. Das erste, bedeutende Beispiel hierfür war Ludwig Beutins
Abhandlung über den *Deutschen Seehandel im Mittelmeergebiet*[43]. Nach dem Krieg
entstanden auf diesen auswärtigen Quellengrundlagen Studien über den Verkehr mit
Frankreich, Spanien, Holland und England. Für England, um diesen Fall hier
beispielhaft aufzugreifen, gibt es eine amtliche Außenhandelsstatistik seit 1689[44],
ergänzend dazu die schottische Statistik seit 1755[45]. Unterschieden wird für eine große
Zahl von Warenpositionen jeweils nach Einfuhr-, Ausfuhr- und Transithandel. Für eine
handelsstatistische Auswertung verwertbar sind nur die Mengenangaben. Die ebenfalls
enthaltenen Wertangaben sind auf der Grundlage von Preis-Indices des ausgehendes 17.
Jahrhunderts ermittelt worden, die man während des ganzen 18. Jahrhunderts
unverändert übernommen hat. Der Handel mit Hamburg – hierin liegt eine gewisse
Einschränkung – ist in der Position "Germany" enthalten, in der die Handelsbeziehungen mit allen deutschen Nordseehäfen (also auch Bremen und Emden), dazu
mit Lübeck und Mecklenburg zusammengefaßt wurden. Angesichts der überragenden
Stellung, die Hamburg in diesem Verkehr einnahm, können die englischen Statistiken
aber doch als wertvolle Ergänzung zu den in Hamburg entstandenen Aufzeichnungen
dienen; für ein Studium der hamburgischen Handelsbeziehungen mit England sind sie
unverzichtbar.

4. Inhaltliche Aspekte

Die Angaben, die die hier vorgestellten Quellen überliefern, dürften zunächst einen
eher skeptischen Eindruck auslösen; denn schon ein flüchtiger Blick in die Bände und
Tabellen zeigt, daß die darin enthaltenen Daten unseren heutigen Vorstellungen von
Präzision und Klarheit statistischer Aussagen nicht entsprechen. Zum Teil läßt sich dieses Ungenügen mit einem Hinweis auf Zeit und Anlaß der Entstehung und auf die begrenzten äußeren – technischen, institutionellen, personellen – Möglichkeiten erklären,
die den Verfassern dieser Aufzeichnungen zur Verfügung standen. "Vorstatistisch" waren deren Arbeitsbedingungen auch insofern, als es allgemein verbindliche Standards für
statistisches Definieren, Zählen und Auswerten nicht gab. Hiervon abgesehen stellen
sich einer handelsstatistischen Nutzung dieses Materials aber offenkundig auch in-
haltlich-technische Schwierigkeiten entgegen, die eine solche Auswertung als nur begrenzt möglich erscheinen lassen. Einige dieser Schwierigkeiten sollen im folgenden
angesprochen werden.

---

43 S.o. Anm. 26.
44 *Public Record Office London*, Customs 3 (1697 1780) und Customs 17 (1772-1808); seit 1790
    für Großbritannien insgesamt. - Zur englischen Außenhahndelsstatistik im allg. vgl. George
    Norman Clark: *Guide to English Commercial Statistics*, 1696-1782, London 1938.
45 *Public Record Office London*, Customs 14 (1755-1827); die Zahlen für Schottland sind seit
    1790 auch in Customs 17 (s.o. Anm. 44) enthalten.

4.1. Die Bezeichnung der Waren(-Arten)

Bei den in den Quellen benutzten Produktbezeichnungen überwiegen Begriffe, die entweder ganze Gruppen von Waren umfassen, oder Termini, die jeweils eine ganze Warenart nennen, ohne daß im einzelnen nach Qualität oder Provenienz differenziert würde. Fertigprodukte, überwiegend aus England eingeführt, werden meist umfassend als Manufakturwaren bezeichnet; synonym finden sich die Begriffe Kaufmannschaft, Kramware, Fabrikware. Hinter diesen Sammelbegriffen können sich weitere Kollektivbezeichnungen verbergen: Metall-, Hart-, Töpferei-, Wollwaren. Genau so gut können unter jenen Sammelbegriffen aber auch einzelne Produkte deklariert werden, was besonders bei den Wolltuchen vorkommt, die dann bei nächster Gelegenheit unter ihren spezifischen Namen auftauchen: Serge, Flanell, Duffel, Dosinken etc. Wein gibt es, wie man weiß, in hunderten von Qualitäten. In den Quellen findet man oft auch nähere Bezeichnungen wie Rotwein, Landwein, Champagner-, Xemenez-, Piccardan-, Sekt-, Korsika- oder Smyrn'scher Wein. Entsprechend werden Holzeinfuhren ebenso oft mit dem Sammelbegriff Holz wie mit einzelnen Sorten oder Provenienzen deklariert: Farb-, Hart-, Blau-, Fernambuc-, Martens- oder Domingo-Holz.

Je präziser die Bezeichnungen werden, desto größer ist in der Regel die Wahrscheinlichkeit, daß diese Präzision eine fallweise auftauchende Ausnahme ist. Mit aller Sicherheit sind beispielsweise nicht alle Rotweineinfuhren unter dem Begriff Rotwein, sondern oft genug nur unter dem Begriff Wein eingetragen worden; folglich ist die Spezialisierung Rotwein zu ignorieren, und entsprechend müssen auch alle anderen Spezialsorten unter dem Sammelbegriff Wein zusammengefaßt werden. Allgemein bedeutet dies, daß jede Auswertung dieser Quellen sich auf vergleichsweise wenige und allgemein-unspezifische Begriffe beschränken muß. Diese Nivellierung stellt zweifellos eine Grenze in der Aussagekraft unserer Quellen dar.

Eine Hilfe für nähere Bestimmungen kann gelegentlich der Hinweis auf den Herkunftsort bieten: Manufakturwaren aus Exom und Topsham waren so gut wie ausschließlich Wolltuche der südwestenglischen Produktionsgebiete. Eine weitere, aber wiederum nur fallweise verfügbare Hilfe stellen die amtlichen Statistiken der Partnerländer dar: Während nach den Hamburger Quellen die umfangreiche und wertvolle Einfuhr von Wolltuchen (aus England) in dem völlig unspezifischen Sammelbegriff Manufakturwaren aufgeht, weist die englische Ausfuhrstatistik (innerhalb der Position "Woollens") mehr als zwanzig einzelne Wolltucharten aus.

4.2. Bezeichnung der Warenmengen

In allen in Hamburg entstandenen Quellen findet man als Mengenbezeichnungen nicht die uns geläufigen Gewichtsangaben, sondern Anzahlen von Packstücken: Ballen, Säcke, Tonnen, Körbe, Matten und viele andere, oder – wiederum ganz unspezifisch – Partien oder Ladungen. Solche Angaben können mit denen aus anderen Statistiken nicht ohne weiteres verglichen werden. Sie sind, genau genommen, auch untereinander nicht vergleichbar; denn ein Faß oder ein Sack Kaffee etwa, die aus Lissabon kamen, wogen keineswegs genau so viel wie solche aus Bordeaux und London, und selbst die aus einem bestimmten Hafen kommenden Packstücke gleichen Namens hatten durchaus unterschiedliche Gewichte. Sind solche Angaben dann überhaupt verwertbar?

Es erübrigt sich, bei den Fertigwaren nach Mengen zu fragen. Der Begriff bleibt in der Regel zu unbestimmt; und selbst eine weitgehende Präzisierung der Warenbezeichnung würde nichts über die Qualität der betreffenden Sendung sagen. Von Interesse wären hier allein Wertangaben.

Bei den Gütern, die (in zum Teil sehr zahlreichen) ganzen Schiffsladungen nach Hamburg kamen (Torf, Kalk, Getreide, Steinkohle), kann, wenn nicht Angaben aus anderen Quellen hinzukommen, nur die Zahl der mit diesen Produkten einlaufenden Schiffe einen Eindruck von der Intensität des Verkehrs vermitteln[46]. Umgekehrt sind schon damals einzelne Waren (Getreide, Kohle) nach bestimmten, d.h. festgelegten Maßen oder (Flüssiggüter) in Gebinden geliefert worden, die ihrerseits einer gewissen Normung unterlagen; hier wich das Gewicht der konkreten Packeinheit nur relativ wenig von der Norm ab. Wiederum andere Produkte (bestimmte Holzsorten, Metalle, Häute und Felle) wurden nach Stückzahlen eingeführt, wobei dann die Stückeinheiten genauer definiert waren.

Für den verbleibenden, überwiegenden Teil der Zufuhren stellt sich hinsichtlich der Verpackungsstücke die Frage, ob sich nicht zumindest annähernde Informationen darüber beschaffen lassen, welche Gewichtsvorstellungen sich beispielsweise mit einem *Faß* Alaun, einem *Ballen* Kardamon oder einem *Sack* Pfeffer verbunden haben mögen.- Diese Frage kann in Grenzen positiv beantwortet werden[47]. Als Hilfsmittel können zunächst Zusammenstellungen zur Hand genommen werden, die in kaufmännischen Gebrauchswerken jener Zeit enthalten sind[48].Diese bieten freilich – bestenfalls – nicht mehr als Annäherungen. Wenn etwa C. A. L. Kegel für (kleine und große) portugiesische Zuckerkisten Gewichte zwischen 1200 und 2000 Pfund angibt, ist das nicht etwa ungenau, sondern realistisch; genau hierin liegt die Schwierigkeit jeder Umrechnung, und es ist hinzuzufügen, daß die Quellen in aller Regel auf die - von Kegel beachtete – Unterscheidung zwischen großen und kleinen Kisten verzichten. Wie verwirrend vielfältig die Verhältnisse in der täglichen Geschäftspraxis gewesen sind, zeigt ein Blick in die

---

46 Vgl. hierzu Abschnitt 5: Schiffslisten.
47 Vgl. zum folgenden im allgemeinen neben den zeitgenössischen Waren-Lexika von Johann Carl Leuchs, Johann Christian Schedel und Gottfried Christian Bohn und Kontor-Handbüchern von Jürgen Elert Kruse, Gottfried Christian Bohn und Carl Crüger vor allem die monumentale Zusammenstellung von Harald Witthöft, *Umrisse einer historischen Metrologie zum Nutzen der wirtschafts- und sozialgeschichtlichen Forschung*, 2 Bde., Göttingen 1979.
48 Zusammenstellungen dieser Art finden sich z.B. bei Johann Elert Kruse, *Hamburgische Waaren-Calculations-Tafeln*, 2. Aufl., Hamburg 1770, S. 253-255; Carl August Ludolph Kegel, *Der Handel in Hamburg*, Hamburg 1806, S. 405-427; Carl Crüger, *Contorist*, Hamburg 1830, S. 106-126.

kaufmännische Gebrauchsliteratur jener Zeit – kaufmännische Rechenbücher[49], Sammlungen von Musterkalkulationen[50], Lehrbücher der Buchhaltung[51] –, die die von uns benötigten Angaben in einer unübersehbaren Fülle von Einzelbeispielen enthalten. Die Autoren dieser Werke sind Praktiker gewesen oder haben der Praxis nahegestanden; sie hätten sich – unnötigerweise – der Kritik ihres kaufmännischen Publikums ausgesetzt, wenn sie ihren Rechenaufgaben, Kalkulationen und Buchungsfällen wirklichkeitsfremde Annahmen zugrundegelegt hätten. Die Vielfalt, die sich in diesen Werken findet, spiegelt die damalige Wirklichkeit wider, und dieser Vielfalt muß sich bewußt bleiben, wer die Angaben unserer Quellen umrechnen will.

4.3. Angaben über Warenwerte

Die Berechnung der Werte der in Hamburg eingeführten Produkte wäre auf der Grundlage der an der Börse wöchentlich ermittelten und publizierten Preisnotierungen[52] einfach, wenn hinreichend genau Angaben über die Einfuhrmengen vorlägen. Da dies nicht der Fall ist, stellt sich – erneut – die Frage nach zeitgenössischen Wertangaben. Die oben beschriebenen tabellarischen Zusammenstellungen der französischen und englischen Gesandten enthalten neben den für Hamburger Quellen üblichen Mengenangaben auch Angaben über die Einfuhrwerte. Diese beruhen auf Schätzungen, die die Gesandten – jeder für sich – bei verschiedenen Maklern in Auftrag gaben. Über die Genauigkeit dieser Schätzungen läßt sich im einzelnen nichts sagen; äußerste Genauigkeit wurde im Grunde nicht erwartet, denn die Gesandten wollten mit diesen Schätzungen lediglich einen ungefähren Eindruck von der Bedeutung der Hamburger Einfuhren (und damit wohl von der Bedeutung ihrer diplomatischen Stellung) vermitteln. Ein wichtiger Anhaltspunkt für den Realitätsgehalt – und damit für eine gewisse Zuverlässigkeit – dieser Schätzungen wäre es allerdings, wenn die Wertangaben beider Quellen für einzelne Produkte ungefähr miteinander übereinstimmten. Für einzelne Jahre läßt sich ein solcher Quellenvergleich vornehmen; dabei wird man, um zunächst die Zuverlässigkeit der Mengenangaben zu überprüfen, die entsprechenden Angaben der Contentbücher für einzelne Schiffe hinzuziehen. Das Ergebnis eines sol-

---

49 Genannt seien: Christian Diederich Westphalen, *Arithmetische Übungen für Anfänger im Rechnen*, 7. Aufl., Hamburg 1802, Andreas Grüning, *Rechenbuch für Kinder*, Altona 1783 [das Werk erschien - mit wechselnden Sachtiteln - bis 1807 in vier Auflagen]; P. H. C. Brodhagen, *Handbuch der theoretischen und practischen Arithmetik, zum Gebrauch derjenigen, die sich der Handlung widmen wollen*, Hamburg 1790.

50 Beispielsweise Johann Elert Kruse, *Hamburgische Waaren-Calculations-Tafeln*. (Anm. 48); [Johann Andreas Engelbrecht] *Hamburgische Waarenberechnungen...*, 2 Bde., Hamburg 1782; Matthias Hinrich Kampke: *Waaren-Berechnungen*. Hamburg 1791; Georg Meeden, *Neue Calculations-Tafeln für Hamburg* (= 2. Aufl. der "Practischen Calculationstabellen" von 1837), 2 Bde., Hamburg 1847.

51 Johann Carl Cornelius Krausz, *Die Kunst der kaufmännischen Buchführung. Mit besonderer Rücksicht auf Hamburg*, Hamburg 1840. Krausz war seit 1841 auch Herausgeber der vormals Köncke'schen "Einfuhr-Listen".

52 *Preiscourant der Wahren [Waaren] in Partheyen*. In der Commerzbibliothek Hamburg vorhanden ab Jahrgang 1736; ältere Jahrgänge in der Bibliothek des Staatsarchivs Hamburg.

chen Vergleichs ist, daß die französischen Listen bei den Angaben über die Kolonialwareneinfuhr (die hauptsächlich aus französischen Häfen kam) weit über den englischen Angaben liegen, während das Verhältnis bei der (englisch dominierten) Fertigwareneinfuhr genau umgekehrt ist. Entsprechend zeigt sich hinsichtlich der Wertannahmen, die mit Hilfe der Angaben der Admiralitätszollbücher überprüft werden können, daß die Schätzungen der Franzosen nicht nur sehr undifferenziert, sondern wiederum bei der Kolonialwareneinfuhr deutlich zugunsten Frankreichs ausfielen, während die Einfuhren englischer Wollwaren eindeutig unterbewertet wurden. Die den englischen Listen zugrundeliegenden Mengen- und Preisangaben liegen demgegenüber deutlich näher bei den Angaben der erwähnten, aus dem Bereich der Hamburger Zollbehörden stammenden Vergleichsquellen, erscheinen insgesamt also weit realistischer.

Die Admiralitätszollbücher enthalten Wertdeklarationen, denen die Lieferantenrechnungen oder Börsennotierungen zugrundelagen, die also als zuverlässig gelten können. Das Problem, das sich einer Auswertung dieser Quelle entgegenstellt, ist anderer Art: Schon Walter Vogel stellte fest, daß sich aus diesen Büchern wohl eine Statistik herstellen ließe, "jedoch bei der eigentümlichen Anordnung [nur] mit unendlicher Mühe und, wenn man nicht sehr große Geldmittel und viele Arbeitskräfte zur Verfügung hätte, wohl nur für einzelne Jahre[53]." Mit "eigentümlicher Anordnung" meinte Vogel wohl die Tatsache, daß in diesen Büchern jede zur Verzollung gebrachte Warenpartie einzeln aufgezeichnet worden ist, und zwar in der zeitlichen Reihenfolge, in der die Warenempfänger im Zollbüro erschienen. Diese fallweise Registrierung der Deklarationen bietet einerseits die Möglichkeit weitgehender, differenzierter Erschließung; sie ist, mit der Menge der hier Jahr für Jahr anfallenden Einzeldaten, freilich auch der Grund dafür gewesen, daß diese Quelle bisher umfassend nicht ausgewertet worden ist[54].

5. Schiffslisten

Neben den Angaben über die Warenzufuhr finden sich in allen hier beschriebenen Quellen Aufzeichnungen über den die Elbe heraufkommenden Schiffsverkehr. Diese Schiffslisten ähneln sich in mehrfacher Hinsicht: (1) Der Umfang des Verkehrs wird durch die Zahl der ankommenden Fahrzeuge ausgedrückt. (2) Der Verkehr wird nach Herkunftsorten und -ländern, daneben in Einzelfällen auch nach Ladungsgütern unterschieden. (3) Hiervon abgesehen wird der Verkehr grundsätzlich unterschieden nach *großen* und *kleinen* Schiffen, wobei mit den *kleinen* Schiffen Schmacken, Tjalken und

---

53 Walther Vogel: Handelskonjunkturen und Wirtschaftskrisen in ihrer Auswirkung auf den Seehandel der Hansestädte 1560-1806 [Vortrag aus dem Jahre 1934], in: *Hansische Geschichtsblätter* 74 (1956), S. 50-64, S. 57.
54 Die Hamburger Admiralitätszoll- und Convoygeld-Einnahmebücher sind im Rahmen des DFG-Schwerpunktprogramms "Historische Statistik von Deutschland" vom Verfasser ausgewertet worden.

Sniggen erfaßt werden, die aus den Häfen der Nordseeküste zwischen Holland und Jütland nach Hamburg kamen[55].

Von diesen Listen umfassen die Aufzeichnungen der englischen Gesandten den längsten Zeitraum, nämlich die Jahre 1764 bis 1797. Am Niederbaum hatte der Zollaufseher J. C. Wolters seit 1778 Listen über den dort eingehenden Schiffsverkehr geführt, die seinem Nachfolger, S. M. Wiechers, dann als Richtschnur für seine bis 1801 reichenden Aufzeichnungen dienten. Ein wichtiger Unterschied zwischen den englischen und den am Niederbaum entstandenen Listen besteht darin, daß der englische Gesandte die Hamburger Schiffsankünfte offenbar mit der Zahl der in Altona (und wohl auch der zwischen beiden Häfen, also am "Hamburger Berg", am Reiherstieg etc.) anlangenden Schiffe zusammengefaßt hat[56], während die Niederbaum-Zöllner lediglich die Schiffe erfaßten, "so im [Hamburger] Zolln eingekommen[57]."

Bei einer Bewertung dieser Schiffslisten sind drei Gesichtspunkte zu bedenken.

(1) Die Übersichten geben über den Umfang des Verkehrs insofern nur ungenügend Auskunft, als sie sich auf die Angabe der Zahl der Schiffe beschränken, jedoch nichts über deren Größe aussagen. Die generelle Aufteilung in *große* und *kleine* Schiffahrt, die an Herkunftshäfen gebunden war, reicht nicht aus, um über den Tonnagegehalt der Schiffe Klarheit zu schaffen. Hier müßten die überlieferten Zahlen um Kenntnisse über die Größe der auf einzelnen Handelsrouten gewöhnlich verkehrenden Schiffe ergänzt werden. Um etwa die Bedeutung der London-Fahrt einschätzen zu können, muß man berücksichtigen, daß die hier (in den achtziger Jahren des achtzehnten Jahrhunderts) verkehrenden etwa dreißig Hamburger Reihefahrer ungefähr dreimal so groß (d.h. zwischen 300 und 600 tons) wie die auf anderen Routen eingesetzten Fahrzeuge gewesen sind; ähnliches gilt für die Grönlandfahrt.

(2) Positiv ist zu sagen, daß die erhaltenen Listen mit der sehr weit gehenden Untergliederung, die sie bieten, Struktur und Entwicklung des damaligen Schiffsverkehrs hervorragend wiedergeben. So sind zum Beispiel in der *großen* Schiffahrt die Gewichte, die die einzelnen Fahrtgebiete in der hamburgischen Gesamtschiffahrt hatten, und die Bedeutung einzelner Häfen dabei ebenso klar erfaßbar, wie sich die einschneidenden Veränderungen belegen lassen, die im letzten Jahrzehnt des Jahrhunderts namentlich im Frankreich-, im England- und im Übersee-Verkehr eingetreten sind. In der *kleinen* Schiffahrt läßt nicht nur der zahlenmäßige Umfang die kontinuierliche Bedeutung dieses Küstenverkehrs erkennen, sondern wir werden auch – etwa am Beispiel der zahlreichen Steinkohle- und Torfschiffe, der (Getreide-) Schiffsankünfte aus dem Ostseeraum oder der (zum Zweck des Holztransports) leer nach Hamburg kommenden holländischen

---

55 Die Unterscheidung in "große" und "kleine" Schiffahrt lag der Gebührenordnung zugrunde, nach der die Zöllner am Niederbaum und der Herrenzoll-Schreiber die ihnen zustehenden "Accidentien" erhoben. Vgl. hierzu Klefeker Bd. II, S. 513 ff.

56 Hierauf deutet die Tatsache, daß die englischen Zahlen durchgehend und so deutlich über den am Niederbaum aufgezeichneten Zahlen liegen, daß man die Möglichkeit von Zählfehlern ausschließen kann; für die Grönlandfahrten kann - mit Hilfe der Grube'schen Aufzeichnungen - s.o. Anm. 29 - zweifelsfrei belegt werden, daß die englischen Zahlen auch die Altonaer Schiffsankünfte enthielten.

57 Dies ist die Formulierung der Überschrift zu Wolters' Listen.

Fahrzeuge – auf Verkehrsbereiche aufmerksam gemacht, die in der Regel nicht im Vordergrund handelsgeschichtlicher Betrachtung stehen, die aber doch unbedingt zu dem vielschichtigen Erscheinungsbild des hamburgischen Handels gehörten.

(3) Die in den Quellen überlieferten Schiffslisten und die dazugehörenden Aufzeichnungen über den Warenverkehr sind nicht getrennt oder mehr oder weniger unabhängig voneinander entstanden. Zwischen beiden besteht im Hinblick auf Ursprung und inhaltliche Aussage vielmehr ein enger Zusammenhang. Es läßt sich bei näherem Hinsehen nicht verkennen, daß dabei die Warenübersichten lediglich als Ergänzungen und als Bereicherung der Listen über den Schiffsverkehr gedacht waren. Diese Schiffslisten sind ursprünglich das Ziel der ganzen Dokumentationstätigkeit gewesen. Um über den eingehenden Handelsverkehr der Stadt möglichst umfassend und zuverlässig berichten zu können, waren die Autoren unserer Quellen auf Schiffspapiere – *Contenten*, das heißt Ladungsverzeichnisse – als die einzigen vergleichsweise leicht erreichbaren Informationsträger angewiesen, auf Dokumente also, die in der Hauptsache dazu dienten, die *Schiffs*ankünfte anzuzeigen, und die über die herbeigebrachten *Ladungen* nur sehr allgemein gehaltene Angaben enthielten. Auf dieser Grundlage wurde der *Handels*verkehr primär als *Schiffs*verkehr dargestellt, zu dessen näherer Beschreibung Angaben über den *Waren*verkehr beigefügt wurden. Ganz deutlich wird dies bei den Zusammenstellungen der beiden Niederbaum-Zöllner: Wolters lieferte überhaupt nur Schiffslisten[58]; Wiechers übernahm das Konzept seines Vorgängers und fügte der Zahl der aus den einzelnen Häfen ankommenden Schiffe die – mehr oder weniger pauschal formulierten – Ladungsangaben hinzu. Der englische Gesandte wies ausdrücklich darauf hin, daß seine Listen auf der Grundlage von Schiffspapieren entstanden seien[59], und in der Tat sind seine Warenübersichten sehr allgemein – um nicht zu sagen oberflächlich – formuliert, wenn man sie mit seinen ausführlichen Angaben zum Schiffsverkehr vergleicht. Köncke's *Specificationen* schließlich waren bloße Jahresregister seiner wöchentlich publizierten *Einfuhr*-Listen, und diese waren nichts anderes als fortlaufende Abdrucke der *Contenten*, die Schiffsführer und Makler den Zollstellen einreichten. Da in Hamburg (normalerweise) nach dem Wert der Ware, nicht nach deren Gewicht oder Menge verzollt wurde, konnte man sich bei diesen Anmeldungen auf so allgemein gehaltene Angaben beschränken, wie wir sie auf den Contenten finden. Die Autoren der Quellen übernahmen diese Angaben, weil sie sie für eine Zähl- und Darstellungsweise halten konnten, an die der mit dem Handel vertraute Leser gewöhnt war und mit der er sich begnügte, da sie alle für ihn erforderliche Auskunft enthielt. Die gleichsam untergeordnete Stellung, in der die Angaben über den Warenverkehr gegenüber der Dokumentation des Schiffsverkehrs erscheinen, macht das Unspezifische, das oft allzu stark Generalisierende in den Formulierungen ebenso wie die uns so merkwürdig erscheinende Art der Quantifizierung der zugeführten Ladungen verständlich. Es sind dies An-

---

58 *Specification derer Schiffer, so ... an Hamburg mit Kauffmanns-Güter gekommen.*
59 "... taken from what is called here the »contents« of ships, which are delivered to merchants for the sale of cargoes." Woodford [engl. Gesandter in Hamburg] an Foreign Office 3.5.1768, in *Public Record Office London*, SP 82-86.

gaben, die als Beschreibung des Schiffsverkehrs gedacht waren und die diesen Zweck – im Rahmen der gegebenen Möglichkeiten – hervorragend erfüllten. Eine einfuhrstatistische Auswertung stößt hier – wiederum – an Grenzen.

Karl Heinrich Kaufhold

Quellen zur Gewerbestatistik Deutschlands vor 1850

1. Einleitung

Der Titel dieses Beitrages[1] ist weit gehalten – wie sich bei der Bearbeitung schnell zeigte, zu weit. Denn eine deutsche Gewerbestatistik vor 1850 müßte, um vollständig zu sein, nicht nur die Staaten des Deutschen Bundes umfassen, sondern auch die Territorien der "Franzosenzeit" und vor allem des Alten Reiches vor 1806. Damit kommt man schnell auf eine vierstellige Zahl und steht vor einer Aufgabe, die schon deshalb nicht zu lösen ist, weil nur ein geringer Teil dieser Staaten und Territorien überhaupt das Gewerbe statistisch erfaßt hat. Darüber hinaus ist von den statistischen Arbeiten der Zeitgenossen viel verloren gegangen. Jedes Bemühen um Vollständigkeit bleibt also illusorisch und führt nicht zum Erfolg[2].

Ein realistisches Konzept einer älteren deutschen Gewerbestatistik muß daher von einer Auswahl ausgehen. Welchen Kriterien soll diese folgen? Theoretisch ist die Antwort klar: Sie sollte sich auf die gewerblich bedeutenden Territorien beschränken, vor allem auf diejenigen, in denen sich in die Zukunft weisende Entwicklungen vollzogen – das heißt für die Zeit ab etwa 1780 konkret: Entwicklungen zur Industrialisierung hin. Die Praxis sieht allerdings anders aus. Sie muß sich mit den Angaben begnügen, die noch vorhanden sind, und kann allenfalls aus diesen eine Auswahl nach den genannten Kriterien treffen – sofern für eine Auswahl überhaupt noch genügend Substanz geblieben ist.

Mit *Substanz* ist das Stichwort für diesen Beitrag gegeben. Aus welchen Quellen kann eine deutsche Gewerbestatistik der Zeit vor 1850 heute noch schöpfen, um substanzhaltige Ergebnisse vorlegen zu können? So läßt sich seine Fragestellung allgemein formulieren. Eine Beschränkung auf die wesentlichen Quellen ist dabei selbstverständlich. Doch auch dann bleiben noch zwei Grenzen. Die eine liegt im Kenntnisstand des Verfassers, der bei einem solch' weiten und differenzierten Feld wie der Gewerbestatistik naturgemäß begrenzt sein muß, zumal die Forschung bisher wahrscheinlich nur einen Teil der Quellen zur Kenntnis genommen hat. Die andere liegt im notwendig be-

---

1 Entsprechend dem Konzept dieses Sammelbandes, eine möglichst dichte Darstellung der Quellen zur historischen Statistik zu geben, finden sich Angaben zum Thema der historischen Gewerbestatistik auch in anderen Beiträgen, besonders in denen von Albrecht, Bathow, Kiesewetter, Laufer, Mocker und Sachse. Auf sie wird ausdrücklich verwiesen. Überschneidungen sind bewußt in Kauf genommen worden, zumal die Betrachtungsweisen der einzelnen Autoren durchaus unterschiedlich sind.
2 Daraus erklärt sich wahrscheinlich auch des Fehlen einer Gesamtdarstellung des Themas.

schränkten Umfang dieses Beitrages, der nicht ausreicht, die dann erforderliche Vielzahl von Quellennachweisen ausführlich darzustellen.

Meine Ausführungen stützen sich im wesentlichen auf die Erfahrungen, die in Göttingen bei den Forschungen der Arbeitsgruppe zur historischen Gewerbestatistik von Deutschland vor 1850 im Rahmen des Schwerpunktprogramms der Deutschen Forschungsgemeinschaft "Quellen und Forschungen zur historischen Statistik von Deutschland" bisher gemacht worden sind[3]. Da sich diese Studien aus praktischen Gründen auf Preußen konzentrierten[4], steht es auch im Vordergrund dieses Beitrages und wird (zumindest in Grundzügen) vollständig behandelt. Bei den anderen Staaten mußte dagegen eine Auswahl getroffen werden. Hier stelle ich in erster Linie die Ergebnisse einer Bereisung einiger wichtiger Archive in der Bundesrepublik Deutschland vor, die von der Arbeitsgruppe vorgenommen wurde, um die Möglichkeiten für eine Erarbeitung einer deutschen Gewerbestatistik vor 1850 für die nicht-preußischen Territorien zu erkunden. Sie mußte sich dabei wegen der begrenzten Zeit und der knappen Mittel auf Stichproben beschränken, die hier punktuell durch Rückgriff auf die Literatur ergänzt wurden. Vollständigkeit ist in diesem Teile also nicht zu erwarten.

Der Beitrag ist chronologisch gegliedert. Sein Schwerpunkt liegt auf dem ersten, dem 18. Jahrhundert gewidmeten Teil, weil die historisch-statistische Forschung von dieser Periode bisher weniger Kenntnis genommen hat als von den folgenden. Aus diesen wird die erste Hälfte des 19. Jahrhunderts anhand einiger Beispiele etwas näher gekennzeichnet. Zusammenfassende und weiterführende Überlegungen stehen am Schluß.

2. Das 18. Jahrhundert

1. Vereinfachend gesprochen, stand am Anfang der Statistik das Interesse des modernen Staates an seinen Verhältnissen, also an seinem Zustand[5]. Dieses Interesse war von Anfang an vorhanden, ließ sich aber nur nach und nach befriedigen. In dem Maße, in dem sich der Staat seiner selbst als handelndes Subjekt bewußt wurde, stellte er die Frage

---

3 Zu diesem Schwerpunktprogramm vgl. den Beitrag von Wolfram Fischer und Andreas Kunz in diesem Sammelband.

4 Als erstes Arbeitsergebnis erschien Wieland Sachse, *Bibliographie zur preußischen Gewerbestatistik 1750-1850*, Göttingen 1981. Ferner liegt der erste Band des statistischen Quellenwerkes inzwischen vor: Karl Heinrich Kaufhold/Wieland Sachse (Hrsg.), *Gewerbestatistik Preußens vor 1850*, 1. Bd. *Das Berg-, Hütten- und Salinenwesen*, St. Katharinen 1989. Das Manuskript des zweiten, dem Textilgewerbe gewidmeten Bandes wird im Frühjahr 1991 abgeschlossen werden. Ferner ist ein dritter, wichtigen sonstigen Gewerbezweigen in Preußen gewidmeter Band vorgesehen.

5 Aus der umfangreichen Literatur seien nur genannt die Arbeiten von Horst Kern, *Empirische Sozialforschung*, München 1982; Mohamed Rassem/Justin Stagl (Hrsg.), *Statistik und Staatsbeschreibung in der Neuzeit vornehmlich im 16. bis 18. Jahrhundert*, Paderborn 1980; Ulla G. Schäfer, *Historische Nationalökonomie und Sozialstatistik als Gesellschaftswissenschaften*, Köln 1971. Vgl. auch Karl Heinrich Kaufhold/Wieland Sachse, Die Göttinger 'Universitätsstatistik' und ihre Bedeutung für die Wirtschafts- und Sozialgeschichte, in: *Anfänge Göttinger Sozialwissenschaft*, hrsg. von Hans Georg Herrlitz u. Horst Kern, Göttingen 1987, S. 72-95 sowie Sachse, *Bibliographie* (Anm. 4), S. 9-24. Alle Arbeiten enthalten weitere Literaturhinweise.

nach seinen Kräften als den Grundlagen seiner militärischen und politischen Möglichkeiten; Bevölkerung und Wirtschaft standen dabei im Vordergrund. Zugleich beschäftigte er sich mit den entsprechenden Größen in seinen Nachbarländern, die unter den Gesichtspunkten der Konkurrenz und der Auseinandersetzungen mit ihnen, also der internationalen Verteilung von Macht, wichtig waren. Kein Wunder daher, daß die Ergebnisse der Untersuchung der "Staatszustände" geheim blieben, bildeten sie doch die Grundlage für hochpolitische Entscheidungen.

Der Weg zu einer möglichst vollständigen und zutreffenden Erfassung und Beschreibung der Staatskräfte war mühsam und weit. Denn es mußten für alle Fragen, die in diesem Zusammenhange auftauchten, erst die Instrumente entwickelt werden, und man mußte lernen, mit ihnen umzugehen und die Ergebnisse ihres Einsatzes richtig zu deuten und fortzuschreiben. So entstand die Statistik als wissenschaftliche Lehre von den Staatskräften relativ spät, in der zweiten Hälfte des 18. Jahrhunderts, entfaltete sich dann freilich schnell. Sie arbeitete allerdings zunächst nahezu ausschließlich mit verbalen Darstellungen und übernahm erst in einem langwierigen Prozeß (und nicht ohne Auseinandersetzungen) quantitative Methoden. Diese gehörten bis dahin in den Tätigkeitsbereich der Staatsbehörden, die vor Ort fragten und zählten, Listen anlegten und diese an ihre vorgesetzten Instanzen sandten, die sie zu umfangreichen Tabellen zusammenstellten. Statistische Arbeit in dem Sinne, wie wir sie heute verstehen, ist also in der Verwaltung entstanden und lange ausschließlich, später überwiegend von Verwaltungsbehörden ausgeübt worden[6]. Das muß sich der Benutzer der älteren Erhebungen stets vor Augen halten, und das bestimmt auch Eigenart und Erhaltungszustand der Quellen.

Die Gewerbestatistik gehörte in allen Staaten, in denen sich ein umfangreicheres statistisches Erfassungs- und Berichtswesen entwickelte, zu dessen frühen Gegenständen. Allerdings stand es nicht an erster Stelle, denn das Hauptinteresse galt der Zahl wie der Gliederung der Bevölkerung als dem "größten Reichtum" eines Staates. Erst danach wurde nach der Wirtschaft gefragt, und hier rangierte die Landwirtschaft noch vor dem Gewerbe. Den wichtigsten Antrieb, dieses kennenzulernen und seine Entwicklung zu verfolgen, gab in der Regel die kameralistische Gewerbeförderung, und so besteht im allgemeinen eine positive Korrelation zwischen deren Intensität und dem Umfang wie der Güte gewerbestatistischer Erhebungen.

2. Am besten lassen sich diese Entwicklungen am Beispiel von Brandenburg-Preußen zeigen, das seit Friedrich Wilhelm I. (regierte von 1714-1740) eine entschiedene Gewerbeförderungspolitik trieb, die unter Friedrich II., dem Großen (regierte von 1740-1786) ihren Höhepunkt erreichte[7]. Zugleich verfügte dieser Staat über eine im Vergleich

---

6 Vgl. dazu z.B. für Preußen Otto Behre, *Geschichte der Statistik in Brandenburg-Preußen bis zur Gründung des Königlichen Statistischen Bureaus*, Berlin 1905.

7 Behre (Anm. 6), passim; Hugo Klinckmüller, *Die amtliche Statistik Preußens im vorigen Jahrhundert*, Jena 1880; Richard Boeckh, *Die geschichtliche Entwickelung der amtlichen Statistik des preußischen Staates*, Berlin 1863; speziell zur Gewerbestatistik auch: Karl Heinrich Kaufhold, Inhalte und Probleme einer preußischen Gewerbestatistik vor 1860, in:

mit anderen deutschen Territorien ausgebaute und leistungsfähige Behördenorganisation, die für statistische Erhebungen herangezogen werden konnte. Interesse an gewerbestatistischen Informationen und die Möglichkeit, solche zu beschaffen, kamen also zusammen und bewirkten, daß in Brandenburg-Preußen eine umfangreiche Gewerbestatistik ausgebaut wurde. Im einzelnen:

Nach Vorläufern, die bis in die 1660er Jahre zurückreichen, wurden seit 1722 in den *Historischen Tabellen* über den Zustand der Städte und des platten Landes auch Angaben über die Zahl der Gewerbetreibenden erhoben, die z.T. erhalten sind – in größerem Umfange freilich erst ab den 1780er Jahren bis 1806. Der Schwerpunkt dieser Erhebungen lag auf dem (in wesentlichen Teilen stark vom Staat geförderten) Textilgewerbe; ich verweise daher dazu auf die Beiträge von Ulrike Albrecht und Yvonne Bathow in diesem Bande. Dieses Gewerbe stand auch im Vordergrund der seit dem Ende des Siebenjährigen Krieges ebenfalls bis 1806 erhobenen sog. Fabrikentabellen. Während die Historischen Tabellen alle Gewerbetreibenden enthielten, erfaßten diese nur die für den Fernabsatz (negativ formuliert: nicht für den örtlichen Verbrauch) Tätigen, darüber hinaus die Produktionsmittel und die Geldwerte des Materialeinsatzes, der Produktion sowie des Absatzes. Freilich sollte man die Unterscheidung zwischen beiden Tabellen in der Praxis nicht überspannen, gab es doch mit hoher Wahrscheinlichkeit einen breiten Grenzbereich, in dem sich beide Absatzwege überschnitten. Die Werte der Historischen und der Fabrikentabellen dürfen also nicht einfach addiert werden, da ein und derselbe Gewerbetreibende in beiden vertreten sein konnte. Es ist daher methodisch schwierig und erfordert aufwendige Rechen- und Schätzverfahren, um zu Zahlen für das gesamte Gewerbe zu gelangen – ohne daß diese dann sehr sicher wären[8].

Die Masse des gewerbestatistischen Materials ist in den Historischen und den Fabrikentabellen enthalten. Daneben finden sich vereinzelt andere, meist kleinere Erhebungen und Zusammenstellungen, oft aus besonderem Anlaß vorgenommen, wie die 1720 durchgeführte Erhebung über das Berliner Gewerbe[9], oder auf bestimmte Branchen beschränkt, etwa für das besonders geförderte Wollgewerbe unter Friedrich Wilhelm I.[10] und das Seidengewerbe, das Lieblingskind Friedrich d. Gr.[11]. Von besonderem Interesse sind spezielle Zusammenstellungen statistischer Daten wie das sog. Taschenbuch

---

Wirtschaftliche und soziale Strukturen im säkularen Wandel. Festschrift für Wilhelm Abel zum 70. Geburtstag, hrsg. von Ingomar Bog u.a., Hannover 1974, Bd. 3, S. 707-719.

8 Ich habe einen solchen Versuch für die Zeit um 1800 unternommen: Karl Heinrich Kaufhold, *Das Gewerbe in Preußen um 1800*, Göttingen 1978, bes. S. 472-478.

9 Otto Wiedfeldt, *Statistische Studien zur Entwickelungsgeschichte der Berliner Industrie von 1720-1890*, Leipzig 1898.

10 Dazu einige statistische Angaben bei Carl Hinrichs, *Die Wollindustrie in Preußen unter Friedrich Wilhelm I.*, Berlin 1933.

11 Dazu die "Statistischen Beilagen" in Gustav Schmoller/Otto Hintze, *Die Preußische Seidenindustrie im 18. Jahrhundert und ihre Begründung durch Friedrich den Großen*, 2. Bd., Berlin 1898, S. 551-578.

Knyphausen von 1769 für die gesamte Monarchie[12] und die "Finanzbüchlein" für die Provinzen Pommern und Neumark[13].

Insgesamt sind also im 18. Jahrhundert zahlreiche, oft umfangreiche Angaben zur Gewerbestatistik in Preußen erstellt worden – nach Meinung der Zeitgenossen zu viele, denn sie stöhnten nicht selten über die Fülle von Tabellen, die sie nach Berlin liefern mußten. Deren Zuverlässigkeit läßt sich nur schwer abschätzen[14]. Die Daten wurden nicht zentral erhoben, sondern von den örtlich zuständigen Verwaltungsbehörden gesammelt und zunächst von den Kriegs- und Domänen-Kammern für ihren Bezirk, dann vom General-Direktorium für die gesamte Monarchie zusammengefaßt. Dieses Verfahren hatte Vorzüge und Nachteile. Positiv schlug zu Buche, daß die Lokalbehörden die Verhältnisse in ihrem Bezirk meist gut kannten und Erhebung wie Kontrolle daher leichter und vermutlich auch genauer waren. Andererseits begünstigte dieses Verfahren ein uneinheitliches Vorgehen, auch wenn der Inhalt der Erhebungen von der Zentrale vorgegeben war. Denn damit stand zwar das Was fest, doch das Wie blieb offen und in die Hand der Lokalbehörden gegeben.

Generell wird wahrscheinlich die Zuverlässigkeit mit dem Gegenstand der Erhebung geschwankt haben. Für am höchsten halte ich sie bei der Zahl der Webstühle, weil diese relativ leicht zu erfassen und zu kontrollieren war. Unsicherheitsfaktoren bilden freilich die Fragen, ob der Webstuhl "ging", also in Benutzung war, und ob dieses haupt- oder nebenberuflich geschah. Deutlich fragwürdiger sind die Angaben über die Zahl der Arbeiter, vor allem im Textilgewerbe. Deren Personenkreis ist anscheinend oft verschiedenartig abgegrenzt worden; z.B. nur die "Stuhlarbeiter" oder auch die Zu- und Hilfsarbeiter, ohne oder mit den Spinnern usw. Jedenfalls schwanken die Relationen Webstühle/Arbeiter in einem sehr weiten, oft zu weiten Bereich, um immer wahrscheinlich zu sein. Das Generaldirektorium zog daraus die Folgerungen, indem es ausgangs des 18. Jahrhunderts in einem aufwendigen und sorgfältigen Verfahren unter Beiziehung der Technischen Deputation[15] standardisierte Relationen ("Fraktionssätze") für die einzelnen Zweige der Textilerzeugung ermittelte. Zumindest für Berlin wurde ab 1802 die Zahl der Arbeiter mit Hilfe dieser Sätze aus der der Webstühle berechnet und in die Tabellen aufgenommen. Außerhalb des Textilgewerbes waren die Fehlermöglichkeiten bei der Zahl der Beschäftigten geringer, und entsprechend scheinen diese hier zuverlässiger zu sein.

Dagegen sind die Mitteilungen über die Geldwerte der Produktion und des Absatzes sehr unbestimmt. Die alte – und nicht unbegründete – Sorge der Gewerbetreibenden, die Statistik diene lediglich als Grundlage für Steuerforderungen, fand hier die stärkste Nahrung, und das dürfte nicht folgenlos geblieben sein. Zwar weisen die Akten nur sel-

12   Ediert und kommentiert hrsg. von Hildegard Hoffmann, *Handwerk und Manufaktur in Preußen 1769 (Das Taschenbuch Knyphausen)*, Berlin 1969.
13   Pommern: *Zentrales Staatsarchiv, Hist. Abt. II Merseburg, Generaldirektorium*, Pommern Materien - Hist. Tabellen Nr. 9 u. 12; Neumark: ebd., Neumark Materien - Hist. Tabellen Nr. 12.
14   Die folgenden Ausführungen beruhen auf den Erfahrungen, die wir in Göttingen während der mehrjährigen Beschäftigung mit dem Gegenstand gemacht haben.
15   Kurz dargestellt bei Kaufhold, *Gewerbe um 1800* (Anm. 8), S. 478-482 mit Angabe der wichtigsten Quellen.

ten auf Aussageverweigerungen hin, doch dürften unzutreffende Auskünfte der Produzenten oder bloße Schätzungen der Beamten verbreitet gewesen sein. Anscheinend konnten auch manche (besonders kleinere) Unternehmer trotz guten Willens oft keine brauchbaren Angaben machen, weil sie keine oder nur eine unzureichende Buchführung hatten. Alles in allem werden die Fragwürdigkeiten in diesem Bereich so groß, daß im Umgang mit diesen Werten äußerste Vorsicht anzuraten ist.

Was steht von dem reichen Fundus der preußischen Gewerbestatistik des 18. Jahrhunderts heute noch zur Verfügung? Nach meinen Erfahrungen, die sich auf eine längere Beschäftigung mit diesem Gegenstande stützen, nur noch ein – allerdings beachtlicher und aussagekräftiger – Teil. Denn die als Folgerung aus der immer wieder beschworenen Mustergültigkeit der preußischen Verwaltung naheliegende Vermutung, diese habe alles aufbewahrt und so der Nachwelt überliefert, erweist sich rasch als trügerisch. Viel ist verlorengegangen, und die Forschung muß sich mit den oft bescheidenen Resten eines ursprünglich umfangreichen Bestandes zufriedengeben. Manches davon wurde bereits von den Zeitgenossen veröffentlicht[16]. Doch das meiste blieb unpubliziert, und die vorhandenen statistischen Quellenwerke verdienen nach meinen Erfahrungen nicht das unbegrenzte Vertrauen der Forschung, sondern müssen sorgfältig anhand der amtlichen Unterlagen (soweit diese noch vorhanden sind) überprüft werden[17].

Für die Praxis bedeutet dies: Im Gegensatz zum bisher meist geübten Verfahren, die zeitgenössische statistische Literatur zu zitieren und nur dann in den Archiven zu suchen, wenn diese schweigt, muß umgekehrt vorgegangen werden. Der erste Weg hat in die Archive zu führen, und die publizierten Angaben sind an den dort gewonnenen Daten zu messen und, falls nötig, zu berichtigen. Nur dann, wenn die Archivalien versagen, sollte auf zeitgenössische Veröffentlichungen zurückgegriffen werden.

Durch das oben genannte Schwerpunktprogramm wird die Beschäftigung mit der preußischen Gewerbestatistik freilich deutlich vereinfacht und erleichtert werden[18]. Die im Rahmen dieses Programms von einer Forschungsgruppe in Göttingen erarbeitete preußische Gewerbestatistik vor 1850 wurde nach den eben entwickelten Grundsätzen erhoben; sie stützt sich also in erster Linie auf Archivmaterial und nur hilfsweise auf die Literatur. Die Historiker sollten sich also in Zukunft der Arbeitsergebnisse dieser Gruppe bedienen. Soweit sie nicht ausreichen (was bei speziellen Fragestellungen der Fall sein kann), sind sie gut beraten, wie vorgeschlagen vorzugehen.

3. Die am Beispiel Brandenburg-Preußens entwickelten Grundlinien der Gewerbestatistik der Zeit vor 1800 finden sich auch in anderen deutschen Staaten, soweit diese Erhebungen solcher Art überhaupt veranstalteten. Allerdings bleiben sie sämtlich, z.T. deutlich, hinter Preußen zurück. Was dort über die Zuverlässigkeit der Angaben und über

---

16 Vgl. dazu die Angaben in der Bibliographie von Sachse (Anm. 4).
17 Dazu kurz: Kaufhold, *Gewerbe um 1800* (Anm. 8), S. 472 f. hinsichtlich der Arbeit von Leopold Krug, *Betrachtungen über das National-Reichthum des preußischen Staats und über den Wohlstand seiner Bewohner*, 2 Teile, Berlin 1805.
18 Vgl. Anm. 4.

deren Erhaltungszustand gesagt wurde, gilt grundsätzlich auch hier. Doch müssen beide Fragen von Fall zu Fall anhand der Quellen sorgfältig geprüft werden.

Wie schon in der Einleitung bemerkt, überstiege eine auch nur halbwegs vollständige Übersicht den Rahmen dieses Beitrages bei weitem; einige Beispiele müssen genügen. Auffällig ist nun, wie stark vor allem im letzten Drittel des 18. Jahrhunderts in nahezu allen mittleren und größeren Staaten der Wunsch wurde, eine genauere statistische Aufnahme des Gewerbes und damit eine Grundlage für gewerbepolitische Maßnahmen zu besitzen. So, zum Beispiel, im Kurfürstentum Bayern, in dem Kurfürst Max III. Joseph am 30.9.1771 eine allgemeine Beschreibung des Real- wie des Personalbestandes seines Staates anordnete. Diese, nach dem verantwortlichen Beamten Johann v. Dachsberg genannte "Volksbeschreibung" wurde bis 1780 durchgeführt; sie enthält auch umfassendes gewerbestatistisches Material, das die Forschung mehrfach benutzt hat[19]. 1792 und 1795 wurden erneut Handwerks- und Produktionsstatistiken erhoben; 1794 fand eine Volks- und Viehzählung statt[20]. Insgesamt liegt damit aus dem Ende des 18. Jahrhunderts für das Kurfürstentum Bayern ein umfangreiches und differenziertes Material zur Gewerbestatistik vor, das ungeachtet seiner mehrfachen Auswertung in der Literatur eine Edition verdiente.

Für die Kurpfalz wurden nach dem Generalreskript des Kurfürsten Karl Theodor vom 22.8.1770 von Jahr zu Jahr Generaltabellen über die Bevölkerung erhoben[21]. Seit der Mitte der 1780er Jahre gab es deren vier, von denen die dritte die Gewerbetreibenden und die vierte die Manufakturen und Fabriken umfaßte. Sie sind zum Teil erhalten[22] und bieten ein reiches Material. Wie vorsichtig es freilich benutzt werden muß, zeigt, daß die vierte Tabelle nur die privaten, nicht die kurfürstlichen Manufakturen enthält[23]. Dennoch gehörte die kurpfälzische Statistik in der zweiten Hälfte des 18. Jahrhunderts zu den besten Deutschlands; Meinrad Schaab stellt sie der preußischen gleich[24]. Eine Zusammenfassung und Edition der auf mehrere Archive verteilten "Bruchstücke" (Schaab) dieser Statistik wäre nicht zuletzt deshalb lohnend, weil die Kurpfalz zu den Staaten mit einem stärker entwickelten Gewerbe zählte.

Nach den Forschungen von Schaab liegen für Württemberg keine Gewerbestatistiken aus dem 18. Jahrhundert vor, während sich in der Markgrafschaft Baden-Baden seit

---

19 So Carl v. Tyszka, *Handwerk und Handwerker in Bayern im 18. Jahrhundert*, München 1908, bes. S. 109-116; ausführlicher Eckart Schremmer, *Die Wirtschaft Bayerns*, München 1970, bes. S. 381-471 (mit Angaben auch aus späteren Jahren).

20 Schremmer, *Wirtschaft*, (Anm. 19), S. 382, bes. Anm. 3.

21 Dazu und zum folgenden Meinrad Schaab, Die Anfänge einer Landesstatistik im Herzogtum Württemberg, in den Badischen Markgrafschaften und in der Kurpfalz, in: *Zeitschrift für württembergische Landesgeschichte*, 26 (1967), S. 106 f.

22 Teils im *Generallandesarchiv Karlsruhe, Bestand 77* (Kurpfalz Generalia), teils im *Landesarchiv Speyer, Bestand A 2/114*. Dort auch weitere, von uns nicht näher geprüfte Akten mit gewerbestatistischen Angaben.

23 Bernhard Kirchgässner, Merkantilistische Wirtschaftspolitik und fürstliches Unternehmertum: Die dritte kurpfälzische Hauptstadt Frankenthal, in: *Beiträge zur pfälzischen Wirtschaftsgeschichte, Veröffentlichungen der pfälzischen Gesellschaft zur Förderung der Wissenschaften in Speyer*, Bd. 58, Speyer 1968, S. 101 und 170 f.

24 Schaab, *Anfänge* (Anm. 21), S. 107.

1790 "ausführliche Handwerker- und Professionistenlisten feststellen" lassen. Sie befinden sich im Generallandesarchiv Karlsruhe[25].

Mehrere Staaten richteten als Träger ihrer kameralistisch motivierten Wirtschafts- und Gewerbepolitik eine Behörde ein, die als *Commerz-Collegium* oder ähnlich bezeichnet wurde. Um erfolgreich tätig werden zu können, bedurfte sie eines Überblicks über den Zustand der gewerblichen Verhältnisse und veranlaßte daher entsprechende Erhebungen. Diese bilden in einigen Territorien die einzigen brauchbaren gewerbestatistischen Quellen aus der Zeit vor 1800. Als Beispiel nenne ich das Kurfürstentum Hannover, das keine Gewerbestatistik kannte[26]. Lediglich das 1786 errichtete Commerz-Collegium stellte Untersuchungen über die gewerbliche Entwicklung des Landes an, die allerdings nicht im Original erhalten sind. Doch überliefert das umfangreiche Werk des Commerzrates Christoph Ludwig Albert Patje[27] die wichtigsten Angaben, freilich in bearbeiteter Form. Ähnliches ließe sich auch für andere Staaten berichten.

Auf das Kurfürstentum Sachsen gehe ich nicht ein, da ihm in diesem Bande ein eigener Beitrag (von Hubert Kiesewetter) gewidmet ist.

4. Besonders kompliziert liegen die Verhältnisse in den kleinen und kleinsten Territorien des Reiches – also immerhin in deren Mehrzahl, wenn sie auch nicht den größten Teil der Bevölkerung beherbergten. Stichproben in der Literatur und in den unveröffentlichten Quellen ergaben ein im einzelnen zwar unterschiedliches, in der Tendenz jedoch im wesentlichen einheitliches Bild: Weithin fehlen gewerbestatistische Erhebungen, und wenn sie sich finden, sind sie wegen vieler Unvollkommenheiten und Lücken nur mit erheblichen Vorbehalten zu benutzen. Als Beispiele nenne ich aus unseren Bereisungen die Reichsgrafschaft Wertheim[28] sowie das Fürstbistum Würzburg[29], für die sich nur vereinzelt unzusammenhängendes Material fand.

---

25 Ebd. für Württemberg S. 96-98, für Baden-Baden S. 103. Signaturen im *Generallandesarchiv Karlsruhe* (nach Schaab): 74/2835-2836, 3691.
26 Die Situation für die Forschung wird durch die großen Aktenverluste im Hauptstaatsarchiv Hannover im und nach dem 2. Weltkrieg erschwert. Dennoch verspricht ein von Wieland Sachse und mir mit Förderung durch die DFG betriebenes Forschungsvorhaben zur Wirtschafts- und Sozialgeschichte des Kurfürstentums/Königreichs Hannover zwischen um 1780 und 1870 auch für die Gewerbestatistik zumindest zufriedenstellende Ergebnisse.
27 *Kurzer Abriß des Fabriken-, Gewerbe- und Handlungszustandes in den Chur-Braunschweig-Lüneburgischen Landen*, Göttingen 1796. Die auf das Gewerbe bezogenen wesentlichen Angaben des Buches sind ausgewertet in: Karl Heinrich Kaufhold, Gewerbe und ländliche Nebentätigkeiten im Gebiet des heutigen Niedersachsen um 1800, in: *Archiv für Sozialgeschichte*, 23 (1983), S. 163-218. Vgl. auch Anm. 26.
28 Geprüft wurden das Löwenstein-Wertheim Gemeinschaftliche Archiv, das Löwenstein-Wertheim-Freudenbergsche Archiv sowie das Löwenstein-Wertheim-Rosenbergsche Archiv, alle jetzt im Staatsarchiv Wertheim. Aufgrund der Territorialgeschichte der Grafschaft könnten sich freilich weitere Akten in den Archiven in Stuttgart, Karlsruhe und Würzburg befinden. Dies wurde nicht geprüft.
29 Hier haben sich bei einer Stichprobe im Staatsarchiv Würzburg für die vorbayerische Zeit keine Akten finden lassen, die gewerbestatistisches Material enthalten. Wegen der erheblichen Kriegsverluste in diesem Archiv erscheint es auch zweifelhaft, ob eine intensive Durchforschung der Bestände zu einem wesentlich besseren Ergebnis führte.

In dieser schwierigen Lage gibt es, sieht man von Resignation ab, im allgemeinen nur einen Weg, nämlich den Rückgriff auf nicht ausdrücklich zu gewerbestatistischen Zwecken erhobene Angaben. Solche sind zahlreicher und ergiebiger, als man annimmt. Was zu diesen Quellen hier gesagt wird, gilt über diesen Abschnitt hinaus. Denn Unterlagen solcher Art gibt es fast zu allen Gebieten der Gewerbestatistik, und sie ergänzen diese in den Bereichen, in denen offizielle Angaben fehlen oder unvollständig sind. Freilich lassen sie sich in den Archiven meist nur schwer finden, da die Findbehelfe sie in der Regel nicht als für die quantitative Forschung relevant ausweisen, und ihre Auswertung ist im allgemeinen zeitraubend, da die Zahlenangaben oft lediglich einen kleinen, nicht ohne weiteres hervortretenden Teil der gesamten Akte ausmachen. Wie diesen Problemen begegnet werden könnte, habe ich an anderer Stelle ausgeführt[30].

Einige Beispiele sollen verdeutlichen, worum es im einzelnen geht. In fast allen bedeutenderen Städten sind – zu verschiedenen Zwecken erhobene – Listen der Handwerker (Meister, manchmal auch Gesellen und Lehrlinge) und/oder der großgewerblichen Betriebe erhalten, die sich für die Gewerbestatistik auswerten lassen. Sie enthalten zumindest die Zahl der im Gewerbe Beschäftigten (oft sogar mit deren sozialer Gliederung) nach Gewerbezweigen und Berufen. Welche beachtlichen Ergebnisse sie liefern können, zeigen z.B. die aus ihnen von Ekkehard Wiest erarbeiteten Statistiken zur Entwicklung des Gewerbes in Nürnberg im 18. Jahrhundert in eindrucksvoller Weise[31].

Eine andere wichtige Quellengruppe sind die zu steuerlichen Zwecken erhobenen Angaben. Sie geben Einblick in die Vermögens-, gelegentlich auch in die Einkommensverhältnisse der Gewerbetreibenden und lassen Rückschlüsse auf die Betriebsgrößen zu. Ein gutes Beispiel für die aus ihnen zu gewinnenden Ergebnisse bietet die Untersuchung von Arno Steinkamp über das Stadt- und Landhandwerk in der Grafschaft Schaumburg[32]. Nicht immer ist freilich die Quellenlage so günstig wie in diesem Territorium, doch läßt sich auch bei schlechteren Bedingungen manches erreichen. Zu beachten ist allerdings immer, daß zu steuerlichen Zwecken gemachte Angaben in der Regel nicht besonders zuverlässig sind, mit ihnen also vorsichtig und kritisch umgegangen werden muß. Es empfiehlt sich daher, weniger auf die absoluten Werte der einzelnen Zahlen als auf deren Relationen und Proportionen zu achten. Solcherart "weich" interpretiert, kann auch eine in ihren Einzelheiten fragwürdige Überlieferung an Wert gewinnen.

5. Einen Sonderfall bildet die Statistik des Berg-, Hütten- und Salinenwesens. Denn dieses wurde in der Regel besonders ausgedehnt erfaßt, und zwar hauptsächlich aus fiskalischen Gründen: Ein erheblicher Teil der Bergwerke und Salinen, doch auch einige Hütten befanden sich im Staatseigentum; außerdem standen in einigen Staaten (wie etwa in

---

30 Vortrag vor dem 60. Deutschen Archivtag Lübeck September 1989, abgedruckt in: *Der Archivar*, Jg. 1990, H. 2, Sp. 221-226.
31 Ekkehard Wiest, *Die Entwicklung des Nürnberger Gewerbes zwischen 1648 und 1806*, Stuttgart 1968, S. 175-180.
32 Arno Steinkamp, *Stadt- und Landhandwerk in Schaumburg-Lippe im 18. und beginnenden 19. Jahrhundert*, Rinteln 1970.

Preußen) Bergwerke auch bei privatem Eigentum in staatlicher Verwaltung (sog. Direktionsprinzip). Die Staatsbehörden hielten hier in ihren, meist der Rechnungslegung dienenden Aufzeichnungen die Zahl der Betriebe, der Beschäftigten (gelegentlich mit Familienangehörigen), ferner Menge und Wert der Produktion, in den Hütten auch die Zahl der Produktionsmittel (vor allem der Öfen) fest und schufen damit ein umfassendes, in den Archiven weithin erhaltenes Material. Seine Zuverlässigkeit ist im allgemeinen recht hoch einzuschätzen, da es zu fiskalischen Zwecken von Behörden erhoben und kontrolliert wurde.

Auch in den Territorien, in denen es im Berg- und Hüttenwesen weder Staatseigentum noch das Direktionsprinzip gab, finden sich nicht selten Angaben zumindest über Menge und Wert der Produktion der Bergwerke. Denn hier unterlag der Bergbau oft einer Abgabepflicht (Zehnter, Neunter oder ähnlich der Produktion) an den Landesherren, die verschieden begründet war: aus dem landesherrlichen Bergregal, aus besonderen Leistungen des Fürsten für den Bergbau wie z.B. dem Bau von Wasserlösungsstollen oder aus anderen Gründen.

Nicht immer sind die Mitteilungen über das Berg- und Hüttenwesen in Übersichten zusammengestellt worden. Die Forschung muß dann aus den zahlreichen, verstreut überlieferten Notizen über einzelne Gruben oder Hütten zusammenfassende Tabellen erarbeiten – eine mühevolle, doch lohnende Aufgabe, weil dadurch Angaben gewonnen werden, die sonst nicht oder nur in Einzelfällen überliefert sind.

Zwei Beispiele unterschiedlicher Art sollen diese allgemeinen Überlegungen verdeutlichen. Für Preußen enthält die (inzwischen meist an die zuständigen Staatsarchive abgegebene) Überlieferung der Bergämter und Oberbergämter ein reiches Material, wenn auch gerade für das 18. Jahrhundert einige größere Lücken klaffen. Es ist zu einem erheblichen Teil veröffentlicht worden und findet sich nun zusammengefaßt in dem von der Göttinger Arbeitsgruppe zur historischen Gewerbestatistik von Preußen herausgegebenen Datenhandbuch[33].

Von den außerpreußischen Gebieten verfügen das Kurfürstentum Braunschweig-Lüneburg (Kurhannover) und das Herzogtum Braunschweig-Wolfenbüttel über eine vorzügliche Überlieferung, deren Schwerpunkt eindeutig das Berg- und Hüttenwesen des Harzes bildet. Sie befindet sich hauptsächlich im Archiv des Oberbergamtes Clausthal, also noch in der Obhut der heute zuständigen Behörde[34]. Weitere Bestände enthalten das Hauptstaatsarchiv Hannover und vor allem das Staatsarchiv Wolfenbüttel. Leider ist das umfangreiche und allem Anschein nach auch gewerbestatistisch ergiebige Material zum Teil erst unvollkommen erschlossen (das gilt vor allem für Clausthal), was seine Benutzung erschwert. Überdies besteht es – soweit zur Zeit zu erkennen – hauptsächlich aus Betriebsberichten, Abrechnungen, Bergamtsprotokollen und ähnlichen Überlieferungen, oft bezogen auf einzelne Gruben oder Hütten, mithin aus Unterlagen,

---

33 Kaufhold/Sachse, *Berg-, Hütten- und Salinenwesen* (Anm. 4)
34 Die Einrichtung eines Staatsarchivs für diese Bestände ist geplant. Es soll auch die einschlägigen Bestände des Hauptstaatsarchivs Hannover aufnehmen.

aus denen in mühevoller und zeitraubender Arbeit die Statistiken aufgebaut werden müssen. Einige Ansätze dazu liegen vor[35].

3. Das 19. Jahrhundert

1. In der ersten Hälfte des 19. Jahrhunderts wandelte sich die amtliche Statistik in Deutschland aus mehreren Ursachen nachhaltig. So brachten die Umwälzungen im staatlichen Gefüge, die sich in den Jahrzehnten um 1800 vollzogen und in den Beschlüssen des Wiener Kongresses 1815 ihre für längere Zeit endgültige Form fanden, auch für die Statistik beachtliche Folgen. Die Regierungen der neu entstandenen oder neu geschnittenen Staaten waren lebhaft daran interessiert, die Bevölkerung, die Wirtschaftskräfte und den (weit verstandenen) Kulturzustand ihrer Territorien möglichst genau kennenzulernen, und so nahmen Zahl und Umfang der statistischen Erhebungen deutlich zu. Für viele Gebiete waren dies die ersten statistischen Aufnahmen überhaupt; z.B. für manche Kleinstaaten und Reichsstädte, die vorher auf diesem Gebiete völlig tatenlos gewesen waren. In einigen größeren Staaten wurde der statistische Dienst durch Gründung eigener Ämter oder Abteilungen institutionalisert; Preußen ging hier 1805 voran.

Andere Ursachen verstärkten die Zuwendung zu intensiver statistischer Arbeit. Die wissenschaftliche Nationalökonomie, die sich aus dem traditionellen "Sammelfach" der Kameralistik als eigenständige Disziplin herausbildete, legte zunehmend Wert auf eine solide empirische – und das heißt oft statistische – Fundierung ihrer Aussagen. Die statistische Methodenlehre entwickelte sich kräftig, nachdem auch in Deutschland unter dem Einfluß der weiter entwickelten britischen und französischen Statistik ab etwa 1810 der entscheidende Schritt von der rein qualitativen Beschreibung zur Anwendung quantitativer Verfahren getan worden war. Damit bildeten sich die wissenschaftliche wie die amtliche Statistik im modernen Sinne aus, freilich nicht ohne Auseinandersetzungen. Eng damit verbunden war der Abbau der herkömmlichen Praxis, die Ergebnisse der Erhebungen als Staatsgeheimnisse zu behandeln. Am Anfang standen hier Privatveröffentlichungen hauptsächlich von Verwaltungsbeamten und Nationalökonomen, die zumeist aus amtlichen Quellen schöpften und deren Arbeiten daher im allgemeinen recht vertrauenswürdig sind. Ab den 1840er Jahren erschienen dann amtliche Quellenwerke, und der Aufbau des immer umfangreicher werdenden statistischen Veröffentlichungswesens begann.

Auch die Gewerbestatistik zog aus diesen Entwicklungen Nutzen. Vor allem weitete sich der Raum, für den sie erhoben wurde: große, gewerblich wichtige Gebiete besonders im Westen und Südwesten Deutschlands traten nun aus dem Dunkel heraus, und ihre gewerblichen Strukturen werden zumindest in Umrissen, oft auch schon in Einzelheiten sichtbar[36]. Andererseits erfaßte die Statistik im allgemeinen einen engeren sachli-

---

35 Zum Beispiel bei Wilhelm Bornhardt, *Geschichte des Rammelsberger Bergbaus von seiner Aufnahme bis zur Neuzeit*, Berlin 1931.

36 Dies war vor allem ein Verdienst der amtlichen preußischen Statistik; vgl. dazu im folgenden Ziffer 2.

chen Bereich als im 18. Jahrhundert. Denn der liberal geprägten Auffassung der Zeit widersprach es, zu tief in die privaten Verhältnisse der Bürger einzudringen, und so fielen manche Fragen der alten Statistik fort, etwa die nach den wirtschaftlichen Verhältnissen der Gewerbetreibenden. Da die Angaben darüber ohnehin wenig zuverlässig gewesen waren, bedeutete das keinen allzu großen Verlust. Gelegentlich können sie auch für diese Periode aus zu steuerlichen Zwecken erhobenen Übersichten zumindest annähernd erschlossen werden[37].

2. Die Grundlinien der Entwicklung lassen sich wiederum am Beispiel Preußens aufzeigen. Seine amtliche Statistik war gut organisiert. Sie lag in den Händen einer eigenen Behörde, des 1805 als erste Einrichtung dieser Art in Deutschland errichteten Königlich Preußischen Statistischen Bureaus, das ab 1816 alle drei Jahre eine Gewerbetabelle erhob[38]. Diese umfaßte die "Handwerker und mechanischen Künstler" sowie die wichtigsten "Fabrikanlagen" (besonders die Weberei und, ab 1837, die mechanische Spinnerei); beides in mehrfach erweitertem Umfange. Ab 1846 wurde die Gewerbetabelle dann in die *Fabriken-Tabelle* und die *Handwerker-Tabelle* geteilt. Fabrikant war, wer seine Erzeugnisse an den Handel, also an Wiederverkäufer abgab. Die Statistik griff damit im Grunde die Unterscheidung des 18. Jahrhunderts nach Nah- und Fernabsatz wieder auf. Diese gut gemeinte Trennung entsprach freilich den gewerblichen Verhältnissen der 1840er Jahre vor allem in den entwickelteren Landesteilen nur noch zum Teil. Überdies wurde sie zur Quelle vieler Zweifel, wer welcher Tabelle zuzuweisen sei, und begünstigte (vor allem im Bereich der Weberei) Doppelzählungen und andere Fehler.

Ungeachtet solcher und einiger anderer formaler Ähnlichkeiten können die Gewerbetabellen ab 1816 freilich nicht mit der preußischen Gewerbestatistik vor 1806 in Beziehung gesetzt werden. Denn zum einen beschränken sie sich – im Gegensatz zur Detailfreudigkeit der älteren Zeit, doch im Einklang mit der oben erwähnten amtlichen Zurückhaltung beim Eindringen in die Verhältnisse von Privatleuten – auf wenige Merkmale, in der Regel auf die Zahl der Beschäftigten (im Handwerk z.T. getrennt nach Meistern/Betriebsinhabern und Hilfskräften) oder die der Produktionsmittel (Webstühle, Öfen im Hüttenbetrieb und dergleichen). Zum anderen aber sind sie in den Grenzen des nach 1815 wesentlich erweiterten und neugeschnittenen Staatsgebietes und seiner ebenfalls abweichend bestimmten Verwaltungsbezirke (Provinzen, Regierungsbezirke, Kreise) erhoben worden, also in räumlichen Einheiten, die von den alten völlig verschieden waren und daher einen Vergleich unmöglich machen.

Die Forschung hat sich also mit einer Trennung der preußischen Gewerbestatistik in je eine Periode vor und nach 1815/16 abzufinden. Bedenkt man das Interesse der Wirtschafts- und Sozialhistoriker an den Vorläufern der Industrialisierung besonders im Großgewerbe und an der allmählichen Herausbildung einer ausgedehnteren, kapitalistischen Organisationsgrundsätzen folgenden gewerblichen Produktion, ist diese Zäsur sehr bedauerlich. Doch sollte sie als eine Herausforderung begriffen werden, Methoden

---

37 Ein gutes Beispiel dafür bietet die Studie von Jürgen Bergmann, *Das Berliner Handwerk in den Frühphasen der Industrialisierung*, Berlin 1973, bes. S. 202-218.
38 Dazu und zum folgenden Kaufhold, *Preußische Gewerbestatistik vor 1860* (Anm.7).

zu entwickeln, mit denen dieser Einschnitt zumindest teilweise überbrückt werden kann. Aussichtslos erscheint das nicht, wenn auch die Grenzen eines Vergleichs dabei lediglich hinausgerückt, nicht aufgehoben werden können.

Die Zuverlässigkeit der neueren preußischen Gewerbestatistik ist schwer abzuschätzen und entsprechend umstritten[39]. Auf den ersten Blick scheint sie höher zu sein als die des 18. Jahrhunderts, denn deren besonders fragwürdige Bestandteile wie die Werte der Produktion und des Absatzes fehlen hier. Doch hatte sich an der Erhebungsweise (durch die örtlichen Behörden mit Weitergabe über die Mittelinstanzen an die Zentrale) nichts geändert, und damit galten alle Vorzüge und Nachteile dieses Verfahrens auch weiterhin. Das Statistische Bureau scheint, erstaunlich genug, nicht sehr energisch auf eine Vereinheitlichung des Vorgehens der Lokalbehörden hingewirkt zu haben. Anscheinend begnügte es sich damit, die einkommenden Angaben zusammenzustellen und lediglich bei besonders groben, deutlich hervortretenden Fehlern nachzuprüfen. Noch für die 1850er Jahre läßt sich kein einheitlicher Erhebungsbogen nachweisen; die beteiligten Behörden zählten also in der Weise, die sie als die richtige ansahen. Auf die Probleme, die aus der Teilung der Gewerbetabelle ab 1846 folgten, wurde schon hingewiesen. Der grundsätzliche methodische Mangel der preußischen Gewerbestatistik, zwischen Berufs- und Betriebsstatistik nicht scharf zu trennen, blieb in der ganzen hier betrachteten Zeit bestehen. Er beeinflußte allerdings die Zuverlässigkeit der einzelnen Werte nicht.

Überlieferungsdichte und Veröffentlichungshäufigkeit der Gewerbetabellen verbesserten sich im 19. Jahrhundert gegenüber dem 18. deutlich, doch blieben manche Wünsche offen. Erhebliche Teile der Gewerbetabellen sind seit den 1820er Jahren offiziös veröffentlicht worden, oft von Angehörigen des Statistischen Bureaus[40]. Diese Angaben verdienen nach unseren Erfahrungen Vertrauen. Allerdings weisen sie zum Teil erhebliche Lücken auf, die nach Möglichkeit aus den Archiven zu schließen sind. Es mag überraschen, doch ist auch hier die Überlieferung oft unvollständig, und so werden wir aller Voraussicht nach unser Quellenwerk im Rahmen des oben genannten Schwerpunktprogramms[41] vor allem für die Zählungen von 1825 und 1828 mit einigen Fehlstellen herausgeben müssen. Erst die Gewerbetabellen für 1849 wurden vom Statistischen Bureau

---

39 Zu dieser Frage ist eine Dissertation (bei Wolfgang Köllmann, Bochum) von Frank Hoffmann zu erwarten, die am Beispiel der Provinz Westfalen und der Rheinprovinz besonders für die Zeit von 1846 bis 1861 aufschlußreiche Ergebnisse verspricht. Einige dieser Ergebnisse sind in die folgenden Ausführungen eingegangen.

40 Zum Beispiel die Gewerbetabelle von 1825 bei Carl Wilhelm Ferber, *Beiträge zur Kenntniß des gewerblichen und Commerciellen Zustandes der preußischen Monarchie*, Berlin 1829, die Gewerbetabelle von 1834 (mit Vergleich zu 1831) bei Carl Friedrich Wilhelm Dieterici, *Statistische Übersicht der wichtigsten Gegenstände des Verkehrs und Verbrauchs im Preußischen Staate und im deutschen Zollverbande, in dem Zeitraume von 1831 bis 1836*, Berlin usw. 1838, die von 1837 in ebd., *Erste Fortsetzung*, 1842, die von 1840 in ebd. *Zweite Fortsetzung*, 1844, die von 1843 bei Carl Friedrich Wilhelm Dieterici, *Statistische Tabellen des preußischen Staates nach der amtlichen Aufnahme des Jahres 1843*, Berlin 1845.

41 Vgl. Anm. 4.

amtlich veröffentlicht[42], und zwar so stark detailliert, daß sie in ihrem Erhebungsrahmen auf kaum eine Frage die Antwort schuldig bleiben.

3. Es überstiege den Rahmen dieses Beitrages, Aufbau und Wirken der außerpreußischen amtlichen Gewerbestatistik im einzelnen darzustellen. Ich begnüge mich daher mit einigen Beispielen und beginne mit einem überwiegend negativen: leider hat sich der Zollverein hinsichtlich der Gewerbestatistik sehr zurückgehalten. Er wäre in der hier behandelten Zeit eine berufene Instanz gewesen, über die Einzelstaaten hinausreichende Erhebungen zu veranstalten und deren Ergebnisse zu veröffentlichen. Doch geschah dies nur zweimal und dann keineswegs in vorbildlicher Weise. Am 11.11.1843 beschloß die Generalkonferenz des Zollvereins, nach preußischem Muster im Jahre 1846 das vereinsländische Gewerbe aufzunehmen[43]. Mit Ausnahme Württembergs geschah das auch, doch sind die Ergebnisse nur zum Teil veröffentlicht worden[44], und an der Zuverlässigkeit der Angaben bestehen einige Zweifel. Besser sieht es mit der zweiten Erhebung von 1861 aus, die hier indes nicht näher zu behandeln ist. Allerdings (und das darf nicht vergessen werden) lösten die mit der Zolleinigung im Zusammenhang stehenden Verhandlungen in einigen Bundesstaaten Aktivitäten aus, die Statistik und darunter auch die Gewerbestatistik neu zu organisieren.

4. Unter den deutschen Einzelstaaten begann das 1806 erheblich erweiterte und zum Königreich erhobene Bayern bereits in den ersten Jahren seiner neuen Existenz (ab 1809) mit einer umfassenden statistischen Aufnahme unter anderem seiner Gewerbe, die nach dem sie veranlassenden Minister Graf Montgelas als Montgelas-Statistik bekannt geworden ist[45]. Sie war räumlich wie sachlich umfassend angelegt und enthielt die Zahl der Meister und der "Fabrikanten" sowie die der Arbeitskräfte, ferner den Absatz, den Export sowie den Materialverbrauch in Geldgrößen. Die Erhebung ist erhalten und wird in der Bayerischen Staatsbibliothek München aufbewahrt[46].

Gegen die Montgelas-Statistik haben zum Teil schon die Zeitgenossen, hat verstärkt aber die neuere Forschung Bedenken erhoben, die denen gegen die preußischen Erhebungen gerichteten ähneln, aber zumeist noch schärfer formuliert worden sind. Genannt wurden dabei unter anderem eine unscharfe Verwendung des Begriffs des "Fabrikanten", Doppelzählungen, sowie vor allem Zweifel an der Richtigkeit der in Geld ausgedrückten Werte. Da ich mich darüber oben am Beispiel Preußens ausführlicher geäußert habe, gehe ich auf diese Probleme hier nicht näher ein. Ernst Anegg, der sich mit der

42 *Tabellen und amtliche Nachrichten über den Preußischen Staat für das Jahr 1849*, Bd. 5, Berlin 1854 (Handwerkertabellen), Bd. 6 (in zwei Abteilungen), Berlin 1855 (Fabrikentabelle).
43 Georg v. Viebahn, *Statistik des zollvereinten und nördlichen Deutschlands*, Bd. 3, Berlin 1868, S. 575.
44 In: *Mitteilungen des Statistischen Bureaus in Berlin*, 4 (1851), S. 252-308.
45 Dazu ausführlich: Ernst Anegg, *Zur Gewerbestruktur und Gewerbepolitik Bayerns während der Regierung Montgelas*, staatswirtsch. Diss. München 1965. Vgl. zum Inhalt der Montgelas-Statistik und zur Kritik an ihr auch: Wiest, *Entwicklung*, (Anm. 31), S. 189-191.
46 Rep. Cgm 6844 ff. Der Bestand enthält auch Gewerbestatistiken aus den Jahren 1808, 1824, 1829/30, 1840.

Materie besonders gründlich auseinandergesetzt hat, schätzt den Wert der Erhebungen für die Gewerbestatistik als verhältnismäßig gering ein; ergiebiger sind seiner Auffassung nach die für die Jahre 1809/10 und 1811/12 erstellten Zählungen des gesamten Gewerbes. Sie trennten zwar nicht nach Handwerk und Manufaktur, wohl aber nach Stadt (Städte und Märkte) und Land sowie nach zünftigen und unzünftigen Gewerbetreibenden. Für jene führten sie die Zahl der Gesellen, für diese die der "Hilfsarbeiter" an[47].

Unsere Stichproben ergaben, daß zumindest für die Jahre 1824, 1830 und 1840 umfassende "generelle Gewerbestatistiken" für das rechtsrheinische Bayern (also ohne die Pfalz) erhoben wurden und auch erhalten sind[48]. Sie nennen die Zahl der Betriebsinhaber; gegliedert nach konzessionierten und freien Gewerben sowie nach solchen im Herumziehen, nach Berufen und räumlich nach den Kreisen. Darüberhinaus liegt auch für kleinere Gebiete, etwa für die Landgerichte, gewerbestatistisches Material vor, allerdings (soweit nach Stichproben zu beurteilen) weder zeitlich noch räumlich durchgängig[49]. So haben wir für einige Landgerichte des Isarkreises aus der Zeit von 1809 bis 1823 unter anderem zum Teil recht ausführliche Tabellen über die ins Ausland abgewanderten Gesellen, verliehene Gewerbskonzessionen, über sämtliche Künstler, Kaufleute und Handwerker, über die "vorzüglichsten Produkte des Mineralreiches" sowie über Manufakturen und Fabriken gefunden[50]. Weitere Nachforschungen scheinen also lohnend zu sein. Schließlich ergeben sich statistische Angaben über die Gewerbeverhältnisse des Landes aus der Zollvereinsstatistik von 1846, in der veröffentlichten Fassung allerdings nur in recht summarischer Form.

Die 1815 an Bayern gefallene Pfalz bietet ein gutes Beispiel für das Bemühen der Staaten, die Verhältnisse eines neu abgegrenzten Territoriums statistisch zu erfassen[51].

Schon 1817 wurde hier eine Erhebung über den "Zustand des Handels, der Gewerbe und Künste" durchgeführt, die indes nur für zwei der vier Bezirke erhalten ist. Wesentlich ergiebiger fällt eine vom Regierungspräsidenten Franz Joseph v. Stichaner 1820 erhobene Übersicht aus, die 1821 von Utzschneider veröffentlicht wurde[52]. In diesem Jahre veranstaltete dann der Polytechnische Verein eine umfassende, auf ganz Bayern

---

47 Anegg, *Gewerbestruktur,* (Anm. 45), bes. S. 13-16. Die danach erstellten Tabellen: ebd. S. 185-203.
48 Bayerische Staatsbibliothek München, Rep. Cgm 6864, 6864 a. Für die 1820er Jahre vgl. auch Ignatz Rudhart, *Über den Zustand des Königreichs Bayern nach amtlichen Quellen,* Bd. 2, Erlangen 1827. Vgl. auch Anm. 53.
49 Geprüft wurden in Stichproben die Bestände des Hauptstaatsarchivs München, Rep. M Inn 5 sowie des Staatsarchivs München (vgl. Anm. 50).
50 *Staatsarchiv München, Rep. RA,* Bd. 3, 15677, 15681, 15682, 15691.
51 Das folgende nach Heiner Haan, Industriekarte der Pfalz um 1820, in: *Pfalzatlas, Textbd. I,* hrsg. von Willi Alter, Speyer 1964, S. 429-439.
52 Joseph Utzschneider, Über den Zustand der Gewerbe und vorzüglichern Industriezweige im bayerischen Rheinkreise, mit einem Verzeichnis der Eisenhütten und Hammerwerke im Rheinkreise, in: *Kunst- und Gewerb-Blatt,* 7 (1821), S. 29-39 und 96-104 (zitiert nach Haan, vgl. Anm. 51).

bezogene gewerbestatistische Erhebung, die in den Akten dieses Vereins erhalten blieb[53], meines Wissens aber noch nicht im Zusammenhang herausgegeben wurde.

Die Zählungen von 1817 und 1820 weisen (nach Haan) erhebliche methodische Mängel auf (vor allem in begrifflicher Hinsicht) und sind auch unvollständig, da sie sich nur auf die wichtigeren Bereiche bezogen. Die Enquete von 1821 war dagegen auf Vollständigkeit hin angelegt. Doch konnten die örtlichen Behörden die gewünschten Angaben nicht immer im erforderlichen Umfange liefern, zumal sich manche Gewerbetreibende aus Mißtrauen gegenüber den Nachfragen weigerten, Zahlen zu nennen.

In Württemberg sind nach ersten Ansätzen nach der Gründung des Statistisch-Topographischen Bureaus 1820[54] in den 1830er Jahren umfassende Gewerbezählungen vorgenommen worden, und zwar im Dezember 1831 über die "Fabriken und Manufakturen"[55], zum 14.8.1832 über das gesamte Gewerbe, ferner 1835 und 1836. Die nächste Erhebung datiert erst von 1852[56], da Württemberg an der Zählung des Zollvereins von 1846 anscheinend nicht beteiligt war.

Die Ergebnisse der ersten Erhebungen von 1819/20 sind wahrscheinlich nur bruchstückhaft erhalten und bisher nicht im Zusammenhang veröffentlicht worden. Die zusammengefaßten Ergebnisse der Zählung von 1832 wurden dagegen, leider nur teilweise, schon im Jahre der Erhebung amtlich publiziert[57], und die Angaben aus den Jahren 1835/36 liegen seit 1839 im Druck vor[58].

Insgesamt weist die bisher bekannte statistische Überlieferung Württembergs für die erste Hälfte des 19. Jahrhunderts deutliche Lücken auf: Während die 1830er Jahre recht gut bekannt sind, bleibt für die Zeit davor ebenso wie für die 1840er Jahre viel offen. Ob und inwieweit gründliche, ins einzelne gehende Archivstudien hier zumindest zu einem Teil Abhilfe schaffen können, wage ich im Augenblick nicht zu entscheiden. Aussichtslos ist es wohl nicht, wie die ergiebige Auswertung der "summarischen Gewerbesteuerkataster" durch Wolfgang v. Hippel beispielhaft belegt[59]. Auch unsere Stichproben im

53 Diese Akten befinden sich im Archiv des Vereins im Deutschen Museum München (nach Haan, wie Anm. 51, S. 430, Anm. 16).
54 Meinrad Schaab, Die Herausbildung einer Bevölkerungsstatistik in Württemberg und in Baden in der ersten Hälfte des 19. Jahrhunderts, in: *Zeitschrift für württembergische Landesgeschichte*, 30 (1971), S. 171: Das 1820 gegründete Büro wurde erst durch die Verordnung vom 28.6.1823 mit der Statistik im engeren Sinne beauftragt. Zu Württemberg vgl. auch den Beitrag von Ute Mocker in diesem Band.
55 Übersicht über die im Königreich Württemberg befindlichen Fabriken und Manufakturen, zusammengestellt im Dezember 1831 (Hauptstaatsarchiv Stuttgart, E 221, Büschel 4184).
56 Ihre Ergebnisse sind nicht amtlich veröffentlicht worden. Einige Angaben bei Gustav Schmoller, Die Ergebnisse der zu Zollvereinszwecken im Jahre 1861 in Württemberg stattgehabten Gewerbeaufnahme, in: *Württembergische Jahrbücher* 1862, H. 2, S. 1-296.
57 Bericht des Königlich Statistisch-Topographischen Bureaus: Übersicht des Standes der Gewerbe in Württemberg, vorgelegt am 14.8.1832 (Hauptstaatsarchiv Stuttgart, E 221, Büschel 4191). Teilweise veröffentlicht in: Der württembergische Gewerbestand. Zusammengestellt im Jahre 1832, in: *Württembergische Jahrbücher* 1832, H. 1.
58 Gewerbestatistik des Königreichs Württemberg, nach der Aufnahme der Gewerbe vom Jahr 1835 und 1836, in: *Württembergische Jahrbücher* 1839, H. 2.
59 Wolfgang v. Hippel, Bevölkerungsentwicklung und Wirtschaftsstruktur im Königreich Württemberg 1815/65, in: *Soziale Bewegung und politische Verfassung*, hrsg. von Ulrich Engelhardt u.a., Stuttgart 1976, besonders S. 320-323.

Hauptstaatsarchiv Stuttgart sowie im Staatsarchiv Ludwigsburg deuten in diese Richtung, denn neben den schon erwähnten Gewerbezählungen fanden sich zahlreiche Einzelangaben zu einigen größeren Gewerbebetrieben sowie zu Bergwerken und Hütten. Besonders ergiebig in dieser Hinsicht scheinen die Bestände des ab 1.1.1818 tätigen Bergrates[60] für das Berg- und Hüttenwesen sowie der bekannten Zentralstelle für Gewerbe und Handel[61] für das gesamte Gewerbe zu sein – dies vorbehaltlich einer Durcharbeitung im einzelnen. Dagegen bieten die Akten des Statistischen Landesamtes für die Gewerbestatistik der Zeit vor 1850 nichts Wesentliches[62].

Baden, 1806 erheblich erweitert und zum Großherzogtum erhoben, stand ähnlich wie Bayern und Württemberg vor der Aufgabe, sein Staatsgebiet und seine Verwaltung den neuen Anforderungen entsprechend zu gestalten. Dazu gehörte auch der Aufbau einer leistungsfähigen Statistik[63]. Ein erster Anlauf dazu wurde bereits im Herbst 1808 mit einer Statistik aller Fabriken und ihrer Erträge gemacht, die jedoch auf erhebliche Schwierigkeiten und Widerstände stieß. Vor allem weigerten sich mehrere Fabrikanten, ihren Umsatz anzugeben. Im Ergebnis sind, nach Wolfram Fischer, im allgemeinen nur die Arbeiterzahlen aus dieser Zählung als zuverlässig anzusehen[64].

Am 21.8.1810 erließ das Kabinettsministerium eine Verordnung über tabellarische Darstellungen, die ein höchst umfangreiches Tabellenwerk einführte, zu dem auch Übersichten über Gewerbe, Zünfte und Industrie gehörten. Es überforderte die Verwaltung bei weitem, wurde anscheinend niemals voll verwirklicht und daher 1817 drastisch reduziert, wobei auch die Gewerbetabellen fortfielen. Die noch vorhandenen Ergebnisse dieser Zählungen sind unvollständig und ungenau.

Für die Folgezeit sieht es mit der Gewerbestatistik schlecht aus. Erst 1829, im Vorfeld von Zollverhandlungen, fertigte das Finanzministerium unter Einschaltung der Steuerdirektion eine Gewerbezählung an, die sich auf die Unterlagen über die Gewerbe- und Klassensteuerpflichtigen stützte[65]. Sie bietet ein reiches, im Generallandesarchiv Karlsruhe erhaltenes Material, das allerdings unter den Mängeln leidet, die aus Steuerunterlagen gefertigte Statistiken an sich haben; so fehlen zum Beispiel die nichtsteuerpflichtigen Betriebe.

In den 1830er Jahren übernahm die Zollverwaltung des Landes die Aufgabe, Fabrikentabellen anzufertigen[66]; solche liegen für 1835, 1837 und besonders ausführlich für 1840 vor. Von da an wurden sie (mit einigen Unterbrechungen) alljährlich zusammengestellt, und die von 1849 wurde sogar veröffentlicht[67]. Daneben erarbeitete im Winter 1843/44 die Steuerdirektion wie schon 1829 eine Gesamtübersicht, und 1847 folgte die

---

60 *Staatsarchiv Ludwigsburg*, Bestand E 244.
61 Ebd., *Bestand E 170*, besonders die Rubriken F (Statistik) und J (einzelne Gewerbezweige).
62 Ebd., *Bestand E 258*.
63 Grundlegend dazu Wolfram Fischer, *Der Staat und die Anfänge der Industrialisierung in Baden 1800-1850*, 1. Bd., Berlin 1962, S. 269-321. Vgl. auch Schaab, *Bevölkerungsstatistik* (Anm. 54), S. 183-185.
64 Fischer, *Staat*, (Anm. 63), S. 270 f. Auswertung ebd., S. 276 f. und 310-321.
65 Ebd., S. 280-291 mit ausführlicher Kritik und Auswertung.
66 Dies und das folgende nach ebd., S. 292-310.
67 In: *Amtliche Beiträge zur Statistik der Staatsfinanzen des Großherzogtums Baden*, 41. H., Karlsruhe 1851, S. 38-44.

Zollvereinsstatistik[68]. Hinzuweisen ist noch auf die Arbeiten des Begründers der badischen Landesstatistik, Adam Ignaz Heunisch, dessen umfangreiche Sammlungen bisher nur zum Teil publiziert worden sind[69]. Ihre sorgfältige Prüfung dürfte ebenso lohnend sein wie die der älteren Erhebungen aus den Jahren 1810 bis 1814 (vereinzelt schon ab 1808 und bis 1824), die – z.T. nur für einzelne Kreise – im Generallandesarchiv Karlsruhe erhalten sind[70].

Von den Staaten nördlich der Mainlinie – außer Preußen – verfügte nach unserem heutigen Kenntnisstand vor 1850 lediglich Sachsen über eine umfangreichere Gewerbestatistik. Sie wird in diesem Bande in einem besonderen Beitrag von Hubert Kiesewetter behandelt. Wesentlich schlechter sah es dagegen in den niedersächsischen Staaten aus. Das Königreich Hannover richtete erst 1849 ein Statistisches Bureau ein[71], das in der Folgezeit gute Arbeit leistete. Für die Periode davor sind wir auf offiziöse oder auf private Erhebungen angewiesen, von denen die Zählung des Gewerbevereins für 1833 besondere Aufmerksamkeit verdient[72]. Ähnlich sieht es im Herzogtum Braunschweig aus, in dem 1854 ein Statistisches Bureau begründet wurde[73]. Aus der älteren Zeit haben Georg Hassel und K. Bege in ihrer umfangreichen *Geographisch-Statistischen Beschreibung* des Landes auch einige gewerbestatistische Angaben veröffentlicht[74]. Ob sich im Staatsarchiv Wolfenbüttel noch nicht publiziertes Material befindet, müßte geprüft werden. Auch das Großherzogtums Oldenburg richtete erst 1855 ein Statistisches Bureau ein[75]. Was sich jedoch für das Jahrhundert davor aus Archivalien verschiedener Art an umfassenden und differenzierten gewerbestatistischen Informationen gewinnen läßt, zeigen beispielhaft die Studien von Ernst Hinrichs, Rosemarie Krämer und Christoph Reinders[76].

Besondere Beachtung verdient auch für die erste Hälfte des 19. Jahrhunderts die Überlieferung zum Harzer Berg- und Hüttenwesen. Wie schon oben ausgeführt, befin-

---

68 Die Gewerbetabelle 1847 befindet sich im Generallandesarchiv Karlsruhe unter der Signatur Cp 902. Vgl. auch Fischer, *Staat*, (Anm. 63), S. 304-308.

69 Schaab, *Bevölkerungsstatistik* (Anm. 54), S. 193-195. Material und Manuskripte befinden sich im Generallandesarchiv Karlsruhe, 65/788-796 (nach Schaab).

70 Sie befinden sich dort in den Beständen 236 (Innenministerium), 237 (Finanzministerium) und 313 (Kreisregierungen).

71 Kurt Brüning, Zur Geschichte des Niedersächsischen Amtes für Landesplanung und Statistik, in: *Neues Archiv für Niedersachsen*, 5 (1951/52), S. 305-309.

72 Ergebnisse dieser Zählung sind veröffentlicht bei G.W. Marcard, *Zur Beurtheilung des National-Wohlstandes des Handels und der Gewerbe im Königreiche Hannover*, Hannover 1836 und vor allem bei Friedrich Wilhelm Frhr. v. Reden, *Das Königreich Hannover statistisch beschrieben, zunächst in Beziehung auf Landwirtschaft, Gewerbe und Handel*, Abt. 1, Hannover 1839. Vgl. Anm. 26.

73 Hans Behrends, 96 Jahre Braunschweigische Statistik, in: *Neues Archiv für Niedersachsen*, 5 (1951/52), S. 382.

74 Georg Hassel/K. Bege, *Geographisch-Statistische Beschreibung der Fürstenthümer Wolfenbüttel und Blankenburg*, 2 Bde., Braunschweig 1802.

75 Georg Hamann, 94 Jahre Oldenburgische Statistik, in: *Neues Archiv für Niedersachsen*, 5 (1951/52), S. 388.

76 Ernst Hinrichs/Rosemarie Krämer/Christoph Reinders, *Die Wirtschaft des Landes Oldenburg in vorindustrieller Zeit*, Oldenburg 1988, S. 185-333 mit sehr umfangreichen, sachlich wie räumlich tief gegliederten Angaben.

det sie sich zu einem großen Teile noch im Archiv des Oberbergamtes Clausthal. Nach unseren, freilich keineswegs abschließenden Stichproben sind davon besonders ergiebig die Bergberichte, wahrscheinlich für die Zeit von 1772 bis 1849 erhalten, die unter anderem Angaben über die Produktionsmengen aufführen[77], sowie die Betriebsberichte des Bergamtes Clausthal, die zumindest für die Jahre 1810-1812 und 1831-1849 vorliegen[78]. Allerdings, auch das muß wiederholend gesagt werden: Es handelt sich dabei nicht um zusammenfassende Übersichten, sondern ganz überwiegend um Aufzeichnungen über einzelne Gruben und Werke, aus denen solche Übersichten erst zusammengestellt werden müssen.

4. Ausblick

Trotz der – durch den gegenwärtigen Forschungsstand bedingten – Unvollständigkeit dieses Beitrages hat er wohl deutlich gemacht, wie reich die Überlieferungen zur Gewerbestatistik Deutschlands vor 1850 in Preußen und außerhalb dieses Staates sind. Schon eine unsystematische Durchsicht der Literatur, der zeitgenössischen wie der neueren, ergab ebenso wie einige Stichproben in den Archiven eine Fülle einschlägigen Materials, das eine gründliche Auswertung lohnte. Freilich muß die Forschung dabei von den Vorstellungen Abschied nehmen, die sich auf der Grundlage der modernen, umfassenden, zeitlich wie sachlich dichten statistischen Berichterstattung durch eigene Ämter und Institute gebildet haben. Vor allem muß sie sich mit beachtlichen Lücken abfinden, mit Fehlstellen aufgrund mangelnder Erhebung oder Überlieferung von Angaben, die man "eigentlich" gern hätte. Für die Statistik der Zeit vor 1850 gelten eben andere, abweichende Regeln. Vereinfacht gesagt: Aufgabe der Arbeit an der historischen Statistik dieser Periode kann es nur sein, das Vorhandene möglichst vollständig oder zumindest in repräsentativer Auswahl ausfindig zu machen und zu veröffentlichen. Und die Forschung muß, gestützt darauf, Methoden entwickeln, die auch unvollständiges Material so gut es geht zum Sprechen bringen, also Methoden, die mit faktengestützten Kombinationen (oder auch Spekulationen) arbeiten. Vollständigkeit und letzte Gewißheit sind für diese Perioden nicht möglich.

Zur Zeit sind wir von beiden Zielen, von der Kenntnis des noch vorhandenen Materials und von der Erarbeitung brauchbarer Methoden, ungeachtet wichtiger Vorstudien und erster Ergebnisse noch recht weit entfernt. Vor allem ist ein gutes Stück Forschungsarbeit bei der Zusammenstellung des Zahlenmaterials zu leisten. Das Schwerpunktprogramm der DFG hat diese Aufgabe bedeutend gefördert, hat umfassende Übersichten zusammengebracht und nicht zuletzt auch das methodische Bewußtsein geschärft. Es gilt nun, die gut begonnene Arbeit fortzusetzen – sicher nicht bis zur Erfassung der letzten Quellen, wohl aber bis zur Veröffentlichung der wesentlichen von ih-

---

77 *Archiv des Oberbergamtes Clausthal, Rep. Berg- und Forstamt Clausthal*, genereller Teil, XIII Harz- Haushalt 4, Fach 361-364. Ob die Angaben für die gesamte genannte Zeit vorliegen, kann nach unseren bisherigen Erhebungen noch nicht mit Sicherheit gesagt werden.
78 Ebd., XIII Harz- Haushalt 3, Fach 353-360.

nen. Hier wird Grundlagenforschung betrieben, die den nachfolgenden Generationen von Historikern dient und ihnen ihre Arbeit erleichtern wird.

Johannes Laufer

Quellen zur preußischen Montanstatistik vor 1850

1. Einleitung

Dieser Beitrag beschränkt sich auf das Vorstellen von Quellen, in denen sich die Anfänge einer regelmäßigen und systematischen, nach relativ einheitlichen Kriterien für
das preußische Berg-, Hütten- und Salinenwesen erhobenen Statistik widerspiegeln. Das
Leitmotiv für die Auswahl stellte der Versuch dar, möglichst lange, sektoral und regional tief gegliederte Zeitreihen zusammenzustellen, um so zu einer umfassenden, flächendeckenden quantitativen Darstellung des Montanwesens im Rahmen einer preußischen Gewerbestatistik vor 1850 zu gelangen. Zu diesem, von einer Arbeitsgruppe am
Göttinger Institut für Wirtschafts- und Sozialgeschichte unternommenen Vorhaben liegt
mit der Edition der amtlichen Berg-, Hütten- und Salinenstatistik als Teil der preußischen Gewerbestatistik[1] ein erstes Ergebnis vor. Der an dieser Stelle angestrebte Überblick über die Quellenlage ist ein Extrakt der Erfahrungen aus diesem Projekt. Damit
verbindet sich jedoch zugleich das Anliegen, Anregungen für eine mögliche Vertiefung
oder Überarbeitung des bisher Geleisteten zu geben.

   Gerade dem Montanwesen als einem wichtigen Bereich großgewerblicher Pro-
duktionsformen galt verstärkt seit dem 18. Jahrhundert in vielen deutschen Staaten –
nicht nur in Preußen – ein lebhaftes zeitgenössisches Interesse. Nach kameralistischer
Auffassung kam der Edelmetall- und fossilen Rohstoffgewinnung sowie der Metall-
verhüttung Verarbeitung zentrale Bedeutung für den "Nationalreichtum" oder die "Entfaltung der Staatskräfte" zu. Unter der breiten Auswahl zeitgenössischer Publikationen
von halbamtlichen statistisch-staatswirtschaftlichen bis hin zu berg- und hüttenmännischen Schriften finden sich nicht wenige, die statistische Angaben enthalten. Da die
Autoren zumeist dem Umfeld der höheren Beamtenschaft zuzurechnen sind, also
erleichterten Zugriff auf amtliche Unterlagen besaßen und wie im Falle der Bergbeam-
ten gewiß über Fachkompetenz verfügten, verwundert es kaum, daß sie – wie Stichproben aus den Akten der Archive belegen – ihre Informationen überwiegend aus authen-
tischen amtlichen Dokumenten schöpften.

   Neben dieser zeitgenössischen Publizistik haben sich jedoch vor allem aus den Akten
der preußischen Verwaltungsbehörden in größerem Umfang originäre Statistiken erhalten, die teilweise bis in die erste Hälfte des 18. Jahrhunderts zurückreichen. Wo diese

---

1   Karl Heinrich Kaufhold, Wieland Sachse (Hrsg.), *Gewerbestatistik Preußens vor 1850, Bd. 1,
    Das Berg-, Hütten- und Salinenwesen*, (= Quellen und Forschungen zur Historischen Statistik
    von Deutschland, Bd. 5), St. Katharinen 1989.

Primärquellen allerdings unauffindbar oder unvollständig bleiben, gewinnt darüber hinaus auch die jüngere Fachliteratur des späten 19. und frühen 20. Jahrhunderts Bedeutung als Quelle, sofern sie nachweislich inzwischen verschollenes Urmaterial benutzte. Einen wertvollen Datenfundus enthalten zahlreiche Beiträge in der erstmals 1854 erschienenen *Zeitschrift für das Berg-, Hütten- und Salinenwesen im Preußischen Staate (ZsBHSw)*, die als überregionales Fachorgan emmente Bedeutung erlangte. Als kompaktes, allerdings mit sachlicher Begrenzung zusammengestelltes Tabellenwerk ist auch die 1939 veröffentlichte *Säkularstatistik der deutschen Eisenindustrie* von Hans Marchand zu nennen[2], die dichtes Archivmaterial für die Zeit ab 1800 enthält. Viele solcher in erster Linie sektoralen und räumlichen Auszüge aus den amtlichen Quellen bieten Material für das Auffüllen von Überlieferungslücken.

Wenn im folgenden chronologisch auf die Hauptquellen[3] eingegangen werden soll, dann nicht ohne dabei in Kürze die historische Entwicklung der amtlichen Montanstatistik in Preußen zu berücksichtigen. Denn daraus ergeben sich wesentliche Vorbedingungen sowohl für das Aufsuchen relevanter Quellengattungen als auch für die Einschätzung von deren Zuverlässigkeit. Dieses Vorgehen könnte auch deshalb für künftige Forschungen hilfreich sein, weil die einschlägigen Werke zur Geschichte der amtlichen Statistik in Preußen kaum Aufschluß über Art und Umfang der Montanstatistik sowie deren Durchführung oder über die behördliche Zuständigkeit vermitteln[4].

2. Das 18. Jahrhundert

Der Aufbau einer amtlich organisierten systematischen Statistik des Berg- und Hüttenwesens ging mit der Herausbildung des sogenannten Direktionsprinzips einher. Darin dürfte sich Preußen allerdings kaum von anderen deutschen Staaten unterschieden haben. Infolge der grundlegenden Revidierten Bergordnungen für Cleve-Mark (1766), für Schlesien (1769) oder auch Magdeburg-Halberstadt (1772) war den aufgrund des landesherrlichen Bergregals bereits bestehenden staatlichen Institutionen seit der 2. Hälfte des 18. Jahrhunderts eine erhebliche Erweiterung ihrer Rechte und Kompetenzen erwachsen[5], die bis zur Einführung des Allgemeinen Berggesetzes (1865) fortbestand. Mit dem Direktionsprinzip übernahmen die Bergbehörden die Aufsicht und Leitung der gesamten Betriebsverhältnisse – von einigen Ausnahmen abgesehen – auch der privaten Gruben und Hüttenwerke. Rasch entfaltete sich ein straff gegliederter Verwaltungsapparat. Über den Berg-, Hütten- und teilweise auch Salzämtern rangierten als Mittelinstanzen die Oberbergämter. Deren Wirkungsbereich waren die Hauptbergdistrikte: Der

---

2 Hans Marchand, *Säkularstatistik der deutschen Eisenindustrie*, (Schriften der volkswirtschaftlichen Vereinigung im rhein.-westf. Industriegebiet, N.F. Heft 3), Essen 1939.
3 Einige Beispiele dazu werden jeweils mit den Fundstellen angeführt.
4 Richard Boeckh, *Die geschichtliche Entwicklung der amtlichen Statistik des preussischen Staates*, Berlin 1863; Otto Behre, *Geschichte der Statistik in Brandenburg-Preußen bis zur Gründung des Statistischen Bureaus*, Berlin 1905.
5 Dort wo keine besonderen Provinzialstatute das Bergrecht modifizierten, führte das Allgemeine Landrecht (1794) das Direktionsprinzip ein.

brandenburg-preußische, schlesische, niedersächsisch-thüringische sowie der westfälische, zu denen 1815 als fünfter der rheinische Hauptbergdistrikt hinzukam. Als Zentralbehörde wurde 1768 eigens das Bergwerks- und Hüttendepartement, bald auch für die Salinen, Kalksteinbrüche und Torfgräbereien zuständig, als selbständige Abteilung des Generaldirektoriums eingerichtet. Im Zuge der Verwaltungsreform von 1808 folgte die Abteilung für Bergbau, Münze und Salz – die Bezeichnung variierte mehrfach, die abwechselnd unter dem Innen-, dem Finanzministerium sowie schließlich seit 1848 dem Ministerium für Handel und Gewerbe ressortierte.

Aus der Zeit der bergamtlichen Direktion verfügen wir über stark verdichtetes statistisches Material, das das Streben nach einer besseren Effizienz in der Verwaltungspraxis dokumentiert. Die Bewältigung der vielfältigen Aufgabenbereiche, die wie das Rechnungs- und Kassenwesen, die Wahrnehmung des landesherrlichen Vorkaufsrechts auf bestimmte Metalle oder die Steigerung der Produktion entweder fiskalisch motiviert waren oder wie das Einschreiten gegen Raubbau und die Normierung der Beschäftigtenverhältnisse (Knappschaftswesen) auch ordnungs- und sozialpolitischen Intentionen dienten, verhalf der statistischen Methode zügig zum Durchbruch. Die Akten der Bergämter, deren Beamte (Schichtmeister, Geschworene, Hütteninspektoren) unmittelbar vor Ort wirkten, geben einen Eindruck von der weitgefächerten, sich teilweise zwar überschneidenden, aber detaillierten Statistik. Sie reichte von sogenannten Befahrungsprotokollen oder Bergzetteln zum Grubenhaushalt über bilanzierende Betriebsberichte sowie Natural- und Zehntrechnungen bis hin zu Knappschaftsrollen und besonderen Produktionsnachweisungen, die u.a. Auskunft über Produktionsmengen und -werte, Beschäftigte und Löhne, auch über den Absatz der Bergwaren oder über Ausbeute und Zubuße geben. Diese Angaben sind teilweise wiederum in sich so differenziert, daß sie fundierte Erkenntnisse beispielsweise über die beruflich-soziale Gliederung der Belegschaft, den Rohstoff- und Energiebedarf beim "Metallausbringen" oder Konjunkturen der Bergwirtschaft ermöglichen.

In dieser Vielfalt, der über das 18. Jahrhundert hinaus eine sehr heterogene Erhebungspraxis der einzelnen Bergämter zugrunde lag, ist die Masse der vorhandenen Quellen jedoch allein für lokal- oder regionalgeschichtliche Fragestellungen auszuwerten, weswegen an dieser Stelle vieles davon vernachlässigt wird. Dennoch lassen sich aus der Statistik des 18. Jahrhunderts für einzelne Hüttenwerke (in der Kurmark ab 1769[6]) und Salinen (Saline Königsborn bei Unna ab 1773[7]), aber auch schon für ganze Bergamtsbezirke, etwa ab 1750, Zeitreihen über Menge und Wert der Produktion, die Beschäftigtenzahl sowie den Wert des Debits aufzustellen[8]. Insbesondere bei der Stein-

---

6   So in H. Cramer, *Beiträge zur Geschichte des Bergbaus in der Provinz Brandenburg*, Hefte 1-10, Halle 1871-1889.

7   *Bergbauarchiv, Deutsches Bergbaumuseum Bochum: Nachlaß Serlo*, Nr. 16; *Staatsarchiv (StA) Münster: Mscr.I*, 257.

8   Beispielsweise Produktionsmengen im schlesischen Galmeibergbau ab 1760, im Kupferschieferbergbau der Gft. Mansfeld ab 1785; vgl. dazu die Tabellen in Kaufhold/ Sachse *Gewerbestatistik* (Anm. 1); s.a. *(StA) Münster: Tecklenburg-Lingensches Bergamt*, Nr. 379 "Special-Tableaux" oder "Nachweise von den gewonnenen und verkauften Producten des Mineral-Reichs" 1797-1805; vgl. a. die Angaben bei Stephanie Reekers, Beiträge zur statistischen Darstellung

kohlenförderung zeichnet sich für die bedeutenden Reviere ein halbwegs kompaktes Bild ab[9]. Erst nachdem 1783 sämtlichen Bergämtern die jährliche Einsendung von sechs Tabellenformularen nach Berlin, darunter eine besondere Nachweisung über die Produktion und deren Wert sowie die Beschäftigten der Berg- und Hüttenwerke vorgeschrieben wurde[10], bot sich überhaupt die Möglichkeit einer annähernd umfassenden Statistik des primären Sektors.

Da von diesen Nachweisungen bisher nur einige Bruchstücke in den Akten der Bergämter der Westprovinzen auftauchten, läßt sich auf der Grundlage dieser Daten nur in Ausnahmefällen eine Statistik auf der Ebene der Hauptbergdistrikte aggregieren. Ob im 18. Jahrhundert eine zentral gebündelte, systematische Berg- und Hüttenstatistik de facto überhaupt existierte, wird solange im Dunkeln bleiben, bis Hinweise auf Produktionsübersichten in den Beständen des Bergwerks- und Hüttendepartements im Zentralen Staatsarchiv in Merseburg überprüft worden sind. Vielleicht liegt hier doch noch eine Statistik, vergleichbar den Generaltabellen des Fabrikendepartements vor[11]. Soviel scheint gewiß, die Exemplare der statistischen Nachweisungen, die von den Bergämtern tatsächlich nach Berlin gelangten, sind vernichtet[12]. Wir verfügen derzeit für die gesamte Monarchie lediglich über ein Tableau der Beschäftigten, Produktionsmengen und -werte für die Salinen, die aufgrund des Salzmonopols traditionell sämtlich in staatlicher Regie betrieben wurden, aus dem Jahre 1797[13].

Wie problematisch es selbst für engagierte Zeitgenossen war, aus den Unterlagen des Bergwerksdepartements eine Übersicht aller Hauptbergdistrikte aufzustellen, verdeutlicht der Versuch Krugs[14] für das Jahr 1798. Die von den Bergämtern teilweise nur für einzelne Betriebe übermittelten, oftmals uneinheitlich bemessenen und unvollständigen Angaben waren nur mit Abstrichen in ein einheitliches Schema zu bringen. Die Unregelmäßigkeiten resultierten zum einen daraus, daß sowohl private als auch grund- oder standesherrliche Betriebe, soweit sie überhaupt dazu verpflichtet waren, Auskünfte verweigerten oder verzögerten[15]. Zum anderen fehlten verbindliche Richtlinien, die be-

---

der gewerblichen Wirtschaft Westfalens um 1800, in: *Westfälische Forschungen* 19 (1966), S. 65.

9 Oberschlesien ab 1769, Niederschlesien ab 1767; Märkisches Bergamt ab 1764; Saargebiet ab 1779; vgl. dazu die Tabellen in Kaufhold/ Sachse *Gewerbestatistik* (Anm. 1); Tecklenburg-Lingensches Bergamt ab 1747, Bergamtsbezirke Bochum und Essen ab 1787, in: *Bergbaubücherei Essen, Produktionsstatistiken...*, Nr. FK 16b; s.a. StA Münster: *Westf. OBA*, Nr. 29, 30, 32: "Etat von den sämmtlichen Zehnd und Bergwercks-Revenuen in der Grafschaft Marck...", 1796-1806.

10 Behre *Geschichte* (Anm. 4), S. 323. Nach Abschluß des Manuskripts fanden sich im *Zentralen Staatsarchiv (ZStA) Merseburg* Entwürfe dieses Tabellenschemas sowie Eingänge aus den meisten Berg- und Hauptbergdistrikten für die Jahre 1797/98 in: ZStA Merseburg, Rep. 121 A, Titel XXI, Nr. 1.

11 Vgl. dazu den Beitrag von Yvonne Bathow in diesem Band.

12 Laut Marginalie in den Findbüchern des *ZStA Merseburg* zum *Bestand Rep. 121.*

13 Nach Behre *Geschichte* (Anm. 4), S. 324 aus den Akten des Salzdepartements.

14 Leopold Krug, *Betrachtungen über den Nationalreichthum des preußischen Staats und über den Wohlstand seiner Bewohner*, Berlin 1805, Teil I, S. 160-189

15 Aus dem brandenbg.-preuß. HBD liegen bis 1815 nur Angaben für die staatlichen Hütten vor. Private Gruben und Werke wurden vor 1834 nur erfaßt, wenn sie der Oberbergamtskasse zehntpflichtig waren.

Abb. 1: Hüttenstatistik aus dem westpreußischen Regierungsdepartement von 1812

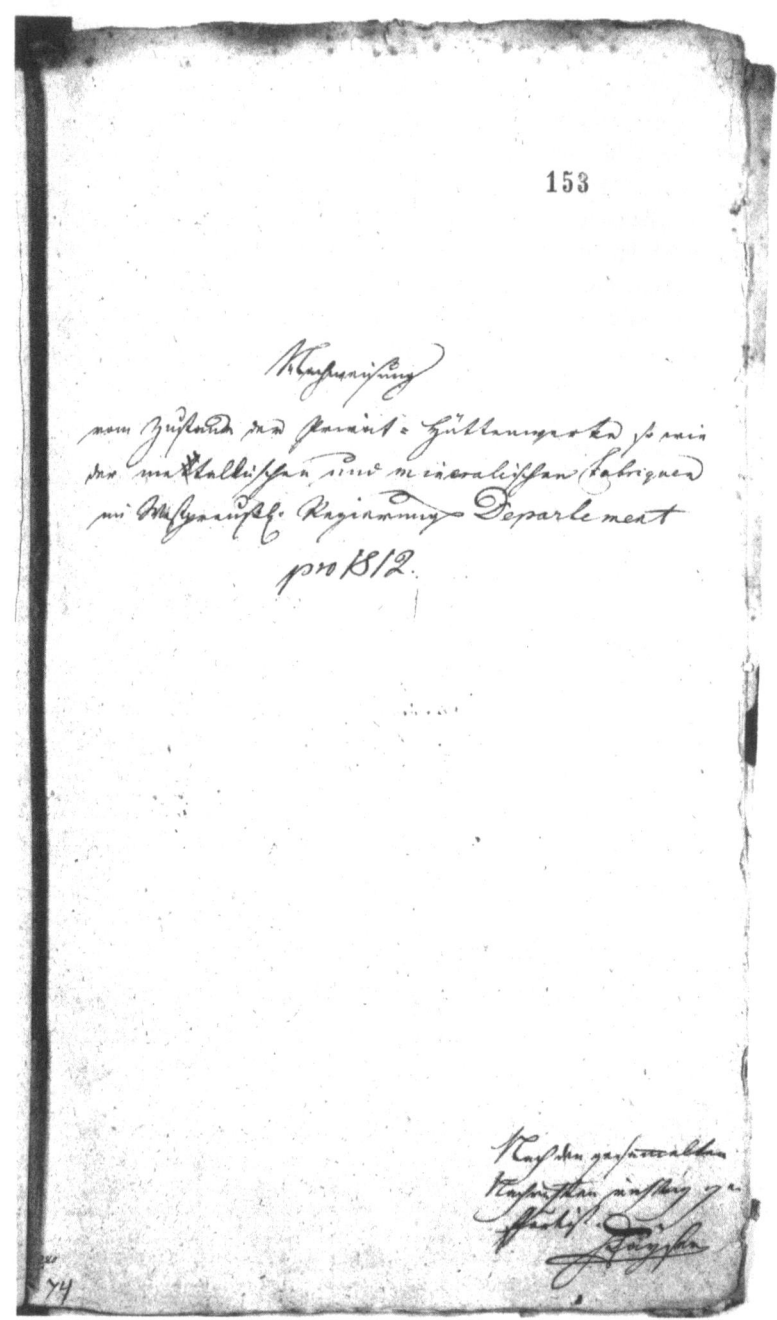

Quelle: GStA Berlin-Dahlem, XIV. HA Rep. 181 Nr. 4022.

sonders dort geboten erschienen, wo die statistische Berücksichtigung der Hütten und metallverarbeitenden Betriebe zugleich in Händen der Kammern lag, so daß in der Praxis Überschneidungen und Unstimmigkeiten nicht auszuschließen waren. Von Seiten der Kammern ist von diesen *Nachweisungen* oder *Übersichten über den Zustand der metallischen Fabriken und Manufakturen*, die im übrigen im 19. Jahrhundert von den Regierungen fortgesetzt wurden, vor allem für die Westprovinzen einiges überliefert[16]. Ein spezieller Extrakt dieser Zählungen war offenbar für das Bergwerksdepartement bestimmt. Die darin enthaltenen Informationen über die Zahl der Betriebe, die Belegschaft und das Produktionsquantum sowie die Werte für die Produktion und den Debit sind in der Regel jedoch aus den schon oben angesprochenen Gründen unvollständig. Das gleiche gilt für die sporadisch von den Kammern in die Fabrikentabellen aufgenommenen Daten der Metallbranche. Es fehlen nicht nur zahlreiche Betriebe, auch die Beschäftigten sind nicht immer branchenmäßig exakt zuzuordnen, Produktionsmengen und -werte beruhen überdies häufig auf Schätzungen[17]. Im übrigen beschränken sich diese Nachrichten auf wenige Jahre, so daß sie oft nur für regionale Querschnitte taugen. Das mag jedoch für diese frühe Zeit und angesichts der regionalen Agglomeration bedeutender Produktionszweige wie der Stabeisen- und Osemundschmieden oder der protoindustriellen Kleineisengewerbe wie in der Grafschaft Mark begründet sein[18].

Für den Zeitraum vor 1815 bleibt festzuhalten: Archivalien, die die Aufstellung einer über mehrere Jahre fortlaufenden Statistik der wirtschaftsgeschichtlich wichtigen Indikatoren, nämlich Angaben zu Betrieben, Beschäftigten, Produktionsmengen und -werten zulassen, gibt es im wesentlichen nur für einzelne Bergreviere, teilweise auch schon aus vorpreußischer Zeit. Da gerade die Aktenbestände der Bergämter erheblich ausgedünnt sind, können hier – wie bereits erwähnt – die zeitgenössischen Publikationen und die jüngere Sekundärliteratur weiterhelfen. So werden wir ausführlich durch eine ganze Reihe von Arbeiten über bestimmte Zweige oder regionale Schwerpunkte des Bergbaus unterrichtet[19].

---

16 *StA Münster: KDK Minden III*, Nr. 421 und 438 für Minden und Ravensberg ab 1777 (Produktion der Stahl- und Eisenwerke sowie der Kupferhämmer); ebd.: Mscr. I, 257 und Nachlaß *v. Romberg A*, Nr. 6: Für Gft. Mark nach Kreisen 1796-1804.

17 Vgl. Krug *Betrachtungen* (Anm. 14) II, S. 341 ff.

18 *Hauptstaatsarchiv (HStA) Düsseldorf: HS E III*, 8: "Nachricht vom Zustandt sämtlicher Eisen-Fabriquen in der Grafschaft Marck..." für 1768 mit Balance gegen 1756; *StA Münster: Slg. Foto*, Nr. 332 und 340: "Berichte des märkischen Kammerdirektors..." für 1780/81 und 1787/88; ebd.: Gft. Mark, Fabrikendeputierte, Nr. 37: 1786/87.

19 Für Schlesien z.B. sind zu nennen: Theodor Schulz, *Die Entwicklung des deutschen Steinkohlenhandels unter besonderer Berücksichtigung von Ober- und Niederschlesien*. Staatswiss. Diss. Tübingen 1911; Albert Serlo, *Beitrag zur Geschichte des schlesischen Berghaues in den letzten hundert Jahren. Festschrift zur Feier des hundertjährigen Bestehens des Königlichen Oberbergamtes zu Breslau am 6. Juni 1869*, Breslau und Berlin 1869; A. Rzehulka, Zum hundertjährigen Bestehen der oberschlesischen Zinkindustrie, in: *ZsBHSw* 57 (1909), S. 342-348; zur Kupfer- und Silberproduktion in der Gft. Mansfeld s. Schrader, Der Mansfeldische Kupferschiefer-Bergbau, in: *ZsBHSw* 17 (1869), S. 251-303.

3. Das 19. Jahrhundert

Nach der Reorganisation der Preußischen Monarchie 1815 erreichte die Montanstatistik mit dem Trend zur regelmäßigen, systematischen Erfassung ein recht hohes Niveau, wohl nicht zuletzt unter dem jetzt entfalteten Einfluß des 1805 gegründeten Statistischen Bureaus, aber nach wie vor gestützt auf die bergamtliche Direktion. Seit 1816 werden wir primär mit einem weitgehend vereinheitlichten, kompakt angelegten und zentral archivierten Quellentyp konfrontiert. Dabei handelt es sich um die jährliche *Nachweisung der auf sämmtlichen Berg- und Hüttenwerken* [eines jeden Hauptbergdistrikts, J.L.] *stattgefundenen Förderung, Produktion, deren Geldwerth, Ausbeute, Zubuße, Zahl der Zechen und der darauf angefahrnen Arbeiter; imgleichen der Salz-Produktion auf den königlichen und Privat-Salinen und der dabei beschäftigten Arbeiter.* Die nach Produkten differenzierten Angaben beziehen sich, wie der Titel ankündigt, auf die drei Hauptsektoren und zeitweise zusätzlich auf die Steinbrüche; sie sind darüber hinaus nach fiskalischen, standesherrlichen, gewerkschaftlichen oder privaten Betrieben gegliedert. Außer den genannten Rubriken, also Betriebsstätten, Produktionsmenge, Produktionswert, Beschäftigte, werden die Familienmitglieder der Belegschaften und der eingesetzte Produktionsapparat, d.h. die Zahl der Öfen und Hämmer usw. erfaßt; eine besondere Dampfmaschinenstatistik wurde seit 1837 separat geführt[20]. Zunehmend treten ergänzende Kommentierungen zur Art des Brennmaterials bei der Hochofenproduktion (Holzkohle, Koks) u.a.m. auf. Die räumliche Gliederung umfaßt unterhalb der Hauptbergdistrikte die Bergämter und spätestens seit 1837 allgemein auch die Provinzen und Regierungsbezirke. Auch wenn es im Laufe der Zeit noch zur Vervollständigung und in manchen Details zu Korrekturen der Kategorien kam[21], blieb dieses Schema doch im wesentlichen bis 1871 verbindlich.

Parallel zu diesen primär von den Bergämtern zu leistenden *Nachweisungen* waren die Regierungen speziell mit der Erfassung der nicht unmittelbar den Bergbehörden unterstehenden privaten Gruben und Hüttenwerke nach in etwa identischem Muster beauftragt. Deren Tabellen gingen, gewöhnlich weitergeleitet (seit 1823) durch die Oberpräsidien der Provinzen und die Oberbergämter, je nach Maßgabe der Verwaltungsgrenzen in die Bergamtsstatistik ein. In der Regel bündelten die einzelnen Oberbergämter die von den Bergämtern und den Regierungen einzureichenden Tabellen jeweils für ihren Hauptbergdistrikt. Von dort gelangten sie weiter an das zuständige Ministerium.

---

20 *StA Münster: OBA Dortmund,* Nr. 1186, 1187 und 1921 für den Westfäl. HBD nach Bergämtern und Regierungsbezirken.

21 Änderungen wurden langfristig dort nötig, wo die Zuverlässigkeit der Daten z.T. erheblich durch die pauschale Summierung unter die betreffenden Indikatoren eingeschränkt war: bei den Betriebsstätten und dem Produktionsapparat bestand Unklarheit, ob die nicht in Betrieb stehenden Zechen oder Werke mitgezählt wurden; die Beschäftigten verschiedener Produktionszweige innerhalb eines Werkes waren nicht klar zu trennen und sind daher teils überhaupt nicht, teils doppelt erfaßt; bei den Produktionsmengen und -werten fehlte eine Unterscheidung von Eigenverbrauch bzw. Rohmaterial und mittelbar umgeschmolzenen oder verschmiedeten Produkten. Auch blieb unklar, ob beim Produktionswert die Rohmaterialien immer einbezogen waren.

Daß sich die Quellenlage für das 19. Jahrhundert trotz der kriegsbedingten Verluste an Archivgut günstiger als erwartet darstellt, ist auf den breiten Aktionsradius und die Kooperation sehr unterschiedlicher Behörden zurückzuführen. Nicht nur in der Phase der praktischen Erhebung der Statistik, sondern auch nach deren Abschluß zirkulierten die Ergebnisse unter den beteiligten Institutionen, in der Regel für den amtsinternen Gebrauch sogar in Druckfassung. Deshalb finden sich die Nachweisungen zu den Hauptbergdistrikten ab 1816 sowohl handschriftlich als auch gedruckt je nach Provenienz in den Aktenbeständen der Bergbehörden ebenso wie in denen der Oberpräsidien und Regierungen. In den Archiven in Münster, Düsseldorf und Koblenz lagern außer den Nachweisungen für den westfälischen und rheinischen Hauptbergdistrikt in Rudimenten auch die für den schlesischen, brandenburg-preußischen und niedersächsisch-thüringischen[22]. Da die Regierungen ihrerseits gelegentlich die von den Oberbergämtern überlassenen oder eigens für ihr Verwaltungsgebiet zusammengestellten Tabellen in den Amtsblättern veröffentlichten[23], ergeben sich anhand dieser vielfältigen Parallelüberlieferungen Konsequenzen für eventuelle künftige Ergänzungen vor allem für die Jahre 1816-1829. Aller Wahrscheinlichkeit nach dürften auch die DDR-Archive Magdeburg und Merseburg noch einschlägige Quellen aufbewahren[24]. In Ermangelung von Archivalien können Materiallücken für den Zeitraum 1823 bis 1836 teilweise aus Karstens Archiv[25] geschlossen werden, wo die Quantitäten der wichtigsten Produkte nach Hauptbergdistrikten und für Preußen insgesamt in regelmäßiger Folge mitgeteilt sind. Im übrigen sei auch an dieser Stelle nochmals auf die Sekundärliteratur hingewiesen[26].

Will man auf spezielle, differenziertere Daten zurückgreifen, bieten sich die noch reichlich erhaltenen Zählungen der Bergämter[27] und Regierungen an, darunter die

---

22 *StA Münster: OBA Dortmund*: schles. HBD (1816-1836), brandenbg.-preuß. (1823, 1830-1836), nieders.-thür. (1832-1836); ebd., *Oberpräs.*: westf. HBD (1816-1836); ebd., *Regierung Arnsberg* I: rhein. HBD (1817. 1819); *HStA Düsseldorf: Regierung Aachen*: rhein. HBD (1829-1837); ebd., *Regierung Köln*, Nr. 2131: "Übersicht über die Im Regierungsbezirk Coeln vorhandenen Berg- und Hüttenwerke" (1819-1832 nach Kreisen); *Landesarchiv (LA) Koblenz: 403 Oberpräs.*: rhein. HBD (1829-1837, 1841-1846).

23 Nachzuweisen ist dieser Überlieferungsstrang allerdings bislang nur für die Regierungen in den westlichen Provinzen: s. *Amtsblatt der kgl. Regierung zu Arnsberg*, Jg. 1820-1827: Westf. und rhein. HBD 1819-1835; *Amtsblatt der kgl. Regierung zu Koblenz*, Jg. 1819 ff.: rhein. HBD (1817, 1825, 1833 ff.).

24 Hinweise darauf finden sich in den Repertorien des *Handelsministeriums* im ZStA Merseburg und nach Marchand *Säkularstatistik* (Anm. 2), S. 43 ff. im *StA Magdeburg* in den Akten des *OBA Halle*, (z.B. für den schles. HBD 1815-1817, den brandenbg.-preuß. HBD 1823).

25 *Archiv für Bergbau und Hüttenwesen*, Bd. 1-20 (1818-1831) fortgesetzt als *Archiv für Mineralogie, Geognosie, Bergbau und Hüttenkunde*, Bd. 1-26 (1829-1854).

26 Ergänzend z.B. eine Übersicht der gesamten Steinkohlenförderung in Preußen nach Bergamtsbezirken für 1817-1854, in: *ZsBHSw 4* (1857), S. 44; s.a. die tabellarischen Übersichten über die Ergebnisse des Bergbaus in den Bezirken des rhein. HBD nach Produkten, teilw. von 1816 bis 1919 bei Hans Arlt, Ein Jahrhundert Preußische Bergverwaltung in den Rheinlanden. Festschrift aus Anlaß des hundertjährigen Bestehens des Oberbergamtes zu Bonn, in: *ZsBHSw* 69 (1921), S. 1-149.

27 Beispielsweise die Beschäftigten- und Lohnstatistik: *StA Münster: Tecklenbg.-Ling. Bergamt*, Nr. 191: "Nachweise der auf den königlichen Steinkohlen Zechen ... ihren Unterhalt gefundenen Personen, an Männern, Frauen und Kindern" 1834-1847; *Landesarchiv (LA) Saarbrük-*

Nachweisungen vom Zustand der privat Berg- und Hüttenwerke und der metallischen und mineralischen Fabriken [28]. Sie informieren zusätzlich bis hinunter auf Kreisebene oder zu den einzelnen Fabrikstandorten über die Fabrikbesitzer, die Betriebsmittel und Produkte. Bisweilen werden Erläuterungen zu den Ursachen von Produktionsrückgängen oder der Einschränkung von Betriebskampagnen angemerkt.

Die amtlichen Daten sind ab 1837 vielerorts lückenlos überliefert [29]. Dies beruht wesentlich auf dem organisatorischen Fortschritt, daß von nun an unter der Regie des Statistischen Bureaus in Berlin die eingegangenen Nachweisungen zu einer *Übersicht der Produktion des Bergbaues und des Hüttenbetriebs in der Preußischen Monarchie* (auch: ... *des Bergwerks-, Steinbruchs-, Hütten- und Salinen-Betriebes in dem Preußischen Staate*) koordiniert und als Amtsdruck (vom Ministerium für Handel und Gewerbe) herausgegeben wurden [30]. Auch diese erste Montanstatistik für den Gesamtstaat kann noch keine absolute Vollständigkeit beanspruchen, weil in einzelnen Bergamtsbezirken die Mehrzahl der privaten Bergwerke und Hütten, besonders aber die Metallverarbeitung weiterhin unvollständig erfaßt sind. Obwohl die Regierungen analog zu den Tabellen der Bergämter die Nachweisungen der nicht der bergamtlichen Direktion unterstellten Privatwerke regelmäßig erhoben, lag hier eine Crux. Angaben über die Zahl der privaten metallischen und chemischen Fabriken und der in ihnen Beschäftigten sind von Fall zu Fall zwar auch aus den seit 1816 im 3-Jahres-Rhythmus erhobenen Gewerbetabellen zu entnehmen, lassen sich jedoch wegen möglicher Überschneidungen und abweichender Zählmethoden kaum mit der Montanstatistik homogenisieren [31].

Für das 19. Jahrhundert bleiben also weiße Flecken insbesondere beim schlesischen und brandenburgischen Eisenhüttenwesen und in den Jahren nach 1830 auch bei der schlesischen Zinkproduktion sowie dem sächsischen Braunkohlenbergbau. Sie gehen zum Teil auf traditionelle Privilegien, beispielsweise des oberschlesischen Adels, auf das Fortbestehen der vorpreußischen bergrechtlichen Regelungen in neuerworbenen Provinzen, aber auch die Widersetzlichkeit privater Unternehmer und Bergbaugesellschaf-

---

ken: *Dep. Staatsarchiv (StA) Koblenz* 654/ 1251: Beschäftigte, Löhne und Förderleistung im Bergamtsbezirk Saarbrücken 1816-1861 bzw. 1820-1851.
28 *GStA Berlin-Dahlem: Rep. 181*, Nr. 4022 und 4061, Regierung Marienwerder 1810-1818, 1823, 1824, 1827-1832; ebd., *Rep. 189*, Regierung Danzig 1819-1850; *HStA Düsseldorf: Reg. Aachen*, Nr. 1575-1577: Regierung Aachen 1816-1843; *StA Münster: Tecklbg.-Ling. Bergamt*, Nr. 127: Regierungen Münster und Minden 1822-1847 (mit Lücken); ; vgl. außerdem die oft anonymen, halbamtlichen Druckschriften wie z.B. *Topographische Beschreibung des Regierungs Bezirks Trier*, Trier 1833, die im statistischen Anhang die "Nachweisungen" der privaten und gewerkschaftlichen Berg-, Hütten- und Hammerwerke im Reg. Bez. für die Jahre 1829-1832 und eine Übersicht über die landesherrlichen und gewerkschaftlichen Steinkohlengruben 1822-1832 enthält. Die Werte stimmen weitgehend mit denen in den Amtsakten überein. Abweichungen erklären sich zumeist aus unterschiedlichen regionalen Abgrenzungen.
29 Z.B. in den Beständen: *LA Koblenz: Oberpräs.* und *Reg. Trier; HStA Düsseldorf: Reg. Köln; StA Münster: Oberpräs.; Archiv des Oberbergamts (OBA) Clausthal:* Bibl. Achenbach.
30 Seit 1854 wurde diese Statistik fortlaufend in der *ZsBHSw* veröffentlicht.
31 Vgl. z.B. *HStA Düsseldorf: Reg. Düsseldorf*, Nr. 2158 und 2159: Gewerbetabellen des Reg. Bez. Düsseldorf nach Kreisen 1819, 1822; ebd., *Reg. Aachen*, Nr. 364-366: Dto. für Reg. Bez. Aachen 1819-1834.

ten zurück[32]. – In der Rheinprovinz drohten die Behörden in den 1820er Jahren sogar unter Berufung auf ein kaiserlich-französisches Dekret den privaten Betrieben Sanktionen an, falls sie weiter die Auskunft verweigerten[33]. Dennoch ist zu resümieren, daß die Qualität der preußischen Montanstatistik spätestens seit 1837 trotz der aufgezeigten Defizite sehr positiv zu bewerten ist. Damit liegen erstmalig die wichtigsten Angaben für den größten und bedeutensten Teil der preußischen und zugleich der deutschen Bergreviere sowie der entstehenden Hüttenindustrie kontinuierlich vor. Diese mit dem straff organisierten Rechnungswesen des Bergwerkshaushalts verknüpfte Statistik, die von einem sehr erfahrenen Beamtenstab nach strikter Handlungsanweisung unmittelbar vor Ort erhoben wurde, kann eine für diese Frühphase enorme Zuverlässigkeit beanspruchen. Der genauen Einhaltung der Kategorien bei der Datenübertragung wurde besondere Aufmerksamkeit gewidmet. Für die westlichen Provinzen bzw. Hauptbergdistrikte, deren Statistik teilweise in ihren einzelnen Komponenten erhalten ist, lassen sich die Unterlagen angefangen bei den Bergämtern bis zur höchsten Aggregationsstufe verifizieren. Durchaus auch im Vergleich zu den übrigen Staaten des Deutschen Bundes erscheint der Entwicklungsstand der preußischen Montanstatistik um die Mitte des 19. Jahrhunderts herausragend, ohne damit sogleich die bemerkenswerten Tendenzen in einigen kleineren Staaten wie dem Königreich Sachsen oder dem Herzogtum Braunschweig ignorieren zu wollen[34]. Die Dichte der Erhebungen, die Vereinheitlichung der Kategorien sowie der Maß- und Gewichtseinheiten waren seit 1816 in Preußen in geradezu vorbildlicher Weise vorangeschritten. Die Zollvereinsstatistik konnte 1846 an dieses Muster nahtlos anknüpfen[35].

4. Schlußbemerkung

Profitiert der Historiker, der sich auf quantifizierende Quellen zu stützen sucht, zu guter Letzt allein vom vielzitierten preußischen Bürokratismus? Wo sonst mögen die Hintergründe für die derartig breit angelegte Organisation der Montanstatistik liegen, die sogar zum Anliegen der Regierungen erklärt war? Gab es ein besonderes Interesse im Umgang mit der Statistik, das von der Vorstellung geleitet war, sie nicht nur für Zwecke

32 Der schlesische Eisenerzbergbau oder auch das Braunkohlenschürfen im Reg. Bez. Merseburg unterlagen nicht dem landesherrlichen Regal; ähnliche Sonderrechte galten z.B. in den 1803 erworbenen Herrschaften Hardenberg und Broich.

33 *Amtsblatt der kgl. Regierung zu Koblenz*, Jg. 1825.

34 Vgl. die Übersichten über die Bergwerks- und Hüttenproduktion des Königreichs Sachsen, die für 1825 ff. sporadisch u.a. in *Karstens Archiv* (Anm. 25), Bände 1-12 abgedruckt sind; s. bes. "Production des sächsischen Bergbaues und Hüttenbetriebes in den Jahren 1825 bis 1858", in: *Zs. des stat. Bureaus des königl. sächsischen Ministeriums des Innern*, 7/8 (1860), S. 77-100; vgl. außerdem: Wilhelm Oechelhäuser, *Vergleichende Statistik der Eisen-Industrie aller Länder und Erörterung ihrer ökonomischen Lage im Zollverein*, Berlin 1852.

35 Ab 1846 jährlich in der "Tabelle über die Produktion des Bergwerks-, Hütten- und Salinen-Betriebes im Zoll-Vereine", Berlin o. J.; für 1848 ff. s. Georg Viebahn (Hrsg.), *Statistik des zollvereinten und nördlichen Deutschlands. Teil 2: Bevölkerung, Bergbau, Bodenkultur*, Berlin 1862.

staatlich-administrativer Planung und Kontrolle, sondern auch als politische Erfolgsbilanz einzusetzten? Wie immer man diese Fragen beantworten mag, ein gravierendes Moment lag sicherlich in dem außerordentlichen Übergewicht, das Preußen im expandierenden Montansektor einnahm, nicht zuletzt durch seine territorialen Gewinne auf dem Wiener Kongreß.

Yvonne Bathow

Quellen zum Textilgewerbe Preußens im 18. Jahrhundert

"Man wird sich wohl zum Detail präparieren müssen,
wenn Seine Majestät wissen wollen..." [1]

Wenn man sich mit statistischem Material aus dem 18. Jahrhundert beschäftigt, ist es für die Bewertung und Zuordnung der Quellen erforderlich zu wissen, zu welchem Zweck und unter welchen Bedingungen die Erhebungen jeweils durchgeführt worden sind. Dies umso mehr, wenn die Quellen so unterschiedlichen Typen angehören, so zahlreich und so vielfältig sind, wie es bei der Statistik des Textilgewerbes der Fall ist.

Unter Friedrich Wilhelm I. gewann die amtliche Statistik in Brandenburg-Preußen erstmals klare Konturen. Sie verfolgte in ihrer kameralistischen Orientierung zunächst den Zweck, Klarheit über die Bevölkerungsentwicklung zu gewinnen und die Effizienz fiskalpolitischer Einnahmen zu optimieren. Schon bald traten aber auch wirtschaftspolitische Belange wie die Förderung der Waren- und Geldwirtschaft hinzu. Die Statistik, der eigentlichen Bedeutung nach die Staatskunde, sollte demnach Kenntnisse von den Bevölkerungsverhältnissen ebenso wie von den Wirtschaftsverhältnissen der für wichtig erachteten Produktionszweige vermitteln, um Ansatzpunkte für eine aktive Wirtschaftspolitik aufzuzeigen. Zu den vorrangig beachteten Gewerbezweigen gehörte von Anfang an die Textilindustrie.

Um die zuverlässige und regelmäßige Erhebung der Daten zu gewährleisten, war die Existenz einer zentralen Verwaltungsinstanz unabdingbare Voraussetzung. Die Zuständigkeiten und das Zusammenwirken aller Behörden sind in unserem Arbeitszusammenhang insofern von Bedeutung, als sich daraus zugleich Hinweise auf die einschlägigen Fundstellen in den Archiven ergeben. Aus diesem Grund soll die sich fortlaufend ändernde Ausgestaltung der jeweiligen Tabellen hier nicht aufgezeigt werden, ohne zugleich die damit zusammenhängenden Veränderungen in der Verwaltungsorganisation zu beleuchten und den intentionalen Wandel anzusprechen.

Als zentrales Verwaltungsorgan wurde 1723 in Preußen das General-Ober-Finanz-, Kriegs- und Domänendirektorium, kurz Generaldirektorium genannt, gegründet, in dem bis zur Gründung des Statistischen Bureaus 1805 alle amtlichen Zählungen letztlich zusammenliefen. Aus diesem Grund verwaltete es Materialien von vielfältigem Informationsgehalt in außerordentlicher Fülle. Davon ist ein Teil in den Deposita des Generaldirektoriums im Zentralen Staatsarchiv in Merseburg überliefert. "Die Qualität der Über-

---

1 Klage eines Geheimen Ober-Finanz-, Kriegs- und Domänenrates über die sich immer weiter ausdehnenden statistischen Erhebungen (um 1750). Zitiert nach Richard Boeckh, *Die geschichtliche Entwicklung der amtlichen Statistik des Preussischen Staates*, Berlin 1863, S. 6.

lieferung wird bestimmt durch die dominierende Rolle, die das Generaldirektorium als zentrale innere und wirtschaftsleitende Behörde [...] spielte."[2] Das Generaldirektorium war zunächst in Provinzialdepartements aufgegliedert, die aber auch Sachaufgaben zu bewältigen hatten, weshalb statistische Angaben sowohl in Territorial- als auch in Sachabteilungen zu finden sind. Auf der mittleren Verwaltungsebene waren die Kriegs- und Domänenkammern die eigentlichen Träger der Provinzialverwaltung und besaßen die Aufsicht bis hinab zu den einzelnen Land- oder Steuerräten. Neben den Beständen des Generaldirektoriums erweisen sich daher die "Statistischen oder Gewerbesachen" der Kammerakten (Kriegs- und Domänenkammern und Kammerdepartements) als ergiebig[3].

Die ältesten sogenannten Historischen Tabellen, die von 1719/1722 an für die brandenburg-preußischen Lande jährlich erhoben wurden, sind dem Typus nach zunächst Populationslisten. Aus dem Herzogtum Magdeburg und der Grafschaft Mansfeld sind sie beispielhaft mit wenigen Lücken von 1722 bis 1768 überliefert. Sie geben Aufschluß über die Beschäftigtenzahlen in allen Sparten des Wollgewerbes, wobei die Anzahl von Meistern, Gesellen und Lehrlingen bei Tuch-, Zeug- und Rasch- sowie Hut- und Strumpfmachern genannt wird[4]. Aufnahmen der Meister- und Gesellenzahlen gab es für Tuch-, Zeug- und Strumpfmacher je nach regionaler Bedeutung und speziellem Erhebungsinteresse bereits vor Entstehung des Generaldirektoriums, nach unseren Unterlagen beispielsweise in Königsberg ab 1712[5]. Nur ein bis zwei Jahre nachdem diese Tabellen – wie es heißt – den "Zustand der Städte" erfaßten, gab es analog dazu auch die *Historischen Tabellen vom Zustand des platten Landes*. Diese enthielten Angaben zu Einwohnern, Besitzstand und Steueraufkommen nach der Zahl der Enrollierten. Das Generaldirektorium wies die Kammern von Anfang an darauf hin, daß die *Tabellen vom platten Lande* ebenfalls regelmäßig einzureichen waren. Sie sind für die Textilstatistik von Belang, weil sie die Zahl der Leineweber angeben. Die frühen Tabellen vom Land beschränkten sich nicht nur auf die Kurmark, sondern es gab sie auch in Kleve und Moers, Pommern und Ostpreußen[6].

Im Jahr 1730 wurden sowohl die Tabellen für die Städte als auch die für das platte Land feiner ausdifferenziert; Beschäftigtenstatus und Abgabenleistung der Erfaßten wurden genauer einbezogen. Die beiden Historischen Tabellen lieferten fortan Auf-

---

2   Elisabeth Schwarze, Bestandsinformation für den Wirtschaftshistoriker aus dem Deutschen Zentralarchiv Potsdam. Quellen zur Wirtschafts- und Sozialgeschichte des 18. Jahrhunderts im Bestand Generaldirektorium im Deutschen Zentralarchiv, Historische Abteilung II, Merseburg, in: *Jahrbuch für Wirtschaftsgeschichte*, 1972/IV, S. 245.

3   Unter den Regionalarchiven sind vor allem die Bestände der Staatsarchive in Düsseldorf, Münster und Aurich hervorzuheben.

4   *Zentrales Staatsarchiv (ZStA) Merseburg, Generaldirektorium Magdeburg*, Titel CXCIII, Nr. 6, Vol. I und II.

5   *Geheimes Staatsarchiv (GStA) Berlin, XX. Hauptabteilung, E.M.*, 20g, Nr. 3 (enthält Daten bis 1721). Auch die Sekundärliteratur gibt Aufschluß über frühere regionale Erhebungen. Für die Stadt Halle werden z.B. längere Reihen von Beschäftigtenzahlen aus der Strumpfwirkerei und -strickerei ab 1700 genannt, wobei hier Quellen aus dem Halleschen Ratsarchiv ausgewertet wurden. Vgl.: Ernst Heinecke, *Die wirtschaftliche Entwicklung der Stadt Halle unter brandenburg-preußischer Wirtschaftspolitik von 1680-1806*, Halberstadt 1929, S. 125 f.

6   Vgl. Boeckh, *Entwicklung* (Anm. 1), S. 4.

schluß über die Anzahl der gewerblichen Produzenten jeweils getrennt nach Stadt und Land. Innerhalb der *Historischen Tabellen von den Städten* wurden die *Kolonnen* für die Wollarbeiter (Meister, Gesellen und Lehrlinge aller Sparten) bald darauf zu einem Block zusammengefaßt. Da die Wollindustrie unter Friedrich Wilhelm I. zu den am stärksten staatlich geförderten Produktionszweigen Preußens gehörte und ihr vor allem für die Ausstattung der Armee ein besonderes Interesse galt, wurde auf diese Weise versucht, die wirtschaftliche Größe dieses Gewerbezweigs möglichst vollständig darzustellen. Die statistische Erfassung der Manufakturarbeiter wurde zunächst nicht separat durchgeführt und schlägt sich in manchen Tabellen nach der Jahrhundertmitte nieder, als zu den bisher gebräuchlichen Rubriken für Meister, Gesellen und Lehrlinge vor allem in der Seiden- und Baumwollbranche die der Fabrikanten hinzutrat[7]. Den zu einer Einheit zusammengefügten Angaben zu den Beschäftigten der wollverarbeitenden Berufsgruppen in den *Historischen Tabellen von den Städten* traten seit der Jahrhundertmitte Mengenangaben zur verarbeiteten Wolle an die Seite[8].

Friedrich II. befahl 1747 die Aufstellung all dieser Tabellen in neuer Form, um regionale Abweichungen in der Erhebungspraxis zu unterbinden mit dem Ziel, eine für alle Provinzen einheitliche und verbindliche Regelung durchzusetzen. Anhand des überlieferten Aktenmaterials läßt sich dieser Einschnitt genau verifizieren. Allerdings liegt hier die Vermutung nahe, daß die vorhandenen Daten für 1748, die den neuen Auftakt augenfällig machen, fast immer rückwirkend erhoben worden sind[9]. Die Populationslisten, in der die Einwohner nach Geschlecht, Stand und Konfession erfaßt wurden und die den ersten Teil der *Historischen Tabellen* ausmachen, wurden ausgeweitet. Der zweite Teil der *Historischen Tabellen* aber, in dem die Angehörigen spezifizierter Berufsgruppen gezählt wurden, wurde sowohl für die Städte als auch für das Land dem alten Muster folgend beibehalten. Die in dem betreffenden Erhebungsgebiet vorkommenden Berufsgruppen wurden alphabetisch aufgelistet, sofern sich die neue Tabelle von den Wollarbeitern nicht aufgrund regionaler Bedeutung bereits durchgesetzt hatte.

Die parallel dazu verlaufende statistische Erfassung der in der Textilherstellung Beschäftigten in Stadt und Land wird anhand von Archivalien aus den westlichen Provinzen beispielhaft belegt, wo in der *General-Tabelle von dem Zustand des platten Landes im Fürstentum Minden und Grafschaften Ravensberg-Tecklenburg und Lingen*[10] neben den üblichen demographischen Angaben die Zahl der Leineweber (Alleinmeister) aus den Ämtern erhoben wurde und für mehrere Stichjahre des Zeitraumes von 1752 bis 1797 überliefert ist. Für die Jahre von 1748 bis 1767 liegt die *General-Tabelle von denen Woll Arbeitern in denen Städten des Fürstentums Minden, Grafschaft Ravensberg, Tecklenburg und Lingen*[11] vor, die nach Meistern, Gesellen und Jungen getrennt Wandmacher[12], Zeugmacher, Hutmacher und Knopfmacher zählt. Bei Strumpfmachern kommen

---

7 Vgl. beispielhaft dazu: *Staatsarchiv (StA) Magdeburg*, Rep. A7, Nr. 61 für 1748 und 1798/99.
8 Auch Baumwollfabrikanten, die zu dieser Zeit noch eine untergordnete Rolle spielen, werden zunächst dem Zweig Wolle zugerechnet.
9 1748er Daten tauchen selten als Originaltabelle auf, sondern meist als "Balance".
10 *Staatsarchiv (StA) Münster, Kriegs- und Domänenkammer Minden III*, 428, Bd. 1, 2 und 4-10.
11 Ebd., 435, Bd. 1.
12 Regionale Bezeichnung für Tuchmacher

als vierte Rubrik die beschäftigten Waisenkinder, "Züchtlinge" sowie "außer Hause strickende Personen" hinzu. Auch "Parchenmacher" sind mit Meistern, Gesellen und Lehrlingen bei den Wollarbeitern aufgenommen. Mit einer derart komplexen Erfassung aller Weber und wollverarbeitenden Handwerker in einer Tabelle tritt ein gesteigertes ökonomisches Interesse an diesem Produktionszweig deutlich zutage, das die weitere Entwicklung des Tabellenwesens maßgeblich beeinflußte. Demographische Aspekte treten von nun an in den Hintergrund.

Friedrich II. stützte sich in Fragen des Erhebungsmodus und der Brauchbarkeit der Statistik sowie bei der technischen Durchführung der Erhebungen primär auf das Fabrikendepartement im Generaldirektorium. Allerdings entwickelte sich während seiner Regierungszeit auch das Geheime Kabinett zu einer in diesem Zusammenhang konkurrierenden Instanz. Demgegenüber verminderte sich das Gewicht des Generaldirektoriums spürbar, obwohl es gerade erst durch die Einführung von Fachabteilungen mit dem Ziel verbesserter Effizienz umstrukturiert worden war[13]. Im Jahr 1740 war mit dem 5. Departement für Post- und Münzsachen, Fabrik-, Manufaktur- und Kommerziensachen als reinem Realdepartement eine Art Handels- und Gewerbeministerium entstanden. Diese erstmals rein sachbezogen arbeitende Instanz kann als Vorläufer eines Statistischen Bureaus gelten[14]. Hier wurden alle gewerbestatistischen Daten aus den einzelnen Provinzialtabellen koordiniert. Lediglich Schlesien bildete eine Ausnahme, da es nicht dem Generaldirektorium, sondern einer autonomen Provinzialverwaltung unterstellt war. Weil die in Breslau gelagerten Aktenbestände während des Zweiten Weltkrieges sämtlich vernichtet worden sind, bleibt hier nur die Möglichkeit, die Daten des 18. Jahrhunderts aus der Sekundärliteratur und vor allem den halbamtlichen Schlesischen Provinzialblättern zu entnehmen[15]. Überwiegend finden sich darin Daten aus den Fabrikentabellen, selten jedoch aus den seit 1756 geführten Historischen Tabellen[16].

Vor dem Hintergrund der neuen Verwaltungsorganisation erweiterte sich von 1750/51 an, von der Kurmark ausgehend, derjenige Teil der Historischen Tabellen, der über den Nahrungsstand der Bewohner Aufschluß gab. Das unter der Bezeichnung *Tabelle von den Kaufleuten, Künstlern, Handwerkern und Professionisten* in Umlauf gesetzte Formular bürdete den vor Ort aktiven Beamten ein kaum noch zu bewältigendes Pensum auf. Die *Tabelle von denen Künstlern, Gewerkern auch allen anderen Metiers und*

---

13 Vgl. dazu: Hildegard Hoffmann, *Handwerk und Manufaktur in Preußen 1769 (Das Taschenbuch Knyphausen)*, Berlin 1969. Dodo Heinrich Freiherr von Knyphausen war von 1763/65 bis 1775 Commissaire général de Commerce im V. Departement und litt dort besonders unter lähmenden Kompetenzüberlappungen und unklaren Aufgabestellungen, weshalb er diesen Posten vorzeitig verließ.
14 Otto Behre, *Geschichte der Statistik in Brandenburg-Preußen bis zur Gründung des Königlich Statistischen Bureaus*, Berlin 1905, S. 336.
15 Vgl. besonders *Schlesische Provinzialblätter* 12-38, Breslau 1790-1803; Christian Ludwig Bohm, *Handbuch der Geographie und Statistik des preußischen Herzogthums Schlesien*, Berlin 1806; Johann Joseph Kausch, *Kausch's erste Fortsetzung seiner Nachrichten über Schlesien, Böhmen und das vormalige Polen*, Breslau 1796; Alfred Zimmermann, *Blüthe und Verfall des Leinengewerbes in Schlesien. Gewerbe- und Handelspolitik dreier Jahrhunderte*, Breslau 1885.
16 Vgl. Boeckh, *Entwicklung* (Anm. 1), S. 7.

Personen in den kurmärkischen Städten zählte bereits im Jahr 1750 460 Spalten[17]. Die Beschäftigtenzahlen sind in derartigen Tabellen nach Meistern, Gesellen aber auch Jungen und Gehilfen aufgeführt und zwar in alphabetischer Reihenfolge für alle in der Region vorkommenden Berufe, vom Abdecker bis zum Zinngießer und vom Absatzmacher bis zum Zuckerbäcker. Diese aufgeblähte Tabellenstruktur rief bei den auf unterer Ebene mit der Erhebung beschäftigten Steuer- und Landräten bis hinab zu den Dorfpredigern und Schulzen eine von höherer Stelle oft und laut beklagte "bewußte Sorglosigkeit" hervor, weshalb verschärfte Kontrollen angeordnet wurden und bei Fehlerhäufung die betreffenden Räte die Bereisung ein zweites Mal und dann auf eigene Kosten durchzuführen hatten[18].

Die bereits erwähnte Berücksichtigung der außerzünftigen Großbetriebe in den amtlichen Erhebungen wurde von 1748 an für die Leinenmanufakturen und von 1752 an für die Wollmanufakturen durchgeführt[19]. Obwohl nur spärlich überliefert, sind sie neben den entsprechenden Zählungen im Bereich der Seidenindustrie Ausdruck einer Entwicklung, an deren Ende die Erstellung der *General Tableaux von der National Fabrikation* steht[20]. In den sog. Manufakturtabellen spiegelt sich der Versuch wider, die Textilproduktion den überregionalen Absatz sektoral getrennt nach einzelnen Betrieben zu erheben. Sie stehen neben den *Historischen Tabellen*, die teilweise alle Beschäftigten der jeweiligen Produktionszweige zu erfassen suchten, weshalb Doppelzählungen nicht ausgeschlossen sind. Das Bestreben ging seit der Jahrhundertmitte aber auch dahin, die Textilproduktion in ihrem vollen Umfang, d.h. einschließlich der Rohproduktion, auch unter handelspolitischen Aspekten aussagekräftig zu erfassen[21]. Sind es bei der Seide die sich in den 1770er Jahren verbreitenden seperaten *Tabellen von den Maulbeerbäumen und der gewonnenen Seide*[22] und die *Seiden-Gewinnst-Tabellen*[23], aus denen die Menge der ausgelegten und gewonnenen Seidengrains sowie der gehaspelten reinen und Florettseide hervorgeht, so geben im Wollsektor die den Historischen Tabellen als weiterer Bestandteil angefügten Schafstandtabellen Aufschluß über die Stückzahl der Schafe, das Gewicht der Rohwolle aber auch den Wert der verkauften und unverkauft

---

17 Ebd.

18 Vgl. Boeckh, *Entwicklung* (Anm. 1), S. 7 und S. 13; *ZStA Merseburg, Generaldirektorium Kurmark*, Titel LIV, Nr. 6.

19 Ebd., S. 8; Behre, *Statistik* (Anm. 4), S. 336 f. und S. 345. Behre nennt außerdem das Jahr 1749 als Beginn der "Designation der Leggeanstalten".

20 Für Seide gibt es lückenlose Zeitreihen für Webstühle und Beschäftigte aus Berlin bereits seit 1744. *ZStA Merseburg, Generaldirektorium Kurmark*, Titel CCLXV, Nr. 2.

21 Ebd., S. 251 ff. Der Beginn solcher Erhebungen überhaupt wird hier auf die Jahre 1743/44 gelegt.

22 Boeckh, *Entwicklung* (Anm. 1), S. 8; Gustav Schmoller und Otto Hintze, *Die Preußische Seidenindustrie im 18. Jahrhundert und ihre Begründung durch Friedrich den Großen. (Acta Borussica)*, Bd. 1, S. 597; Boeckh datiert die Einführung dieser Erhebungen in Schlesien auf das Jahr 1763. Bereits für 1766/67 veröffentlichen Schmoller und Hintze Auszüge aus dieser Tabelle für die Provinzen Kurmark, Neumark, Pommern, Magdeburg und Halberstadt.

23 *StA Magdeburg*, Rep. A8, Nr. 212, Vol. II-X (1796-1804)

Abb. 1: Seiden-Gewinnst-Tabelle aus dem Herzogtum Magdeburg, 1797/98

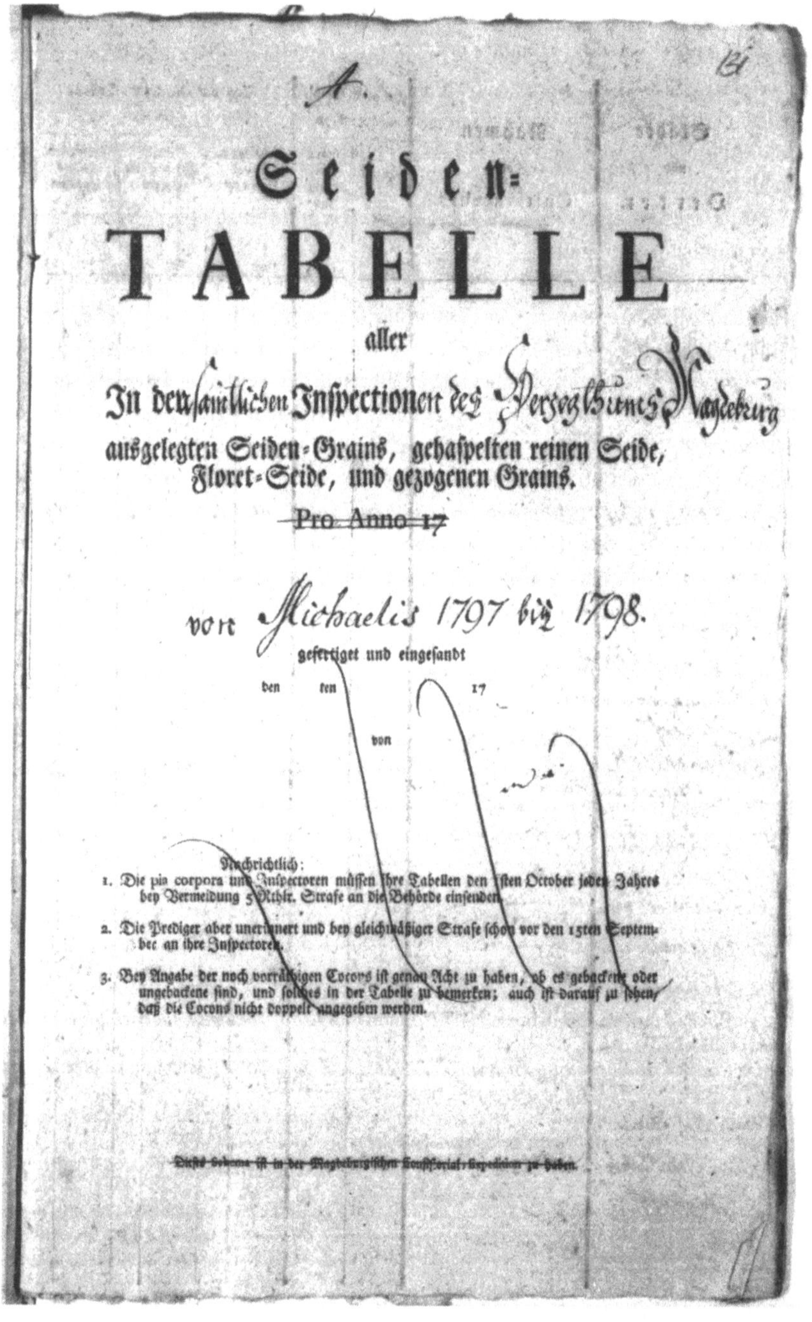

A.

Seiden-

TABELLE

aller

In den sämtlichen Inspectionen des Herzogthums Magdeburg

ausgelegten Seiden-Grains, gehaspelten reinen Seide, Floret-Seide, und gezogenen Grains.

~~Pro Anno 17~~

von Michaelis 1797 bis 1798.

gefertiget und eingesandt

den ten 17

von

Nachrichtlich:

1. Die pia corpora und Inspectoren müssen ihre Tabellen den 1sten October jedes Jahres bey Vermeidung 5 Rthlr. Strafe an die Behörde einsenden.
2. Die Prediger aber unerinnert und bey gleichmäßiger Strafe schon vor den 15ten September an ihre Inspectoren.
3. Bey Angabe der noch vorräthigen Cocons ist genau Acht zu haben, ob es gebackene oder ungebackene sind, und solches in der Tabelle zu bemerken; auch ist darauf zu sehen, daß die Cocons nicht doppelt angegeben werden.

~~Dieses Schema ist in der Magdeburgischen Consistorial-Expedition zu haben.~~

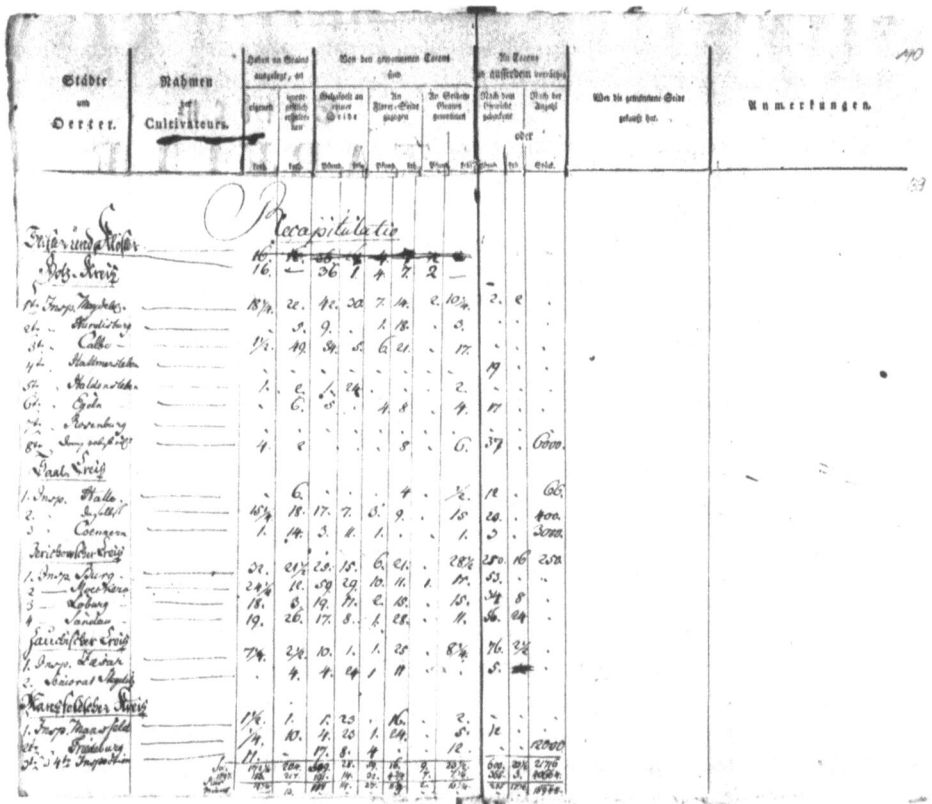

Quelle: StA Magdeburg (Landeshauptarchiv Sachsen-Anhalt), Rep. A8 Nr. 212 Bd. VI., Bl. 131r bzw. 138v-139r

gebliebenen Wolle[24]. Die ebenfalls der *Historischen Tabelle vom platten Land* angegliederte, aber kaum überlieferte *Tabelle über den Flachsbau* sollte die Menge von Saat, Ertrag und verkauftem Flachs sowie die Anzahl der gewebten Stück Leinwand feststellen[25].

Der eben beschriebenen Entwicklung gemäß entstand aus den Manufakturtabellen zunächst im Jahr 1771 die *Generaltabelle* oder *Tabellarische Nachweisung derer in sämtlichen Städten der Provinz [...] befindlichen Fabriken und Manufakturen*. Sie wurde kurz *Fabrikentabelle* genannt und seit 1782 aus allen Landesteilen kommend im Fabrikendepartement jährlich zu Generaltableaux zusammengefaßt, die bis 1805 überliefert sind[26]. Dieser Quellentypus war zunächst unterteilt in *Manufakturen des animalischen, vegetabilischen und mineralischen Reiches* und innerhalb dieser Kategorien produktbezogen weiter untergliedert. Er enthält für die vier Zweige des Textilgewerbes Seide, Wolle, Leinen und Baumwolle jeweils die Zahl der Webstühle, die Gesamtzahl der Beschäftigten, den Produktionswert und sowohl Inlands- als auch Auslandsdebit. Über die Textilindustrie hinaus lassen sich auch für andere gewerbliche Zweige wie Leder-, Holz-, Glas-, Ton- und Metallproduktion oder "luxuriöse Fabriken" vergleichbare Aussagen treffen. Mit Erscheinen der Fabrikentabelle, der keinerlei demographisches sondern ausschließlich ein ökonomisches Interesse zugrunde lag, setzt schlagartig eine regelmäßige und dauerhafte Überlieferung ein. Die alljährliche flächendeckende Erhebung von Fabrikentabelle und Historischer Tabelle nebeneinander markiert einen Abschluß der gewerbestatistischen Entwicklung des 18. Jahrhunderts.

Unter Ergänzung aus den Provinzialakten lassen sich auf der Basis dieser Daten sämtliche Provinzen der Preußischen Monarchie mit Ausnahme Schlesiens annähernd vollständig erfassen. Beispielhaft ist hier der Bestand der Provinz Ostfriesland, der durch Zusammenführung von Akten aus Aurich und Merseburg eine lückenlose Zeitreihe von 1771 an ergibt[27].

Neben der von nun an augenfälligen Kontinuität gibt es weitere Punkte, denen man Beachtung schenken muß. Wenn neue Gebiete – wie beispielsweise durch die Polnischen Teilungen (1772 und 1793) – in die Erhebungen einbezogen wurden, ist immer eine gesteigerte statistische Aktivität zu beobachten. Vor allem während der sogenann-

---

24 Behre, *Statistik* (Anm. 14), S. 258. Auszügen aus einer Quelle aus Breslau zufolge veröffentlicht Behre Angaben aus Schafstandtabellen aus dem Jahr 1756 (Balance) bereits für die gesamte Monarchie. Er weist darauf hin, daß die Wolltabellen, zu denen die Schafstandtabellen zählen, nicht vom Fabrikendepartement, sondern von der General Akzise- und Zoll-Administration in Auftrag gegeben wurden.

25 Behre, *Statistik* (Anm. 14), S. 259. Die älteste Tabelle dieser Art, auf die Behre verweist, stammt aus dem Jahr 1765.

26 *ZStA Merseburg, Generaldirektorium Fabrikendepartement*, Titel XXXI, Nr. 47. Über das Interesse an einer Zusammenfassung aller Fabrikationsdaten aus dem Textilbereich gibt Aufschluß: *ZStA Merseburg, Generaldirektorium Fabrikendepartement*, Titel XC, Nr. 27, Vol. I. In dieser Akte finden sich aus dem Jahr 1769 mehrere Mustertabellen, die den Schafstand, die Zahl von "Fabrikanten" und Stühlen, Handelsdaten, Produktionswert und Rohproduktion betreffen.

27 Ebd.; *ZStA Merseburg, Generaldirektorium Fabrikendepartement*, Titel CVI, Nr. 3, Vol. I und II; *Staatsarchiv (StA) Aurich, Ostfriesische Landschaft*, Dep. I, Nr. 4765-67, 4788/89, 4790-4796.

ten Übergangszeit (von 1802 bis 1815) ist festzustellen, daß das statistische Interesse an neu erworbenen Gebieten eben nicht nur französischerseits enorm war. Diese Tatsache findet aber in erster Linie nur in Anordnungen und meist leeren, in der Kürze der wandlungsreichen Zeit nicht ausgefüllten Tabellen ihren Niederschlag, die sich in zahlreichen Regionalarchiven erhalten haben. Dementsprechend lückenhaft sind unsere Zeitreihen für die entsprechenden Jahre gerade für diese Gebiete.

Allerdings wurden nicht nur Tabellen gleichen Inhalts durch das Generaldirektorium oberhalb der Provinzialebene zu Generaltableaux zusammengefaßt, auch die Kammern koppelten ihrerseits Tabellen unterschiedlichen Inhalts aus ihrer jeweiligen Provinz zu einer Art erweiterten Historischen Tabelle oder zu *Extracten*. Diese sogenannten *Historischen oder Finanz-Taschenbüchlein* liegen für einige Landesteile als geschlossener Bestand vor, für Ostpreußen bereits ab 1729, für Pommern ab 1745 und für die Neumark ab 1756[28]. Historische Büchlein finden sich auf unterster Aggregationsstufe, also unterhalb der Provinzialebene auch in den Archiven in Düsseldorf und Münster. Sie beziehen sich in der Hauptsache auf die Städte einzelner Fürstentümer und Grafschaften der westlichen Provinzen[29]. Einem "Special-Befehl" aus Berlin von Beginn des Jahres 1767 entsprechend wurden Historische Taschenbüchlein von der Kriegs- und Domänenkammer Minden in der Form angefordert, wie sie bereits in Ostfriesland üblich waren. Sofort nachdem sich die Erstellung der Fabrikentabelle eingespielt hatte, kam aus Berlin 1773 die Aufforderung, das Büchlein, das für die genannten sechs Jahre auch überliefert ist, nun nicht mehr einzusenden[30]. Allerdings war damit sein Ende noch nicht in der gesamten Monarchie besiegelt. Noch im Jahr 1793 wird es für die Kammerdepartements Marienwerder und Gumbinnen erwähnt[31].

Was die Verarbeitung der zur Verfügung stehenden Daten zum Textilgewerbe Preußens aus dem 18. Jahrhundert erschwert, ist die Tatsache, daß es trotz zentraler Anweisungen und der Bemühungen Friedrichs II. immer wieder zu sehr unterschiedlichen Ausführungen kam. Lediglich die Fabrikentabelle bildet eine Ausnahme, da sie ein einheitliches und für den Gesamtstaat systematisiertes Schema von beachtlicher Kontinuität besitzt. Ein Grund für die Unterschiedlichkeit der gewerbestatistisch interessanten Tabellen mit demographischer Komponente ist darin zu finden, daß auf den unteren Erhebungsstufen die Tabellenköpfe, weil sie handschriftlich auszufüllen waren, leicht variiert werden konnten und je nach Besonderheit der Provinz auch variiert wurden. Diese flexible Erhebungsweise kann einerseits auf den untersten Aggregationsebenen für einen besonders exakten Aussagewert bürgen, andererseits erhöht sie die Gefahr von Ungenauigkeiten, sobald allzu differenzierte Werte von zentraler Stelle zusammengefaßt werden mußten. Grundsätzliche Probleme bestehen außerdem in der fehlenden Unterscheidung von Spinnern und Webern sowie den zuar-

---

28 *ZStA Merseburg, Generaldirektorium, Ostpreußen II*, Nr. 1716; *ZStA Merseburg, Generaldirektorium Pommern*, Historische Tabellen, Nr. 9; *ZStA Merseburg, Generaldirektorium Neumark*, Historische Tabellen, Nr. 12
29 *StA Münster, Kriegs- und Domänenkammer Minden III*, 420, Bd. 1.
30 Ebd.
31 *GStA Berlin, XX. Hauptabteilung, Rep. 1*, Nr. 236.

beitenden oder weiterverarbeitenden Berufen. Der Oberbegriff "Wollarbeiter" wird zwar produktbezogen nach Tuch-, Zeug-, Hut-, Strumpfmachern etc. differenziert, inwieweit diese Zählungen aber Wollkämmer, -sortierer und -spinner enthalten, Tuchscherer und -bereiter oder gar Tuchwalker, "Cattundrucker" und Färber berücksichtigen, bleibt oft im Dunkeln. Selbst die Fabrikentabellen enthalten hier noch Schwachstellen: Ließ sich die Zahl der Webstühle von den Zeitgenossen noch relativ genau ermitteln, so scheint die Bestimmung der Beschäftigenzahl, die teilweise auf der Basis der Stuhlzahlen nach speziellen Quoten, sogenannten Fraktionssätzen, geschah, nur Näherungswerte zu ergeben. Allerdings ist die allgemeine Durchsetzung dieser von der Technischen Deputation entwickelten Fraktionssätze bisher unbekannt. Wie Beispiele aus den Provinzialtabellen belegen, setzen sich die Angaben für die Beschäftigten selbst in den Fällen, wo sie real gezählt wurden, aus verschiedenen Berufsgruppen zusammen, wobei auch Hilfsgewerbe wie Spinner, Spuler und Wickler mit einbezogen sein konnten[32]. Nur für die Berliner Tabellen läßt sich feststellen, daß Fraktionssätze bereits vor 1797 in Anwendung waren, da in den folgenden Jahren zumindest für den Seidensektor eine Änderung des Satzes erörtert und 1802 verfügt wurde[33].

Darüber hinaus hatte die Vielfalt der Erhebungsformen die Konsequenz, daß wir es heute nicht nur mit den bisher hervorgehobenen Historischen und Fabrikentabellen zu tun haben, die in der Literatur gern als Handwerker- und Manufakturtabellen gegenübergestellt werden und zweifellos im 18. Jahrhundert die beiden wesentlichen Typen gewerbestatistischer Erhebungen darstellen. Es findet sich zusätzlich auch zu den bereits erwähnten Historischen Büchlein noch ein breit gefächertes Spektrum weiterer Tabellenformulare. Es sind Generalnachweisungen zu finden, genauso wie Concept Taschenbüchlein, General Taschenbüchlein, Generalextracte der Gewerbe und Professionen, General- und Gewerbetabellen (die mit denen des 19. Jahrhunderts keineswegs identisch sind) Berichte vom Zustand sowohl der Städte als auch der Provinzen, Spezialberichte und vieles andere mehr.

1798 sollte eine durch Friedrich Wilhelm III. ins Leben gerufene Fabrikenkommission die Vereinfachung und Vereinheitlichung des ausufernden preußischen Tabellenwesens herbeiführen. Erst mit Gründung des Statistischen Bureaus (1805) trat ein zunächst durch die politischen Verhältnisse der Übergangszeit noch gehemmter, dann aber doch durchgreifender Wandel ein, der für das 19. Jahrhundert eine völlig geänderte Quellenlage hervorbrachte.

---

32 *ZStA Merseburg, Generaldirektorium Fabrikendepartement*, Titel XCV, Nr. 3
33 *ZStA Merseburg, Generaldirektorium Manufactur- und Commerz-Collegium*, Titel XLI, Nr. 23, Vol. I.

Ulrike Albrecht

Quellenbestände zur Gewerbestatistik Preußens bis zur Mitte des 19. Jahrhunderts

1. Einleitung

Historisch-statistische Angaben zum Textilgewerbe sind im 18. und 19. Jahrhunderts häufig Bestandteil umfangreicherer statistischer Erhebungen gewesen[1]. Ausnahmen bilden hier die "Nachweisungen zur Woll-, Baumwoll-, Leinen-, Seiden- und Lederproduktion", mit denen dem in vor- und frühindustrieller Zeit von der Zahl der Beschäftigten wichtigsten Sektor gewerblicher Produktion besondere Aufmerksamkeit geschenkt wurde. Viele der textilgewerblich einschlägigen Quellen aus den ehemalig preußischen Gebieten geben aber ebenso Auskunft über andere Bereiche des Gewerbes und darüber hinaus u.a. über Zahl, Alter, Glaubensrichtung und Familienstand der Bevölkerung, sowie über Agrarproduktion, Handel und Schiffahrt[2]. Die von der Göttinger Forschungsgruppe durchgeführte Archivrecherchen zum Textilgewerbe Preußens ergaben daher zugleich eine wichtige Quellengrundlage zur Wirtschafts- und Sozialstatistik im allgemeinen. Nachfolgende Bemerkungen über die statistisch relevanten Quellengattungen aus dem 19. Jahrhundert betreffen also in der Regel nicht nur Archivalien und zeitgenössische Sekundärliteratur zum Textilgewerbe, sondern auch andere Bereiche der preußischen Statistik. Die Auswertung dieses in den Archiven vorgefundenen Materials über das Textilgewerbe hinaus ist in den nächsten Jahren vorgesehen.

Über die von den zeitgenössischen Beamten zum Zweck einer statistischen Übersicht erhobenen Daten hinaus – diese liegen für die erste Hälfte des 19. Jahrhunderts weitgehend geschlossen vor – sind andere, zum Teil nur regional begrenzt geführte Listen mit quantitativen Angaben nicht ausgewertet worden. Hiermit ist beispielsweise der Quellenbestand der "Leggestatistik" gemeint, amtlichen Aufzeichnungen über eine Art zentraler Qualitätskontrollstelle im "Leinengürtel" der westlichen preußischen Provinzen, die nur eingeschränkt Rückschlüsse auf die im Textilgewerbe produzierten Waren zu-

---

1 Dies ergab die Sichtung der heterogenen Quellenbestände zur Gewerbestatistik, die in den Archiven der ehemaligen preußischen Behörden von der Göttinger Forschungsgruppe vorgenommen worden ist. Berücksichtigt wurden dabei nur diejenigen Aktenbestände, die amtliche statistische Erhebungen enthielten oder sich auf diese stützten.

2 Auf die vielfältigen Informationen, die in den gewerbestatistisch einschlägigen Quellen enthalten sind, weist auch Karl Heinrich Kaufhold hin. Vgl. ders., Inhalt und Probleme einer preußischen Gewerbestatistik vor 1860, in: Ingomar Bog u.a. (Hrsg.), *Wirtschaftliche und soziale Strukturen im saekularen Wandel. Festschrift für Wilhelm Abel 3*, Hannover 1974 (Schriftenreihe für ländliche Sozialfragen 70), S. 707-719.

läßt[3]. Unberücksichtigt blieben ebenso die amtlichen Überlieferungen der Städte, deren numerische Informationen über die Produktmenge in einem ganz anderen Zusammenhang aufgezeichnet worden waren: So lassen sich in den archivalischen Beständen des Zoll- und Akzisewesens in den Städten nur Angaben über von außerhalb eingehenden oder überörtlich abgesetzten Waren entnehmen. Da sich die Forschungen des Göttinger Projekts mit wenigen Ausnahmen auf die Statistik Preußens insgesamt, der Provinzen und Regierungsbezirke beschränken, wurden die auf städtischer und Kreisebene erfaßten Daten ohnehin weitgehend außer acht gelassen.

2. Das preußische Tabellenwesen in der sog. Übergangszeit

Aus der Kenntnis von Aufbau und Entwicklung des preußischen Tabellenwesens, genauer der amtlichen Statistik in Preußen, im Zusammenhang mit der Geschichte der damit befaßten Behörden ergeben sich wichtige Hinweise auf mögliche Fundorte für die zentralen Quellenbestände aus dem 19. Jahrhundert.

Die Arbeit eines ersten für Preußen insgesamt zuständigen, 1805 gegründeten und von Leopold Krug geleiteten statistischen Bureaus war sehr bald durch die französische Besetzung großer Teile Preußens empfindlich gestört worden, nicht einmal das "Kernstück" aufklärerischer statistischer Erhebungen[4], die Bevölkerungsstatistik, konnte 1806 und 1807 durchgeführt werden. Trotz der Bemühungen seines Leiters um die Reform des preußischen Tabellenwesens hörte es im folgenden Jahr schließlich ganz auf zu existieren[5].

Aus dieser Zeit liegen uns daher für die verbliebenen preußischen Gebiete nur wenige Einzelerhebungen auf unterer regionaler Aggregationsstufe vor. In Form und Inhalt entsprachen diese Erhebungen noch den *Historischen Tabellen* oder den *Generalfabrikentabellen* aus dem 18. Jahrhundert. Nach diesem Muster sollten auf dringende Anweisung des preußischen Ministeriums des Inneren kurz vor Neuerrichtung des statistischen Bureaus im Jahr 1810 die Erhebungstätigkeit wieder aufgenommen werden.

---

3 Zur ohnehin für eine statistische Totalerfassung problematischen Struktur des im hohen Maße nebengewerblich betriebenen Textilgewerbes in den westlichen Provinzen und in Schlesien in der Phase der Frühindustrialisierung s. u.a. Jürgen Schlumbohm, Produktionsverhältnisse - Produktivkräfte - Krisen in der Protoindustrialisierung, und Herbert Kisch, Die Textilgewerbe in Schlesien und im Rheinland: eine vergleichende Studie zur Industrialisierung (mit einem Postskriptum), in: Peter Kriedte u.a., *Industrialisierung vor der Industrialisierung. Gewerbliche Warenproduktion auf dem Lande in der Formationsperiode des Kapitalismus*, Göttingen 1977 (Veröffentlichungen des Max-Planck-Instituts für Geschichte 53), S. 194-257 und S. 350-386.

4 Zur Bedeutung der Bevölkerungsstatistik seit dem 18. Jahrhundert s. Karl Heinrich Kaufhold und Wieland Sachse, Die Göttinger "Universitätsstatistik" und ihre Bedeutung für die Wirtschafts- und Sozialgeschichte, in: *Anfänge der Göttinger Sozialwissenschaften. Methoden, Inhalte und soziale Prozesse im 18. und 19. Jahrhundert*, hrsg. von Hans-Georg Herrlitz und Horst Kern, Göttingen 1987, S. 72-95.

5 Zur Geschichte des preußischen Statistischen Bureaus von den Anfängen s. Richard Boeckh, *Die geschichtliche Entwickelung der amtlichen Statistik des preußischen Staates. Im Auftrage des Direktors des Königlichen Statistischen Bureaus Herrn Dr. Engel*, Berlin 1863.

Tabellen mit statistischen Angaben über den "Zustand der Provinz" sind jedoch nur für Ostpreußen aus den Jahren 1808 und 1809 überliefert[6]. Historische Generaltabellen und Fabrikentabellen sind zwar angefertigt worden; sie liegen aus dieser Zeit aber nur für Westpreußen vor[7].

In den von Frankreich besetzten ehemaligen oder zukünftigen preußischen Gebieten, in denen das französische Verwaltungssystem eingeführt worden war, fanden ebenfalls statistische Erhebungen statt. Dem ökonomischen Interesse der französischen Regierung folgend, hatten sie vor allem die Bereiche Gewerbe, Handel, Landwirtschaft und Bevölkerung zum Gegenstand. Eine Reihe von Problemen erschwert jedoch die Auswertung dieser französischen Quellen für die deutsche Gewerbestatistik[8]:

a) Die in manchen besetzten Gebieten durchgeführte Verwaltungsreform umfaßte auch eine Veränderung der Gebietsgrenzen; die Umformung von Territorien sollte jede Identifikation mit historisch gewachsenen Gebilden verhindern. Deshalb ist der Vergleich mit statistischen Reihen vor oder nach der französischen Besetzung dort kaum möglich, wo Angaben auf der Stufe von Departements und Arrondissements gemacht wurden.

b) Durch kriegerische Auseinandersetzungen oder durch das Fehlen loyaler Beamter – häufig mußte die französische Regierung auf den alten Beamtenapparat zurückgreifen – konnten die Befragungen nicht mit dem beabsichtigten Nachdruck durchgeführt werden. Erst spät, d.h. für die Jahre 1809 und 1810, liegen z.B. für den sogenannten Musterstaat Großherzogtum Berg statistische Überlieferungen vor. Da die nationale französische Statistik dreimal im Jahr erstellt wurde, sind hier zum Teil nur Trimesterergebnisse erhalten; Zusammenfassungen für das ganze Jahr existieren dagegen nicht.

c) Als Teil der großen französischen Statistik unterscheidet sich das Schema der Erhebungen beachtlich von dem der preußischen.

3. Quellenbestände zur preußischen Gewerbestatistik seit 1810

In Preußen nahm sich seit 1810 der neue Direktor des Statistischen Bureaus, Johann Gottfried Hoffmann, auf Betreiben und mit Unterstützung vom Steins, der Reform der preußischen Statistik an. Leopold Krugs Vorlagen zur Neuordnung der statistischen Erhebungen waren zuvor heftig diskutiert worden; wegen seiner noch sehr der Statistik des 18. Jahrhunderts verhafteten Auffassung, die eine dringend notwendige Straffung der Erhebungspraxis verhinderte, kam er daher als Leiter des Statistischen Bureaus nicht mehr in Frage[9].

---

6 *Geheimes Staatsarchiv (GStA) Berlin Dahlem, XX. HA Rep. 10, Tit. 34,1.*
7 Ebd., *XX. HA Rep. 2*. Tit. 36,1 und Tit. 36,11, Vol. I.
8 Besonders die gewerbestatistisch einschlägigen Bestände im *Archives Nationales Paris*, F 12 und F 14.
9 Leopold Krug hat sich jedoch weiterhin mit der Aufbereitung preußischer Statistik befaßt und für das frühe 19. Jahrhundert mit seinen Veröffentlichungen wichtige Quellen der Gewerbestatistik geliefert: ders. und Alexander August Mützell, *Neues topographisch-statistisch-*

Bei zunehmend differenzierterer Struktur der Wirtschaft waren die im 18. Jahrhundert zuerst entwickelten systematischen Tabellenschemata immer mehr erweitert worden. Außerdem gab es regional unterschiedliche Erfassungskriterien. Die zeitgenössische Kritik an der unübersichtlichen Gliederung der Erhebungsbögen und an der allmählich unüberschaubaren Flut von Formularen veranlaßte Hoffmann dazu, vorrangig die Tabellenformulare zusammenzufassen, zu vereinfachen und damit den Informationsgehalt eingesandter Tabellen verlässlicher zu gestalten.

Ab 1810 gab es daher zunächst *eine* große Tabelle, in der neben statistischen Angaben über andere Bereiche in etwa 350 Spalten das Gewerbe erfaßt war. Die Daten wurden von den Polizeibehörden aufgenommen und an den zuständigen Regierungspräsidenten weitergereicht. Als Quellenbestand ist diese Tabellenart nur sehr unvollständig erhalten geblieben. Er wäre gerade für das Textilgewerbe mit 20 Rubriken über Beschäftigte nach Meistern und Gesellen und zusätzlichen Angaben über die vorhandenen Webstühle in der Zeit, in der andere Datenüberlieferungen nicht vorhanden sind, sehr ergiebig gewesen. In den politisch unruhigen Jahren 1813 und 1815 führte das Statistische Bureau gar keine Befragungen durch; im Jahr 1814, als zumindest die Anweisung für eine Gewerbezählung an die zuständigen Behörden ergangen war, wurden nur wenige Vordrucke ausgefüllt nach Berlin zurückgeschickt.

Der eigentlich zentrale Bestand quantitativer Überlieferungen zur Textilgewerbestatistik sowie zum preußischen Gewerbe insgesamt in der ersten Hälfte des 19. Jahrhunderts stammt denn auch aus der Phase *nach* der territorialen Neuordnung Preußens[10]. Das Interesse an quantitativen Informationen, besonders über die ökonomischen Grundlagen der nach dem Krieg neu hinzugewonnenen Gebiete, war groß. Deshalb wurde der Erfassung des gewerblichen Zustandes in den Provinzen nun auch mit einer gesonderten *Gewerbetabelle* (seit 1816/19) und den *Fabrikenverzeichnissen* besondere Aufmerksamkeit geschenkt.

3.1. Die Gewerbetabelle

3.1.1. Aufbau

Die faktisch seit 1819, auf ausdrückliche Anordnung jedoch erst seit 1822 im regelmäßigen Abstand von 3 Jahren aufgenommene Gewerbetabelle[11] umfaßte im ersten Erhe-

    geographisches Wörterbuch des Preußischen Staates. 6 Bände, Halle 1821-1825; über die Rolle Leopold Krugs in der amtlichen preußischen Statistik: Otto Behre, *Geschichte der Statistik in Brandenburg-Preußen bis zur Gründung des Königl. Statistischen Bureaus*, Berlin 1905.

10 In Hinsicht auf die Systematik der Quellen und die Vergleichbarkeit mit der späteren deutschen Reichsstatistik detailliert ausgewertet in Wolfgang Köllmann (Hrsg.), *Quellen zur Bevölkerungs-, Sozial- und Wirtschaftsstatistik Deutschlands 1815-1875, Band II: Quellen zur Berufs- und Gewerbestatistik Deutschlands 1816-1875: Preußische Provinzen*, bearb. von Antje Kraus, Boppard am Rhein 1989 (= Forschungen zur Deutschen Sozialgeschichte, 2/II).

11 Zur Quellenkritik an den Ergebnissen der preußischen Gewerbestatistik 1819-1861 unter besonderer Berücksichtigung der Rheinprovinz und Westfalen s. demnächst eine von Frank Hoffmann an der Universität Bochum angefertigte Dissertation.

bungsjahr unter der Überschrift "mechanische Künstler und Handwerker" 36 Gewerbearten in 61 Rubriken (s. Abb. 1)[12]. Neben der Zahl der Produktionsstätten wie Ziegeleien, Kalkbrennereien, Glashütten und verschiedenen Arten von Mühlenwerken sind quantitative Angaben zur Stromschiffahrt, zum Handelsgewerbe, zu Gastwirtschaften und dem Gesinde enthalten. Für das Textilgewerbe werden in etwa 10 Rubriken "Gehende Webstühle", unterteilt in Haupt- und Nebenbeschäftigung, gezählt.

In den auf der Ebene der Kreise und Städte erhobenen Tabellen für das Jahr 1822 haben die dort aufgeführten Berufe noch traditionell handwerklichen Charakter. Angegeben ist die Zahl der Meister oder "überhaupt für eigene Rechnung arbeitende(n) Personen" und die der Gehilfen und Lehrlinge vorwiegend des Nahrungs-, Bekleidungs-, holz- und metallverarbeitenden Gewerbes, nicht aber die Zahl der Betriebe oder gar Umfang und Wert der Produktion. Bei der vorliegenden Gewerbezählung handelt es sich überhaupt eher um eine personenbezogene Berufszählung als um eine allgemeine Wirtschaftsstatistik. Für einige Gewerbezweige allerdings gibt die Tabelle Hinweise auf die Zahl der Produktionsapparate: Für das Textilgewerbe sind nach Gewebearten unterteilt Webstühle und die Zahl der Gänge aufgeführt.

Erst 1837 wurde die Gewerbetabelle grundlegender modifiziert. Die Modernisierung der Technik und der Wirtschaft machte bei der Erfassung des Gewerbes die Aufnahme weiterer Rubriken notwendig (s. Abb. 2)[13]. Wichtige Neuerungen im Textilgewerbe waren u.a. der Einsatz von Spinnmaschinen, die nun in der Tabelle berücksichtigt wurden. Dabei wies ausdrücklich ein zusätzliches Anschreiben auf den Unterschied zwischen den Zählungen von Maschinenspinnereien "welche für den Handel mit Garn bestimmtes selbständiges Etablissement" und denjenigen in denen "alle, auch die für die eigenen Webstühle produzierenden" aufgeführt werden sollten, hin[14]. Alle Vorgaben für die übrigen Gewerbe blieben unverändert. Hinzu kamen Fragen nach dem Einsatz von Dampfmaschinen und in einer gesonderten Beilage für den Großhandel produzierende Fabriken, "...welche nicht zu denjenigen gehören, wofür in der Gewerbetabelle selbst eigne Kolumnen enthalten sind". Nicht immer ist den mit der Zählung befaßten Zeitgenossen diese Unterscheidung gelungen.

Obwohl es inzwischen innerhalb des Deutschen Zollvereins eine Vereinbarung über die gemeinsame Durchführung einer statistischen Erhebung gegeben hatte, hielt Preußen bis 1843 an seinem eigenen Schema fest. Erst im Jahr 1846 wurden die für die Zollvereinsstatistik verabredeten Regelungen, die allerdings in vielen Punkten eng am preußischen Vorbild orientiert waren, übernommen. Einige Rubriken gingen aber darüber hinaus: Eine inzwischen gewachsene Aufmerksamkeit gegenüber der Kinderarbeit führte dazu, daß nun auch das Lebensalter der Beschäftigten aufgenommen wurde. Außerdem gab es neben der bislang geführten Tabelle eine gesonderte Fabrikentabelle, in der die Maschinenspinnereien und Feinspindeln sowie die in den Fabriken gehenden Webstühle eingetragen werden sollten. Häufig sind hier Fabriken und Produktionsapparate eingetragen worden, die sich auch in den herkömmlichen Gewerbetabellen unter

---

12 *Hauptstaatsarchiv (HStA) Düsseldorf, Regierung Aachen*, 365.
13 Ebd., *Regierung Aachen*, 367.
14 Ebd.

Abb. 1: Ausschnitt aus der Gewerbetabelle des Regierungsbezirks Aachen, 1822

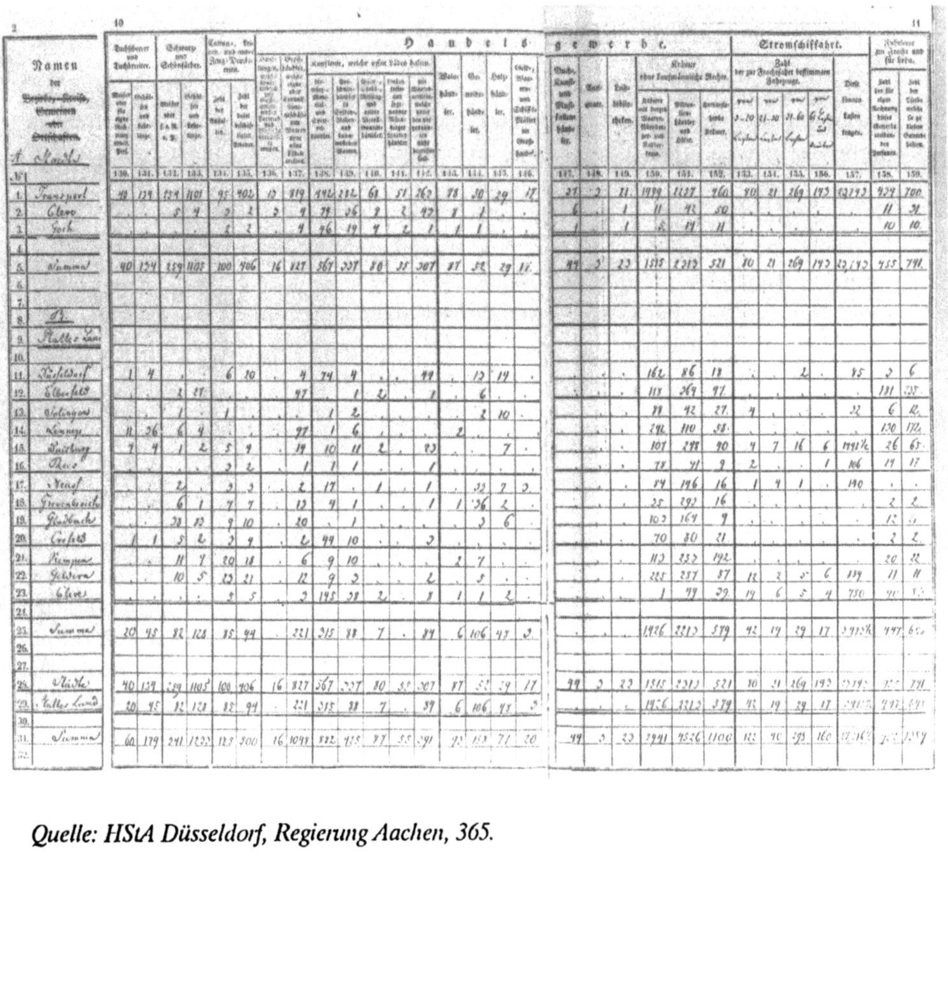

Quelle: HStA Düsseldorf, Regierung Aachen, 365.

Abb. 2: Ausschnitt aus der Gewerbetabelle des Regierungsbezirks Düsseldorf, 1837

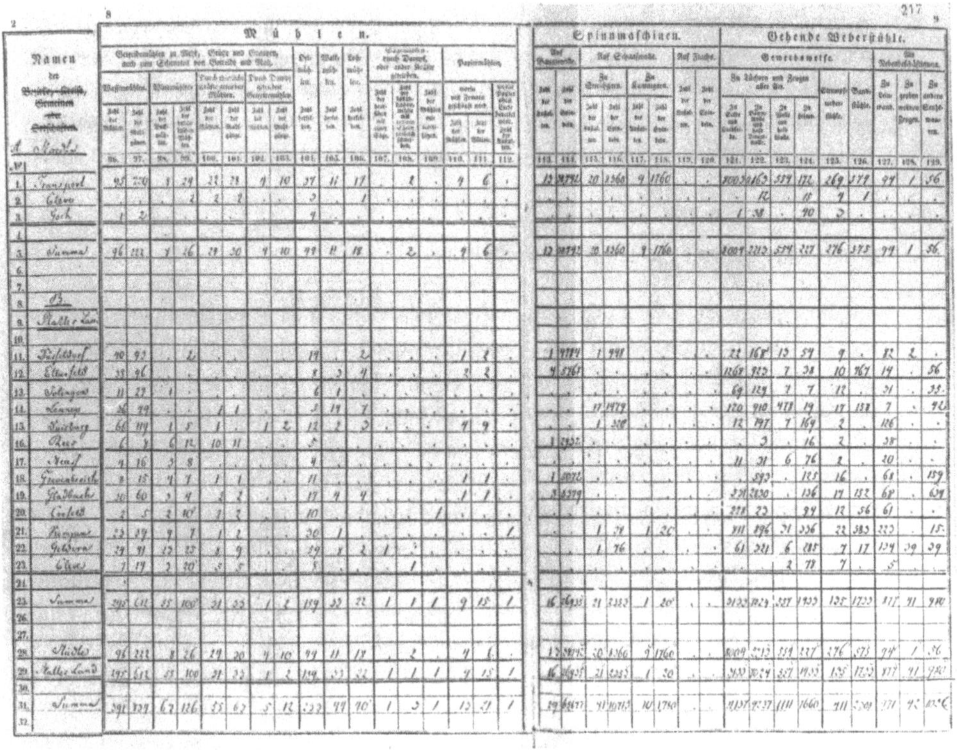

Quelle: HStA Düsseldorf, Regierung Aachen, 367.

"mechanische Künstler und Handwerker" wiederfinden lassen, so daß es in beiden Zählungen zu widersprüchlichen und nicht aufzulösenden Doppelnennungen kommt. Fabrikarbeiter und im Handwerk Tätige können hier nicht mehr unterschieden werden[15].

Erhebungsfehler und weitere Beeinträchtigungen der Verläßlichkeit konnten erst mit den Veränderungen im Vordruck für die Zählung 1858 weitgehend vermieden werden. Parallel zur Gewerbe- und Fabrikentabelle gab es seit 1854 ergänzend eine vom Handelsministerium durchgeführte Untersuchung über die Anzahl von Handwerksmeistern und Gesellen, ein Jahr später auch der Lehrlinge in den wichtigsten preußischen Handwerkszweigen.

3.1.2. Archivfundorte zur Gewerbetabelle

Da die Zusammenfassung der gewerbestatistischen Daten dem statistischen Bureau oblag, für das bis in die 1840er Jahre das Ministerium des Innern, danach das Handelsministerium zuständig war, gibt es in den Aktenbeständen der für die Erhebungen zuständigen Regierungspräsidenten und Oberpräsidenten nur in Ausnahmefällen ein geschlossene Überlieferung der Tabellen. In den Konvoluten der oberen Behörden, deren Akten in den für die preußischen Bestände zuständigen Hauptstaats- und Landesarchiven aufbewahrt werden, finden sich neben den Erhebungen auf Provinz- und Regierungsbezirksebene auch verstreut die Erhebungsbögen der unteren Erfassungsstufen, d.h. einzelner Kreise oder Städte, so z.B. im Landeshauptarchiv Koblenz zum Stadtkreis Trier für die Zeit von 1825-1849[16]. Viele dieser, nur in sehr zeitaufwendigen Verfahren auswertbaren Kreis- und Stadtgewerbetabellen liegen zusätzlich in den Stadtarchiven. Bestände der Gewerbetabelle aus den Regierungsbezirken sind längst nicht in allen einschlägigen Behördenakten überliefert: Für den Regierungsbezirk Aachen aus den Jahren 1822-1846 und für Düsseldorf aus den Jahren 1822 und 1837 liegen sie im Hauptstaatsarchiv Düsseldorf vor[17]. Die Tabellen für den Regierungsbezirk Münster sind im Staatsarchiv Münster erhalten[18]. Seit 1822 liegt der Bestand zum Regierungsbezirk Marienwerder vor, dessen Überlieferung bis 1849 im Geheimen Staatsarchiv in Berlin Dahlem[19] zu finden ist. Hier sind außerdem für die Jahre 1819, 1822 und 1837 Auszüge für den Regierungsbezirk Königsberg aufbewahrt. Offensichtlich zufällig – die Behörden haben die Formulare häufig als Muster ausgetauscht – sind zwei Original-

---

15 Dennoch sind die Ergebnisse der Fabrikentabellen in der Veröffentlichung zur Textilgewerbestatistik aufgenommen worden. Nähere Erläuterung zur Auswahl der veröffentlichten Quellen s. demnächst in Karl Heinrich Kaufhold und Ulrike Albrecht (Hrsg.), *Gewerbestatistik Preußens vor 1850. Band 2: Das Textilgewerbe*, St. Katharinen 1991 (=Quellen und Forschungen zur Historischen Statistik von Deutschland, 6).
16 *Landeshauptarchiv (LHA) Koblenz, Best. 441*, 28-56.
17 *HStA Düsseldorf, Reg. Aachen*, 364-369, hierin befinden sich als typischer Zufallsfund auch die Tabellen für den Regierungsbezirk Düsseldorf.
18 *Staatsarchiv Münster, 120*, 1-3.
19 *GStA Berlin, XX.HA Rep.2*, Tit. 36, 11, Vol. I und III.

Originaltabellen auf gesamtpreußischer Ebene nach Provinzen für die Jahre 1819 und 1822 im Bestand der Regierung Düsseldorf enthalten[20].

Hinweise auf die Abgabe des gesamten Quellenbestandes zur Gewerbetabelle in die Repositur 120 des Preußischen Ministeriums für Handel und Gewerbe[21], die sich im ehemaligen Zentralen Staatsarchiv der DDR in Merseburg befindet, haben sich hingegen nicht bestätigt. Unter dem Titel *Die allgemeine Gewerbetabelle*[22] u.a. läßt sich die Sammlung der Tabellen zwar vermuten; Band 6, betreffend die Jahre 1854-1856, und Band 8, betreffend die Jahre 1865-1885, die als einzige erhalten geblieben sind, zeigen jedoch, daß sich in einem solchen Bestand höchstwahrscheinlich nur die begleitenden Schriftwechsel befunden haben. Auch die Bestände des statistischen Bureaus, die heute ebenfalls nur unvollständig im Merseburger Archiv vorliegen, enthalten keine einzige Gewerbetabelle; möglicherweise Folge einer früher durchgeführten geschlossenen Abgabe der Akten an die zuständigen Ministerien oder aber einer nachträglichen Umgruppierung der Konvolute in den Archiven[23].

3.1.3. Amtliche Veröffentlichungen als Ergänzung der Archivbestände

Die Liste der Fundorte archivalischer Überlieferungen ist bei weitem nicht vollständig: Häufig bieten die zeitgenössischen Veröffentlichungen für die Statistik auf gesamtpreußischer, Provinz- und Regierungsbezirksebene aus amtlichen Quellen einen ausreichenden und weitgehend verläßlichen Ersatz.

Überlieferungslücken, die es nach wie vor bei den Gewerbetabellen gibt, können durch eine Reihe zeitgenössischer Veröffentlichungen, die auf den vorhin beschriebenen offiziellen Erhebungen beruhen, zum Teil geschlossen werden. Auf der Basis der Gewerbetabelle von 1819 hat Leopold Krug gemeinsam mit Alexander August Mützell Daten für das Königreich Preußen, systematisch nach Provinzen, Regierungsbezirken, Kreisen und Städten geordnet und als Fortsetzung seiner ersten Veröffentlichung über die Statistik Preußens am Ende des 18. Jahrhunderts herausgegeben[24]. Für die Folgezeit hat C.W. Ferber aus den amtlichen Quellen die Angaben zum preußischen Gewerbe für die Jahre 1825 und 1828 veröffentlicht[25]. Allen Sekundärquellen ist jedoch gemein, daß die Bearbeitung der amtlichen Originaltabellen neue Fehler produzieren kann und daß

---

20 *HStA Düsseldorf, Reg. Düsseldorf*, 2159.
21 Eine ausführliche Bestandsübersicht bietet Herbert Buck, *Zur Geschichte der Produktivkräfte und der Produktionsverhältnisse in Preußen 1810-1933. Spezialinventar des Bestandes Preußisches Ministerium für Handel und Gewerbe.* 3 Bände, Berlin 1960, Weimar 1966 und 1968 (= Schriftenreihe des Deutschen Zentralarchivs, 2).
22 *Zentrales Staatsarchiv (ZStA) Merseburg, Rep. 120* A V 1, 2, Vol. 1-8.
23 Das knappe Findbuch zum Bestand "Statistisches Bureau" zeigt nur Aktentitel interner Vorgänge der Behörde selbst auf.
24 Leopold Krug und Alexander August Mützell, *Neues topographisch-statistisch-geographisches Wörterbuch des Preußischen Staates,* 6 Bände, Halle 1821-1825.
25 S. Carl Wilhelm Ferber, *Beiträge zur Kenntniß des gewerblichen und commerciellen Zustandes der preußischen Monarchie. Aus amtlichen Quellen,* Berlin 1829, auch "Ferbersche Beiträge" genannt.

bei der Zusammenfassung der Daten und einer Organisation der Tabellen abweichend vom ursprünglichen Schema Informationen des Urmaterials verlorengehen.

In der frühen Phase der Statistik gab es, wie Jahrzehnte später, Widerstände gegen die ausführliche Publikation der Ergebnisse statistischer Erhebungen. Als ein geheimzuhaltendes Herrschaftswissen betrachteten Kritiker den Einblick in die Statistik eines Staates noch immer, als Dieterici die Aufnahme aus dem Jahr 1843 erstmals vollständig veröffentlichte[26]. Trotz massiver Einwände seitens der hohen Verwaltungsbürokratie war er davon überzeugt, daß nur eine Gesamtveröffentlichung der Zahlen für die Allgemeinheit von Nutzen sei und zugleich die Arbeit des Statistischen Bureaus transparenter werde. Eine wichtige Ergänzung fehlender Gewerbetabellen sind vor allem die von Dieterici bereits seit 1838 bis zum Ende der 1850er Jahre herausgegebenen "Statistischen Übersichten"[27], die, leider nicht durchgehend nach einem einheitlichen Muster, zusammengefaßte Tabellen aus den eingesandten Gewerbetabellen enthalten.

Die Feingliederung der Originaltabellen läßt sich in keiner der zeitgenössischen Veröffentlichungen wiederfinden, so daß Fragen nach der Stadt-Land-Verteilung oder nach den Beschäftigten einzelner Tuchfabrikationsarten, wie sie die Erhebungsbögen zulassen, durch die Zusammenfassungen nicht beantwortet werden können.

3.2. Die Fabrikenverzeichnisse

3.2.1. Aufbau

Generell muß zwischen den als Teil der Gewerbetabelle seit 1846 geführten Fabrikentabellen und den Fabrikenverzeichnissen unterschieden werden. Bei letzterer Quellengattung handelt es sich um einen für die regional zusammenfassende Gewerbestatistik ungleich weniger ergiebigen Bestand, da er Zähllisten auf der Ebene des Einzelbetriebes enthält. Additionen sind nur in wenigen Ausnahmefälle vorhanden. Für die Göttinger Quellenedition sind diese Verzeichnisse wegen einer Reihe regional unterschiedlicher quellenspezifischer Probleme nicht ausgewertet worden. Für örtliche Untersuchungen können sie jedoch durchaus von Bedeutung sein.

Unter namentlicher Nennung der Fabrikbesitzer (Betreiber der "Anstalten", die für den überörtlichen Bedarf produzierten) wurde die Art der Fabrik im Kurztext beschrieben ("Spezielle Angaben der einzelnen Gegenstände, welche darin verfertigt werden"). Häufig enthalten die Verzeichnisse außerdem Zahlen zu den Beschäftigten. In dem Verzeichnis von Abb. 3, worin übrigens die Textilfabrik des Vaters von Friedrich Engels

---

26 Carl Friedrich Wilhelm Dieterici, *Statistische Tabellen des preußischen Staates nach der amtlichen Aufnahme des Jahres 1843*, Berlin 1843.

27 Ders., *Statistische Übersicht der wichtigsten Gegenstände des Verkehrs und Verbrauchs im Preussischen Staate in dem Zeitraume von 1831 bis 1836. Aus amtlichen Quellen dargestellt*, Berlin, Posen und Bromberg 1838; desgl. für die Jahre 1837 bis 1839 (1842), 1840 bis 1842 (1844), 1843 bis 1845 (1848), 1846 bis 1848 (1851), und 1849 bis 1853 (1857).

Abb. 3: Ausschnitt aus dem Fabrikenverzeichnis des Regierungsbezirks Düsseldorf, 1822

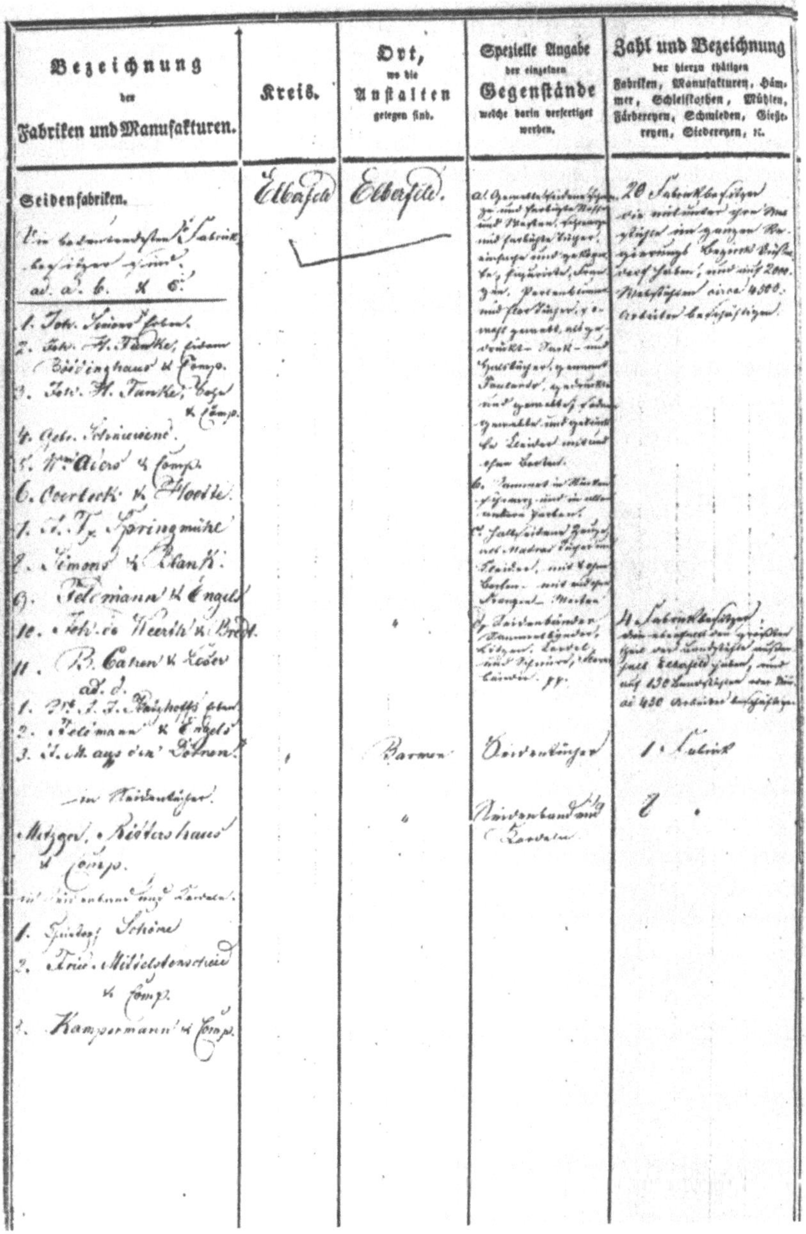

Bezeichnung der Fabriken und Manufakturen.	Kreis.	Ort, wo die Anstalten gelegen sind.	Spezielle Angabe der einzelnen Gegenstände welche darin verfertiget werden.	Zahl und Bezeichnung der hierzu thätigen Fabriken, Manufakturen, Hämmer, Schleifkothen, Mühlen, Färbereyen, Schmieden, Gießereyen, Siedereyen, rc.
Seidenfabriken.	Elberfeld	Elberfeld		
		Barmen		

Quelle: HStA Düsseldorf, Regierung Düsseldorf, 2158.

in Elberfeld erwähnt ist (zusammen mit seinem Kompagnon Feldmann), werden auch Webstühle mitaufgeführt[28].

3.2.2. Archivfundorte zu den Fabrikenverzeichnissen

Viele dieser Tabellen betreffen die Zeit um 1819/20; einige Verzeichnisse für die westlichen Regierungsbezirke behandeln die Zeit Ende der 1820er Jahre[29]. Den Veröffentlichungen der Gewerbetabellen vergleichbare Publikationen der Fabrikenverzeichnisse liegen für die ersten dreißig Jahre des 19. Jahrhunderts nicht vor.

Einen Sonderfall bei der Erfassung der Fabriken in der Zeit vor Einrichtung der Fabrikenliste in der Gewerbetabelle im Jahr 1846 bildet die in der Rheinprovinz vorgenommene Erhebung aus den Jahren 1836 und 1841[30]. Als "Alleingang" des Oberpräsidenten der Rheinprovinz war diese Sondererhebung[31] Folge eines besonderen Interesses der Regierung in der Rheinprovinz am gewerblichen Zustand der Provinz und zugleich Ausdruck der Sonderrolle, die die westlichen Provinzen in der Wirtschaft in der preußischen Monarchie einnahmen.

4. Verluste

Durch Kriegseinwirkungen, Lagerschäden und Ablagefehler, nicht zuletzt durch Papierzerfall, gibt es unzählige Verluste, die die Darstellung der tatsächlich erhobenen historisch-statistischen Daten erschweren. Manche Behördenbestände sind fast ganz verlorengegangen, wie viele Aktenkonvolute zur Gewerbestatistik Schlesiens aus dem 18. und 19. Jahrhundert. Die Akten der selbständigen Regierung in der Provinz Schlesien waren bis zum Ende des 19. Jahrhunderts in Berlin gelagert und dann nach Breslau abgegeben, wo sie im Zweiten Weltkrieg zerstört worden sind.

Andere Archivalien aus den Behörden der ehemaligen preußischen östlichen und mittleren Provinzen waren lange Zeit schwer zugänglich, da sie in den Archiven Polens oder der ehemaligen DDR lagerten; ein Zustand, der sich durch die jüngsten Ereignisse jetzt schon sehr verbessert hat. Nur die Bestände der Regierung Königsberg (bis vor kurzem in Göttingen aufbewahrt) und Marienwerder waren in den letzten Jahren im Geheimen Staatsarchiv in Berlin einzusehen.

---

28 *HStA Düsseldorf, Reg. Düsseldorf,* 2158.
29 Z.B. in: ebd., Reg. Aachen und Köln; Landeshauptarchiv Koblenz.
30 Vorhanden im *LHA Koblenz, Best. 403,* 3408.
31 Ihre Ergebnisse sind in Form einer Quellenedition publiziert worden: Gerhard Adelmann (Hrsg.), *Der gewerblich-industrielle Zustand der Rheinprovinz im Jahr 1836. Amtliche Übersichten,* Bonn 1967.

5. Schlußbemerkung

Das große Interesse der Zeitgenossen an allumfassender statistischer Information als Grundlage für politische und wirtschaftliche Entscheidungen hatte zur Folge, daß viele gewerbestatistisch einschlägigen Akten nicht nur in den Konvoluten der für die Erhebung zuständigen Behörden enthalten sind. Gewerbetabellen und Fabrikenverzeichnisse, später auch die Fabrikentabellen lagern ebenso in Beständen der benachbarten Provinzbehörden und sogar in Aktenbündeln, die andere Bereiche der Wirtschaft betreffen. Da statistische Informationen als wichtiger, aber zusehends selbstverständlicher Bestandteil der Verwaltung und Regierung eines Staates gesehen worden, sind in den Repertorien des späten 19. und Anfang des 20. Jahrhunderts unter dem Stichwort "Statistik" selten alle statistisch einschlägigen Überlieferungen erfaßt. Eine Tatsache, die die Veröffentlichung der Ergebnisse statistischer Grundlagenforschung um so notweniger macht.

Ute Mocker

Quellen zur historischen Statistik des Herzogtums Württemberg vom 15./16. bis zum 18./19. Jahrhundert

1. Einführung

Im folgenden Beitrag sollen Quellen und Quellengruppen vorgestellt werden, die im Mannheimer Forschungsprojekt "Historische Statistik des Herzogtums Württemberg vom 15./16. bis zum 18./19. Jahrhundert" bearbeitet wurden[1]. Die geographischen Grenzen waren vorgegeben durch das Gebiet des Herzogtums Ende des 18. Jahrhunderts. Konkret erfaßt wurden alle Orte, die im Synodusprotokoll von 1795 genannt waren. Der Beobachtungszeitraum reicht vom frühen 16. bis zum Anfang des 19. Jahrhunderts. Die ursprünglich ebenfalls geplante Erfassung der Schatzbücher von 1470/1473 konnte im Rahmen dieses Projekts nicht mehr geleistet werden[2]. Die früheste Quelle sind die Herdstättenlisten von 1525. Eine Stichprobe von 31 Orten aus Kirchenbuchbeständen reicht bis 1820. Hinzu kamen außerdem Angaben zur Gemarkungsfläche, der bebauten und der Waldfläche aus der Gemeindestatistik von 1895 und geographische Angaben aus dem 20. Jahrhundert.

Ziel war es dabei, möglichst viele Datenbestände, die bis auf Ortsebene hinuntergreifen, zu sichten, aufzunehmen und zur wissenschaftlichen Auswertung bereitzustellen. Es handelte sich hauptsächlich um Quellenbestände zur Bevölkerungsstatistik. Daneben enthalten einzelne Bestände auch Angaben zu Gebäudezahlen, Liegenschaften, Viehbeständen, Gewerbestrukturen, Steuer- und Vermögenswerten. Einer schematische Aufstellung am Ende des Beitrags ist zu entnehmen, welche Informationen die Quellen im einzelnen bieten. Auch der genaue Fundort und die Anzahl der Datensätze, die bereits in Mannheim auf Datenträgern vorhanden sind, sind dort verzeichnet.

Bevor nun eine kurze Bestandsaufnahme der statistischen Quellen erfolgt, soll doch nicht versäumt werden, auf die Problematik beim Arbeiten mit Statistiken, und ganz besonders mit historischem Zahlenmaterial, aufmerksam zu machen. Gerade historische Daten weisen oft eine hohe Inkonsistenz auf, die nicht nur durch das reine Fehlen von

---

1 Leiter des Projekts ist Prof. Dr. Wolfgang von Hippel. Darüber hinaus ist die Verfasserin den über lange Zeit am Projekt beteiligten wissenschaftlichen Hilfskräften, Frau Tilde Bayer, Frau Marieluise Gallinat-Schneider und Herr Hauke Gerlof, zu großem Dank verpflichtet. Ohne ihr großes Fachwissen und persönliches Engagement, das weit über das hinausging, was vorauszusetzen gewesen wäre, stünde nach einer doch relativ geringen Zeitspanne von fünf Jahren, die dem Vorhaben gegeben war, sicher nicht soviel statistisch auswertbares Zahlenmaterial auf elektronischen Datenträgern zu Verfügung, wie jetzt vorhanden ist.

2 Diese Steuerlisten sind im Bestand A 54 des *Hauptstaatsarchivs Stuttgart (HStASt)* für 18 Ämter der Grafschaft Württemberg vorhanden.

Angaben zu bestimmten Zeiten verursacht wird, sondern noch weit vielschichtigere Gründe hat.

Wie bereits erwähnt, bietet der größte Teil der Quellen bevölkerungsstatistische Informationen. Allerdings wird oft nicht die Gesamtbevölkerung gezählt, sondern es finden sich Angaben zur Zahl der Bürger, Einwohner, der Mannschaft, der Kommunikanten oder auch der Herdstätten oder Hofstellen. Man trifft also zumeist auf eine Größe, die in etwa den Haushalten der jeweiligen Gemeinde entsprach, und aus der deshalb auf den Gesamtbevölkerungsstand geschlossen werden muß.

Ein weiteres Problem stellt die Definition des Begriffs "Bevölkerung" dar. In der modernen Statistik unterscheidet man zwischen Ortsangehörigen (Bürgerrecht in der Gemeinde), Wohnbevölkerung (ständiger Wohnsitz in der Beobachtungsgemeinde), wohnberechtigter Bevölkerung (Zweitwohnsitz in der Beobachtungsgemeinde), ortsanwesender Bevölkerung (zum Zeitpunkt der Zählung im Ort anwesend) und Stammsitzbevölkerung (Wohnsitz der Familie)[3]. In historischen Quellen ist nicht immer eindeutig geklärt, welcher Teil der Bevölkerung gezählt wurde, besonders zwischen Wohnbevölkerung und ortsanwesender Bevölkerung wird gewechselt.

Schließlich gilt es zu beachten, daß die meisten Quellen nicht primär unter statistischen Fragestellungen angelegt wurden, sondern unter fiskalischen, militärischen oder rechtlichen Gesichtspunkten im Rahmen der Herrschaftsausübung. Daher umfassen die Daten nicht unbedingt zusammenliegende räumlich-geographische Gebietseinheiten, sondern territoriale, in unserem Fall dem Herzogtum zugehörige Regionen. Die Einwohner eines Ortes werden dann gezählt, wenn sie Untertanen des württembergischen Herzogs sind. In einigen Quellen findet man gleichwohl auch die fremden Untertanen aufgeführt.

Große Schwierigkeiten bereitete es bei nahezu allen Quellen, Hauptorte und Filialen immer eindeutig einander zuzuordnen. Selbst in den württembergischen Adreß- oder Staatshandbüchern war dies nicht immer eindeutig, sondern wechselte manchmal sogar von einem Jahrgang zum nächsten, um im darauffolgenden wieder den Stand von vor zwei Jahren darzustellen. In den einzelnen Quellen wurden Filialen teilweise dem Hauptort zugeschlagen, teilweise separat aufgenommen. Oft war aus der Quelle selbst nicht zu ersehen, zu welchem Hauptort das Filial eigentlich gehörte.

Hauptgrund für diese Divergenzen ist sicher, daß wir es sowohl mit kirchlichen als auch mit staatlichen Quellen zu tun haben. Die ursprünglich kirchliche Einteilung in Hauptorte und Filialen wurde zwar oft von den weltlichen Quellen übernommen, erfuhr aber mit der Zeit offensichtlich oft eine Anpassung an verwaltungstechnische Gegebenheiten. So können sich Amtsorte einzelne Filialen auch teilen. Ebenso können Stabszugehörigkeit und Filialzugehörigkeit auf zwei verschiedenen Amtsorte fallen. Auch gibt es Fälle, in denen Hauptort und Filiale zu zwei verschiedenen Ämtern oder Oberämtern gehören.

---

3 Ingeborg Esenwein-Rothe, *Einführung in die Demographie. Bevölkerungsstruktur und Bevölkerungsprozeß aus der Sicht der Statistik*, Wiesbaden 1982, S. 9-11.

Da die angestrebte Vergleichbarkeit der Daten aber eine möglichst eindeutige räumliche Zuordnung unumgänglich macht, wurde eine Ortsliste mit allen Hauptorten erstellt, in der die Zugehörigkeit der Filialen und die Veränderungen dieser Zugehörigkeit im Zeitraum zwischen 1525 und 1795 erfaßt wurde. Ausgangspunkt für diese Ermittlungen war das Synodusprotokoll von 1795. Dort, wo die Angaben unvollständig waren, wurde außerdem der Jahrgang 1755, der umfassendere, allerdings schwer zu lesende, Angaben zu den Filialen enthält, hinzugezogen. Die so entstandene Liste der Filialen wurde durch die Angaben aus dem Adreßbuch von 1796 ergänzt bzw. korrigiert, 1796 deshalb, weil dieses Adreßbuch im Gegensatz zu dem von 1795 über ein brauchbares Register der Orte verfügt. Alle Hauptorte sind in der Liste gekennzeichnet durch eine Identifikationsnummer, die aus einer um zwei Stellen erweiterten Postleitzahl besteht[4]. Daneben sind die Orte dem Oberamt zugeordnet, zu dem sie 1795 gezählt wurden.

Schließlich ist auch das einfache Fehlen von Daten eine Ursache für die Inkonsistenz des vorhandenen Datenmaterials, wobei die Fülle des Zahlenmaterials zunächst ganz erheblich darüber hinwegtäuscht, daß viele Informationen fehlen. So scheiterte eine zunächst für durchführbar gehaltene Aggregation von Bevölkerungsdaten auf Oberamtsebene einfach daran, daß zu verschiedenen Zeitpunkten Angaben zu immer wieder verschiedenen Orten fehlen, eine Vergleichbarkeit hier also nicht gewährleistet ist. Eine entsprechende Auswertung wird allenfalls für enger begrenzte Regionen möglich sein.

Ein häufiger Grund für solche Inkonsistenzen ist sicher die gewaltsame Zerstörung des Materials durch Krieg, Feuer u.ä. Aber man darf auch die Wirkung menschlicher Handlungsweisen in diesem Zusammenhang nicht unterschätzen. Die Zahlen und die daraus resultierenden Informationen unterliegen menschlichem Handeln und sind daher auch nie frei von Fehlern, Irrtümern oder subjektiver Meinungsäußerung. Man sollte nie versuchen, aus diesem Material ein System aufzubauen, das den Anspruch hat, unabänderlich wahr zu sein. Je größer der Materialbestand ist, je mehr Daten zur Verfügung stehen, umso größer wird die Fehlermenge sein, mit der zu rechnen ist. Für historische Statistiken gilt es außerdem zu beachten, daß das Verhältnis zu Zahlen und ihren Bedeutungen lange Zeit ein ganz anderes war als in unseren Tagen.

Beweis hierfür sind die rein geschätzten runden Beträge, die in den Kirchenvisitationsprotokollen aus dem frühen 17. Jahrhundert vorliegen, oder auch die oft unverständlich hohen Zahlen in späteren Jahrgängen, die einfach auf das Unverständnis der statistikführenden Geistlichen vor Ort zurückzuführen sind. Hier wurden nämlich manchmal die Teilnehmer an jedem Abendmahl gezählt, während eigentlich nur einmal die entsprechende Zahl der Kommunikanten für die Gemeinde zu ermitteln gewesen wäre.

Jeder Wissenschaftler, der statistische Berechnungen durchführt, ganz besonders wenn es sich um historische Zahlen handelt, wird also auch ein gewisses Maß an Chaos mit berücksichtigen müssen. Grundsätzlich darf man statistische Genauigkeit keinesfalls mit buchhalterischer verwechseln. Absolute Datenkonsistenz wird es nie geben, denn die Abbildung der an sich schon nicht fehlerfreien Realität in ein statistisches Zahlen- oder

---

4 Die Erweiterung der Postleitzahl auf sechs Stellen ist deshalb notwendig, weil historisch eigenständige Orte heute oft Teile größerer Gemeinden sind.

Wertesystem kann nie perfekt sein. Das einzige was zu tun übrig bleibt, ist die Methode der Auswertung möglichst eng an den Zustand des statistischen Materials anzupassen und seinen Unzulänglichkeiten Rechnung zu tragen.

Nach diesen Vorbemerkungen wollen wir uns zunächst den weltlichen, anschließend dann den kirchlichen Quellen zuwenden.

2. Die weltlichen Quellen

2.1. Die Herdstättenlisten von 1525

Die früheste Quelle, die hier besprochen werden soll, sind die Herdstättenlisten von 1525[5]. In dieser Zeit umfaßte Württemberg 45 Ämter[6]. Die Steuerlisten verdanken ihre Entstehung eindeutig fiskalischen Interessen. Erfaßt wurde in Form von Namenslisten die einzelnen Herdstätten, ihr Wert, Personen ohne Hausbesitz, doch mit Vermögen, der Wert dieses Vermögens und die Zahl der Personen ohne Vermögen, die ebenfalls einen geringen Steuerbetrag zu entrichten hatten. Teilweise wurde auch das Vermögen von Körperschaften miterhoben.

Die Angaben erfolgten auf Ortsebene und wurden innerhalb der Ämter dann an die herzogliche Verwaltung weitergeleitet. Obwohl enge formale Vorgaben für die Erstellung der Steuerlisten bestanden haben müssen, sind die überlieferten Akten von unterschiedlicher Qualität. Ganz allgemein sind sie relativ schwer lesbar, nicht weil die Wertangaben in Form römischer Ziffern erfolgten, sondern weil die Art, wie die Beamten vor Ort diese Ziffern schrieben, sehr uneinheitlich, mitunter auch recht eigenwillig war.

Aus den einzelnen Angaben wurden bei der Aufnahme auf Datenträger die Summe der Herdstätten, der Steuerzahler ohne Hausbesitz und der unvermögenden Personen, sowie die Höhe der Steuerwerte für Herdstätten und Vermögen auf Ortsebene ermittelt.

2.2. Die Türkensteuerlisten von 1544/45

Ebenfalls unter steuerlichen Gesichtspunkten wurden die Türkensteuerlisten von 1544/45 angelegt[7]. Es handelte sich um eine Quotitätssteuer, das heißt, der einzelne Steuerzahler hatte einen bestimmten Prozentsatz seines Vermögens, in diesem Fall 0,5%, zu entrichten.

Erhoben und auf Datenträger gespeichert wurden die Angaben der Türkensteuernlisten bereits vor einigen Jahren von Karl-Otto Bull und seinen Mitarbeitern. Eine erste

---

5 *HStASt, Bestand A 54a*, St 19-63.
6 Vgl. hierzu Karte VI, 10 im *Historischen Atlas von Baden-Württemberg.*
7 *HStASt, Bestand A 54a*, St 121-167, 170-174.

kartographische Auswertung bietet der Historische Atlas von Baden-Württemberg[8]. Im Begleittext zu dieser Karte und in zwei weiteren Beiträgen zur Bedeutung der Türkensteuernlisten als Quelle für die Sozial- und Wirtschaftsgeschichte[9] hat Bull diese Steuerlisten bereits ausführlich vorgestellt, so daß ich mich hier auf wesentliche Punkte beschränken kann.

Die Türkensteuerlisten sind eine sehr bedeutende bevölkerungsstatistische und sozialgeschichtliche Quelle für den württembergischen Raum, da sie nahezu komplett für das Herzogtum und darüberhinaus auch für andere Territorien, so zum Beispiel für einige Reichsstädte, erhalten sind. Das Gebiet des Herzogtums umfaßte zu jener Zeit 50 weltliche und 4 Klosterämter. Insgesamt wurden 52 328 Personen zur Steuer herangezogen. Die Steuererklärungen der einzelnen Steuerzahler sind zwar nicht mehr vorhanden, dafür aber fast geschlossen die Steuerlisten, die in den einzelnen Orten angefertigt wurden. Veranschlagt wurden Gebäude, Gärten, Äcker, Wiesen, Weingärten, Naturalzinsen an Getreide, Waldbesitz, Vieh usw. Auf Kapitalerträgen lag ein Steuersatz von 10%. Da die Zinsen in der Regel 5% der Hauptsumme betrugen, errechnet sich auch hier eine Abgabe von 0,5%.

Ein Umstand unterscheidet diese Quellengruppe von den meisten anderen Steuerlisten, die wir für das Herzogtum Württemberg haben. Es finden sich hier detaillierte Angaben zu den Löhnen des Gesindes, der Knechte und Mägde. Bull weist in diesem Zusammenhang darauf hin, daß sich je nach Region ganz erhebliche Unterschiede im Lohnniveau des Gesindes, ergeben. Die ursprünglichen Daten der Quelle wurden von Bull und seinen Mitarbeitern bei der Aufnahme modifiziert. Für einige Ämter wurden die Vermögen aus den vorhandene Steuerangaben errechnet. Die Zahl der Schätzungspflichtigen und die Vermögenssummen wurden auf Ortsebene addiert, die Steuerzahler nach Männer, Frauen, Kinder und Erben unterteilt, eine Klassifizierung nach der Abgabenhöhe eingeführt.

Insgesamt liefern uns die Türkensteuerlisten Erkenntnisse über die Vermögensverhältnisse im Herzogtum, über die berufliche und soziale Gliederung der Bevölkerung, über die Einkommensverhältnisse der unselbständig Tätigen und über die Bevölkerungszahl allgemein sowie nach der räumlichen Verteilung.

Gerade an diesem letzten Punkt berührt man wieder das bereits angesprochene Problem, wie aus Angaben von Haushaltsvorständen oder anderen Gruppen, hier Steuerzahler, auf die Gesamtgröße der Bevölkerung geschlossen werden kann. Bull entwickelte hier ein System von verschiedenen Multiplikationsfaktoren, indem er davon ausging, daß

---

8   Karte XII,1 "Die durchschnittlichen Vermögen in den altwürttembergischen Städten und Dörfern um 1545 nach den Türkensteuernlisten".
9   Karl-Otto Bull, *Die Türkensteuerlisten als Geschichtsquelle. Aufschlüsse über die wirtschaftliche und soziale Struktur des Herzogtums Württemberg im 16. Jahrhundert*, in: *Beiträge zur Landeskunde (Beilage zum Staatsanzeiger für Badeb-Württemberg)* 1974/2, S. 5-11.
    ders.: *Die württembergischen Türkensteuerlisten von 1544/45 und ihre Bedeutung für die Sozial- und Wirtschaftsgeschichte*, in: *Voraussetzungen und Methoden deschichtlicher Städteforschung*, hrsg. v. Wilfried Ehrbrecht, (Städteforschung, Reihe A, Bd. 7), Köln-Wien 1979, S. 101-110.
    ders.: *Beiwort zur Karte XII,I des Historischen Atlas von Baden-Württemberg: Die durchschnittlichen Vermögen in den altwürttembergischen Städten und Dörfern um 1545 nach den Türkensteuerlisten.* (Historischer Atlas von Baden-Württemberg, 4. Lieferung 1975).

jedem männlichen Steuerzahler im Schnitt drei weitere Familienmitglieder zuzuordnen seien. Frauen multiplizierte er mit dem Faktor 3. Dadurch hoffte er die Tatsache, daß es sich hier nicht nur um Witwen, sondern auch um Ehefrauen mit Vermögen handelte, zu bereinigen; steuerzahlende Kinder und Erben multiplizierte er mit dem Faktor 2, Gesinde und Steuerpflichtige ohne Vermögen wurden einfach gezählt.

Auf diese Art und Weise errechnet Bull für die Mitte des 16. Jahrhundert eine Bevölkerung des Herzogtums von 208 317 Einwohnern. Damit liegt er mehr als ein Viertel unter den sonstigen Schätzwerten für Württemberg im 16. Jahrhundert, wie man sie etwa in der Württembergischen Geschichte von Karl Weller oder in Bechtels Wirtschaftsgeschichte Deutschlands findet. Hier wird ganz deutlich, wie schwierig eine solche Berechnung mit Hilfe relativ willkürlich gewählter Faktoren sein kann. Letztendlich wird man es bei Vermutungen und Schätzungen belassen müssen.

2.3. Die Aufnahme von 1598

Am 13. Juni 1598 gab Herzog Friedrich in einem Schreiben an alle Ober- und Untervogte, an alle Amtleute und sonstigen Verwaltungsbeamten die Anordnung zu einer ersten "Volkszählung" in Württemberg[10]. Diese Aufnahme kann somit als Beginn der Landesstatistik im Herzogtum gelten. Der Herzog befahl in jedem Dorf, Flecken, Weiler, Hof und in jeder Mühle die Bürger und Einwohner zu zählen.

Erhalten geblieben sind die Angaben aus ca. 570 Hauptorten und den entsprechenden Filialen und Höfen. Große Unsicherheit herrschte bei den zählenden Behörden offenbar wegen der Begriffe Bürger und Ein- oder Inwohner, so daß es hier ein wirres Durcheinander der Bezeichnungen gibt. Auch wurden teils die Witwen und erwachsenen Söhne mitgezählt; in anderen Orten war man sich offenbar nicht sicher, ob sie zur Mannschaft des Ortes dazugehörten.

Man wird dem bei der Auswertung der statistischen Daten Rechnung tragen müssen. Sicher wird es notwendig sein, Bürger und Einwohner zusammenzuzählen, um so eine vergleichbare Größe für alle Orte zu gewinnen. Was bleibt, ist die Problematik der Witwenhaushalte, die im Zählverfahren sehr unterschiedlich behandelt wurden. Doch trotz dieser Einschränkungen liegt die Bedeutung der Aufnahme von 1598 darin, wie Schaab es formulierte, "daß für jeden Ort des Herzogtums eine Zahl genannt ist und daß es theoretisch möglich sein müßte, bei einer Aufarbeitung nach Ämtern dahinter zu kommen, was jeweils gemeint war"[11]. In den Folgejahren scheint auf die Zahlen von 1598 teilweise zurückgegriffen worden zu sein. So fanden sie auch Eingang in Johannes Öttingers Landbuch von 1623/24.

---

10 *HStASt, Bestand A 4.*
11 Meinrad Schaab, *Die Anfänge einer Landesstatistik im Herzogtum Württemberg, in den badischen Markgrafschaften und in der Kurpfalz.* in: *ZWLG*, Jg. 26, 1967, S. 93.

2.4. Die Aufnahme von 1655

Diese flächendeckende Aufnahme aus dem 17. Jahrhundert diente wieder eindeutig steuerlichen Zwecken[12]. In ihr werden die Zahlen aus den 1650er Jahren denen einer Aufnahme von 1629-1634 gegenübergestellt, so daß hier wertvolle Informationen über die Verluste und Einbußen durch den Dreißigjährigen Krieg erhalten sind. Im Einzelnen waren zu erfassen: Mannschaften und Beisitzer, Gebäude, Wiesen, Wald, Gewässer, bebaute Flächen, Gülten und Schulden.

Ob es hier ebenfalls die Probleme der Zuordnung zur Mannschaft, wie 1598, gab, ist aus der Quelle nicht ersichtlich. Allerdings bereitet ein anderer Punkt bei der Auswertung Probleme. Die Flächenangaben bei den Liegenschaften erfolgen nämlich in verschiedenen Flächenmaßen (Morgen, Jauchert, Tagwerk, Mannsmahd) und es ist nicht eindeutig festzumachen, in welchem rechnerischen Verhältnis sie zueinander stehen. Wir hatten teilweise sogar den Eindruck, daß verschiedene Maße als gleich verwandt wurden. Diese Vermutung wurde übrigens bei der folgenden Quellengruppe zur Gewissheit, da wir Fälle fanden, in denen die Bezeichnungen innerhalb von Listen wechselten und dann bei der Summierung für das Amt ohne Beachtung dieser Unterschiede einfach addiert wurden.

Bei der Aufnahme dieser Quellen wurden daher die Originalmaßangabe belassen und nicht auf Morgen umgerechnet, wie es zunächst wegen der besseren Vergleichbarkeit beabsichtigt war. Die Gegenüberstellung mit späteren Flächenangaben bietet Hinweise, wie eine Umrechnung für einzelne Ämter zu erfolgen hat.

2.5. Die Kriegsschadenberichte von 1698

In einer Anordnung vom 28. Februar 1698 fordert Herzog Eberhard Ludwig die Aufnahme der Schäden, die sowohl der Dreißigjährige Krieg als auch die Franzoseneinfälle seit 1688 anrichteten, wörtlich: "Was vor Hof=Statt, Plätz, Weinberg, Aecker, Wiesen und dergleichen, sowohl von vorigem alten, als seither Ann.1688 bey diesem letztern Krieg, in dem Euch Gnädigst anvertrauten öd und wüst gelegt worden? und wie dieselbe wieder in die cultur und Bau zu bringen." Daneben sollte festgestellt werden, welche Güter herrenlos, also ohne Besitzer waren, beziehungsweise, ob Inhaber verwüsteter Besitzungen in der Lage waren, diese wieder aufzubauen.

Auch die Verschuldung in den einzelnen Gemeinden sollte erhoben werden und die Zahl der "gantmäßigen oder ohnvermöglichen Personen". Ziel war neben der Aufnahme der Schadenssituation die Erarbeitung möglicher staatlicher Maßnahmen, vor allem zur Förderung der Landwirtschaft. Bereits am 25. November des selben Jahres verkündete der Herzog erste Maßnahmen, die auf den eingegangenen Informationen beruhten.

Aufgenommen wurden in den Ämtern Häuser, Herdstätten, Hofstätten oder Plätze, wobei die verschiedenen Begriffe offenbar willkürlich verwandt, teilweise nebeneinander

---

12 In *HStASt, Bestand A 261.*

gestellt, aber auch zusammengezählt wurden. Auch hier wird man für die Auswertung wohl eine Addition aller benutzten Begriffe wählen müssen, um ungefähr die Zahl der Haushalte zu ermitteln. Daneben wurden die wüstliegenden Äcker, Wiesen und Weinberge genannt, wobei es sich überwiegend um geschätzte Zahlen, also keine genauen Angaben handelt. Die Werte wurden jeweils für den "Alten" und den "Neuen" Krieg gegenüberge stellt. Die Aufforderung Vergantungen, also Zwangsversteigerungen, und vergantete Personen mitzuteilen, scheint viele Erheber überfordert zu haben. Jedenfalls liegen hier Angaben nur vereinzelt vor. Dafür wurden in einer ganzen Reihe von Ämtern auch Bürgerzahlen genannt, und besonders sorgfältige Beamten meldeten sogar Werte für die Zeit vor dem Dreißigjährigen Krieg.

Insgesamt bieten die Kriegsschädensberichte von 1698 äußerst wertvolle Informationen über die wirtschaftlichen und sozialen Auswirkungen dieser langen Periode von Kriegen und Einfällen[13]. Obwohl die Angaben zu Haushalten und zu den Flächenmaßen nicht immer eindeutig sind, wird man doch in den meisten Fällen zunächst auf Ortsebene, aber auch für die meisten Ämter vergleichbare Werte erhalten.

Weitere Erhebungen auf Amtsebene für das 17. und beginnende 18. Jahrhundert finden sich nur in den kirchlichen Quellen, auf die später noch eingegangen wird. Erst mit dem Generalreskript vom 19. Dezember 1757 setzt wieder eine staatlich angeordnete Bevölkerungsstatistik ein. Allerdings fehlen bis 1764 alle entsprechenden Aktenbestände. Ab 1764 bis 1806 sind dann ortsweise angelegte Seelentabellen in nahezu lükkenloser Folge vorhanden.

2.6. *Die Aufnahme der Gemeinden von 1769*

Parallel zu den Seelentabellen gibt es weitergehende Aufnahmen, die auf Gemeindebene nicht nur die Bevölkerung, hier Bürger, Beisitzer, Witwen und Summe der Seelen wiedergeben, sondern auch eine Statistik der Gebäude, der bebauten Liegenschaften, der Brunnen, der Wald- und der Gewässerflächen. Daneben bieten sie eine Viehzählung und Angaben über den Hauptnahrungserwerb des Ortes. Die Aufnahme von 1769 liegt auf Datenträgern vor[14]. Die ebenfalls in den Akten vorhandene Aufnahme von 1774 ist identisch aufgebaut. Bis 1802 gibt es dann keine neue staatliche Statistik in Württemberg. Das Ergebnis der Aufnahme vor Ort wurde in den einzelnen Ämtern in formalisierte Tabellen eingetragen und an die Verwaltung weitergereicht. Von diesen Hauptaufnahme-Tabellen sind die meisten erhalten geblieben, nur wenige Ämter, so z.B. Backnang, fehlen.

Große Probleme bereitete auch hier, wie bei anderen staatlichen Aufnahmen, die Zuordnung der vielen Dörfer, Weiler und Höfe zu den Hauptorten. Als Beispiel seien hier Besenfeld und Göttelfingen genannt: in kirchlichen Quellen als Doppelort vorkommend, sind sie in der Hauptaufnahme zwei verschiedenen Oberämtern (Dornstetten

---

13 In *HStASt, Bestand A 29*.
14 In *HStASt, Bestand A 8*.

bzw. Altensteig) zugeordnet. Der Weiler Waldhausen, um ein weiteres Beispiel anzuführen, ist 1769 dem Oberamt Schorndorf zugehörig und liegt darin eindeutig im Stab Plüderhausen. Aus anderen Quellen ist jedoch ersichtlich, daß Waldhausen Filiale von Lorch ist, das in einem anderen Oberamt (Kloster-Oberamt Lorch) liegt.

Was nach Stuttgart zu berichten war, wurde den Oberämtern genau vorgegeben, doch wurden dieser Auftrag nicht einheitlich erfüllt. Schon der Begriff der "Ortschaften" wurde sehr unterschiedlich ausgelegt. So wurden im Kloster-Oberamt Lorch nur Angaben zum Kloster und drei Stäben, nicht zu einzelnen Dörfern, Weilern oder Höfen gemacht. Das andere Extrem stellt das Oberamt Weinsberg dar. Hier scheinen wirklich alle Dörfer, Weiler und Höfe explizit aufgeführt zu sein. Die übrigen Oberämter bewegen sich hinsichtlich der Differenzierung nach Dörfern, Weilern und Höfen zwischen diesen Extremen.

Bei der Zählung der Bevölkerung unterscheiden die meisten Oberämter nach "Bürgern", "Beisitzern, "Pfarr- und sonstigen Wittfrauen" und der Summe aller Einwohner, den "Seelen überhaupt", am Ort. Doch einige Oberämter differenzieren keineswegs und bilden aus Bürgern, Beisitzern und Wittfrauen eine Summe. Hier kann später lediglich die Zahl der "Bürger", also die ungefähre Anzahl der Haushalte ermittelt und in den Vergleich mit einbezogen werden.

Zusätzlich zu diesen allgemein verbindlichen Angaben, meldet manche Oberämter auch noch die Zahl der ortsanwesenden Ausländer, meist Knechte und Mägde, "Domestiquen", und Handwerker, teilweise auch die auswärtigen, also ortsabwesenden Personen. Zu nennen sind hier das Klosteroberamt Lorch, und die Oberämter Neuenbürg, Neuffen, Pfullingen, Urach, Welzheim, Münsingen und Göppingen, sowie die Orte Kirchenkirnberg und Holzheim. Meistens sind die "Ausländer" in der Summe "Seelen überhaupt" enthalten. Manchmal ist es fraglich, ob dies der Fall ist, so in Pfullingen und Münsingen. Diese Angaben lassen den Schluß zu, daß sich auch in den anderen Oberämtern "Ausländer" aufhielten, aber nicht erwähnt wurden.

Auch bei den Gebäuden sind die Angaben nicht so einheitlich, wie es zu erwarten gewesen wäre. In den meisten Oberämtern wird in den Tabellen unterschieden zwischen Häusern, Scheunen und Stallungen. In einigen Oberämtern wird anders verfahren. Dort werden wesentlich differenziertere Rubriken gebildet: "Häuser", "Häuser und Scheunen unter einem Dach", "besondere Scheunen", "Häuser, Scheunen und Stallungen unter einem Dach" etc. Zur Zahl der Brunnen werden in der Regel keine besonderen Angaben gemacht. Es lassen sich jedoch teilweise auch hier erhebliche Unterschiede feststellen, die wohl auf eine unterschiedliche Zählweise, je nachdem, ob es sich um Schöpf- oder Rohrbrunnen, oder auch um Zisternen handelt, zurückzuführen sind.

Auch die landwirtschaftlich genutzten Flächen sind nicht einheitlich beschrieben. Wird der Begriff "Äcker" noch weitgehend einheitlich benutzt, gilt das für die "Wiesen" keineswegs. Sie setzen sich häufig zusammen aus "Ödland und Holzwiesen", nach denen die Schreiber unterschieden. Die Allmende wurde in allen Oberämtern, mit Ausnahme von Sulz, gleich behandelt. In Sulz wurden zusätzlich noch die "Reutenen" ausgewiesen. Bei der Aufnahme wurden sie der Allmende zugeschlagen, da Reutenen nach dem Schwäbischen Wörterbuch Allmendflächen sind, die gemeinsam von der Bevölkerung gerodet werden. Nach der Rodung teilen die, die gerodet haben, die Flächen zu gleichen Teilen unter sich auf und können sie für zwei bis drei Jahre für sich nutzen. Danach werden diese Reutenen wieder zu Allmendland. Als Flächenmaß wurde in allen Oberämtern der Morgen benutzt. Untereinheiten waren Viertelmorgen und Ruthen (i.d.R. max. bis zu 1/4 Morgen). Die einzige Ausnahme beim Flächenmaß bildete Hausen ob Verena, wo Ackerfeld, Waldungen und Allmende in Jauchert, Wiesen und Gärten in Morgen angegeben sind.

Tiere werden im allgemeinen nach Pferden, "Horn- und Rindvieh", Schafen und Schweinen unterschieden. Gelegentlich wird auch die Zahl der "Gaißen" erwähnt, manche Oberämter differenzieren zusätzlich zwischen "Ochsen" und "Kühe, Rinder, Kälber". Im Oberamt Balingen wurden die Geißen zum "Horn- und Rindvieh" gezählt, ihre Zahl aber separat erwähnt, In anderen Oberämtern stehen sie ausdrücklich neben dieser Rubrik (z.B. Oberamt Göppingen), gehören also nicht dazu. Unklar bleibt daher, ob in Oberämtern, wo es gar keine Angaben zu Geißen gibt, diese vielleicht in der Summe von "Horn- und Rindvieh" enthalten sind oder tatsächlich keine vorhanden waren. See- und Fischwasser sind ebenfalls nicht einheitlich aufgenommen, sondern teils nach Stückzahl, teils nach Fläche. Zum Teil wird auch nur der Fluß- oder Bachname angegeben sowie die Zahl der Meter oder die Zeit, die man benötigt, um die Strecke abzugehen.

Die ausführliche Darstellung der aufgetretenen Schwierigkeiten anhand der Aufnahme von 1769 verdeutlicht noch einmal exemplarisch auch für die anderen statistischen Quellen die Probleme, mit denen bei der Bearbeitung historischer Daten immer wieder zu rechnen ist. Im Hinblick auf eine sinnvolle spätere Auswertung kann bei der Erstellung solcher Dateien aber nicht auf die Ausnahmen und Ungereimtheiten eingegangen werden. Vielmehr muß man bestrebt sein, in zulässiger Weise zu vereinfachen und die Daten damit in sich vergleichbar zu machen, zu generalisieren, um Zusammenhänge sichtbar und Vergleiche möglich zu machen. Gleichwohl muß für denjenigen, der sich für einen speziellen Ort oder eine begrenzte Region interessiert, die entsprechende Information über Abweichungen und Einzelfälle in einer separaten Datei der Anmerkungen vorhanden sein. Problematisch ist in diesen Aufnahmen zum einen der Seelenbegriff, der aus der kirchlichen Statistik übernommen wurde, und der nicht eindeutig Auskunft gibt, wer nun alles zur Gemeinde zählte. Wenn auch zum überwiegenden Teil die Ortsangehörigkeit maßgebend für die Erfassung zu sein schien, gibt es Hinweise, daß zwischen Ortsanwesenden und Ortsangehörigen nicht immer unterschieden wurde. Um hier eventuell auftretende Fehler zu bereinigen, sollte mit den Volkszählungslisten verglichen werden.

2.7. Die Steuerakten aus der Zeit um 1730

Eine umfangreiche und bedeutende Quellengruppe stellen die Steuerakten aus den 1720er und 1730er Jahren dar[15]. Sie entstanden anläßlich der neuen Steuerkatastrierung

---

15 In *HStASt, Bestand A 261, 150 ff.*

in Württemberg. Sie geben Auskunft über Zahl der Bürger, Witwen und Beisitzer und deren Steueraufkommen, über Gebäude, über Liegenschaften, deren Maß, Größe, Ertrag, darauf ruhende Lasten und Steuern, nennen Handelschaften und Zahl der Handwerksmeister, sowie das jeweilige Steueraufkommen, geordnet nach Berufsgruppen. Es finden sich Einzelakten für die Gemeinden und Generaltabellen für die Ämter.

Die Bedeutung dieser Quelle liegt neben den bevölkerungsstatistischen Informationen in der genauen Wiedergabe der Vermögenswerte, Erträge und Steuersätze, aber auch in den Angaben zur Gewerbestruktur, die Rückschlüsse auf die soziale und ökonomische Realität im Bereich des Herzogtums für das 18. Jahrhundert ermöglichen.

2.8.   Die Armenliste von 1786/88

Bei den Armenlisten handelt es sich um eine Erhebung der Armen, unterteilt nach Geschlecht, Alter und Familienstand und gruppiert nach Almosenempfang und Arbeitstauglichkeit. Außerdem enthält die Quelle Angaben über örtliche Fonds, aus denen Almosen gewährt wurden, auch teilweise wie hoch die Auszahlungen waren. Daten liegen für 440 Orte vor[16].

Die Quelle bietet wertvolle Informationen über die Zahl der Armen, ihre räumliche Verteilung und ihre Vitalstruktur, läßt aber viele Fragen offen bezüglich der Festlegung, wann jemand in welchem Maße arbeitstauglich war, oder wer zu den Armen gezählt wurde, obwohl er keine Almosen erhielt. Hinzu kommen die oft sehr ungenauen Angaben über die Austeilung der Almosen, die ja auch als Naturalien gewährt wurden.

2.9.   Die Gewerbeliste von 1816 und die Gemeindestatistik von 1895

Statistische Quelle für das frühe 19. Jahrhundert ist die gemeindeweise Aufnahme von 1816[17]. In ihr wurden in getrennten Listen die Bevölkerung, das Gewerbe, landwirtschaftliche Nutzflächen und Viehbestände erhoben.

Hier soll die Gewerbeliste beschrieben werden . Sie enthält zumeist nach Gemeinden[18], manchmal aber auch nur summiert, die Anzahl der Meister und Gesellen in bis zu 102 Berufen. Hinzu kommen für einige Orte, meist Amtshauptorte, Anzahl und Art der Mühlen und Fabriken. Schließlich werden in einigen wenigen Fällen auch Arbeiter oder Arbeiterinnen in den Fabriken gezählt. Bei der Aufnahme der Gewerbeliste wurden die Berufe zusätzlich noch nach Branchen zusammengefaßt, so daß hier ein relativ schneller Zugriff auf die Gewerbestruktur ganzer Regionen gegeben ist.

---

16 In *HStASt, Bestand A 244a.*
17 In *HStASt, Bestand E 141.*
18 Bei neun Ämtern, nämlich Schorndorf, Göppingen, Cannstatt, Leonbronn, Brackenheim, Sulz, Herrenberg, Weinsberg und Calw.

Als zeitlich letzte Quelle sei noch die Gemeindestatistik von 1895 erwähnt[19]. Hier wurden für die einzelnen Gemeinden die Zahlen zur Gemarkungsfläche, zu den landwirtschaftlich bebauten Nutz- und zu den Waldflächen herausgezogen, um Vergleiche zu den Flächenangaben des 17. und 18. Jahrhunderts bieten zu können. Ergänzt wurden diese Angaben noch durch geographische Daten aus dem 20. Jahrhundert. Neben Flächen- und Höhenangaben waren das vor allem Informationen über Naturraumzugehörigkeit, Bodenarten und Bodengüte, Landbauzonen und landwirtschaftliche Vererbung.

3. Die kirchlichen Quellen

3.1. Die Kirchenbücher

Die bevölkerungsstatistisch bedeutsamsten Akten für das Herzogtum Württemberg sind kirchlicher Natur. Es sind dies die Kirchenbücher, die wertvolle Daten zu demographischen Prozessen liefern sowie die Kirchenvisitationsakten bzw. die aus ihnen resultierenden Synodusprotokolle. Kirchenbücher, unterteilt in Tauf-, Sterbe- und Eheregister liegen für viele Teile Württembergs seit der zweiten Hälfte des 16. Jahrhunderts auf Ortsebene vor. Die Bestände aus 638 erhobenen Orten sind zum überwiegenden Teil als Mikrofilme beim Landeskirchenarchiv in Stuttgart vorhanden. Eine entsprechende Referenzliste kann dort eingesehen werden. Die nicht verfilmten Bücher befinden sich in den entsprechenden örtlichen Pfarrämtern. Die Vollständigkeit ist von Ort zu Ort, auch je nach Register, sehr verschieden und muß im Einzelfall nachgeprüft werden. Die Register bieten Informationen über die Zahl der Taufen, Ehen und Sterbefälle, oft auch über die Zahl der Totgeburten. Taufregister enthalten meist Name des Täuflings, der Eltern und der Paten, manchmal auch Berufsangabe des Vaters, besonders bei bedeutenden Gemeindemitgliedern. Die Eheregister geben den Namen der Ehepartner, oft auch den Namen des Brautvaters, manchmal auch Berufe an. Nicht immer ist eine eindeutige Unterscheidung zwischen kopulierten und proklamierten Paaren möglich. Die Sterberegister schließlich geben den Namen des Gestorbenen, bei Kindern den Namen des Vaters, und das Alter an. Nicht immer, besonders aber bei Epidemien oder Kriegsereignissen, finden sich auch Hinweise auf die Todesursache.

Besondere Schwierigkeiten bei der Auswertung bereitet die Gruppe der Totgeburten, die sowohl in den Tauf- als auch in den Sterberegister auftritt. Generell sollten die Totgeburten sowohl in den Tauf- als auch in den Sterberegistern vermerkt sein, woran sich die Mehrzahl der Pfarrer auch gehalten hat. Doch gibt es durchaus auch Orte, wo sie entweder in dem einen oder in dem anderen Register auftauchen.

Darüber hinaus läßt sich oft nicht eindeutig ermitteln, ob einmal lebend geborene Kinder, die kurz darauf starben, ein andermal Frühgeburten und schließlich wirkliche Totgeburten nicht oft in einer Gruppe gezählt wurden. Ein weiteres Phänomen stellen die immer wieder erwähnten Nottaufen durch die Eltern gestorbener Säuglinge dar. Es

---

19 *Gemeindestatistik von 1895, Württembergische Jahrbücher,* Jg. 1889, Sonderband II.

entsteht teilweise der Eindruck, daß hier um das Seelenheil ihrer Kinder besonders besorgte Eltern, auch bei Totgeburten noch eine Taufe angegeben haben. Erhärtet wird dieser Verdacht, wenn es laut Quelle in diesen Jahren keinerlei Totgeburten im entsprechenden Ort gibt, obwohl in den Jahren davor und danach welche verzeichnet sind.

Die Aufnahme der Kirchenbuchdaten ist ein sehr zeitaufwendiges Unterfangen. Daher wurde die Erfassung auf eine Stichprobe von 31 Orten für die Zeit bis 1820 beschränkt. Somit sind in Mannheim rund 5% der vorhandenen Daten auf Datenträgern gespeichert.

3.2. Die Visitations- und Synodusprotokolle

Die württembergischen Visitationsprotokolle stellen eine einzigartige Quelle dar. Während die staatlichen Quellen erst ab Mitte des 18. Jahrhunderts Bevölkerungszahlen fortlaufend nennen, tauchen in den Kirchenvisitationsprotokollen schon ab 1584 Kommunikantenzahlen für einige Ämter auf. Damit bekommt man für diese Zeit in Teilbereichen des Landes, ab 1601 für ca. 400 Gemeinden, einen Eindruck von der konfirmierten evangelischen Bevölkerung des Landes. Ab diesem Zeitpunkt werden auch in etwa der Hälfte der Orte die Katechumenen, also die Jugendlichen, die vor der Konfirmation stehen, und, ab Mitte des 17. Jahrhunderts, auch die Kinder gezählt.

Die Visitationsprotokolle geben Aufschluß über das Kirchen- und Schulwesen, über den Bevölkerungsaufbau und seine Entwicklung sowie über die Gemeindeverhältnisse. Sie gehen auf die große Kirchenordnung des Herzogs Christoph 1559 zurück, die zweimal jährlich eine Visitation der Gemeinden durch Superintendenten (Dekane) vorschrieb. Das Generalskript von ?Herzog? Friedrich I. vom 6. August 1597 verfügte nur noch einmal jährlich eine Visitation. Der Visitationsbericht mußte bis Cantate an die Generalsuperintendenten (Prälat oder Pröbste) eingereicht werden, die daraus Auszüge für die nach Trinitatis stattfindende Synode fertigten, die sogenannten Synodusprotokolle.

Diese Synodusprotokolle sind mit Lücken seit 1621 vorhanden und vom Stuttgarter Landeskirchenarchiv auch mikroverfilmt worden. Das war der Grund, warum wir sie den Kirchenvisitationsprotokollen vorzogen. Für unsere Aufnahme wählten wir die Jahrgänge 1621, 1641 und ab 1656 bis 1815 ungefähr, soweit vorhanden die Protokolle in Zehnjahresabständen.

Die Protokolle enthalten für die ersten beiden Zeitabschnitte Angaben der Kommunikanten und Katechumenen, danach auch die Kinder und in der Folgezeit auch Gruppen wie Reformierte, Separatisten, Katholiken, aber auch Angaben über geistig und körperlich Behinderte, die Rubriken "simplices et mutui" und "miseri", in den einzelnen Orten. Früh werden auch Lehrer und Schüler, oft unterteilt nach Sommer- und Winterschüler, und ab 1746 Geburten und Sterbefälle gezählt. Man muß beachten, daß offensichtlich durch die zusammenfassende Abschrift der Superintendenten oft Informationen gegenüber dem eigentlichen Visitationsbericht verlorengingen. Dies trifft vor allem auf die getrennte Angabe der Gemeindemitglieder in den Filialen zu, die in den Synodusprotokollen zum überwiegenden Teil mit dem Hauptort zusammengezählt wurden. Hier sei jedem, der sich genauer mit einer bestimmten Region des Herzogtums beschäftigen will, angeraten, auch die Kirchenvisitationsprotokolle hinzuzuziehen. Für einen Überblick über die Bevölkerungsstatistik, die Gesamtzahl, den Altersaufbau, die räumliche Verteilung aber bieten die Synodusprotokolle genügend Informationen. Wir haben sie für die frühe Zeit und für fehlende Informationen aus den 1680er Jahren durch die Angaben der Visitationsprotokolle ergänzt.

4. Schlußbemerkung

Dies war ein knapper Überblick über die statistischen Quellen des Herzogtums Württemberg bis zu Beginn des 19. Jahrhundert. Sicher wäre es wünschenswert manche Bestände, besonders die Kirchenbücher, noch weiter aufzunehmen, andere, vor allem die Statistiken des 19. Jahrhunderts, ebenfalls zu erfassen. Diese statistischen Quellen, die bis weit in unser Jahrhundert reichen, sind durch den zunehmenden Zerfall des Papiers, auf dem sie geschrieben und gedruckt sind, ganz besonders gefährdet. Mit der Aufnahme auf Datenträger könnten wenigstens die Informationen der Nachwelt erhalten werden, da nach heutiger Kenntnis die Restaurierung des Papiers zu kostspielig wäre und auch zeitlich gar nicht mehr zu bewerkstelligen ist.

Bei der Fülle des Materials und unter Beachtung der angesprochenen Inkonsitenzprobleme stellt sich zum Abschluß die Frage, wie die aus den Quellen gewonnenen Informationen und spätere Auswertungen überhaupt einem breiteren Publikum vermittelt werden können. Sicher ist es wenig sinnvoll Hunderte, gar Tausende von Tabellen zu erzeugen, die in dieser Vielfalt eher verwirren, als zum Verständnis historischer Entwicklungen beitragen würden.

Eine geeignete Form der Ergebnispräsentation ist sicher die Erstellung von Karten zu bestimmten Fragekomplexen. Hier könnte das Fehlen von Daten für einzelne Orte zwar kartographisch belegt, gleichzeitig aber doch Entwicklungen für Regionen aufgezeigt werden. Für Einzelorte oder geschlossene Regionen, für die konsistentes Datenmaterial vorliegt, kommen natürlich auch Tabellen, eher aber Schaubilder in Form von Kurven-, Punkt- oder Balkendiagrammen in Frage.

Neben der geeigneten Form der Präsentation wird aber auch das Problem der Datenspeicherung und Datenverwaltung gelöst werden müssen, da sonst unweigerlich Datenfriedhöfe entstehen würden, die mit der Zeit nicht mehr überschaubar und damit wertlos würden. Das wird keines der Teilprojekte des Forschungsschwerpunktes "Historische Statistik" allein bewältigen können. Hier werden Anstrengungen in Richtung einer gemeinsamen Historischen Datenbank für Deutschland, vielleicht unter Hinzuziehung Statistischer Ämter, unternommen werden müssen. Nur so ist gewähleistet, daß das Material auch zukünftigen Forschergenerationen weiterhin zur Verfügung steht

Anhang

Die Quellen				
Art	Jahr	Daten-sätze	Variablen	Fundort Signatur
Synodusprotokolle	1601	400		HStASt A281
	1621	529		Hauptstaatsarchiv
	1641	298		Stuttgart
	1656	527		
	1667	550		
	1676	546		
	1684	416		HStASt A281
	1695	557		
	1705	569		
	1714	571		
	1725	578		
	1735	573		
	1746	583		
	1755	592		
	1765	589		
	1774	594		
	1785	596		
	1795	614		Alle, außer
	1805	590		1601 + 1684
	1815	570		LaKiA Landeskirchen-archiv
		10842	max. 20	Stuttgart
Herdstättenliste	1525	622	7	HStASt,A54a
Türkensteuerlisten	1544/45	825	99	HStASt,A54a
Aufnahme der Mannschaft bzw. "Bürgerschaft"	1598	570	9	HStASt,A4
Aufnahme der "Bürger-schaft", Orts- und Privatschulden	1655 bzw. 1629 oder 1634	573	37	HStASt,A261
Kriegsschadenberichte	1698	770	max. 18	HStASt,A29
Aufnahme der Gemeinden	1769	570	30	HStASt,A8
Armenlisten	1786/88	440	60	HStASt,A244a
Gewerbeliste plus: Fabriken + Mühlen	1816	500 200	275 58	HStASt,E 141
Kirchenregister	1572 bis 1820	ca. 7500	7	LaKiA

Steuerakten	um 1730	780	100	HStASt,A261
Gemeindestatistik	1895	614	6	WJBB 1898 Sonderbd.II
Geographische Angaben	20.Jahrhundert	614	8	Deutscher Planungs- atlas Landvolk und Landwirtschaft in Württemberg Das Land Baden- Württemberg

Die Informationen			
1. Demographische Prozesse:			
Kirchenregister:	Geburten	Ehen	Sterbefälle
Synodusprotokolle (seit 1746):	Geburten		Sterbefälle

2. Bevölkerungsstruktur:

Zeitreihen:

Synodusprotokolle:	Kommunikanten, Katecheten Infanten und Schüler	Vitalstruktur
	+	
	Katholiken, Reformierte, Separatisten, Simplices et Mutui, Miseri	Regionalstruktur

Querschnitte:

Bürger	Mannschaft	Inwohner	Witwen	Beisitzer	
	1598	1598			
	1629/34			1629/34	Regionalstruktur
	1655			1655	
(1698)					
1730er			1730er	1730er	
1769			1769	1769	

Berufslisten:

Gewerbeliste 1816:	Berufe nach Meister und Gesellen	Sozialstruktur
Steuerakten 1730er:	Anzahl der Meister, Kauf- und Handelschaften, Wirtschaften und ihr Steuerkapital	

Armenliste 1786/88:	Anzahl der Armen nach Geschlecht, Alter und Familienstand (gruppiert nach Almosen- empfang und Arbeitstaug- lichkeit)	Regional- struktur Sozialstruktur gruppenspezifische Vitalstruktur

Steuerliste 1544/45:	Anzahl der Steuerzahler nach Geschlecht und Alter nach Vermögensklassen, Gesinde nach Geschlecht	Regional- struktur Vitalstruktur Sozialstruktur

3. Gebäudestatistik:

Häuser	Scheunen	Ställe	Mühlen	Fabriken
1525*	(H. + Herdstätten + Scheunen		1598	
1629/34				
1655				
1698	(H. + Hofstätten)**			
1730er*	1730er	1730er	1730er	
1769	1769	1769		
			1816	1816

*   Anzahl und Wert
** Anzahl nach 30-jährigem Krieg
und nach den Franzoseneinfällen

4. Liegenschaften:

Begriffe: (1) Acker, (2) Weingarten, (3) Wiesen, Gras- und Krautgärten, (4) verschiedene Formen von Weiden und Mähfeldern, (5) Gärten und Länder, (6) Privat- waldungen, (7) Communalwaldungen, (8) Allmanden, (9) Fischwässer, (10) unbesetzte Wässer, (11) ge- samte Waldfläche, (12) landwirtschaftliche Nutzfläche, (13) Gesamtgemarkung

1629/34	1655	1698	1730er	1769	1895
(1)	(1)	(1)	(1)	(1)	
(2)	(2)	(2)	(2)	(2)	
(3)	(3)	(3)	(3)	(3)	
			(4)	(4)	
			(5)	(5)	
			(6)	(6)	
			(7)	(7)	
				(8)	
(9)	(9)		(9)	(9)	
				(10)	
(11)	(11)				(11)
					(12)
					(13)

5. Viehbestände 1769:

Stiere, Kühe, Ochsen, Kälber, Pferde, Geissen, Schafe, Schweine

6. Geographische Angaben 20. Jahrhundert:

Höhenlage, Naturraum, Bodengüte, Bodenarten, landwirtschaftliche Vererbung

7. Steuerangaben:

1525:	Häuserwert, Besitz einzelner Personen, Personen ohne Vermögen
1544/45	Schatzungsvermögen gesamt und unterteilt nach Vermögensgruppen (jeweils Anzahl und Summe), Löhne und Dienstgelder (Anzahl,Summe, pro Kopf)
1629/34	Gülten, Schulden, Kapitalia, ordentliche Steuern, extraordinäre Steuern
1655	wie 1629/34
1730er	Steueraufkommem von Bürgern, auf Gebäude, Ertrag und Steueransatz bei Liegenschaften, Steueraufkommen der Handwerker und Kaufleute

Hubert Kiesewetter

Quellen zur historischen Statistik des Königreichs Sachsen im Industriezeitalter (1750-1914)

> *"Das befruchtende*
> *Element der Statistik*
> *ist die Öffentlichkeit."*
> Ernst Engel, 1855

1. Einleitung

Das Kurfürstentum Sachsen wurde am 12. Dezember 1806 mit seinem Beitritt zum Rheinbund Königreich[1]. Aus falscher Loyalität des sächsischen Königs Friedrich August I. (1750-1827) zu Napoleon gehörte es zu den wenigen Verlierern des Befreiungskrieges auf deutscher Seite und wurde 1815 geteilt. Preußen konnte auf dem Wiener Kongreß durchsetzen, daß von dem 35.801,35 km² großen sächsischen Landesgebiet im Jahre 1814 mit 1.946.243 Einwohnern 20.841,86 km² mit 767.441 Einwohnern abgetrennt und dem preußischen Territorium einverleibt wurden. Das entsprach einem Gebietsverlust von 58,2% und einem Bevölkerungsverlust von 39,4%. Das Königreich Sachsen hatte somit 1815 eine Größe von 14.959,49 km² mit 1.178.802 Einwohnern[2]. Das Königreich blieb in dieser Größe bis Ende 1918 und als Land Sachsen bis 1945 erhalten. Die Darstellung der Quellen zur historischen Statistik des Königreichs Sachsen im Industriezeitalter beschränkt sich hauptsächlich auf den Zeitraum von 1815 bis 1914, einem Jahrhundert, in dem sowohl die sächsische Wirtschaft als auch dadurch mitbedingt die statistische Erfassung die größten Veränderungen aufwiesen.

---

1 Vgl. *Dokumente zur Deutschen Geschichte aus dem Sächsischen Landeshauptarchiv Dresden*, hrsg. von Hellmut Kretzschmar unter Mitarbeit von Gerhard Schmidt, Berlin-Ost 1957, S. 49 (Schriftenreihe des Sächsischen Landeshauptarchivs Dresden, Nr. 4).
2 Vgl. *Staatsarchiv Dresden (St.A.D.), Finanzarchiv*, Locat 41747, vol. I: Friedens-Tractat zwischen Ihro Königl. Majestät von Sachsen etc. und Ihro Königl. Majestät von Preußen etc. abgeschlossen und unterzeichnet zu Wien den 18., und ratificirt am 21. May 1815, Dresden 1815, in dem alle entsprechenden Regelungen, auch über den Austausch von Archiven, festgehalten sind.
   Zwischen 1845 und 1849 kamen durch die Einverleibung der Teichwolframsdorfer Enklave von Sachsen-Weimar nach Sachsen und durch die Grenzregulierung des Stadtgebiets Schirgiswalde 33,45 qkm hinzu, so daß der endgültige Gebietsumfang 14.992,94 qkm betrug. Für Einzelheiten siehe Hubert Kiesewetter, *Industrialisierung und Landwirtschaft. Sachsens Stellung im regionalen Industrialisierungsprozeß Deutschlands im 19. Jahrhundert*, Köln/Wien 1988, S. 40 ff. (Mitteldeutsche Forschungen, Bd. 94).

Im folgenden Überblick soll zuerst auf die Entwicklung der sächsischen Statistik im
18. Jahrhundert eingegangen werden. Und zwar vor allem deshalb, weil in der Literatur
manchmal die nur teilweise zutreffende Ansicht vertreten wird, daß Sachsen etwa gegenüber Bayern, Württemberg oder Preußen, wo ja bereits 1805 das Königlich Statistische Bureau begründet wurde, verhältnismäßig spät eine Verwaltungsstatistik etabliert
habe. Anschließend werden in einem ersten Teil vier Perioden – 1815-1830; 1831-1849;
1850-1870; 1871-1914 – nach organisatorischen und institutionellen Merkmalen unterschieden, in denen durch personelle, politische und ökonomische Veränderungen bedingte Umstellungen in den statistischen Erhebungen Sachsens stattfanden. Die frühe,
"vorstatistische" Zeit wird dabei auf der Basis von archivalischen Quellen etwas ausführlicher behandelt, weil darüber sehr wenig bekannt ist. In einem zweiten Teil wird die
statistische Erfassung der m.E. durch den Modernisierungsprozeß am stärksten
betroffenen Sektoren der sächsischen Volkswirtschaft – Bevölkerung, Landwirtschaft,
Berg- und Hüttenwesen, Textilindustrie, Gewerbe-, Berufs- und Betriebszählungen –
während der Industrialisierung dargestellt, um die Wechselwirkungen zwischen den
Quellen als materieller Größe und ihrer Reflexion in den statistischen Publikationen zu
verdeutlichen. Abschließend soll ein Resümee der historischen Statistik Sachsens im
Industriezeitalter gezogen werden.

2. Die sächsische Statistik im 18. Jahrhundert

Es ist eines der großen wissenschaftlichen Verdienste des Merkantilismus bzw. seiner
deutschen Variante, des Kameralismus, daß der statistischen Erfassung innerhalb der
Staatswissenschaft und der Politischen Ökonomik wenigstens in den größeren deutschen
Territorialstaaten soviel Aufmerksamkeit gewidmet wurde. Die merkantilistische Wirt-
schafts- und Bevölkerungspolitik empfand den meßbaren Reichtum eines Landes als so
hohen Wert, daß dessen Nachweis eine statistische Erfassung geradezu herausforderte.
Dieterici beginnt sein statistisches Standardwerk über Preußen deshalb mit dem Satz:

"Als die Grundsätze des Mercantilsystems im vorigen Jahrhundert fast in allen Staaten Europa's
die herrschenden waren, nach ihnen die Maaßregeln zur Hebung der Industrie, des Handels und
des National-Wohlstandes fast allgemein geordnet wurden, und im Zusammenhange mit ihnen das
frühere Accisesystem, so wie die damit verbundenen Verbote fremder Fabrikwaaren und ähnliche
Vorschriften erlassen waren, legten die Regierungen großen Werth auf statistische Ermitelungen,
die in Zahlen darstellen sollten, wie viel Geld in das Land käme, wie viel Geld an das Ausland ge-
zahlt werden müsse, wie reich die Nation, und im Durchschnitt der Einzelne, im Gelde berechnet,
sei; wie viel Geld die Nation erwerbe und wie danach der Nationalreichthum sich stelle."[3]

---

3 C. F. W. Dieterici, *Der Volkswohlstand im Preußischen Staate. In Vergleichungen aus den Jah-*
   ren vor 1806 und von 1828 bis 1832, so wie aus der neuesten Zeit, nach statistischen Ermittelun-
   gen und aus dem Gange der Gesetzgebung aus amtlichen Quellen dargestellt, Ber-
   lin/Posen/Bromberg 1846, S. III.

Als historische Statistik soll hier die Erhebung, Aufbereitung und Publikation von er-
faßbarem Zahlenmaterial in veröffentlichter wie unveröffentlichter, d.h., archivalischer,
Form verstanden werden. Quellen sind somit alle schriftlichen Überlieferungen eines
Staatsgebildes, hier Sachsen, die uns Aussagen über Massenerscheinungen dieses
Staates während eines bestimmten Zeitraums – mindestens ein Jahr – ermöglichen.
Historisch ist diese Statistik im doppelten Sinne: zum einen sind wir von ihr mehr als ein
Menschenalter entfernt, d.h. sie gehört einer anderen, historischen Zeit an, zu der wir
durch solche Quellen Zugang finden; zum anderen beruhte die Erstellung dieser statisti-
schen Quellen bis weit ins 19. Jahrhundert hinein auf "Staatsbedürfnissen", d.h., die
Auswahl der überlieferten (Zahlen-) Angaben ist selektiv und wird erst mit der Zeit umfassender, erreicht aber während unseres Betrachtungszeitraums weder die methodische
Qualität noch die materielle Fülle heutiger Statistiken. Nicht vor der Mitte des 19. Jahrhunderts, wie wir später noch genauer sehen werden, gelingt in Sachsen die Anwendung
und Umsetzung historisch-statistischer Methoden für eine "wertfreie" Quellenaufberei-
tung.

Die sächsische "Statistik" des 18. Jahrhunderts diente vor allem praktischen Verwaltungszwecken[4]. So wurde etwa bei den Volkszählungen nicht jeder, "vom Staatsober-
haupt bis zum hilflosen Krüppel", als eine Person gezählt, sondern nur "Konsumenten",
d.h. Kinder oder Ehefrauen, Geisteskranke oder Gebrechliche etc. waren der Erfassung
nicht "wert". Bei der Verwendung eines solchen Zahlenmaterials ist also große Vorsicht
bzw. historische Quellenkritik geboten, besonders dann, wenn man über längere
Zeiträume Vergleiche anstellen will. Im Jahre 1735, zwei Jahre nach dem Tod August
des Starken, wurde die *Commerziendeputation* begründet, deren Aufgabe es war, möglichst viel Informationsmaterial der staatlichen Verwaltung zur Verfügung zu stellen. Sie
wurde nach dem für Kursachsen so verheerenden Siebenjährigen Krieg, 1764, zur *Lan-
des-Ökonomie-Manufactur- und Commerziendeputation* erweitert. Als eine kursächsische
Zentralbehörde war sie für Auskünfte über das Gewerbe- und Manufakturwesen, die
Ernteerträge und die Zahl der Konsumenten zuständig und behandelte die verschiedenen Gewerbeförderungsmaßnahmen. Unter ihrer Aufsicht wurden eine Reihe von
Erhebungen statistischer Art durchgeführt, von denen vor allem die *Erndte-, Ertrags-
und Vorraths-Consignationen* und die *Consumenten-Verzeichnisse* aus den Jahren 1718,
1755, 1772 und ab 1790 alljährlich für ganz Kursachsen in den Archivalien ihren Niederschlag fanden[5]. Der aufgeklärte Absolutismus merkantilistischer Prägung benötigte
diese Angaben zur staatlichen Wirtschaftslenkung, zur Feststellung seiner Wirtschafts-
und Finanzkraft, um eventuell bei (Agrar-) Krisen durch Ausfuhrverbote oder
Lagerhaltung von Getreide die schlimmsten Folgen, nämlich Hungersnöte und Seuchen
sowie revolutionäre Aufstände zu verhindern oder wenigstens einzudämmen.

4 Vgl. Karlheinz Blaschke, Die historische Statistik in Sachsen seit 1700. Quellen, Methoden,
   Ergebnisse, in: *Historisch-demographische Mitteilungen*, Budapest 1971, S. 7-44. Zitat S. 12.
5 Vgl. etwa *St.A.D., Geheimes Kabinett*, Nr. 563: Acta. Die in den Jahren 1718, 1755 und 1772
   gefertigten Consignationen der Landes-Einwohner und des Getreide-Zuwachses, auch nach-
   her von der Commerzien-Deputation eingereichten Bevölkerungs-Listen betr., 1718-1755,
   1794. Ingleichen die alljährlich eingereichten Erndte-Ertrags- und Vorraths-Consignationen
   und Consumenten Verzeichnisse betr.

3. Perioden statistischer Organisation und Institutionalisierung

3.1. *Von der Teilung bis zur Reform (1815-1830)*

Am 19. November 1814 richtete die Königlich Sächsische Landesregierung ein Schreiben an die Kommerzien-Deputation wegen der "Einführung ähnlicher statistischer Tabellen, als in den Königl. Preußischen Staaten"[6]. Die Angelegenheit konnte aber aufgrund der politischen Ereignisse nicht weiterverfolgt werden. Erst im August 1818, nach Abklingen der Folgen der furchtbaren Agrarkrise von 1816/17, wurde die Kommerzien-Deputation wieder daran erinnert, daß die nach dem Reskript vom 11. Februar 1764 jährlich einzureichenden *Official-Anzeigen* regelmäßig zu sammeln seien. Darauf fertigte sie ein *Verzeichniß*[7] aller derjenigen jährlichen Anzeigen an, die auch weiterhin eingingen: vor allem die Zahl der Geborenen, Gestorbenen, Getrauten und Kommunikanten in den einzelnen Landesteilen, dann der "Erndte-Ausfall" von Obstbäumen, dem Flachs- und Tabakbau sowie dem Wollertrag der Schafe. Außerdem wurden die Berichte einzelner Ämter und Städte über die Landwirtschaft und den Nahrungszustand eingereicht, z.B.:

"6., Von der Creis- und Amtshauptmannschaft des Erzgebirgischen Creises, mittelst Berichts:
a., Tabelle über die Beschaffenheit des Nahrungsstandes der unmittelbaren Amtsdörfer,
b., Tabelle über die Beschaffenheit des Nahrungsstandes der Städte,
c., Tabelle über die Beschaffenheit der Landwirthschaft bey den Kammergüthern,
d., Vergleichungs-Tabelle über die im Creise gefertigten Manufactur- und Fabrikwaaren,
10., Vom Amte Chemniz:
halbjährige Relation über den Zustand der baumwollen Manufacturen in ihrem ganzen Umfange sowohl von der Stadt Chemniz, als der Umgegend."[8]

Wenig später war die Nachricht nach Sachsen gekommen, daß das württembergische Finanzministerium einer landständischen Kommission am 28. November 1820 die Errichtung eines *Statistisch-topographischen Bureaus* für Württemberg vorgeschlagen hatte. Die sächsische Regierung war sogleich bestrebt, Informationen darüber zu erhalten und schickte den Kammerrat Wilhelm Ernst August von Schlieben (1781-1839) auf eine Erkundungsreise nach Süddeutschland, über die er am 21. Oktober 1822 einen ausführlichen Bericht abstattete. Dieser Bericht ist für die weitere Diskussion statistischer Quellen in Sachsen deshalb besonders interessant, weil darin einerseits die Bedeutung des

---

6 *St.A.D., Kommerzien-Deputation*, Loc. 11157, Bl. 33: Acta. Die verbeßerte Einrichtung der Jahresberichte und die von den Obrigkeiten einzureichenden statistischen Tabellen betr., 1814-1832.
7 Ebd., Bl. 35-35/2. Extrahiert am 6. November 1818 von Carl Gottfried Wehlig.
8 Ebd., Bl. 35/1.

"Statistisch-topographischen Bureaus für das Königreich Würtemberg in Stuttgard"[9] gewürdigt wird, andererseits in den anschließenden Auseinandersetzungen über eine ähnliche statistische Stelle im Königreich Sachsen immer wieder darauf reflektiert wurde. Deswegen soll der Inhalt des Berichts hier kurz wiedergegeben werden. Nach Schlieben war die Bestimmung des württembergischen Bureaus, "eine möglich genaue und vollständige Landes-, Volks-, Staats- und Orts-Kunde zu liefern und die in jedem Jahre in dem Zustande des Landes sich ergebenden Veränderungen zu sammeln und nachzutragen, so daß sämmtliche Regierungs-Behörden und jeder einzelne Unterthan eine umfassende Kenntniß von seinem Vaterlande, dessen Fortschritten und Rückschritten erhalte". Es folgte eine detaillierte Schilderung der Organisation des Bureaus, das jährlich statistische Übersichten und eine gründliche und umfassende Topographie des Königreichs Württemberg liefern sollte. Außerdem sollte es sich der Erschließung von Quellen widmen, "aus welchen es sich die nöthigen Materialien am leichtesten verschaffen zu können glaubte", um daraus Tabellen über die Bevölkerung, Gebäude, Gewerbe, Viehstand, Fruchtbarkeit, Witterung und Preise zu erstellen. Es sollten "die Fortschritte oder Rückgange im Landbau, Gewerbe, Handel, so wie in dem Amts- und Gemeinde-Haushalt" nachgewiesen werden[10]. Von Schlieben wies auf die gute Zusammenarbeit zwischen dem Büro, württembergischen Historikern und etwa dem Oberamt Reutlingen hin, wodurch der Etat im Unterschied zu dem preußischen Amt in Berlin niedrig gehalten werden könne und er hoffte, "daß meine schwache Feder vermögend seyn möchte, das Nützliche einer solchen Anstalt recht anschaulich zu machen". Schließlich schlug er vor, eine ähnliche Einrichtung in Sachsen unter dem "schicklichern"[!] Namen "Sammlungen für Vaterlands-Kunde" zu errichten. Hans A. F. von Globig vom Geheimen Rat schickte daraufhin diesen Bericht mit einem Schreiben vom 16. April 1823 an die Kommerzien-Deputation und gab zu bedenken, "ob ein, dem gedachten im Königreiche Würtemberg bestehendem ähnliches Institut für sächsische Vaterlandskunde vielleicht empfehlenswerth seyn dürfte", und ob es nicht am zweckmäßigsten mit der Kommerzien-Deputation verbunden werden könnte.

Die Kommerzien-Deputation nahm dazu am 16. Dezember 1823 ausführlich Stellung[11]. Sie führte u.a. folgende Punkte an:

1. "In Beziehung auf Statistik ist zu bemerken, daß das Mangelhafte der dahin zu rechnenden Getraide Consignationen und Consumenten Verzeichniße, durch ein an die Landesregierung ergangenes Rescript vom 7. Juli 1813 schon gerügt worden ist". Den Vorschlag der sächsischen Landesregierung vom 12. Februar 1814 (also mitten im

---

9 Ebd., Bl. 45-54.
10 Welcher Fundus an statistischen Materialien für das 19. Jahrhundert seitdem in Württemberg vorhanden ist, über den kein gebiets- und bevölkerungsmäßig vergleichbarer deutscher Staat verfügt, kann leicht in den Arbeiten von Hans Loreth, *Das Wachstum der württembergischen Wirtschaft von 1818 bis 1918*, Stuttgart 1974 (Jahrbücher für Statistik und Landeskunde von Baden-Württemberg, 19. Jg., 1. Heft) und Klaus Megerle, *Württemberg im Industrialisierungsprozeß Deutschlands. Ein Beitrag zur regionalen Differenzierung der Industrialisierung*, Stuttgart 1982 (Geschichte und Theorie der Politik: Unterreihe A, Geschichte; Bd. 7), nachvollzogen werden.
11 *St.A.D., Kommerzien-Deputation*, Loc. 11157, Bl. 55-68. Gezeichnet von Wilhelm Frh. von Gutschmid.

Krieg) hatte die Kommerzien-Deputation bereits damals abgelehnt, weil sie glaubte, "daß die Zusammenstellung solcher Tabellen in der Regel nur auf ein an sich nutzloses Zahlenwerk hinauslaufe". Es seien sowohl die Nachteile der Ungenauigkeit zu groß als der Kostenaufwand zu hoch. Befangen in merkantilistisch-antiquierten Vorstellungen berief sie sich noch Ende 1823 auf die Gültigkeit der Reskripte von 1764 und 1781 und die entsprechenden Anweisungen für Offizial-Anzeigen, nach denen die Bevölkerung, die Landwirtschaft, die "Fabriken" und der Handel erfaßt wurden. Dies würde auch noch jetzt vollständig genügen, "um von Zeit zu Zeit der Allerhöchsten Behörde einen richtigen Maasstab zur Beurtheilung des jedesmaligen Zustandes" zu ermöglichen. Sie habe ja schon früher, am 19. November 1822, ihre ablehnende Haltung bekräftigt und sei auch jetzt der Ansicht, daß sie die Vorschläge "gänzlich ablehnen müßte"[12].

2. Was das württembergische Bureau betraf, ließ sich die Kommerzien-Deputation auf eine ausführliche Beschreibung und Vergleich mit dem Berliner Amt ein. Unter anderem schien sie es für besonders wichtig zu halten, darauf hinzuweisen, daß in Württemberg die Anzeigen jährlich, während die statistischen Tabellen in Preußen nur alle drei Jahre aufgenommen werden sollten[13]. Nach langatmiger Darlegung der Behördenorganisation beider Ämter wollte die Kommerzien-Deputation erst einmal wissen, ob die bisherigen statistischen Nachrichten in Sachsen überhaupt verbessert werden müßten oder "ob selbst dann, wenn die diesfallsige zeitherige Einrichtung als mangelhaft erkannt werden sollte, der Zweck nicht auf andere Weise, als durch Bildung einer besondern Behörde zu erreichen sein möchte". Es gelte näher zu prüfen, welche statistischen Nachrichten in Zukunft erforderlich seien und welche nicht! Neben einer Reihe von Vorschlägen, was erhoben werden könnte, "würde eine möglichst vollständige Uebersicht der Gewerbetreibenden, einschließlich der Fabrikanten für nützlich und unentbehrlich zu halten seyn". Dieser beachtliche Vorschlag wurde aber sogleich wieder dadurch eingeschränkt, daß man bezweifelte, ob mit der Ausdehnung der Erhebung auf Gewerbebetriebe eine ausreichende Zuverlässigkeit zu erreichen sei. Die Kommerzien-Deputation kam zu dem Ergebnis, daß "zu einer Veränderung der jetzigen diesfalls bestehenden Einrichtung kein ausreichender Grund vorhanden sei", besonders, wenn das geplante *Institut für Sächsische Vaterlandskunde* "sich nur auf Sammlung und Zusammenstellung *statistischer* [im Original hervorgehoben!, H.K.] Notizen beschränken

---

12 Ein weiterer Punkt betraf die topographischen Aufnahmen, bei denen nach Ansicht der Kommerzien-Deputation ebenfalls keine Änderungen nötig seien, da die von der "Militair Plankammer" als "das eigentliche Resultat ihrer vieljährigen Arbeit zu erwartende vollständige Charte von Sachsen" geeignet sei, die Topographen zu befriedigen!

13 Zur Bekräftigung dieser Ansicht wurde ein Auszug aus dem Merseburger Amtsblatt vom 18. November 1823 über eine Verordnung der preußischen Regierung wiedergegeben, in der es u.a. heißt: "Nach einer Bestimmung des Königl. Hohen Staats-Ministeriums soll die statistische Tabelle, welche bisher jährlich von uns an das statistische Bureau eingesendet wurde, in Zukunft nur nach jedesmaligem Verlauf von drei Jahren aufgenommen und eingeschickt werden.
Hiernach unterbleibt also für das Jahr 1823 die Aufnahme der statistischen Tabelle, dagegen werden die sogenannten Bevölkerungslisten, oder die Nachweisungen der Geborenen, Getrauten und Gestorbenen in der alten Form, folglich auch für 1823 eingereicht." Vgl. ebd., Bl. 68.

dürfte, indem das, was in größern Staaten, wie Oesterreich, Preußen etc. anwendbar und vielleicht sogar nothwendig ist, auf ein Land von geringerem Umfange nicht immer passend ist". Deshalb war die Kommerzien-Deputation auch nicht bereit, die Leitung oder Organisation eines solchen statistischen Bureaus zu übernehmen. Man kann sich des Eindrucks nicht erwehren, als ob das "Bewährte" mit industrie- und statistikfeindlichen Klauen erhalten und jegliche Konkurrenz ausgeschaltet werden sollte.

Am 28. Januar 1826 richtete H. von Globig ein weiteres Schreiben an die Kommerzien-Deputation, in dem er die Ergebnisse der Beratungen der inzwischen eingesetzten Kommission mitteilte. Danach hatte diese Kommission am 13. Mai 1825 "die Constituierung einer besondern Behörde zu mehrerer Vervollständigung der bereits vorhandenen *topographischen* Arbeiten und Erörterungen noch zur Zeit nicht für ein dringendes Bedürfniß erklärt; sonst aber, nach ausführlicher Auseinandersetzung ihrer Vorschläge über verschiedene fernere beizubehaltende *statistische* Official-Anzeigen, hinsichtlich der Behörden, von und zu welchen letztere einzureichen seyn möchten, zu erstere die Amtshauptleute unter kreishauptmannschaftlicher Revision, zu letzterer aber allerdings die Königl. Commerzien-Deputation vorgeschlagen"[14]. An der Situation der statistischen Erhebungen hatte sich somit nichts geändert, und dabei blieb es vorläufig. Erst Ende Dezember 1830 entschloß sich die sächsische Landesregierung, einen "Verein für vaterländische Staatskunde"[15] zu gründen. Die sächsischen Gemeinden sollten dem Verein auf vorbereiteten Muster-Tabellen über nahezu alle sozialökonomischen Bereiche Auskünfte erteilen. Dazu zählten z.B. Wohn- und Fabrikgebäude und ihre jeweilige Verwendung, die Bevölkerung nach Zahl, Geschlecht und Religion, die Beschäftigungsverhältnisse, etwa in der Landwirtschaft, im Berg- und Hüttenwesen, dem Fabrik- und Manufakturwesen, dem städtischen Gewerbe sowie der Schiffahrt. Außerdem sollten Nachrichten eingereicht werden über die jeweilige Produktion, die Preise und den Handel. Mit einem solchen Maximalprogramm waren die Ortsbehörden hoffnungslos überfordert. Am 22. Januar 1831 erteilte die sächsische Staatsregierung dem Verein die Erlaubnis, ein Siegel mit der Aufschrift "Statistischer Verein für das Königreich Sachsen" zu führen. Die staatlichen Landesbehörden sollten die statistischen Zusammenstellungen des Vereins mit vorhandenen Notizen und Mitteilungen unterstützen, sofern "ihnen nicht dabei ein erhebliches, nach Befinden zur höchsten Entschließung anzuzeigendes Bedenken beigeht"[16]. Der sächsische Obrigkeitsstaat hatte sich statistisch noch nicht emanzipiert. Mit den Agrar-, Verwaltungs- und Verfassungsreformen im Königreich Sachsen nach 1830 wurde dies nachgeholt, deshalb verwundert es nicht, daß die Kommerzien-Deputation diesen Reformen zum Opfer fiel, um einer moderneren, wenn auch noch nicht modernen, statistischen Verwaltung Platz zu machen[17].

---

14 Ebd., Bl. 70. Die wegen besserer Einrichtung der Official Anzeigen geschehenen Vorschläge betreffend. Hervorhebungen im Original.
15 Ausführlich beschrieben in Beilage zu No. 5 der *Leipziger Zeitung*, Do., den 6. Januar 1831. Abgedruckt mit den entsprechenden Tabellenvordrucken in ebd., Bl. 158.
16 Ebd., Bl. 160.
17 Vgl. *St.A.D., Finanzarchiv*, Loc. 32943: Acta. Die an die Stelle der Landes-Regierung und der Commerzien-Deputation tretenden Behörden betr., 1831.

Abb. 1: Deckblatt für Zählbogen 1834

Quelle: StA Dresden, Loc. 39863, Die in Gemäßheit des 22. Art. des Zoll-Vereinigungs-
vertrags periodisch zu veranstaltende Aufnahme der Bevölkerung, Gewerbestatistik,
1834-1851, Bl. 6.

3.2. Der Statistische Verein (1831-1849)

Es mag erstaunen, daß die Regierung eines industriell so weit entwickelten Landes wie das Königreich Sachsen in den ersten drei Jahrzehnten des 19. Jahrhunderts nicht die dringende Notwendigkeit verspürte, eine statistische Landeszentrale zu errichten, doch konservative Politik und gewerbliche Liberalität schließen sich nicht aus. Erst eine Reihe von landwirtschaftlichen und gewerblichen Krisen in dem Jahrzehnt nach 1815, der Tod des feudal-absolutistischen Monarchen Friedrich August I. im Jahr 1827 und schließlich das Überschwappen der Französischen Revolution von 1830 auf Sachsen machten die Durchführung von Reformen unausweichlich[18]. Mit dem Übergang zum Verfassungsstaat wurde am 11. April 1831 der halbamtliche Statistische Verein ins Leben gerufen, dessen Aufgabe es war, die staatlichen Behörden durch die Sammlung "zuverlässiger" Nachrichten über den Zustand des Landes und seiner Bewohner zu informieren. Er gab in unregelmäßigen Abständen *Mittheilungen des statistischen Vereins für das Königreich Sachsen* (1. Lieferung, 1831 - 18. Lieferung, 1849) heraus. Der erste Vorsitzende des Vereins wurde der spätere Finanzminister Heinrich A. von Zeschau. Der halbamtliche Charakter dieser Behörde führte zu einem anhaltenden Kompetenzgerangel mit den übergeordneten staatlichen Stellen, das gewöhnlich zuungunsten besserer statistischer Erhebungen ausgetragen wurde. Dem Verein wurde als erste größere Aufgabe eine Volkszählung vom 3. Juli 1832 mittels Hauslisten übertragen, d.h. eine individuelle Ermittlung der Einwohner. Dies bedeutete eine erhebliche Verbesserung gegenüber den Konsumentenlisten, aber es fehlte nicht nur "den Anweisungen zur Ausfüllung der Erhebungslisten in vielen Punkten an terminologischer Klarstellung"[19], sondern dem Verein auch an finanziellen Mitteln zu einer methodisch exakten statistischen Auswertung. Der Versuch, mit Unterstützung staatlicher Behörden ein Netz von Zweigvereinen bzw. Ortsgruppen über das ganze Land zu legen, scheiterte; dies hätte auch den ursprünglichen Konstruktionsfehler nicht zu beseitigen vermocht.

Mit dem Beginn des Deutschen Zollvereins am 1. Januar 1834 wurden dem Statistischen Verein neben den Volkszählungen eine Reihe weiterer Aufgaben übertragen. Nach Artikel 22 des Zollvereinsvertrages gehörten dazu Viehzählungen, Ernteertrags- und Preisstatistiken, statistische Ermittlungen über das Unterrichtswesen, das Medizinal- und Justizwesen, den Marktverkehr, der Gewerbe- und Handelsstatistik, die Bearbeitung des Ortsverzeichnisses und anderes mehr. Damit war der Verein bei weitem organisatorisch, personell und finanziell überfordert, was sich auch in den Akten niedergeschlagen hat[20]. Seine letzte große Aufgabe, die mit der Volkszählung von 1846 verbun-

---

18 Vgl. H. Kiesewetter, *Industrialisierung* (wie Anm. 2), S. 54 ff.
19 So Arno Pfütze, Die Entwicklung der amtlichen Landesstatistik in Sachsen. Zum 100jährigen Bestehen der statistischen Landeszentrale Sachsens, in: *Zeitschrift des Sächsischen Statistischen Landesamtes*, 76. Jg., 1930, S. 6.
20 Vgl. *St.A.D., Finanzarchiv*, Loc. 39863, vol. I: Acta. Die in Gemäßheit des 22sten Art. des Zoll-Vereinigungs-Vertrags, periodisch zu veranstaltende Aufnahme der Bevölkerung. Gewerbe-Statistik betr., 1834-1849.

dene gewerbestatistische Aufnahme, legt davon beredtes Zeugnis ab[21]. Sie wurde in keiner Weise den statistischen Bedürfnissen eines Industriestaates, zu dem das Königreich Sachsen sich inzwischen emporgeschwungen hatte, gerecht. Die begrifflichen Zuordnungen waren so unklar, daß man sich kurz nach der Veröffentlichung der Ergebnisse 1849 entschloß, eine weitere Gewerbezählung in Sachsen durchzuführen.

Leider werden die verfälschenden Angaben dieser ersten zollvereinsländischen Gewerbezählung von 1846, besonders was die Vergleiche mit dem Königreich Sachsen betrifft, in der modernen wirtschaftshistorischen Literatur immer wieder benutzt. Damit soll nicht gesagt werden, daß Sachsen in seiner Statistik gegenüber anderen deutschen Staaten besonders rückständig gewesen sei, doch die sächsische Statistik war dem industriell fortgeschrittensten Bundesstaat nicht angemessen. Nach den Agrar-, Verwaltungs- und Verfassungsreformen zu Beginn der 1830er Jahre wurden verstärkt Überlegungen angestellt, die statistischen Grundlagen zu verbessern, aber die Furcht vor einem Alleingang unter den deutschen Mittelstaaten im Zollverein und die damit verbundenen Kosten ließen offenbar davor zurückschrecken[22]. Trotzdem – oder gerade deswegen? – war die sächsische Ministerialbürokratie auf fast allen Ebenen bemüht, statistisches Material zusammenzutragen[23].

3.3.   Das Statistische Bureau bis zur Reichsgründung (1850-1870)

Durch Verordnung vom 2. August 1850 wurde als staatliche statistische Zentralstelle das *Statistische Bureau des Ministeriums des Innern* errichtet. Damit war zum erstenmal im Königreich Sachsen eine amtliche statistische Verwaltung geschaffen worden. Gleichzeitig wurde die Statistik organisatorisch von der übrigen Verwaltung als selbständige Einheit losgelöst, um relativ unabhängig und in größerem Umfang systematische statistische Erhebungen vornehmen zu können[24]. Zwar hatte Ernst Engel nach den revolutionären Unruhen 1848 die Errichtung eines "Wirtschaftsministeriums"[25] gefordert, aber die nachrevolutionäre sächsische Regierung hielt dies für überflüssig und gliederte das Statistische Bureau der II. – später der III. – Abteilung des Innenministeriums an. Revolution

---

21 Vgl. Übersicht der Gewerbe im Königreich Sachsen nach der Zählung am 3. December 1846, in: *Mittheilungen des statistischen Vereins für das Königreich Sachsen*, 18. Lief., 1849. IV, 90 Seiten.

22 Vgl. dazu *St.A.D., Ministerium der Finanzen*, Nr. 10883: Acta. Statistik, 1812-1852. *Ministerium des Innern*, Nr. 1398a-c: Acta. Beiträge zur Gewerbs-Statistik von Sachsen betr., 1835-1849.

23 Vgl. die umfangreichen Sammlungen im *St.A.D., Statistisches Büro*, vol. I-X: Acta. Königreich Sachsen im allgemeinen, besonders Sammlung von Zeitungsausschnitten und chronikalischen Notizen betr. Topographie, Volkskunde, Geschichte, Finanzwesen, Justiz und Verwaltung, Medizinalwesen, Soziales Leben, Armenwesen, Stiftungen, Kirchen- und Schulwesen, Kunst und Wissenschaft, Landwirtschaft, Industrie, Handel und Verkehr, 1800-1871.

24 Über allgemeine Verwaltungsangelegenheiten, die die Staatsregierung und Ministerien betrafen und nicht eigentlich statistischen Inhalts waren, informiert das jährlich erschienene *Staats-Handbuch für das Königreich Sachsen*, 1837-1914.

25 Vgl. Ernst Engel, Ueber die Organisazion eines Ministeriums für Industrie, Handel, Land- und Forstwirthschaft, in: *Deutsche Gewerbezeitung und Sächsisches Gewerbe-Blatt* 13, 1848, Nr. 76, Fr., 22. Sept., S. 453-456 und Nr. 79, Di., 3. Okt., S. 472-476.

und Restauration hatten jedoch bewirkt, daß das Innenministerium am 8. Juli 1850 beschloß, "in Anerkennung der Gewichtigkeit der von dem Direktorium des Statistischen Vereins für einen baldigen Übergang der statistischen Arbeiten in die Hände des Ministeriums vorgebrachten Gründe vom 1. August 1850 an die fernere Leitung der statistischen Angelegenheiten selbst unmittelbar in die Hände zu nehmen". 45 Jahre nachdem Freiherr vom Stein in Preußen ein statistisches Büro errichtet hatte, konnte das Königreich Sachsen eine staatliche statistische Landeszentrale eröffnen.

Die in methodischer und systematischer Hinsicht beachtliche Entwicklung der sächsischen Statistik in den beiden folgenden Jahrzehnten ist wesentlich dem ruhelosen Engagement zweier Männer zu verdanken, die zur Weiterentwicklung der sächsischen, deutschen und internationalen Statistik wichtige Anregungen gegeben haben: nämlich Christian Weinlig und Ernst Engel.

Weinlig, am 9. April 1812 in Dresden geboren, wurde zuerst Arzt, habilitierte sich 1840 in Leipzig für Mineralogie, Geognosie und Technologie und war dann kurz Professor der Nationalökonomie in Erlangen, bevor er am 1. November 1846 als Geheimer Regierungsrat und Vorsteher der Abteilung für Handel, Gewerbe, Fabrikwesen und Landwirtschaft in die Dienste des sächsischen Ministeriums des Innern trat. Vom 24. Februar bis 30. April 1849 kurze Zeit Innenminister in der bürgerlichen Revolutionsregierung, übernahm er seit August 1851 die neue Abteilung für Industrie und Gewerbe unter dem Minister Richard Freiherr von Friesen. Vom 1. August 1858 bis zu seinem Tode am 19. Februar 1873 verwaltete Weinlig auch das Statistische Bureau. Während dieser Zeit ergriff er auch die Initiative zur Anlegung sogenannter Ortsfaszikel, in denen seit Anfang der 1860er Jahre für jede sächsische Gemeinde die wichtigsten statistischen Nachweisungen, besonders die Ortslisten, gesammelt wurden.

Ernst Engel, am 16. März 1821 in Dresden geboren, wandte sich in jungen Jahren dem Bergbau zu und absolvierte ein Studium des Bergfachs in Freiberg und Paris. Von der Gründung bis zum 1. August 1858 war er Leiter und Vorstand des Statistischen Bureaus in Dresden, trat dann wegen ungerechtfertigter Angriffe von Mitgliedern der beiden sächsischen Kammern zurück und wurde nach dem Tode von C. F. W. Dieterici 1860 als Direktor des preußischen Statistischen Bureaus nach Berlin berufen.

Das Zusammenwirken dieser beiden Männer hat die sächsische Statistik ungemein befruchtet, denn sie drängten auf eine weitere Zentralisierung statistischer Erhebungen und Auswertungen im statistischen Amt und auf die Ausstattung mit entsprechend geschultem und wissenschaftlichem Personal, ohne das die aufwendigen Rechenarbeiten gar nicht durchgeführt werden konnten. Gleich nach Amtsantritt gab Engel die *Statistischen Mittheilungen*[26] heraus, in denen die statistischen Erhebungsmethoden wie die analytische Auswertung auf neue Grundlagen gestellt wurden. Die umfangreiche Volks-, Berufs- und Gewerbezählung von 1849 wurde dort in technisch-statistischer Beziehung vorbildlich dokumentiert und analysiert. Es war die erste halbwegs verläßliche Gewerbestatistik Sachsens, sie wies nach, daß 15,3% der erwerbstätigen sächsischen Bevölkerung

---

26 *Statistische Mittheilungen aus dem Königreich Sachsen.* Herausgegeben vom Statistischen Bureau des Ministeriums des Innern, 1.-4. Lieferung, Leipzig/Dresden 1851-1855.

im sekundären Sektor beschäftigt wurde. Außerdem veröffentlichte Engel 1853 ein *Jahr-buch*[27], in dem er versuchte, die statistischen Erhebungen in Sachsen von 1830 bis 1851 zusammenzufassen. Um eine kontinuierliche Veröffentlichung statistischer Erhebungen zu gewährleisten, wurde ab 1855 die *Zeitschrift*[28] herausgegeben. Sie blieb fast 90 Jahre lang das Standardwerk für die sächsische Statistik.

3.4. Die sächsische Statistik im Kaiserreich (1871-1914)

Zum Zeitpunkt der Gründung des Deutschen Reichs am 18. Januar 1871 war das "Statistische Büro immer mehr zur wirklichen Landeszentrale und zum Hauptträger der gesamten staatlichen Statistik und zur Sammelstelle aller statistischen Nachweise des Landes"[29] geworden. Organisatorisch selbständig waren noch die staatlichen Verkehrs- und Versicherungsanstalten, wie Post und Staatseisenbahnen, Brandversicherung und Landesversicherungsanstalt, das Bergamt zu Freiberg, das Landesmedizinalkollegium, das Landeskonsistorium und natürlich die Heeresverwaltung. Um über alle diese Bereiche überblicksartige Informationen bereitzustellen, wurde für das Jahr 1870 zum erstenmal mit der *Zeitschrift* der *Kalender für das Königreich Sachsen* herausgegeben. Er enthielt außer den statistischen Übersichten Kalenderangaben, meteorologische und astronomische Mitteilungen sowie ein Verzeichnis der Messen, Kram-, Vieh- und Wollmärkte. Seit 1873 wurden die wichtigsten statistischen Angaben jährlich in einem *Statistischen Jahrbuch*[30] veröffentlicht.

Aufbauend auf den vom *Zentralbureau des Zollvereins* initiierten und von allen Zollvereinsstaaten durchgeführten dreijährigen Volkszählungen und den Gewerbeaufnahmen der Jahre 1846 und 1861 begann nach der Reichsgründung eine weitere Etappe fortschreitender Vereinheitlichung statistischer Erhebungen, der sich die sächsische Statistik nicht entziehen konnte. Um reichseinheitliche Maßstäbe zu erarbeiten, wurde 1872 ein besonderes statistisches Reichsamt, das Kaiserliche Statistische Amt, gegründet, dessen durch Reichsgesetze erweiterten Kompetenzen auch eine Koordinierung der bundesstaatlichen Statistiken auf einheitlicher Grundlage vorsahen. Die Vereinheitlichung der amtlichen Statistik ist durch die Zusammenarbeit des Reichsamts und der landesstatistischen Zentralbüros tatsächlich gefördert worden. Das Statistische Bureau in Dresden z.B. führte die einzelnen Zählungen für das Königreich Sachsen durch und bearbeitete das Urmaterial, das Reichsamt stellte die Landestabellen

27 *Jahrbuch für Statistik und Staatswirthschaft des Königreichs Sachsen.* Im Auftrage des Statistischen Bureaus des Königl. Sächs. Ministeriums des Innern bearbeitet und herausgegeben von Dr. Ernst Engel, I. (einziger) Jahrgang, Dresden 1853.

28 *Zeitschrift des Statistischen Bureaus des Königlich Sächsischen Ministeriums des Innern I*, 1855 – XII, 1866. Fortgesetzt als: *Zeitschrift des K. Sächsischen Statistischen Bureau's XII*, 1867 – 50, 1904 und *Zeitschrift des (K.) Sächsischen Statistischen Landesamtes* 51, 1905 ff.

29 A. Pfütze, Entwicklung, (Anm. 19), S. 6.

30 Vgl. *Kalender und Statistisches Jahrbuch (nebst alphabetischem Ortsverzeichnisse) für das Königreich Sachsen und Marktverzeichnissen für Sachsen und Thüringen auf das Jahr* 1873-1904. Ab 33, 1905 – 43, 1916/17 wurde das *Statistische Jahrbuch für das Königreich Sachsen* allein weitergeführt; ab 44, 1918/20 hieß es: *Statistisches Jahrbuch für den Freistaat Sachsen.*

zusammen und veröffentlichte die Erhebungsergebnisse[31]. Leiter der statistischen Landeszentrale in Sachsen wurden für eine Übergangszeit nach Weinlig Theodor Petermann und Julius A. Hülße.

Mit dem Eintritt von Viktor Böhmert als Direktor (1. April 1875 bis 31. März 1895), der gleichzeitig auf eine Professur für Nationalökonomie und Statistik am Polytechnikum (später Technische Hochschule) in Dresden berufen wurde, wurde eine Neuordnung der statistischen Verwaltung eingeleitet. Das Statistische Bureau erhielt eine größere Selbständigkeit, das Personal wurde auf 24 ständige Mitarbeiter vermehrt, und der Etat auf 19.000 Taler (1855: 8.000) aufgestockt. Böhmert widmete sich verstärkt u.a. dem weiteren Ausbau der Bevölkerungsstatistik, wie sie durch das Reichsgesetz vom 6. Februar 1875 sowie die ein Jahr später eingeführte Beurkundung des Personenstandes und der Eheschließungen – statt Kirchenzettel wurden nun standesamtliche Meldekarten benutzt – vorgeschrieben worden war. Zu Fragen der Bevölkerung und ihrer Komponenten entfaltete er eine reiche Publikationstätigkeit in der *Zeitschrift*[32]. In seine Amtsperiode fielen die drei Volkszählungen von 1880, 1885 und 1890 sowie die Gewerbezählungen von 1875 und 1882. Offenbar wurde er dadurch angeregt, Abhandlungen zur Theorie und Technik der Statistik sowie statistischer und volkswirtschaftlicher Fragen zu verfassen. Seit dem Jahre 1875/76 kamen als Erhebungsarten die Einkommensteuerstatistik, die Arbeiterzählungen und die Statistik der Dampfmaschinen und Dampfkessel hinzu[33].

---

31 Die fortschreitende Industrialisierung und die starke Bevölkerungszunahme in den verschiedenen Regionen des Königreichs Sachsen führte dazu, daß 1867 in Leipzig, 1873 in Chemnitz, 1874 in Dresden und 1876 in Plauen kommunalstatistische Ämter errichtet wurden. Vgl. *Jahres-Bericht der Handels- und Gewerbekammer* zu Chemnitz; zu Dresden; zu Leipzig; zu Plauen; zu Zittau; 1, 1863 ff.

32 Victor Böhmert, Die neuen Grundlagen für die Statistik der Bevölkerungsbewegung im Königreiche Sachsen, in: *Zeitschrift des K. Sächsischen Statistischen Bureau's (ZKSSB)* XXI, 1875, S. 82-89; ders., Bericht über die Volkszählung im Königreiche Sachsen am 1. December 1875, in: *ZKSSB* XXII, 1876, S. 44-197; ders., Die sächsische Bevölkerung nach den Religionsbekenntnissen von 1834-1875, in: ebd., S. 307-310; ders., Die Bevölkerung Sachsens nach Geschlecht, Civilstand und Alter am 1. December 1875, in: ebd., S. 311-316; ders., Die Statistik der Gebrechlichen im Königreich Sachsen in den Jahren 1834-1875, in: *ZKSSB* XXIII, 1877, S. 20-27; ders., Die Statistik der tödtlichen Verunglückungen und Selbstmorde in Sachsen von 1847-1876, in: ebd., S. 28-38 u. 108; ders., Die sächsische Volkszählung vom 1. December 1880, in: *ZKSSB* XXVII, 1881, S. 1-182; ders., Die sächsische Volkszählung vom 1. December 1885, in: *ZKSSB* XXXII, 1886, S. 1-183; ders., Bevölkerungs- und Wohlstands-Verhältnisse im Königreich Sachsen, in: *Volkswohl*. Extranummer XI, 1887. Nr. 7/8 der *Mittheilungen des Dresdner Bezirksvereins gegen den Mißbrauch geistiger Getränke* III, 1886, S. 26-28; ders., Die Bevölkerung Sachsens nach ihrer Gebürtigkeit, in: *ZKSSB* XXXIV, 1888, S. 131-181; ders., Die Altersverhältnisse der sächsischen Bevölkerung nach der Volkszählung von 1885, in: *ZKSSB* XXXV, 1889, S. 25-43; ders., Die sächsische Volkszählung vom 1. Dezember 1890, in: *ZKSSB* XXXVII, 1891, S. 51-231; ders., Die Staatsangehörigkeit und Gebürtigkeit der sächsischen Bevölkerung nach den fünf Volkszählungen von 1871-1890, in: *ZKSSB* XXXVIII, 1892, S. 219-233.

33 Vgl. zu 1. Victor Böhmert, Die Ergebnisse der sächsischen Einkommensteuer-Einschätzungen, in: *ZKSSB* XXI, 1875, S. 127-141; ders., Die Resultate der Einkommensteuer in Sachsen von 1875-1882 im Vergleiche mit Preußen, in: *ZKSSB* XXVIII, 1882, S. 184-200; ders., Die Resultate der sächsischen Einkommensteuer von 1875-1884, in: *ZKSSB* XXXI, 1885, S. 35-117; ders., Die Ergebnisse der sächsischen Einkommensteuer von 1879-1886, in: *ZKSSB*

Mit großem Engagement hat sich Böhmert während seiner 20jährigen Tätigkeit außerhalb der überwiegend statistischen Arbeiten der Sozialpolitik und Wohlfahrtspflege
gewidmet, d.h., der zu seiner Zeit drängenden "Arbeiterfrage" bzw. der "Sozialen Frage",
die ihn neben den Analysen über Arbeitslosigkeit, Arbeitsvermittlung, Löhne, Sparkassen, Bettelei und Armenwesen zeitlebens beschäftigt haben. Es gelang ihm, diese sozialpolitischen Fragen mit seinen theoretischen und praktischen Kenntnissen der Statistik
zu verbinden[34]. "In seiner Doppeleigenschaft als Direktor des Statistischen Büros und
als Hochschulprofessor hat er eine innigere Verbindung von Praxis und Wissenschaft geschaffen und dabei die praktische Verwaltungsstatistik insofern gefördert, als er in dem
von ihm begründeten statistischen Seminar für die Ausbildung junger Statistiker und die
Fortbildung der praktisch tätigen statistischen Kräfte Sorge getragen hat."[35]

Der Nachfolger Böhmerts war seit 1. April 1895 Arthur Geißler (bis 5. Februar
1902). In seine Zeit fallen die Volkszählungen von 1895 und 1900 sowie die Berufs- und
Gewerbezählung von 1895. Auch er hat zahlreiche methodische und statistische
Untersuchungen zu demographischen und gewerblichen Themen in den Jahrgängen der
Zeitschrift veröffentlicht, auf die hier jedoch nicht eingegangen werden soll, da sich
gegenüber den vorhergehenden Zählungen – außer der Einführung der Individual-
Zählblättchen seit 1895 – nichts wesentliches in der sächsischen Statistik verändert hat.

XXXIII, 1887, S. 42-110; ders., Die sächsische Einkommensteuerstatistik von 1879-1888, in:
ZKSSB XXXV, 1889, S. 57-131; ders., Die sächsische Einkommensteuer-Statistik von 1875-
1890, in: *ZKSSB* XXXVII, 1891, S. 1-50; ders., Sächsische Einkommensteuerstatistik von 1875-
1892, in: *ZKSSB* XXXIX, 1893, S. 17-67; ders., Sächsische Einkommensteuerstatistik von
1875-1894, in: *ZKSSB* XL, 1894, S. 201-231. Zu 2. Victor Böhmert, Die Statistik der
Arbeiterverhältnisse und Wohlfahrtseinrichtungen, in: *ZKSSB* XXV, 1879, S. 1-14; ders., Zur
Statistik der Arbeitslosigkeit, der Arbeitsvermittelung und der Arbeitslosen-Versicherung, in:
ZKSSB XL, 1894, S. 160-200. Zu 3. Victor Böhmert, Die Statistik der Dampfkessel und
Dampfmaschinen im Königreiche Sachsen nach der amtlichen Zählung im Jahre 1878, in:
ZKSSB XXV, 1879, S. 40-48.

34   Vgl. etwa Victor Böhmert, Die Sparkassen des Königreichs Sachsen in den letzten 30 Jahren,
     in: *ZKSSB* XXIV, 1878, S. 95-164; ders., Urkundliche Geschichte und Statistik der Meissner
     Porzellanmanufactur von 1710 bis 1880 mit besonderer Rücksicht auf die Betriebs-, Lohn-
     und Kassenverhältnisse, in: *ZKSSB* XXVI, 1880, S. 44-93; ders., Die statistischen Aufgaben
     der Gemeindebehörden mit besonderer Rücksicht auf Armenpflege und Armenstatistik, in:
     ZKSSB XXVIII, 1882, S. 1-12; ders., Über Armenwesen und Armenstatistik mit besonderer
     Rücksicht auf die sächsische Erhebung für das Jahr 1880, in: ebd., S. 13-129; ders., Das Ar-
     menwesen der Städte Dresden und Leipzig nach der Armenstatistik vom Jahre 1880, in:
     ZKSSB XXIX, 1883, S. 1-85; ders., Zur Statistik der sächsischen Bezirksarmenanstalten, in:
     ebd., S. 151-183; ders., Zur Statistik der städtischen Armenarbeiterhäuser im Königreiche
     Sachsen, in: ebd., S. 184-195; ders., Die Statistik der bestraften Bettler und Vagabunden im
     Königreiche Sachsen vom 1. April 1879 bis December 1883, in: ebd., S. 196-202; ders., Das
     sächsische Sparkassenwesen von 1821-1881, in: ebd., S. 205-210; ders., Die Ergebnisse der
     Reichsarmenstatistik für das Jahr 1885 im Königreiche Sachsen, in: *ZKSSB* XXXIII, 1887, S.
     167-272; ders., Sächsische Bettler- und Vagabunden-Statistik von 1880 bis 1887, in: *ZKSSB*
     XXXIV, 1888, S. 14-27; ders., Die weiteren Ergebnisse der sächsischen Armenstatistik für das
     Jahr 1885, in: ebd., S. 41-89; ders., Landarmenstatistik, in: ebd., S. 91-110; ders., Das sächsi-
     sche Sparkassenwesen von 1849 bis 1888, in: *ZKSSB* XXXVI, 1890, S. 183-238; ders., Die
     Ergebnisse der sächsischen Armenstatistik in den Jahren 1880, 1885 und 1890, in: *ZKSSB*
     XXIX, 1893, S. 102-149; ders., Volkswirtschaftliche Entwicklung und Arbeiterfürsorge im Kö-
     nigreich Sachsen von 1873-1898, in: *Der Arbeiterfreund* 37, 1899, S. 11-26.
35   A. Pfütze, Entwicklung, (Anm. 19), S. 10.

Mit dem 1. August 1902 übernahm Eugen Würzburger, der vorherige Direktor des städtischen Statistischen Amtes in Dresden, die Leitung des Statistischen Bureaus, die er als Präsident bis zum 30. September 1923 innehatte. In seine Amtszeit bis 1914 fiel nicht nur der weitere Ausbau des Bureaus – im Jahre 1913 wurden 108 Personen beschäftigt und der Etat belief sich 1913/14 auf 559.406 Mark –, sondern neben den Volkszählungen von 1905 und 1910 sowie der Berufs- und Betriebszählung von 1907, der letzten allgemeinen vor dem Weltkrieg – die nächste fand 1925 statt – [36], auch die Bodenbenutzungsaufnahmen von 1900 und 1913. Der regelmäßige Nachweis von Ehescheidungen und Legitimationen, Todesursachen sowie Selbstmorde und Unfälle wurde in die Bevölkerungsstatistik eingegliedert. Außerdem wurden die Schlacht- und Fleischbeschauungen, die Arbeitnehmerzählungen, die Binnenschiffahrtsstatistik, die Preisstatistik, die Montanstatistik, die staatliche und kommunale Steuerstatistik, die Unterrichtsstatistik oder die Wahlstatistik der statistischen Behörde zugeordnet. Eine Reihe neuer statistischer Erhebungen wurde eingeführt, etwa die Wohnungszählungen, die Statistik der Stellenvermittlung und Arbeitsnachweise, der Streiks und Aussperrungen sowie der Arbeitslosigkeit, des Genossenschaftswesens, der Gärtnereien, des Mühlengewerbes und der Kraftfahrzeuge. Die dadurch erforderliche weitere Zentralisierung der sächsischen Landesstatistik schlug sich auch in einem Namenswechsel nieder. Seit dem Jahre 1905 hieß es *Statistisches Landesamt*. Bei der Volkszählung von 1910 wurden zum ersten Mal in Deutschland vom sächsischen Landesamt Hollerith-Maschinen eingesetzt, d.h. eine elektrische Datenverarbeitung mittels Lochkarten (4,8 Millionen 1910!) begonnen, die allerdings nach Kriegsausbruch wieder eingeschränkt wurde. Nach dem Ersten Weltkrieg, 1919, wurde ein sächsisches Wirtschaftsministerium errichtet, dem das Landesamt unterstellt wurde.

4. Statistische Quellen zu einzelnen Sektoren

4.1 Die Bevölkerung

Wie bereits oben erwähnt wurde, schuf die statistische Erfassung der Bevölkerung eine der wichtigsten Quellen zur historischen Statistik Sachsens. In einem kurfürstlichen Generale von Friedrich August I. vom 7. Dezember 1700 wurden die sächsischen Ämter verpflichtet, festzustellen, "was für Städte, Flecken und Dörfer, auch wieviel Hufen, Familien und Manschaften jedes Orts"[37] vorhanden seien. Dies war zwar noch keine Bevölkerungsstatistik im neueren Sinne, gab aber der staatlichen Verwaltung ungefähre Anhaltspunkte über die "Familien und Manschaften" der siebzig Ämter des Kurfürstentums[38]. Seit dem Jahre 1743 bis in die 1820er Jahre sind jährliche Zusammenstellungen

---

36 Vgl. *Statistische Beiträge zur Bevölkerungs- und Wirtschaftsgeographie des Königreichs Sachsen. Nach den Ergebnissen der Berufs- und Betriebszählung vom 12. Juni 1907*, Dresden 1910.

37 Zitiert von K. Blaschke, Statistik, (Anm. 4), S. 21.

38 Die Amtsleute legten die Begriffe ganz unterschiedlich aus, so daß die Ergebnisse keine besondere Genauigkeit beanspruchen können. Es blieb unklar, was eigentlich gezählt werden

der Geborenen bzw. der Taufen, der getrauten Paare, der Gestorbenen bzw. der Beerdigungen sowie der Kommunikanten durchgeführt und erhalten geblieben[39]. Die protestantischen Pfarrämter lieferten diese Zahlen am Ende jeden Jahres an die geistlichen Oberbehörden, die Konsistorien, ab. Neben den *Konsumentenkonsignationen*, die die Bevölkerung nach drei Altersklassen – unter 14, von 14 bis 60, über 60 Jahre – sowie nach dem Geschlecht verzeichneten, bilden diese Angaben trotz Bedenken hinsichtlich deren Zuverlässigkeit ein ausgezeichnetes statistisches Material. Erst seit den Volkszählungen ab 1832 wurde mit Zählbögen gearbeitet. Vorher mußte man sich auf die Meldungen der Ortsobrigkeit verlassen, und da das Urmaterial für die einzelnen Gemeinden nicht erhalten geblieben ist, reichen die Zahlen für Kursachsen "nur" bis auf die Ämter als unterste Verwaltungseinheit des Staates hinunter.

Die Volkszählung vom 3. Juli 1832 nach Haushaltungslisten faßte die Bewohner jeden Hauses nach 12 Altersgruppen, den Familienstand und fünf verschiedenen Religionsbekenntnissen in *Generaltabellen* zusammen. Vor 1832 – und natürlich auch danach – wurden ab 1827 jährlich die Eheschließungen, Geburten und Sterbefälle ermittelt, ab 1830 kamen tödliche Unfälle und Selbstmorde hinzu[40]. In der nächsten Volkszählung vom 1. Dezember 1834 wurde die individuelle, namentliche Aufführung der gezählten Personen verlangt. In den folgenden Jahrzehnten bis zum Jahre 1867 wurden alle drei Jahre Volkszählungen, bis 1843 am 1., ab 1846 am 3. Dezember, abgehalten, die in den einzelnen Jahrgängen der *Mittheilungen* und der *Zeitschrift* detailliert dokumentiert sind[41]. Wegen des deutsch-französischen Kriegs fand die erste sächsische Volkszählung im Deutschen Reich am 1. Dezember 1871 statt. Von 1875 bis 1910 wurden sie im fünf-

---

sollte: Ansässige, Gärtner, Gesinde, Häusler, Hausgenossen, Hauswirte, Hüfner, Kinder, Knechte, Mägde, Männer oder Weiber.

39 Vgl. *St.A.D., Geheimes Konsilium*, Nr. 4529-4532: Acta. Verzeichnisse der geborenen, gestorbenen und getrauten Personen; ebd., Nr. 4653, vol. I: Acta. Specificationes deren im Fürstenthum Sachsen getraueten Paare und geborenen Kinder etc. betr., 1747-1807; vol. II: Acta. Gebohrne, Getaufte, Getraute, Gestorbene, ingl. Communicanten im Königreiche Sachsen betr., 1821. Auch *St.A.D., Kommerzien-Deputation*, Loc. 11162: Acta. Den Zustand der Bevölkerung im Königreiche Sachsen betr. auf die Jahre 1812, 1813, 1814, 1815, 1816 u. 1817; ebd., Loc. 11166: Acta. Den Zustand der Bevölkerung im Königreiche Sachsen betr. auf die Jahre 1818-1821, 1819-1829.

40 Um durchgehend vergleichbare Zahlen der Bevölkerungsbewegung für das Königreich Sachsen seit 1815 zu haben, sind von mir die archivalischen Daten von 1815 bis 1827 durch eine lineare Regression denen nach 1832 angeglichen worden. Vgl. Hubert Kiesewetter, Bevölkerungswachstum während der Industrialisierung im Königreich Sachsen 1815-1871, in: *Scripta Mercaturae*, 16. Jg., Heft 1, 1982, S. 79-108.

41 Bis 1850 zusammengefaßt von Ernst Engel in: *Bevölkerung. Zweite Abtheilung. Bewegung der Bevölkerung in den Jahren von 1834-1850*, Dresden 1852 (Statistische Mittheilungen aus dem Königreich Sachsen, 2. Lieferung).

Abb. 2: Bevölkerung von Kursachsen 1764-1781

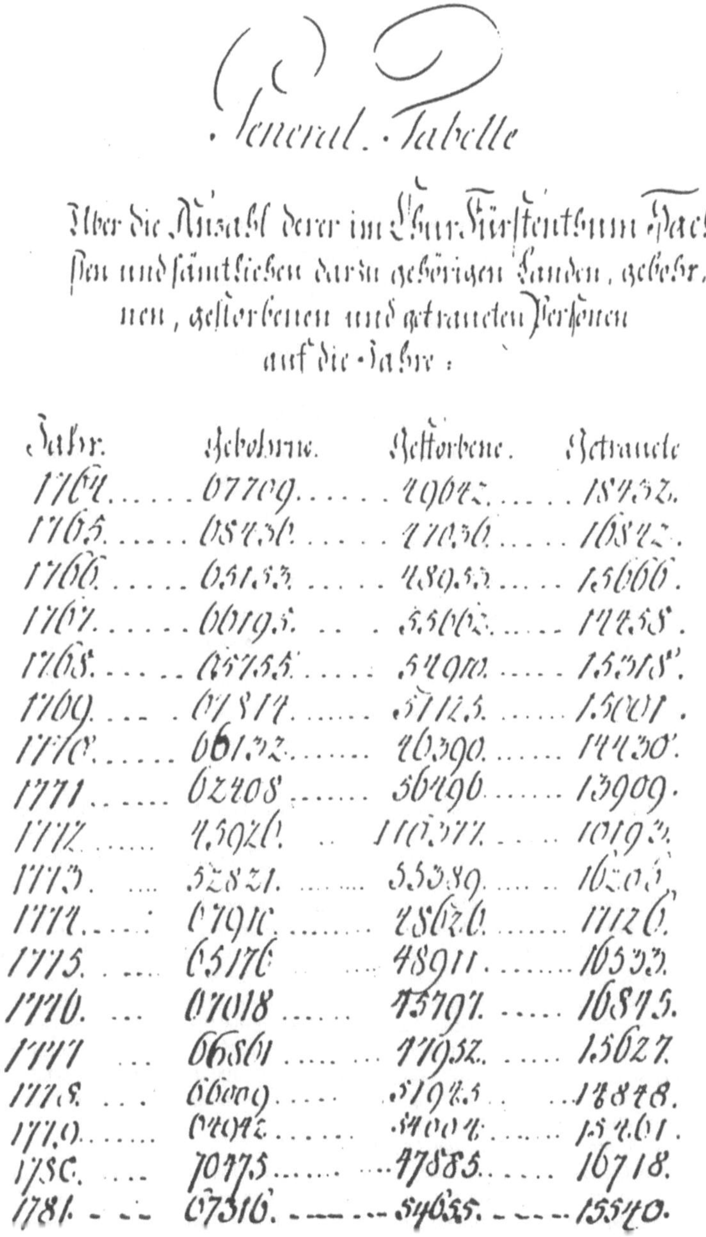

General-Tabelle

Über die Anzahl derer im Chur-Fürstenthum Sachsen und sämtlichen darzu gehörigen Landen, gebohrnen, gestorbenen und getrauten Personen auf die Jahre:

Jahr.	Gebohrne.	Gestorbene.	Getraute
1764	67709	29092	18452.
1765	68730	77036	16842.
1766	65153	48053	15666.
1767	66193	55002	17258.
1768	65755	54010	15318.
1769	67817	51125	15001.
1770	66132	76390	17430.
1771	62408	56496	13909.
1772	7,5026	110377	10193.
1773	52821	55589	16205.
1774	67910	48620	17126.
1775	65176	48911	16533.
1776	67018	75797	16875.
1777	66861	77952	15627.
1778	66009	51965	14848.
1779	67072	54004	15761.
1780	70775	47885	16718.
1781	67316	54655	15540.

Quelle: StA Dresden, Loc. 4653, Specificationes der im Fürstentum Sachsen getrauten Paare und geborenen Kinder Bd. 1, 1730-1814, Bl. 48.

jährigen Turnus jeweils am 1. Dezember – 1895 am 2. Dezember – abgehalten[42]. Wir können sagen, daß kein Bereich der sächsischen Wirtschaft quellenmäßig so umfassend statistisch dokumentiert ist wie die Veränderungen in der Bevölkerung von 1750 bis 1914.

4.2. Die Landwirtschaft

Agrarstatistische Erhebungen und Viehbestandsaufnahmen waren für ein Land wie Sachsen, das schon im 18. Jahrhundert, besonders aber nach der Teilung 1815 Nahrungsmittel einführen mußte, von eminent wichtiger Bedeutung[43]. So wurde denn auch gleich nach dem Siebenjährigen Krieg eine *Oekonomische Gesellschaft*[44] gegründet, die sich um die Verbesserung des Landbaus und die Zusammenstellung statistischer Angaben über die sächsische Landwirtschaft (*Ökonomie*, daher der Name!) große Verdienste erworben hat. Seit 1755 wurden in unregelmäßigen Abständen die Erträge von Roggen ("Korn"), Weizen, Gerste, Hafer, Heidekorn, Erbsen und Kartoffeln ("Erdäpfel") sowie der Obstbäume erfaßt; seit 1768 auch die Pferde, Ochsen, Kühe, Schafe und Schweine[45]. Zur Förderung des Obstbaues wurde erstmals am 11. Mai 1726 ein Mandat erlassen und den Pfarrern eingeschärft, daß Eheleute auf dem Lande vor oder im ersten Jahr nach der Hochzeit sechs gute Bäume pflanzen sollten. In dem Jahrzehnt nach 1771 wurden 461.382 Bäume, davon 301.443 Obstbäume, von jungen sächsischen Eheleuten gepflanzt.

Diese Zahlen können wie alle anderen statistischen Angaben aus dieser Zeit keinen Anspruch auf große Genauigkeit erheben, doch sie geben uns für das ganze Kurfürstentum Sachsen erste quantitative Anhaltspunkte, die im Vergleich mit der späteren Periode wichtige Informationen liefern. A. Schumann kommentierte 1822 frühere Erhebun-

---

42 Die statistische Dokumentation und Analyse der sächsischen Bevölkerungsbewegung in der "Zeitschrift" ist so umfangreich, daß sie hier nicht im einzelnen angegeben werden soll. Zusammengefaßte statistische Reihen finden sich in: Georg Lommatzsch, *Die Bewegung des Bevölkerungsstandes im Königreiche Sachsen während der Jahre 1871-1890 und deren hauptsächlichste Ursachen*, Dresden 1894; Die Bewegung der Bevölkerung und die Todesursachen in den Jahren 1901 bis 1905. Mit Anhang: Die Bewegung der Bevölkerung in den Jahren 1827 bis 1906, nebst graphischen Darstellungen. Erläuterungen. Von Dr. Georg Lommatzsch, in: *Zeitschrift des K. Sächsischen Statistischen Landesamtes* 53, 1907, S. 109-178; Die Volkszählungs-Ergebnisse von 1832 bis 1910, in: ebd. 61, 1915, S. 1-48; Georg Lommatzsch, Die Ergebnisse der Volkszählungen im Freistaat Sachsen in den Jahren 1834 bis 1925, in: *Zeitschrift des Sächsischen Statistischen Landesamtes* 72 u. 73, 1926 u. 1927, S. 2-62; Felix Burkhardt, Die Entwicklung der sächsischen Bevölkerung in den letzten 100 Jahren. Statistische Untersuchungen unter besonderer Berücksichtigung der Zusammenhänge zwischen Bevölkerung und Wirtschaft, in: ebd. 77, 1931, S. 1-69.
43 Vgl. H. Kiesewetter, *Industrialisierung*, (Anm. 2), S. 257 ff.
44 Vgl. Christian G. Ernst am Ende, *Die Oekonomische Gesellschaft im Königreiche Sachsen in ihrer geschichtlichen Entwickelung seit 120 Jahren*, Dresden 1884; *Festschrift zum 150jährigen Bestehen der Ökonomischen Sozietät zu Leipzig und der Ökonomischen Gesellschaft im Königreiche Sachsen zu Dresden*, Leipzig o. J. (1914). Nach 1815 wurden: *Schriften und Verhandlungen der Oekonomischen Gesellschaft im Königreiche Sachsen* 1, 1818 ff., herausgegeben.
45 Statistische Angaben für die zweite Hälfte des 18. Jahrhunderts finden sich in A. Pfütze, *Entwicklung*, (Anm. 19), S. 4.

gen folgendermaßen: "Also erntete man 1799 doppelt soviel Korn, 3 1/2 mal soviel Weitzen, fast doppelt soviel Gerste, fast doppelt soviel Hafer; 1/4 mehr Heidekorn, 2 1/2 mal soviel Erbsen und 20 mal soviel Erdäpfel als 44 Jahre zuvor. Nun ist zwar 1799 ein fruchtbares Jahr gewesen; aber man bedenke, daß seitdem wieder der Ackerbau, besonders durch den allgemein gewordenen Kleebau und durch die Erdäpfelfütterung, unendliche Fortschritte gemacht hat, und daß die offiziellen Ernteregister allemal, aus leicht begreiflichen Ursachen, weit unter der Wahrheit zurückbleiben"[46]. Leider gibt es keine entsprechenden Angaben für die Zahl und Größe der landwirtschaftlichen Betriebe.

Im Königreich Sachsen wurde laut Mandat vom 9. Juli 1812 eine umfangreiche Viehzählung angeordnet, aber sie kam wegen des Krieges nicht zur Ausführung. Nach der Abtretung der überwiegend landwirtschaftlichen Gebiete Sachsens an Preußen 1815 kamen die statistischen Aufnahmen ins Stocken, obwohl vor allem im Staatsarchiv Dresden und in anderen sächsischen Archiven umfangreiches Material ruht, das ausgewertet werden müßte. Erst ab 1834 fanden wieder regelmäßige Viehzählungen statt – auch der sächsische Fleischverbrauch wurde ab 1835 jährlich erhoben – die ebenfalls in der *Zeitschrift* statistisch und quellenmäßig genau festgehalten wurden[47]. Von 1906 bis 1914 fanden jährliche Viehzählungen statt[48].

Leider sind nicht alle Bereiche der sächsischen Landwirtschaft im 19. Jahrhundert quellenmäßig so gut dokumentiert wie die Pferde, Ochsen, Kühe, Rinder, Schafe oder Schweine und der Fleischverbrauch der sächsischen Bevölkerung. Erst nachdem sich 1839 der Zentralverein zur Beförderung der Landwirtschaft im Königreich Sachsen gebildet hatte und Theodor Reuning (1808-1876)[49] am 5. September 1843 als Geschäfts-

---

46 August Schumann, *Vollständiges Staats-Post und Zeitungs-Lexikon von Sachsen; enthaltend eine richtige und ausführliche geographische, topographische und historische Darstellung aller Städte, Flecken, Dörfer, Schlösser, Höfe, Gebirge, Wälder, Seen, Flüsse etc. gesammter Königl. und Fürstl. Sächsischer Lande mit Einschluß des Fürstenthums Schwarzburg, des Erfurtschen Gebietes, so wie der Reußischen und Schönburgischen Besitzungen*, Bd. 9, Zwickau 1822, S. 704.

47 Statt Einzelbelege vgl.: Ernst Engel, Die Veränderungen des Viehbestandes in Sachsen während der letztverflossenen 100 Jahre, namentlich in der Zeit von 1834 bis 1853, mit Rücksicht auf die Zunahme der Bevölkerung, in: *Zeitschrift für deutsche Landwirthe* VII, 1856, S. 193-203; Die Statistik der Viehzucht und die Hauptresultate der Viehzählungen im Königreiche Sachsen in den Jahren 1834, 1837, 1840, 1844, 1847, 1850, 1853, in: *Zeitschrift des Statistischen Bureaus des Königlich Sächsischen Ministeriums des Innern* I, 1855, S. 161-184; Victor Böhmert, Die sächsischen Viehzählungen von 1834-1883, in: *Zeitschrift des K. Sächsischen Statistischen Bureaus* XXX, 1884, S. 89-132; Oskar Sieber, Die Ergebnisse der im Königreiche Sachsen in den letzten 60 Jahren und seit der ersten allgemeinen Aufnahme vom Jahre 1834 vorgekommenen Viehzählungen: ebd. XXXIX, 1893. Supplementheft.

48 Vgl. Die Viehzählung vom 1. Dezember 1906; Die Viehzählung vom 2. Dezember 1907; Die Viehzählung vom 1. Dezember 1908; Die Viehzählung vom 1. Dezember 1909; Die Viehzählung vom 1. Dezember 1910; Die Viehzählung vom 1. Dezember 1911; Die Viehzählungen vom 2. Dezember 1912 und vom 1. Dezember 1913; Die Viehzählung am 1. Dezember 1914, in: *Zeitschrift des K. Sächsischen Statistischen Landesamtes* 52, 1906, S. 333-338; 54, 1908, S. 86-132, 143-160; 56, 1910, S. 133-142; 57, 1911, S. 168-211; 58, 1912, S. 331-340; 60, 1914, S. 204-234, 377-388.

49 Er hat eine Fülle von statistischen Untersuchungen vorgelegt, von denen nur genannt seien: Theodor Reuning, *Die Entwickelung der Sächsischen Landwirthschaft in den Jahren 1845-1854. Amtlicher Bericht an das Königlich Sächsische Ministerium des Innern erstattet*, Dresden 1856;

führer des (staatlichen) landwirtschaftlichen Hauptvereins und später Generalsekretär der landwirtschaftlichen Vereine in sächsische Dienste trat, verbesserten sich die statistischen Aufnahmen zusehends. Seit Mitte der 1840er Jahre wurde vom landwirtschaftlichen Hauptverein für das Königreich Sachsen in Gemeinschaft mit der ökonomischen Gesellschaft zu Dresden und der Leipziger ökonomischen Sozietät eine *Landwirthschaftliche Zeitschrift* (1. Jg. 1845) herausgegeben, die ganz unterschiedliche Beiträge zur sächsischen Landwirtschaft enthält. Karl Alexander von Langsdorff (1834-1912)[50] versuchte diese Tradition in feste statistische Bahnen zu lenken und einen Quellenbestand über die unterschiedlichen Bereiche der Landwirtschaft in Sachsen zu schaffen. Einen guten Überblick über das erhobene Material von 1834 bis 1898 – für das letzte Jahrzehnt auch regional aufgegliedert – gibt die von Langsdorff erarbeitete *Landwirtschaftliche Statistik des Königreichs Sachsen*[51].

Statistische Angaben über Agrarablösungen, Grundstückszusammenlegungen und absolute Ernteerträge können mit den erwähnten Vorbehalten aus den archivalischen Quellen erschlossen werden und sind bereits veröffentlicht worden[52]. Seit 1858 wurden die Getreidepreise monatlich erhoben, die Erntestatistik liegt ab 1873, die Anbauermittlung und Ernteflächenerhebung ab 1876 jährlich vor[53]. 1843 fand eine land- und forstwirtschaftliche Bodenbenutzungserhebung statt, danach erst wieder 1878, 1883, 1893, 1900 und 1913. Statistisch einigermaßen verläßliche Obstbaumzählungen wurden

ders., *Die Landwirthschaft in Sachsen*, Dresden 1865 (Festschrift für die XXV. Versammlung deutscher Land- und Forstwirthe zu Dresden 1865, Erster Theil).

50 Vgl. für statistische Angaben Karl von Langsdorff, *Die Landwirthschaft im Königreich Sachsen und ihre Entwickelung bis Ende 1875. Im Auftrage des Landesculturraths für das Königreich Sachsen bearbeitet*, Dresden 1876; ders., *Die Landwirthschaft im Königreich Sachsen und ihre Entwickelung in den Jahren 1876 bis einschl. 1879. Im Auftrage des Landesculturraths für das Königreich Sachsen bearbeitet*, Dresden 1881; ders., Die bäuerlichen Verhältnisse im Königreich Sachsen, in: *Bäuerliche Zustände in Deutschland*, II. Bd., Leipzig 1883, S. 193-226; ders., *Die Landwirthschaft im Königreich Sachsen, ihre Entwickelung bis einschl. 1885 und die Einrichtungen und Wirksamkeit des Landeskulturraths für das Königreich Sachsen 1888. Im Auftrage des Landeskulturraths für das Königreich Sachsen bearbeitet von dessen Generalsekretär*, Dresden 1889. Mit 315 statistischen Übersichten im Text.

51 *Landwirtschaftliche Statistik des Königreichs Sachsen*. Den Mitgliedern der XIII. Wanderversammlung der Deutschen Landwirtschafts-Gesellschaft im Juni 1898 gewidmet vom Landeskulturrat für das Königreich Sachsen. Bearbeitet von K. von Langsdorff und Sekretair Dr. Raubold, Dresden 1898.

52 Siehe Reiner Gross, *Die bürgerliche Agrarreform in Sachsen in der ersten Hälfte des 19. Jahrhunderts. Untersuchung zum Problem des Übergangs vom Feudalismus zum Kapitalismus in der Landwirtschaft*, Weimar 1968 (Schriftenreihe des Staatsarchivs Dresden, Bd. 8), der viel statistisches Quellenmaterial, auch aus dem 18. Jahrhundert, präsentiert; Statistische Mittheilungen über die im Königreiche Sachsen seit dem Jahre 1833 eingeleiteten bez. ausgeführten Grundstücken-Zusammenlegungen, in: *Zeitschrift des K. Sächsischen Statistischen Bureaus* XXXVI, 1890, S. 141-160; 43, 1897. Beilage, S. 49-96; Wilhelm Weinmeister, Statistische Mitteilungen über die Zusammenlegungen von Grundstücken von 1898 bis 30. Juni 1921, in: *Zeitschrift des Sächsischen Statistischen Landesamtes* 68, 1922, S. 65-74. Die Uebersicht der ungefähren Erndte-Erträge im Jahre 1837 (und 1838) im Königreich Sachsen, in: *Mittheilungen des statistischen Vereins für das Königreich Sachsen*, 9. Lief., 1838, S. 27-66 (und 14. Lief., 1839, S. 17-47), ist für statistische Zwecke weitgehend unbrauchbar.

53 Diese und die folgenden Angaben sind leicht dem *Statistischen Jahrbuch für das Königreich Sachsen* zu entnehmen.

1878, 1900 und 1913 durchgeführt. Die Ermittlung der land- und forstwirtschaftlichen Betriebe, des Maschinenbestandes etc. erfolgte bei den Gewerbezählungen 1882, 1895 und 1907[54].

Im ganzen läßt sich sagen, daß bis Anfang der 1830er Jahre Quellen zur historischen Statistik der sächsischen Landwirtschaft hauptsächlich archivalisch erschlossen werden müssen, daß bis zur Reichsgründung die statistischen Erhebungen zunahmen, aber wichtige Bereiche noch nicht erfaßt wurden. Seit der Einführung von Agrarzöllen Ende der 1870er Jahre bis zum Ersten Weltkrieg verbreitete sich das Quellenfundament ständig, so daß am Ende unseres Betrachtungszeitraums eine fast vollständige landwirtschaftliche Statistik Sachsens vorlag[55].

4.3. Der Bergbau und das Hüttenwesen

Der sächsische Bergbau war seit Jahrhunderten das "edle Kleinod des Sachsenlandes"[56] gewesen, lange bevor der Freiberger Arzt und Bürgermeister Georg Agricola (1494-1555) ihn mit seiner reich illustrierten Darstellung *Zwölf Bücher vom Berg- und Hüttenwesen* (1556) weltweit bekannt machte. Noch zu Anfang des 19. Jahrhunderts war er wohl der wichtigste Gewerbezweig Sachsens. Dies hing vor allem damit zusammen, daß bereits seit etwa 700 Jahren Silbererze gefunden wurden, die den sächsischen Kurfürsten zu Wohlstand, Ansehen und Macht verhalfen. Ein solcher Schatz, die "Silber-Minerales", mußte möglichst genau statistisch festgehalten werden[57]. So bildeten sich schon bald Formen der Aufzeichnung heraus, die dann nach und nach auf die Erhebung anderer Erzfunde übertragen wurden. Seit der Gründung der Freiberger Bergakademie, der "Europäischen Bergschule" (R. H. von Bosse) im Jahre 1765 liegen uns beinahe

---

54 Vgl. *Statistische Beiträge zur Bevölkerungs- und Wirtschaftsgeographie des Königreichs Sachsen. Nach den Ergebnissen der Berufs- und Betriebszählung vom 12. Juni 1907 bearbeitet im Königlich Statistischen Landesamte, 2. Bd.: Landwirtschaftliche und gewerbliche Betriebsstatistik*, Dresden 1910.

55 Statistische und methodische Probleme der Quellen zur sächsischen Landwirtschaft sind immer wieder behandelt worden. Vgl. außer der angegebenen Literatur z.B.: *St.A.D., Ministerium des Innern*, Nr. 15491 und 15492: Acta. Landwirthschaftliche Angelegenheiten betr., 1831-1851 und 1851-1876; Oskar Sieber, *Zur Anbau- und Ernte-Statistik des Königreichs Sachsen*, Dresden 1877; Hermann Hucho, *Wesen, Zweck und Ziele der landwirthschaftlichen Statistik und ihre Bedeutung für die landwirthschaftliche Viehhaltung dargestellt mit besonderer Beziehung auf die Rindviehhaltung des Königreichs Sachsen*, Leipzig 1891; Paul Kollmann, Die Bedeutung der Landwirtschaft für das Königreich Sachsen im Lichte der Statistik, in: *Zeitschrift des K. Sächsischen Statistischen Landesamtes* 51, 1905, S. 146-194 und 52, 1906, S. 74-108; Otto Wohlfahrth, Hundert Jahre sächsische Agrarstatistik, in: ebd. 78 u. 79, 1932 u. 1933, S. 9-44.

56 Hubert Ermisch, Die Anfänge des sächsischen Städtewesens, in: *Sächsische Volkskunde* (1899), hrsg. von R. Wuttke, 2., umgearb. u. wesentlich erw. Aufl., Dresden 1901, S. 157.

57 Vgl. z.B. Moritz F. Gätzschmann, *Vergleichende Uebersicht der Ausbeute und des wiederererstatteten Verlages, welche vom Jahre 1530 an bis mit dem Jahre 1850 im Freiberger Revier vertheilt wurden. Nach den Ausbeutebögen zusammengestellt und auf den 14-Thaler-Fuß reducirt, mit dem Silberausbringen in derselben Zeit, in Mark*, Freiberg 1852, der eine statistische Tabelle der jährlichen sächsischen Silberproduktion von 1524 bis 1850 zusammengestellt hat!

lückenlose Angaben über die sächsischen Erzvorkommen vor[58]. In unmittelbarer Anknüpfung an den Erzbergbau entwickelte sich im flußreichen Erzgebirge ein Hüttenwesen und nach Auffinden von Eisenerzen auch ein Metallgewerbe und schließlich eine Eisenindustrie. Da letztere im 19. Jahrhundert für die sächsische Wirtschaftsentwicklung keine besondere Bedeutung – wie etwa in Oberschlesien, im Ruhr- oder Saargebiet – gewann, wird sie hier nicht explizit behandelt[59].

Wegen der langen und vielgerühmten Tradition des sächsischen Berg- und Hüttenwesens, das überwiegend staatlich verwaltet wurde, war die Bereitschaft und das Bedürfnis der Behörden zur Sammlung bergbaustatistischen Materials größer als in anderen Wirtschaftsbereichen. Und das verkleinerte sächsische Königreich hatte ja nichts von seinen im Erzgebirge gelegenen Gruben und Hütten an Preußen verloren, so daß die sächsische Regierung nahtlos an die seit dem 18. Jahrhundert reich sprudelnden Quellen anknüpfen konnte[60]. Nach der Landesteilung war man nicht mehr bereit, den *Churfürstlich Sächsischen Berg-Calender* 1, 1772 ff., neu aufzulegen. Es dauerte noch über 10 Jahre, ehe seit 1827 in jährlicher Folge der *Kalender (Jahrbuch) für den Sächsischen Berg- und Hüttenmann*, fortgeführt durch das *Jahrbuch für das Berg- und Hüttenwesen für das Kö-*

---

58 Die Literatur über die Bergakademie Freiberg enthält reiches statistisches Material, z.B. *Festschrift zum hundertjährigen Jubiläum der Königl. Sächs. Bergakademie zu Freiberg am 30. Juli 1866*, Dresden o. J. (1866); Erwin Papperitz, *Gedenkschrift zum Hundertfünfzigjährigen Jubiläum der Königlich Sächsischen Bergakademie zu Freiberg. Im Auftrage des bergakademischen Senates verfaßt*, Freiberg 1916; *Bergakademie Freiberg. Festschrift zu ihrer Zweihundertjahrfeier am 13. November 1965*. Herausgegeben vom Rektor und Senat der Bergakademie Freiberg, Band I u. II, Leipzig 1965.

59 Die sächsische Regierung hat nach 1815 in Verkennung der abnehmenden Bedeutung des Eisengewerbes lange geglaubt, energische Förderungsmaßnahmen ergreifen zu müssen, weshalb sich ein reicher Quellenbestand erhalten hat. Vgl. *St.A.D., Finanzarchiv*, Loc. 42045: Acta. Die Eisenhammerwerke überhaupt betr., vol. VI: 1814-1818; vol. VII: 1819-1823; vol. VIII: 1823-1825; vol. IX: 1826-1833; ebd. Loc. 42047: Acta. Eisenhammerwerks-Tabellen 1817-1834; ebd. Loc. 41744, vol. I: Acta. Die vom Ministerium des Innern ertheilten Eisenhütten-Concessionen betr., 1838-1851. *Kommerzien-Deputation*, Loc. 11163, vol. II: Acta. Die Fertigung inländischen Stahls und Anlegung von Stahlfabriken betr., 1808-1838; ebd. Loc. 11157, vol. III: Acta. Die Eisenblech-Fabriken betr., 1817-1828. *Ministerium des Innern*, Nr. 2104a-I: Acta. Den Zustand des inländischen Eisenhüttengewerbes betr., 1830-1856. Teilweise statistisch aufbereitet in: Hugo Kochinke, Metallausbringen beim Freiberger Bergbau und Hüttenbetriebe im 19. Jahrhundert, in: *Jahrbuch für das Berg- und Hüttenwesen im Königreiche Sachsen*, Jg. 1900, S. A45-A58; V. Nichelmann, *Die sächsische Eisen schaffende Industrie, ihre Entwicklung seit 1840*, Diss. Leipzig 1945; H. Kiesewetter, *Industrialisierung*, (Anm. 2), S. 391 ff.

60 *St.A.D., Finanzarchiv*, Loc. 41924: Acta. Miscellanea, Bergbau betr., 1700-1850; ebd. Loc. 41937: Acta. Statistische Nachrichten über Ausbringen, Aushieb, Mannschaft etc. beim Bergbau betr., 1792-1852; ebd. Loc. 41755, vol. XXVII: Die Jahresberichte des Oberbergamts über das Berg- und Hüttenwesen auf die Jahre 1828, 1829 und 1830 betr.; ebd. Loc. 41933: Acta. Spezielle Angaben über das Ausbringen beim Bergbau 1829 bis 1849. Veröffentlichte Tabellen in: Produktion des sächsischen Bergbaues und Hüttenbetriebes in den Jahren von 1825 bis 1858, in: *Zeitschrift des Statistischen Bureaus des Königlich Sächsischen Ministeriums des Innern VI*, 1860, S. 77-100; Das Bergwesen im Königreich Sachsen bearbeitet von Mitgliedern des Kgl. Sächs. Bergamtes, in: *Kalender für den Sächsischen Staatsbeamten auf das Jahr 1910*, S. 25-85 und *Kalender...auf das Jahr 1911*, S. 23-60; Bruno Winkler, Die Entwicklung des Erzbergbaues und der Hüttenindustrie bis zur Produktionsstatistik des Jahres 1915, in: *Zeitschrift des Sächsischen Statistischen Landesamtes 66 u. 67, 1920 u. 1921, S. 207-222*.

Abb. 3: Bergbauproduktion in erzgebirgischen Revieren 1834

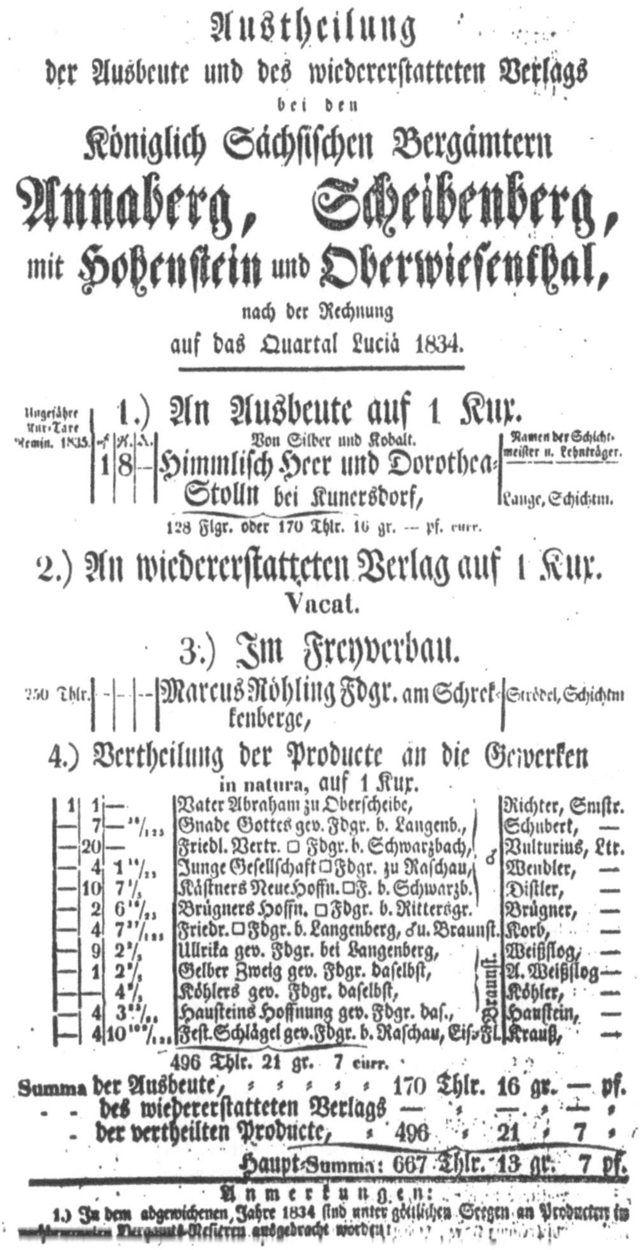

Austheilung
der Ausbeute und des wiedererstatteten Verlags
bei den
Königlich Sächsischen Bergämtern
Annaberg, Scheibenberg,
mit Hohenstein und Oberwiesenthal,
nach der Rechnung
auf das Quartal Luciä 1834.

1.) An Ausbeute auf 1 Kux.

Von Silber und Kobalt.

Ungefähre Kux-Taxe Remin. 1835.	✓	✗	Λ		Namen der Schichtmeister u. Lehnträger.
	1	8	–	Himmlisch Heer und Dorothea-Stolln bei Kunersdorf,	Lange, Schichtm.

128 Fdgr. oder 170 Thlr. 16 gr. — pf. curr.

2.) An wiedererstatteten Verlag auf 1 Kux.
Vacat.

3.) Im Freyverbau.

250 Thlr.	-	-	-	Marcus Röhling Fdgr. am Schreckenberge,	Strödel, Schichtm.

4.) Vertheilung der Producte an die Gewerken
in natura, auf 1 Kux.

1	1	—	Vater Abraham zu Oberscheibe,		Richter, Smstr.
—	7	— 38/125	Gnade Gottes gev. Fdgr. b. Langenb.,	♂	Schubert, —
—	20	—	Friedl. Vertr. □ Fdgr. b. Schwarzbach,	♂	Vulturius, Ltr.
—	4	1 14/25	Junge Gesellschaft □ Fdgr. zu Raschau,	♂	Wendler, —
—	10	7 1/5	Kästners Neue Hoffn. □ F. b. Schwarzb.	♂	Distler, —
—	2	6 16/25	Brügners Hoffn. □ Fdgr. b. Rittersgr.		Brügner, —
—	4	7 27/125	Friedr. □ Fdgr. b. Langenberg, ♂ u. Braunst.		Korb, —
—	9	2 2/5	Ullrika gev. Fdgr. bei Langenberg,	Braunst.	Weißflog, —
—	1	2 2/5	Gelber Zweig gev. Fdgr. daselbst,	Braunst.	A. Weißflog —
—	—	4 4/5	Köhlers gev. Fdgr. daselbst,	Braunst.	Köhler, —
—	4	3 22/25	Haussteins Hoffnung gev. Fdgr. das.,	Braunst.	Haustein, —
—	4	10 109/125	Fest. Schlägel gev. Fdgr. b. Raschau, Eis. Fl.		Krauß, —

496 Thlr. 21 gr. 7 curr.

Summa der Ausbeute,	170 Thlr.	16 gr.	— pf.
- - des wiedererstatteten Verlags	—	—	—
- der vertheilten Producte,	496	21	7
Haupt-Summa:	667 Thlr.	13 gr.	7 pf.

Anmerkungen:

1.) In dem abgewichenen Jahre 1834 sind unter göttlichem Seegen an Producten in vorbenannten Bergamts-Revieren ausgebracht worden:

Quelle: StA Dresden, Loc. 41933, Spezielle Angaben über das Ausbringen beim Bergbau 1824-1849, Bl. 75.

nigreich Sachsen[61], die vor statistischem Material überquellen, erschienen. Das Erzgebirge machte seinem Namen Ehre und gab – außer Gold – eine Vielzahl von Erzen
frei: Antimon-, Arsenik-, Blei-, Eisen-, Kobalt-, Mangan-, Nickel-, Schwefel-, Silber-,
Uran-, Vitriol-, Wismut-, Wolfram-, Zink- und Zinnerze.

Ganz anders sieht der Quellenbefund beim im 19. Jahrhundert überwiegend privaten
sächsischen Stein- und Braunkohlenbergbau aus. Das Vorhandensein von Steinkohlen in
Sachsen läßt sich bis ins 10. Jahrhundert zurückverfolgen; urkundlich wurden sie zum erstenmal 1499 auf dem "Kohlberg" bei Planitz erwähnt. In den folgenden Jahrhunderten
dehnte sich der Abbau zwar aus, denn 1520 wurde die erste Kohlenordnung erlassen,
1537 eine bergbauliche Gesellschaft von Miteigentümern eines Steinkohlenbergwerks,
die "Gewerkschaft" in Zwickau gegründet, doch statistische Angaben darüber sind spärlich[62]. Die "vorstatistische" Zeit reichte in dieser Branche des sächsischen Bergbaus bis
1845. Erst ab diesem Jahr wurden jährliche gesamtstaatliche Produktionszahlen fortlaufend erhoben und sowohl von den sächsischen Bergbehörden als auch von den statistischen Ämtern veröffentlicht. Ein ungefähres Bild über diesen Gewerbezweig zwischen
1815 und 1844, dessen wirtschaftliches Gewicht im Laufe des 19. Jahrhunderts gegenüber anderen Sparten des Bergbaus ständig zunahm, läßt sich somit nur aus archivalischen Quellen gewinnen[63]. Von 1845 – Braunkohlen seit 1853 – bis 1914 besitzen wir
genaue statistische Aufzeichnungen der Produktion und des Werts, der Zahl der Werke
und der Beschäftigten. Im Jahre 1913 wurden mit 26.007 Beschäftigten 5.445.291
Tonnen Stein- und mit 6.768 Beschäftigten 6.310.439 Tonnen Braunkohlen gefördert[64].

4.4. Die Textilindustrie

Die Entwicklung der sächsischen Textilindustrie im 19. Jahrhundert ist wesentlich
schlechter statistisch aufgearbeitet, als dies ihrem ökonomischen und beschäftigungs-

---

61 *Kalender für den Sächsischen Berg- und Hüttenmann auf das Jahr 1827-1849.* Herausgegeben
    von der Königl. Bergakademie zu Freiberg. Auch und Fortsetzung: *Jahrbuch für den Berg-
    und Hüttenmann auf das Jahr* 1827-1872. Fortgesetzt durch: *Jahrbuch für das Berg- und
    Hüttenwesen im Königreiche Sachsen auf das Jahr 1873-1899.* Auf Anordnung des Königl.
    Finanzministeriums herausgegeben; danach Jahrgang 1899-1917 und *Jahrbuch für das Berg-
    und Hüttenwesen in Sachsen*, 92. Jg., 1918 ff.
62 Vgl. Richard F. Koettig, *Geschichtliche, technische und statistische Notizen über den Steinkoh-
    len-Bergbau Sachsens*, Leipzig 1861, S. 3 ff.
63 Vgl. *St.A.D., Finanzarchiv*, Loc. 36294: Miscellanea in Steinkohlenbau-Sachen betr., 1798-
    1819; ebd. Loc. 41946: Acta. Convolut zum Jahresvortrage auf die Jahre 1821 bis 1827 gehörig,
    das Steinkohlenwesen betr. *Kommerzien-Deputation*, Loc. 11155, Vol. III: Acta. Die Stein-,
    Erd- und Braun-Kohlen-Lager ingleichen die Torfgräbereyen betr., 1812-1827. Für eine stati-
    stisch-tabellarische Aufbereitung des archivalischen und veröffentlichten Materials von 1806-
    1871 siehe H. Kiesewetter, *Industrialisierung*, (Anm. 2), S. 540 ff.; für den Zeitraum von 1871
    bis 1914 Arno Pfütze, Der Kohlenbergbau nach der Produktionsstatistik der bergbaulichen
    Betriebe von 1912 und 1913, in: *Zeitschrift des K. Sächsischen Statistischen Landesamtes* 62/63,
    1916/17, S. 29-37. Zur Bergbaustatistik neuerdings auch Wolfram Fischer, Hrsg.; Philipp Feh-
    renbach, Bearb., *Statistik der Bergbauproduktion Deutschlands 1850-1914*, St. Katharinen 1989.
64 *Statistisches Jahrbuch für den Freistaat Sachsen* 44, 1918/20, S. 114.

mäßigen Stellenwert innerhalb der sächsischen Volkswirtschaft entspricht[65]. Der wichtigste Grund dafür liegt in der Vielfältigkeit dieses Industriezweiges und seinem steten Wandel, der durch Moden, Konsumentenwünsche oder Veränderungen auf internationalen Märkten hervorgerufen wurde. Ein statistischer Nachweis in der Zeit von 1815 bis 1914 wäre nur über Außenhandelserhebungen möglich gewesen, doch die Handelsvolumina für einzelne Produkte sind schon für ganz Deutschland im 19. Jahrhundert kaum exakt ermittelbar, für Sachsen sind sie selbst archivalisch nicht mehr zu rekonstruieren. Die Aufzählung der gebräuchlichsten Textilien, wie Leinen, Wolle, Baumwolle oder Seide, kann nicht annähernd einen Eindruck von der fast unübersehbaren Mannigfaltigkeit innerhalb der einzelnen Stoffarten vermitteln. Sie sind ganzheitlich für das 19. Jahrhundert noch gar nicht untersucht worden; zeitlich begrenzt finden sich einige Studien über Teilbereiche[66]. Es bleiben die Berufs- und Betriebszählungen 1849, 1861, 1875, 1882, 1895 und 1907, doch abgesehen von den Problemen ihrer Vergleichbarkeit, können sie den Wandel in den einzelnen Textilsparten statistisch nicht erfassen[67]. Die statistischen Schwierigkeiten haben sich deutlich in der Literatur zur sächsischen Textilindustrie niedergeschlagen. Entweder gibt es die erwähnten, zeitlich begrenzten statistischen Studien zu einzelnen Textilprodukten und Unternehmensgeschichten auf statistischer Grundlage[68] oder Abhandlungen zu den wichtigen sächsischen Textilstädten, wie Chemnitz, Crimmitschau, Glauchau, Meerane, Plauen u.a.[69] Es sind auch immer wieder säch-

65 Vgl. die anläßlich der Weltausstellung in Chicago herausgegebene knappe Zusammenstellung von Leopold Offermann u. Arthur Löbner, *Die Sächsische Textil-Industrie und ihre Bedeutung*, Leipzig o. J. (1893); sowie *50 Jahre Sächsische Textil-Berufsgenossenschaft. 1885-1935*, Leipzig 1935.

66 Etwa Alfred Gentzsch, *Die sächsische Tamburgardinen-Stickerei*, Diss. Leipzig 1910, mit Tabellen von 1888-1909 oder Bruno Zeeh, *Die Betriebsverhältnisse in der sächsischen Maschinenstickerei*, Diss. Leipzig 1909, mit Tabellen von 1862-1907.

67 Vgl. Fritz Bennewitz, *Die volkswirtschaftliche Bedeutung der technischen Entwicklung der sächsischen Wirkerei- und Strickerei-Industrie und ihre heutige Lage*, Diss. TH Dresden 1930, der die Strumpf-, Handschuh-, Trikotagen- und Strickwarenindustrie von 1846 bis 1928 behandelt.

68 Etwa Ernst Stephan Clauss, *Ein Jahrhundert Baumwollfeinspinnerei 1809-1909. E. I. Clauss Nachf. Plaue bei Flöha*, Leipzig o. J. (1909); *100 Jahre Kammgarnspinnerei Schedewitz 1835-1935. Aus Anlaß ihres 100jährigen Bestehens überreicht von der Kammgarnspinnerei Schedewitz*, Zwickau 1935; *Zschopauer Baumwollspinnerei Aktiengesellschaft (vormals Georg Bodemer). Gedenkschrift anläßlich der 100jährigen Wiederkehr des Tages der Inbetriebnahme der Spinnerei 1819-1919*, Chemnitz 1919.

69 Zum Beispiel Gerhard Demmering, *Die Glauchau-Meeraner Textil-Industrie. Eine wirtschaftsgeschichtliche Studie unter besonderer Berücksichtigung der Verhältnisse in der Textil-Veredelungs-Industrie*, Leipzig 1928 (Wirtschafts- und Verwaltungsstudien mit besonderer Berücksichtigung Bayerns, LXXXVIII); Wilfrid Greif, *Studien über die Wirkwarenindustrie in Limbach i. Sa. und Umgebung*, Karlsruhe i. B. 1907 (Volkswirtschaftliche Abhandlungen der Badischen Hochschulen, IX. Bd., 2. Ergänzungsheft); Felix Irmscher, *Die Strumpfindustrie in Chemnitz und im Chemnitzer Kreis. Eine historische Studie*, Berlin 1929, Fritz Maschner, *Die Chemnitzer Weberei in ihrer Entwicklung bis zur Gegenwart*, Diss. Jena 1916; Ernst Georg Sarfert, *Die Werdauer und Crimmitschauer Vigognespinnerei*, Diss. Leipzig 1926; Rudolf Scheer, *Die Entwicklung der Annaberger Posamentenindustrie im 19. Jahrhundert*, Leipzig 1909 (Bibliothek der Sächsischen Geschichte und Landeskunde, II. Bd., 1. Heft).

sische Textilregionen, wie die Oberlausitz, das Vogtland oder das Erzgebirge, statistisch erfaßt worden[70], aber es gibt keine Gesamtdarstellung.

Von allen Textilprodukten ist die sächsische Baumwollspinnerei – wiederum überwiegend aus archivalischen Quellen – am besten dokumentiert, wenn auch nicht für das gesamte Königreich Sachsen. Königs Arbeit, die bereits Ende des vorigen Jahrhunderts veröffentlicht wurde und den Zeitraum von 1790 bis 1814 behandelt, ist immer noch unübertroffen[71]. Daran schließt sich Meerweins Monographie an, die jedoch analytisch und methodisch sowie in der Erschließung der Quellen deutlich zurückbleibt[72]. Die Diskrepanz zwischen der wachsenden Bedeutung der sächsischen Baumwollspinnerei und den fehlenden statistischen Quellen wurde Mitte der 1840er Jahre so groß, daß die sächsische Regierung eine Erhebung in Auftrag gab und einige Spinnereiunternehmer ein technisches Handbuch herausgaben[73]. Die Vielfalt der sächsischen Baumwoll*weberei* macht es nahezu unmöglich, ein statistisches Gemälde ihrer Entwicklung im 19. Jahrhundert zu zeichnen[74].

70 Louis Bein, *Die Industrie des sächsischen Voigtlandes. Wirthschaftsgeschichtliche Studie. Zweiter Theil: Die Textil-Industrie*, Leipzig 1884; Edmund Gröllig, *Die Baumwollweberei der sächsischen Oberlausitz und ihre Entwickelung zum Großbetrieb*, Leipzig 1911 (Staats- und sozialwissenschaftliche Forschungen, Heft 159); Rudolf Ilgen, *Geschichte und Entwicklung der Stickerei-Industrie des Vogtlandes und der Ostschweiz. Eine vergleichende Darstellung*, Annaberg i. E. 1913; Siegfried Rätzer, *Die Baumwollwarenmanufaktur im sächsischen Vogtlande von ihren Anfängen bis zum Zusammenbruch des napoleonischen Kontinentalsystems*, Diss. Königsberg 1914; Herbert Schurig, *Die Entwicklung der Oberlausitzer Textilindustrie*, Diss. TH Dresden 1933; *Zur Geschichte des Posamentiergewerbes mit besonderer Rücksichtnahme auf die erzgebirgische Posamentenindustrie. Nach zahlreichen gedruckten und handschriftlichen Quellen* bearbeitet von Eduin Siegel, Annaberg 1892.
71 Albin König, *Die Sächsische Baumwollenindustrie am Ende des vorigen Jahrhunderts und während der Kontinentalsperre*, Leipzig 1899 (Leipziger Studien aus dem Gebiet der Geschichte, Fünfter Band, drittes Heft).
72 Georg Meerwein, *Die Entwicklung der Chemnitzer beziehungsweise Sächsischen Baumwollspinnerei von 1789-1879*, Berlin 1914.
73 Vgl. Heinrich L. Kato/Julius A. Hülße, Statistische Uebersicht der Baumwollspinnereien im Königreiche Sachsen im September des Jahres 1848, in: *Deutsche Gewerbezeitung und Sächsisches Gewerbeblatt*, Nr. 47, 12. Juni 1849, S. 277-284; *Der praktische Baumwollspinner. Ein Hand- und Hülfsbuch für Spinnereibeflissene. Unter Mitwirkung einiger Spinnereibeamten* herausgegeben von J. D. Fischer, Leipzig 1855; Ernst Engel, *Die Baumwoll-Spinnerei im Königreich Sachsen seit Anfang dieses Jahrhunderts bis auf die neueste Zeit. Auf Grund amtlicher Unterlagen technisch und nationalökonomisch beleuchtet*, Dresden 1856. Die archivalischen und veröffentlichen Zahlen zur sächsischen Baumwollspinnerei und -weberei bis 1871 sind zusammengestellt in H. Kiesewetter, *Industrialisierung*, (Anm. 2), S. 437 ff. Zum Textilgewerbe Deutschlands bzw. Preußens vgl. die Beiträge von K. H. Kaufhold, Y. Bathow und U. Albrecht in diesem Band.
74 Vgl. Heinz Gutmann, *Die Entwicklung der sächsischen Baumwollweberei*, Diss. Hamburg 1920, der gewerbestatistisches Material von 1861, 1875 und 1907 verwendet; Richard Wolff, *Die jüngste wirtschaftliche Krise in der deutschen Baumwollindustrie mit besonderer Berücksichtigung der sächsischen Spinnerei und Weberei*, Diss. Tübingen 1905.

4.5. Gewerbe-, Berufs- und Betriebszählungen

Gewerbestatistische Aufnahmen für das gesamte Kurfürstentum sind im 18. Jahrhundert nicht erfolgt, dafür war kein Bedarf vorhanden. Dagegen sind für einzelne Städte, in denen die meisten Gewerbe beheimatet waren, eine Fülle gewerbestatistischen Materials in den verschiedenen sächsischen Archiven nachweisbar, vor allem natürlich für die Städte Leipzig und Dresden. Dies gilt in ähnlichem Maße für Preisstatistiken, besonders Getreidepreise, die aufgrund von Krisen und Konjunkturen starken Schwankungen unterlagen und der merkantilistische Obrigkeitsstaat benötigte sie, um entsprechende Maßnahmen durchführen zu können[75]. Die Gleichgültigkeit der sächsischen Staats-verwaltung gegenüber einer gesamtstaatlichen Gewerbestatistik – es wurden wahrscheinlich die Kosten gescheut – hat dennoch einige Forscher nicht davon abgehalten, wenigstens ein statistisches Gesamtbild in Umrissen zu zeichnen. Dazu kurz zwei Beispiele. Anonym und angeblich zuerst in französischer Sprache veröffentlichte Heynitz vier von ihm zusammengestellte und kommentierte *Tabellen*[76] für die Jahre 1755 und 1775, die meines Wissens die ersten gesamtstaatlichen *Gewerbetabellen* Sachsens sind. Weitaus umfangreicher und systematischer hat Rössig[77] zur Zeit des Reichsdeputationshauptschlusses die gewerblichen Verhältnisse Kursachsens analysiert.

Von 1815 bis zu der oben erwähnten Zollvereinszählung vom 3. Dezember 1846 lassen sich statistische Angaben über sächsische Unternehmen – nur vereinzelt über Beschäftigte – sowohl a) aus den archivalischen Quellen als auch b) aus Ausstellungsberichten erschließen[78]. Die folgenden Berufs- und Betriebszählungen von 1849, 1861, 1875, 1882, 1895 und 1907 sind für das Königreich Sachsen so umfassend statistisch

---

75 Vgl. etwa: Zusammenstellung der Mittelmarktpreise der Stadt Dresden, auf die Zeit vom Jahre 1602 bis 1830. Zusammenstellung der Mittelmarktpreise der Stadt Zwickau, auf die Zeit vom Jahre 1600 bis 1623 und vom Jahre 1686 bis 1819, in: *Mittheilungen des statistischen Vereins für das Königreich Sachsen*, 1. Lief., 1831, S. 58-63.

76 Friedrich Anton von Heynitz, *Tabellen über die Staatswirthschaft eines europäischen Staates der vierten Größe, nebst Betrachtungen über dieselben*, Leipzig 1786. VIII, 38 Seiten.

77 Carl Gottlieb Rössig, *Die Produkten-Fabrik-Manufaktur- und Handelskunde von Chursachsen und dessen Landen in zwey Theilen dargestellt. Erster Theil: Die Produktenkunde*, Leipzig 1803. VIII, 216 Seiten. *Zweiter Theil: Fabrik-, Manufaktur- und Handelskunde*, Leipzig 1804. XVIII, 317 Seiten (Carl Heinrich v. Römers Staatsrecht und Statistik des Churfürstenthums Sachsen und der dabey befindlichen Lande, IV. Band, Teil 1 u. 2).

78 Zu a): *St.A.D., Finanzarchiv*, Loc. 35173: Acta. Statistische Verhältniße des Handels und Gewerbe, auch Oeconomie des Königreichs Sachsen betr., 1800-1827; ebd. Loc. 33352: Acta. Concessionen zu verschiedenen Fabrikationen betr., 1827-1831. *Oberbergamt Freiberg*, Maschinenbaudirektion 17, Nr. 35, vol. I: Acta. Fabrik-, Industrie- und Oeconomie-Sachen betr., 1816-1840. *Landesregierung*, Loc. 31695, vol. I: Acta. Fabricken und Manufacturen betr., 1829-1832. *Ministerium des Innern*, Nr. 5950: Acta. Anzeigen über neue Fabrik-Anlagen betr., 1845-1861; zu b): *Bericht über die Ausstellung sächsischer Gewerb-Erzeugnisse, im Jahre 1831; 1834; 1837; 1840; 1845*, Leipzig/Dresden 1832; 1836; 1839; 1841; 1846; Beiträge zur Gewerbegeographie und Gewerbestatistik des Königreichs Sachsen II u. III, in: *Zeitschrift des Statistischen Bureaus des Königlich Sächsischen Ministeriums des Innern III*, 1857, S. 25-68 (Industrieausstel-lungen 1831-1846); Friedrich Georg Wieck, *Die Manufaktur- und Fabrikindustrie des Königreichs Sachsen. Bei Gelegenheit der Gewerbe-Ausstellung in Dresden im Jahre 1845*, Leipzig o. J. (1845); *St.A.D., Finanzarchiv*, Loc. 39785: Acta. Industrie-Ausstellungen betr., vol. I: 1841-1852; vol. II: 1853; vol. III: 1862; vol. IV: 1868; vol. V: 1874; vol. VI: 1880.

Abb. 4: Handwerker in Dresden 1808-1827

B.
Gewerbe-Tabelle
der
Künstler, Professionisten und Handwerker.

Namen der Innungen	1808. arbeitende Meister	Gesellen	Meister / Lehrlinge	nicht arb. Meister	1816. arbeitende Meister	Gesellen	Meister / Lehrlinge	nicht arb. Meister	1823. arbeitende Meister	Gesellen	Meister / Lehrlinge	nicht arb. Meister	1827. arbeitende Meister	Gesellen	Meister / Lehrlinge	nicht arb. Meister
Barbierer	18	22	1	.	17	20	1	.	18	20	1	.	18	31	.	.
Beutler	23	19	7	.	16	12	8	.	12	16	5	3	17	20	5	4
Böttcher	57	21	36	.	51	19	36	.	57	24	12	.	64	25	40	.
Bierbrauer	23	40	.	.	16	34	.	.	16	51	.	2	19	54	.	.
Buchbinder	30	12	19	.	32	12	22	4	40	15	25	2	58	22	27	2
Bürstenmacher	6	5	1	.	6	2	4	.	10	3	7	.	9	2	6	.
Kalebalgmacher															1	.
Conditer	9	4	5	.	8	4	5	.	6	5	2	.	9	1	5	.
Drahtmacher	6	1	5	.	3	.	3	.	2	.	2	.				.
Drechsler	27	22	16	3	30	28	16	1	28	24	17	1	31	22	18	2
Färber	1	.	1	.	1	.	1	.	1	1	.	.	1	1	.	.
" Schwarz...	11	6	6	.	10	5	6	.	8	4	1	.	10	1	7	.
Federschmücker																
Seilenhauer	9	3	6	.	4	1	2	.	5	2	3	.	5	2	2	.
Feuermauerkehrer	7	6	3	.	6	1	.	.	6	10	.	.	7	8	.	.
Fleischer	57	12	39	5	42	3	29	11	40	9	25	9	57	7	47	6
Glaser	36	42	10	5	14	16	10	6	51	48	17	18	74	73	24	18
Gelbgießer	1	.	1	.	2	.	2	.	1	1	.	.	1	1	2	.
Maurer	14	8	7	.	17	9	9	.	17	7	12	.	23	16	16	.
Goldschläger	2	1	2	—	2	.	2	—	2	1	1	—	2	1	2	—
Lat.				13	207	205	164	22	320	273	142	35	400	301	209	32

Quelle: StA Dresden, Loc. 35173, Statistische Verhältnisse des Handels und Gewerbes auch Ökonomie im Königreich Sachsen, 1827-1832, Bl. 35.

erfaßt und aufbereitet worden, daß es verwundert, warum sie nicht öfter in neueren statistischen Analysen über das 19. Jahrhundert herangezogen wurden[79]. Sie wenigstens für die Zeit des Kaiserreichs methodisch und statistisch einwandfrei miteinander vergleichbar zu machen, erforderte zwar einen erheblichen Rechenaufwand, der m.E. jedoch für viele Bereiche durch wichtige vergleichende Einsichten belohnt würde.

5. Resümee

Wenn wir die Entwicklung der Quellen zur historischen Statistik des Königreiches Sachsen von 1815 bis 1914 überblicken, so zeigt sich, daß aus einem kleinen Pflänzchen ein riesiger, vielfältig verästelter statistischer Baum erwachsen ist. Zwar gab es, wie wir gesehen haben, auch schon vor 1815 in Sachsen amtliche statistische Erhebungen verschiedener Art, doch erst seit 1831 können wir von einer – wenn auch noch unausgereiften – systematischen statistischen Erhebungspraxis sprechen, einer geordneten, die wichtigsten Bereiche umfassenden Verwaltungsstatistik. Die sächsische Landesstatistik hat in dem Jahrhundert nach 1815 versucht, sich immer stärker den wirtschaftlichen Entwicklungen und dem enormen Bevölkerungswachstum in ihren Erhebungen anzupassen und hat neue Erhebungs- und Auswertungsmethoden geschaffen, so daß bis zum Ende unseres Betrachtungszeitraums ein reicher Fundus an Quellen entstanden ist. Die soziale und ökonomische Modernisierung dieser frühesten industriellen Werkstatt Deutschlands, die berufliche und soziale Schichtung der Bevölkerung, lassen sich allerdings erst seit der Mitte des 19. Jahrhunderts mit statistischem Material annäherungsweise dokumentieren. Dies ist umso bedauerlicher, als das Königreich Sachsen in dem Vierteljahrhundert vor 1850 eine entscheidende Industrialisierungsphase durchlief, die nur mühsam durch archivalische Quellen aufgehellt werden kann[80].

79 Um nur die wichtigsten Zusammenstellungen zu nennen: *Die Bevölkerung des Königreichs nach Berufs- und Erwerbsclassen und Resultate der Gewerbs-Geographie und Gewerbs-Statistik von Sachsen*, Dresden 1854 (Statistische Mittheilungen aus dem Königreich Sachsen, 3. Lieferung); Die Bevölkerung des Königreichs Sachsen nach ihrer Beschäftigung und ihrem Erwerbe, in: *Zeitschrift des Statistischen Bureaus des Königlich Sächsischen Ministeriums des Innern IX*, 1863, S. 45-92; Victor Böhmert, Die Ergebnisse der sächsischen Gewerbezählung vom 1. December 1875, in: *Zeitschrift des K. Sächsischen Statistischen Bureau's XXIII*, 1877, S. 141-181; ders., Die Ergebnisse der sächsischen Berufszählung vom 5. Juni 1882, in: ebd. XXXII, 1886. Supplementheft; Hans Fischer, Konrad Ganzenmüller, Georg Lommatzsch, Oskar Sieber und Georg Wächter, Die Berufs- und Gewerbezählung am 14. Juni 1895, in: ebd. 43, 1897, S. 27-96, 157-232; 44, 1898, S. 53-74, 127-226; 45, 1899, S. 1-137, 139-179, 208-268; 46, 1900, S. 1-115, 117-140; *Statistische Beiträge zur Bevölkerungs- und Wirtschaftsgeographie des Königreichs Sachsen. Nach den Ergebnissen der Berufs- und Betriebszählung vom 12. Juni 1907 bearbeitet im Königlichen Statistischen Landesamte, 1. Bd.: Berufsstatistik*, Dresden 1910; Arno Pfütze, Erläuterungen zu den Ergebnissen der Berufs- und Betriebszählung vom 12. Juni 1907, in: *Zeitschrift des K. Sächsischen Statistischen Landesamtes 56*, 1910, S. 238-266 u. 57, 1911, S. 239-297; A. Zahn, Vergleichende Übersicht über die Ergebnisse der gewerblichen Betriebszählungen von 1875 bis 1925, in: ebd. 77, 1931, S. 94-102.

80 Dies war der wichtigste Grund dafür, warum ich mich in meiner Habilitationsschrift *Industrialisierung und Landwirtschaft*, (Anm. 2), auf den Zeitraum 1815-1871 konzentriert habe,

Die allmähliche Ausdehnung der Statistik zu einem sensiblen Instrumentarium gesellschaftlicher Massenerscheinungen, die sich von Kunst gar nicht weit entfernt wähnte,
war auf das Zusammenspiel staatlicher Behörden, die den Nutzen der Statistik einsehen
und finanzielle Mittel bereitstellen mußten, ebenso angewiesen wie auf das Engagement
herausragender Statistiker, an denen allerdings im Königreich Sachsen kein Mangel
herrschte. Weinlig, Engel, Hülße, Böhmert, Geißler, Würzburger, Lommatzsch u.v.a. haben an leitender Stelle einen erheblichen Beitrag zur Entwicklung und zur Ausgestaltung der sächsischen Landesstatistik geleistet; sie haben sich auch nicht durch die immer
wieder erhobene Kritik an einer Überproduktion von Statistiken und einer Aufblähung
statistischer Veröffentlichungen ("Zahlenfriedhöfe", S. Schott) beirren lassen. Ohne ihren unermüdlichen Einsatz sprudelten die Quellen zur sächsischen Statistik wesentlich
schwächer. Trotz aller Bewunderung dieser großartigen Leistungen leidet die sächsische
und deutsche Statistik des 19. Jahrhunderts an einem großen Mangel, der für den Wirtschaftshistoriker des Industriezeitalters, der gewerbestatistisches Material verwenden
will, zum Alptraum werden kann. Neben den für einen regionalen – ganz zu schweigen
von einem internationalen – Vergleich (fast) unbrauchbaren gewerblichen Erhebungen
von 1846 und 1861 stehen uns lediglich die unregelmäßigen – und in Depressions- oder
Konjunkturjahre fallenden – Berufs- und Gewerbezählungen von 1875, 1882, 1895 und
1907 zur Verfügung. Allerdings haben die Wirtschaftshistoriker unseres Jahrhunderts
vielleicht noch weniger Grund zur Freude. Denn die politisch einflußreiche, irrationale
Statistikfeindlichkeit eines kleinen Teils der deutschen Bevölkerung steht in unüberseh-
barem Kontrast zur wirtschaftlichen Leistungsfähigkeit Deutschlands. Es scheint immer
noch zutreffend, was Engel vor über 135 Jahren schrieb: "Die Organisation der Statistik
im Staate muß eine solche sein, daß die statistischen Forschungen nicht bloß den Erfordernissen der Staatsverwaltung sondern auch denen der Wissenschaft entsprechen."[81]

---

denn allein die Auswertung der archivalischen Quellen hat mehrere Jahre intensiver Arbeit
erfordert.
81 Ernst Engel, Die amtliche Statistik und das statistische Bureau im Königreich Sachsen, mit
einem Blick auf die statistische Commission in Brüssel, in: *Zeitschrift für die gesammte Staatswissenschaft*, IX. Bd., 1853, S. 278 f.

Oskar Schwarzer/Petra Schnelzer

Quellen zur Statistik der Geld- und Wechselkurse in Deutschland, Nordwesteuropa und dem Ostseeraum im 18. und 19. Jahrhundert

1. Zielsetzung des Projekts und Standort im internationalen Forschungszusammenhang

Parallel zur regional komparativ angelegten Forschungsmethode, wie sie in der Preis-oder beispielsweise der Handels- und Produktgeschichte üblich wurde, wuchs im Rahmen güterwirtschaftlich unterlegter Studien die Erkenntnis, daß verläßliche und regelmäßig erhobene Wertfeststellungen der gängigen Umlaufsmittel ein Desiderat der Forschung wären. Für vergleichende Geschichte, soweit sie mit Wertmaßstäben monetärer Natur arbeitet, ist die jeweils passende Relation von Gelddaten verschiedener Herkunft notwendig. Dabei ist es unerheblich, ob es sich um eine Wertrelation unterschiedlicher Tauschmittel zu gleicher Zeit und an gleichem Ort, oder um Vergleiche mit interregionalem oder intertemporalem Bezug handelt.

Aus der Erkenntnis des Mangels begannen weltweit verschiedene Forscher mit der Sammlung und Aufbereitung von Daten zur Geldgeschichte. Die entstandenen Handbücher haben die Aufgabe, für alle Fragestellungen interregionaler und intertemporaler Art die Datenbasis für die Behandlung monetärer Probleme bereitzustellen[1]. N. W. Posthumus begann als erster, im Rahmen seiner niederländischen Preisgeschichte Wechselkurse von Amsterdam systematisch zu sammeln[2]. Peter Spufford hat ein Handbuch über europäische Wechselkurse im Mittelalter ediert[3]. Franz Irsigler erstellt mit seiner Arbeitsgruppe eine Geldgeschichte Westeuropas von 1300 bis 1700. Die Verbindung über den Atlantik wie auch Zahlungsverkehrsverhältnisse der europäischen Kanalregion hat John J. McCusker für den Zeitraum 1600-1775 publiziert[4].

Seit 1983 arbeitet eine Forschungsgruppe um Jürgen Schneider an Langzeitreihen über historische Geld- und Wechselkurse im 18. und 19. Jahrhundert[5] im Rahmen der

---

1 Soweit Fragestellung und Datenreihen deckungsgleich sind.
2 N. W. Posthumus, *Nederlandsche Prijsgeschiedenis*, Leiden 1943. Da Posthumus nur eine Auswahl publizierte, haben von seinem gesammelten Fundus verschiedene neuere Arbeiten, darunter auch wir, profitiert.
3 Peter Spufford, *Handbook of Medieval Exchange*, London 1986.
4 John J. McCusker, *Money and Exchange in Europe and America, 1600-1775. A Handbook*, Chapel Hill 1978. McCusker hat auch, zusammen mit Cora Gravesteijn, den Posthumus'schen Datenbestand systematisch erweitert. Sie publizieren demnächst ein Handbuch über alle, in europäischen Archiven liegende Bestände an Kaufmannsliteratur der Zeit zwischen 1600 und 1800.
5 Jürgen Schneider und Oskar Schwarzer (Hrsg.), *Statistik der Geld- und Wechselkurse in Deutschland (1815-1913)*, St. Katharinen 1989. Dies. und Petra Schnelzer (Hrsg.), *Statistik der*

"Historischen Statistik von Deutschland". Parallel dazu wird, anschließend an die Arbeiten von McCusker, über 'Transatlantische Devisenkurse seit 1776'[6] gearbeitet. Ziel der Projekte sind Datenhandbücher, welche hinreichend flächendeckend die Geld- und Währungsverhältnisse des jeweiligen Untersuchungsraumes darbieten. In Band sechs des Handbuchs der europäischen Wirtschafts- und Sozialgeschichte[7] ist als Vorbereitungsarbeit zu den 'transatlantischen Devisenkursen' ein Überblick über die Situation im zwanzigsten Jahrhundert gegeben worden.

2. Der theoretische Hintergrund für die Nutzung der statistischen Daten

Bevor nähere Einzelheiten über die verfügbaren Daten und die verwendeten Quellen mitgeteilt werden, soll kurz auf den theoretischen Bezugsrahmen der Arbeiten eingegangen werden.

Die Zahlungsmittel

Ein zentraler Begriff für das Verständnis des Geldwesens im 18. und 19. Jahrhundert ist *Währung*. Er unterlag in gleicher Weise, wie sich das Münzwesen änderte, einem Verständniswandel. Bei Kruse[8] wird 1762 deutlich definiert: Als Währung werde die Benennung der Währungsgeldsorte [*Währungsbasis*] mit ihren Unterteilungen verstanden [also die mathematisch definierte Ordnung der Münzen, die *Währungsstruktur*]. "In solchen Benennungen und Eintheilung wird nicht leicht eine Veränderung vorgenommen". Dies hätte nämlich eine Veränderung traditioneller Rechengewohnheiten bedeutet. Die Anbindung an die damalige Geldbasis [Edelmetalle als *Währungsmetall* einer gebundenen Währung] erfolgte über die Festlegung des *Münzfußes*, der notwendigen Maßgröße, damit die Münznominale der formalen Währungsstruktur in ausgeprägter Form umlaufsfähig wurden. "Der Münzfuß drückt aus, wie viel mal die Rechnungseinheit[9] des Geldsystems auf die Gewichtseinheit des Währungsmetalls geht"[10]. Mit fortschreitender Zeit wurde der Begriff Währung mehrdeutiger. In der zweiten Hälfte des 19. Jahrhunderts wurde auch auf das Währungsmetall, also Gold-, Silber- oder Doppelwährung Bezug genommen.

Geld- und Wechselkurse in Deutschland, Nordwesteuropa und dem Ostseeraum im 18. und 19. Jahrhundert. Das Projekt ist Mitte 1991 abgeschlossen.

6   Jürgen Schneider, Oskar Schwarzer und Friedrich Zellfelder (Hrsg.), *Transatlantische Devisenkurse 1777-1990.* Das Projekt, das ebenfalls von der Deutschen Forschungsgemeinschaft finanziert wird, wird Ende 1990 abgeschlossen sein.

7   Oskar Schwarzer und Jürgen Schneider, Europäische Wechselkurse seit 1913, in: *Handbuch für Europäische Wirtschafts- und Sozialgeschichte,* Bd. 6, Stuttgart 1987, S. 1048-1093.

8   Jürgen Elert Kruse; *Allgemeiner und besonders Hamburgischer Contorist...,* Berlin 1762, S. 5.

9   i.e. die Hauptmünzsorte, geprägt oder fiktiv.

10 Karl Helfferich; *Das Geld,* Jena 1921, S. 390.

Um die Verhältnisse, die sich in der Struktur eines Kurszettels widerspiegeln, transparent zu gestalten, muß man einige Interdependenzen eines Geldmarktes verdeutlichen.

Abb. 1: Modell eines Geldmarktes

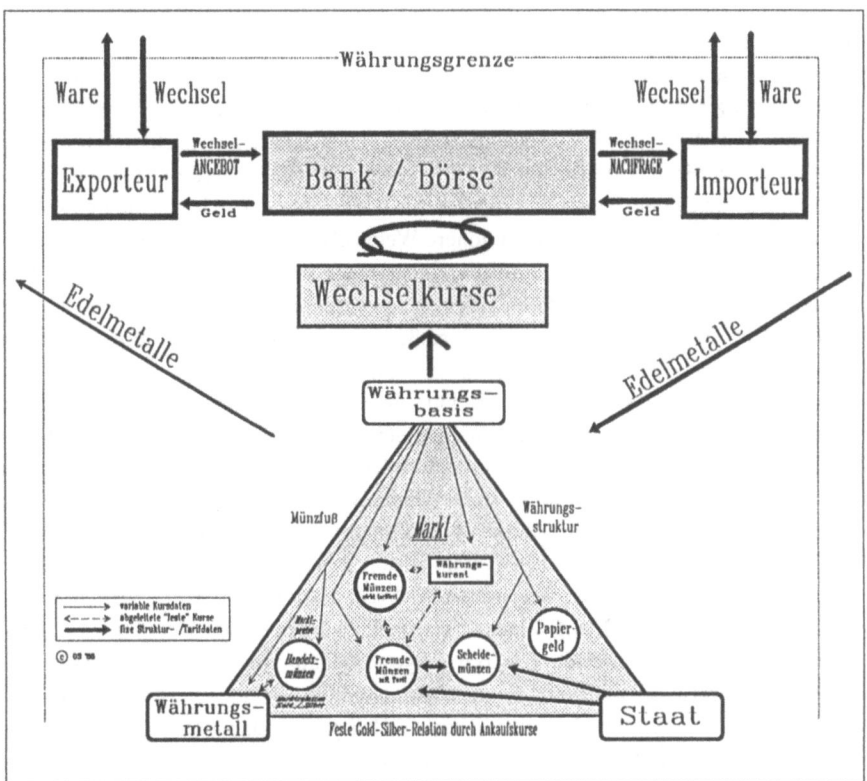

Quelle: O. Schwarzer

Geld dient als Tauschmittel im Güterverkehr. Es stellt dabei einen Wertmaßstab dar, mit dem sich die verschiedenen Güter untereinander vergleichen lassen. Zum problemlosen Austausch aller Quantitäten untereinander dient die formale Unterteilung und Einordnung von Geldquantitäten in das Geldsystem einer Währungsstruktur, dessen

Hauptmünze der Währung ihren Namen gibt. Der Zahlwert bzw. der Münzfuß teilen mit, wie viele Stücke der Hauptmünze aus einer definierten Gewichtsmenge des festgelegten Edelmetalls zu prägen sind. Edelmetalle haben wiederum einen festen Platz im Gütersystem und daher ebenso variable Preise, die von Angebot und Nachfrage abhängen.

Bis in die erste Hälfte des 19. Jahrhunderts hinein waren einige Währungen im Deutschen Bund ohne geprägte Hauptmünzen. Zusätzlich zum heimischen Geld liefen regelmäßig fremde Münzsorten um. Wertangaben (d.h. Preise) setzte man im formalen System der eigenen Währung[11] fest. Bezahlt wurde aber mit Münzen unterschiedlichster Herkunft und Art, soweit sie legal kursierten. Dem Charakter nach waren fremde Münzen Ware. Sie gehörten damit ins Gütersystem und hatten ihren Preis, der sich im Wesentlichen nach dem Feingehalt richtete. Sie waren aber auch Geld. Dadurch konnte einerseits eine Wertsteigerung durch höhere Wertschätzung des Publikums oder höhere Ausbringungskosten als Münze erfolgen, andererseits setzten schlechte Metallqualität und abgenützte Umlaufquantitäten ihren Wert unter den rechnerischen Metallwert herab[12]. Die Grundstruktur der Tauschmaße wird also durch viele Preisrelationen überdeckt.

Geldkurse waren Bewertungen fremd umlaufender Münzsorten im eigenen Währungsgebiet, die nicht verboten waren. Ebenso registrierte man Wertunterschiede zwischen Kurant und Rechen[währungs-]geld oder Papier und Rechengeld. Es wurden Handelsmünzen tarifiert, die ein größeres Umlaufs als angestammtes Währungsgebiet hatten. Berücksichtigt man den chronischen Münzgeldmangel, so kann man ermessen, welche Bedeutung fremden Umlaufsmitteln zukam. Natürlich mußten sie der kaufmännischen Vorsicht und Klarheit wegen an den Orten, an denen sie Ware darstellten, taxiert werden. Mit Hilfe ihres Edelmetallfeingehalts wurden sie im Verhältnis zur *Leitwährung* marktmäßig bewertet. Die Handelsgesetzgebung verstand unter Geldkursen Handelsmünzpreise, ausgedrückt durch Währungsgeld[13]. Um den rechnerischen *Paritätskurs* herum schwankten die Kurse in verschieden großen Bandbreiten, abhängig von der Qualität der Münzen (Metall- und Prägequalität) und vorhandenen Markttendenzen[14].

Im Zeitalter zwischenstaatlichen Wechselverkehrs waren *Wechselkurse* abhängig von der Münzsorte (Valuta) des Papiers, dem Zahlungsort, der Laufzeit und den Markt-

---

11 Das formale System der eigenen Währung kann auch aus dem Verbund eigenständiger Währungsgliederungen bestehen. In Hamburg gab es beispielsweise parallel als Rechenmaß die flämische und die Hamburger Bankwährung. In beiden waren Preise notiert. Als weitere Zahlwerte existierten noch das sog. Leichtgeld und natürlich Münzen der Kurantwährung.
12 Vgl. dazu auch die Erörterungen von W. Lexis; Bemerkungen über Parallelwährung und Sortengeld, in: *Jahrbücher für Nationalökonomie und Statistik*, 3. Folge, 9. Band, 1895, S. 829-836.
13 Levin Goldschmidt; *Universalgeschichte des Handelsrechts*, Stuttgart 1891, S. 1131, Anm. 46.
14 Gerade in unruhigen Prägezeiten beschreibt der Geldkurs den Tauschwert von Münzen genauer als die gesetzliche Verordnung. Vgl. dazu auch Martin Körner; Zum Problem der Währungsvielfalt in der alten Schweiz, in: Eddy van Cauwenberghe und Franz Irsigler (Hrsg.); *Münzprägung, Geldumlauf und Wechselkurse. Minting, Monetary Circulation and Exchange Rates*, Trier 1984, S. 219-236.

verhältnissen[15]. Sie sind der Ausdruck für zumindest bilaterale Verkehrsbeziehungen zwischen zwei *Währungsgebieten* mit hinreichender Rechtssicherheit. Der sachliche Hintergrund ist im einfachsten Austausch ein Geschäft Ware gegen Ware. Die interregionale Kompensation der Schuldverhältnisse verläuft daraufhin derart, daß die Fremdwährungsrelationen in jeweils binnenvalutarisch handelbare Formen gebracht werden. Dafür haben sich im Verlauf der Jahrhunderte Usancen herausgebildet, die im wesentlichen noch heute gelten. Transferort ist zumeist eine *Börse*. Der Ausdruck der Intensität des jeweiligen Austauschs bzw. die Wertschätzung der Fremdvaluten erfolgt in Preisform, eben den Wechselkursen und deren Schwankungen. Der internationale Zahlungsverkehr ist an sich das Versenden der Wechselbriefe, wie sie bis an den Beginn des 19. Jahrhunderts bezeichnet wurden; ein Indiz für die Beförderungsform. Im Gegensatz zum Kaufgeschäft vor Ort hat die Zustellung dieses Wertpapiers[16] nur Vermittlungscharakter zwischen zwei sonst währungsmäßig nicht kompatiblen Geschäften. Ein Wechsel lautete über eine Summe Geld in einer bestimmten Währung. Es galt dabei ein Wechsel als desto sicherer, je mehr Indossamente er trug und je bekannter der Akzeptant war. In der Praxis hatte sich für jede Wirtschaftsregion wechselnder Größe ein zentraler Finanzplatz entwickelt, dessen Valuta Leitwährungscharakter zukam. Der entscheidende Vorteil dieser Konstruktion war, daß an jedem Ort mit Hilfe der Weitergabe eines Fremdwährungswechsels (als Zahlungsversprechen) eigene Verbindlichkeiten kompensiert werden konnten[17].

Die Börsenplatzstruktur

Nach diesen Erläuterungen läßt sich die Funktionalität eines Geldmarktes (siehe Abb. 1: Modell eines Geldmarktes) wie folgt erläutern: Als exogene Variable müssen die vorgegebenen Rahmendaten wie Währungsstruktur, Münzfuß und staatlich fixierte Ankaufskurse betrachtet werden. Sie sind zumindest kurzfristig konstant. In Verbindung mit dem Marktvolumen, das von der Bedeutung des Börsenplatzes abhängt, und den Transaktionskosten für Edelmetall wird dadurch auch der Rahmen für Edelmetalltransporte determiniert. Alle Nominale, welche handelbar sind (das Kriterium dafür ist die Notierung im Kurszettel!), stellen Zahlungsmittel dar. Die Tatsache, daß fremde Münzsorten am lokalen Markt Kurs haben, weist auf zwei Faktoren der Zahlungsverkehrs- und Geldverhältnisse des 18. und 19. Jahrhunderts hin: a) Geldsorten als Komplementärform des Edelmetalltausches und damit letztendlich Ware und b) es werden die Sorten notiert, welche in den Nachbarregionen und damit auch in der eigenen Stadt umlaufen. Damit findet eine Inwertsetzung nachbarschaftlicher Münzsysteme am Platze

---

15 Friedrich Noback, *Systematisches Lehrbuch der Handels-Wissenschaft*. Berlin 1849, S. 229.
16 Vgl. L. Goldschmidt, *Handelsrecht* (Anm. 13), S. 1104 Anm. 11.
17 Eine ausführliche Erläuterung des Wechselverkehrs findet sich in: Jürgen Schneider und Oskar Schwarzer; International rates of exchange: structures and trends of payments mechanism in Europe, 17th to 19th century, in: *The Emergence of a World Economy 1500-1914*, hrsg. von W. Fischer, R. M. McInnis und J. Schneider, Stuttgart 1986, S. 143-171.

statt oder aber solcher Handelsregionen, mit denen kein Wechselverkehr stattfindet. Dies kann man am Hamburger Kurszettel ebenso deutlich wie z.B. in Leipzig oder Wien sehen: In Hamburg wurden Neue 2/3-Taler solange notiert, wie sie in Hannover und Mecklenburg Währungsgeld waren. Dann verschwanden sie aus dem Kurszettel obwohl sie als Edelmetallpreis durchaus noch Sinn hätten haben können. Die Kurszettel von Leipzig und Wien beinhalteten die Kurse der Handelsmünzen, welche in Ost und Südosteuropa gängige Zahlungsmittel im Handel waren. In Hamburg bestanden im Kurszettel Rubriken, in denen die Geldsorten sogar gegenseitig in Wert gesetzt wurden. Die Ergebnisse waren rechnerisch jeweils identisch, sie dienten also nur dem besseren und schnelleren Vergleich.

Das Interaktionssystem 'Börse' erlaubt nun die Verknüpfung der verschiedenen Märkte und mittels der Wechselkurse die Verbindung zwischen den verschiedenen Finanzplätzen, welche unterschiedliche Bedeutung hatten.

Das Finanzplätzesystem

Für eine Darstellung des internationalen bzw. interregionalen Finanzplätzesystems (siehe Abb. 2) bietet sich das Modell der Zentralen Orte von Walter Christaller an. Von diesem Modell sagt Edwin von Böventer, daß es "...die größte Bedeutung für den tertiären Sektor, und nur für den tertiären Sektor, besitzt[18]." Obwohl dieses Modell auf theoretisch homogener Fläche entwickelt ist, läßt es sich sehr gut in historischer Realität nachbilden. Dies ist ein Indiz für die Effizienz des entstandenen internationalen Systems des Zahlungsausgleichs in Europa[19]. Dabei ist die Systemstruktur nicht als vorgegeben und unabänderlich zu betrachten. Internationaler Zahlungsverkehr reflektiert Schwerpunktverlagerungen[20] und zeigt die Hierarchisierung von Wirtschaftsräumen durch die Zeit. Die Anordnung von wirtschaftlichen Zentren in der Zeit ist abhängig von den Transaktionskosten und der Handelsrichtung, betrachtet von einem Ausgangspunkt, der ein Zentrum darstellt. Legt man nun verschiedene Zeitschnitte, so wird deutlich, wie in dem Maß, in dem Transaktionskosten reduziert anfallen, intermediäre Gebiete, repräsentiert durch Städte, aus der Struktur der Finanzorte fallen[21]. Im internationalen

18 Edwin von Böventer, Die Struktur der Landschaft. Versuch einer Synthese und Weiterentwicklung der Modelle J. H. von Thünens, W. Christallers und A. Löschs, in: *Optimales Wachstum und optimale Standortverteilung*, hrsg. von R. Henn, G. Bombach und E. v. Böventer, Berlin 1962, S. 111. Er bezieht sich dabei auf das grundlegende Werk von Walter Christaller, *Die zentralen Orte in Süddeutschland*, Nachdruck Darmstadt 1968.
19 Vgl. dazu für den Beginn des zwanzigsten Jahrhunderts Oskar Schwarzer, *Die räumliche Struktur der Wirtschaft in Deutschland um 1910*, Stuttgart 1990.
20 Jürgen Schneider, Innovationen und Wandel der Beschäftigtenstruktur im Kreditgewerbe vom Spätmittelalter bis zur Mitte des 19. Jahrhunderts, in: Hans Pohl (Hrsg.), *Innovationen und Wandel der Beschäftigtenstruktur im Kreditgewerbe*, Frankfurt/M. 1988, S. 38.
21 Ein Indiz für diese Überlegungen findet sich für die vorindustrielle Zeit - denn dort kann dieses System klarer herausgearbeitet werden - bei Schneider/Schwarzer, International Rates of Exchange (Anm. 17), S. 162. Überträgt man die Zeitschnitte in eine Karte, so visualisiert man die Entwicklung der Transaktionskosten im Zahlungsverkehr und als Folge den Niedergang der Zwischenzentren. Es wird bei diesen Überlegungen unterstellt, daß Zentren Finanzplätze

System bleiben nur gleichrangige Partner. Nachrangige Plätze domizilieren in diesen Zentren. Beschreibbar ist das Netzwerk durch zwei Hierarchiestufen. In einem 'Primärkreislauf' können die Verflechtungen der jeweiligen zentralen Orte der einzelnen

Abb. 2:

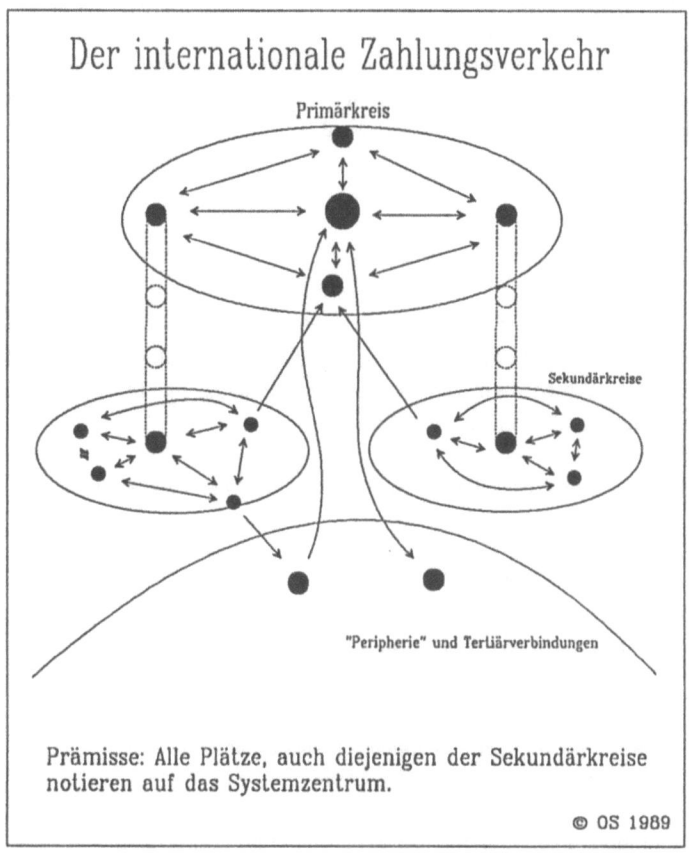

Der internationale Zahlungsverkehr

Primärkreis

Sekundärkreise

"Peripherie" und Tertiärverbindungen

Prämisse: Alle Plätze, auch diejenigen der Sekundärkreise notieren auf das Systemzentrum.

© OS 1989

Quelle: O. Schwarzer

Wirtschaftsräume dargestellt werden. Als 'Primus inter pares' ist der umsatzstärkste und mit allen anderen verbundene Netzknoten das eigentliche Zentrum des Systems. Aus plausiblen Kosten-, aber auch Sicherheitsgründen ist im internationalen Zah-

sind. Dies entspricht konsequent der Vorstellung von Städtehierarchien. Börsenaktivität ist die höchstentwickeltste Form von Transaktion.

lungsverkehr dieses Prinzip am besten realisiert. Die Zugehörigkeit zum 'Klub der Finanzzentren' ist aus den Kurszetteln des jeweiligen Systemzentrums zu ersehen.

Im 'Sekundärkreislauf' finden sich binnenwirtschaftliche Nebenzentren, die einerseits transhierarchisch auf das Systemzentrum, ihr eigenes Oberzentrum und ihnen benachbarte Primärzentren notieren und andererseits untereinander vernetzt sind.

Dieses Schema paßt für die 'entwickelte' Wirtschaftsstruktur West- und Mitteleuropas. Da der internationale Zahlungsverkehr auch mit entfernteren oder wirtschaftlich weniger starken Regionen (hier als 'Peripherie' bezeichnet) stattfand, kann man daneben von sog. Tertiärverbindungen reden. Diese stellen eigentlich einen Sonderfall dar. Die Teilnehmer der europäischen oder später auch außereuropäischen Kreise können dabei als Intermediärzentren betrachtet werden.

3. Die Quellen

Quellen für die Erhebung waren entweder die von der Kaufmannschaft herausgegebenen Preislisten (Preiskuranten[22]) oder Originalkurszettel der jeweiligen Börsen bzw. herausgegebene Abschriften von vereidigten Sensalen. Im 19. Jahrhundert wurden Kurszettel häufig in Zeitungen nachgedruckt.

Für die einzelnen Wechselplätze wurden folgende Quellen ausgewertet:

18. Jahrhundert:

> Amsterdam
> Corso delli Cambiati In Amsterdam 1700 - 1711
> Cours der Koopmannschappen 1732 - 1789
> Cours des Marchandises 1731 - 1748
> Cours van Koopmannschappen tot Amsterdam 1701 - 1731
> Prijscourant der Effecten 1796 - 1814
>
> Standort: Economisch Historische Bibliothek Amsterdam

Die Amsterdamer Geld- und Wechselkurse stammen aus zwei Quellen: das sind zum einen Kurszettel der Börse, "Corso delli Cambiati In Amsterdam", und zum anderen Preiskuranten, die von der Kaufmannschaft herausgegeben wurden. Das untersuchte Kursmaterial ist in verschiedenen Perioden in verschieden Sprachen publiziert: Von 1700-1711 in italienisch und niederländisch abgefaßt, dominiert bis 1730 das niederländische, dem 1731 bis 1748 ein zweisprachiges Intermezzo (französisch und niederländisch)

---

22 Siehe als Beispiel eines Hamburger Preiskurant Abbildung 4 oder des relevanten Ausschnitts eines Amsterdamer Cours van Koopmannschappen in Abbildung 3.

Abb. 3: Amsterdamer *Cours van Koopmannschappen* vom 2. April 1712

N°. 30. **Cours ban Wisselen / op**
Francforder-Mis. Wiſſel-g: §
In Cour: geld,op de Mis. p. c.
dito. Uſo of 14 d. ſigt p. c. 27¼
Lion foirePajement du Rois §
Leipziger Paas Mis cou:g:— ſl 38½ a ⅞
Venetien op Uſo, 2 M: dato § 90¼ a 90⅜
Livorno ——— ——— § 94¾ a95
Genua ——— ——— § 94¼ a95
Parijs 2 Uſo, of 60 d. dato § 68⅞
Rouaan ——— ——— § 68¼
Rochel ——— ——— § 68¼
Bordeaux ——— ——— § 68⅜
Londen 2 Uſo, ——— — ß 33, 6
Londen, opficht ——— ß 33,9 a 8
Madrid, Uſo, 2 M: dato § 97¼
Cadix. Uſo 2 M. dato § 117½ a ¼
Sivilien Uſo 2 M. dato § 117½ a ¼
Liſſabon ——— ——— § 42⅜
Antwerpen op ficht per c. 2⅜
Rijſſel kort ficht per c. ¼ avans
Ceulen in cour: geld per c.
Hamburg kort ficht ſt. 32 7/16
Breſlau, 6 weeken dato ſt. 36½ a ¼
Dantſ. 40 dagen dato groſſen 284
Agio van Bankgelt per c. 2⅛
van Rijx-daalders per c.
van Ducaten per c. O 4¼ N. 4¼
Leeuwen-d: 't ſtuck per cas ſt.

Quelle: Cours van Koopmannschappen tot Amsterdam, Amsterdam 1712.

folgt. Ab 1749 sind die Preiskuranten dann einheitlich in niederländischer Sprache geschrieben.

Der abgebildete Preiskurant entstammt der Sammlung "Cours van Koopmannschappen" und datiert vom 2. April 1712. Betrachtet man den "Cours van Wisselen" näher, so kann man eine Rangfolge der für den Wechselverkehr wichtigen Börsenplätze erkennen. Diese Rangfolge hat sicher gegen Ende des 17. und wahrscheinlich am Anfang des 18. Jahrhunderts bestanden. Änderungen am Kurszettel wurden nur in größeren Zeitabständen gemacht.

Von höchster Bedeutung in dieser Zeit scheinen die Meßwechsel (Frankfurt, Lyon und Leipzig) gewesen zu sein. Ihnen folgen Kurse auf Italien (Venedig, Livorno, Genua), Frankreich (Paris, Rouen, La Rochelle, Bordeaux), England (London), Spanien (Madrid, Cadiz, Sevilla) und Portugal (Lissabon). Nach den Plätzen "im eigenen Haus" (Antwerpen und Ryssel) tauchen, nun an letzter Stelle, deutsche Orte auf (Köln, Hamburg und Breslau). Der letzte Rang wird von Danzig eingenommen.

Hier wird ein Aktionsradius sichtbar, der kreisförmig Süd-, Mittel- und Westeuropa einbeziebt. Stationen an Nord- und Ostsee bilden Hamburg und Danzig. Vom Beginn des 16. bis in die 70er Jahre des 17. Jahrhunderts, der Ablösung durch die Engländer, war der Ostseehandel ein Monopol der Niederlande gewesen[23]. Gleichwohl lag danach der Ostseeraum nicht außerhalb der Interessensphäre Amsterdams. Die Wechselkursspalte des Preiskurants vom April 1712 verweist die Stadt an der Weichsel zwar auf den letzten Platz, doch notiert Amsterdam als einziger Wechselort von 1700 bis 1776 auf Danzig. Im umgekehrten Fall taucht London im Danziger Kurszettel erst 1791 auf.

> Hamburg
>> Cours der Gelder in Hamburg 1713 - 1735
>> Geld-Cours in Hamburg 1781 - 1814
>> Preiscourant der Wahren in Partheyen 1736 - 1780
>> Preis der Gelder 1710 - 1712
>> Wechsel-Cours in Hamburg 1712 - 1724, 1781 - 1814
>> Wexel-Cours zu Hamburg 1711, 1712, 1726

> Standort: Kommerzbibliothek und Staatsarchiv Hamburg

"Die Reihe der vorhandenen Kurszettel beginnt mit dem 26. April 1659 und ist seitdem vollständig in der Kommerz-Bibliothek erhalten"[24]. Diese 1905 vom damaligen Bibliothekar der Hamburger Kommerzbibliothek getroffene Aussage kann leider nicht mehr aufrechterhalten werden. Der Bestand der Kommerzbibliothek umfaßt im 18. Jahrhundert nur noch die Jahre 1710-1724 und 1781-1814.

---

23 Fernand Braudel: *Sozialgeschichte des 16. bis 18. Jahrhunderts. Aufbruch zur Weltwirtschaft*, München 1986, S. 274.
24 Ernst Baasch: Aus der Entwickelungsgeschichte des Hamburger Kurszettels, in: *Bankarchiv*, 1905, S. 8.

Abb. 4: Hamburger Preiskurant vom 13. April 1736

Warenpreisliste, Wechsel- und Geldkurszettel sowie Prämienliste der Seeversicherung
aus dem Jahre 1736, herausgegeben von der Commerz-Deputation

Quelle: Preiscourant der Wahren in Partheyen, Hamburg 1736.

Die Preiskuranten und Kurszettel Hamburgs sind üblicherweise in deutscher Sprache verfaßt. Daß es auch anderssprachig verbreitete Ausgaben von Sensalen gibt, zeigt eine Miscellanea-Sammlung "Strödda kamerala handlingar i riksarkivet" des Riksarkivet Stockholm. Sie enthält einzelne Hamburger Kurszettel, von denen zumindest einer französisch geschrieben ist (Oktober 1762).

Vor 1680 wurden die Kurszettel "ohne jede amtliche Autorität wöchentlich zweimal notiert und ausgegeben"[25]. Amtlichen Charakter erhielten die Notierungen erst mit Hermann Hermanssen, dem ersten vereidigten Makler. Da die ausgegebenen Kurszettel nachgedruckt wurden, versuchte er 1695 beim Rat der Stadt ein Privileg "zu Druck- und Ausgebung der Geld- und Wechsel-Courszettel" zu erhalten, das ihm aber erst am 1. Februar 1712 verliehen wurde[26]. Fortan war dem Kurszettel nun zu entnehmen: "Wird wochentlich zwey mahl, vermöge E.E. Hochweisen Rahts Privilegii, von Herman Hermans, gantz gedruckt herausgegeben. ist auch in Carel de Vliegers Laden bey der Beurse zu bekommen". 15 Jahre später wurde das Privileg auch auf de Vlieger, der ausschließlich Drucker der Zettel, aber kein Makler war, übertragen. Das Privileg auf die Herausgabe des Kurszettels behielt bis 1860 seine Gültigkeit, obgleich schon lange vorher jeder den Kurszettel drucken oder verkaufen konnte.

Während die ersten Amsterdamer Preiskuranten vom Jahr 1613 datieren, ist über die Frühzeit des Hamburger Pendant nur wenig bekannt. Auch in den Protokollen der 1665 gegründeten Interessenvertretung des Handels, der Hamburger Kommerzdeputation, findet sich bis 1712 über einen Preiskurant nichts. Es gab ihn zwar, doch er hatte keinen amtlichen Charakter, wenngleich trotzdem ein gewisser Einfluß der Kommerzdeputation bestand. Der Preiskurant wurde von einem Makler verfaßt, der seinerseits der Deputation der Maklerordnung nicht unterstand. Deren Einfluß gewann erst mit der Konstituierung eines amtlichen Preiskurants 1736 an Gestalt. Zuvor wurde der Preiskurant von einem Makler notiert, der allein arbeitete und dessen Unzuverlässigkeit zum Problem wurde. Versuche der Kommerzdeputation, hier einzugreifen, schlugen fehl. Ernst Baasch notiert dazu: "Erst als in dem Unternehmen des Heusch [der Makler, P.S.] eine Krisis eintrat, entschloß man sich zu einer gründlichen Reform des Preiskourant. Der Makler Heusch besuchte die Börse schon lange nicht mehr, trieb auch keine Maklergeschäfte. Den Preiskourant gab er aber noch immer heraus oder besser: er ließ ihn herausgeben durch einen Kollegen, den Makler Georg Krachman. Dieser starb im Jahre 1735; und diese Gelegenheit ergriff man, um die langgewünschte Reform des Preiskourants eintreten zu lassen. Auf Antrag der Kommerz-Deputierten beschloß am 18. Oktober der Ehrbare Kaufmann, daß 'eine generale Preis-Courant unter Autoritaet und Approbirung der Commerz-Deputation' herausgegeben werden sollte. Es sollten einige der ersten Mäkler ausgesucht und diesen die allwöchentliche genaue Preisnotirung übertragen werden"[27]. Unter Verwendung verschiedener in- und ausländischer Preiskuranten versuchte man, ein Schema herauszuarbeiten, welches dann

---

25 Ebenda.
26 Ebenda.
27 Ernst Baasch: Geschichte des Hamburgischen Ware-Preiskourant, in: *Forschungen zur Hamburgischen Handelsgeschichte III*, Hamburg 1902, S. 127.

auch probeweise gedruckt wurde. Dieser erste Entwurf enthielt aber "alle auch damals schon nicht mehr gangbaren Münzsorten", war allerdings mit der Bemerkung versehen, daß "man folgends auch die alte Müntz-Rechnung und den odieusen Rabatt abzuschaffen gesonnen" sei[28]. Am 23. Dezember 1735 wurde der Entwurf dem Rat vorgelegt, der jedoch über diese wichtigen Fragen kaum diskutierte, und am 24. Februar 1736 erschien der erste "Preiscourant der Wahren in Partheyen". Zukünftig sollte jeden Freitag eine Ausgabe aufgelegt werden.

Um einen Vergleich der Aktionsradien von Hamburg und Amsterdam zu haben, sollen hier kurz die Hamburger Kursnotierungen (in quellengemäßer Reihenfolge) vom 10. Januar 1710 angeführt werden:

Spanische Plätze (Sevilla, Cadiz), Plätze in Portugal (Lissabon), in Italien (Venedig),in den Niederlanden (Antwerpen, Amsterdam), in Frankreich (Paris, Rouen)und in England (London). Es folgen Meßwechsel nach Frankreich (Lyon) und auf deutsche Messen (Leipzig, Naumburg). Anschließend folgen die Notierungen auf Breslau, Danzig, Augsburg, Nürnberg, Kopenhagen, Leipzig, Frankfurt und zuletzt Lübeck.

Die Reihenfolge der Kursnotierungen des dargestellten Preiskurants vom 13. April 1736 (s. Abb. 3) ist folgende:
Amsterdam, Bordeaux, Paris, London, Cadiz, Lissabon, Venedig, Kopenhagen, Leipzig, Breslau, Prag, Wien, Meßwechsel auf Frankfurt am Main, auf Leipzig, auf Naumburg, Der Zettel schließt mit Notierungen auf Augsburg und Nürnberg.

Das Schwergewicht Hamburger Aktivitäten hat sich im Vergleichszeitraum also eindeutig vom Süden und Südwesten Europas auf den Westen und Nordwesten Europas verlagert. Dies war auch eine Folge veränderter Bezugsquellen von Kolonialwaren.

Weitere Quellen für das 18. Jahrhundert sind:

London
    The Course of Exchange and other things 1698 - 1815

    Standort: British Library London

Paris
    Journal de Commerce (feuille commerciale) 1763 - 1783 und 1810
    Gazette nationale ou le moniteur industriel 1800 - 1810, 1814
    Journal de Paris 1780 - 1783, 1795 - 1800, 1811 - 1815
    Journal Général de France 1784 bis 1792

    Standort: Bibliothéque Nationale Paris

---

28 Ebenda, S. 128.

Wien

Corsi di Cambi in Vienna (Dalla Borsa pubblica in Vienna) 1771 - 1785
Cours der Geld- und Silbermünzen in Wien. Von der K.K. öffentlichen Börse
1810 - 1818
Tabellarisches Compendium aller Course der Staatspapiere Wechselbriefe und
Münzen 1811 - 1818
Wechsel-Cours in Wien. Aus der K.K. öffentlichen Börse 1786 - 1817
Wiener Zeitung 1801 - 1810

Standorte: Bibliothek des Finanzministeriums, Wiener Börsekammer,
Wiener Stadt- und Landesbibliothek
Wechselkurszettel diverser Plätze in Europa, gesammelt von N. W. Posthumus,
Standort: Economisch Historische Bibliothek Amsterdam 1752 - 1771

19. Jahrhundert:

Hamburg

Börsenhalle 1815 - 1873
Hamburger Correspondent 1834 - 1838
Soetbeer, Adolph; Beiträge und Materialien zur Beurtheilung von Geld- und
Bankfragen mit besonderer Rücksicht auf Hamburg, Hamburg 1855, S. 125.

Standorte: Kommerz- und Universitätsbibliothek sowie Staatsarchiv Hamburg

Frankfurt/Main

Börsenhalle 1815 - 1825
Frankfurter Journal, Juli 1815 - Dezember 1815
Journal de Francfort, November 1816 - Januar 1823
Frankfurter Ober-Post-Amts-Zeitung, März 1817 - Dezember 1824
Frankfurter Ober-Postamts-Zeitung, Januar 1825 - Dezember 1844
Frankfurter Oberpostamts-Zeitung, Januar 1845 - Dezember 1851
Frankfurter Postzeitung, Januar 1852 - Juli 1866
Neue Frankfurter Zeitung, Januar 1865 - Juni 1866
Frankfurter Zeitung, Juli 1866 - Dezember 1875

Standorte: Bibliothek der Handelskammer und Stadtarchiv Frankfurt,
Institut für Zeitungsforschung, Dortmund

Berlin
Berlinische Nachrichten von Staats- und Gelehrten Sachen, Januar 1815 - Dezember 1856
Königlich privilegirte Berlinische Zeitung/Vossische Zeitung, Januar 1857 - Dezember 1858
Vossische Zeitung, Januar 1859 - Dezember 1865
Berlinische Nachrichten von Staats- und Gelehrten Sachen, Januar 1866 - Mai 1872
Spenersche Zeitung, Juni 1872 - Oktober 1874
Vossische Zeitung, November 1874 - Juli 1914

Standort: Institut für Zeitungsforschung, Dortmund

Leipzig
Leipziger Zeitung, Juli 1823 - Dezember 1875

Standorte: Institut für Kommunikationswissenschaft, Münster, Universitäts-bibliothek Erlangen

Köln
Kölnische Zeitung, Dezember 1822 - Dezember 1875

Standort: Institut für Zeitungsforschung, Dortmund

Wien
Börsenhalle, 1815-1822
Tabellarisches Compendium aller Course der Staatspapiere, Wechselbriefe und Münzen im Jahre ..., 1815 - 1822
Tabellarische Übersichten sämmtlicher Wechsel-, Münz- und Obligations-Course vom Jahre ..., 1823 - 1859
Cours-Blatt der Wiener Börsekammer, 1840 - 1859
Cours-Blatt des Gremiums der k.k. Börse-Sensale, 1860 - 1871

Standorte: Bibliothek des Finanzministeriums, Wiener Börsekammer, Institut für Wirtschafts- und Sozialgeschichte der Universität, alle Wien

Amsterdam
Prijscourant der Effecten, 1815 - 1842
Amsterdamsch Effectenblad, 1843 - 1875

Standort: Economisch Historische Bibliothek Amsterdam

London
    The Course of the Exchange, 1815 - 1850
    The Economist, Juli 1844 - Juli 1914

    Standort: British Library London

Paris
    Gazette nationale, 1815
    Journal du commerce, 1816 - 1843
    Gazette de France, 1844 - 1856
    Journal des débats, 1857 - 1859
    Gazette nationale, 1859 - 1860
    Journal des débats, 1861 - 1862
    Gazette nationale, 1863 - 1866
    Journal des débats, 1867 - 1869
    Banque de France: Service des archives; Cours du Change à Paris sur les
    principaux places étrangères, Januar 1868 - Januar 1914

    Standorte: Bibliothéque Nationale und Banque de France, Paris

Europäische Diskontsätze 1868-1914
    Banque de France: Sérvice des archives; Cours du Change à Paris sur les
    principaux places étrangères, 1868 - 1881
    Vossische Zeitung, 1882 - 1884
    The Economist, 1885 - 1914

Danzig
    Anzeigen und Erläuterungen der Specie & Wechsel-Course 1707 - 1774
    Danziger Nachrichten, Danziger Erfahrungen, Wöchentliche Danziger
    Anzeigen und Dienliche Nachrichten ... 1739 - 1850
    Acta der Ältesten der Kaufmannschaft zu Danzig betreffend die Coursberichte
    1829 - 1855

    Standort: Archiwum Państowe, w Gdańsku Biblioteka Gdańska Polskìej Aka-
    demii Nauk Staatsarchiv Danzig

Petersburg
    Hamburger Börsenhalle 1815 - 1982

    Standort: Staats- und Universitätsbibliothek Hamburg

Riga
Hamburger Börsenhalle 1815 - 1875

Stockholm
Stockholms Handels Mercurius 1732-1737
Stockholms stads priscourant 1740-1755, 1757-1767
Göteborgs Handels- och Sjöfartstidning 1832-1914
Post- och Inrikes Tidningar 1790-1824, 1844-1889

Standort: Kungl. Biblioteket Stockholm

Hamburger Börsenhalle 1825 - 1831

4. Schlußbemerkung

Historische Geld- und Wechselkurse müssen aus der Sicht des Statistikers als 'harte
Daten' angesehen werden. Eine sonst notwendige Quellenkritik als Basis der Bewertung
kann damit entfallen. Trotzdem sollen zwei Erkenntnisse aus der Erfassungsphase der
Kursreihen angeführt werden:

Zeitungen sind diejenigen Quellen mit den potentiell höchsten Fehlerraten. Einige
wenige Male wurde beispielsweise die Setzerei der "Privilegirte(n) Liste der Börsen-
Halle" bei den nachgedruckten Börsen-Kurszetteln vom Druckfehlerteufel heimgesucht
oder es war ein Übermittlungsfehler bei Kurszetteln von 'fremden Plätzen' passiert. Regelmäßig in der, durch jeweilige Transportzeiten bedingt, nächsten Ausgabe erschien die
korrigierte Fassung. Daran kann man erkennen, welchen Stellenwert dieser Teil der Zeitung vor der allgemeinen Nutzung der Telegraphie in seinem Verbreitungsgebiet hatte.

Wechsel- und Geldkursreihen, zumal metallisch fundiert und gebunden an Postlauf-
zeiten, haben eine hohe Konstanz im Verlaufscharakter. Es gibt keinen plötzlichen, nur
auf einige wenige Börsentage beschränkten Kurseinbruch. Damit ist das EDV-technisch
aufbereitete Material jedoch statistisch prüfbar. Jeder Trendbruch ist ein potentieller
Fehler und kann überprüft werden. Eine weitere Möglichkeit der Überprüfung ist die
Methode mittels Kreuzwechselkursen aus neutralen Quellen.

III.

Quellen zur historischen
Wirtschafts- und Sozialstatistik
Deutschlands
im 19. und 20. Jahrhundert

Philipp Fehrenbach

Quellen zur historischen Statistik der deutschen Montanindustrie seit 1850

1. Einleitung

Im Jahr 1940 schrieb der Statistiker Adolf Günther: "Historische Statistik ...sollte eine Sache der Gegenwart sein: ihr Ziel wäre, statistische Materialien einer früheren Zeit unter Gesichtspunkten zu sammeln, aufzubereiten und zu verwerten, die nur der hochentwickelten, statistischen Praxis der Gegenwart entnommen oder dieser wenigstens angenähert werden können. Wir denken hierbei vor allem an Materialien, welche der als Statistik im eigentlichen Sinn zu bezeichnenden Praxis der 2. Hälfte des 19. Jahrhunderts zeitlich vorgelagert sind, ..."[1]

Wäre also danach eine Produktionsstatistik des Montangewerbes seit 1850 nicht als Historische Statistik zu begreifen? Zugegeben, es entstanden seit 1850 in wachsender Menge statistische Veröffentlichungen für den Bereich des Bergbaus und der Hüttenindustrie. Sie unterscheiden sich stark nach Struktur und Inhalt und genügen oft nicht den heutigen Anforderungen an eine Produktionsstatistik. Sie lassen sich auch nicht bedenkenlos zu unkommentierten Reihen zusammenstellen, weil sich Erhebungsverfahren und -inhalte mehrfach änderten oder weil Daten unterschiedlicher statistischer Herkunft miteinander kombiniert werden müssen, um das gewünschte Ergebnis auch nur annähernd zu erreichen.[2]

Was ist gewünscht? Es sollen Reihen entstehen - für den Zeitraum vor 1915 sind sie bereits entstanden - die, stark regional gegliedert, Produktionsziffern des Bergbaus und der einzelnen Hüttenindustrien darbieten. Nach den Kriterien heutiger Industriestatistik

---

1   Adolf Günther, Geschichte der Statistik - Historische Statistik, in: Friedrich Burgdörfer (Hrsg.), *Die Statistik in Deutschland nach ihrem heutigen Stand*, Bd. I, Berlin 1940, S. 3 ff., dazu auch Paul Bramstedt, Statistik der Industriewirtschaft, in: ebd., Bd. II, S.995 ff.

2   Siehe dazu auch: Steffi Jersch-Wenzel/Jochen Krengel, *Die Produktion der deutschen Hüttenindustrie 1850-1914*, (= Einzelveröffentlichungen der Historischen Kommission zu Berlin, Bd. 43, Quellenwerke), Berlin 1984. Wolfram Fischer (Hrsg.), *Die Produktion des deutschen Bergbaus 1850-1914*, bearb. v. Philipp Fehrenbach (= Quellen und Forschungen zur historischen Statistik von Deutschland Bd. 13), St. Katharinen 1989. Beide Bände gehen in ihren Erläuterungsteilen und Einleitungen ausführlich auf die spezifischen Probleme statistischer Zusammenstellungen auf der Grundlage statistischen Materials aus dem Zeitraum 1850 bis zum Ersten Weltkrieg ein. Dabei wird auch ausführlich auf die Quellen- und Literaturgrundlage eingegangen.

meint Produktion, die für den Absatz bestimmten Güter, im Falle des Bergbaus auch die Gesamt- bzw. Urproduktion.[3]

Welchen Anforderungen sollte also das Quellenmaterial genügen? Erhebungseinheit von bergbehördlicher, amtlicher und von Verbandsstatistik war der örtliche Betrieb und nicht das Unternehmen. Dies führte dazu, daß nicht die für den Absatz am Markt bestimmte Produktion gemessen wurde, sondern die bestimmter Produktionsstufen. Die Bergbaustatistik erhebt bis heute die Gesamtproduktion der absatzfähigen (verwertbaren) Mineralien.[4] In der Reichsstatistik wurde bis 1907 ebenfalls die Gesamtproduktion des örtlichen Betriebes erhoben. Von 1908 an wurde versucht, die zum Absatz bestimmte Produktion auszuweisen. Dazu war es notwendig neben der Gesamtproduktion auch die

1. zum Absatz bestimmte Produktion
2. zum Versand an andere Betriebe des gleichen Unternehmens bestimmte Produktion
3. zur Weiterverarbeitung im gleichen Betrieb bestimmte Produktion
   zu ermitteln.[5]

Der Umfang der für den Absatz bestimmten Produktion einer Ware ändert sich, wenn sich die Organisation der industriellen Betriebe ändert, auch wenn die insgesamt produzierte Menge der Ware die gleiche bleibt. Wenn einer Kohlengrube eine bisher selbständige Kokerei angegliedert wird, dann verringert sich die für den Absatz bestimmte Kohlenmenge um den Betrag, der an die angegliederte Kokerei geliefert wurde Bei einer stärkeren Konzentrierung der Kohleindustrie in kombinierten Unternehmungen sinkt die für den Absatz bestimmte Kohlenmenge. Waren 1912 von 174,8 Millionen Tonnen noch 119,4 Millionen Tonnen Steinkohle oder 68% abgesetzt und 44,5 Millionen Tonnen (25%) an eigene Werke geliefert worden, dann waren es 1932 bei einer Gesamtproduktion von 122,6 Millionen Tonnen mit 96,9 Millionen Tonnen (79%) mehr als doppelt soviel, die an eigene Werke geliefert wurden, während nur noch 22,6 Millionen Tonnen Steinkohle oder 18% direkt am Markt abgesetzt wurden. Diese Konzentrationserscheinungen haben aber auch sonst Rückwirkungen auf die statistisch erfaßten wirtschaftlichen Vorgänge, z.B. auf den Verkehr oder die Steuereinnahmen. Solche Rückwirkungen werden im allgemeinen als Ausdruck einer veränderten wirtschaftlichen Struktur hingenommen. Erst aus dem Vergleich dieser Gesamtmenge mit der für den Absatz bestimmten Produktion und umgekehrt wird der Einfluß der Betriebskonzentration in einer Produktionsstatistik deutlich.

---

3 Gerhard Fürst, Probleme der industriellen Produktionsstatistik, in: *Wirtschaftsstatistik*, N.F. 6, 1954, S. 311 ff. Kurt Werner, *Die Industriestatistik der Bundesrepublik Deutschland*, Berlin 1963. Ders.: Produktionsstatistik, Artikel in: *Handwörterbuch der Sozialwissenschaften*, Göttingen 1956.

4 Zur Problematik der Erhebungskategorien s. Hans Heinrich Bischoff, Bergbaustatistik, Artikel in: *Handwörterbuch der Sozialwissenschaften*, Göttingen 1956. Dazu auch die im Jahresturnus erscheinenden *Statistischen Mitteilungen der Bergbehörden der Bundesrepublik Deutschland für das Jahr* ... Clausthal-Zellerfeld 1949 ff., zusammengestellt als Gemeinschaftsarbeit der Bergbehörden des Bundesgebietes.

5 Vergl. *Vierteljahreshefte zur Statistik des Deutschen Reichs*. Berlin 1908 ff.

2. Die Montanstatistik vor 1871

Geschichtlicher Ausgangspunkt aller Quellen für eine Produktionsstatistik des deutschen Montangewerbes sind die Erhebungen der Bergbehörden. In ihren Händen lag in der Mitte des 19. Jahrhunderts Aufsicht und Leitung der Gruben. Die Anfänge reichen weit vor das Jahr 1850 zurück, Zweck und Inhalt änderten sich allerdings erheblich. Die fiskalische Bedeutung des Montangewerbes führte zu seiner statistischen Erfassung. Zunächst war nur der Absatz von Interesse, denn nach ihm berechneten sich die an den Landesherrn bzw. den Staat zu leitenden Abgaben.

Im Königreich Preußen hatte die Berg- und Hüttenstatistik schon vor 1850 eine Form gefunden, die prägend auch für andere Länder wurde. Sie ist im Kern noch heute in den *Statistischen Mitteilungen der Bergbehörden der Bundesrepublik Deutschland*[6] zu erkennen, auch wenn die Erhebungsinhalte in den mehr als 130 Jahren seit 1850 erheblichen Veränderungen und Differenzierungen unterlagen. Erhoben wurde im Jahr 1850 die Zahl der Betriebe, die Produktionsmenge, ihr Wert und die Zahl der beschäftigten Personen. Diese vier Kategorien bilden auch heute noch das Gerüst der bergbehördlichen Erhebungen für eine Statistik der Bergwerksproduktion in der Bundesrepublik Deutschland.

Bis zum jährlichen Erscheinen der *Tabellen über die Produktion des Bergwerks-, Hütten- und Salinenbetriebs im Zollverein...*[7] von 1860 bis 1870, entstanden außer in Preußen lediglich in den beiden Königreichen Bayern und Sachsen gedruckte, auf bergbehördliche Erhebungen zurückgreifende Statistiken[8]. Die Angaben zu den oben genannten vier Kategorien waren noch wenig differenziert. Bei den Betriebszahlen fehlte eine Aufgliederung in Haupt- und Nebenbetriebe[9]. Ob ein Betrieb überhaupt pro-

---

6 Statistische Mitteilungen der Bergbehörden (Anm. 4). Es handelt sich dabei um eine Fortsetzung der sog. *Blauen Hefte*, die bis 1938 erschienen und seit 1930 die Produktion des gesamten deutschen Bergbaus statistisch beschrieben.

7 Die "Tabellen über die Produktion des Bergbaus-, Hütten- und Salinenbetriebes im Zollverein für das Jahr 1860 ff..., in: *Generallandesarchiv Karlsruhe, Finanzministerium*, 237/11036-11038" waren ausschließlich für den innerministeriellen Gebrauch bestimmt und deshalb auf dem allgemeinen Markt für Druckerzeugnisse nicht erhältlich, obwohl sie in gedruckter Form vorlagen.

8 Bis 1851 wurden die preußischen Zahlen für den behördlichen Gebrauch gedruckt unter dem Titel: Übersicht der Produktion des Bergwerks-, Hütten- und Salinen-Betriebes in dem Preußischen Staate für das Jahr 1850, 1851, in: *Staatsarchiv Münster Oberpräsidium* 2811, Bd. 3. Bis 1910 erschienen in Bayern ebenfalls für den internen Verwaltungsbetrieb die Übersicht der Produktion des Bergwerks-, Hütten- und Salinen-Betriebes in dem bayrischen Staate für das Verwaltungsjahr 1849/50 ff.; von 1861 wurden die statistischen Daten für das jeweilige Kalenderjahr erhoben. Schon vor 1850 wurden im Königreich Sachsen, ähnlich wie in Preußen und Bayern, die statistischen Übersichten zum Montangewerbe in jährlicher Folge gedruckt, ab 1852 herausgegeben von der Königlichen Bergakademie Freiberg, im *Jahrbuch für den Berg- und Hüttenmann auf das Jahr 1852 ff.*, Bd. 11 ff., von 1873 an als *Jahrbuch für den Berg- und Hüttenmann im Königreich Sachsen*, Freiberg 1873 ff. Die Zahlen für die Jahre 1830/31 finden sich in der *Zeitschrift des Statistischen Bureaus des Königlich Sächsischen Ministeriums des Innern*, Jg. 1856.

9 Als Hauptbetrieb für das Produkt A wurde ein Werk dann bezeichnet, wenn dem Werte nach das Produkt A beim Verkauf überwog. Entsprechend wurde ein Betrieb als Nebenbetrieb für

duzierte, stillgelegt war oder zwar nicht produzierte, sich aber in Betrieb befand, diese Frage stellten die Erhebungsbehörden nicht. Dies gilt gleichermaßen für den Bergwerks- wie für den Hüttenbereich. Die regionale Gliederung der Zahlen lehnte sich in allen drei Ländern an die der Bergreviere an, wozu in Preußen noch eine Aufteilung nach Verwaltungseinheiten (Regierungsbezirke) kam. Das Hauptgewicht der bergbehördlichen Veröffentlichungen in den drei Ländern lag auf dem Bereich Bergbau, was in Preußen dazu führte, daß von 1883 an die Produktionsergebnisse der Hüttenindustrie nur noch in der amtlichen Statistik (Reichsstatistik) veröffentlicht wurde.

Die *Übersicht der Produktion des Berg-, Hütten- und Salinenwesens in dem bayrischen Staate* war bis zum ersten Weltkrieg lediglich für den Gebrauch innerhalb der Verwaltung gedruckt worden. Ebenso verfuhr Preußen bis 1851 mit seiner *Übersicht der Produktion des Bergwerks-, Hütten- und Salinenwesens in dem Preußischen Staate...*, veröffentlichte aber dann von 1852 bis 1938 Angaben zur Montanstatistik in seiner *Zeitschrift für das Berg-, Hütten- und Salinenwesen*[10]. Neben den Zahlen zur Produktion gelangten für den Bereich Bergbau die statistischen Erhebungen zu den Knappschaftskassen, dann die zu den diversen Unglücksfällen und nicht zuletzt detaillierte Angaben zu den Löhnen im Bergbau zur Darstellung. Auf Angaben zur Hüttenproduktion wurde seit 1883 verzichtet. Zusätzlich zu den rein statistischen Angaben entstanden ausführliche Beschreibungen des Bergwerksbetriebes in den einzelnen Bergrevieren, welche aufgegliedert waren nach den einzelnen Bergbauprodukten. Diese Beschreibungen enthalten Angaben über besondere Vorkommnisse zum Teil auch Mitteilungen über die technische Ausstattung der Gruben. Diese Angaben sind für die Erstellung einer Produktionsstatistik hilfreich, denn sie können z.B. statistische Schwankungen erklären. Ihre vollständige statistische Auswertung müßte allerdings in anderen Zusammenhängen geschehen.

Die sächsischen Behörden gaben vom Beginn des betrachteten Zeitraums bis ebenfalls 1938 Angaben zur Montanstatistik im *Jahrbuch für das Berg- und Hüttenwesen im Königreich Sachsen* heraus[11], das in vielem der preußischen Zeitschrift ähnelt.

Nach dem Vorbild dieser bergbehördlichen Statistiken stellte Georg v. Viebahn für die Jahre bis 1857 die *Statistik des zollvereinten und nördlichen Deutschlands* zusammen[12]. Er verschickte Fragebögen an die einzelnen Länderregierungen und stellte die erhaltenen Antworten zu Reihen zusammen, die er mit einem Kommentar versah. Da

ein Bestimmtes Produkt eingestuft, wenn der Verkaufserlös des Produktes nicht die anderen überwog. Diese Definition behielt im wesentlichen bis 1912 ihre Gültigkeit. Von da an wurden Haupt- und Nebenwerke für das jeweilige Produkt gesondert bestimmt.

10 Der Bergwerksbetrieb im Königreich Preußen im Jahre 1852 ff., in: *Zeitschrift für das Berg-, Hütten- und Salinenwesen in dem Preußischen Staate*, Jg. 1854 ff. Daneben diente die Zeitschrift als Veröffentlichungsorgan für bergbehördliche und ministerielle Verordnungen und Gesetze, dazu wurde über das Personalwesen der preußischen Bergbehörden informiert. Einen breiten Raum nahmen Aufsätze zu technischen, wirtschaftlichen und wissenschaftlichen Themen des Berg- und Hüttenwesens ein.

11 *Jahrbuch für den Berg- und Hüttenmann auf das Jahr 1852 ff.*, Bd. 1 ff., hrsg. v.d. Königlichen Bergakademie zu Freiberg; ab 1873 = *Jahrbuch für das Berg- und Hüttenwesen im Königreich Sachsen*, Freiberg 1873 ff.

12 Georg v. Viebahn, *Statistik des zollvereinten und nördlichen Deutschland*, Bd. 2, *Bevölkerung, Bergbau, Bodenkultur*, Berlin 1862.

jegliche Hinweise zum Zustandekommen der Zahlen fehlen[13], ist bei ihrer Benutzung eine gewisse Vorsicht angebracht. Dennoch handelt es sich bei den von Viebahn erhobenen Zahlen um die wichtigste Quelle für die Zeit bis 1857 neben denen von Preußen, Bayern und Sachsen. Daneben treten Einzelveröffentlichungen bzw. Fachzeitschriften[14]. Die Quellenlage ändert sich erst mit der Veröffentlichung der Zollvereinsstatistik, die in der Regel für den Gebrauch innerhalb der einzelnen Länderverwaltungen bestimmt war. In ihr wurden erstmals die unterschiedlichen Maß- und Münzsysteme vereinheitlicht auf Zentner zu 50 kg und preußische Taler, während bis dahin alle Länder ihre je eigenen Maße, Gewichte und Münzen verwandt hatten. Die Zollvereinsstatistik lehnte sich an das preußische Erhebungssystem an und verwandte auch das dort praktizierte Darstellungsschema[15].

3. Die Montanstatistik seit 1871

Mit der Gründung des Deutschen Reiches im Jahr 1871 entstand das Kaiserliche Statistische Amt in Berlin, das die Produktionszahlen für das Montangewerbe in seinen Monats- und Vierteljahresheften jährlich veröffentlichte. Die amtlichen Zahlen der Reichsstatistik wurden auch in der Weimarer Republik und danach in der Zeit des Nationalsozialismus bis 1938 veröffentlicht. In diesem Zeitraum begannen sich die amtliche Statistik und die der Bergbehörden in der Aufbereitung und Darstellung ihrer Zahlen, nach 1907 auch in der Erhebung, auseinander zu entwickeln.[16]

---

13 Das vorherrschende fiskalische Interesse am Montangewerbe, besonders ausgeprägt bei den kleineren Territorialgewalten, zeigt sich daran, daß sehr oft statistisches Material lediglich zum Absatz gesammelt und an Viebahn weitergegeben wurde. Es fehlen in der Mehrzahl der Fälle Angaben zur Zahl der Betriebe und zur Beschäftigtenstruktur.

14 Zu nennen sind die *Berg- und Hüttenmännische Zeitung, Freiberg*, - sie erschien schon vor der Mitte des 19. Jahrhunderts - ebenso wie die aus Eisleben stammende Zeitschrift *Der Bergwerksfreund*. An Einzelveröffentlichungen: H. Bilfinger, Produktion der Bergwerke, Salinen und Hüttenwerke in Württemberg von den zehn Jahren vom 1. Juli 1847 bis 30. Juni 1857, in: *Württembergisches Jahrbuch für vaterländische Geschichte, Geographie, Statistik und Topographie*, Jg. 1857, Stuttgart 1869; C. F. A. Hartmann, *Steinkohle und Eisen in statistischer, staatswirtschaftlicher, technischer und in besonderer Beziehung zu den neuesten Handels- Zollverhältnissen*, Weimar 1854; F. Odenhäuser, *Das Berg- und Hüttenwesen im Herzogtum Nassau, 1. Teil*, Wiesbaden 1863, Schlußheft, Wiesbaden 1867. Sie alle stützten sich bei ihren Arbeiten auf amtliche Quellen, zum Teil aus den Amtsregistraturen.

15 In den zwanziger Jahren setzte eine kontroverse Diskussion über Inhalt und Aussagekraft der statistisch erhobenen Zahlen ein, dies auf dem Hintergrund bergmännischer Entlohnung. Machen wir uns dies an einem Beispiel deutlich: Der Zahlenwert für "absatzfähige Produktion an Steinkohle" wurde ermittelt aus abgesetzter Steinkohle + Deputate + Abgaben an eigene Werke (Hütten, Kokereien). Letzterer Wert entstand nicht durch Verwiegen der tatsächlich abgegebenen Mengen, sondern wurde zum Beispiel über die Menge des verkauften Kokses errechnet; daß dabei durch Einsetzen entsprechender Faktoren leicht manipuliert werden konnte, liegt auf der Hand. Vgl. Ernst Jüngst, Die Statistik im Ruhrbergbau, in: Herbig/Jüngst (Hrsg): *Bergwirtschaftliches Handbuch*, Berlin 1931, S. 85 ff.

16 *Statistik des Deutschen Reichs*. Hrsg. Kaiserliches statistisches Amt, Berlin 1874 ff.; für die Jahre 1871 - 1875 erschienen die Zahlen für das Montangewerbe in: *Vierteljahreshefte zur Statistik des Deutschen Reichs*, Bde. 1-4, für 1876 - 1890 in: *Monatshefte zur Statistik des Deutschen*

Verfolgen wir zunächst die Entwicklung der bergbehördlichen Erhebungen, um uns dann der amtlichen Montanstatistik sowie anderen Erhebungen zuzuwenden. Wie schon oben angedeutet, erhob die preußische Bergbaustatistik von 1883 an die Hüttenproduktion nicht mehr. Dies wurde später für die Weimarer Republik und dann auch in der Bundesrepublik Deutschland so beibehalten. Bis 1882 waren die amtliche Montanstatistik und die bergbehördliche identisch aufgebaut, doch bürgerte sich in der amtlichen Statistik seit 1877 für den Bergbau statt des Begriffs der "verwertbaren Förderung" der der "absatzfähigen" ein. Der Begriff "verwertbare Förderung" ist bis heute als Produktionsbezeichnung in der bundesdeutschen Bergbaustatistik gebräuchlich. Regionales Gliederungsmoment blieb bis in die dreißiger Jahre dieses Jahrhunderts die Regierungsbezirksebene bzw. die der Berg- und Oberbergämter. Von 1949 an wurde nach Bundesländern und Bergrevieren gegliedert.

Eine starke Konstanz weist auch die Kategorie "Anzahl der Betriebe" auf. Bis 1870 wurde nach Hauptwerken, teilweise auch nach Nebenbetrieben, unterschieden. Im Bereich Bergbau folgte ab 1871 die Kategorie "Werke ohne Förderung". Sie war unterteilt in vier Spalten, deren Inhalt sich nach der Ursache des Nichtförderns bestimmte. Weitaus häufiger änderte sich die Kategorie "Belegschaft". Sie wechselte von "gesamte Arbeiterzahl", zu "Arbeiter unter Tage/über Tage, männlich/weiblich" oder erfaßte "Arbeiter/Angestellte" zu einem bestimmten Stichtag. Dann wurden die "gesamte Arbeiterzahl einschließlich der in den Nebenbetrieben beschäftigten" erhoben, dann wieder "... ohne die in den Nebenbetrieben beschäftigten" usw. Selbst in den *Statistischen Mitteilungen der Bergbehörden der Bundesrepublik Deutschland* war die Kategorie der Beschäftigten mehrfachen Änderungen ausgesetzt.

Diese vier, zum Teil untergliederten Kategorien lieferten die statistischen Daten, mit deren Hilfe die Bergbehörden das Material für eine Beschreibung der Urproduktion bereitstellten. Erst nach 1949 wurde für den Bergbaubereich Kohle auch die Produktion der Kokereien und Brikettfabriken erhoben. Dabei wurde auf die Menge der jeweils verwendeten Stein- und Braunkohle verzichtet.

Die amtliche Statistik beginnt mit der Zollvereinsstatistik zum Montangewerbe, also mit dem Jahre 1860. Sie war im wesentlichen eine Erweiterung der preußischen Bergbaustatistik auf alle Zollvereinsstaaten. Nach der Errichtung des Kaiserlichen Statistischen Amtes (1871) wurde zunächst das bisherige Verfahren beibehalten. 1882 erfuhr die Montanstatistik eine platzmäßige Reduzierung in der veröffentlichten Reichsstatistik auf ein Drittel des vorherigen Umfangs. Dies wurde vor allem dadurch erreicht, daß die regionale Gliederung eingeschränkt wurde auf die größeren und wichtigeren Gebiete. Sonst wurden sowohl im Hütten- wie Bergbaubereich Sammelangaben abgedruckt.

Ab 1907 enthielt die Produktionsstatistik der Montanindustrie Jahreszahlen über die Erzeugung und den Absatz nach Menge und Wert in sehr eingehender Gliederung nach Sorten bzw. Waren, den Verbrauch an Roh- und Hilfsstoffen, die Beschäftigtenzahlen

---

tistik des Deutschen Reichs, Bde. 1-4, für 1876 - 1890 in: *Monatshefte zur Statistik des Deutschen Reichs*, 1877 - 1891, danach in: *Vierteljahreshefte zur Statistik des Deutschen Reiches*, N.F.1 ff., 1892 ff.

an Stichtagen und die Betriebseinrichtungen. Sie diente einer eingehenden Durchleuchtung der Montanindustrie. Der Hauptnachteil bestand in der mangelnden regionalen Gliederung, sowohl für den Bergbau als auch für den Hüttenbereich. Hauptgliederungsmoment wurden Wirtschaftsgebiete, die die vormalige Gliederung nach Verwaltungsbezirken und Berg- bzw. Oberbergämtern ablösten. Damit wurde die Gliederung, wie sie die Wirtschaftsverbände mit ihren Statistiken eingeführt hatten, übernommen und bis heute beibehalten. Lediglich die Bergbehörden halten an ihrer regionalen Einteilung bis heute fest.

Erst 1934, als die nationalsozialistische Politik Versorgungsschwierigkeiten mit Rohstoffen erwarten ließ, wurden die Erhebungen ausgeweitet. Man versuchte Unterlagen für eine Rohstoffplanung zu gewinnen. In den folgenden Jahren der intensiveren Aufrüstung kamen kriegswirtschaftliche Aufgaben hinzu. Die erste allgemeine Produktionserhebung von 1933 trug noch weitgehend den Charakter einer Probeerhebung. Für das Jahr 1936 wurde dann auf Grund der gewonnenen Erfahrungen in der Abteilung "Industrielle Produktionsstatistik"[17] des Statistischen Reichsamtes eine sämtliche Industriezweige einheitlich erfassende Produktionserhebung durchgeführt. Sie erfaßte der Menge nach Produktion, Materialverbrauch sowie den Betriebs- und Hilfsstoffverbrauch nach einem stark ausdifferenzierten Erhebungsschema. Es wurden Daten ermittelt über Produktionskapazitäten, die volkswirtschaftliche Gesamtrechnung und über die Beschäftigten. Die Ergebnisse wurden nicht nur für Industriezweige, sondern auch für die einzelnen Betriebe den Ministerien und damaligen "Reichsstellen" in Form einer Fabrikkartei zur Verfügung gestellt. Sie bildete die Grundlage der späteren Rohstoffbewirtschaftung. Die Auswertungen der Ergebnisse dieser Erhebung wurden aus Geheimhaltungsgründen nicht veröffentlicht. Zwar fiel bei den "Reichsstellen" auch während des Krieges statistisches Material über die Produktion an, doch blieb es uneinheitlich und wurde aus Sicherheitsgründen geheimgehalten. Noch bis in die letzten Märztage 1945 wurde statistisches Zahlenmaterial zu den verschiedensten Bereichen des Montanbereiches von den zuständigen Stellen in Berlin gesammelt und zusammengestellt, zu einer Zeit also, als die rote Armee bereits vor der Stadt stand (s. Abb. 1). Die Statistischen Schnellberichte zur Kriegsproduktion tragen als letztes Datum den 20. März 1945[18]. Sie enthalten Monatszahlen zu den unterschiedlichsten Produktionsbereichen, die für die Kriegsführung von Wichtigkeit waren. Allerdings wurde eine regionale Unterscheidung nur zwischen "Großdeutschland" und "besetzte Gebiete" durchgeführt. Die letzten Zahlen zur Erdölförderung tragen das Datum 8. März 1945 am Produktionsort, sie gelangten noch nach Berlin an die zuständige Stelle beim Reichswirtschaftsministerium, Hauptabteilung OBH[19]. Die Monatsberichte der Oberbergämter gelangten noch im Februar 1945 nach Berlin, sie berichteten über das Produktionsgeschehen bis November 1944[20]. In den letzten Kriegsmonaten wurden die Berichtszeiträume immer kürzer. Dies

---

17 *Die Deutsche Industrie. Gesamtergebnisse der amtlichen Produktionsstatistik*, (= Schriftenreihe des Reichsamtes für wehrwirtschaftliche Planung. Heft 1), Berlin 1939.
18 *Bundesarchiv Koblenz, R24/58.*
19 Ebd., *R7/508, 528, 538, 591.*
20 Ebd., *R7/455-467.*

zeigt sich bei der "Reichsvereinigung Eisen" und der "Wirtschaftsgruppe Eisen schaffende Industrie", sie erhoben Anfang 1945 die Roheisenproduktion 14tägig als Eilstatistik[21]. Man war offenbar bestrebt, die Produktionsressourcen möglichst auf dem neuesten Stand zu haben. Für einen heutigen Bearbeiter ist es deshalb mitunter aussichtslos, für bestimmte Produkte Zahlen für die Jahre von 1939 bis 1945 zu gewinnen.

Abb. 1: Telegraphische Meldung der Reichsvereinigung Eisen über die Rohstahlerzeugung im Februar 1945

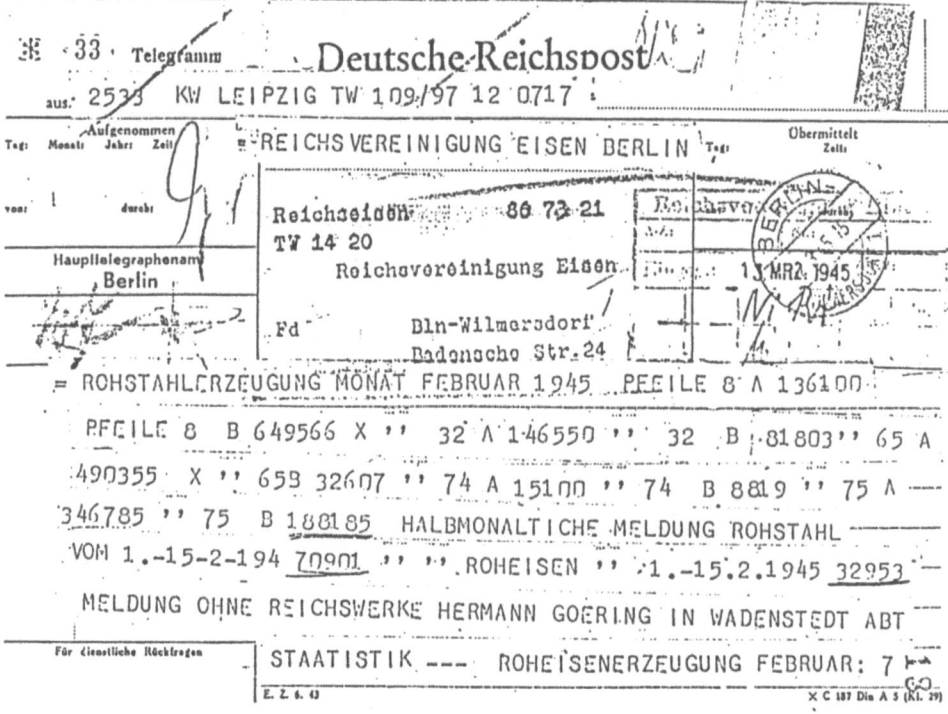

Quelle: Bundesarchiv Koblenz R131/553

Nach 1945 war es der Mangel, der die statistischen Erhebungen aus Bewirtschaftungsgründen in den neu errichteten Länderverwaltungen rasch entstehen ließ. Dabei

---

21 Ebd., *R131/557*.

ging der Aufbau in der britischen und amerikanischen Zone unterschiedliche Wege. In der amerikanischen Zone verfügten die meisten Statistischen Landesämter als Nachfolger früherer Landesbehörden bald über leistungsfähige Apparate, und sie konnten bereits Mitte 1949 mit der Einführung einer monatlichen Industriestatistik beginnen. In der britischen und französischen Zone kam Anfang 1947 eine monatliche Industriestatistik in Gang. Mit der Errichtung des Statistischen Bundesamtes (1950) wurden die sog. Fachserien eingerichtet, die über das Produktionsgeschehen im Montanbereich informieren. Es werden im Eisen- und Stahlbereich erhoben die Menge der Gesamtproduktion einzelner Waren, die Menge der abgesetzten Waren, der Materialverbrauch und seine Herkunft, Betriebs- und Hilfsmittel sowie Beschäftigtenzahlen, zum Teil regional gegliedert nach Bundesländern. Die Bergwerksproduktion wird in einer statistischen Reihe von den Bergbehörden veröffentlicht, die allerdings für den Bereich der Kohleindustrie durch die *Statistik der Kohlenwirtschaft e.V.: Zahlen der Kohlenwirtschaft* ergänzt werden müssen, um die Produktion in ihrer marktmäßigen Einbindung darstellen zu können.

Neben die amtliche und bergbehördliche Statistik traten in zunehmendem Maße seit den 1880er Jahren Verbandsstatistiken. In der Regel handelt es sich um Unternehmensverbände[22], deren Mitglieder entweder Einzelunternehmen oder Einzelpersonen waren. An Veröffentlichungen seien herausgegriffen: *Statistik der oberschlesischen Berg- und Hüttenwerke, Jahrbuch für den Oberbergamtsbezirk Dortmund*, heute *Jahrbuch des deutschen Bergbaus, Bericht über die Lage der im Verein für berg- und hüttenmännische Interessen im Aachener Bezirk vertretenen Industriezweige* sowie die vom Verein Deutscher Eisen- und Stahlindustrieller herausgegebene Reihe *Deutschlands Gewinnung an Roheisen, Rohstahl und Walzwerkserzeugnissen*. Diese Verbandsstatistiken entstanden alle, als nach 1883 in der amtlichen Statistik die Darstellung der Montanindustrie ihrem Umfang nach drastisch reduziert wurde (auf ein Drittel). Bis 1912 fehlte z.B. in der amtlichen Statistik die Koksproduktion mit all ihren Nebenprodukten, dann wurde seit 1883 die bis dahin übliche starke regionale Gliederung zurückgenommen. Den Verbänden lag mit ihren Statistiken daran, die Leistung ihrer Mitglieder herauszustellen und den Markt transparenter zu machen. Das führte zu einer starken Aufgliederung nach Sorten auch innerhalb einzelner Warengruppen speziell bei der Kohle- und Koksproduktion sowie bei der Eisen- und Stahlgewinnung. Dies führte schon vor dem Ersten Weltkrieg zu Überlegungen im Statistischen Reichsamt, den Erfordernissen einer Industriestatistik besser Rechnung zu tragen und es gestaltete in der Folge das Erhebungsverfahren und die Darstellung des statistischen Materials im Montangewerbe völlig neu. In der Bundesrepublik Deutschland wurde schließlich vom Statistischen Bundesamt die Veröffentlichung einzelner Fachstatistiken direkt den Verbänden übertragen.

Die Forderung an eine Produktionsstatistik im oben skizzierten Sinne kann auf Grund der dargestellten Quellenlage für die Zeit vor der Jahrhundertwende nur punktuell erfüllt werden. Für die Folgejahre mit wachsender Fülle an statistischem

---

22 Vgl. Wilhelm Degenhardt, Zur Statistik der industriellen Verbände, in: *Allgemeines statistisches Archiv*, 1951, S. 311 ff.

Material gelingt es für einzelne Regionen, Daten in geeigneter Weise zusammenzustellen, wobei auf alle drei Quellengattungen zurückgegriffen werden muß[23]. Verständ-
licherweise erfordert solcherart kombiniertes Material sorgfältige Kommentierung, um
dem späteren Benutzer die Probleme, mit denen eine unbesehene Verwendung der Daten verbunden wäre, deutlich zu machen. Auf die eingangs gestellte Frage zurück-
kommend kann man sagen, daß für den hier betrachteten Zeitraum die statistische Er-
faßung der Montanindustrie im Sinne einer Produktionsstatistik mit dem Begriff "Historische Statistik" bezeichnet werden kann.

23   Zum Zusammenhang struktureller Entwicklungen und Probleme in der Eisen- und Stahlindu-
     strie und ihrer statistischen Erfahrung: Hermann Marcus/Karlheinz Oppenländer, *Eisen- und
     Stahlindustrie. Strukturelle Probleme und Wachstumschancen,*(= IFO Institut für Wirtschafts-
     forschung, Struktur und Wachstum, Reihe Industrie, Bd. 14), Berlin - München 1966;
     Joachim Umbach, Die nächste Krise kommt bestimmt, in: *Das Parlament*, Nr. 38 1988; dazu
     auch die beiden Veröffentlichungen des Bundeswirtschaftsministeriums: *Mineralische
     Rohstoffe*, Bonn 1987, und *Einheimische Rohstoffe - Steine, Erden und Industriemineralien*,
     Bonn 1987.

Uwe Kühl

**Quellen zur Energiestatistik Deutschlands
im 19. und 20. Jahrhundert**

Auf die grundlegende Bedeutung von Aufkommen und Verwendung von Energie in der Geschichte und speziell in der Wirtschaftsgeschichte kann an dieser Stelle nicht näher eingegangen werden. Vielmehr ist zunächst zu fragen, welche Anforderungen an eine "Historische Energiestatistik" aus heutiger Sicht zu stellen sind. Danach wird dann die tatsächliche Quellenlage in einzelnen Energiebereichen umrissen. Dabei stehen die in Freiburg bearbeiteten Bereiche im Vordergrund[1]. Abschließend soll dann kurz auf unbearbeitete Gebiete der Historischen Energiestatistik und die dafür zur Verfügung stehenden Quellen eingegangen werden.

1. Historische Energiestatistik

Aufgabe der modernen Energiestatistik ist es, der Wirtschaftswissenschaft und der Wirtschaftspolitik ausreichendes Material zur quantitativen Beantwortung energiewirtschaftlicher Fragestellungen zu liefern[2]. Energiewirtschaft befaßt sich mit den ökonomischen Aspekten der Energieversorgung einer Volkswirtschaft und beinhaltet somit Produktion, Verarbeitung, Verteilung und Nutzung der Energieträger[3]. Energiestatistik ist dabei einerseits sektorale Statistik der Energieversorgung, andererseits nationale Statistik, die Aufkommen und Verwendung aller in einer Volkswirtschaft eingesetzten Energieträger erfassen soll. Energie als nicht stoffliches Wirtschaftsgut wird in Form von Licht, Kraft, Wärme und Schall benötigt, die durch Energiewandler aus den jeweiligen Energieträgern gewonnen werden. Den dafür notwendigen Geräten, sowohl bei der Erzeugung wie beim Verbrauch, ist dabei besondere Aufmerksamkeit zu widmen. Diese grundlegenden Anforderungen wird man auch an eine Historische Energiestatistik stellen müssen.

Aspekte der Energietechnik fehlen zwar in der modernen Statistik weitgehend. Ein völliger Verzicht auf solche Informationen in der Historischen Statistik erscheint aber nicht gerechtfertigt, da es sich hier nicht um Erfindungsgeschichte oder reine Geschichte

1 Im Rahmen des DFG-Schwerpunkprogramms "Quellen und Forschungen zur Historischen Statistik von Deutschland" werden am Lehrstuhl für Wirtschafts- und Sozialgeschichte der Universität Freiburg unter der Leitung von Prof. Dr. Hugo Ott die Statistik der öffentlichen Elektrizitätsversorgung bis 1948, der öffentlichen Gasversorgung 1825-1913 sowie der Dampfkraft 1815 -1914 bearbeitet.
2 B. Lehbert/R. Schulz, Art. "Energiestatistik", in: *HdSW*, Bd. 3, 1961, S. 207-209.
3 H. F. Mueller, Art. "Energiewirtschaft",in: *HdSW*, Bd. 3, 1961, S. 210-222.

der Technik handelt, sondern um das Messen von Innovations- und Diffusionsprozessen, mithin um den für die moderne Industriewirtschaft so außerordentlich bedeutsamen Faktor technischer Fortschritt und dessen Verbreitung. Die Historische Energiestatistik wird also auch technische Fragen beantworten müssen[4].

Neben diesen grundsätzlichen Anforderungen ist eine direkte Anknüpfung an die moderne amtliche Statistik anzustreben. Auf deren Quellenlage – sie kann ja in ihren Anfängen auch schon als "historisch" betrachtet werden – kann hier nicht näher eingegangen werden. Nur so viel: sie ist sektoral stark gegliedert und wird sowohl von staatlicher wie von privater Seite betrieben. Es gibt eigentlich nicht *die* Energie-Statistik sondern in erster Linie Statistiken einzelner Energieträger. Integriert werden sie in den Energiebilanzen der Bundesrepublik Deutschland. Dieses Konzept der Energiebilanzen für die Historische Statistik nutzbar zu machen, erscheint mir lohnend und aufschlußreich.

Seit 1971 werden von einer Arbeitsgemeinschaft, der die Spitzenverbände der Energiewirtschaft sowie Forschungsinstitute angehören, Energiebilanzen der BRD erstellt[5]. In einer Energiebilanz wird das Aufkommen und die Verwendung von Energieträgern in einer Volkswirtschaft oder in einem Wirtschaftsraum für einen bestimmten Zeitraum möglichst lückenlos nachgewiesen. Sie liegen jetzt für die Jahre seit 1950 in natürlichen und in Steinkohleneinheiten (SKE) vor und bestehen aus den Teilbereichen Primärenergiebilanz, Umwandlungsbilanz und Endenergieverbrauch:

In der *Primärenergiebilanz* (Energiedarbietung der ersten Stufe) werden vor allem solche Energieträger erfaßt, die keiner Umwandlung unterworfen wurden, wie Kohle, Brennholz, Brenntorf, Erdöl, Gase (Erd-, Gruben-, Klär-) sowie die Bewertung von Wasserkraft, Müll, Klärschlamm soweit sie zur Stromerzeugung verwendet wurden. Der Primärenergieverbrauch ergibt sich von der Entstehungsseite her, unter Einschluß von Sekundärenergieträgern, als die Summe aus der Gewinnung im Inland, den Bestandsveränderungen sowie dem Außenhandelssaldo.

In der *Umwandlungsbilanz* werden Einsatz und Ausstoß der verschiedenen Umwandlungsprozesse, der Verbrauch an Energieträgern in der Energiegewinnung und im Umwandlungsbereich sowie Verluste ausgewiesen. Umwandlung bedeutet Änderung der chemischen und/oder physikalischen Struktur von Energieträgern. Als Umwandlungsprodukte fallen Sekundärenergieträger und nicht energetisch verwendete Produkte (Bitumen, Schmierstoffe) an. Wichtige Sekundärenergieträger sind Kokse und Briketts, Benzine, Heizöle, Gase (Raffinerie-, Kokerei-, Gicht-) sowie vor allem Strom und Fernwärme.

Im *Endenergieverbrauch* wird der Verbrauch der energetisch genutzten Energieträger nach Wirtschaftszweigen und bestimmten Verbrauchergruppen aufgeschlüsselt.

Soweit in Kürze das Idealbild einer Historischen Energiestatistik, an der die tatsächliche Quellenlage systematisch zu messen wäre. Das kann hier noch nicht vollständig geleistet werden, da sowohl verschiedene Energieträger als auch Umwandlungsprozesse

---

4 An der Universität -GH Essen, Institut für Energie- und Kraftwerkstechnik, Prof. Th. Bohn, wird ein Forschungsprojekt "Geschichte der Kraftwerkstechnik in Deutschland" durchgeführt.
5 Vgl. Arbeitsgemeinschaft Energiebilanzen (Hrsg.), *Energiebilanzen der Bundesrepublik Deutschland*, Frankfurt a.M. 1971 ff.

noch überhaupt nicht hinlänglich erfaßt sind. Darüber hinaus sprengt dieses Konzept auch den Rahmen des Forschungsprojektes "Historische Energiestatistik", das seinen Schwerpunkt im Bereich der Energieumwandlung hat. Erforderlich sind insbesondere noch statistische Beiträge zur inländischen Gewinnung von Primärenergieträgern[6], zum Außenhandel mit Energieträgern und zur Energieanwendung in der Industrie.

Nachfolgend wird jetzt die Quellenlage in den einzelnen Energiesektoren, die bereits bearbeitet wurden, kurz skizziert. Dabei werden jeweils statistische Daten zu den drei Hauptteilen der Energiebilanz geliefert. Entsprechend ihrem zeitlichen Auftreten wird mit der Dampfkraft begonnen, einem Energiewandlungsprozeß, der heute nahezu ausschließlich zur Stromerzeugung verwendet wird, in seiner Anfangsphase aber zunächst direkte Erzeugung von Kraft war.

2. Quellen zur Dampfkraft-Statistik 1815–1914

Bei einer systematischen Durchsicht der gedruckten amtlichen Statistik Deutschlands zeigte sich, daß diese weitaus umfangreicher ist als man erwarten könnte. Allerdings entspricht der Quantität nicht immer auch der wünschenswerte Informationsgehalt. Der Grund dafür liegt in der Organisation der amtlichen Statistik in Deutschland. Diese zerfällt, entsprechend der allgemeinpolitischen Entwicklung, in zwei Zeitabschnitte. Vom Beginn des Bearbeitungszeitraumes bis zur Reichsgründung gibt es keine Gesamtstatistik des Deutschen Bundes, sondern nur die der einzelnen Staaten[7]. Aber auch nach der Reichsgründung blieb der föderalistisch-partikularistische Aufbau der amtlichen Statistik erhalten, auch wenn mit der Gründung des Kaiserlichen Statistischen Amtes deutliche Schritte zu einer Vereinheitlichung unternommen wurden.

2.1. *1815–1870/71*

Dieser Zeitabschnitt ist in nahezu allen deutschen Staaten durch das Aufkommen einer amtlichen Statistik und deren sukzessiver Institutionalisierung gekennzeichnet. Entsprechend der höchst unterschiedlichen regionalen Industrialisierungsprozesse erfuhr auch die Dampfkraft die Aufmerksamkeit der Statistiker. Sie bildete dabei zunächst einen Bestandteil der Gewerbestatistik, insbesondere der sog. Fabrikenstatistik.

Die älteste, uns bislang vorliegende umfassendere amtliche Erhebung von Dampfmaschinen stammt aus *Preußen* und erfaßt sämtliche Maschinen (insgesamt 77) des Montanbereichs für das Jahr 1825[8]. Neben dem Standort und Betriebszweck sind für

---

6 Eine detaillierte Statistik des Stein- und Braunkohlenbergbaus sowie der Erdölgewinnung ist somit auch grundlegender Bestandteil der Energiestatistik.
7 Allerdings sind mit den Zollvereinszählungen vereinheitlichende Tendenzen begründet worden.
8 Sie ist abgedruckt in einem Beitrag von Severin in: *Abhandlungen der Königlichen Technischen Deputation für Gewerbe*, T. 1, 1826, S. 318-326.

jede einzelne Dampfmaschine PS-Zahl, Bauart, Hersteller, Zylinder-Durchmesser, Brennmaterialverbrauch und Anschaffungspreis angegeben. Die erste Gesamtzählung entstand im Sommer des Jahres 1830 als Produkt der preußischen Gewerbeförderungspolitik und auf Betreiben ihres großen Organisators Chr. P. W. Beuth[9]. Die Zählung weist für die preußische Monarchie (nach Reg.-Bez. gegliedert) insgesamt 245 Dampfmaschinen mit zusammen 4485 PS aus[10]. Darunter befindet sich allerdings eine nicht genau zu bestimmende Anzahl von Dampfschiffen mit zusammen 815 PS. Seit 1837 sind die Dampfmaschinen regelmäßig alle drei Jahre im Rahmen der sog. Fabrikentabelle erhoben worden. 1846 und 1861 fanden zugleich Zollvereinszählungen statt[11]. Die Ergebnisse der preußischen Gewerbezählungen sind in unterschiedlicher Ausführlichkeit veröffentlicht worden[12]. Unter Umständen müßte daher auf das noch teilweise in den Archiven vorhandene Urmaterial zurückgegriffen werden. Es handelt sich dabei um die handschriftlich ausgefüllten Formulare der Gewerbetabellen auf Regierungsbezirksebene[13]. Mit der Zollvereinszählung von 1861 brechen diese landesweiten Erhebungen ab, und es liegen bislang nur wenige Angaben für einzelne Regierungsbezirke vor (Düsseldorf, Aachen, Trier, Wiesbaden). Diese sind zum Teil in den Amtsblättern der jeweiligen Regierungen veröffentlicht[14].

Der am weitesten industrialisierte Staat Deutschlands zu dieser Zeit, das Königreich *Sachsen*, trat zwar erst 1847 mit einer Dampfkraft-Statistik an die Öffentlichkeit, setzte aber mit dieser sogleich Maßstäbe. Es handelt sich dabei um eine vollständige Erfassung sämtlicher in Sachsen am 31.Dezember 1846 in Betrieb befindlichen stehenden Dampfmaschinen und Lokomotiven[15]. Die insgesamt 197 Maschinen mit zusammen 2446,5 PS und 254 Kesseln sind einzeln mit den dazugehörigen Daten aufgeführt. Es finden sich folgende Angaben für jeden Kessel bzw. Maschine: Standort, Besitzer, Gewerbegruppe, Betriebszweck, Bauart (incl. Besonderheiten), PS-Zahl, Baujahr, genaue Herkunftsangabe (Land, Ort, Hersteller), Heizfläche und Brennmaterial. Diese Erhebung ist, in

---

9   *Landeshauptarchiv Koblenz, Abt. 422*, Nr. 3806: Schreiben Beuths vom 19.4.1830 an die Regierung Trier.

10 Sie ist an einer sehr entlegenen Stelle abgedruckt und wurde deshalb in der Literatur bislang kaum beachtet: P. N. C. Egen, *Untersuchungen über den Effekt einiger in Rheinland-Westphalen bestehenden Wasserwerke*, Berlin 1831, S. 5. Es handelt sich um eine offizielle Darstellung, die herausgegeben wurde "auf Kosten des Ministerii des Innern für Handel, Gewerbe und Bauwesen".

11 Gewerbe-Tabelle der Fabrikations-Anstalten und Fabrik-Unternehmungen aller Art in sämtlichen Staaten des Zollvereins nach den Aufnahmen des Monats Dezember 1846. o.O. [Berlin] o.J. [1847]. Tabellen der Handwerker, der Fabriken sowie der Handels- und Transportgewerbe im Zollvereine. Nach den Aufnahmen im Jahre 1861 vom Zentralbureau des Zollvereins zusammengestellt. o.O. [Berlin] o.J.

12 Vgl. auch die Beiträge aus dem Göttinger Projekt zur preußischen Gewerbestatistik vor 1850 in diesem Band.

13 Solche handschriftlichen Tabellen mit Angaben zur Dampfkraft sind uns bislang bekannt aus dem GStA Berlin, dem StA Detmold, dem HStA Düsseldorf und dem LHA Koblenz. Sie sind zum Teil sogar für die einzelnen Kreise vorhanden.

14 Z.B. *Amtsblatt der Regierung Düsseldorf*, Jg. 1866-68.

15 Hülße und Kato, Die Dampfmaschinen im Königreich Sachsen, in: *Programm der K. Gewerb- und Baugewerkenschule zu Chemnitz*, Leipzig 1847, S. 3-53.

etwas anderer Form, 1856 und 1861 wiederholt worden[16]. Sie weist dann bereits 550 Dampfmaschinen mit zusammen 7132 PS und 719 zugehörigen Kesseln bzw. 1003 Dampfmaschinen mit zusammen 15633,5 PS und 1300 Kesseln aus. Diese drei Zählungen übertreffen in Breite und Tiefe der Information bei weitem die preußischen Erhebungen. Das ist sicherlich mit ein Verdienst des Leiters der sächsischen amtlichen Statistik, Ernst Engel, der später auch maßgeblich am Zustandekommen der Reichsdampfkraftstatistik beteiligt war. Aber, und das gilt es leider festzuhalten, in beiden Staaten klafft für die Jahre bis 1875/79, also für die eigentliche Durchbruchsphase der Industrialisierung, eine empfindliche Lücke.

Für den zweitgrößten deutschen Flächenstaat, das Königreich *Bayern*, sind wir bislang einzig auf die beiden Zollvereinszählungen von 1846 und 1861 angewiesen. Ähnliches gilt für die anderen Mittel- und Kleinstaaten. Für *Baden* liegt außerdem eine regional tief gegliederte Zählung von 1869 vor[17]. Sie erstreckt sich bis auf die Ebene der Amtsbezirke und zeigt noch etliche weiße Flecken auf der Verbreitungskarte der Dampfkraft. In *Württemberg*, wo die erste Dampfmaschine 1838 aufgestellt wurde und das in der Gewerbezählung von 1846 nicht erfaßt ist, gab es zwischen 1852 und 1872 insgesamt sieben Dampfkraftzählungen. Darüber hinaus liegen auch Angaben über den jährlichen Neuzugang vor, so daß wir über Material für eine durchgehende Reihe von 1838 bis 1880 verfügen[18].

Für das Kurfürstentum *Hessen*, die Herzogtümer *Braunschweig* und *Nassau* sowie die *Thüringischen Staaten* liegen bislang nur die Zollvereinszählungen vor, während im *Großherzogtum Hessen* die Quellenlage günstiger ist. In den Jahren 1849, 1853, 1857 und 1862 wurden besondere Zählungen vorgenommen, die beiden ersten unter Erfassung jeder einzelnen Maschine. Da außerdem der jährliche Zuwachs bekannt ist, liegt uns eine komplette Zeitreihe von 1830 bis 1862 vor[19]. Für die übrigen Kleinstaaten des Zollvereins (incl. der freien Stadt Frankfurt) verfügen wir derzeit über keine weiteren Angaben aus dem Zeitraum vor der Reichsgründung.

Unbefriedigend ist auch die Quellenlage für den norddeutschen Raum. So stammen die ersten Erhebungen im Großherzogtum *Oldenburg* aus den Jahren 1855 und 1857[20]. Im Königreich *Hannover* sind 1854 und 1859 erstmals Zählungen durchgeführt worden, wovon allerdings nur Gesamtzahlen veröffentlicht wurden[21]. Die erste ausführlichere Zählung ist die des Zollvereins von 1861. Weiteres, vor allem detaillierteres Material fehlt, und die vorliegenden Informationen aus den Archiven sind wenig erfolgverspre-

---

16 Abgedruckt in der *Zeitschrift des Königlich Sächsischen Statistischen Bureaus*, Jg. 5 (1859) und Jg. 8 (1862).
17 *Generallandesarchiv Karlsruhe, Abt. 237*, Nr. 24557.
18 *Württembergische Jahrbücher für vaterländische Geschichte, Geographie, Statistik und Topographie*, Jg. 1862. *Jahresbericht der Handels- und Gewerbekammern in Württemberg*, Jg. 1868 und 1872. *HStA Stuttgart*, Bestand E 146, Bü 2216 und 2303-2329.
19 Vgl. *Mitteilungen der Großherzoglich Hessischen Zentralstelle für die Landesstatistik* sowie das *Gewerbeblatt für das Großherzogtum Hessen. Zeitschrift des Landesgewerbevereins*, Jg. 22 (1859)-24 (1861).
20 Vgl. Paul Kollmann, *Das Herzogtum Oldenburg in seiner wirtschaftlichen Entwicklung während der letzten 25 Jahre*, Oldenburg 1878.
21 *Statistik des Königreichs Hannover*, H. 10 (1865).

chend. In den Herzogtümern *Schleswig* und *Holstein* wurde Anfang 1865 im Rahmen einer Fabrikenzählung auch die Anzahl der Maschinen und deren PS- Zahl ermittelt[22].

2.2. *1871–1913/14*

In diesem Zeitraum gibt es zwei große Bereiche, aus denen man Quellen zur Dampfkraftstatistik schöpfen kann. Da ist zum einen die Gewerbestatistik mit ihren Betriebszählungen[23] der Jahre 1875, 1882, 1895 und 1907, zum anderen die auf der amtlichen Überwachung der Dampfkessel beruhende eigentliche Dampfkraftstatistik. Die gewerblichen Betriebszählungen und deren Erfassung der "Motorenbetriebe" dürfen hier als bekannt gelten. Sowohl auf der Ebene des Reichs wie der Länder publiziert[24], sind sie regional, sektoral und auch hinsichtlich der Betriebsgrößenstruktur weitreichend differenziert. Ihr eigentlicher Gegenstand aber ist der Gewerbebetrieb, die Dampfkraft wird auch nur als eine Antriebsart neben anderen erfaßt und darüber hinaus sind Einschränkungen methodischer Art mit Blick auf deren Vollständigkeit zu machen. Sie kann also gewissermaßen nur einen, wenn auch wichtigen Baustein unserer Statistik bilden.

Beide genannten Statistiken waren Bestandteil der sog. föderierten Statistik, die von den einzelnen Staaten des Reiches nach gemeinsamen Grundsätzen erhoben wurde[25]. Auf Anregung Preußens hatte der Bundesrat 1876 *Bestimmungen über die statistische Aufnahme der Dampfkessel und Dampfmaschinen sowie der Dampfkessel-Explosionen* erlassen[26]. Grundlage dieser Statistik sollte die Tätigkeit der Revisionsbeamten und der Dampfkessel-Überwachungsvereine bilden. Diese hatten für die ihnen unterstellten Anlagen[27] bis zum 1.Januar 1879 ein vierfaches Kataster anzulegen und dieses dann fortzuschreiben. Erfaßt wurden damit:

   a) die feststehenden Dampfkessel
   b) die feststehenden Dampfmaschinen
   c) die Lokomobilen und beweglichen Dampfkessel
   d) die Schiffs-Dampfkessel und Schiffs-Dampfmaschinen.

Diese Kataster waren den statistischen Behörden der Bundesstaaten vorzulegen, die daraus bis zum 1. Juli 1879 Übersichten anzufertigen hatten und diese dann an das Kaiserliche Statistische Amt weiterleiteten. Für die praktische Durchführung ergingen in den einzelnen Bundesstaaten jeweils nähere Ausführungsbestimmungen. Als Resultat

---

22 *Statistische Mitteilungen aus der Schleswig-Holsteinischen Zolldirektion*, H. 2 (1865).
23 Vgl. die entsprechenden Bände der *Statistik des Deutschen Reichs*: für 1875 Bd. XXXV,2 für 1882 Bd. 6 u. 7, für 1895 Bd. 113-119, für 1907 Bd. 213-222.
24 Z.T. sogar für einzelne Städte veröffentlicht.
25 Vgl. Hans Platzer, Organisation des statistischen Dienstes, in: F. Zahn (Hrsg.), *Die Statistik in Deutschland nach ihrem heutigen Stand. Fs. f. Georg von Mayr*, Bd. 1, München/Berlin 1911, S. 148-162.
26 Vgl. Ernst Engel, *Das Zeitalter des Dampfes in technisch- statistischer Beleuchtung, Berlin 1880*, S. 5-12.
27 Also ohne die der Militärverwaltung und der Kaiserlichen Marine unterstellten Anlagen.

dieser Bemühungen erschien 1880 die erste, ganz Deutschland umfassende detaillierte Dampfkraft-Statistik[28]. Ihre Ergebnisse wurden, unter besonderer Berücksichtigung Preußens und international vergleichend, von Ernst Engel eingehend ausgewertet[29].

Das Reich selbst publizierte in der Folgezeit nicht mehr diese in den Katastern fortgeschriebene Statistik. Erneute Veröffentlichungen und Auswertungen blieben den Bundesstaaten überlassen. Das Kaiserliche Statistische Amt beschränkte sich auf regelmäßige Mitteilungen über Dampfkessel-Explosionen[30].

Im Folgenden ein Überblick über die amtliche und z.T. private Dampfkraftstatistik in den Staaten des Kaiserreichs:

In *Preußen* wurde nach der großen Zählung von Ende 1878 die Dampfkraft erst wieder für 1904/05 einer genaueren Auswertung unterzogen[31]. Über die Anzahl der Dampfkessel, Dampfmaschinen und Lokomobile sind seit 1884 jährlich unterschiedlich stark differenzierte Angaben veröffentlicht worden[32]. Das Material wurde im Laufe der Zeit zunehmend dichter, indem seit 1888 Angaben über die Leistungsfähigkeit hinzutraten, seit 1891 über die zur Erzeugung von elektrischem Strom verwendete Dampfkraft berichtet wurde, schließlich auch nähere Angaben über Dampfpflüge (seit 1904) und Dampfturbinen (seit 1909) vorliegen. Auch der weite Bereich der Verwendung von Dampf als Prozeßwärme wurde Gegenstand der Statistik. Ausgehend von einer umfassenden Dampffaß-Statistik für die Jahre 1889/91 wurde dann jährlich über die Anzahl der Dampffässer berichtet[33].

Über dieses auf gesamtstaatlicher Ebene erhobene Material hinaus liegt solches insbesondere noch detaillierter für die preußischen Montanregionen vor. So machte die preußische Bergverwaltung in ihrem amtlichen Organ jährlich Mitteilungen über die in den einzelnen Oberbergamtsbezirken vorhandenen Dampfmaschinen des Bergbaus[34]. An regional begrenzten Zählungen sind hier in erster Linie die Statistiken über Oberschlesien zu nennen, die als tabellarische Erfassung der auf den einzelnen Gruben und Hütten befindlichen Anlagen bislang für die Jahre 1882-1914 vorliegen[35], oder das ent-

28 Vgl. *Monatshefte zur Statistik des Deutschen Reichs*, Jg. 1880, April-Heft.
29 Vgl. E. Engel, *Zeitalter* (Anm. 28); in gekürzter Form zunächst in der *Zeitschrift des Königlich Preußischen Statistischen Bureaus*, Jg. 19 (1879) und Jg. 20 (1880) erschienen.
30 Diese Angaben sind regional und sektoral hinreichend differenziert, so daß sich ihre Verwertung in der Historischen Statistik anböte.
31 Vgl. die Ergebnisse in: *Preußische Statistik*, Bd. 53 (1880) sowie C. Ballod, Die Dampfkraft in Preußen, in: *Zeitschrift des Königlich Preußischen Statistischen Landesamts*, 46. Jg. (1906), S. 195-244.
32 Im Abschnitt "Statistische Korrespondenz" der *Zeitschrift des Königlich Preußischen Statistischen Bureaus* bzw. *Landesamts*. Zusammenfassungen finden sich auch im *Statistischen Jahrbuch für das Königreich Preußen* bzw. dessen Vorläufern.
33 Vgl. *Die Dampffässer im preussischen Staate nach der Katasteraufnahme in den Jahren 1889, 1890 und 1891*, Berlin 1892 (= Preussische Statistik, Bd. 122)
34 Vgl. *Zeitschrift für das Berg-, Hütten- und Salinenwesen im preußischen Staate*, Jg. 1 (1853) - Jg. 62 (1914). Dieser komplette Quellenbestand wurde uns freundlicherweise vom Bearbeiter der Bergwerksstatistik, Philipp Fehrenbach, zur Verfügung gestellt.
35 Vgl. *Statistik der oberschlesischen Berg- und Hüttenwerke für das Jahr 1882* (-1914), hrsg. v. Oberschlesischen Berg- und Hüttenmännischen Verein, Kattowitz 1883 (-1915).

sprechende Material für das Ruhrgebiet[36]. Die Zahlen sind hier jeweils Nebenprodukt der seitens der Wirtschaftsverbände herausgegebenen Montanstatistiken. Für den Bezirk des Oberbergamts Dortmund liegt außerdem ein nahezu lückenloses Verzeichnis der Dampfmaschinen (nach Revieren) von 1825-1890 vor[37]. Vergleichbare Quellen, die sogar jede einzelne Maschine erfassen, gibt es auch für den Saarbrücker Staatsbergbau seit 1881, in summarischer Form bereits seit 1875[38].

Im Königreich *Bayern* sind zwar nach 1879 noch zweimal, 1889 und 1907, umfassendere Zählungen vorgenommen worden[39], aber die für längere Reihen erforderlichen Angaben sind eher spärlich. Sie beschränken sich auf die Jahre 1907 bis 1914, während vorher nur Zahlen zur Dampfkesselüberwachung vorliegen[40].

Günstiger gestalten sich die Verhältnisse im Königreich *Sachsen*. Hier wurden im Anschluß an die Katasteraufnahme von 1879 seit 1886 alle fünf Jahre umfangreiche Auswertungen durchgeführt. Das Material entspricht in seiner Differenzierung den großen Zählungen der anderen Staaten[41]. Parallel zu den großen Erhebungen wurden seit 1882 jährlich kürzere Statistiken zur Dampfkraft veröffentlicht. Da außerdem noch für die Montanindustrie gesonderte Zählungen vorliegen[42], dürfte Sachsen noch vor Preußen über die umfassendste Dampfkraftstatistik Deutschlands verfügen.

Die übrigen Mittel- und Kleinstaaten haben keine gesonderte Dampfkraftstatistik ausgebildet, wohl aber in einzelnen Jahren sehr unterschiedliche Zählungen durchgeführt. Sie reichen aber bei weitem nicht an die oben genannten heran: so im Großherzogtum *Hessen* in den Jahren 1899 und 1907, im Großherzogtum *Oldenburg* 1905 und 1910[43].

Generell ungünstiger liegen die Verhältnisse in den südwestdeutschen Staaten. Für *Württemberg* verfügen wir über eine umfangreiche Auszählung des Dampfkatasters von 1890[44], ansonsten aber liegen bislang keine weiteren regelmäßigen Jahresdaten vor. In *Baden* dagegen existiert zwar eine lückenlose Statistik der Dampfkessel-Überwachung

36 Vgl. *Jahrbuch für den Oberbergamtsbezirk Dortmund*, Essen Jg. 1 (1893) - Jg. 14/21 (1913/21).
37 StA Münster, z.B. *OBA Dortmund* Nr. 1185-1187, 131-138.
38 Gedruckt als *Übersicht über die Anzahl, Leistung und Unterhaltungskosten der im Bezirke der Königlichen Bergwerksdirektion zu Saarbrücken im Jahre 1881 betriebenen Dampfmaschinen und Dampfkessel, sowie anderen Motoren* wurden sie jährlich dem preußischen Abgeordnetenhaus vorgelegt.
39 Vgl. *Zeitschrift des Königlich Bayerischen Statistischen Bureaus*, Jg. 22 (1890) sowie *Beiträge zur Statistik des Königreichs Bayern*, H. 73, 1909.
40 Vgl. *Zeitschrift des königlichen bayerischen statistischen Landesamts*, Jg. 1907, 1909, 1911, 1913, 1915.
41 Vgl. die detaillierte Inhaltsübersicht im Anhang.
42 Vgl. *Jahrbuch für das Berg- und Hüttenwesen im Königreich Sachsen*, Jg. 1891 - 1914.
43 *Mitteilungen der großherzoglich hessischen Zentralstelle für die Landesstatistik*, Jg. 1899 und 1908. *Statistisches Handbuch für das Großherzogtum Oldenburg*, Oldenburg 1913.
    Eine schriftliche Umfrage unter den Staatsarchiven der Bundesrepublik Deutschland und der ehemaligen DDR hat einige verwertbare Hinweise und u.a. auch eine Zählung für Mecklenburg erbracht. Gezielte Archivstudien, die noch bestehende Lücken schließen könnten, werden derzeit unternommen.
44 *Jahresberichte der Handels- und Gewerbekammern in Württemberg für das Jahr 1890*, Stuttgart 1891.

seit 1875, diese beschränkt sich aber auf die eigentlichen Kesselanlagen. Weitere gesonderte Dampfkraft-Zählungen fehlen, und die jährliche Statistik der Dampfbetriebe kann
diesen Mangel nicht ausgleichen[45].

Zusammenfassend läßt sich die Quellenlage für die Statistik der Dampfkraft 1815-
1914 in Deutschland wie folgt bewerten: lange Datenreihen sind nur für einzelne Länder
bzw. Regionen und nicht über den gesamten Zeitraum erhältlich. Dagegen erlauben
einzelne größere Zählungen detailliertere zeitliche Querschnitte.

3. Quellen zur Gasstatistik

Bei der älteren der beiden Edelenergieformen ist die Quellenlage durch das weitgehende Fehlen amtlicher Erhebungen gekennzeichnet, und das über einen Zeitraum von
hundert Jahren. Das ist aber nicht allzu gravierend, da die ersten Gaswerke zwar bereits
1826 errichtet wurden, aber zunächst noch reine Beleuchtungsanstalten waren[46]. Hinzu
kommt, daß Mitte des Jahrhunderts erst eine Gesamtzahl von 32 Gaswerken erreicht
war. Wir können aber für die Statistik auf eine günstige nichtamtliche Überlieferung zurückgreifen. Mit der nach der Jahrhundertmitte rasch zunehmenden Diffusion der Gas-
beleuchtungstechnik organisierten sich auch deren Techniker, und in ihrem Vereinsor-
gan, dem *Journal für Gasbeleuchtung*, erschien 1859 die erste umfassende Gasstatistik.
Sie war von dem Direktor des bedeutendsten deutschen Gasversorgungsunternehmens,
der *Deutschen Continental Gas-Actiengesellschaft* in Dessau, W. Oechelhäuser, zusammengestellt worden. Die Werke sind darin alphabetisch aufgelistet und beschrieben; in
den Texten finden sich die für eine historische Gasstatistik relevanten Angaben, allerdings in sehr unterschiedlicher Dichte und Vollständigkeit. Die Statistik ist zwar in den
Jahren 1859, 1862, 1868, 1877, 1885 und 1896 erschienen, die Angaben beziehen sich
aber meist auf *vor* dem Erscheinungsjahr liegende Jahre, z.T. werden auch Angaben aus
der vorhergehenden Ausgabe nur wiederholt. Zeitreihen kann diese Quelle daher nicht
liefern. Allerdings erfaßt sie, im Gegensatz zu der seit 1881 fortlaufend erhobenen Betriebsstatistik, weitaus mehr Werke: 1859 sind es schon 178, womit nahezu alle Gasanstalten erfaßt sind. 1868 steigt die Zahl bereits auf ca. 600, 1877 auf ca. 1300 sowie 1885
auf über 1700 Werke, wobei allerdings zunehmend Privatgasanstalten und außerdeut-
sche Werke erfaßt werden. Die Ausgabe von 1896 führt rund 1300 Werke auf, von
denen etwa 650 deutsche Gaswerke der öffentlichen Versorgung sind. Die Angaben für
diese Statistiken wurden vom Herausgeber (N. H. Schilling, Direktor der Münchener
Gasbeleuchtungsgesellschaft sowie Herausgeber des Journals für Gasbeleuchtung) per
Fragebogen bei den einzelnen Gaswerken erhoben und dürften sehr zuverlässig sein.

---

45 Auch hier wird gezielte Auswertung archivalischen Materials diese Lücken zumindest noch
teilweise schließen können.
46 Wenn sie damit auch einen sicher nicht unwichtigen Bereich der Energieversorgung darstellten, so dürfte sich die ökonomische Bedeutung doch noch in Grenzen gehalten haben. Im
Prozeß der Entwicklung öffentlicher Daseinsvorsorge spielen diese Anlagen aber durchaus
schon eine Rolle.

Von 1879 bis 1935 gab der Deutsche Verein von Gas- und Wasserfachmännern jährlich *Statistische Zusammenstellungen der Betriebsergebnisse von dem Verein angehörigen
Gasanstalten* heraus. Diese Daten zeichnen sich durch eine hohe Variablenzahl aus[47].
Allerdings ist die Anzahl der erfaßten Werke vergleichsweise gering: sie liegt zu Anfang
etwas über 100, steigt bis auf über 400 im Jahre 1912, ein Jahr später liegt sie knapp
darunter. Die Quelle kann als sehr zuverlässig gelten, da sie von Fachleuten (Deutscher
Verein von Gas- und Wasserfachmännern) für Fachleute erhoben wurde. Über die Art
der Erhebung liegen keine Informationen vor. Es scheint sich zumindest anfänglich um
eine Befragung von Vereinsmitgliedern gehandelt zu haben. Darauf deutet (bis 1886)
die Formulierung des Titels ... *von dem Vereine angehörigen Gasanstalten* ... hin. Bis 1900
galten die Statistiken auch als "vertraulich mitgetheilt"[48].

Die Quelle selbst liegt bis Jahrgang 57 (1935) vor; dieser anscheinend letzte Jahrgang
erschien 1938 und erfaßt mehr als 1200 deutsche Werke. Er wurde infolge der nationalsozialistischen Gleichschaltung im Rahmen des sog. "organischen Aufbaus der Wirtschaft" gemeinsam mit der Wirtschaftsgruppe Gas- und Wasserversorgung der Reichs-
gruppe Energiewirtschaft herausgegeben. Generell ist zu bemerken, daß die Zahl der erfaßten Werke nach dem Ersten Weltkrieg deutlich anstieg, so daß die Repräsentativität
dieser Quelle ständig zunimmt. Allerdings wurden auch die Rubriken in der Quelle
selbst laufend geändert, worin sich der technisch-organisatorische Wandel, aber auch
unterschiedliche Interessen des Vereins spiegeln. So ist z.B. der Parameter "zugekauftes
Gas" neu, ein Hinweis auf die sich ausdehnende Fernversorgung, oder der Verbrauch
wird nur noch vereinzelt prozentual nach den unterschiedlichen Verbrauchsarten aufgeschlüsselt.

Die amtliche Statistik hat sich erst sehr spät der Gasversorgung zugewandt, mit Ausnahme allerdings der Kommunalstatistik, deren Ergebnisse aber keinen umfassenden
Überblick erlauben[49]. 1933 wurden erstmals alle deutschen Gaswerke von der amtlichen
Statistik gezählt; diese Erhebungen sind dann bis 1938 fortgesetzt worden. Neben Produktionsmengen finden sich auch Angaben über den Primärenergieeinsatz und den
Verbrauch[50]. Der Beginn des Zweiten Weltkriegs beendete zwar diese Statistik nicht,
wohl aber deren Veröffentlichung, so daß wir von diesem Zeitpunkt ab nur noch wenige
globale Zahlen haben.

4. Quellen zur Elektrizitätstatistik

Bedingt durch die fehlenden Eingriffe bzw. nicht gelungenen Interventionen des Staates
in die Elektrizitätsversorgung ist die Quellenlage bis Mitte der 1920er Jahre durch das

---

47 Vgl. die Übersicht der im Projekt erhobenen Parameter im Anhang.
48 Ergänzend sei nur darauf hingewiesen, daß dieser Verein auch eine vergleichbare Statistik für
    Wasserwerke veröffentlicht hat.
49 Vgl. die entsprechenden Abschnitte im *Statistischen Jahrbuch Deutscher Städte*, Breslau 1890
    ff.
50 Zusammenfassend: *Statistisches Jahrbuch für das Deutsche Reich*, Jg. 1939/40.

völlige Fehlen amtlicher Erhebungen gekennzeichnet. Für die Errichtung und den Betrieb von elektrischen Anlagen gab es so gut wie keine besonderen Rechtsvorschriften. Es galten die Bestimmungen der Reichsgewerbeordnung, wodurch nur bestimmte Teile der Elektrizitätswerke einer staatlichen Kontrolle unterlagen: das waren bei den thermischen Kraftwerken die Dampfkesselanlagen. Die aus der technischen Überwachung dieser Einrichtungen herrührenden statistischen Angaben vermögen allerdings nur ein eingeschränktes und vor allem unvollständiges Bild zu vermitteln. Wir sind damit nahezu ausschließlich auf nichtamtliche Unterlagen angewiesen, wie sie vor allem von den entsprechenden Wirtschaftsverbänden erstellt wurden. Dieses recht umfangreiche und auch zuverlässige Material wurde von der Freiburger Projektgruppe für die Zeit vor dem ersten Weltkrieg bereits kritisch aufgearbeitet[51]. Dabei konnte für die Zeit des Kaiserreichs auf zwei parallele Überlieferungen zurückgegriffen werden: zum einen auf die Statistik der Vereinigung der Elektrizitätswerke (VdEW) seit 1892, zum anderen auf eine vom Verein Deutscher Elektrotechniker (VDE) durch seinen Geschäftsführer Dettmar in den Jahren 1895-1907 sowie 1909, 1911 und 1913 durchgeführte Statistik. Letztere wurde aber über 1913 hinaus nicht weiter geführt. Die Vereinsstatistik der VdEW hingegen ist die einzige Quelle, die fast seit Beginn der öffentlichen Elektrizitätsversorgung alljährlich umfassendes quantitatives Material liefert. Sie enthält neben den eigentlichen energiewirtschaftlichen Angaben auch solche zur technischen Ausstattung der Erzeugungs- und Verteilungsanlagen und bietet somit auch dem historisch interessierten Ingenieurwissenschaftler oder Technikhistoriker eine Fülle von Informationen.

Dem an langen Zeitreihen interessierten Wirtschaftshistoriker stehen aber die häufigen Änderungen in der Systematik der Elektrizitätsstatistik im Wege. In ihnen spiegelt sich das jeweilige zeitspezifische Informationsinteresse des Vereins wider, aber auch die tatsächliche organisatorische und technische Entwicklung der öffentlichen Elektrizitätsversorgung. Gravierender ist aber die Tatsache, daß bei weitem nicht die gesamte Elektrizitätsversorgung Deutschlands mit Hilfe dieser Quelle erfaßt werden kann. Vielmehr sind zwei große Einschränkungen zu machen: zum einen sind mit wenigen Ausnahmen nur Werke der öffentlichen Versorgung aufgenommen und zum anderen auch diese nur soweit sie Mitglieder der VdEW waren. Die Trennung der Elektrizitätserzeugung in die Bereiche der öffentlichen und der privaten Versorgung, der sogenannten Eigenanlagen, ist für unseren Zeitraum von grundlegender Bedeutung. Unter öffentlicher Versorgung versteht man bekanntlich die Lieferung von elektrischem Strom an jedermann gegen Entgelt unter Benutzung öffentlicher, in der Regel kommunaler, Plätze und Wege. Die Rechtsform oder die Eigentumsverhältnisse dieser Unternehmen spielen dabei keine Rolle. Es handelte sich bei Elektrizitätswerken der öffentlichen Versorgung keineswegs zugleich immer um öffentliche Unternehmen, also um kommunale oder staatliche Be-

51 Vgl. Hugo Ott (Hrsg.): *Statistik der öffentlichen Elektrizitätsversorgung Deutschlands I, 1890-1913*, bearb. v. Thomas Herzig u. Mitarb. v. Philipp Fehrenbach u. Michael Drummer. St. Katharinen 1986 (=QFHS, Bd. 1); Hugo Ott u.a.: Historische Energiestatistik am Beispiel der öffentlichen Elektrizitätsversorgung Deutschlands, in: *VSWG*, Bd. 68 (1981), S. 325-348.

triebe. Vielmehr finden sich sämtliche Eigentumsformen, wobei die des gemischtwirt-schaftlichen Unternehmens wegen ihrer großen Bedeutung besonders erwähnt sei.

Besonders in der Anfangszeit, aber auch noch bis in die Mitte der 1920er Jahre, stammte der überwiegende Teil der gesamten Stromproduktion des Deutschen Reichs aus den Eigenanlagen der Industrie und des Gewerbes. Über die genauen Relationen zwischen beiden Bereichen sind wir erst seit Einsetzen der amtlichen Statistik über die Elektrizitätsversorgung unterrichtet.

1925 wurde erstmals eine amtliche statistische Erfassung der Elektrizitätserzeugung durchgeführt. Das geschah in Verbindung mit der gewerblichen Betriebszählung vom 16. Juni 1925, die auch eine genaue Erfassung sämtlicher vorhandenen Kraftmaschinen vornahm[52]. Bereits zu Beginn des Jahres hatte das Statistische Reichsamt begonnen, in 122 ausgewählten Elektrizitätswerken (öffentliche und Eigenanlagen) die monatliche Stromerzeugung zum Zwecke der Konjunkturbeobachtung zu erfassen. Beide Zählun-gen wurden regelmäßig fortgeführt und bis zum Beginn des Krieges in der Zeitschrift Wirtschaft und Statistik veröffentlicht. Die Ergebnisse für 1938 und 1939 sind in etwas geraffter Form noch im Statistischen Jahrbuch für das Deutsche Reich (Jgg. 1939/40 und 1941/42) abgedruckt. Für die Kriegsjahre fehlen dagegen genauere amtliche Zah-len. Zwei Publikationen aus der unmittelbaren Nachkriegszeit weisen Zahlen aus, die aber noch kein befriedigendes Bild vermitteln können[53].

Die jährliche Erhebung der amtlichen Statistik enthält Angaben über die Leistung der Stromerzeuger und die Produktion sowie den Verkehr mit dem Ausland. Differen-ziert wird das Material nach öffentlichen Werken und Eigenanlagen, außerdem regional (Länder, Provinzen), nach Branchen sowie Größenklassen der installierten Leistung. Hinzu kommen Angaben über die Primärenergieträger sowie teilweise über Beschäftigte und Abnehmer.

Ganz anderer Struktur ist die zweite Hauptquelle zur historischen Elektrizitätsstati-stik, die Mitgliedsstatistik der VdEW. Sie ist vom Beginn des Ersten Weltkriegs bis zum Einsetzen der amtlichen Zählungen die einzige statistische Quelle überhaupt. Die Gren-zen ihrer Aussagefähigkeit wurden bereits genannt: sie enthält nur Zahlen für Mit-gliedswerke und damit nur für die öffentliche Versorgung. Da aber nahezu alle bedeu-tenderen Elektrizitätsversorgungsunternehmen der VdEW angehörten, ist diese Ein-schränkung nicht allzu gravierend. Dagegen ist aber die Zuverlässigkeit der Quelle (es handelt sich hier, wie beim Gas, um eine Statistik von Fachleuten für Fachleute) und ihr Informationsreichtum zu betonen. Da unser Forschungsinteresse primär den wirtschaft-lichen Aspekten gilt, ist nur ein Teil der Daten aufgenommen worden[54]. Die Quelle liegt in dieser Form leider nur bis 1941 einschließlich vor. Sie findet ihre Fortsetzung durch

52 Vgl. *Statistik des Deutschen Reichs*, Bd. 414, I. 1930.
53 Vgl. *Statistisches Handbuch von Deutschland 1928-1944*, hg. v. Länderrat des Amerikanischen Besatzungsgebiets, München 1949; *Die deutsche Industrie im Kriege 1939-1945*, Berlin 1954 (basierend auf einem Manuskript von Rolf Wagenführ, Inst. f. Konjunkturforschung, von Jan./Mrz. 1945).
54 Vgl. die Parameterübersicht im Anhang.

eine retrospektive Statistik der wiedergegründeten VdEW, welche die Zahlen für 1942-1948 bringt und damit den Anschluß an die Nachkriegsstatistik schafft. Allerdings sind diese Angaben nicht mehr so ausführlich und vor allem beziehen sie sich nur auf das Gebiet der drei westlichen Besatzungszonen. Auf das entscheidende Charakteristikum dieser Quelle wie der vergleichbaren für Gas, sei hier nochmals hingewiesen: es handelt sich um eine Betriebsstatistik, d.h. die genannten Parameter liegen für jedes einzelne Werk vor. Wir haben es gewissermaßen mit einzigartigem Urmaterial zu tun, das eigentlich nur mit Hilfe der EDV sinnvoll bearbeitet werden kann[55].

5. Quellen zu sonstigen Bereichen der Energiestatistik

Abschließend sollen noch kurz drei Bereiche erwähnt werden, für die bislang für eine historische Energiebilanz kaum Material vorliegt.

Zunächst ist die Wasserkraft zu erwähnen, soweit sie zur direkten Krafterzeugung angewandt wurde. Für die dafür vor allem in Frage kommenden süddeutschen Gebiete (evtl. noch Sachsen, sowie das Rheinland) liegen in Form der sog. Wasserkataster geeignete Quellen vor. Erste Informationen liefern aber bereits die oben genannten Gewerbezählungen. Sie zeigen u.a., daß die Wasserkraft zwischen 1875 und 1895 relativ stärker zunahm als die Dampfkraft. Wir haben es hier mit einem besonders dringenden Desiderat der Energiestatistik zu tun, denn die Bedeutung der Wasserkraft vor allem für regionale Industrialisierungsprozesse scheint mir bislang überhaupt noch nicht hinreichend erfaßt.

Bei den Edelenergien Gas und Elektrizität haben wir mit einem nicht unerheblichen Anteil von industrieller und gewerblicher Eigenerzeugung zu rechnen. Bei der Elektrizität überwiegt sie sogar bis in die zwanziger Jahre. Die seit 1925 dafür von der amtlichen Statistik erhobenen Daten lassen sich aber für die vorhergehende Zeit nicht beschaffen. Hier wird man allenfalls Statistiken für einzelne Regionen bzw. Branchen erarbeiten können.

Weitgehend unklar sind auch noch Umfang und Struktur des Endenergieverbrauchs. Die historische Verbrauchsstatistik z.B. könnte hier Anhaltspunkte über den Energieverbrauch der privaten Haushalte liefern, die Verkehrsstatistik über den des Transportwesens.

Abschließend gilt es festzuhalten, daß "Historische Energiebilanzen" nur durch die Verbindung verschiedener Zweige der Historischen Statistik zu erstellen sind. Aufbauend auf den bisherigen Ergebnissen des DFG-Schwerpunktprogramms wird das hoffentlich bald möglich sein.

---

55 Das Quellenmaterial wird daher in Freiburg, neben der Publikation in gedruckter Form, auch als Datenbank (SQL) zur Geschichte der Energiewirtschaft in Deutschland aufbereitet.

Anhang

1. Inhaltsübersicht der großen sächsischen Dampfkraft-Zählungen

Anzahl der Dampfkessel +	1879	1886	1891	1896	1901	1906	1911	1916
Gewerbegruppen	x	x	x	x	x	x	x	x
Gewerbegruppen + Amtshauptmannschaften	x	x	x	x	x	x	x	x
Gewerbegruppen + Kreishauptmannschaften	x	x	x	x	x	x	x	x
Gewerbegruppen + Dampfverwendung	x	x	x	x	x	x	x	x
Gewerbegruppen + gesamte Heizfläche in qm	x	x	x	x	x	x	x	x
Gewerbegruppen + Zahl der Kessel mit einer Heizfläche von ... bis ... qm		x	x	x	x	x	x	x
Gewerbegruppen + Alter der Kessel		x	x	x	x	x	x	x
Gewerbegruppen + Dampfspannung der Kessel	x	x	x	x	x	x	x	x
Gewerbegruppen + Bauart der Kessel					x		x	x
Alter der Kessel + Gewerbegruppen		x	x	x	x	x	x	x
Alter der Kessel + Zahl der Kessel mit einer Heizfläche von ... bis ...		x	x	x	x	x	x	x
Alter der Kessel + Bauart der Kessel		x	x	x	x	x	x	x
Alter der Kessel + Dampfspannung der Kessel		x	x	x	x	x	x	x
Alter der Kessel + Herkunft der Kessel		x	x	x	x	x		
Art der Feuerung + Bauart der Kessel	x	x	x	x	x	x	x	x
Art der Feuerung + Größe der Rostfläche		x	x	x	x	x	x	x
Art der Feuerung + Zahl der Kessel mit einer Heizfläche von ... bis ...		x	x	x	x	x	x	x
Art der Feuerung + Größe der Rostfläche + gesamte Heizfläche in qm + Zahl der Kessel ohne Rostfläche + Heizfläche dieser Kessel	x	x	x	x	x		x	x
Dampfverwendung + Gewerbegruppen	x	x	x	x	x	x	x	x
Dampfverwendung + Zahl der Heizkessel mit einer Heizfläche von ... bis ...	x	x	x	x	x	x	x	x
Dampfverwendung + Dampfspannung der Kessel	x	x	x	x	x	x	x	x
Dampfverwendung + gesamte Heizfläche in qm	x	x	x	x	x	x	x	x

Brennmaterial + Zahl der Heizkessel mit einer Heizfläche von ... bis ... + gesamte Heizfläche in qm + gesamte Rostfläche in qm	x	x	x	x	x	x	x	x
Dampfspannung der Kessel + Gewerbegruppen	x	x	x	x	x	x	x	
Dampfspannung der Kessel + Alter der Kessel		x	x	x	x	x	x	x
Dampfspannung der Kessel + Dampfverwendung der Kessel	x	x	x	x	x	x	x	x
Dampfspannung der Kessel + Bauart der Kessel		x	x	x	x	x	x	x
Herkunft der Kessel + Alter der Kessel		x	x	x	x	x		
Herkunft der Kessel + Zahl der Heizkessel mit einer Heizfläche von ... bis ...		x	x	x	x	x	x	x
Herkunft der Kessel + Bauart der Kessel		x	x	x	x	x	x	x
Bauart der Kessel + Gewerbegruppen							x	x
Bauart der Kessel + Alter der Kessel	x	x	x	x	x	x	x	
Bauart der Kessel + Art der Feuerung	x	x	x	x	x	x	x	x
Bauart der Kessel + Dampfspannung der Kessel		x	x	x	x	x	x	x
Bauart der Kessel + Herkunft der Kessel		x	x	x	x	x	x	x
Bauart der Kessel + gesamte Heizfläche in qm	x	x	x	x	x	x	x	x
Bauart der Kessel + Zahl der Kessel mit einer Heizfläche von ... bis ...	x	x	x	x	x	x	x	x
Bauart der Kessel + gesamte Heizfläche in qm + gesamte Rostfläche in qm + Anzahl der Heizkessel ohne Rostfläche + Heizfläche der Heizkessel ohne Rostfläche in qm	x			x	x	x	x	x
Dampfkessel pro qm	x	x	x	x	x			
Dampfkessel pro Einwohner	x	x	x	x	x			

Anzahl der Dampfmaschinen +	1879	1886	1891	1896	1901	1906	1911	1916
Gewerbegruppen	x	x	x	x	x	x	x	x
Gewerbegruppen + Dampfspannung der Maschinen		x	x	x	x	x	x	x
Gewerbegruppen + Amtshauptmannschaften + Kreishauptmannschaften	x	x	x	x	x	x	x	x
Gewerbegruppen + effektive Leistungsabgabe in PS + potentielle Leistung in PS	x	x	x	x	x	x	x	x
Gewerbegruppen + Anzahl der Maschinen mit einer abgegebenen Leistung von ... bis ...		x	x	x	x	x	x	x
Gewerbegruppen + Alter		x	x	x	x	x	x	x
Gewerbegruppen + Dampfausnutzung		x	x	x	x	x	x	x
Gewerbegruppen + Bauart der Maschinen	x	x	x	x	x	x	x	x
Gewerbegruppen + Zylinderzahl/-lage	x	x	x	x	x	x	x	x
Gewerbegruppen + Steuerungsart		x	x	x	x	x	x	x
Angaben über die in den Gewerbegruppen vorhandenen mehrcylindrischen Maschinen	x		x	x	x	x		
Alter der Dampfmaschinen + Gewerbegruppen		x	x	x	x	x	x	x
Alter + Dampfspannung der Maschinen		x	x	x	x			x
Alter + potentielle Leistung in PS		x	x			x		x
Alter + Herkunft der Maschinen		x	x	x	x	x		x
Alter + Dampfausnutzung		x	x	x	x	x		x
Alter + Bauart der Maschinen	x	x	x	x	x	x		x
Alter + Zylinderzahl/-lage		x	x	x	x	x		x
Herkunft der Maschinen + Alter		x	x	x	x	x		x
Herkunft der Maschinen + Bauart der Maschinen	x	x	x	x	x			x
Herkunft der Maschinen + Leistungsfähigkeit der Maschinen		x	x	x	x	x		
Herkunft der Maschinen + Anzahl der Maschinen mit einer abgegebenen Leistung von ... bis ...		x	x	x	x	x		x
Herkunft der Maschinen + Zylinderzahl/-lage				x	x	x	x	x

zusätzliche Angaben über:
- Vermietung von Dampfmaschinen pro Gewerbegruppe
- Angaben über die Dimensionen mehrzylindrischer Maschinen
- Angaben über Kolbenschub und -geschwindigkeit, Zylinderdurchmesser und Umdrehungszahl
- Angaben über bestimmte Bauweisen der Dampfmaschinen

Quelle: "Übersicht über die Dampfkessel und Dampfmaschinen im Königreich Sachsen für den 1. Januar...", in: Zeitschrift des Königlich Sächsischen Statistischen Bureaus.

2. Parameter-Übersicht für die Gas-Statistik

Gründungsjahr
Ortsname
Stichjahr / Betriebsjahr
installierte Leistung / Maximalleistung pro Tag (m^3)
Rohrnetzlänge (Hauptleitungen) (m)
Produktionsvolumen im Stichjahr (m^3)
Gesamtverbrauch (m^3)
Verbrauch öffentliche Beleuchtung (m^3)
gesamter privater Verbrauch (m^3)
Verbrauch für Koch- und Heizzwecke (m^3)
Verbrauch für Gasmotorenantrieb und technische Zwecke (m^3)
Gesamtanzahl der Flammen
Anzahl der öffentlichen Flammen am Schluß des Betriebsjahres
Anzahl der privaten Flammen nach Gasmesserflammenzahl
Anzahl der Gasmotoren
Gasmotorenleistung (PS)
Anzahl der Gasmesser (nasse und trockene)
Anzahl der Einwohner des Versorgungsgebiets bzw. der Stadt
Anzahl der angeschlossenen Konsumenten
Besitzer
Eigentumsstruktur (k/s/m/pg/pe)*
Speichervolumen (m^3)
Koksproduktion (kg)
Fernversorgung an
Fernversorgung von
Regiokennziffer
Anzahl der (Unter-)Werke

* kommunal, staatlich, gemischtwirtschaftlich, private Gesellschaft, privater Einzelunternehmer

3. Parameter-Übersicht über die Elektrizitätsstatistik

Ortsname

Region

Stichjahr/Betriebsjahr

Unterwerke (Werke in)

Eigentümer

Eigentumsform:

    kommunal

    staatlich

    gemischtwirtschaftlich

    private Einzelperson/Personen-
    gesellschaft

    private Kapitalgesellschaft

    Pachtbetrieb

Antriebsart:

    Dampfantrieb (Dampfmaschinen,
    -turbinen, Lokomobile)

    Explosionsmotor (Diesel- und
    Gasmotoren)

    Wind-/Luftantrieb (Windräder)

    Transformation/Bezug

    Wasserantrieb (Wasser-Turbinen,
    -Räder etc.)

    Gas

Antriebsart (Jahrgänge 1942 - 1948):

    Dampfantrieb (Wärmekraftwerke)

    Wasserantrieb (Wasser-
    kraftwerke)

    Transformation/Bezug

nutzbar abgegebene elektrische Arbeit
in 1000 kWh

Stromerzeugerleistung in kVA*)

Erzeugung in 1000 kWh

Bezug in 1000 kWh

Einwohner des Versorgungsgebietes

Anschlusswert Industrie/Grossverbrau-
cher in kW

Abgabe an Industrie/Grossverbraucher
in 1000 kWh

Anschlusswert in Gebieten ohne Landwirtschaft in kW

Abgabe an Gebiete ohne Landwirtschaft
in 1000 kWh

Anschlusswert in landwirtschaftlichen
Gebieten in kW

Abgabe an landwirtschaftliche Gebiete
in 1000 kWh

Anschlusswert öffentliche Beleuchtung
in kW

Abgabe öffentliche Beleuchtung in
1000 kWh

Anschlusswert Bahnen in kW

Abgabe Bahnen in 1000 kWh

Abgabe nach Lichttarif in 1000 kWh

Abgabe nach Krafttarif in 1000 kWh

Abgabe an Sonderabnehmer in MWh

Abgabe an Tarifabnehmer in MWh

Anzahl der Sonderabnehmer

Anzahl der Tarifabnehmer

Anzahl der Abnehmer (Zähler)

Anzahl der Abnehmer (pauschal)

angeschlossene Haushalte

Anlagekapital ohne Abschreibungen in
1000 M

Abschreibungen in 1000 M

Einnahmen insgesamt in 1000 M

durchschnittl. Einnahmen pro kWh
Lichtstrom in Pfg.

durchschnittl. Einnahmen pro kWh
Kraftstrom in Pfg.

Ausgaben insgesamt in 1000 M

Abgabe Licht und Kraft nach gleichem
Tarif

dasselbe: an Abnehmer im eigenen Versorgungsgebiet

dasselbe: an Wiederverkäufer

Sondertarif: an Abnehmer im eigenen
Versorgungsgebiet

Sondertarif: an Wiederverkäufer

Sondertarif: an sonstige Abnehmer

*) In früheren Jahrgängen z.T. und
1942 bis 1948 durchgehend in kW

Andreas Kunz

Quellen zur Statistik der deutschen Binnenschiffahrt im 19. und 20. Jahrhundert

Vorbemerkung

Am Arbeitsbereich Wirtschafts- und Sozialgeschichte der Freien Universität Berlin wird seit 1986 ein Forschungsvorhaben zur "Historischen Verkehrsstatistik Deutschlands seit 1835" durchgeführt, dessen Ziel die Erstellung langer Reihen zum Verkehr in Deutschland im 19. und 20. Jahrhundert ist[1]. Dieser sowie die nachfolgenden drei Beiträge[2] behandeln die Quellenlage zur Datenerhebung für vier innerhalb dieses Gesamtprojekts bearbeiteten Verkehrträgern: Binnenschiffahrt, Seeschiffahrt, Eisenbahn und öffentlicher Nahverkehr. Nicht behandelt werden dagegen Straßen- und Flugverkehr, da hier mit den Arbeiten noch nicht begonnen worden ist.

1. Einleitung

Die Statistik der Binnenschiffahrt ist integraler Bestandteil einer umfassenden historischen Verkehrsstatistik von Deutschland, deren Ergebnisse in Kürze in mehreren Datenhandbüchern vorgelegt werden sollen[3]. Dem späteren Benutzer wird damit ein Hilfsmittel in die Hand gegeben, das es ihm erlauben wird, Informationen zu solch unterschiedlichen Bereichen wie Personen- und Gütertransport auf Binnenwasserstraßen, Schiffsgrößen und -bestände der Binneschiffsflotte, oder auch zur tonnenkilometrischen Leistung der Binnenschiffahrt, gezielt nachzuschlagen. Die in den Datenhandbüchern in Tabellenform präsentierten Jahresreihen beruhen ihrerseits wiederum auf einer systematischen Auswertung von statistischem Material aus dem 19. und 20. Jahrhundert, das,

---

1 Das Projekt wird von Rainer Fremdling (Groningen) und Andreas Kunz (Mainz/Berlin) geleitet und von der DFG im Rahmen des Schwerpunktprogramms "Quellen und Forschungen zur Historischen Statistik von Deutschland" gefördert. Eine detaillierte Beschreibung der Ziele dieses Vorhabens findet sich bei Rainer Fremdling/Andreas Kunz, Historische Verkehrsstatistik von Deutschland, in: N. Diederich/E. Hölder/A. Kunz, *Historische Statistik in der Bundesrepublik Deutschland*, Stuttgart 1990, S. 90-106.

2 Es sind dies die Beiträge von Daniel Thomas, Ruth Federspiel und Dietlind Hüchtker, die sämtlich im Projekt 'Historische Verkehrsstatistik' als wissenschaftliche Mitarbeiter tätig waren bzw. sind.

3 Im Erscheinen bzw. in Vorbereitung sind folgende Bände: Andreas Kunz, (Hrsg.), *Statistik der Binnenschiffahrt in Deutschland seit 1835*, St. Katharinen, erscheint 1992; ders., (Hrsg.), *Statistik der Seeschiffahrt in Deutschland seit 1835*, St. Katharinen, vorauss. 1993; ders., (Hrsg.) *Statistik des öffentlichen Nahverkehrs in Deutschland seit 1880*, St. Katharinen, vorauss. 1993. Rainer Fremdling/Ruth Federspiel, (Hrsg.), *Statistik der Eisenbahnen in Deutschland seit 1835*, St. Katharinen, erscheint 1992.

soweit es die Überlieferung zum Verkehr auf den deutschen Binnenwasserstraßen betrifft, in drei große zeitliche Abschnitte unterteilt werden kann:

1. Die Jahre 1835 bis 1872 als Zeitraum der territorialen, regionalen und lokalen statistischen Überlieferung.

2. Die Jahre 1873 bis 1945 als Periode der Reichsstatistik.

3. Die Jahre 1945/49 bis 1989 als Zeitraum der Bundesstatistik bzw. der DDR-Statistik.

Ziel der nachfolgenden Darstellung ist es, einen ersten Überblick über die Quellenbestände zur historischen Statistik der Binnenschiffahrt in Deutschland zu geben. Dabei
soll auch der Wandel der Quellengattungen, und damit der Quellengüte während dieser
drei Zeitabschnitte berücksichtigt werden. Die Darstellung selbst ist chronologisch gegliedert: Begonnen wird mit dem Erhebungszeitraum 1835 bis 1873, der in bezug auf die
Quellen auch der bei weitem interessanteste ist. Anhand von ausgewählten Beispielen
soll die Vielfalt der frühen statistischen Quellen und die Möglichkeit ihrer Auswertung
behandelt werden. Anschließend werden dann – wesentlich knapper – die wichtigsten
Quellen für die Zeiträume 1873 bis 1945 (Reichsstatistik) und 1946 bis 1989 (Bundes-
bzw. DDR-Statistik) vorgestellt.

2. Quellen zum Erhebungszeitraum 1835-1872

2.1. Die amtliche Statistik

2.1.1. Archivalische Überlieferungen

Statistische Nachrichten über den Verkehr auf den deutschen Binnenwasserstraßen liegen bereits seit dem 18. Jahrhundert vor, z.T. sogar aus noch früherer Zeit. Der Grund
dafür ist weniger ein Interesse der Zeitgenossen an der Messung des Ver-
kehrsaufkommens, also des Transports an Personen oder Gütern auf den Flüssen,
Kanälen, Binnenseen oder Haffs; Grund war vielmehr ein fiskalischer: Schiffsbewegungen auf Binnenwasserstraßen unterlagen Gebühren, die wiederum dem Staat als Ein-
nahmequelle dienten. Die frühe statistische Überlieferung zur Binnenschiffahrt besteht
daher zumeist aus Listen oder listenartigen Zusammenstellungen, die zum Zwecke der
Hebung von Zöllen, Schiffahrtssabgaben, Schleusengeldern und dergleichen geführt
worden sind. Sie haben dementsprechend einen ausgeprägt lokalen, höchstens aber regionalen Charakter, und sind heute zumeist nur bruchstückhaft in Archiven überliefert[4].

---

4 Zumeist verborgen in Aktenbeständen, die die Flußschiffahrt im allgemeinen betreffen. Dazu
  einige Beispiele: *Landeshauptarchiv Koblenz, Bestand 403*, Nr. 11647 ("Die Schiffahrt auf der
  Mosel 1826-1912); *Niedersächsisches Staatsarchiv Osnabrück, Rep. 450 Beuth II*, 416

Abb. 1: Notierung über Kohlentransport auf der Ruhr 1834

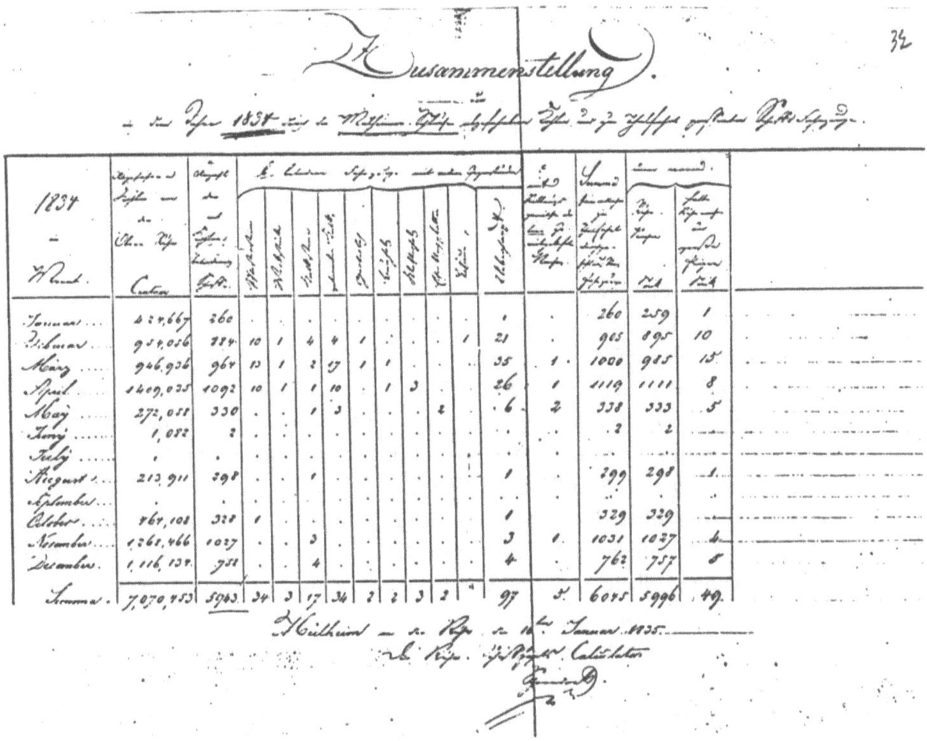

Quelle: HStA Düsseldorf, Ruhrschiffahrtsverwaltung, Nr. 197.

Etwas systematischer wurde dagegen auch schon in der vor- und frühstatistischen Zeit die Schiffsbewegungen bzw. der Güterumschlag in den Häfen erfaßt. Dies galt besonders für diejenigen großen Seehäfen, die gleichzeitig Binnenhäfen waren und sind, also etwa Hamburg, Bremen und Lübeck[5]. Aber auch in einigen der bedeutenderen Häfen des Binnenlandes, etwa Köln oder anderen Häfen am Rhein sowie in anderen, regional oder lokal bedeutsamen Hafenplätzen wie Lindau am Bodensee oder Regensburg

("Schiffahrt auf der Vechte 1835-1851"); *Staatsarchiv Münster, Provinz Westfalen, Oberpräsidium*, Nr. 8390 ("Schiffahrts- und Gelderhebungen auf der Ruhr 1809-1842"); *Hauptstaatsarchiv Düsseldorf, Ruhrschiffahrtsverwaltung*, 197 ("Angaben über die auf der Ruhr verschifften Kohlenmengen"). Vgl. dazu auch Abb. 1.
5 Vgl. etwa den *Bestand 2-R.9.q.5/8* (Weserschiffahrtstakte) im *Staatsarchiv Bremen*, der Zusammenstellungen aller von Bremen zur Oberweser verschifften oder von dort versandten Güter für die Zeit 1825-1850 enthält.

an der Donau, reicht die Hafenstatistik oft bis ins frühe 19. Jahrhundert zurück und ist speziell in Beständen von Stadtarchiven überliefert[6].

Einen besonderen Platz nahmen schon in der frühen Zeit Grenzorte ein, also Zollstellen, die an Staats- bzw. Territorial- oder Zollgrenzen lagen, und an denen die Zollbehörden – aus offensichtlichen Gründen – versuchten, den Schiffsverkehr besonders genau zu erfassen. Allerdings war gerade hier, wie schon Zeitgenossen bemerkt haben, der Anteil nicht erfaßter Waren sehr groß, da anscheinend viele Güter an den Zollstellen vorbei geschmuggelt worden sind. Dennoch machen die Aufzeichnungen von Grenzzollämtern zum Ausland (z.B. Passau/Donau und Inn, Schandau/Elbe, Emmerich/Rhein), wie auch im Binnenland, d.h. innerhalb des Deutschen Zollvereins (z.B. der Mainzoll bei Höchst) eine wichtige statistisch verwertbare Quelle aus[7]. Der deutsche Partikularismus ist, von dieser Perspektive her betrachtet, eine große Hilfe für den heutigen Betreiber der historischen Verkehrsstatistik!

Letztlich gab es bereits im 18. Jahrhundert (z.T. auch schon früher) einige künstliche Wasserstraßen (Kanäle), auf denen der Verkehr an den Schleusen genau und vor allem durchgängig erfaßt worden ist. Um nur einige Beispiele zu nennen: Im Staatsarchiv Münster befinden sich die Schleusenbücher des (heute nicht mehr schiffbaren, bzw. garnicht mehr vorhandenen) Max-Clemens-Kanal, in denen für die Jahre 1829-1839 sehr detaillierte Angaben über durchgegangene Schiffe und deren Ladung (Warengattung, Einladungs- und Bestimmungsort, Gewicht) enthalten sind[8]. Anhand dieser und ähnlicher Aufzeichnungen ließe sich das Verkehrs- und Güteraufkommen dieses Kanals durchaus statistisch erfassen und damit rekonstruieren. Allerdings – und damit ist bereits das Hauptproblem dieser Art von "Urmaterial" der untersten Erfassungsstufe angesprochen – die vollständige Datenaufnahme auf der Basis dieser Quellen würde für einen (an sich relativ unbedeutenden) Kanal Wochen, wenn nicht sogar Monate dauern, was in einem Projekt, das geographisch flächendeckend angelegt ist, nicht geleistet werden kann.

Dies bedeutet jedoch nicht, das Archivalien für unser Projekt an sich ausscheiden. Ganz im Gegenteil: für die Jahre 1835 bis ca. 1855 sind sie oft die einzige verfügbare Quelle, da die veröffentlichte amtliche Statistik der einzelnen Territorien in der Regel erst um die Mitte des 19. Jahrunderts einsetzen. Um die aus den veröffentlichten Statistiken gewonnen Reihen sozusagen rückwärts zu verlängern, werden deshalb selektiv und punktuell Archivalien herangezogen. Dabei kommt dem heutigen Bearbeiter zugute, daß auch auf der Ebene der archivalischen Überlieferung nicht nur lokales Urma-

---

6 Für Köln: *Stadtarchiv Köln, 402 HI XVII IA:2*; der Bestand enthält die komplette Hafenstatistik für die Jahre 1824 bis 1870. Für Lindau: *Hauptstaatsarchiv München, Bestand Oberste Baubehörde*, 11479-81 (s. auch Abb. 2). Für Regensburg: *Stadtarchiv Regensburg, Handelsstand 412*, Nr. 325, wo die Aufzeichnungen des Regensburger "Wassergüterbestätters" für die Jahre 1844-1857 zu finden sind.

7 Zeitraum und Güte der Überlieferung sind dabei allerdings unterschiedlich gelagert. Für Emmerich liegen uns z.B. relativ homogene Daten seit 1819 vor, während für Schandau die Überlieferung erst in der 1840er, die für Passau erst in den 1860er Jahren einsetzt und zudem bruchstückhaft ist. Der für den Mainverkehr wichtige Mainzoll bei Höchst ist dagegen im *Hauptstaatsarchiv Wiesbaden (210,* 7298 a.b.) für die Jahre 1819-1845 komplett überliefert.

8 *Staatsarchiv Münster, Oberfinanzdirektion, 1204-1207.*

Abb. 2: Auszug aus der Hafenstatistik der Stadt Lindau a. Bodensee von 1858

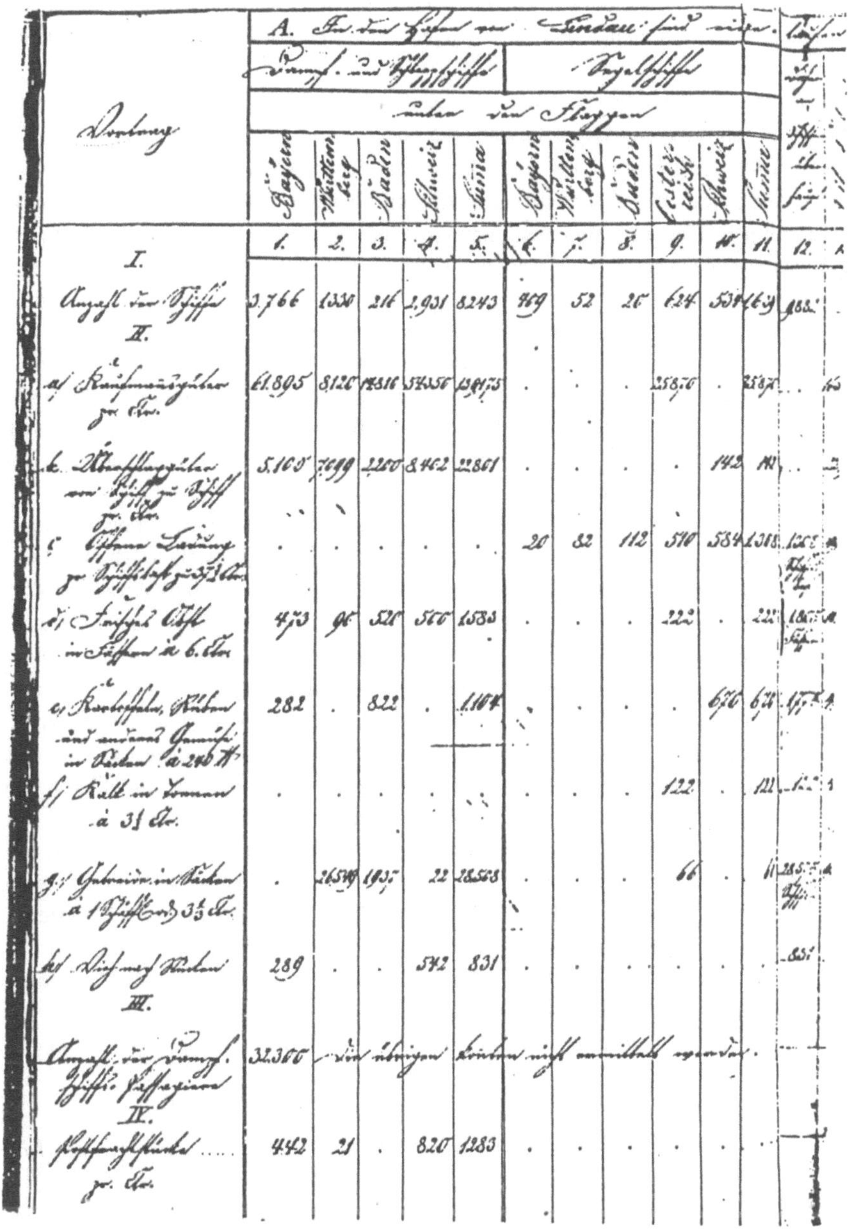

Quelle: HStA München, OBB, 11479.

terial vorliegt, sondern auch bereits Zusammenstellungen, die auf diesem Urmaterial beruhen und auf höheren Verwaltungsebenen (z.B. Kreise, Regierungsbezirke) angefertigt wurden. Diese Übersichten, die sich in der Regel auf ein Jahr, manchmal aber sogar auf mehrere Jahre beziehen und damit "Reihencharakter" haben, sind entsprechend besser verwertbar.

Auch hierzu ein Beispiel. Über den Schiffsverkehr auf der Elbe gibt es seit den 1840er Jahren durchgängige Aufzeichnungen der 16 an der Elbe gelegenen Hauptzollstellen. Diese Zollberichte, die heute in verschiedenen Archiven und Bibliotheken zu finden sind[9], sind an sich sehr detailliert und differenziert, gegliedert nach Zollklassen, Gütergruppen, Herkunft- und Bestimmungsort der Güter usw. Sie enthalten aber auch (und das ist der Unterschied zu den oben erwähnten Notierungen am Max-Clemens-Kanal) Summierungen und Zusammenstellungen, die relativ zügig ausgewertet bzw. aufgenommen werden können (s. dazu auch Abb. 3). Während die Totalaufnahme einer solchen Quelle sicher möglich und für die spätere Forschung auch sehr nützlich wäre – es ließen sich z.B. sehr gut die Richtung der Handelsströme in Nord- und Mitteldeutschland daraus ablesen – muß diese Aufgabe auf einen späteren Zeitpunkt vertagt werden, wenn z.B. die Möglichkeit des elektronischen "Scannens" derartiger Quellen vielleicht einmal verfügbar sein wird.

Es wäre vermessen, die Vielfalt der archivalischen Überliefung zur Binnenschiffahrt in der Kürze der Zeit, die hier zur Verfügung steht, adäquat darzustellen. Ich möchte es daher bei diesen beiden Beispielen bewenden lassen und nur noch kurz etwas zur Vorgehensweise bei der Archivrecherche an sich sagen. Überlieferungen mit einer Bezeichnung wie "Statistik der Flußschiffahrt" sind extrem selten in Archiven zu finden; allgemeine Akten zur Fluß- und Kanalschiffahrt sind dagegen sehr häufig und auch sehr umfangreich, besonders wenn man die voluminösen Akten zum Wasserbau miteinbezieht. Das Auffinden statistisch-relevanter Dokumente ist deshalb notwendigerweise oft mit der Gesamtdurchsicht vieler Aktenbände verknüpft, was nicht nur die Geduld von Archivaren und Mitarbeitern der Benutzerabteilungen in Archiven, sondern auch die der Bearbeiter überstrapaziert. Ergänzend müssen für die Binnenschiffahrt auch jeweils solche Bestände durchgesehen werden, die Zollakten enthalten (meist Aktenmaterial von Finanzbehörden[10]), oder auch Reposita, die den Binnen- und Außenhandel betreffen[11]. Überhaupt ist, soweit es die archivalische und frühe gedruckte Überlieferung betrifft, die Verkehrsstatistik oft in der Nähe oder sogar innerhalb der Handelsstatistik angesiedelt. Für den Bearbeiter ergeben sich dabei oft Abgrenzungsprobleme. Generell nehmen wir aus Handelsstatistiken nur dann Daten auf, wenn der Verkehrsträger der Güter

---

9 Relativ komplette Überlieferungen finden sich jeweils im *Geheimen Staatsarchiv Merseburg (Bestand Rep. 120, CXV, 8b11)*, dem *Landesarchiv Schleswig (Bestand 213*, Nr. 306, 307, 383) sowie in der *Commerzbibliothek Hamburg (Bestand S/599*, Nr. 143 ff.).

10 Als Beispiel sei hier der Bestand *Oberfinanzdirektion* im *Staatsarchiv Münster* angeführt, der Zusammenstellungen des Warenverkehrs in der Provinz Westfalen aus den Hebe- und Zollregistern für die Jahre 1826-1856 (Nr. 630-35) enthält.

11 *Ebd.*, Nr. 401-415, eine "Statistik des Handelsverkehrs in den einzelnen Haupt-, Steuer- und Amtsbezirken der Provinz Westfalen für die Jahre [1837-1871]".

Abb. 3: Zeitgenössische statistische Auswertung über den Schiffsverkehr bei Witten-
berge/Elbe

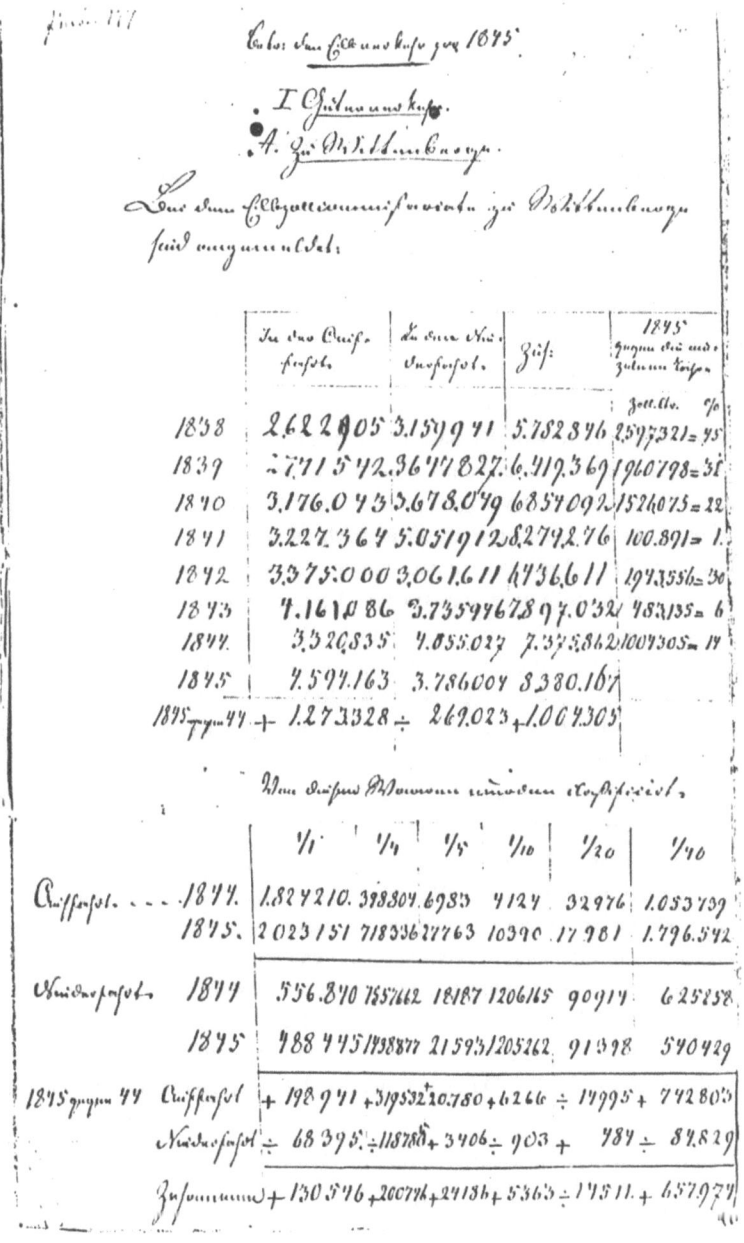

Quelle: LSA Schleswig, Abt. 213, 304 I.

in der Quelle eindeutig benannt ist oder sich zumindest schlüssig ergibt (z.B. "Einfuhr über See", bei der Seeschiffahrt).

2.1.2. Gedruckte amtliche Statistiken vor 1873

Seit etwa Mitte des 19. Jahrhunderts werden in den einzelnen deutschen Bundesstaaten vermehrt Ergebnisse statistischer Erhebungen mit einer gewissen Regelmäßigkeit veröffentlicht, d.h. sie liegen in gedruckter Form in statistischen Jahrbüchern, Staatskalendern usw. vor. In diesen frühen amtlichen Publikationen finden sich auch, wenn auch nicht immer und notwendigerweise, Angaben zur Binnenschiffahrt. Auch hier macht sich nämlich, ähnlich wie auf der Archivebene, die Vielfalt des deutschen Partikularismus bemerkbar: Nicht nur variiert in diesen Veröffentlichungen der Zeitpunkt des Erscheinens von Angaben zur Binnenschiffahrt, auch vom Gehalt her sind derartige Angaben, wenn sie in der Tat erscheinen, von Bundesstaat zu Bundesstaat sehr verschieden strukturiert. Auf der Basis der in ihnen enthaltenen Zahlen können daher in der Regel nur Reihen für einzelne Zählpunkte (Häfen, Schleusen, Grenzzollstellen), nicht aber für Wasserstraßen insgesamt oder sogar für Wasserstraßengebiete gewonnen werden, da diese die Staatsgrenzen oft überschreiten (bei den meisten großen Flüssen war dies der Fall). Eine Ausnahme bilden die Hansestädte (Hamburg, Bremen, Lübeck), die schon früh ihre statistischen Aufzeichnungen zu Handel und Verkehr aufeinander abgestimmt haben[12]. Auf ähnliche Bestrebungen der Elbe unter den Anrainerstaaten der Elbe war oben bereits hingewiesen worden[13].

Die zweifellos wichtigste übergreifende Statistik vor dem Einsetzen der Reichsstatistik ist jedoch die von der Zentralkommission für die Rheinschiffahrt seit 1835 in gedruckter Form an die Mitglieder der Kommission verschickten Statistischen Jahresberichte[14]. Diese Berichte stellen eine der Hauptquellen nicht nur für die Statistik der Schiffahrt auf dem Rhein, sondern für den gesamten west- und süddeutschen Raum einschließlich von Teilen von Frankreich und Holland dar, da auch die Nebenflüsse des Rheins und Kanäle mitberücksichtigt werden. Wir haben diese Quelle für einen Zeitraum von vierzig Jahre (1835 bis 1875) nahezu komplett machinenlesbar aufgenommen. Neben Angaben zum Güter- und Personenverkehr auf Schiffen enthalten die Berichte auch Informationen zur Infrastruktur (Baumaßnahmen und deren Kosten) sowie zu den Verkehrsmitteln (Schiffe und Flöße). Außerordentlich gut dokumentiert sind die "neuen Technologien" der Schiffahrt im 19. Jahrhundert, also die Dampfschiffahrt sowie (seit den 1860er Jahren) die Kettenschiffahrt. Da es sich bei den Jahresberichten um eine in sich relativ

---

12 Sie wurden veröffentlicht unter dem Titel *Tabellarische Übersichten des Hamburger (Bremer, Lübecker) Handels* von den jeweiligen Statistischen Bureaus der drei Hansestädte und sind heute sowohl in Archiven als auch in Bibliotheken überliefert.
13 Vgl. Anm. 8.
14 *Jahresbericht der Zentralkommission für die Rheinschiffahrt*, Mainz usw., 1835 ff. Die Berichte wurden zwar ab 1838 in gedruckter Form hergestellt, aber nicht direkt veröffentlicht, so daß sie heute in der Regel in Archiven und leider nicht in Bibliotheken zu finden sind. Eine nahezu komplette Überlieferung liegt im *HStA München, MA*, 9097-9133 (1835-1916).

homogene Quelle handelt – auch hier gibt es über die Jahre allerdings leichte Veränderungen in der Erhebungssystematik, bei den Gütergruppen – wird von ihr am ehesten ein Anschluß an die 1873 einsetzende Reichsstatistik zu erwarten sein.

Es würde zu weit führen, die Publikationen zur amtlichen Statistik der einzelnen deutschen Staaten hier im einzelnen vorzustellen und auf ihren Inhalt in Bezug auf die Binnenschiffahrt im Detail einzugehen[15]. Bleibt zu erwähnen, daß auch die in gedruckter Form vorliegenden amtlichen Statistiken zur Binnenschiffahrt nicht alle Bereiche (oder Orte) abdecken, zu denen wir im Projekt Daten erheben. Dies bedeutet, daß sowohl zur inhaltlichen wie auch räumlichen Ergänzung andere, teilweise auch halb- oder sogar nichtamtliche Quellen herangezogen werden müssen.

2.2. Nichtamtliche bzw. halbamtliche Quellen

2.2.1. Handelskammerberichte

Als wichtigste unter den sog. halbamtlichen Quellen haben sich für die Statistik der Binnenschiffahrt (sowie für den Verkehrssektor generell) die jährlichen Berichte der Handelskammern erwiesen, die es seit den 1840er Jahren vor allem für Preußen, aber auch für andere Flächenstaaten (z.B. Bayern, Württemberg) gibt[16]. In Preußen wurden sie bis in die 1860er Jahre in dem vom Ministerium für Handel und Gewerbe herausgegebenen *Handelsarchiv*[17] in zusammengefasster Form veröffentlicht. Die auf diese Weise publizierten Zahlen haben daher einen zumindest "offiziösen" Charakter, zumal sie wiederum in der Regel auf amtlichen Zahlen (z.B. Zollregistern) beruhen. Da viele dieser Zollregister mittlerweile verloren sind, stellen die auf ihnen beruhenden Handelskammerberichte nicht nur eine wichtige, sondern oft sogar die einzige verläßliche statistische Quelle dar.

Um nur ein Beispiel anzuführen: Für den Schiffsverkehr auf der Donau bei Passau konnten die Aufzeichnungen des dortigen Hauptzollamtes trotz intensiver Suche in bayerischen Archiven nicht gefunden werden; sie müssen daher als verschollen bzw. nicht überliefert gelten. Allein aus diesem Grund sind die Berichte der Handelskammer

---

15 Einen guten Überblick bietet der Beitrag von C. Meisinger, "Binnenschiffahrtsstatistik" in: F. Zahn (Hrsg.), *Die Statistik in Deutschland nach ihrem heutigen Stand...*, München/Berlin 1911, S. 288-301.

16 Eine ausgezeichnete Sammlung von Handelskammerberichten befindet sich heute im *Westfälischen Wirtschaftsarchiv*, Dortmund. Vgl. dazu das gedruckte Bestandsverzeichnis, *Geschichtliche Darstellung, periodische Berichterstattung, Zeitschriften und Nachrichtendienste deutscher Industrie- und Handelskammern im WWA (1848-1972)*, bearb. von Adelheid Böttcher und Hans Vollmershaus, Dortmund 1975. Auch in den Beständen der im *Rheinisch-Westfälischen Wirtschaftsarchiv (RWWA)* Köln liegenden Handelskammern findet sich reichhaltiges statistisches Material, darunter z.B. eine komplette Hafenstatistik für Köln (*RWWA, HK Köln*, Abt. 41) und für Duisburg (*ebd., HK Duisburg*, 20-19-7).

17 *Handelsarchiv, Statistische Mitteilungen über den Zustand und die Entwicklung des Handels und der Industrie in der Preußischen Monarchie*, Berlin 1848 ff; *Preußisches Handelsarchiv, Wochenschrift für Handel, Gewerbe und Verkehrsanstalten, nach amtlichen Quellen*, Berlin 1856 ff.

Passau, in denen auszugsweise Zahlen aus dem Paussauer Zollregister enthalten sind (vgl. Abb. 4), die einzige Quelle für diesen für Inn- und Donauschiffahrt wichtigen Grenzort zu Österreich. Im übrigen waren auch die Berichte der Passauer Handelskammer nur sehr schwer zu lokalisieren, und liegen auch nicht für den gesamten Zeitraum durchgängig vor[18].

Abb. 4: Handelskammerbericht zum Warenverkehr auf Donau und Inn, 1860

Waaren-Verkehr auf der Donau und dem Inn 1859, und zwar:	Zahl der Fahrzeuge		Colli-Zahl	Handels-Güter	Bau- u. Nutzholz	Brenn-holz	Getreide	Kalk	Vieh	Fahr-zeuge
	Schiffe	Flöße		Centner	Schiffstäu	Klafter	Schäffel	Schäffel	Stück	Stück
A. auf der Donau:										
a. Eingang	616	—	212,682	372,627	—	—	91,450	—	—	—
b. Ausgang	1008	549	127,321	234,185	19,559	21,662	6146	1404	79	7
c. Durchgang . . .	549	—	84,280	297,592	—	—	—	—	8	—
Summa des Verkehrs auf der Donau . . .	2173	549	424,283	904,404	19,559	21,662	97,596	1404	87	7
gegen vor. Jahr mehr .	264	—	—	86,873	—	—	79,953	1304	—	7
weniger	—	90	—	—	5737	23,986	—	—	2608	—
B. auf dem Inn:										
a. Eingang	561	—	139,011	109,016	10	16	2922	4260	8	—
b. Ausgang	439	19	11,737	90,563	1333	4341	251	5080	617	—
c. Durchgang . . .	2430	31	325,789	336,967	4539	23,295	20,832	25,516	1730	—
Summa des Verkehrs auf dem Inn	3430	50	476,537	536,546	5882	27,652	24,005	34,856	2355	—
gegen vor. Jahr mehr .	743	—	—	—	—	—	2910	—	—	—
weniger	—	57	—	318,413	149	6716	—	23,418	2138	3
Summa des Gesammtverkehrs auf der Donau und dem Inn	5603	599	900,820	1,440950	25,441	49,314	121,601	36,260	2442	7

Quelle: Jahresbericht der Kreis-, Gewerbe- und Handelskammer von Niederbayern, Passau 1860, S.21.

---

18 *Jahresberichte der Kreis-, Gewerbe- und Handelkammer von Niederbayern*, Passau 1856 ff. Wie in vielen anderen Fällen auch, wurden diese frühen Berichte zwar gedruckt, aber nicht veröffentlicht und sind daher nur in Archiven überliefert. Die Passauer Berichte konnten für die Jahre 1856-1862 im *HStA München, Bestand MA 14205* sowie im *Stadtarchiv Regensburg, Bestand 412* (Handelsstand) zusammengestellt werden.

Der Wert der Quellengattung "Handelskammerberichte" für die historische Verkehrsstatistik kann nicht genug betont werden. Für die Binnnenschiffahrtsstatistik bieten die Berichte zum Beispiel die einzige Möglichkeit, relativ verläßliche Zahlen für die Schiffahrtsstraßen und Häfen in den preußischen Ostgebieten zu bekommen[19]. Die von der Handelskammer in Stettin herausgegeben Berichte stellen z.B. die einzige verläßliche Quelle für die Binnenschiffahrt auf der Oder bei Stettin bis in die 1920er Jahre dar, da Stettin bis dahin nicht als Zählpunkt in der Reichsstatistik erscheint[20]. Interessant ist zudem die Tatsache, daß in den Handelskammerberichten die zusamengestellten Zahlen in der Regel auch ausführlich kommentiert werden (sehr im Gegensatz zur amtlichen Statistik), so daß Rückschlüsse auf die Erhebungsmethode möglich sind. Natürlich waren auch die örtlichen Handelskammern auf die Zusammenarbeit mit (und damit auf das Vorhandensein von) amtlichen Stellen, in der Regel Zollämtern, angewiesen, da sie selbst die statistische Erfassung nicht durchgeführt haben. Verschwanden diese amtlichen Stellen aus irgendeinem Grund (z.B. Aufhebung der meisten Zollämter an der Elbe im Jahre 1862), versiegt in der Regel auch diese Quelle.

2.2.2. Parlamentaria

Eine weitere "halbamtliche" Quelle zur Binnenschiffahrt vor 1873 (und auch danach) sind Kommissionsberichte oder Eingaben (z.B. von Schiffahrtsverbänden) an Parlamente. Um nur ein Beispiel zu nennen: ein "Bericht der volkswirthschaftlichen Commission der Kammer der Abgeordneten [des Königreichs Württemberg] über zwei Gesuche der Wanderversammlung der Gewerbevereine und des Handlungsvorstandes zu Heilbronn um Verwendung bei der K[öniglichen] Regierung für Erhaltung der gefährdeten Neckarschiffahrt" aus dem Jahre 1858 enthält im Textteil und vor allem in seinen Beilagen ausführliches statistisches Material zur Entwicklung der Neckarschiffahrt im Zeitraum 1836-1854[21]. Interessant ist, daß in diesem Falle auch der Konkurrenzverkehr auf anderen Verkehrsträgern (Eisenbahn) ausführlich dokumentiert und mit Vergleichszahlen belegt ist.

Sicher ist gerade bei einer solchen Eingabe, die eindeutig Interessencharakter hat, Vorsicht bei der Übernahme der der ausgewiesenen Zahlenwerte geboten; es empfiehlt sich zumindest eine punktuelle Überprüfung des Zahlenmaterials anhand anderer Quellen.

---

19 Hier sind vor allem die Berichte der Handelskammern Memel, Tilsit, Königsberg und Danzig zu nennen.
20 *Bericht über Stettins Handel im Jahre ...*, Stettin 1861 ff. bzw. *Stettins Handel, Industrie und Schiffahrt im Jahre ...*, Stettin 1874 ff.
21 Ein Exemplar befindet sich in *Hauptstaatsarchiv Wiesbaden, Bestand 210*, Nr. 7304.

2.2.3. Betriebsberichte

Diese Quellengattung spielt bei der Binnenschiffahrt, im Gegensatz etwa zur Eisenbahn, eine zwar eher untergeordnete, in zwei Teilbereichen aber zumindest wichtigere Rolle: bei der (Personen) Dampfschiffahrt und bei der Schleppschiffahrt.

Seit den 1840er Jahren wurden auf den wichtigsten deutschen Flüssen (Rhein, Weser, Elbe, Donau) und den größeren Seen (z.B. Bodensee) Dampfschiffahrts-Gesellschaften gegründet, die vor allem Personenschiffahrt betrieben; in den 1850er Jahren trat dann die Schleppschiffahrt hinzu. Diese Unternehmen waren zum überwiegenden Teil Aktiengesellschaften, die jährliche Berichte verfaßten und an die für sie zuständige Behörde oder Handelskammer schickten. In diesen Berichten befinden sich (z.B. innerhalb der Betriebsergebnisse) statistisch verwertbare Angaben über die Zahl der Schiffe und Reisen, der beförderten Passagiere und Güter, der Einnahmen und Ausgaben bzw. der Gewinne und Verluste. Für einige der größeren Gesellschaften können solche Angaben zu Reihen zusammengestellt werden. Um nur ein Beispiel zu nennen: Die nahezu komplette Überlieferung der Generalversammlungsprotokolle der Düsseldorfer "Niederrheinischen Dampfschleppschiffahrts-Gesellschaft" für die Jahre 1851 bis 1886 ist unter diesen Gesichtspunkten ausgewertet worden[22].

2.2.4. Zeitgenössische statistische Literatur

Einer der Hauptziele des Forschungsschwerpunktes "Historische Statistik" ist es, *verläßliche* Zahlen auf der Grundlage von amtlichen oder halbamtlichen Quellen zu erarbeiten. Deshalb kommt der Auswertung von statistischer Literatur notwendigerweise eine eher untergeordnete Bedeutung zu. Trotzdem steht auch die Aufnahme und teilweise Auswertung von zeitgenössischer Literatur am Anfang einer jeglichen Beschäftigung mit der Geschichte des Verkehrs bzw. der Binnenschiffahrt in Deutschland, von dem die historische Statistik des Verkehrs ja nur ein Teilgebiet ist.

Im Rahmen des Projekts zur historischen Verkehrsstatistik ist deshalb eine elektronisch gestützte Bibliographie erstellt worden, die derzeit etwa 3000 Titel enthält[23]. Nur ein vergleichweise geringer Teil davon hat sich allerdings als potentielle Quelle für die statistischen Überlieferung im engeren Sinne ergeben. Von den zum Themengebiet "Binnenschiffahrt" erfaßten 1200 Titeln beziehen sich beispielsweise nur etwa 200 auf Werke mit ausgeprägtem statistischen Charakter.

Zeitgenössische statistischen Arbeiten sind als Hilfe bei der Datenerhebung in den Archiven oft von ebenso großer Bedeutung wie die darin eventuell enthaltenen Zahlen. In diesem Zusammenhang müssen für die Binnenschiffahrt insbesondere die statistischen Untersuchungen von Heinrich Meidinger erwähnt werden, der in den 1840er Jah-

---

22 Ausgehoben im *Rheinisch-Westfälischen Wirtschaftsarchiv Köln, Bestand HK Duisburg*, 20-4-6
23 Die Bibliographie wurde im Rahmen einer ABM-Maßnahme erstellt. Der Verfasser möchte an dieser Stelle den Bearbeitern, Joachim Starke und Wolfgang Krebs, für ihre Bemühungen danken.

ren Zollämter im Deutschen Bund bereiste und damit "vor Ort" Daten erhob, die auch heute noch der Prüfung standhalten[24]. Auch die Werke des Freiherrn von Reden verdienen hier genannt zu werden[25], in denen besonders für die Weserschiffahrt wertvolle (und überprüfbare!) Zahlen gefunden werden konnten. Auch für Rhein und Elbe liegen vergleichbare Arbeiten vor[26].

Um die Jahrhundertwende kam es im Zuge der großen Kanalbauvorhaben jener Zeit nochmals zu einer wahren Flut von wissenschaftlichen Arbeiten zur Geschichte der Binnenschiffahrt, von denen ein Teil sich auch als brauchbare statistische Quelle erwies[27]. Allerdings muß hier, noch mehr als bei den zeitgenössischen Darstellungen aus der Mitte des 19. Jahrhunderts, Quellenkritik geübt werden, da ein Teil dieser Arbeiten durchaus das Ziel verfolgte, die Notwendigkeit des Ausbaus von Wasserstraßen wissenschaftlich und historisch zu begründen.

2.2.5. Resümee

Damit sind die wichtigsten Quellengattungen für die Aufnahmeperiode 1835-1872 genannt. Für eine abschließende Gesamtbewertung ist im Moment noch zu früh, da noch nicht alle Quellen überprüft bzw. noch nicht alle Archivreisen durchgeführt worden sind. Zusammenfassend läßt sich für den Zeitraum 1835-1872 dennoch folgendes feststellen:

1. Der Zeitraum ist an sich geprägt von Quellenmangel, da für viele, vor allem kleinere Wasserstraßen wenig oder gar keine verläßliche statistische Überlieferungen existieren.

2. Der Zeitraum ist weiterhin geprägt von Quellenvielfalt, d.h. Zahlenmaterial aus unterschiedlichsten Quellen muß zusammengefügt und zu Reihen verdichtet werde. Das erfordert ein Höchstmaß an Quellenkritik und Quellendokumentation.

3. Für die Statistik der Binnenschiffahrt gibt es in Bezug auf die Existenz und Güte der Quellen ein West-Ost-Gefälle. Am besten ist die Quellenlage (und Quellengüte) für den Rhein und dessen Nebenflüsse (Main, Neckar, Mosel, Ruhr); hier werden

---

24 Heinrich Meidinger, *Die deutschen Ströme in ihren Verkehrs- und Handelsverhältnissen*, 2. Aufl. Frankfurt/Main 1867 (1. Aufl. 1852); ders., *Statistische Übersicht der Mainschiffahrt und Flösserei im Jahre 1840 ...* , Frankfurt/Main 1841.
25 Friedrich Wilhelm von Reden, *Das Königreich Hannover statistisch beschrieben*, Hannover 1839; ders., *Erwerbs- und Verkehrsstatistik*, 3 Bde., Darmstadt 1853-54.
26 Vgl. *Der Güter und Schiffsverkehr auf dem Rhein*, Berlin 1856; Gerhard Schirges, *Der Rheinstrom*, Mainz 1857; Hugo v. Bose, *Beschreibung der Elbe mit ihren Zuflüssen*, Annaberg 1852.
27 Z.B.: Kurt Fischer, *Eine Studie über die Elbschiffahrt in den letzten 100 Jahren*, Jena 1907; Gerhard Strotkötter, *Die Lippeschiffahrt im 19. Jahrhundert*, Münster 1896; Georg Schanz, *Die Mainschiffahrt im 19. Jahrhundert und ihre zukünftige Entwicklung*, Bamberg 1894; Hanns Heimann, *Die Neckarschiffer*, 2 Bde., Heidelberg 1907; Viktor Kurs, *Tabellarische Nachrichten über die flößbaren und die schiffbaren Wasserstraßen des Deutschen Reichs*, Berlin 1894.

durchgängige Reihen erstellt werden können, die relativ viele Erhebungskategorien beinhalten. Akzeptabel ist die Situation bei Elbe und Weser; bei der Elbe klafft eine Lücke in den 1860er Jahren (Aufhebung der Elbzölle 1862), die noch nicht völlig geschlossen werden konnte. Schwierig ist dagegen die Quellenlage bei Ems und Donau, den märkischen Wasserstraßen, der Oder sowie den West- und Ostpreußischen Wasserstraßen. Wohl werden auch hier für einzelne Zählpunkte durchgängige Reihen zusammengefügt werden können, aber dies wird nur für vergleichsweise wenig Erhebungskategorien möglich sein und keinesfalls die Dichte wie bei Rhein, Elbe oder Weser annehmen können.

3. Die Periode der Reichsstatistik 1873-1945

3.1. Die zentrale amtliche Statistik

Die sieben Jahrzehnte von 1873 bis 1945 sind für die Statistik der Binnenschiffahrt gleich zu setzen mit der "Periode der Reichsstatistik". Die ab 1873 regelmäßig, zumeist jährlich erscheinenden Erhebungen des Statistischen Reichsamtes zum "Verkehr auf den deutschen Wasserstraßen" bilden die Grundlage für unsere Aufnahme beim Verkehrsaufkommen auf Binnenwasserstraßen sowie beim Gütertransport auf Binnenschiffen[28]. Daneben wurden in fünfjährigen Abschnitten Zahlen zum Binnenschiffsbestand sowie in unregelmäßigen Abständen hydrographische Beschreibungen der verschiedenen Stromgebiete veröffentlicht, die teilweise ergänzendes Zahlenmaterial enthalten[29]. Grundlage unserer Aufnahme sind allerdings in der Regel die jährlichen Erhebungen.

Im Gegensatz zum Datenmangel des Zeitraums vor 1873 herrscht in der Periode der Reichsstatistik Datenfülle vor. Eine wichtige Aufgabe der historischen Binnenschiffahrtsstatistik für den Zeitraum der Reichsstatistik ist daher die der Selektion, d.h. es werden nur Daten zu bestimmten thematischen Bereichen, Kategorien oder geographischen Zählpunkten aufgenommen. Ein weiterer wichtiger Aspekt ist die Erstellung einer inneren Konkordanz der Reichsstatistik, da diese über die Jahrzehnte hinweg mehrmals die Erhebungs- und Publikationsgrundlagen geändert hat. Besonders bei der Güterstatistik ist dies ein schwieriges Problem, da die Gütergruppen z.T. neu zusammengestellt werden müssen.

---

28 *Statistik des Deutschen Reichs, Verkehr auf den deutschen Wasserstraßen*, Berlin 1873 f.
29 Etwa: *Die Stromgebiete des Deutschen Reichs*, Berlin 1891 (= Statistik des Deutschen Reichs, N.F., Bd. 39).

3.2. Lücken der zentralen amtlichen Statistik

Trotz der eben attestierten Datenfülle hat nun auch die Reichsstatistik einige, teilweise gravierende Lücken, die durch andere Quellen abgedeckt werden müssen:

- Die Angaben für die Jahre 1873-1880 sind teilweise mangelhaft, so daß u.U. andere statistische Überlieferungen (z.B. Jahresberichte der Zentralkommission für die Rheinschiffahrt) verläßlichere Daten liefern können.

- Für einzelne Zählpunkte fehlen des öfteren Angaben für ein oder mehrere Jahre, manchmal auch für lange Zeiträume (Beispiel: Stettin). Hier müssen vergleichbare Angaben in den Landes- bzw. Lokalstatistiken gesucht werden.

- Amtliche Angaben zur (tonnenkilometrischen) Leistung der Binnenschiffahrt werden erst seit 1909 bzw. 1912 Bestandteil der Reichsstatistik[30]. Für die Jahre davor gibt es nur nachträglich erstellte Teilberechnungen (z.B. von Leo Sympher[31]), die bestenfalls als "halbamtliche Schätzungen" einzustufen sind.

- Daten zur Infrastruktur (Länge und Leistungsabgabepotential von Wasserstraßen und Binnenhäfen) sind in der Reichsstatistik nur sehr sporadisch vorhanden. Hier wurden andere amtliche Quellen benutzt, insbesondere Schiffahrtsführer und Textbeilagen zu Karten von Wasserstraßen[32].

- Ähnliches gilt für Daten zu den Kosten (Wasserstraßenbau) und den Einnahmen (z.B. aus Schleusengeldern). Auch hier mußte auf andere amtliche Quellen (Zusammenstellungen und Veröffentlichungen aus dem preußischen Ministerium für öffentliche Arbeiten bzw. des Reichsverkehrsministeriums), oder auch auf Parlamentaria (z.B. Kanalbauvorlagen) zurückgegriffen werden[33].

- In Kriegszeiten (1915-16, 1943-45) wurden Angaben zum Gütertransport teilweise nicht veröffentlicht, sondern unterlagen als "Nur für den Dienstgebrauch" administrativer bzw. militärischer Geheimhaltung. Nur Teilweise sind diese Zahlen getrennt als MS gedruckt worden und damit womöglich in Archivbeständen gelandet.

---

30 Ab 1928 veröffentlicht in der vom Statistischen Reichsamt herausgegebenen Zeitschrift *Wirtschaft und Statistik*.
31 Siehe Leo Sympher, Das Anwachsen der deutschen Binnenschiffahrt von 1875 bis 1910, in: *Zeitschrift für Binnenschiffahrt*, 1913, H. 1, S. 3-9.
32 *Führer auf den deutschen Wasserstraßen*, Berlin 1893 u.ö.
33 Vgl. etwa den *Gesetzentwurf betr. die Herstellung und den Ausbau von Wasserstraßen, Preuß. Haus der Abgeordneten, 20. Legislaturperiode, I. Session 1904/05, Drucksache Nr. 96 mit Anlagen A-F*, ein ca. 350 Seiten umfassendes Konvolut, das zahlreiche statistische Angaben enthält.

4. Die Periode 1945/49 bis 1989

In den drei westlichen Besatzungszonen setzte nach dem Zweiten Weltkrieg die Berichterstattung über die Binnenschiffahrt bereits 1946 wieder ein. Diese frühen Erhebungen
wurden allerdings sehr häufig nur für den internen Dienstgebrauch hektographiert, also
nicht direkt veröffentlicht, so daß sie schwierig zu erfassen sind. Insgesamt gesehen werden die Jahre 1945 bis 1949 daher einige Lücken aufweisen, und auch die Vergleichbarkeit mit den Zahlen bis 1943 bzw. ab 1950 wird nicht immer gegeben sein[34].

Für die Zeit ab 1950 stehen für die Bundesrepublik die Ergebnisse der vom Statistischen Bundesamt ab diesem Zeitpunkt wiederum jährlich durchgeführten Erhebungen
zur Binnenschiffahrtsstatistik (Fachserie bzw. Statistisches Jahrbuch) zur Verfügung[35].
Diese Daten wurden, soweit wie möglich, aus der Datenbank STATIS-BUND des Statistischen Bundesamts übernommen (generell ist dies ab 1962, in Ausnahmefällen auch
bereits ab 1952 möglich, allerdings in der Regel nur für Daten auf Bundesebene).

Die DDR hat während der Zeit ihres Bestehens bestenfalls Teilergebnisse ihrer Binnenschiffahrtsstatistik im Statistischen Jahrbuch der DDR veröffentlicht[36]. Es fehlen
darin jegliche Angaben zum Güterumschlag in den einzelnen Häfen oder zu ton-
nenkilometrische Berechnungen für einzelne Wasserstraßen. Veröffentlicht wurden nur
Zahlen für Bezirke, die mit der im Projekt gewählten territorialen Untergliederung vor
1945 (Wasserstraßengebiete) nichts gemein haben. Eine Vergleichbarkeit ist daher nicht
gegeben. Inwieweit eine Zusammenstellung dieser wenigen Zahlen überhaupt Sinn machen wird, kann noch nicht abschließend beurteilt werden, zumal die DDR-Statistik erst
jetzt (1991) nachträglich auf verläßlicher Basis aufbereitet wird.

---

34 Vgl. *Die Binnenschiffahrt des Vereinigten Wirtschaftsgebietes im Jahre 1947,* Stuttgart/Köln
    1949, S. 22 f.
35 *Statistisches Jahrbuch für die Bundesrepublik Deutschland,* Stuttgart/Mainz 1952 ff.
36 *Statistisches Jahrbuch der Deutschen Demokratischen Republik,* Berlin (Ost), 1956 ff.

Daniel Thomas

Quellen zur Statistik der deutschen Seeschiffahrt im 19. und 20. Jahrhundert

Statistische Überlieferungen zur Seeschiffahrt in Deutschland reichen z.T. bis ins Mittelalter zurück. Archivalische Notizen werden in der Folgezeit häufiger und belegen das Interesse, wie z.B. in Bremen bereits um 1550, die Anzahl der einheimischen Schiffe und deren Reisen festzuhalten. Allerdings bleiben solche Nachweise sporadisch, und erst gegen Ende des 18. Jahrhunderts mehren sich statistische Angaben über den Verkehr und den Schiffsbestand in den Seehäfen. Besonders in den Hansestädten, aber auch in Emden werden um die Wende zum 19. Jahrhundert die Zahlenangaben zum Seeverkehr dichter. Zu Beginn des 19. Jahrhunderts treten aufgrund der politischen Verhältnisse wieder größere Lücken auf. Zudem sind für viele kleinere Häfen keine Angaben vorhanden, so daß es ratsam erscheint, 1820/1830 als Beginn langer Reihen zu setzen.

Der gesamte hier abgedeckte Zeitraum läßt sich in drei Perioden abgrenzen. In der ersten Periode, die ca. 1830 bis 1872 umfaßt, sollen vielfältige Quellen zur Statistik der Seeschiffahrt vorgestellt werden. Die zweite Periode von 1872-1941 konzentriert sich vor allem auf die Statistik des Deutschen Reichs, in der zentral der Seeverkehr der größeren deutschen Häfen ausgewiesen wird. Der dritte Teil behandelt kurz die Zeit nach dem Zweiten Weltkrieg bis heute, die im wesentlichen durch die Bundes- bzw. DDR-Statistik abgedeckt wird.

1. Der Zeitraum von ca. 1830 bis 1872

Diese Periode eröffnet dem Beobachter einen interessanten Einblick in die statistische Überlieferung zum Seeverkehr. Es ist gut zu erkennen, wie eine noch in den Kinderschuhen steckende "Wissenschaft" sich entwickelt und professionalisiert, wie erst spärliche Datenangaben immer zahlreicher werden, wie neue institutionelle Träger entstehen, wie schließlich staatliche Stellen zu ausschließlichen Erhebungs- und Veröffentlichungsorganen statistischer Daten werden.

Zudem bietet der deutsche Partikularismus eine Myriade an statistischen Quellen. Anders als bei sonstigen in diesem Band behandelten Zweigen kann die Seeschiffahrt allerdings auf relativ wenige territoriale Einheiten beschränkt werden: Preußen, Oldenburg, Hannover, die Hansestädte Hamburg, Bremen und Lübeck, die Herzogtümer Schleswig und Holstein sowie Mecklenburg. Nachfolgend werden die Quellen unterteilt in solche mit amtlichen Charakter, meist von staatlicher Seite erstellte, und in solche nicht-amtlicher Provenienz.

Abb. 1: Auszug aus der Hamburger Schiffsliste von 1830

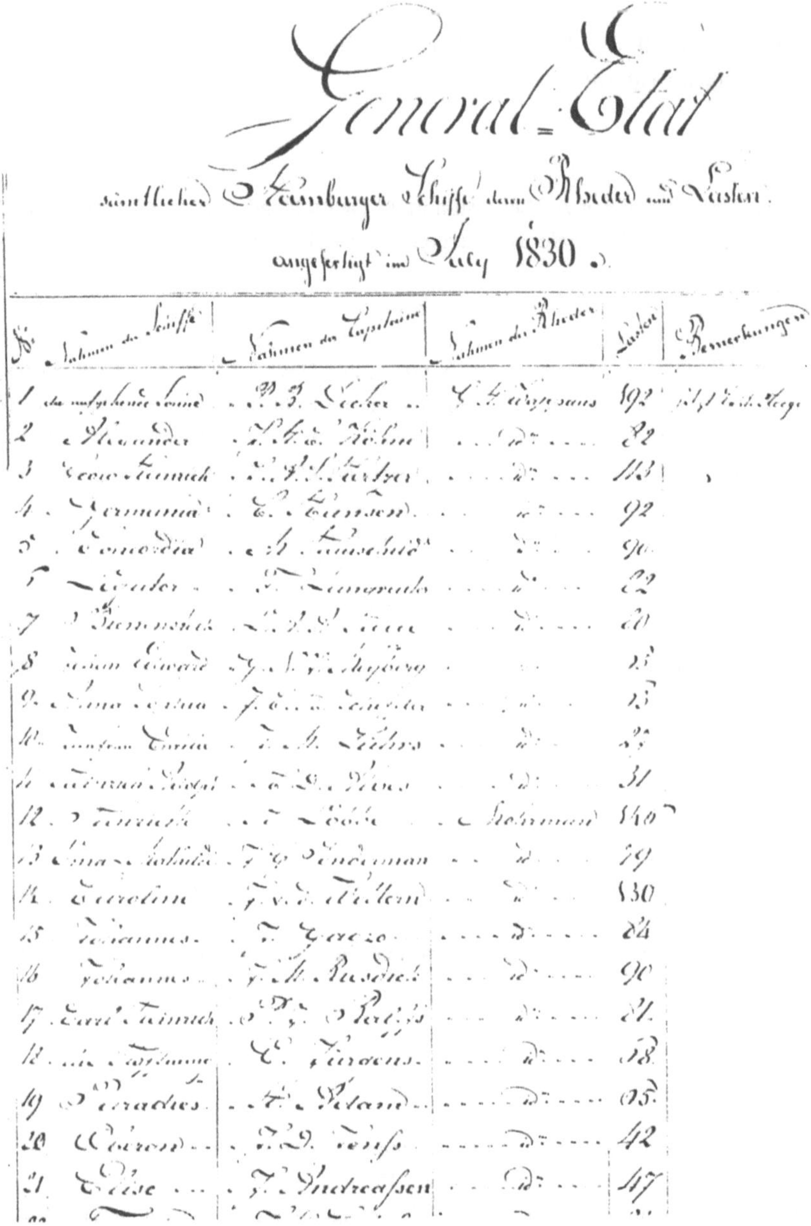

Quelle: StA Hamburg, Cl VII Lit. Ke Nr. 7b.

Abb. 2: Schiffs-Meßbrief aus dem Jahre 1863

Nº 2.5.

Meß-Certificat.

Daß das *eines* deckige hamburger *Brig* Schiff:

Louis & Emma

von *Hamburg* geführt von dem hiesigen Bürger, dem Kapitain

Jacob Foth

nach der durch mich, den Endesunterzeichneten, hieselbst Hoch-
obrigkeitlich ernannten und beeidigten Hafenmeister, angestellten

Messung in Hamburger Maaß hält:

Länge auf dem Verdeck zwischen beiden Steven . *9.* Fuß *4* Zoll

größte Breite im Raum . . . . *9.* Fuß *9* Zoll

Tiefe zwischen Verdeckplanken und Bauchdiehlen

neben dem Kohlschwinn bei der großen Lucke . . *11* Fuß *1* Zoll

und geaichet ist auf *67* Schiffslasten, schreibe:

Sieben und Siebszig

Schiffslasten à 6000 ℔; solches wird hiedurch von Amtswegen attestirt.

Hamburg, den *15ten July* 186.*3*

Gebühren: Ein Mark Courant.

W. E. Mencke
Hafenmeister.

Zur Beglaubigung:

Der Senator und p. t. Hafen-Herr

1.1. Die amtliche Statistik

1.1.1. Archivalische Überlieferungen

Für die ersten Jahrzehnte des 19. Jahrhunderts sind statistische Angaben zur Seeschiff-
fahrt in gedruckten Quellen nur spärlich vorhanden. Zur Schließung dieser Lücken können archivalische Überlieferungen beitragen. Schon sehr früh ist das Interesse an der
Dokumentation des Schiffsverkehrs in den Hafenstädten erkennbar. Für die meisten
Seehäfen war der Seehandel immer auch Außenhandel, und entsprechend führten die
Zollbehörden Anschreibungen über den Seeverkehr. Die Register der Zollstellen sind
daher einer erste Anlaufstelle, um historische Daten zur Seeschiffahrt zu erlangen. Desweiteren können lokale Notizen der Hafenverwaltung, z.B. Hafenmeister, Wasserschout
oder Schlachtvogt, Informationen zum Schiffsverkehr und zum Bestand der am Ort beheimateten Schiffe enthalten. Diese Behörden hatten ein Interesse an der Messung des
Schiffsverkehrs, um die zu entrichtenden Abgaben und Gebühren zu ermitteln und um
Infrastrukturmaßnahmen zu planen. Letzteres gilt auch für die Wasserbaudirektionen,
in deren Beständen Unterlagen über den Hafenbau und zu ähnlichen Projekten zu vermuten sind.

Die Auswertung der archivalischen Dokumente kann allerdings nicht alles Urmaterial auf dessen statistischen Gehalt hin untersuchen. Eine derartig zeitintensive Arbeit
muß auch selten geleistet werden, denn zum einen dienen archivalische Funde eher zum
Schließen von Lücken, so daß die Archive gezielt nach einzelnen Jahren oder Kategorien befragt werden können. Zum anderen sind in den Archivnotizen oft bereits Zusammenstellungen für einzelne Jahre oder ganze Jahresreihen zu finden, welche die
Auswertung erheblich vereinfachen.

So liegen z.B. im Staatsarchiv Hamburg von den Hafenmeistern, dem Wasserschout
und dem Capitain der Zolljacht erstellte Listen sämtlicher seit 1798 unter Hamburger
Flagge fahrenden Schiffe, die eine Aufnahme dieser Daten aus dem ungleich volumi-
nöseren Seeschiffsregister ersparen[1]. Abb. 1 zeigt einen Ausschnitt aus diesen Jahreslisten, während in Abb. 2 ein vom Hafenmeister ausgestellter Meßbrief zu erkennen ist[2].
Typischerweise wurde der Hamburger Seeschiffsverkehr vom Capitain der Zolljacht
erfaßt, dessen Angaben z.T. bis ins 18. Jahrhundert zurückreichen. Neben der Zahl der
angekommenen und abgegangenen Schiffe werden auch deren Herkunfts- und Bestimmungsorte sowie deren Nationalitäten angegeben. Teilweise wird die Schiffsgröße, d. h.
die Tragfähigkeit mitgeteilt und ab 1833 sind Daten zum Dampfschiffsverkehr gesondert
aufgeführt (siehe Abb. 3)[3]. Außerdem stehen die Berichte über die Jahreseinnahmen

---

1 *Staatsarchiv Hamburg (StAH), Senatsbestände,* Cl VII Lit Ke 7b.
2 *StAH, 372-3 Bd. 1,* Hamburgische Marineverwaltung in Hamburg und Cuxhaven, B 48b.
3 *StAH, 314-1, Bd. 1* Zoll- und Akzisewesen, CG2, Beihefte 2 und 3, Statistische Auswertung
   der chronologischen Aufzeichnungen des Kapitäns der Zolljacht, 1814-1844. Außerdem *326-2I*
   Bd 1., Strom- und Hafenbau, 273 Statistik über den Verkehr von Dampfschiffen im Hamburger Hafen 1833-1856.

Abb. 3: Auszug aus den Anschreibungen der Hamburger Zolljacht von 1838

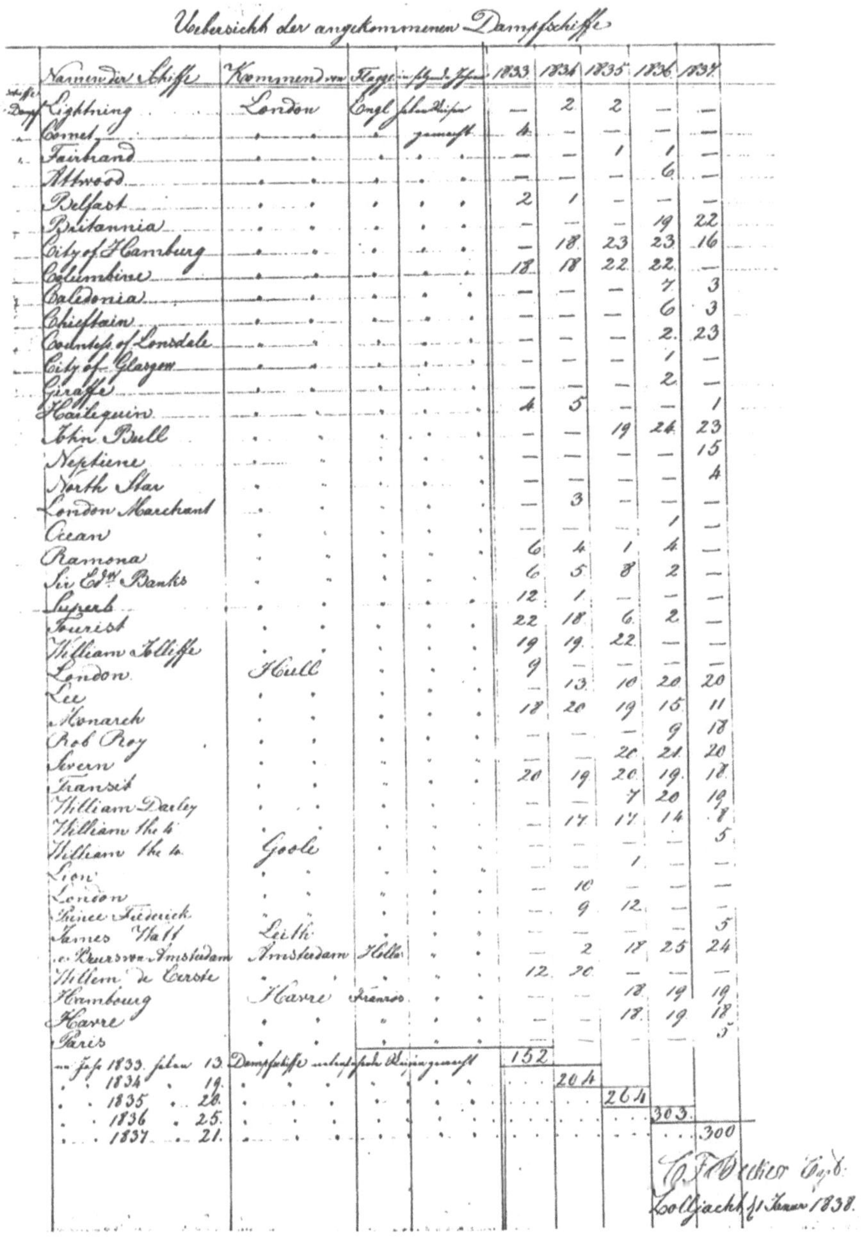

Uebersicht der angekommenen Dampfschiffe

Namen der Schiffe	Kommend von	Flagge	[illegible]	1833	1834	1835	1836	1837
Lightning	London	Engl	[illegible]	—	2	2	—	—
Comet	"	"	gemacht	4	—	—	—	—
Fairbrand	"	"	"	—	—	1	1	—
Attwood	"	"	"	—	—	—	6	—
Belfast	"	"	"	2	1	—	—	—
Britannia	"	"	"	—	—	—	19	22
City of Hamburg	"	"	"	—	18	23	23	16
Columbine	"	"	"	18	18	22	22	—
Caledonia	"	"	"	—	—	—	7	3
Chieftain	"	"	"	—	—	—	6	3
Countess of Lonsdale	"	"	"	—	—	—	2	23
City of Glasgow	"	"	"	—	—	—	1	—
Giraffe	"	"	"	—	—	—	2	—
Harlequin	"	"	"	4	5	—	—	1
John Bull	"	"	"	—	—	19	24	23
Neptune	"	"	"	—	—	—	—	15
North Star	"	"	"	—	—	—	—	4
London Merchant	"	"	"	—	3	—	—	—
Ocean	"	"	"	—	—	—	1	—
Ramona	"	"	"	6	4	1	4	—
Sir Edw. Banks	"	"	"	6	5	8	2	—
Superb	"	"	"	12	1	—	—	—
Tourist	"	"	"	22	18	6	2	—
William Jolliffe	"	"	"	19	19	22	—	—
London	Hull	"	"	9	—	—	—	—
Lee	"	"	"	—	13	10	20	20
Monarch	"	"	"	18	20	19	15	11
Rob Roy	"	"	"	—	—	—	9	18
Severn	"	"	"	—	—	20	21	20
Transit	"	"	"	20	19	20	19	18
William Darley	"	"	"	—	—	7	20	19
William the 4	"	"	"	—	17	17	14	8
William the 4	Goole	"	"	—	—	—	—	5
Lion	"	"	"	—	—	1	—	—
London	"	"	"	—	10	—	—	—
Prince Frederick	"	"	"	—	9	12	—	—
James Watt	Leith	"	"	—	—	—	—	5
[illegible] Amsterdam	Amsterdam	Holl.	"	—	2	18	25	24
Willem de Eerste	"	"	"	12	20	—	—	—
Hambourg	Havre	Français	"	—	—	18	19	19
Havre	"	"	"	—	—	18	19	18
Paris	"	"	"	—	—	—	—	5
Es sind 1833 selbe 13 Dampfschiffe [illegible] Reisen gemacht				152				
" 1834 " 19					204			
" 1835 " 20						264		
" 1836 " 25							303	
" 1837 " 21								300

[illegible] Zolljacht 1 Januar 1838.

Quelle: StA Hamburg 314-1 Bd. 1 CC2.

des Stader Zolls mit der Anzahl der Schiffe nach Häfen und Flaggen für 1834 bis 1860 zur Verfügung[4].

Ebenfalls in den Hamburger Beständen des Zoll- und Akzisewesens finden sich Informationen zum Warenverkehr über See. Eine Auswertung der mehr als 100-bändigen Warenbücher erübrigt sich, da der Gütertransport über See von amtlicher Seite zusammengefaßt wurde. Die immer noch sehr detaillierten Angaben müssen für die Zwecke der Seeschiffahrtsstatistik komprimiert werden, d.h. die Aufschlüsselung der Warenströme nach Bestimmungs- und Herkunftsländern wäre die Aufgabe eines Projektes zur historischen Handelsstatistik[5].

Im Bremer Staatsarchiv sind statistische Angaben zur Seeschiffahrt in einem eigenen Bestand aufgeführt[6]. Ab 1822 sind Daten über die in Bremen angekommenen Schiffe vorhanden. Zahlen zur Bremer Handelsflotte reichen bis ins 17. Jahrhundert zurück. Insgesamt bietet sich aber ein eher verwirrendes Bild, denn die staatlichen Stellen (Zoll) erfaßten die in die Weser bei Bremerhaven ein- und ausgefahrenen Schiffe und seltener die Schiffe, die tatsächlich nach Bremen gelangten. Angaben zum Bremer Seeverkehr stützen sich für die erste Hälfte des 19. Jahrhundert daher weitgehend auf Erhebungen des britischen Vizekonsuls Pearkes, der die angekommenen und abgegegangen Schiffe, teilweise deren Tragfähigkeit, Nationalität und Reisen in Listen für 1836-1850 notierte und an seine Regierung weiterleitete[7]. In den Beständen der Bremer Finanzverwaltung finden sich Informationen über die Ein- und Ausfuhr zur See ab 1828. Diese Einklarierungslisten und vereinfachten Jahreslisten der Ein- und Ausfuhr beinhalten auch den Güterverkehr über Bremerhaven und Vegesack und sind nützlicher als die jährlichen Warenlisten, aus denen der reine Seetransport nicht ersichtlich ist[8].

Informationen zum Bremer Güterverkehr ergeben sich daneben aus den Aufzeichnungen des Schlachtvogts W. Wilders, die im Archiv der Bremer Handelskammer und in der Stadtbibliothek Bremen lagern[9]. Im Staatsarchiv befindet sich auch der Vorläufer der ab 1851 veröffentlichten *Tabellarischen Übersichten des bremischen Handels* für 1847 bis 1850[10]. Desweiteren können für einige Jahre statistische Unterlagen zur Seeschiffahrt des Großherzogtums Oldenburg mit dem Hafen Brake, der zum Königreich Hannover gehörenden Häfen Harburg, Leer und Geestemünde sowie für Hamburg und Altona eingesehen werden[11].

Im Niedersächsische Staatsarchiv Aurich liegen Schiffs- und Hafenstatistiken für 1869 bis 1874, die Angaben zur Seeversicherung, zum Schiffsbestand in Ostfriesland sowie zum Schiffsverkehr in Emden enthalten[12]. Weitere Daten zum Schiffsbestand sind in der

---

4 *StAH, 314-1 Bd. 1*, Zoll- und Akzisewesen, B Xa Nr. 3 und 4a.
5 *StAH, 314-1 Bd. 1*, Zoll- und Akzisewesen, CA 3b, CA 4. Die Warenbücher sind im gleichen Bestand unter CA 1, CA 2, CA 3a.
6 *Staatsarchiv Bremen (StAB), Schiffahrt zur See*, 2R11e.
7 *StAB, Schiffahrt zur See*, 2R11d, 2R11e1.
8 *StAB, Finanzwesen*, R-2Aq1,2.
9 *Handelskammer Bremen, Arch.Coll.Sen.* C 48b, Stadtbibliothek Bremen, c 1655.
10 *StAB*, 2Ss 2a 4g4.
11 *StAB, Schiffahrt zur See*, 2R11e3.
12 *Niedersächsisches Staatsarchiv Aurich, Rep. 15*, 1079.

Aufstellung der Jahresverzeichnisse der vorhandenen Schiffe 1838-1848 und im Verzeichnis der Seeschiffe Ostfrieslands für 1818 und 1822 vorhanden[13]. Das Staatsarchiv in Osnabrück verwahrt einzelne Akten zum Seeverkehr und Schiffsbestand Papenburgs von 1828 bis 1835. Allerdings ist die Qualität dieser Anschreibungen durch ihren schlechten Zustand und die schwer zu entziffernde Handschrift beeinträchtigt[14].

Im Stadtarchiv in Kiel liegen die Kieler Schiffs- und Brückenrechnungen (ab 1776). Im Bestand Kieler Hafenverwaltung sind Akten mit dem Titel "Statistik über Schiffs- und Warenverkehr" für die Jahre 1833-1877 erhältlich[15].

Auch in anderen Archiven sind Schiffslisten und Register aus den ersten Jahrzehnten des 19. Jahrhunderts vorhanden. So in Oldenburg, Flensburg, Schleswig sowie im Reichsarchiv Kopenhagen, wo Akten über die Herzogtümer Schleswig und Holstein lagern[16]. Eine Bearbeitung solcher Schiffsregister dürfte allerdings mühsam und aufwendig sein und ist, wenn überhaupt, nur gezielt zu leisten. Es ist darüber hinaus fraglich, ob eine vollständige Auswertung dieser umfassenden Bestände den Aufwand rechtfertigt.

Für den Schleswig-Holstein-Kanal (Rendsburg-Holtenau) existieren im Landesarchiv Schleswig Schiffspassagelisten für die Jahre 1830-1847 und 1851-1862; sie enthalten Angaben über die Schiffseigner, den Heimathafen der Schiffe, ihre Abgangs- und Zielhäfen, über ihre Ladung und über die zu entrichtenden Zollgebühren[17]. Im Geheimen Staatsarchiv in Berlin-Dahlem liegen Statistiken über die Hafenabgaben von preußischen und fremden Schiffen in preußischen Häfen von 1818-1831 und 1845-1904[18].

1.1.2. Gedruckte Quellen

Um 1830 erschienen die ersten gedruckten amtlichen Quellen und Statistiken zur Seeschiffahrt. Ab Mitte des 19. Jahrhunderts häufen sich diese Publikationen. Sie wurden von den verschiedensten Behörden herausgegeben, entweder auf zentralstaatlicher, regionaler oder lokaler Ebene. In den Hansestädten Hamburg und Bremen waren dies die Handelsstatistischen Bureaus, woanders gab es Statistische Büros und Ämter. Auch Ministerien oder Zollbehörden veröffentlichten entsprechende Zahlen.

Die Quellen unterscheiden sich demnach stark in Form und Aussagekraft. Je näher die Quelle am Zählpunkt, dem einzelnen Hafen erscheint, desto dichter und besser sind die abgegebenen Informationen.

Besonders *die Tabellarischen Übersichten des Hamburgischen Handels* (seit 1845/48) bzw. die des *Bremischen Handels* (seit 1849/51), die von den handelstatistischen Büros beider Stadtstaaten erstellt wurden, geben sehr detailliert Auskunft über Schiffsverkehr und -bestand, über die Entwicklung der Dampfschiffahrt, über den Gütertransport zu

13 *StA Aurich, Bestand Rep. 15*, 6109/10, 6117/18.
14 *Niedersächsisches Staatsarchiv Osnabrück, Dep. 76b*, Nr. 247, Nr. 256, Nr. 257.
15 *Stadtarchiv Kiel*, VIIa/23 Hafenstatistik, 19480, 18721, 19887.
16 *Rigsargivets I. Afdeling, Fortegnelse over Generaltoldkammer - og Kommercekollegiets*, Handels- og Konsulatssager 1816-48, Nr. 87-96.
17 *Landesarchiv Schleswig, Abt. 79*, Dep. IIA Nr. 73, 74, 94.
18 *GStA Berlin, Rep. 93* Öffentliche Arbeiten, 94 und 184-189.

See, über den Personalbestand sowie zur Auswanderung über beide Häfen[19]. Zudem liefern die Hamburger Übersichten lange Reihen zum Schiffsverkehr und -bestand bis ins 18. Jahrhundert zurück. Waren die ersten Ausgaben noch mit eher kargen Angaben bestückt, werden in späteren Jahren die Informationen immer dichter und zwingen zur Selektion. Im Rahmen einer flächendeckenden Seefahrtsstatistik ist es z.B. nicht mehr machbar, die Nationalitäten der ein- und ausgehenden Schiffe und deren Reiseziele zu erfassen oder die umfangreiche Handelsstatistik zu dokumentieren. Bloße Wiedergabe der in den Quellen vorhandenen Daten kann ohnehin nicht Aufgabe einer übersichtlichen und leicht zugänglichen historischen Statistik sein. Hier muß aggregiert und komprimiert werden. Die genaue Erfassung der Waren- und Verkehrsströme nach Herkunfts- und Bestimmungsländern müßte eher in einem Projekt zur Handelsstatistik angesiedelt werden.

Beide Quellen enthalten auch Daten zur Binnenschiffahrt sowie zum Eisenbahn- und Landverkehr. Außerdem dokumentieren die Hamburger Bände ab Mitte des 19. Jahrhunderts den Verkehr in Cuxhaven, Harburg und Altona. In Bremen wurden die Tabellarischen Übersichten nur bis 1866 veröffentlicht; danach erschienen ähnliche und vergleichbare Tabellen zur Seeschiffahrt im Jahrbuch für die amtliche Statistik des Bremischen Staates[20].

Andere amtliche Quellen weisen leider nicht die gleiche Datenfülle, Konsistenz und Übersichtlichkeit wie die Hamburger und Bremer Statistik auf. Das im Königreich Dänemark veröffentlichte Statistische Tabellenwerk z.B. enthält zwar schon ab 1832 Angaben zum Schiffsbestand und -verkehr in den Herzogtümern Schleswig und Holstein sowie zum Fürstentum Lübeck[21]. Allerdings wurden Angaben zum Schiffsverkehr in den entsprechenden Gebieten nicht regelmäßig und nicht in einheitlicher Form veröffentlicht. Oftmals ersetzt dann die Aggregation in Gebietseinheiten die Aufteilung nach Häfen. Beindruckend ist die umfassende Handelsstatistik, die aber für unsere Zwecke kaum verwendet werden kann, da schwer zu erkennen ist, welche Verkehrswege die Güter nahmen. Verwendbar sind dagegen die Angaben zum Verkehr auf dem Schleswig-Holstein-Kanal zwischen Tönning und Holtenau. Als sinnvolle Ergänzung zum Tabellenwerk können die Statistischen Nachrichten über Handel und Schiffahrt der Herzogtümer Schleswig-Holstein im Jahre 1848 herangezogen werden[22]. Diese vom Finanzdepartement bearbeiteten Statistiken sind in Form und Darstellung weitgehend identisch mit dem dänischen Tabelvaerk. In diesen Rahmen paßt auch das Centralblatt für Handel, Schiffahrt und Industrie für die Herzogthümer Schleswig, Holstein und Lauenburg, das vom Comtoirchef der Königlichen Zollkammer in nur einem Jahrgang für 1847 er-

---

19 *Tabellarische Übersichten des Hamburgischen Handels im Jahre ...*, bearbeitet vom Handelsstatistischen Bureau, Hamburg 1851 ff., bzw. *Tabellarische Übersichten des Bremischen Handels im Jahre ...*, hrsg. vom Handelsstatistischen Bureau, Bremen 1852 ff.

20 *Jahrbuch für die amtliche Statistik des Bremischen Staates*, Zur Statistik des Schiffs- und Waarenverkehrs, hrsg. vom Bureau für Bremische Statistik, Bremen 1868 ff.

21 *Statistik Tabelvaerk*, hrsg. vom Statistischen Bureau, Kopenhagen 1838 ff.

22 *Statistische Nachrichten über Handel und Schiffahrt der Herzogtümer Schleswig und Holstein im Jahre 1848*, bearb. im Finanz-Departement, Altona 1850.

schien[23]. Hierin finden sich Schiffahrtsdaten für 1845-1847. Im Bericht über die Verwaltung und den Stand der Gemeindeangelegenheiten der Stadt Kiel erschienen Angaben zum Seeschiffsverkehr, zur Entwicklung des Dampfschiffsverkehrs, zum Güterumschlag und zu den Einnahmen und Ausgaben des Hafens in Kiel, die bis zum Jahr 1850 zurückreichen[24].

Im Zeitraum 1849-1865 dokumentieren die Statistiken des Königreichs Hannover (bzw. des vormaligen Königreichs Hannover) den Schiffsbestand und -verkehr in den hannöverschen Nordseehäfen. In der vom Statistischen Bureau herausgegebenen Quelle können auch Angaben zum Binnenschiffsverkehr nachgewiesen werden. Für die Regionalforschung besonders wichtig ist die fast vollständige Auflistung aller Häfen des Königreichs Hannover unabhängig vom Verkehrsaufkommen oder dem Schiffsbestand[25].

Ebenfalls nur einen begrenzten Zeitraum decken die Statistischen Nachrichten über das Großherzogtum Oldenburg ab. Zwischen 1857 und 1868 veröffentlichte das Oldenburgische Statistische Büro Berichte über den Verkehr in den oldenburgischen See- und Binnenhäfen. Auch hier beeindrucken die ausführliche Auflistung aller Häfen und die detaillierten Auskünfte über den Zustand und den Wandel der oldenburgischen Handelsflotte[26].

Die vom Statistischen Büro in Schwerin veröffentlichten Beiträge zur Statistik Mecklenburgs enthalten tabellarische Übersichten über den Handel des Großherzogtums Mecklenburg-Schwerin. Darin ist zwar der Güterverkehr über See in Rostock und Wismar in vorbildlich übersichtlicher Weise aufgelistet, aber es werden nur wenige Jahre dokumentiert und es fehlen Angaben zum Schiffsverkehr beider Häfen[27].

In der Preussischen Statistik, herausgegeben vom Königlichen Statistischen Bureau in Berlin, wurden zwischen 1859 und 1867 Berichte der Handelskammern und kaufmännischen Korporationen ausgewertet[28]. Darunter befinden sich auch statistische Angaben zur Seeschiffahrt in den preußischen Häfen. Die Tabellen und amtlichen Nachrichten über den Preußischen Staat verzeichnen ebenfalls den Schiffsverkehr in den preußischen Ostseehäfen[29]. Allerdings wird nur die Summe aller Häfen angegeben. Dagegen sind die

23 *Centralblatt für Handel , Schiffahrt und Industrie für die Herzogtümer Schleswig, Holstein und Lauenburg,* hrsg. vom Comtoirchef der Königlichen General-Zollkammer, Kopenhagen 1853.

24 *Bericht über die Verwaltung und den Stand der Gemeindeangelegenheiten der Stadt Kiel,* Kiel 1870 ff.

25 *Zur Statistik des Königreichs Hannover,* Achtes Heft, Schiffahrts-Statistik für die Jahre 1849 bis 1860 incl., Hannover 1862; *Beiträge zur Statistik des vormaligen Königreichs Hannover,* hrsg. vom Königlichen Statistischen Bureau zu Hannover, 13. Heft, Schiffahrts-Statistik für die Jahre 1861 bis 1865 incl., Hannover 1867.

26 *Statistische Nachrichten über das Großherzogthum Oldenburg,* hrsg. vom statistischen Bureau, Reederei, Schiffsbau und Schiffsverkehr im Herzogthum Oldenburg für die Jahre ...,* Oldenburg 1857 ff.

27 *Tabellarische Übersichten vom Handel des Großherzogthums Mecklenburg-Schwerin im Jahre...,* (= *Beiträge zur Statistik Mecklenburgs*) Schwerin 1859 ff.; ab 1864 *Tabellarische Übersichten vom Handel der Großherzogthümer Mecklenburg-Schwerin und Strelitz.*

28 *Preußische Statistik, Vergleichende Übersicht des Ganges der Industrie, des Handels und Verkehrs im preussischen Staate, bzw. in Norddeutschland,* hrsg. in zwanglosen Heften vom Königlichen Statistischen Bureau in Berlin, Berlin 1861 ff.

29 *Tabellen und amtlichen Nachrichten über den Preußischen Staat für das Jahr 1849,* Band IV, Berlin 1853.

Daten zum Warenverkehr und zum Bestand der Seeschiffe für die meisten Häfen gesondert aufgeführt. Mit dieser Quelle können aber nur die Jahre 1849-1851 abgedeckt werden.

Die hier vorgestellten Quellen sind nur eine kleine Auswahl aus der Vielfalt der amtlichen Statistiken des 19. Jahrhunderts. Aber diese Vielfalt kann nicht darüber hinwegtäuschen, daß zur Erfassung der Seeschiffahrt noch andere Quellen herangezogen werden müssen. Denn in vielen Fällen sind in ihnen nur kurze Zeiträume abgedeckt, einige Erhebungskategorien überhaupt nicht erfaßt und auch einige Häfen amtlich nicht statistisch aufgeführt. Zur Schließung dieser Lücken müssen andere Quellen herangezogen werden.

1.2. Sonstige Quellen

Unter den sonstigen Quellen sollen hier zusammengefaßt werden: Berichte von Handelskammern oder anderen kaufmännischen Korporationen, von statistischen Vereinen, Betriebsberichte von Reedereien sowie die zeitgenössische statistische Literatur.

1.2.1. Handelskammerberichte

Seit der Mitte des 19. Jahrhunderts veröffentlichten verschiedene Handelskammern und Kaufmannskorporationen in ihren Berichten Angaben über Handel und Verkehr. Vielfach wurde dabei die lokale Situation beleuchtet, wurden Anregungen, Wünsche und Forderungen an staatliche Stellen mit der statistischen Information verknüpft. Außerdem enthalten diese Berichte Bewertungen und Vergleiche über die wirtschaftlichen Lage.

Für die Seeschiffahrt hat sich das *Preußische Handelsarchiv* als besonders ergiebige Quelle erwiesen[30]. Diesem Periodikum kommt durchaus offiziösen Charakter zu, da es in enger Zusammenarbeit mit staatlichen Stellen entstand. Ab 1847 wurden mit Genehmigung des preußischen Ministeriums für Handel, Gewerbe und öffentliche Arbeiten Berichte von Handelskammern und preußischen Konsuln in außerpreußischen Gebieten gesammelt und veröffentlicht. Ab 1860 wurden sie als *Jahresberichte der Handelskammern in Preußen* gesondert zusammengestellt und als Beilage zum *Handelsarchiv* publiziert. Dieser Quelle können vielfältige Angaben zum Schiffsverkehr und -bestand, zum Güterverkehr über See und mit anderen Transportmitteln und zur Entwicklung der Frachtraten entnommen werden. Im einzelnen sind Zahlen für die Häfen Memel, Königsberg-Pillau, Elbing, Danzig, Stettin, Swinemünde und Greifswald, später auch für Kiel, Flensburg, Geestemünde, Leer und Emden vorhanden. Für viele preußische Ost-

---

30 *Handelsarchiv, Statistische Mitteilungen über den Zustand und die Entwicklung des Handels und der Industrie in der Preußischen Monarchie*, Berlin 1848 ff.; *Preußisches Handelsarchiv, Wochenschrift für Handel, Gewerbe und Verkehrsanstalten, nach amtlichen Quellen*, Berlin 1856 ff.

seehäfen sind diese Berichte die einzige heute noch verfügbare Quelle. Sie beeindruckt durch Homogenität und Konsistenz und seit 1860 durch leicht zugängliche statistische Information in tabellarischer Form.

Neben diesen zentral gesammelten und veröffentlichten Berichten existieren für viele Städte zusätzliche Mitteilungen von Handelskammern, die teilweise umfangreicher und genauer, teilweise sogar gesondert Daten zum Handel und Verkehr angeben. Diese Publikationen werden gegen Ende des hier behandelten Zeitraumes zahlreicher und bestehen meistens bis ins 20. Jahrhundert weiter.

So liegen für Stettin ab 1850 bis ins 20. Jahrhundert Handelsberichte vor, die ausführlich den Handel und Verkehr über See dokumentieren und zusätzlich zum Schiffahrtsverkehr Swinemündes Angaben enthalten[31].

Auch in anderen Regionen werden ab der Mitte des 19. Jahrhunderts Veröffentlichungen von Handelskammern und Kaufmannskorporationen wichtige statistische Quellen für die Seeschiffahrt. So für Danzig im dort erschienenen *Bericht über Handel und Schiffahrt*[32]. Ähnliche Publikationen existieren für Memel, Königsberg, Swinemünde, Kiel, Geestemünde, Emden und Leer[33]. Allerdings begann hier die Berichterstattung meist erst gegen Ende der 1860er Jahre.

In Lübeck wurden vom Büro der Handelskammer die *Tabellarischen Übersichten des Lübecker Handels* veröffentlicht[34]. Neben dieser organisatorischen Abweichung ist auch die Struktur des Zahlenwerks anders als für Bremen und Hamburg. Den Angaben zur Seeschiffahrt fehlt die übersichtliche Darstellung; sie sind in den oftmals sehr detaillierten Auflistungen der Verkehrswege und -richtungen und in der allgemeinen Handelsstatistik versteckt. Trotz dieser Einschränkungen im Vergleich zu den vorbildlichen Tabellen Bremens und Hamburgs können die statistische Informationen zur Seeschiffahrt problemlos herausgefiltert werden. Die Darstellung des Dampfschiffsverkehr in der seit 1855 erscheinenden Publikation übertrifft sogar die der beiden anderen Hansestädte.

---

31 *Stettin's Handelsbericht für das Jahr ...*, ab 1855 *Bericht über Stettin's Handel im Jahre ...*, Stettin 1851 ff.

32 *Bericht über den Handel und die Schiffahrt Danzigs im Jahre ...*, Danzig 1871 ff.; *Danzigs Handel, Gewerbe und Schiffahrt im Jahre ..., Jahresbericht des Vorsteher-Amtes der Kaufmannschaft zu Danzig*, Danzig 1875 ff.; *Jahresbericht des Vorsteher-Amtes der Kaufmannschaft zu Danzig über seine Thätigkeit im Jahre ..., und über Danzigs Handel, Gewerbe und Schiffahrt im Jahre ...*, Danzig 1894 ff.

33 *Bericht über Handel und Schiffahrt zu Memel im Jahre ...*, Memel 1874 ff.; *Bericht über den Handel und die Schiffahrt von Königsberg im Jahre ...*, Königsberg 1868 ff.; *Jahresbericht der Handels-Kammer zu Swinemünde pro ...*, Swinemünde 1874 ff.; *Jahresbericht der Handelskammer Geestemünde*, Geestemünde 1874 ff.; *Statistische Übersicht von Geestemündes Handels- und Schiffahrtsverkehr im Jahre 1865*, Hannover 1866, *Jahresbericht der Handelskammer*, Emden 1869 ff.; *Statistische Verkehrs-Übersichten des Hafens Leer*, hrsg. von der Handelsdeputation, Leer 1860 ff.

34 *Tabellarische Übersichten des Lübeckischen Handels im Jahre ...*, zusammengestellt vom Bureau der Handelskammer, Lübeck 1856 ff.

1.2.2. Veröffentlichungen von Vereinen

In der vor- und frühstatistischen Zeit haben sich einige Vereine um statistische Informationen bemüht. Als Vorläufer der "Statistischen Bureaus" veröffentlichten sie Daten aus vielen wirtschaftlichen Bereichen, darunter auch zur Seeschiffahrt.

Der Verein für pommersche Statistik etwa erstellte lange Reihen über den Güter- und Schiffsverkehr von Stettin[35]. Die Angaben über Warenströme sind hier vorbildlich geordnet und leicht auswertbar. Ausdrücklich ist erwähnt, daß die Daten der amtlichen Statistik entnommen worden sind. Leider sind nur die Wareneingänge aufgelistet.

In den Schriften des Vereins zur Beförderung des Gewerbefleißes in Preußen ist die preußische Hafenstatistik mit Angaben zum Schiffsverkehr und Schiffsbestand in den preußischen Ostseehäfen abgedruckt[36]. In übersichtlicher tabellarischer Form finden sich für 1821 und 1826-1844 Daten über angekommene und ausgehende Schiffe, deren Größe, Nationalität und Reiseziele sowie zum Umfang der Handelsflotte der verschiedenen Häfen und Regierungsbezirke. Danach sind aber die einzelnen Häfen nicht mehr gesondert ausgewiesen, und bis 1856 ist nur noch der Gesamtverkehr und Schiffsbestand aller preußischen Häfen festgehalten. Die nachfolgenden Jahre wurden im *Preußischen Handelsarchiv* bekanntgegeben.

Der Verein für lübeckische Statistik veröffentlichte in seinen Schriften von 1840-1860 statistische Tabellen über Handel und Schiffahrt in Lübeck[37]. Zwar beziehen sich die Daten der ersten Jahre nur auf Verkehr und Schiffsbestand, aber ab 1850 ist auch der gesamte Seeverkehr Lübecks dokumentiert.

1.2.3. Betriebsberichte

Berichte von Großreedereien, wie dem Norddeutschen Lloyd oder der HAPAG, die ab 1857 vorliegen, geben Einblick in Schiffsbestände und deren Klassifikationen. Angaben über die Leistungsstärke der Dampfer, über den Verbrauch von Feuerungsmaterial und zu den Betriebskosten können so ermittelt werden. Darüber hinaus werden Angaben zu Beschäftigung und Löhnen, zur Personenbeförderung und zur Finanzsituation gemacht. Gerade Sozialdaten fallen in anderen Quellen dürftig aus oder fehlen ganz, so daß die Betriebsberichte hier eine wertvolle Ergänzung sind[38].

---

35 *Statistik der überseeischen Ein- und Ausfuhr Stettins in den Jahren 1814-1851 nebst einer tabellarischen Übersicht des Schiffahrts-Verkehrs in demselben Zeitraume*, nach amtlichen Quellen zusammengestellt und hrsg. von dem Verein für pommersche Statistik, Stettin 1852.
36 *Verhandlungen des Vereins zur Beförderung des Gewerbefleißes in Preußen*, Berlin 1827 ff.
37 *Die Lübeckische Seeschiffahrt im Jahre ...*, Verein für Lübeckische Statistik, Lübeck 1841 ff.
38 *Bericht nebst Anlagen zur ... ordentlichen Generalversammlung des Norddeutschen Lloyd*, Bremen 1858 ff.

1.2.4. Statistische Literatur

Die Verwendung zeitgenössischer statistischer Literatur sollte sicherlich gut überlegt sein und nur in Ausnahmefällen zur Schließung noch bestehender Lücken genutzt werden. Viele der von zeitgenössischen Autoren benutzten Quellen sind heute nicht mehr zugänglich, und entsprechend sind deren Angaben oft nicht kontrollierbar. Wenn aber Überschneidungen mit amtlichen Quellen vorhanden sind und somit die Verläßlichkeit des Autors überprüft werden kann, können durchaus wertvolle Informationen aus dieser Quellengattung entnommen werden. Der offiziöse Charakter einiger Werke kann ohnehin nicht verleugnet werden, da die Verfasser sehr oft in Personalunion Leiter oder Mitarbeiter staatlicher statistischer Behörden waren. Aus der Masse der Literatur sollen hier einige besonders wichtige Werke vorgestellt werden. Herausragend sind die Arbeiten des Freiherrn von Reden, der um die Mitte des 19. Jahrhunderts mehrere Werke zur Statistik in Deutschland veröffentlichte. In seinem Beitrag über das Königreich Hannover finden sich sehr viele Angaben zum Schiffs- und Güterverkehr in den hannoverschen Häfen sowie zu Hamburg, Bremen, Altona und Oldenburg. Von Reden schließt vor allem Lücken in der Frühphase des 19. Jahrhunderts, in der keine oder wenige amtliche Statistiken erschienen [39]. In dem vergleichenden Werk *Deutschland und das übrige Europa* publizierte er weitere Daten zum Schiffsbestand, zur Reederei, zum Schiffsbau, zur Schiffsbewegung in deutschen Häfen, zur Dampfschiffahrt und deren Betriebsergebnissen sowie zum Handel allgemein in Deutschland und vergleichend in anderen europäischen Ländern [40].

In Friedrich Rauers *Bremer Handelsgeschichte* werden frühe Bremer Handelsstatistiken (ab 1798) dokumentiert. Rauers belegte die oftmals von einander abweichenden Daten sehr gut und machte Quellen zugänglich, die heute z.T. nicht mehr existieren (z.B. Zeitungen). Des weiteren konstruierte er lange Reihen zum Schiffs- und Warenverkehr in Bremen für das gesamte 19. Jahrhundert, die in dieser Form aber nicht für die historische Seeschiffahrtsstatistik übernommen werden können [41]. Wertvoll für die ersten Jahrzehnte des 19. Jahrhunderts ist auch ein fünfbändiges Werk von Gustav von Gülich, in dem tabellarische Übersichten zum See- und Binnenverkehr in deutschen Häfen enthalten sind [42].

Leider nur ca. 15 Jahre deckt das von Otto Hübner herausgegebene Jahrbuch für Volkswirtschaft und Statistik ab. Zwischen 1854 und 1863 erschienen darin Statistiken über die Reederei und den Seeverkehr in deutschen Häfen. Hübners Zahlen stammen größtenteils aus hier schon angeführten Quellen, konnten aber auch noch bestehende

---

39 Friedrich von Reden, *Das Königreich Hannover statistisch beschrieben*, Hannover 1839.

40 Ders., *Deutschland und das übrige Europa, Handbuch der Bodens-, Bevölkerungs-, Erwerbs- und Verkehrs-Statistik; des Staatshaushaltes und der Streitmacht; in vergleichender Darstellung*, Wiesbaden 1854.

41 Friedrich Rauers, *Bremer Handelsgeschichte im 19. Jahrhundert*, Bremen 1913.

42 Gustav von Gülich, *Geschichtliche Darstellung des Handels, der Gewerbe und des Ackerbaus*, unveränderter Nachdruck, Band 1-6, Graz 1972. [Erstausgabe Jena, 1830 f.]

Lücken für Rostock und Wismar schließen[43]. Als Vorläufer der *Tabellarischen Über-sichten des Hamburgischen Handels* veröffentlichte Adolph Soetbeer drei Bände über den Schiffs- und Warenverkehr in der Hansestadt für die Jahre 1821-1844[44].

Die Quellen für die Seeschiffahrtsstatistik vor 1872 lassen sich wie folgt zusammen-fassen:

1. Für den Zeitraum 1835-1872 ist eine Vielzahl von höchst unterschiedlichen Quellenarten festzuhalten. Erhebungsgrundlagen, Quellenqualität und Maßeinheiten sind sehr verschieden. Entsprechend genau müssen diese Daten dokumentiert und auf moderne metrische Werte umgerechnet werden.

2. Trotz der breiten Streuung der Quellen treten noch Lücken auf, besonders im Zeitraum 1830-1850. Einige Publikationen geben nur für einen beschränkten Zeitraum statistische Informationen.

3. Im Vergleich der verschiedenen Quellen sind deutliche Qualitätsunterschiede fest-zustellen. Bremen und Hamburg zeichnen sich mit den *Tabellarischen Übersichten* durch Einheitlichkeit und langanhaltende Datenfülle aus. Darüber hinaus decken lange Rei-hen, bis 1815 zurückgeführt, zumindest einige wichtige Erhebungskategorien ab, so daß die beiden größten deutschen Seehäfen relativ gut erfaßt werden können. Bei den ande-ren Häfen müssen dagegen meist mehrere Quellen befragt werden, um den entspre-chenden Zeitraum abzudecken.

4. Bei der Verwendung vieler Quellen zur Erstellung langer Reihen werden Ver-gleichsprobleme akut. Es bestehen bei den Seeschiffahrtsangaben oft sehr verschiedene Erhebungsmerkmale. Es muß daher genauestens verfolgt werden, ob sich die diversen Quellen überhaupt verbinden lassen. So kann es vorkommen, daß Küstenschiffe mit zu den Seeschiffen gezählt werden, gesondert oder gar nicht ausgewiesen sind. Ebenso gibt es in bestimmten Quellen eine Mindestgröße für die Aufnahme von Seeschiffen in die Statistik, kleinere Schiffe bleiben dabei unberücksichtigt. Außerdem wechseln die Maßeinheiten sowohl bei der Schiffsvermessung als auch bei der Angabe des Güterge-wichtes oder -wertes ständig.

5. Aufgrund der unterschiedlichen Zähl- und Maßeinheiten kommt dem Anmer-kungsapparat besondere Bedeutung zu. In vielen Quellen ist deshalb neben den statisti-schen Angaben der beschreibende Teil von großer Bedeutung. Hieraus sind oftmals Abweichungen und Veränderungen der Aufnahmekategorien zu erkennen.

---

43 Otto Hübner (Hrsg.), *Jahrbuch für Volkswirtschaft und Statistik*, Berlin 1854-1864.
44 Adolph Soetbeer, *Über Hamburgs Handel*, Bd. 1-3, Hamburg 1840-1845.

2. Der Zeitraum 1872-1945

2.1. Die Reichsstatistik

Die wichtigste Quelle für diesen Zeitraum sind die in der Statistik des Deutschen Reichs erschienenen Bände zur Seeschiffahrt[45]. Aus ihnen können über einen langen Zeitraum hinweg nach fast unverändertem Muster Daten erhoben werden. In der Reichsstatistik sind Angaben enthalten zum Schiffsbestand und Schiffsverkehr in den deutschen Häfen und zur Besatzung der Schiffe. Darüber hinaus wird nach Gebieten, Bezirken und für das gesamte Reich aggregiert. Dabei müssen die detaillierten Statistiken zu den Veränderungen im Schiffsbestand, zur Bauart und zu baulichen Besonderheiten der Seeschiffe sowie die genaue Schilderung des Schiffsverkehrs nach Richtungen, die fast jedem ein- oder ausgegangenem Schiff einen Bestimmungs- und Abgangshafen zuweist, selektiv ausgewertet und in vereinfachter Form zusammengestellt werden.

In den über 70 Jahren ihres Erscheinens blieb die Form der Reichsstatistik nahezu gleich; es traten nur wenige Brüche auf. 1908 wurden die Erghebungsgrundlagen leicht verändert und die Leichterschiffe gesondert ausgewiesen. Nach 1924 kamen Motorschiffe als neue Kategorie hinzu. Die Reichsstatistik ist eine hervorragende Quelle, um Schiffsbewegungen zu erfassen. Neben dem Verkehr in den Häfen und der Angabe der Verkehrsrichtungen und der beteiligten Nationen für die größeren Häfen, aggregiert die Reichsstatistik nach Gebietseinheiten: Königreich Preußen mit Provinzen, Großherzogtum Mecklenburg-Schwerin, Großherzogtum Oldenburg, Freie Stadt Lübeck, Freie Stadt Bremen und Freie Stadt Hamburg.

Die große Schwäche der Reichsstatistik ist dagegen das Fehlen einer Güterstatistik. Es werden vor 1924 keine Angaben zum Güterverkehr über See gemacht. Auch danach sind die Güterverkehrsdaten nicht für die einzelnen Häfen vorhanden, sondern nur für Verkehrsbezirke. Weiterhin sind keine Angaben zur Infrastruktur, also zu Baumaßnahmen auf den Wasserstraßen und in den Häfen und auch nicht zu Einnahmen (z.B. Frachtraten) angegeben. Bis 1890 kann der Güterverkehr über See der wichtigeren deutschen Häfen der Außenhandelsstatistik entnommen werden, doch danach versiegt auch diese Quelle[46].

2.2. Andere Quellen

Als Ersatz dafür können zumindest für die wichtigeren Häfen die schon erwähnten lokalen Statistiken weiter benutzt werden. Die *Tabellarischen Übersichten des Hambur-*

---

45 *Statistik des Deutschen Reichs, Statistik der Seeschiffahrt im Jahre ...*, Berlin 1875 ff.; ab 1900: *Die Seeschiffahrt im Jahre ...*, bearbeitet vom Kaiserlichen Statistischen Amte, Berlin 1902 ff.
46 *Statistik des Deutschen Reichs, Auswärtiger und überseeischer Waarenverkehr des deutschen Zollgebiets und der Zollausschlüsse im Jahre ...*, Berlin 1875 ff.

gischen Handels endeten zwar 1912, wurden aber bis 1938 in ähnlicher Form in Folgepublikationen unter anderem Namen fortgesetzt[47].

Die lübeckischen *Tabellarischen Übersichten* wurden ohne Titeländerung bis 1944 publiziert. Bremen setzte die statistische Überlieferung zur Seeschiffahrt in verschiedenen Publikationen fort. Die *Tabellarischen Übersichten* enden 1866, werden dann im Jahrbuch für die amtliche Statistik des Bremischen Staates und ab 1875 im *Jahrbuch für den bremischen Staat* in vergleichbarer Form weitergeführt.

Die *Stettiner Handels- und Verkehrsberichte* sind bis 1913 unter diesem Namen veröffentlicht, danach sind die entsprechenden Angaben im *Jahrbuch für die Statitik Stettins* enthalten. Außerdem existieren von 1926-1944 Berichte über den Stettiner Hafen[48].

Der Verkehr auf dem Nord-Ostsee-Kanal (Kaiser-Wilhelm-Kanal) wird in den *Vierteljahresheften zur Statistik des Deutschen Reichs* angegeben. Die Berichte enthalten Angaben zur Anzahl, Größe, Nationalität, Herkunfts- und Bestimmungsorte der passierten Schiffe und geben deren Ladung und die zu entrichtenden Gebühren an.

Gegen Ende des 19. Jahrhunderts verdichten sich die statistischen Publikationen. Neben den Handelskammerberichten erscheinen immer mehr Informationen von statistischen Ämtern einzelner Städte oder der Statistischen Landesämter. Angaben zur Seeschiffahrt sind in diesen Publikationen vorhanden.

Die lückenhafte Statistik der Kriegsjahre, besonders 1941-1945, in denen die Reichsstatistik zur Seeschiffahrt schweigt, kann mit einigen unmittelbar nach dem Krieg erschienenen Werken geschlossen werden. So hat z.B. das Handelsstatistische Amt der Hansestadt Hamburg den seewärtigen Güter- und Schiffsverkehr der wichtigsten deutschen Seehäfen 1938-1945 zusammengestellt. Das Seeschiffahrtsamt Reinbek bei Hamburg veröffentlichte Seeschiffahrtsstatistiken des deutschen Reiches für 1939-1945[49].

Der Zeitraum von 1872-1945 zeichnet sich insgesamt gesehen durch langanhaltende Datenfülle im Bereich Seeverkehr aus. Auf der Basis der durchgängigen Überlieferung in der Reichsstatistik können relativ homogene Reihen erstellt werden. Zum Vergleich und zur Ergänzung besonders des Güterverkehrs dienen lokale Statistiken, die neben der Reichsstatistik fortlaufend erschienen.

Ein großes Problem ist die Vergleichbarkeit der Daten der Quellen *vor* 1872 mit denen der Reichsstatistik. Es ist in jedem einzelnen Fall genau zu prüfen, ob die Angaben wirklich miteinander vereinbare Erhebungsgrundlagen haben.

---

47 *Hamburgs Handel und Schiffahrt*, 1912-1928; *Waren- und Schiffsverkehr der Häfen Hamburgs*, 1929; *Waren- und Schiffsverkehr Hamburgs*, 1930-1934; *See- und Binnenverkehr des Hafens Hamburg*, 1934-1938.
48 *Statistischer Jahresbericht der Stadt Stettin*, Stettin 1911 ff.; *Jahrbuch der Stadt Stettin*, Stettin 1922 ff.
49 *Seewärtiger Güter- und Schiffsverkehr der wichtigsten deutschen Seehäfen* 1938-1945. Zusammengestellt vom Handelsstatistischen Amt der Hansestadt Hamburg, Hamburg 1945; *Seeschiffahrtsstatistiken des Deutschen Reiches 1939-1945*. Zusammengestellt vom Seeschiffahrtsamt Reinbek bei Hamburg, Hamburg 1945.

3. Der Zeitraum von 1945/49 bis heute

Bis zum Einsetzen der zentralen Bundes- bzw. der DDR-Statistik muß auf lokale Publikationen zurückgegriffen werden. In der britischen Zone wurden sehr schnell wieder Daten zum Schiffs- und Güterverkehr veröffentlicht[50]. Auch für Hamburg und Bremen finden sich schon 1946 statistische Angaben zum Verkehr auf Wasserstraßen[51]. Diese teilweise "graue" Literatur der Nachkriegszeit kann bis zur Gründung der Bundesrepublik zumindest für Hamburg und Bremen nachgewiesen werden, wo örtliche Behörden (Handelsstatisches Amt Hamburg, bzw. Statistisches Landesamt Bremen) in Hafenberichten Informationen zum Schiffsverkehr geben[52].

3.1. Bundesrepublik Deutschland

Ab 1952 setzen die Veröffentlichungen des Statistischen Bundesamtes ein. Angaben zur Seeschiffahrt sind ab 1947 mit Vergleichsdaten zu 1936 für die bundesdeutschen Häfen im *Statistischen Jahrbuch für die Bundesrepublik Deutschland* und in der *Fachserie Seeschiffahrt* enthalten. Es wird Auskunft gegeben über den Güterumschlag und den Schiffsverkehr. Die Statistischen Jahrbücher geben keinen Aufschluß über die Verteilung der bundesdeutschen Handelsflotte auf die einzelnen Häfen. Im Zeitalter der "Billigflaggen" nimmt die Bedeutung der Kategorie Schiffsbestand für die nationale Statistik ohnehin ab. Allerdings kann die technische Entwicklung der Handelsflotte, ihre Zusammensetzung nach Schiffsgrößen und -arten gut aufgenommen werden. Die im *Statistischen Jahrbuch* veröffentlichten Daten sind zwar sehr hoch aggregiert, aber dennoch ausreichend, um sich einen Überblick über den Seeschiffahrtsverkehr in der Bundesrepublik zu verschaffen. Detaillierte Angaben sind in der *Fachserie Verkehr* vorhanden, worin die Schiffsklassifikation und die Verkehrs- und Güterströme genau aufgeführt werden. Der Warentransport über See ist in verschiedene Gütergruppen eingeteilt und muß für die Belange der Seeschiffahrtsstatistik aggregiert werden. Will man noch speziellere Informationen über den Verkehr in einzelnen Häfen haben, kann man diese aus lokalen Hafenstatistiken entnehmen. Sie enthalten darüber hinaus oft noch Daten zur Infrastruktur[53].

---

50 *Der Schiffs- und Güterverkehr über See in den Häfen der Britischen Besatzungszone und des Landes Bremen im Jahre ...*, hrsg. vom Statistischen Amt der Britischen Zone, Minden 1947-1949.

51 Handelsstatistisches Amt der Hansestadt Hamburg, *See- und Binnenverkehr der Häfen Hamburg und Bremen im ersten Jahr der Besetzung (Juli 1945 - Juni 1946) nebst Anlage 1.2*, Hamburg 1946.

52 Statistisches Landesamt Bremen, *Der Seeschiffsverkehr in den bremischen Häfen und in den übrigen Unterweserhäfen vom Kriegsende bis 1948*, Bremen 1949; Paul Marquardt, Der Hamburger Hafen. In: Statistisches Landesamt (Hrsg.), *Aus Hamburgs Verwaltung und Wirtschaft*, Hamburg 1947; Statistisches Landesamt Bremen, *Die See- und Binnenschiffahrt in den bremischen Häfen und im Hafen Hamburg*, Bremen 1947.

53 *Der Seeverkehr des Hafens Hamburg. Ab 1953: Hamburgs Handel und Schiffahrt. Ab 1959: Der Seeverkehr des Hamburger Hafens im Jahr ...* (teils ähnliche Titel); *Seeverkehr der Bremischen Häfen*, hrsg. vom Statistischen Landesamt, Bremen 1966 ff.

3.2. Das Staatsgebiet der ehemaligen DDR

Wenig befriedigend ist die Quellenlage für die Seeschiffahrt in der ehemaligen DDR.
Der Güterumschlag der Häfen Rostock-Warnemünde, Wismar und Stralsund wurde ab
1955 nach Güterarten im *Statistischen Jahrbuch der DDR* veröffentlicht. Schiffsverkehr
und Bestand der Handelsflotte sind für den gleichen Zeitraum nur für die DDR insgesamt angegeben, wobei die Fähr- und Küstenschiffahrt nicht mit einbezogen ist. Auch in
der DDR-Statistik kann die technische und die Entwicklung der Schiffsgrößen der
DDR-Flotte gut verfolgt werden. Die Angaben zum Schiffsverkehr sind dagegen dürftig
und lückenhaft. In einigen Jahren werden nur die angekommenen, in anderen nur die
beladenen Schiffe aufgeführt. Die Statistik der Personenbeförderung über See fällt in
den 1960er Jahren sogar vollkommen weg.

Die Literatur gibt selten bessere statistische Auskunft über den Seeverkehr. Immerhin sind in den *Mitteilungen der Geographischen Gesellschaft der DDR* Zahlen zum
Schiffs- und Warenverkehr ab 1950 veröffentlicht[54]. In der Regel wird aber in den Veröffentlichungen auf die Daten des Statistischen Jahrbuchs Bezug genommen.[55].

---

54 Der Schiffs- und Warenverkehr der Seehäfen der Deutschen Demokratischen Republik in
    neuerer Zeit, in: *Geographische Berichte. Mitteilungen der Geographischen Gesellschaft in der
    Deutschen Demokratischen Republik*, 4/1959, 1/2, S. 94-111.
55 Die Leistungsberichterstattung der Seeschiffahrt der DDR im Jahr 1961. in: *Statistische Pra-
    xis*, Jg. 16 (1961), Heft 2, S. 39-41.

Ruth Federspiel

Quellen zur Statistik der deutschen Eisenbahnen im 19. und 20. Jahrhundert

Die Statistik der Eisenbahnen Deutschlands läßt sich ebenso wie die der Binnen- und Seeschiffahrt in drei Phasen einteilen:

1. Die Zeit ab 1835 bis etwa 1850 als Zeitraum mit weißen Flecken, was heißen soll, daß schon veröffentlichte, jedoch in der Regel nicht amtliche Daten vorhanden sind. Sie weisen noch erhebliche Lücken auf und können bestenfalls unter Hinzuziehung von Archivalien verdichtet werden.
2. 1855 setzt mit Erscheinen der ersten amtlichen Statistik zu den Eisenbahnen Preußens die Phase der kontinuierlichen Datenvielfalt ein, die durch die bereits 1850 einsetzende Statistik des Vereins deutscher Eisenbahnverwaltungen vor allem territorial ergänzt wird.
3. Ab 1880 schließlich wird die Statistik für sämtliche im Deutschen Reich betriebenen Eisenbahnen im Reichseisenbahnamt zentral geführt und publiziert, was eine noch konzentriertere Datenfülle mit sich bringt. Diese zentralstatistische Erfassung wird über den ersten Weltkrieg hinaus fortgesetzt und bis zur Veröffentlichung der Ergebnisse für das Betriebsjahr 1940 beibehalten. Danach erfolgt kriegsbedingt die Einstellung des Erscheinens der Eisenbahnstatistik. Ihre Fortsetzung findet die zentrale Eisenbahnstatistik ab 1952 in der beim Statistischen Bundesamt erscheinenden *Fachserie H-Verkehr.*

1. Die Zeit ab 1835

In den ersten zwei Jahrzehnten der Eisenbahnen in Deutschland spiegelt sich in den Quellen in erster Linie der Drang wider, die innovative Kraft des neuen Verkehrsmittels und seine Leistungsfähigkeit herauszustellen. Dazu kommt die Notwendigkeit, die Rentabilität neu geplanter oder gebauter Eisenbahnlinien durch die Veröffentlichung erster Betriebsergebnisse zu zeigen, um private Investoren zu gewinnen und die Genehmigung der jeweiligen staatlichen Stellen für die Ausschreibung neuen Aktienkapitals zu erhalten. Das läßt sich auch in den frühen Berichten der Generalversammlungen und der Direktorien feststellen[1].

Veröffentlichung und Verbreitung der Direktionsberichte waren abhängig von der Rechtsform der jeweiligen Bahn und den gesetzlichen Vorschriften der einzelnen deutschen Staaten. In Preußen erfüllen die Jahresberichte die in §34 des *Gesetzes über die Eisenbahn-Unternehmungen* vom 3. August 1838 festgelegte Auskunftspflicht der Eisenbahngesellschaften, wonach "über verschiedene Gegenstände gesondert Rechnung zu führen sei"[2], nämlich:

- die Ausgaben zur Errichtung der Anstalt
- den Bahnbau, auch über Meliorationen, soweit sie von der Regierung anerkannt und durch Erweiterung des Gesamtkapitals bewirkt sind
- die Anschaffung des Betriebsinventariums
- laufende Einnahmen und Ausgaben
- Bahngeld und Unterhaltungskosten
- den Transport, wozu auch die Unterhaltung und Erneuerung des Betriebsinventariums gehört, sowie schließlich
- die Verwaltungskosten.

Schon Ende 1843 ergeht die Aufforderung nach zusätzlichen Angaben, zur genauen Bahnlänge, den zweiten Gleisen und der Personenfrequenz, sowie zu Zahl und Art der Unfälle[3].

Direktoriumsberichte einiger, meist preußischer Bahnen konnten in der Bibliothek der Technischen Universität Berlin ermittelt werden. Als besonders ausführliche und zeitlich weit zurückgreifende Beispiele seien hier genannt, das *Protokoll der General-Versammlung der Leipzig-Dresdener Eisenbahn-Compagnie*, das ab 1835 erschient und ab 1839 auch den Geschäftsbericht enthält, ferner die *Jahresberichte des Directorii der Berlin-Stettiner Eisenbahngesellschaft* für die Jahre 1841-1850, die ab 1851 noch für weitere fünf Jahre als *Bericht des Direktoriums...* vorhanden sind. Weitere, besonders für die Anfangsjahre der entsprechenden Eisenbahnlinien wichtige Jahresberichte sind die der Breslau-Schweidnitz-Freiburger Bahn über den Zeitraum 1842/43-1851, wie auch die *Geschäftsberichte der Direktion der Berlin-Hamburger Eisenbahngesellschaft* für die Jahre 1844-1863. Erwähnung finden sollten auch die Geschäftsberichte der Altona-Kieler Bahn (1845-1851) und der Sächsisch-Schlesischen Bahn für die Jahre 1844-1847[4].

Aus diesen Quellen können zumindest die wichtigsten Daten wie Streckenlänge, Eröffnungszeitraum, Anlagekapital, Betriebsmittel und Fahrgastaufkommen ermittelt werden. Die Angaben zum Gütertransport erschienen im allgemeinen erst nach Beendigung

---

1 *Historisches Archiv Köln, Best. 1028*, Nr. 82-85, Protokolle der Administrations Sitzungen der Rheinischen Eisenbahngesellschaft, 1835-1852; *Best. 1028*, Nr. 609, 610, Jahresberichte der Direktion.
2 *Ebd.*, 609, Bd. 1.
3 *Ebd.*, Schreiben des Finanzministers von Bodelschwingh vom 26.12.1843
4 Geschäftsberichte, die die Zeit vor 1850 behandeln, sind noch für die Glückstadt-Elmshorner Eisenbahngesellschaft (1844-46), die Magdeburg-Halberstädter (1842, 1844-46, 1851) und für die Magdeburg-Wittenbergesche Eisenbahngesellschaft (1845-1855) vorhanden. Auf der letztgenannten Linie wurde der Betrieb allerdings erst zwischen Juli und August 1849 eröffnet.

Abb. 1: Seite 567 aus dem Hauptkassenbuch I der Württembergischen Staatseisenbahn: Summe aller Ausgaben für Verwaltung, Anlagekosten, Betriebsmittel und Kapital

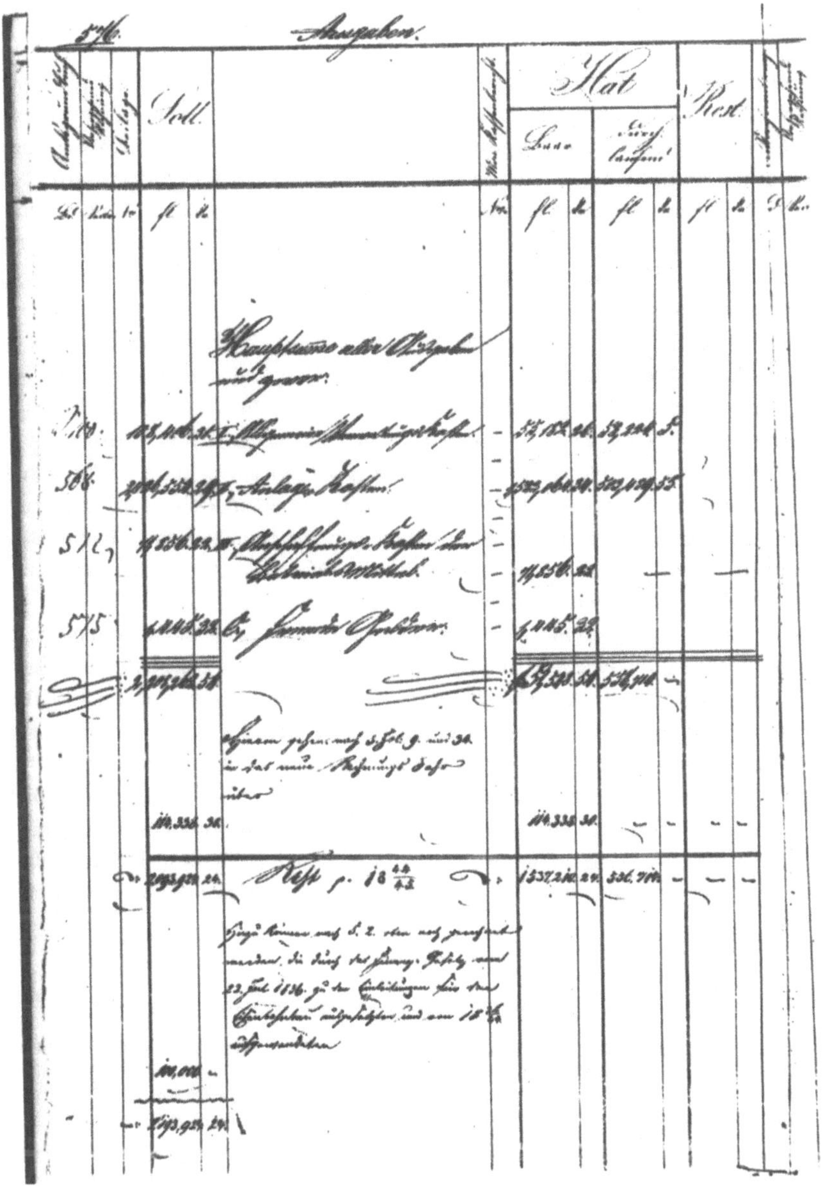

Quelle: Staatsarchiv Ludwigsburg, Best. E 226/51, Bd. 1, S. 576.

des Baus der gesamten Bahnstrecke und auch dann mit zeitlicher Verschiebung. Bis Ende der 1840er Jahre kann eine zunehmende Ausdifferenzierung der Angaben zu den Betriebseinnahmen und -ausgaben beobachtet werden, die die Geschäftsberichte schon in die Nähe der in den 1850er Jahren einsetzenden amtlichen Statistik bringt. Für die Anfangsjahre des Eisenbahnbaus müssen die Jahresberichte der Eisenbahndirektionen als Primärquelle gelten.

Für die nichtpreußischen Staaten hat sich die Suche nach Jahres-oder Direktoriumsberichten als wenig erfolgreich erwiesen, da die bedeutenden Bahnlinien außerhalb Preußens zum großen Teil Staatsbahnen waren, die der Aufsicht der Behörden direkt unterstellt waren. So findet man in den entsprechenden Beständen des Bayerischen Hauptstaatsarchivs für die drei bayerischen Linien keine Zusammenstellung der jährlichen Betriebsergebnisse. Für die Pfälzische Ludwigsbahn wie auch für die Bayerische Ostbahn, beides Privatbahnen, sind Geschäftsberichte in den Akten des Ministeriums der Finanzen vorhanden[5].

Geschäftsberichte oder tabellarische Übersichten über Betriebsergebnisse sucht man auch für die Badische Staatsbahn und die Königlich Württembergische Bahn für die ersten Jahre des Betriebs vergeblich. Während die Archivrecherche zur Badischen Staatsbahn nur wenige statistisch verwertbare Angaben zum Fuhrpark und zu den Baukosten ergab, lassen sich zur Württembergischen Eisenbahn fast alle statistisch wichtigen Angaben finden. Im Staatsarchiv Ludwigsburg sind neben einer Vielzahl differenziert gegliederter Akten zu einzelnen Bahnabschnitten auch die Hauptkassen- , Hauptbau- und Hauptbetriebsbücher von Anbeginn an vorhanden. Mit etwas Ausdauer lassen sich aus diesen Büchern statistische Übersichten herstellen (s. Abb. 1)[6].

Auch im Herzogtum Braunschweig, dem ersten Land das eine Staatsbahn baute, sind für die frühen Jahre keine amtlich veröffentlichten Zahlen zur Eisenbahn zu ermitteln. Wohl aber sind in einem Aktenbestand des Finanzministeriums die von der Eisenbahn-Kommission abgegebenen Aufstellungen über die Kosten des Bahnbaus und die Verwendung des Anlagekapitals vorhanden. Für die Jahre des Baus der Strecke Braunschweig-Wolfenbüttel liegen sie als jährlich geordnete Zusammenfassung, ab 1840 dann als quartalweise erstellte Rechnung vor[7] (s. Abb. 2). Im Zusammenhang mit der politischen Umgestaltung nach 1866 wuchs im Herzogtum Braunschweig der für die Geschichte der deutschen Eisenbahnen einmalige Plan, die Staatsbahn zu verkaufen[8].

---

5 *Bayerisches Hauptstaatsarchiv München, Rep. MF 16, 58850*, Geschäftsbericht der Direktion der Pfälzischen Ludwigsbahn für das Verwaltungsjahr 1857/58, dieser Bericht enthält auch eine chronologische Zusammenstellung der Ergebnisse seit der Betriebseröffnung (1850). *Rep. MF 16, 5851* enthält die Geschäftsberichte für 1858/59 bis 1861/62. Ebd., 58646, Geschäftsbericht der Direktion der Bayerischen Ostbahnen seit Beginn des Unternehmens (Okt. 1858) bis zum Schlusse des Etatsjahres 1859/60.

6 *Staatsarchiv Ludwigsburg, Best. E 226/51*, Bde. 1-13, 156 ff.

7 *Niedersächsisches Staatsarchiv Wolfenbüttel, Best. 12A Neu*, Fb. 2, XX,1-3.

8 Dazu neuerdings die Ausführungen von John M. Kleeberg, The Privatisation of the Brunswick State Railways in 1869-1870, in: *Journal of Transport History*, Jg. 11, 1990, S. 12-28.

Abb. 2: Acta betreffend die Zahlungsübersichten der Braunschweig-Harzburger
Eisenbahn

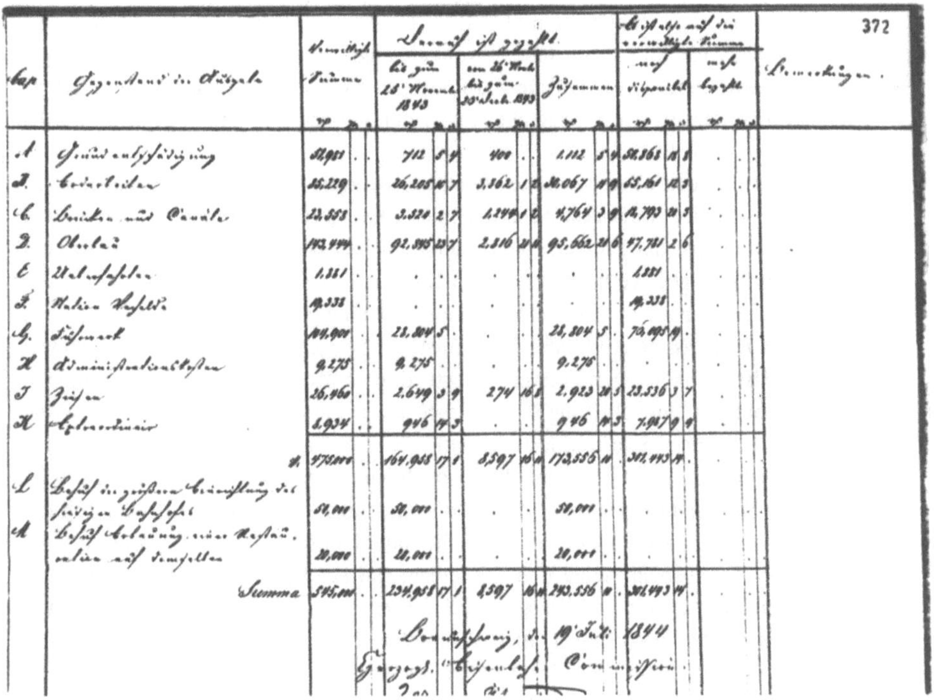

Quelle: Niedersächsisches Staatsarchiv Wolfenbüttel, 12A Neu, Fb. 2, XX, 1-3.

Die Privatisierung der Bahn wurde bis zum Jahr 1870 durchgeführt, der erste
Geschäftsbericht wurde für 1867 erstellt und liegt den Akten bei[9].
Eine andere für die Frühphase der Eisenbahnen wichtige Quelle ist die *Eisenbahnzeitung*. Ab 1843 erschien sie zunächst in Braunschweig, ab 1845 über 14 Jahre hinweg in
wöchentlicher Folge in Stuttgart. Die *Eisenbahnzeitung* verstand sich vor allem auch als
Diskussionsforum der technischen Entwicklungen im Bereich von Eisenbahnbau und -
betrieb. Neben Konstruktionsverbesserungen im Lokomotivbau wurden die verschie-

---

9 *HStA Wolfenbüttel, Best. 12 Neu 9*, Nr. 2960, darin Geschäftsberichte der Braunschweigischen
Eisenbahn zwischen 1867 und 1883, es fehlen einige Jahre.

denen Möglichkeiten bei der Präparierung der Schwellen und das für den sicheren Betrieb benötigte Gewicht der Schienen erörtert, aber auch Fragen der Streckenführung werden aufgegriffen. Daneben erschien eine jährliche Übersicht über *Die deutschen Eisenbahnen im Jahre...*, die neben einer allgemeinen Beschreibung der einzelnen Bahnlinie auch statistisches Zahlenmaterial darbot. Die Ausführlichkeit dieser Mitteilungen variiert jedoch von Jahr zu Jahr und ist wohl abhängig von den Angaben der jeweiligen Eisenbahnverwaltungen, so daß die *Eisenbahnzeitung* zwar als relativ kontinuierliche Quelle einzustufen ist, der Vorzug aber sicher den Geschäftsberichten gegeben werden sollte.

Neben den beiden oben genannten Quellengattungen haben für die Eisenbahnstatistik der ersten Jahre statistische Monographien besondere Bedeutung. An deren erster Stelle soll das Werk des Freiherrn von Reden erwähnt werden, der zwischen 1843 und 1847 ein fünfbändiges Werk über *Die Eisenbahnen Deutschlands* veröffentlichte[10]. Von Reden gibt sehr genaue und – wie die an einigen Stellen möglichen Überprüfungen zeigen – auch zuverlässige Auskünfte über Entstehungsgeschichte und Betriebsergebnisse einzelner Eisenbahnen. Der Freiherr pflegte direkte Kontakte zu den Gesandten in Berlin und bat um Unterstützung seiner Arbeit durch entsprechende Auskünfte, so daß man die Daten seiner Schriften fast als amtlich werten kann[11]. Ausführlich hinsichtlich der Betriebsergebnisse ist auch das Werk von Johann Adam Beil zu nennen, der seine Berichte zu *Stand und Ergebnissen der Eisenbahnen* nicht nur für die deutschen sondern auch für die anderen europäischen sowie die amerikanischen Staaten ausführte[12]. Als Direktor der Taunusbahn setzte Beil sich leidenschaftlich für die Entwicklung des deutschen Eisebahnnetzes ein und bezog seine Informationen aus dem direkten Kontakt zu anderen Eisenbahndirektionen. Leider ist dieses wichtige Werk nur noch für die Jahre 1843 und 1847 verfügbar[13]. Als dritte zeitgenössische Monographie, die breites und zuverlässiges Material erschließt, muß noch das 1859 in zweiter Auflage erschienene Werk von Julius Michaelis *Deutschlands Eisenbahnen, ein Handbuch für Geschäftsleute, Capitalisten und Spekulanten* Erwähnung finden[14]. Der Ausrichtung des Untertitels ["enthaltend Geschichte und Beschreibung der Eisenbahnen, deren Verfassung, Anlagekapital, Frequenz, Einnahmen, Rentabilität und Reservefonds, nebst tabellarischer Übersicht der Actienkurse"] entsprechend gibt Michaelis vor allem einen nahezu lük-

10 Friedrich Wilhelm v. Reden, *Die Eisenbahnen Deutschlands. Statistisch-geschichtliche Darstellung ihrer Entstehung, ihres Verhältnisses zu der Staatsgewalt, sowie ihrer Verwaltungs-und Betriebseinrichtungen*, Berlin, Posen, Bromberg 1843-47.
11 *Hauptstaatsarchiv München, Rep. MA IV*, 8745, enthält die Anweisung des bayerischen Königs vom 10.Sept.1844, dem Freiherrn Auskunft über die Bayerische Eisenbahn zu erteilen, wie auch die positive Beurteilung des ersten Bandes seines Werkes.
12 Johann Adam Beil, *Stand und Ergebnisse der Deutschen, Amerikanischen, Englischen, Französischen, Belgischen, Holländischen, Italienischen und Russischen Eisenbahnen am Schluße des Jahres 1843*, Frankfurt 1844 sowie ders., *Stand und Ergebnisse der Europäischen und Amerikanischen Eisenbahnen bis zu dem Jahre 1847*, Wien 1847.
13 Vgl. dazu wie auch allgemein zur Quellensituation: Rainer Fremdling, *Eisenbahnen und deutsches Wirtschaftswachstum 1840-1879*, 2. erw. Aufl., Dortmund 1985, S. 167.
14 Julius Michaelis, *Deutschlands Eisenbahnen. Ein Handbuch für Geschäftsleute, Capitalisten und Spekulanten*, 2. Aufl., Leipzig 1859.

kenlosen Überblick über die Einnahmen aus Personen- und Güterverkehr. Zusätzlich zu den auch in anderen Werken anzutreffenden Angaben zu Geschichte und technischen Besonderheiten des Bahnbaus findet der Benutzer bei Michaelis Angaben zur Rentabilität der jeweiligen Bahn.

Für die ersten anderthalb Jahrzehnte des Eisenbahnbaus in Deutschland können alle oben genannten Quellentypen als Hauptquellen bezeichnet werden, obwohl sie nicht der amtlichen Statistik zuzurechnen sind. Diese war für die überwiegend privat initiierten und organisierten Eisenbahnlinien anfangs noch nicht zuständig.

2. Die Periode der kontinuierlichen Datenvielfalt (1850-1880)

In der um 1850 einsetzenden zweiten Phase der statistischen Überlieferung, einer Phase der "organisierten Datenvielfalt", sind es im Großen zwei Quellengruppen, auf die man bei der historischen Eisenbahnstatistik zurückgreifen kann: (1) Die amtliche Statistik in Preußen und (2) die Vereinsstatistik für die Bahnen des gesamten Reichsgebiets.

Der Rangordnung entsprechend sollen bei den nachfolgenden Bemerkungen zur amtlichen Statistik die ab 1855 in jährlicher Folge erscheinenden *Statistischen Nachrichten von den Preußischen Eisenbahnen* an erster Stelle stehen. Bearbeitet wurden die *Statistischen Nachrichten* auf "Anordnung seiner Excellenz des Herrn Chef des Königlichen Ministeriums für Handel, Gewerbe und öffentliche Arbeiten von dem technischen-Eisenbahn-Büreau genannten Ministerium", mit der Maßgabe eine für alle Bahnen nach gleichen Grundsätzen ermittelte, vergleichende Statistik zu erarbeiten[15]. Im Vorwort des ersten Jahrgangs der *Statistischen Nachrichten* wird ausdrücklich auf die Schwierigkeiten dieser Unternehmung hingewiesen, da die Angaben in den Verwaltungsberichten der einzelnen Bahnen nach unterschiedlichen Grundsätzen ermittelt worden seien. In insgesamt elf Abteilungen werden detaillierte Übersichten zu Betriebsverhältnissen und Betriebsergebnissen gegeben, zudem eine ausführliche Übersicht der Lokomotiven und ihrer Konstruktionsverhältnisse, außerdem sind auch Tabellen zu Achsbrüchen und Unfällen beigefügt. Für die Bearbeitung zur Eisenbahnstatistik besonders hilfreich aber ist die chronologische Zusammenstellung der wichtigsten Betriebsergebnisse für jede einzelne Gesellschaft. Diese setzt mit dem ersten vollständigen Betriebsjahr ein, und auf diese Weise reichen die Angaben der *Statistischen Nachrichten* zurück bis in das Jahr 1839, dem ersten durchgehenden Betriebsjahr der Berlin-Potsdam-Magdeburger Bahn[16]. Für eine differenzierte statistische Erfassung der Eisenbahnen sind diese Zusammenstellungen nicht ausführlich genug. Rainer Fremdling[17] hat auf die Probleme, die bei der Benutzung dieser Aggregatdaten zur statistischen Erfassung der Frühphase

15 *Statistische Nachrichten von den Preussischen Eisenbahnen*, bearb. von dem technischen Eisenbahn-Büreau des Ministeriums für Handel, Gewerbe und öffentliche Arbeiten, Bde. I-XXVII, Berlin 1855-1880.
16 Die Angabe auf dem Titelblatt der Abtlg. I in den *Statistischen Nachrichten* weist das Jahr 1844 als Beginn der chronologischen Zusammenstellung der Ergebnisse aus, die Tabellen setzen aber tatsächlich mit dem ersten Betriebsjahr ein.
17 Fremdling, *Eisenbahnen* (Anm. 13), S. 168.

der Eisenbahn entstehen, aufmerksam gemacht, daher sollten die rückblickenden Darstellungen aus den *Statistischen Nachrichten* mit Vorsicht benutzt und soweit möglich für die frühen Jahre auf die Berichte der Gesellschaften zurückgegriffen werden.

Insgesamt ist die Zuverlässigkeit der *Statistischen Nachrichten* als Quelle aber positiv zu bewerten, auch wenn des öfteren Rechenfehler festgestellt werden konnten. Die Ausführlichkeit der Statistik gestattet es jedoch meist, diese Fehler zu berichtigen. Mit den *Statistischen Nachrichten* ist somit für fast die Hälfte des Streckennetzes eine vielfach differenzierende und zuverlässige Quelle zur deutschen Eisenbahnstatistik vor 1879 vorhanden.

Mit der anderen wichtigen Quelle, der vom Verein deutscher Eisenbahnverwaltungen herausgegebenen *Deutschen Eisenbahnstatistik*, können durchaus gleichwertige Angaben für die nichtpreußischen Bahngesellschaften ermittelt werden[18]. Der erste Band der *Deutschen Eisenbahnstatistik* erschien bereits 1851, also vier Jahre vor den *Statistischen Nachrichten*. Er enthält zwei Tabellenabteilungen. Die erste umfaßt eine allgemeine Beschreibung der einzelnen Bahnen, Angaben zum Anlagekapital und zum Beamtenpersonal sowie zu den Ergebnissen des Betriebs. In der zweiten Tabelle wird eine Zusammenstellung der vorhandenen Lokomotiven gegeben und deren Leistung und Unterhaltung dokumentiert. In den folgenden drei Jahrgängen der *Deutschen Eisenbahnstatistik* wurden noch verschiedene Verbesserungen an den Tabellen vorgenommen.

Von 1855 an bis 1877 erscheint die *Deutsche Eisenbahnstatistik* in der gleichbleibenden Gliederung nach fünf Abschnitten:

1. Die Beschreibung der Bahn und das Anlagekapital
2. die Transportmittel
3. die Betriebsresultate
4. die Übersicht der angestellten Beamten und beschäftigt gewesenen Arbeiter (ab 1854 im Abstand von 5 Jahren)
5. den Stand der Beamten-Pensions und Unterstützungskasse

Daneben werden in unregelmäßiger Folge Konstruktionszeichnungen von Lokomotiven oder von besonders schwierigen Brückenkonstruktionen abgedruckt. Besondere Bedeutung kommt dem im Laufe der Jahre immer umfangreicher werdenden Anhang zu. Hier finden sich für jede Bahn neben Anmerkungen zu Zahlen in den Tabellen kurze Abrisse zu Geschichte und Entwicklung der jeweiligen Bahn wie auch zu besonderen Ereignissen im entsprechenden Betriebsjahr. Diese *Statistischen Berichte und Erläuterungen zu den Tabellen* bieten zum Teil sehr wertvolle Zusatzinformationen und zeichnen die *Deutsche Eisenbahnstatistik* gegenüber den *Statistischen Nachrichten* aus.

18 *Deutsche Eisenbahnstatistik für das Betriebsjahr* 1850 (bis 1877). Zusammengestellt von der geschäftsführenden Direktion des Vereins deutscher Eisenbahnverwaltungen. Jg. I-III, Stettin 1851-1853, Jg. IV-XXVIII, Berlin 1854-1879. Ab Jg. XXIX unter dem Titel *Statistische Nachrichten von den Eisenbahnen des Vereins deutscher Eisenbahnverwaltungen*, Berlin 1880.

Auch die *Deutsche Eisenbahnstatistik* kann als zuverlässige Quelle gekennzeichnet werden, allerdings gibt sie gerade in den ersten Jahren kein ganz vollständiges Bild der Eisenbahnergebnisse, da einige der größeren Bahnverwaltungen nicht von Anbeginn an Mitglied des Vereins waren[19]. Dies änderte sich aber bis Mitte der 1850er Jahre, als nahezu jede Bahnverwaltung auch Vereinsmitglied geworden war. Ab dieser Zeit kann die *Deutsche Eisenbahnstatistik* als wichtigste Statistik zur Entwicklung der deutschen Eisenbahnen betrachtet werden, da in ihr dann Angaben zum gesamten Bahnnetz des Deutschen Bundes zu finden sind[20]. Die bis zum Jahrgang 1872 fehlenden Summenbildungen erschweren die Benutzung jedoch nicht unbeträchtlich. Im Zeitalter des Personalcomputers verliert dieser Umstand jedoch sehr an Bedeutung[21].

Die Vereinsstatistik wurde bis in die Jahre vor dem zweiten Weltkrieg fortgeführt, ab 1878 unter dem Titel *Statistik der Eisenbahnen des Vereins deutscher Eisenbahnverwaltungen*". Mit der Titeländerung einher ging die Verwendung eines neuen statistischen Formulars, das sich in einigen Punkten deutlich von der vorhergehenden Aufnahme unterscheidet, worauf in der Einleitung zu Band 29 ausdrücklich hingewiesen wird. Die wichtigsten Änderungen sollen hier kurz aufgeführt werden. Das ist zum einen bei der Darstellung der Betriebsergebnisse die Berücksichtigung aller Strecken, auch derjenigen, die nicht dem öffentlichen Verkehr dienten. Zum anderen sind es gravierende Veränderungen in der Aufbereitung der Finanzergebnisse, welche nun grundsätzlich die Netto Einnahmen und Ausgaben zur Grundlage haben; zuvor war dies ins Belieben einer jeden Bahnverwaltung gestellt gewesen. Die Tabellen zu den Ausgaben werden in Anpassung an die internationale Eisenbahnstatistik von drei auf vier Titel erweitert. Neben diesen Änderungen gibt es noch kleinere, wie die nun wieder im jährlichen Abstand erscheinenden Übersichten zu den Beschäftigten und die ebenfalls wieder im Jahresrhythmus veröffentlichte allgemeine Beschreibung der Bahnen.

3. Die Zeit der zentralstatistischen Erfassung (1880 bis heute)

Der dritte Abschnitt in der statistischen Überlieferung zu den Eisenbahnen in Deutschland beginnt mit der 1880 einsetzenden und im Reichseisenbahnamt in Berlin zentral geführten *Statistik der im Betriebe befindlichen Eisenbahnen Deutschlands*[22]. Da diese Statistik sozusagen die Rechtsnachfolge der *Statistischen Nachrichten* antritt, die deshalb ab 1880 nicht mehr erscheinen, ist in Aufbau und Inhalt der Bände eine gewisse Kontinuität gewahrt, auch wenn die Darstellung noch differenzierter wird. Hinweise innerhalb der Tabellenköpfe, welche der Einzelspalten jeweils in die Berechnung der zusammenfassenden Spalten einfließen, ermöglichen die Überprüfung der neuen

---

19 So z.B. die Berlin-Potsdam-Magdeburger, die Magdeburg Halberstadt oder die Württembergische Eisenbahn.
20 Schon 1851 werden auch die Bahnen Österreichs erfasst, in den 1870er Jahren erweitert sich der Kreis noch auf weitere europäische Eisenbahnen.
21 Vgl. Fremdling, Eisenbahnen, (Anm. 13), S. 166.
22 *Statistik der im Betrieb befindlichen Eisenbahnen Deutschlands*, bearbeitet im Reichs-Eisenbahn-Amt, Bd. 1, Betriebsjahr 1880/81, Berlin 1882 ff.

Kategorien mit denjenigen der *Deutschen Eisenbahnstatistik* und den *Statistischen Nachrichten*. So setzt die *Reichsstatistik* die vor 1880 in zwei Quellen vorhandenen Informationen nun in einer einheitlich gestalteten und amtlich geführten Statistik fort.

Die Statistik erschien bis zum Betriebsjahr 1940/41 ohne Unterbrechung in jährlicher Folge, war aber im Laufe der Jahre einigen Änderungen unterworfen.

Mit Erscheinen des 19. Bandes für 1898/99 wurde die Anordnung der Tabellen und die Spalteneinteilung teilweise verändert[23]. Die Statistik erschien auch für die Kriegsjahre 1914-18, der Umfang wurde jedoch stark reduziert. Ab 1919 wurde sie als *Statistik der dem allgemeinen Verkehr dienenden Eisenbahnen* geführt; Form und Inhalt waren davon jedoch kaum betroffen. Die als Folge von Krieg und Versailler Vertrag zu Reststrecken geschrumpften Bahnlinien der Direktionen Bromberg, Danzig und Posen wurden von der neugebildeten Direktion Ost verwaltet und unter dieser statistisch ausgewiesen. Eine weitere Titeländerung erfuhr die Statistik 1933, als sie in *Statistik der Eisenbahnen im Deutschen Reich* umbenannt wurde. Unter diesem Titel erschien 1943 mit Band 61 der letzte der Reichsstatistik; sie mußte ihr Erscheinen kriegsbedingt einstellen. Die letzten drei Jahrgänge sind für den heutigen Nutzer allerdings nur von beschränktem Wert, da ab 1938 die Bahnen der annektierten Gebiete mit in die Ergebnisse aufgenommen wurden, ohne daß dies ersichtlich gemacht wurde. Da so die Umrechnung der Daten auf das Streckennetz des Deutschen Reiches nicht mehr möglich ist, ist die Reichsstatistik ab 1938 für den Langzeitvergleich ungeeignet.

Bis 1913 wurden die wichtigsten Ergebnisse der Reichsstatistik vom Reichseisenbahnamt zusätzlich in einer gesonderten Veröffentlichung herausgegeben[24]. Die Ergebnisse sind zwar der umfangreicheren Statistik der Eisenbahnen Deutschlands entnommen, dennoch ist es für die 1880er Jahre nicht unproblematisch, beide Quellen nebeneinander zu benutzen. In den zusammenfassenden Darstellungen werden Bahnen, die im Laufe des Betriebsjahres verstaatlicht wurden, in den Zusammenstellungen nicht mehr einzeln aufgeführt, die ausführliche Statistik weist deren Betriebsergebnisse aber noch aus. Da bis Mitte der 1880er Jahre vor allem dem preußischen Staatsbahnnetz noch etliche Bahnen zugeschlagen wurden, sollten Ergebnisse zu einzelnen Bahnen in diesem Zeitraum besser der umfassenderen Statistik entnommen werden.

Besondere Erwähnung muß noch die Statistik des Güterverkehrs finden. Vor 1880 flossen diese Angaben global in die statistischen Quellen mit ein, eine differenziertere Ausweisung des Gütertransports erfolgte von Seiten der Eisenbahndirektionen nur ganz vereinzelt[25]. Das Problem einer differenzierten Güter(bewegungs)statistik wurde im

---

23 Angaben zum Personenverkehr finden sich jetzt beispielsweise in Tabelle 18, vorher in Tabelle 22, Angaben zum Anlagekapital wurden in Tabelle 24 gegeben, nun findet man sie in Tabelle 20.

24 *Übersichtliche Zusammenstellung der wichtigsten Angaben der Deutschen Eisenbahn-Statistik*, bearbeitet im Reichs-Eisenbahn Amt. Bd. I, Betriebsjahre 1880/81 und 1881/82, Berlin 1883 ff. Ab Bd. IX, Betriebsjahr 1889/90, Berlin 1890, erfolgt die Zusammenstellung für einzelne Jahre.

25 *Niedersächs. Staatsarchiv Wolfenbüttel, Bestd. 12 Neu 9*, Nr. 2960. Dort sind für die Jahre 1867-73 in den Geschäftsberichten der Braunschweigischen Landeseisenbahn "Commerzielle Übersichten vom Güterverkehr" enthalten, die nach Einzelgütern differenzieren. Im Bericht des

Verein deutscher Eisenbahnverwaltungen seit den 1860 Jahren diskutiert, es kam jedoch nie zu einem abschließenden Beschluß[26]. Erst 1882 wurde durch den preußischen Minister der Öffentlichen Arbeiten die Führung einer *Statistik der Güterbewegung* angeordnet, die nach siebzig Hauptrubriken zuzüglich des Viehtransports gegliedert war. Diese erschien ab 1883 zunächst monatlich, dann vierteljährlich, ab 1898 bis 1943 jährlich; ab 1909 wurde sie vom Statistischen Reichsamt der Güterbewegung herausgegeben. Die *Statistik der Güterbewegung* ist überaus informativ, aber auch sehr umfangreich; sie kann daher zur Erstellung von Langzeitreihen selektiv für einzelne Stichjahre genutzt werden, kaum aber in ihrer Gesamtheit ausgewertet werden.

Ein Einschnitt innerhalb der statistischen Überlieferung erfolgte in den Jahren nach 1945, als die Besatzungsmächte zunächst für die Anforderung des statistischen Zahlenmaterials verantwortlich waren. Entsprechend den jeweiligen Bedürfnissen und Vorstellungen der Alliierten sind Berichte der Bahnverwaltung zum Zustand des Eisenbahnnetzes im jeweiligen Sektor vorhanden, mit deutlichem Übergewicht der Angaben zum amerikanischen und britischen Sektor. Aber es sind in diesen Berichten nur vereinzelt statistische Angaben enthalten, da die Organisation des Fahrbetriebes während der ersten beiden Nachkriegsjahre im Vordergrund stand. Die Berichte hatten zudem eine geringe Auflagenzahl und sind dementsprechend schlecht zu ermitteln. Die Jahre 1945-47 müssen daher als die Jahre mit den größten Lücken in der statistischen Erfassung des Eisenbahnwesens in Deutschland seit seinem Bestehen bezeichnet werden[27].

Seit 1947/48 werden die Daten zum Eisenbahnverkehr wieder zentral bei der Verwaltung der Bundesbahn ermittelt. Ab 1950 sind Daten zur Eisenbahnstatistik wieder unproblematisch zu erhalten, da die 1952 einsetzenden Veröffentlichungen des Statistischen Bundesamts mit den Ergebnissen für 1950 beginnen. Zunächst geschah dies in der *Fachserie H (Verkehr) Reihe 4*, ab 1978 in der *Serie 8*. Problematisch bleibt aber weiterhin die Suche nach entsprechenden Daten für die Deutsche Reichsbahn, die auf dem ehemaligen Staatsgebiet der DDR verkehrt. Die Angaben im *Statistischen Jahrbuch der DDR*[28] setzen ebenfalls 1950 ein, eignen sich aber, soweit sie überhaupt als zuverlässig gelten können, nur zur überblicksweisen Information. Eine weitergehende statistische Aufbereitung ist für die Bahnen der ehemaligen DDR im Gegensatz zur Bundesrepublik bislang daher nicht möglich.

Direktoriums der Berlin-Stettiner Eisenbahn ist für 1855 eine "Specielle Nachweisung der im Jahre 1855 beförderten Waren" enthalten.

26 Vgl. dazu *Festschrift über die Thätigkeit des Vereins Deutscher Eisenbahnverwaltungen in den ersten 50 Jahren seines Bestehens, 1846-1896*, Berlin 1896, S. 394 f.

27 Dies wird eindrücklich dokumentiert in Johannes Kurze, *Zehn Jahre Wiederaufbau bei der Deutschen Bundesbahn 1945-1955*, Frankfurt/Main, 1955.

28 *Statistisches Jahrbuch der DDR*, Bd. 1 1955, Berlin 1956 ff.

Dietlind Hüchtker

Quellen zur Statistik des öffentlichen Nahverkehrs in Deutschland seit 1880

Im folgenden sollen Quellen vorgestellt werden, mit denen eine historische Statistik des öffentlichen Personennahverkehrs für den Zeitraum von etwa 1880 bis heute erstellt werden kann. Erhebungsbasis einer Statistik des Nahverkehrs sind Städte bzw. urbane Ballungszentren. Damit ist nicht nur die regionale Gliederung, sondern auch eine qualitative Bestimmung des zu erhebenden Verkehrs festgelegt. Es soll der innerstädtische Nahverkehr einschließlich seiner Entwicklung zu Verkehrsverbundsystemen, die über die Stadtgrenzen hinausgehen bzw. Städte in Ballungszentren verbinden, erfaßt werden. Dagegen werden die Städteverbindungen des Eisenbahnnahverkehrs oder die Verkehrsmittel zur Erschließung von Landgemeinden mit Kleinbahnen oder Überlandbussen außerhalb der Ballungszentren nicht berücksichtigt[1]. In einigen wenigen Großstädten läßt sich ein solcher Verstädterungsprozess des Nahverkehrs schon im 19. Jahrhundert ausmachen. So sind der Vorläufer der Berliner S-Bahn, die Stadt-, Ring- und Vorortbahn oder die Zugverbindungen Hamburg-Altona und Hamburg-Harburg dem städtischen Verkehr zuzurechnen. Ein Kriterium der Zugehörigkeit ist z.B. die Einführung eines innerstädtischen Tarifs auf diesen Strecken[2].

Der auf diese Weise historisch-geographisch begrenzte Verkehr soll, was die Verkehrsmittel angeht, möglichst umfassend in der Statistik enthalten sein. Öffentlich zugänglicher Verkehr schließt daher nicht nur kommunalisierte, sondern auch privatwirtschaftlich organisierte Betriebe ein. Der Straßenverkehr mit Droschken bzw. Taxen und Bussen muß ebenso berücksichtigt werden, wie der Schienenverkehr. Eine Statistik des öffentlichen Nahverkehrs hat daher Angaben zu den verschiedenen Verkehrsmitteln zu präsentieren.

Diese Überlegungen deuten auf Zugriffsmöglichkeiten zu statistischen Quellen des Nahverkehrs hin. Es sind dies einmal Organisationen, die sich aufgrund ihrer territorialen Basis, der Stadt, mit deren infrastrukturellen Erfordernissen und daher häufig auch mit dem Nahverkehr befassen. Bei den städtischen Veröffentlichungen lassen sich amtliche, halbamtliche und nichtamtliche unterscheiden, d.h. die der Statistischen Ämter, des Deutschen Städtetags bzw. des Vereins deutscher Städtestatistiker, und der Handelskammern. Zum anderen sind statistische Erhebungen über einzelne Branchen des Nahverkehrs zu berücksichtigen. Sie stammen sowohl von Vereinen, wie auch von Ver-

---

1 Zur Bedeutung der Kleinbahnen für den ländlichen Nah- und Fernverkehr vgl. A. Haarmann, *Die Kleinbahnen, ihre geschichtliche Entwicklung, technische Ausgestaltung und wirthschaftliche Bedeutung*, Berlin 1896, S. 10 ff.
2 *Jahresbericht der Handelskammer zu Harburg für 1906*, Harburg 1907; *Jahresbericht der Handelskammer zu Hamburg über das Jahr 1895*, Hamburg 1896.

kehrsbetrieben. Letztere haben den Vorteil, daß sie durch die Kommunalisierung der Verkehrsbetriebe zu Quellen werden, die mit städtischen Erhebungen fast identisch sind.

In der nun folgenden Vorstellung der Quellen soll in erster Linie die Bedeutung der verschiedenen Quellentypen für eine historische Nahverkehrsstatistik aufgezeigt werden.

1. Städtische Quellen

1.1. Veröffentlichungen des Deutschen Städtetags

Grundlegende Quelle, um den Personennahverkehr auf der oben angedeuteten Basis zu erfassen, ist das *Statistische Jahrbuch deutscher Städte* bzw. (ab 1933) *deutscher Gemeinden*[3]. Der Erhebungszeitraum des Jahrbuchs läßt sich in drei Phasen aufteilen, die erste von 1888-1912, die zweite von 1924-1939, die dritte ab 1948. Zunächst vom Leiter des statistischen Amts der Stadt Breslau herausgegeben erhält es mit dem 23. Band. (2. Band der Neuen Folge) von 1928 an amtlichen Charakter: *Amtliche Veröffentlichung des Deutschen Städtetages* lautet ab dann der Untertitel[4]. Trotz der zunächst persönlichen Herausgeberschaft kann auch der ersten Periode ein zumindest halbamtlicher Charakter attestiert werden, da das Jahrbuch vom Verband der deutschen Städtestatistiker bearbeitet wurde; der wiederum bestand vor allem aus Mitgliedern der statistischen Ämter der Städte. Für die Bearbeitung eines Teilbereichs der Statistik waren jeweils einzelne statistische Ämter zuständig[5]. Die Jahrbücher erhielten ihre Daten aufgrund eigener Erhebungen mittels Fragebögen, die sie an die Stadtverwaltungen und statistischen Ämter schickten. Sie arbeiteten also nicht direkt mit statistischem Material der Verkehrsbetriebe, zogen aber in den ersten Jahren auch andere statistische Veröffentlichungen heran.

Die Statistik des Personenverkehrs umfaßte in dieser ersten Phase Angaben zu Straßenbahnen, Droschken, Bussen und (unregelmäßig) Nachrichten über den Verkehr auf Wasserwegen. Auch Angaben zur Berliner Stadt-, Ring- und Vorortbahn und für die U-/ Hoch- bzw. Schwebebahnen von Berlin (ab 1903), Hamburg (ab 1912) und Elberfeld (ab 1905) werden im Laufe dieser Phase eingeführt. Diese Differenzierung der Verkehrsmittel bleibt in der zweiten Phase (ab 1924) im wesentlichen erhalten, die Erhebungskategorien werden aber umfassender. Durchweg gut dokumentiert ist die techni-

---

3 *Statistisches Jahrbuch deutscher Städte*, Bd. 1 (1890) - Bd. 28 (1933); *Statistisches Jahrbuch deutscher Gemeinden*, Bd. 29 (1934) ff.
4 *Ebd.*, Bd. 23 (1928).
5 Schon der 22. Band (1927) wurde nicht mehr von einer Einzelperson herausgegeben, sondern von dem Verband deutscher Städtestatistiker. Die Herausgabe eines statistischen Jahrbuchs wird auf der 2. Zusammenkunft der Vorstände der statistischen Ämter beschlossen, aus der der Verband hervorgeht. Die offizielle Gründung erfolgt erst 1903. Vgl. Kurt Buhrow, Geschichte des Statistischen Jahrbuchs Deutscher Gemeinden, in: *Städtestatistik in Verwaltung und Wissenschaft, herausgegeben i. A. des Verbandes Deutscher Städtestatistiker* von Bernhard Mewes, Berlin u.a. 1950.

sche Entwicklung der Verkehrsmittel; in der zweiten Phase wird besonders für die Straßenbahngesellschaften der Kommunalisierungsprozess sichtbar.

Im Gegensatz zur ersten Phase hat sich in der zweiten zwar die Definition der einzelnen Erhebungskategorien stabilisiert, allerdings bleibt z.T. auch in diesem Zeitraum ihre Aufnahme nicht durchgängig[6]. Der ausführliche Anmerkungsteil gleicht die Schwierigkeiten, die sich aus den immer noch variierenden Kategorien ergeben, aber recht gut aus. Auch von den Erhebungsgrundlagen abweichende Angaben werden nachvollziehbar dokumentiert. Nicht vollständig ausgleichen konnten die Herausgeber jedoch die anfängliche Unfähigkeit bzw. den Unwillen mancher Städte, überhaupt Angaben zu machen.

In der dritten Phase werden ab 1948 in den Jahrbüchern wieder die Betriebsergebnisse des Nahverkehrs veröffentlicht, in den ersten Jahren bis 1951 allerdings z.T. auf Länderebene und Städtegruppen aggregiert; für 1949 fehlen die Ergebnisse ganz. Daten zum Taxenbetrieb sind nur über die für den gewerblichen Verkehr zugelassenen Personenkraftwagen erfaßt. Seit 1947 arbeitet das *Jahrbuch deutscher Gemeinden* mit dem Verein öffentlicher Verkehrsbetriebe zusammen und übernimmt von ihm die erhobenen Daten. Zusätzlich ergänzt es seine Statistik durch Umfragen bei Betrieben, die nicht Mitglieder des Vereins öffentlicher Verkehrsbetriebe sind.

Die grundlegende Bedeutung der Jahrbücher für eine statistische Erfassung des Nahverkehrs liegt in der städtischen Basis, in der Zielsetzung, alle Verkehrsmittel zu erfassen und in der Zusammenstellung der wesentlichen Kategorien. Wichtigster Mangel – und daher Hauptzielsetzung für weitere Quellen – sind die Lücken im Erscheinungszeitraum des Jahrbuchs, einmal von 1880-1888, dann vom 1913-1923 und von 1940-1949/50. Hinzu kommen die Lücken aufgrund fehlender Berichterstattung einiger Städte. Auch die Dokumentation einiger Verkehrsmittel, der Droschken und Schiffe im besonderen, wurde für die zweite Phase nicht durchgehend erstellt. Bei der weiteren Quellenauswahl ist auch ein Augenmerk auf im Jahrbuch nicht vorhandene Kategorien gelegt worden. Angestrebt wird, zumindest für Straßenbahn- und U-Bahngesellschaften das anfängliche Anlagekapital und die in den frühen Jahren fehlenden Einnahmen und Ausgaben zu ergänzen.

Von weiteren Veröffentlichungen des Deutschen Städtetags bzw. des Verbands deutscher Städtestatistiker ist in erster Linie die *Vergleichende Städtestatistik* von 1946-1950 von Interesse. Sie enthält einige, allerdings wenige Daten zu Straßenbahnen, die angesichts der zu erwartenden allgemeinen Lücke dieser Jahre berücksichtigt werden sollten. Ähnliches gilt für die *Vierteljahres-* bzw. *Monatshefte deutscher Städte*, die 1921 und 1922 vom Verband deutscher Städtestatistiker herausgegeben wurden. Auch in den Jahren nach dem ersten Weltkrieg ist die Statistik des Nahverkehrs kein dominierendes Anlie-

---

6 Vgl. z.B. den Kommentar des Bearbeiters des Personenverkehrs zu den Schwierigkeiten des Verständnisses von Linien-, Gleis- und Streckenlänge in der ersten Erscheinungsphase des Jahrbuchs, in: *Statistisches Jahrbuch Deutscher Städte*, M. Neefe (Hrsg.) Bd. 6, S. 73/74 (1897). In der zweiten Phase wechselt dagegen z.B. bei den Omnibussen die Aufnahme von Linien zu Streckenlänge.

gen von Städtestatistiken gewesen. In diesen Heften finden sich nur wenige Daten zu Straßenbahnen, zu Wagenkilometern und zur Anzahl der beförderten Personen[7].

1.2. *Veröffentlichungen der städtischen Ämter*

Soweit in den städtischen Verwaltungen herausgelöste Statistische Ämter mit eigenen Veröffentlichungen bestanden, lassen sich diese häufig als Ergänzung der Statistischen Jahrbücher heranziehen, zumal, wie oben ausgeführt, ohnehin eine enge Zusammenarbeit bestand und daher von einer recht guten Übereinstimmung der Kategorien ausgegangen werden kann.

Eigenständige Statistische Ämter wurden in einigen (Groß-) Städten ab Mitte des 19. Jahrhunderts gegründet; Vorreiterin war Berlin (1862). Viele Ämter bearbeiteten die Kategorien zum Nahverkehr in ihrer Statistik ausführlicher als das *Jahrbuch deutscher Städte*[8]. Einschränkend ist aber für diese Quellenart anzumerken, daß längst nicht alle Städte, auch nicht alle größeren über 50.000 Einwohner, Statistische Ämter oder Abteilungen besaßen, und nicht alle Ämter durchlaufend jährliche Berichte veröffentlichten. Bis 1923 gab es erst 50 Statistische Ämter; in vielen Verwaltungen wurden sie erst nach 1945 eingerichtet[9]. Heranziehen kann man aber auch die unregelmäßig erscheinenden Handbücher der Ämter, die den Vorteil haben, selbst oft schon lange Reihen aus ihrem statistischen Material zu dokumentieren. Gerade die ersten dieser nach 1950 herausgegebenen Handbücher bemühten sich oft, wirtschaftskrisen- oder kriegsbedingte Lücken in den statistischen Veröffentlichungen der Zwischenkriegszeit oder auch der 1940er Jahren zu füllen[10]. Neu gegründete Statistische Ämter gaben mit den Handbüchern erste Grundlagen ihrer Arbeit heraus und reichen daher häufig, zumindest was die Grunddaten zu den Verkehrsmitteln angeht, weit zurück[11]. Jahrbücher sind dagegen in den Kategorien ausführlicher, haben aber oft die üblichen, mit den Jahrbüchern deutscher Städte identischen Erscheinungslücken, d.h. die Kriegs- und Nachkriegsjahre beider Weltkriege.

---

7 *Vergleichende Städtestatistik*, hrsg. v. Deutschen Städtetag, Statistische Abteilung, Bd. 1 (1946) - Bd. 24 (1969); *Vierteljahrshefte deutscher Städte*, Verband Deutscher Städtestatistiker (Hrsg.), Bd. 1 1921 (1921/22); Fortsetzung: *Monatshefte deutscher Städte*, ders. (Hrsg.), Bd. 2 1922.

8 Beispiele sind das *Statistische Jahrbuch der Stadt Dresden*, hrsg. v. Statistischen Amt der Stadt, 1899 ff. sowie das *Statistische Jahrbuch Berlin*, hrsg. v. Statistischen Amt der Stadt Berlin, 6. 1880 ff. Vgl. Emil Tretau, Übrige Verkehrsstatistik, in: *Die Statistik in Deutschland nach ihrem heutigen Stand*, hrsg. von F. Zahn, Bd. II München/Berlin 1911, S. 377 ff.

9 Franz Zizek, *Grundriß der Statistik*, München/Leipzig 1923, S. 213.

10 Vgl. z.B. *Statistisches Handbuch der Stadt Göttingen 1950-1975. Daten Fakten Zahlen*, Statistisches Amt der Stadt Göttingen (Hrsg.) Göttingen 1976. Die langen Reihen gehen dort z.T. bis 1906 oder bis 1947 zurück; *Handbuch der Essener Statistik. Abschluß: 31. Dezember 1959*, Amt für Statistik und Wahlen der Stadt Essen (Bearb. und Hrsg.), Essen 1960. Die Langen Reihen gehen z.T. bis 1920/1926 zurück.

11 Etwa *Statistisches Handbuch der Stadt Dortmund*, Amt für Statistik und Wahlen (Hrsg.), 1. Bd. Dortmund 1970.

Die Veröffentlichungen der Statistischen Landesämter sind in den meisten Fällen für eine historische Satistik des Nahverkehrs wenig brauchbar. Soweit sie überhaupt Angaben über Nahverkehrsmittel enthalten, sind diese nicht nach Städten oder Verkehrsbetrieben gegliedert, so daß sich z.B. in Erhebungen über Kleinbahnen Nahverkehrszüge des Umlands und städtische Straßenbahnen nicht trennen lassen. Auch in der ab 1936 verordneten statistischen Erhebung des Linienkraftverkehrs werden Daten auf Landes- und Reichsebene aggregiert[12]. Eine Ausnahme bildet hier das statistische Jahrbuch Bayerns. Besonders wichtig ist auch das 1949 vom Länderrat der amerikanischen Zone herausgegebene *Statistische Handbuch von Deutschland 1928-44*, das eine Lücke der *Jahrbücher Deutscher Gemeinden* abdeckt[13]. Beide Veröffentlichungen enthalten nach (Groß-)Städten gegliederte Angaben für Straßenbahnen.

1.3. Nichtamtliche Quellen

Nichtamtliche Quellen, die oft Angaben über den städtischen Nahverkehr enthalten, sind die Veröffentlichungen der Handelskammern der verschiedenen Städte. Als Quelle haben sie den Vorteil, ihre Angaben über Betriebsmittel und -ergebnisse meist direkt von den Gesellschaften selbst zu beziehen. Allerdings ist nicht immer gesagt, daß so alle Verkehrsunternehmen einer Stadt erfaßt wurden. Die Angaben sind oft unregelmäßig und unvollständig; Angaben zu den Kleinunternehmern der Droschkendienste fehlen meist ganz. Städte, die "interessantere" Wirtschaftsbereiche aufzuweisen haben, verzichten häufig auf Nahverkehrsgesellschaften[14]. Aus der Veröffentlichungspraxis ergibt sich daher, daß sie als Quelle vor allem ergänzenden Charakter haben, um bestehende Lükken der übrigen Statistik zielgerichtet abdecken zu können.

2. Statistiken über einzelne Verkehrsmittel des öffentlichen Nahverkehrs

2.1. Vereinsstatistiken

In den Statistiken, die nach Verkehrsmitteln erheben, ist es wichtig, zwischen dem eigentlichen städtischen Verkehr und dem Überlandverkehr trennen zu können. Solche Statistiken liegen vor allem für den schienengebundenen Verkehr vor. Für die Berichtsjahre von 1900-1914 gab der Verein Deutscher Straßenbahn- und Kleinbahnverwaltungen nach Städten und Gesellschaften gegliederte Statistiken über Straßenbahnen heraus. Ab 1903 erschienen sie als eigenständige Ergänzungsbände zu seiner *Zeitschrift für*

---

12 Vgl. *Vierteljahrshefte zur Statistik des deutsche Reichs*, Statistisches Reichsamt (Hrsg.), 1936 ff; *Wirtschaft und Statistik*, ders. (Hrsg.), 19. Bd. 1939.
13 *Statistisches Jahrbuch für den Freistaat Bayern; Statistisches Handbuch von Deutschland 1928-1944*, Länderrat des Amerikanischen Besatzungsgebiets (Hrsg.), München 1949.
14 Z.B. *Jahresbericht der Handelskammer zu Köln für 1880*, Köln 1881 ff.

Kleinbahnen[15]. Neben den Kategorien zu Betriebsmitteln und -ergebnissen einschließlich der Einnahmen und Ausgaben enthält sie Angaben zum Anlagekapital sowie zu Beschäftigten. 1904 wurde sie vom Ministerium für öffentliche Arbeiten übernommen. In einigen Jahren wurde sie vom *Statistischen Jahrbuch deutscher Städte* als Ergänzung für fehlende oder falsche Berichterstattung der Städte herangezogen[16]. Zwischen 1916 und 1933 wurden die Betriebsergebnisse der Straßenbahngesellschaften vom Verein Deutscher Straßenbahn- und Kleinbahnverwaltungen nur summarisch veröffentlicht, und zwar in der *Zeitschrift für Kleinbahnen* bis zu ihrem letzten Erscheinungsjahr 1920, von da an im *Archiv für Eisenbahnnwesen*. Insbesondere für die nichtpreußischen Gesellschaften blieb das Ministerium weiterhin auf die Zusammenarbeit mit dem Verein angewiesen[17]. Als Fortsetzung dieser Statistik gab das Reichsverkehrsministerium im Rahmen der *Statistik der im Betriebe befindlichen Eisenbahnen Deutschlands* von 1933-1941 auch eine *Statistik der deutschen Straßenbahnen und Bahnen besonderer Bauart* heraus, die ebenfalls nach Städten und Gesellschaften gegliedert ist und von daher eine Auswahl der städtischen gegenüber den Vorort- und Überlandbahnen ermöglicht[18].

1928, 1936 und 1940 gab der Verein Deutscher Straßenbahn- und Kleinbahnverwaltungen ein Handbuch der deutschen Straßenbahnen, Kleinbahnen und Privateisenbahnen heraus, das ebenfalls Grunddaten zu den Gesellschaften enthält. Das Organ des Vereins, die *Deutsche Straßen- und Kleinbahnzeitung*, veröffentlichte zudem die monatlichen Betriebseinnahmen der Gesellschaften, eine in den *Jahrbüchern deutscher Städte* gerade in den frühen Jahren ihres Erscheinens fehlende Kategorie[19].

Ab 1949 übernahm der neu gegründete Verein öffentlicher Verkehrsbetriebe (VÖV) die Rolle des wichtigsten "Datenlieferanten" in der Statistik des öffentlichen Nahverkehrs. Einerseits veröffentlicht er selbst auf der Basis von Mitteilungen der Gesellschaften Statistiken mit recht vollständigen Erhebungskategorien zu den Betriebsmitteln und

---

15 *Zeitschrift für Kleinbahnen*. Zugl. Organ des Vereins deutscher Straßenbahn- und Kleinbahnverwaltungen, Ministerium für öffentliche Arbeiten (Hrsg.), 1. Bd. 1894 - 27. Bd. 1920; *Statistik der Kleinbahnen im Deutschen Reich für das Jahr ...* Ergänzungsheft zur Zeitschrift für Kleinbahnen 1902 (1903) - 1914 (1916).

16 Z.B. vom *Statistisches Jahrbuch Deutscher Städte*, Bd. 12 (1904) ff. Sie diente aber auch anderen statistischen Veröffentlichungen als Grundlage, etwa dem *Statistischen Jahrbuch für den Preußischen Staat*, 3. Jg. 1903.

17 Vgl. Oskar Büchner, Die Statistik des Nahverkehrs, in: *Die Statistik in Deutschland nach ihrem heutigen Stand*, F. Burgdörfer (Hrsg.), Berlin 1940.

18 *Statistik der deutschen Straßenbahnen und Bahnen besonderer Bauart*, Reichsverkehrsministerium (Hrsg.), 1. Bd. 1933 (1935) - 8. Bd. 1940 (1941).

19 *Deutsche Straßen- und Kleinbahnzeitung. Organ des deutschen Straßen- und Kleinbahn-Vereins* 1. Bd. 1896 ff. Fortsetzung: *Verkehrstechnik* 4. Bd. 1923 ff. Für das Anlagekapital der Gesellschaftsgründung ließe sich auch ein Adreßbuch, das die Gesellschaften alphabetisch auflistete, heranziehen: *Die deutschen elektrischen Straßenbahnen, Sekundär-, Klein- und Pferdebahnen sowie die elektrotechnischen Fabriken, Elektricitätswerke samt Hilfsgeschäften im Besitz von Aktiengesellschaften*, 10. Ausg. 1906/07, Berlin/Leipzig 1906; ebenso das *Handbuch der deutschen Straßenbahnen, Kleinbahnen und Privateisenbahnen sowie angeschlossener Kraftfahrbetriebe*, bearb. von der Geschäftsstelle des Vereins deutscher Straßenbahnen, Kleinbahnen und Privateisenbahnen e.V., Berlin 1. Auflg. 1928, 2. Auflg. 1936, 3. Auflg. 1940. Es wird unter dem Titel *Handbuch der öffentlichen Verkehrsbetriebe*, VÖV (Hrsg.), Köln 1952 ff. vom Verein öffentlicher Verkehrsbetriebe fortgesetzt.

-ergebnissen, zum anderen dient er den *Jahrbüchern deutscher Gemeinden* ebenso wie anderen amtlichen Quellen als Materialbasis. Auch ist er der Datenlieferant für das Statistische Bundesamt[20]. Die wichtigste Einschränkung seiner Statistik bezieht sich auf die fehlende Erhebung zum Taxenbetrieb; die von der Bundesbahn betriebenen S-Bahnen sind dagegen erfaßt, ebenso Daten für die Verkehrsverbundsysteme im gesamten, wie für die zugehörigen städtischen Gesellschaften im einzelnen.

2.2. Monographien

Monographien, die statistisches Material enthalten, sollten nur nach genauer Überprüfung herangezogen werden, denn sie verschweigen oft ihre Quellen. In den 90er Jahren des letzten Jahrhunderts veröffentlichte K. Hilse einige Untersuchungen, haupsächlich zur Entwicklung des städtischen Schienenverkehrs[21]. In den 1920er Jahren hat G. Kemmann zu verschiedenen Verkehrssystemen Untersuchungen angestellt. Für die Aufnahme der S-Bahn Rhein-Ruhr ist seine Veröffentlichung über deren Vorläufer, die Rheinisch-Westfälische Stadtbahn von Interesse[22]. H. Silbergleit ist dagegen als Direktor des Statistischen Amts zu Berlin eine eher offiziösere Quelle. Seine Angaben stammen aus den Erhebungen der statistischen Ämter[23].

Die Veröffentlichungen einzelner Verkehrsgesellschaften, z.B. Jubiläumsschriften, enthalten z.T. lange Reihen zur Entwicklung der betreffenden Gesellschaft, zu Betriebsmitteln und -ergebnissen, sowie Zusammenstellungen aus den Geschäftsberichten. Je weiter der Kommunalisierungsprozess im Verkehrsbereich fortgeschritten war, desto vollständiger erfassen die Gesellschaften den gesamten Linienverkehr einer Stadt. Solange der Verkehr allerdings weitgehend privatwirtschaftlich betrieben wurde, erschwert die Zahl unterschiedlicher Betriebe eine systematische Erfassung über deren Veröffentlichungen. Nahezu vollständig fehlen Angaben über Kleinunternehmen, v.a. Droschken bzw. Taxen. Gegebenenfalls ist zu prüfen, ob sie ihre Daten überhaupt nachweisen oder über den Charakter von Hochglanzbroschüren nicht hinaus gehen[24].

20 *Statistische Übersichten*, Verband öffentlicher Verkehrsbetriebe (Hrsg.) Köln 1950 ff; Fortsetzung: VÖV: Statistik, ders. (Hrsg.), Köln 1975 (1976) ff.
21 Z.B. Karl Hilse, *Die Verstaatlichung der Straßenbahnen, Wiesbaden 1889;* ders., *Das Unfall-Gefahren-Gesetz in den deutschen Straßenbahnbetrieben. Eine eisenbahnstatistische Untersuchung,* Wiesbaden 1889. Sie enthält nicht nur über Unfälle statistisches Material.
22 Gustav Kemman, *Die Rheinisch-Westfälische Städtebahn. Schlußbetrachtungen zu den bisherigen kritischen Äußerungen*, Berlin 1928; ders., *Zur Eröffnung der elektrischen Hoch- und Untergrundbahn in Berlin,* Berlin 1902.
23 Heinrich Silbergleit, *Preußens Städte: Denkschrift zum 100jährigen Jubiläum der Städteordnung vom 19. Nov. 1808,* Berlin 1908; ders., *Das Statistische Amt der Stadt Berlin 1862-1912. I.A. der Deputation für Statistik im kurzen Abriß dargestellt,* Berlin 1912.
24 Z.B. *1865-1965. 100 Jahre Straßenbahn in Berlin*, Berliner Verkehrsbetriebe (BVG) (Hrsg.), o.O.o.J. (Berlin 1965); *75 Jahre Erfurter Straßenbahn. Festschrift zur 75 Jahrfeier am 13. Mai 1958,* Erfurt 1958; *50 Jahre Münchener Straßenbahn 1876-1926,* München 1926.

Walter F. Kohler

Quellen zur Statistik des Gesundheitswesens in Deutschland (1815-1938)

1. Einleitung

In der vorliegenden Arbeit[1] werden statistische Quellen zu zentralen Indikatoren des Gesundheitswesens (Heilpersonal; Krankenhauswesen; Mortalität und Morbidität der Bevölkerung) vorgestellt. Nach den einleitenden Bemerkungen zur Überlieferungssituation schließt sich der eigentliche Quellenbericht für das Deutsche Reich und ausgewählte Bundesstaaten (in der Reihenfolge reichsstatistischer Darstellungen) an. Aufgrund der Fülle des veröffentlichten Materials, das darüber hinaus nur selten in einer Publikationsreihe konzentriert vorliegt, beschränke ich mich auf wichtigere Veröffentlichungen. Eine kommentierte Bibliographie am Ende des Aufsatzes verweist auf weitere Literatur. Hinsichtlich des archivalischen Materials werden auch Quellen erwähnt, die im engeren Sinne nicht zu den genannten Variablengruppen gehören, diese aber abrunden[2].

1.1. Die Begriffe

Die Bezeichnungen der einzelnen Arbeitsfelder im Bereich der Gesundheitsstatistik scheinen auf den ersten Blick verwirrend. Es konkurrieren die Begriffe "medizinische Statistik", "Medizinalstatistik", "sanitäre Statistik" und "Gesundheitsstatistik". In ihrer

---

1 Dieser Quellenbericht entstand im Rahmen eines von der Deutschen Forschungsgemeinschaft finanzierten Projekts an der Universität Konstanz "Historische Statistik des Gesundheitswesens in Deutschland vom frühen 19. Jahrhundert bis zur Gegenwart". Ziel des Projekts ist es, statistische Quellen zum Gesundheitswesen zu sammeln und Daten, wo immer möglich, in Form von Langzeitreihen darzustellen. Das Untersuchungsgebiet umfaßt die Staaten (bzw. Länder) des Deutschen Reichs im jeweiligen Gebietsstand. Die Rekonstruktion der Zeitreihen soll auf drei verschiedenen Aggregationsstufen erfolgen: auf der Ebene des jeweiligen Gesamtstaates (ab 1870), auf der Ebene der Bundesstaaten bzw. -länder und auf der Ebene der Regierungsbezirke (für Preußen auch Provinzen). Leiter des Projekts ist Prof. Dr. Reinhard Spree; Bearbeiter Walter F. Kohler; Mitarbeitende: Gudrun Kling und Harald Hägle. Roland Otto war bis zu seinem Tod Mitarbeiter des Projekts.
2 Folgende Archivrecherchen wurden im Rahmen des Projekts durchgeführt: Staats- und Hauptstaatsarchiv München für Bayern; Hauptstaatsarchiv Stuttgart und Staatsarchiv Ludwigsburg für Württemberg; Generallandesarchiv Karlsruhe für Baden.

Begriffsgeschichte verdeutlicht sich die historische Entwicklung der Gesundheitsstatistik[3].

In der ersten Hälfte des 19. Jahrhunderts gehörten alle behördlichen Berichte des Gesundheitswesens zur "medizinischen Statistik und Topographie". Dieses Begriffspaar wurde sowohl für sämtliche numerischen als auch textlichen Beschreibungen des Gesundheitswesens verwendet, gewissermaßen ein begriffliches Äquivalent zur älteren Definition der Statistik als "der Lehre von den Staatsmerkwürdigkeiten". Bezüglich der "medizinischen Statistik" lag das Schwergewicht auf der Mitteilung der Fakten, unter "medizinischer Topographie" war die analytische Darstellung zu verstehen. Auch in der zweiten Hälfte des 19. Jahrhunderts fanden beide Darstellungsweisen Eingang in die Berichterstattung und wurden durch Gliederungsvorschriften eindeutig definiert[4]. Der topographische Teil verlor im Laufe des 19. Jahrhunderts immer mehr an Bedeutung und ist schließlich in den Sanitätsberichten des 20. Jahrhunderts nicht mehr bearbeitet. Hingegen etablierte sich ein neues statistisches Arbeitsfeld, die medizinische Statistik, die mit Hilfe statistischer Methoden den Zusammenhang von Krankheit und Gesellschaft darzustellen versuchte. So bezeichnete das Standardwerk *Handbuch der medizinischen Statistik* von F. Prinzing (in Nachfolge der gleichnamigen Darstellung von F. Oesterlen) die medizinische Statistik als "Untersuchung pathologischer Erscheinungen der menschlichen Gesellschaft" und grenzt damit die institutionelle und personelle Situation des Gesundheitswesens schon definitorisch weitgehend aus[5]. Folgerichtig behandelte Prinzing die Statistik des Heilpersonals und des Krankenhauswesens nur am Rande unter dem Aspekt "Umwelteinflüsse auf die Höhe der Sterblichkeit". Die medizinische Statistik in dieser Bedeutung ist insofern eine Weiterentwicklung der "medizinischen Topographie", als sie die analytische Interpretation des gesundheitlichen Zustands der Bevölkerung weiterführt.

Die Unterscheidung zwischen medizinischer Statistik einerseits sowie Medizinalstatistik und Gesundheitsstatistik andererseits war ein Ergebnis der zunehmenden Differenzierung der Arbeitsbereiche der statistischen Ämter und der wissenschaftlichen Methodik der Statistik.

Die amtliche Statistik entwickelte sich aus der behördlichen Verwaltungsstatistik, die in der Frühzeit in erster Linie den Bedürfnissen der staatlichen Verwaltung Rechnung

---

3   Zur Definition der aufgezählten Begriffe vgl. E. Roesle, Medizinalstatistik und Gesundheitsstatistik. Mit einem Anhang: Bibliographie der amtlichen Reichsmedizinalstatistik 1876-1926, in: *Arbeiten aus dem Reichsgesundheitsamt*, 75 (1926), S. 836-839, bes. S. 836 f.; ders., Die Einführung der Medizinalstatistik in die Gesundheitsstatistik, in: *Deutsches Statistisches Zentralblatt*, Nr. 7/8 (1924), Sp. 102 f.; A. Fischer, *Grundriß der sozialen Hygiene*, 2 Bde., 2. Aufl., Karlsruhe 1925; A. Kasten, Die deutsche Reichs- und Landesgesundheitsstatistik, in: *Allgemeines statistisches Archiv*, 17 (1928), S. 122-156.

4   Vgl. z.B. Wiener, *Handbuch der Medizinalgesetzgebung des Deutschen Reichs und seiner Einzelstaaten*, 2 Bde., Stuttgart 1883-1887, Bd., 2.1 S. 50 f. (bzgl. Preußen); Carl R. Hoffmann, *Das Zivil-Medizinal-Wesen im Königreiche Bayern*, 2 Bde., Landshut 1858 u. 1861, Bd. 2, S. 128-132 und 146-148 (bzgl. Bayern); V. A. Riecke, *Das Medizinalwesen des Königreiches Württemberg*, Stuttgart 1856, S. 39-51 (bzgl. Württemberg).

5   F. Prinzing, *Handbuch der medizinischen Statistik*, 2. Aufl., Jena 1931, S. 1; vgl. Fr. Oesterlen, *Handbuch der medizinischen Statistik*, 2. Aufl., Tübingen 1874.

trug. Spätestens ab Mitte des 19. Jahrhunderts ging die amtliche Statistik dazu über, ihre Arbeit einer größeren Öffentlichkeit anzubieten und dehnte das Untersuchungsfeld auf viele Bereiche des öffentlichen Lebens aus. Die methodisch-statistische Auswertung der Ergebnisse sowie die Interpretation und Analyse der Statistiken verlagerte sich von den Bearbeitern zu den Benutzern.

Im Gegensatz zur Medizin, die sich der Statistik als Hilfswissenschaft bediente, benutzte die amtliche Statistik die weitergefaßten Begriffe "Medizinalstatistik" und "Gesundheitsstatistik", da sie Datensätze für alle Bereiche des Gesundheitswesens zur Verfügung stellte. Bis zum Ende des Untersuchungszeitraumes wurden die Gesundheits- und Bevölkerungsstatistik von zwei getrennten Reichsinstitutionen bearbeitet: dem Statistischen Reichsamt und dem Reichsgesundheitsamt[6]. Nach 1925 war das Statistische Reichsamt allein für die Erhebung und Aufbereitung dar Daten zuständig.

1.2. Die behördliche Statistik des Gesundheitswesens

Eine Voraussetzung für die Entstehung einer Statistik des Gesundheitswesens war die institutionelle Ausbildung des öffentlichen Gesundheitswesens auf Länderebene und seine Einbeziehung in die behördliche Verwaltung. Dieser Prozeß war im ersten Drittel des 19. Jahrhunderts in allen größeren Staaten weitgehend vollzogen.

Grundsätzlich galt für das Gesundheitswesen der hierarchische Verwaltungsaufbau in drei Instanzen:

1) Die obersten Gesundheitsbehörden dienten in der Regel als Beratungs- und Gutachtergremien ohne eigene gesetzesinitiative Befugnisse (Sanitätskommissionen oder –kollegien). In Bayern, Sachsen, Württemberg, Baden und Hessen gehörten sie einem Ressort des Innenministeriums an, in Preußen waren seit 1825 gesundheitspolizeiliche und wohlfahrtsstaatliche Aufgaben zwischen dem Innenministerium und dem Ministerium der geistlichen, Unterrichts- und Medizinalangelegenheiten aufgeteilt. Erst ab 1849 wurden alle Bereiche des öffentlichen Gesundheitswesens vom Ministerium der geistlichen, Unterrichts- und Medizinalangelegenheiten bearbeitet.

---

6 Das Kaiserliche Statistische Amt sowie das Kaiserliche Gesundheitsamt führten ab 1918 die Namen Statistisches Reichsamt und Reichsgesundheitsamt. Im folgenden werden durchgehend diese Bezeichnungen benutzt. Die Gesundheitsstatistik wurde im Kaiserreich als Teilgebiet der Bevölkerungsstatistik aufgefaßt. Der Herausgeber eines 1911 erschienenen Aufrisses der Statistik in Deutschland nach ihrem damaligen Stande ordnete eindeutige Gegenstände der Gesundheitsstatistik zur Bevölkerungsstatistik: die (berufliche) Morbiditätsstatistik; die Statistik der Gebrechen (Geisteskranken-, Blinden-, Taubstummen- und Krüppelstatistik); die Säuglings- und Säuglingssterblichkeitsstatistik; vgl. F. Zahn (Hrsg.), *Die Statistik in Deutschland nach ihrem heutigen Stand*, 2 Bde., München und Berlin 1911. Das 1940 veröffentlichte Werk mit gleichem Titel behandelte die Statistik des Gesundheitswesens als eigenständigen, jedoch zur Bevölkerungsstatistik gehörenden Teilbereich. Neben der Mortalitäts- und Morbiditätsstatistik wurden auch die Musterungs- sowie die Sport- und Jugendherbergsstatistik zum Gesundheitswesen gezählt; vgl. Burgdörfer, F. (Hrsg.), *Die Statistik in Deutschland nach ihrem heutigen Stand*, 2 Bde., Berlin 1940.

2) Die Regierungen auf mittlerer Verwaltungsebene (Kreise; Regierungsbezirke; in Preußen: Provinzen) wurden durch medizinische Fachbeiräte (Kreisärzte; in Preußen: Kommissionen) unterstützt. Diese Kreismedizinalbehörden spielten insbesondere in Bayern und Württemberg eine wesentliche Rolle, da sie konkret die Aufsicht über das gesamte (akademische) Heilpersonal wahrnahmen.

3) In erster Instanz nahmen die bestellten Amtsärzte (Gerichtsphysikus; Oberamtsarzt; Bezirksarzt; Kreisphysikus), teilweise mit ebenfalls beamteten Chirurgen, gerichtsmedizinische, gesundheitspolizeiliche und wohlfahrtsstaatliche Aufgaben wahr. Hinzu kam die Aufsicht über das (nichtakademische) Heilpersonal und über medizinische Einrichtungen.

Die Staaten des beginnenden 19. Jahrhunderts dehnten ihre Autorität auf alle Bereiche des Gesundheitswesens aus und erreichten dadurch die Eingliederung der längst bestehenden, in der Ausübung der Heilkunde oft konkurrierenden Berufs- und Standesgruppen (akademisches und nichtakademisches Heilpersonal), der Institutionen zur medizinischen Versorgung (Kranken- und Fürsorgeanstalten) und zur fachlichen Ausbildung (Approbationsvorschriften; Lehrpläne; Schulen für das nichtakademische Heilpersonal). Die behördliche Aufsicht vor Ort wurde durch Visitation, vor allem aber durch das Berichtswesen der Amtsärzte sichergestellt. Diese frühe Form der Physikatsberichte war in der Regel Teil der allgemeinen Verwaltungsberichterstattung und diente einerseits der Rechenschaft über die Amtsführung; andererseits sollte sie die Grundlage für eine "medizinische Statistik und Topographie" bilden.

Bis zur Mitte des 19. Jahrhunderts hatte die textliche Darstellung deutlichen Vorrang gegenüber der "zahlenmäßigen" Erfassung[7]. So sahen z.B. fast alle Physikatsordnungen die Führung von Listen zu unterschiedlichsten Bereichen (Personalstand; Krankenhauswesen) vor, doch wurden sie nur selten in die Berichterstattung einbezogen und dienten meist der "allgemeinen Dienstübersicht", nicht als medizinalstatistisches Urmaterial. Statistische Einzelerhebungen zum Medizinalwesen fanden vor allem dann statt, wenn strukturelle oder wirtschaftlich-sozialpolitische Veränderungen (Besetzung der Physikate, besonders häufig um 1815-1825; Ausgaben für Heil- und Irrenanstalten) anstanden. Die Überlieferung dieser Quellen ist im allgemeinen sehr günstig. Hingegen bieten die turnusmäßig eingeforderten Verwaltungsberichte – und mit ihnen die Physikatsberichte – ihre Daten in der Regel für größere Zeiträume an[8]. Ihre Überlieferungssitua-

---

7 Noch 1858 heißt es in einer Instruktion der bayerischen Sanitätskommission: "Vielfach kann der Stoff durch tabellarische Auffassung in einfachster und zweckmäßiger Weise verarbeitet werden und dadurch der Umfang des Berichts wesentlich gemindert werden"; zitiert nach Hoffmann, *Zivil-Medizinal-Wesen*, (Anm. 4), Bd. 2, S. 198. Die Vorstellung, daß eine Zahl einen Zustand repräsentieren könne, war den erhebenden Amtsstellen noch in der 2. Hälfte des 19. Jahrhunderts kaum vertraut. In fast allen Bestimmungen zur Berichterstattung der einzelnen Staaten sind ähnlich lautende Anweisungen zu finden; vgl. u.a. Wiener, *Medizinalgesetzgebung* (Anm. 4), Bd. 2.2, S. 403. Auch die Gleichzeitigkeit textlicher und zahlenstatistischer Angaben, wie sie zum Beispiel in den Medizinalzustandsberichten Württembergs vorkommen, deutet auf den nur allmählichen Wandel in der Berichtsweise.

8 Auszüge aus Physikatsberichten finden sich in vielen ärztlichen Intelligenz- oder Amtsblättern, doch beschränken sie sich fast ausschließlich auf die Darstellung von Behandlungsmethoden oder besonders spektakulären Fällen. Hierzu vgl. V. Dehnke, *Das Gesundheitswesen in*

tion hängt von zwei Voraussetzungen ab: erstens vom jeweiligen Grad der Einbeziehung der Medizinalstatistik in die allgemeine Verwaltungsstatistik und zweitens vom Vorhandensein einer zentralen Sammelstelle für "Zahlenstatistiken".

Im Gegensatz hierzu waren bevölkerungsstatistische Erhebungen schon lange vorher ein zentraler Gegenstand staatlichen Interesses. Die Erfassung der "Bewegung der Bevölkerung" ist in fast allen Staaten des Deutschen Bundes nachzuweisen. Da jedoch nicht das gesamte Material für die erste Hälfte des 19. Jahrhunderts publiziert wurde, bestimmt auch hier die Existenz einer geregelten Verwaltungsstatistik die heutige Quellenlage: Die Sammlung der Urdaten durch ein zentrales Amt erwies sich auch hier als beste Voraussetzung für deren Überlieferung.

1.3. Bemerkungen zu veröffentlichten Quellen

Die Medizinalberichterstattung ab der 2. Hälfte des 19. Jahrhunderts hatte gegenüber den früheren Physikatsberichten nicht nur eine thematische Ausweitung erfahren, sondern das Schwergewicht auf die zahlenstatistische Erfassung des Gegenstandsbereichs verlagert. In Bayern und Württemberg, wo bereits 1846/47 ihre regelmäßige Abfassung vorgeschrieben war, enthielt sie sowohl medizinisch-topographische als auch rein gesundheitsstatistische Rubriken. In Sachsen ist diese Quelle ab 1867, in Baden ab 1878, in Preußen ab 1880 nachgewiesen. In Hessen wurden zwar einzelne Erhebungen zum Gesundheitswesen durchgeführt, eine regelmäßige gesundheitsstatistische Berichterstattung der Amtsärzte war jedoch nicht vorgesehen[9]. Die Sammlung, Auswertung und Veröffentlichung des Materials der jährlich von den zuständigen Medizinalbeamten eingezogenen Berichte besorgte in der Regel die oberste Gesundheitsbehörde bzw. das zuständige (Innen-) Ministerium. Ihre Veröffentlichung begann in Bayern für die Jahre 1857/58, in Sachsen 1867/68, in Württemberg ab 1872, in Baden regelmäßig ab 1880, in Preußen ab 1889.

Was die Erhebungsbreite und -methodik sowie die Veröffentlichungsfrequenz betrifft, machten sich in den einzelnen Ländern ebenfalls erhebliche Unterschiede bemerkbar, da auch nach Gründung des Statistischen Reichsamtes (1872) und des Reichsgesundheitsamtes (1876) die einzelnen statistischen Landesämter während des gesamten Untersuchungszeitraums selbständige Behörden blieben und durch Reichsbestimmungen nicht eingeschränkt waren[10]. Reichsrechtlicher Vorschrift unterlag ausschließlich ein

---

der ersten Hälfte des 19. Jahrhunderts im Spiegel der Amts- und Intelligenzpresse, Düsseldorf 1983 (= Arb. zur Gesch. d. Medizin, Beiheft 9).

9 Angaben nach Wiener, *Medizinalgesetzgebung* (Anm. 4). Besonders erwähnenswert ist die Arbeit von E. Riegel, der zwischen 1852 und 1854 Ärzte- und Apothekerzahlen für die Staaten des Deutschen Bundes sammelte: E. Riegel, *Statistik der Aerzte und Apotheker Deutschlands. Mit Ausschluß der österreichischen und sächsischen Lande und der kleineren Staaten*, Speyer 1859.

10 Da während der Weimarer Republik die Landesämter nicht zur Mitwirkung bei der Reichsstatistik verpflichtet waren, existierte erst für 1924 eine einheitliche Reichsstatistik. Mecklenburg-Strelitz und Mecklenburg-Schwerin hatten zuvor eine Mitarbeit verweigert; vgl. A. Kasten, *Gesundheitsstatistik* (Anm. 3), S. 155.

vom Bundesrat bzw. vom Reichstag verabschiedeter Katalog der zu erhebenden Gegenstände. Die Veröffentlichungspraxis orientierte sich dabei vornehmlich an der landeseigenen rechtlichen und organisatorischen Struktur[11].

Während der Weimarer Republik engten sowohl die landes- als auch die reichsstatistischen Behörden ihr Veröffentlichungsprogramm erheblich ein. Ausschlaggebend hierfür war die akute Finanz- und Personalnot der Ämter in der Nachkriegszeit. Die Daten wurden nicht mehr in der gleichen Differenzierung zur Verfügung gestellt, in einigen Bundesländern fielen ganze Veröffentlichungsreihen aus oder erschienen nur noch unregelmäßig. Um eine einheitliche und zügige Bearbeitung zu gewährleisten, übernahm ab 1925 das Statistische Reichsamt die Aufbereitung und Publikation aller Daten zur Bevölkerungs- und Gesundheitsstatistik[12].

Die Statistischen Reichsämter bezogen die Daten über die Landesämter, die auch die eigentliche Auswertung übernommen hatten. Bevölkerungsstatistisches Material wurde in der Regel durch die Standesämter erhoben[13], medizinalstatistisches meist durch die Gesundheitsverwaltungen[14].

Ein weiterer Grund für die Divergenzen zwischen reichs- und landesstatistischen Daten ist im Zusammenhang der Institutionalisierung statistischer Zentralbehörden und ihre organisatorische Einbindung in die oberste Landesverwaltung zu sehen. Obwohl alle untersuchten Staaten bereits vor 1870 ein eigenständiges Statistisches Amt aufwiesen (Preußen: 1805; Bayern: 1833; Sachsen: 1831; Württemberg: 1820; Baden: 1853; Hessen: 1853)[15], blieben *verschiedene* Institutionen mit der Aufnahme und Auswertung

---

11 Bayern z.B. kannte bezüglich der Allgemeinen Heilanstalten nur die Unterscheidung zwischen "lokal" und "distriktiv". Die Werte sind auch in der Summe nicht mit der bei Reichsbehörden gebräuchlichen Einteilung in "öffentliche", "private" und "Universitätsanstalten" identisch.

12 Zur zeitgenössischen Diskussion vgl. A. Kasten, *Gesundheitsstatistik* (Anm. 3), S. 140 f. und 147-156; E. Roesle, Die Einführung der Medizinalstatistik in die Bevölkerungsstatistik, in: *Deutsches Statistisches Zentralblatt*, Jg. 16 (1924) Nr. 7/8, Sp. 102-108.

13 Das Arbeitsgebiet des Kaiserlichen Statistischen Amtes nach dem Stande des Jahres 1912, in: Statistik des Deutschen Reichs, Bd. 201 (1913), S. 25, Bundesratsbeschluß v. 27.4.1873.

14 Die Erhebungsbögen sowie die -vorschriften sind in den betreffenden Veröffentlichungen, nach 1925 in Vierteljahresheften zur Statistik des Deutschen Reichs abgedruckt.

15 Die Gründungsdaten der statistischen Ämter nach R. Boeckh, *Allgemeine Übersicht der Veröffentlichungen aus der administrativen Statistik*, Berlin 1856. Bezüglich Preußen gibt Boeckh das Jahr der Ernennung des ersten Direktors an (1810), in den meisten Publikationen hingegen wird das Jahr 1805 (der Beschluß zur Gründung eines statistischen Büros) genannt; vgl. u.a. *Handwörterbuch der Staatswissenschaften* (im folgenden zitiert als *HSW*), Conrad, J. u.a. (Hrsg.), Bd. 7, 3. Aufl., Jena 1911, S. 844. Im einzelnen sind die Angaben in der Literatur sehr widersprüchlich. In Bayern soll bereits unter Montgelas ein statistisches Zentralbüro gearbeitet haben (vgl. ebd. S. 852), eine Gründungsverordnung liegt jedoch erst 1815 vor. Dieses erste statistische Amt wurde 1817 wieder aufgelöst und 1833 erneut gegründet. In der Zwischenzeit fungierte das Finanzministerium als Sammelstelle für Statistiken; vgl. J. Kleindinst, F. Zahn, Geschichte der neueren bayerischen Statistik, in: *Beiträge zur Statistik des Königreiches Bayern*, Heft 86 (1914), S. 1-212. In Sachsen erfüllte ab 1831 der Statistische Verein die Funktionen eines statistischen Amtes, das ab 1833 amtliche Quellen auswerten konnte. Die Gründung des Statistischen Bureaus erfolgte erst 1850; vgl. R. Boeckh, *Übersicht*, S. 11 f.; *HSW*, S. 853. Das württembergische statistisch topographische Bureau nahm seine Arbeit 1820 auf, nachdem schon 1817 eine Stelle zur Bearbeitung der Statistik in dem "Collegium für die Staatskontrolle" bestand; vgl. R. Boeckh, *Übersicht* S. 13. In Baden entstand 1852

der Daten betraut, teilweise lassen sich sogar parallele Erhebungen nachweisen. Für das Gesundheitswesen konkurrierten in der Hauptsache das Innenministerium (als Aufsichtsbehörde des Medizinalbüros) und das Statistische Amt.

Außerhalb dieser behördlichen Veröffentlichungsreihen publizierten Interessenverbände gesundheitsstatistische Angaben, wie zum Beispiel *Börners Reichsmedizinalkalender* oder jährlich erscheinende Taschenkalender für das Heilpersonal. Gerade bei diesem Quellentyp ist es fraglich, ob in den entspechenden Zusammenstellungen das gesamte oder nur das in Vereinen organisierte Heilpersonal erfaßt wurde. Ein zusätzliches Problem werfen die unterschiedlichen Erhebungsverfahren auf[16]. Diese Quellentypen, die Reichsstatistiken, die Statistiken der einzelnen Landesbehörden und die "Privatstatistiken" weichen in ihren Ergebnissen oft voneinander ab. Die Datenqualität läßt sich nicht immer eindeutig einschätzen.

ein Statistisches Bureau, in Hessen 1861; dort hatte jedoch der "Verein für Erdkunde und verwandte Wissenschaften zu Darmstadt" (seit 1845) einzelne Gebiete der Statistik bearbeitet; vgl. ebd., S. 14. In fast allen Staaten bestand demnach auch vor Gründung eines statistischen Büros eine Sammelstelle für Statistiken.

16 So verarbeitete die Reichsstatistik das Material der lokalen Gesundheits- oder Polizeibehörden, denen die Niederlassung und Aufgabe einer ärztlichen Praxis zu melden war. Eine einheitliche Regelung des Erhebungsverfahrens wurde erst 1933 erlassen; *Reichsgesundheitsblatt*, Jg. 8 (1933), S. 783. Im Jahre 1935 übernahmen 8% der preußischen Amtsärzte keine Gewähr für die Richtigkeit der Daten (vgl. ebd., Beiheft 5, Jg. 11 (1936), S. 58) und noch 1939 wurde bemängelt "...daß die Meldungen über die im Bereich des jeweiligen Gesundheitsamtes ansässigen Heil- und Pflegepersonen nicht immer mit der notwendigen Genauigkeit an die Gesundheitsämter erfolgen und daß dieser Unsicherheitsfaktor insbesondere den Zahlen der Krankenpflegepersonen anhaftet"; ebd., Jg. 14, Nr. 43 (1936), S. 877. Die Statistik des Reichsmedizinalkalenders beruht hingegen auf den Eigenanzeigen der Ärzte. Die Daten wurden in den folgenden Jahren übernommen, wenn vorher keine Veränderungsanzeige eingegangen war. Ärzte, die zeitweise oder für immer ihre Praxis aufgegeben hatten oder gestorben waren, wurden zum Teil gar nicht oder erst wesentlich später in der Statistik berücksichtigt; vgl. Huckert, Zur Statistik der Ärzte und der Studierenden der Medizin, in: *Zeitschrift für Sozialwissenschaft*, NF Jg. 2 (1911), S. 838-847. Darüber hinaus sind Doppelzählungen für Berlin (vielleicht auch andere Städte?) nachzuweisen, da die Ärzte aus den Vororten Berlins auch als praktizierende Ärzte in Berlin ausgewiesen sein wollten. (Berlin wurde erst ab 1908 zusammen mit allen Außenbezirken erfaßt.); vgl. F. Prinzing, Bemerkungen zu dem Aufsatz "Zur Statistik der Ärzte und der Studierenden der Medizin", in: *Zeitschrift für Sozialwissenschaft*, NF Jg. 3 (1912), S. 58-59. Die saisonale Praxis der Ärzte in Kurorten führte ebenfalls zu Mehrfachzählungen. Aufgrund der regelmäßig erscheinenden Kommentare zur Heilpersonalstatistik des Reichsmedizinalkalenders lassen sich einige dieser Fehlerquellen eingrenzen.

2. Quellen zur Statistik des Gesundheitswesens im Deutschen Reich und in ausgewählten Ländern

2.1. Deutsches Reich

2.1.1. Die Statistik des Heilpersonals

Im Kaiserreich führte das Statistische Reichsamt 1876 die erste gesundheitsstatistische Erhebung durch, die dann alle 11 Jahre vom Reichsgesundheitsamt wiederholt wurde. Die Veröffentlichungen in den *Medizinalstatistischen Mitteilungen*[17] weisen alle Bundesstaaten aus, bei Preußen zusätzlich die Provinzen, bei Bayern, Württemberg, Baden, Sachsen, Hessen und Oldenburg auch die einzelnen Regierungsbezirke. Hinsichtlich des niederen Heilpersonals existieren keine weiteren Statistiken auf Reichsebene.

Weitere Angaben bezüglich des akademischen Heilpersonals, die auch das *Jahrbuch zur Statistik des Deutschen Reichs*[18] zur Verfügung stellt, stammen aus dem *Reichsmedizinalkalender*[19]. Diese Daten sind jedoch nicht identisch mit den Zahlen des Reichsgesundheitsamtes; Grund hierfür sind sowohl die unterschiedlichen Erhebungsmodi als auch Fehlberechnungen, die nachträglich nicht mehr zu berichtigen sind[20].

Zwischen 1918 und 1926 sind vom Reichsgesundheitsamt keine Daten zum Heilpersonal (mit Ausnahme von 1924) ausgewiesen[21]. Ab 1927 übernahm das Statistische Reichsamt zusammen mit dem Reichsgesundheitsamt die Erfassung des Heilpersonals[22].

---

17 *Medizinalstatistische Mitteilungen aus dem Reichsgesundheitsamte* (= Beiheft zu den Veröffentlichungen des Reichsgesundheitsamtes), erschienen in loser Folge: Bd. 1 (1893)-23 (1925).

18 Das Statistische Reichsamt veröffentlichte für die Jahre 1896-1905 die (nicht bereinigten) Angaben des Reichsmedizinalkalenders in: *Statistisches Jahrbuch des Deutschen Reiches*, Jg. 20 (1889)-36 (1905).

19 *Börners Reichsmedizinalkalender für Deutschland auf das Jahr...*, Bd. 1 (1880)-27 (1897); *Reichsmedizinalkalender für Deutschland auf das Jahr (...)*, Bd. 28 (1898)-58 (1937), nicht erschienen von 1915-1925; Nachf.: *Verzeichnis der deutschen Ärzte und Heilanstalten*, Bd. 1 (1938)-8 (1942).

20 Redaktionsschluß für die Personaldaten des Reichsmedizinalkalenders war jeweils im November. Der Stichtag der reichsstatistischen Erhebungen für die Jahre 1876, 1887, 1898 war der 1. April, für das Jahr 1909 der 1. Mai. Die Fehlangaben aufgrund von Doppelzählungen sind für die Jahre 1900-1907 ausgewiesen; vgl. F. Prinzing, Die Ärzte in Deutschland im Jahre (...), in: *Deutsche Medizinische Wochenschrift*, Bd. 32 Nr. 52 (1906), S. 2116, ders., ebd., Bd. 33 Nr. 53 (1907), S. 2187 und ders., Bemerkungen zu dem Aufsatz "Zur Statistik der Ärzte und der Studierenden der Medizin", in: *Zeitschrift für Sozialwissenschaft*, NF Jg. 3 (1912), S. 58-59. Nach den Angaben Prinzings stimmen die Ärztezahlen des Reichsmedizinalkalenders für 1909 mit den Angaben der Berufszählung (Statistisches Reichsamt, 1907) eher überein als die Ergebnisse des Reichsgesundheitsamtes. Dieses ermittelte 30.558 Ärzte im Deutschen Reich, der Reichsmedizinalkalender hingegen 31.804 Ärzte (Differenz: 1.246 Ärzte).

21 Für das Jahr 1921 stellte der Verband der Aerzte Deutschlands Ärztezahlen zur Verfügung: *Aerztliches Handbuch, nebst Verzeichnis der Aerzte im Deutschen Reiche, als Ergänzung zum "Aerztlichen Taschenkalender"*, Leipzig, Jg. 9 (1921).

22 Die Erhebungsformulare in: *Vierteljahreshefte zur Statistik des Deutschen Reichs* (im folgenden zitiert als *VjhS*), Jg. 36 (1927), S. I.13 und Jg. 38 (1928), S. I.113-114.

Mit der Veröffentlichungsreihe des *Reichsgesundheitsblattes*[23] sind die Zahlen zum Heilpersonal von 1928 bis 1938 auf Regierungsbezirksebene vorhanden. Für einzelne Jahre stellte auch der *Reichsmedizinalkalender* — wieder mit sehr stark abweichenden Werten — Daten für Allgemeinmediziner und Fachärzte zusammen[24].

2.2. Die Heilanstaltsstatistik

Die Statistik der Heilanstalten ist in den *Arbeiten aus dem Reichsgesundheitsamt*[25] und in den *Medizinalstatistischen Mitteilungen* dokumentiert. Der Veröffentlichungsmodus bedingt Lücken für insgesamt neun Jahre im Zeitraum 1876-1910, da jeweils das dritte Jahr nicht ausgewiesen wurde[26]. Von 1910 bis 1934 liegen Jahreswerte lückenlos auf Landesebene vor[27]; für 1935 bis 1938 ist die Heilanstaltsstatistik in stark abgekürzter Form ausschließlich in der Reihe *Wirtschaft und Statistik*[28] greifbar.

Im *Reichsmedizinalkalender* wurden aufgrund spezieller Erhebungen Daten zu Krankenanstalten für die Jahre 1882 und 1883 sowie 1887 bis 1897 zusammengestellt. Auch diese Angaben weichen wieder sehr stark von denen des Reichsgesundheitsamtes ab[29].

---

23 *Reichsgesundheitsblatt*, Jg. 1 (1926)-14 (1940), (Nachfolger der *Veröffentlichungen des Reichsgesundheitsamtes*). Keine Zahlen sind für den 31.12.1932 bzw. 1.1.1933 vorhanden. Bezüglich Württemberg wurden bis 1931 keine Angaben für die vier Regierungsbezirke mitgeteilt.

24 Auf den Aggregationsebenen Bundesländer/Regierungsbezirke werden Angaben bereitgestellt für die Jahre: 1925, 1927, 1929, 1931, 1933 sowie 1935 und 1936.

25 Die Arbeiten aus dem Reichsgesundheitsamt erschienen unregelmäßig ab 1886 als Beiheft der Veröffentlichungen des Reichsgesundheitsamtes.

26 Veröffentlichungsmodus: Anzahl der Allgemeinen Krankenhäuser (ab 1898 auch der Fachkrankenhäuser), Zahl der Betten und Verpflegungstage. Für die Jahre 1887, 1890, 1893, 1896, 1899, 1900, 1903, 1906, 1909 sind keine Angaben vorhanden. Da in Überblicksdarstellungen zum Deutschen Reich die Zahlen der Anstalten, der Betten und der Verpflegungstage auf Jahresbasis vorliegen, kann es sich hierbei nicht um Erhebungslücken handeln. Eine Zusammenstellung der Daten auf Reichsebene (1877-1926) in: *Statistik des Deutschen Reichs* (im folgenden zitiert als StDR), Bd. 360 (1930).

27 Seit 1931 wurde eine reine Geschäftsstatistik der Krankenhäuser geführt; vgl. *VjhS*, Jg. 41 (1932), S. I.16 f.

28 *Wirtschaft und Statistik*, Statistisches Reichsamt (Hrsg.), Jg. 1 (1922)-20 (1940). Die Sondererhebung zum 1.9.1935 ist in keiner der genannten Reihen erschienen; vgl. Erhebungsformular in *VjhS*, Jg. 45 (1936), S. I.21-23. Im Band 517 der *Statistik des Deutschen Reichs* wurde zwar die Veröffentlichung für die Jahre 1935 und 1936 angekündigt, erschien jedoch nicht. Nach "Das Arbeitsgebiet des Statistischen Reichsamtes zu Beginn des Jahres 1941" ist als letzte Veröffentlichung die Krankenhausstatistik für die Jahre 1931-1934 ausgewiesen; vgl. *VjhS*, Jg. 50 (1941), S. I.14.

29 Wie die deutlichen Abweichungen nach oben im Reichsmedizinalkalender zustande kommen, läßt sich nicht eindeutig klären. Denkbar wäre die Auszählung aller Anstalten, während die Reichsstatistik ausschließlich Krankenhäuser mit mehr als zehn Betten aufnimmt.

2.2.3. Die Mortalitäts- und Morbiditätsstatistik

Das Statistische Reichsamt differenzierte bei der Mortalitätsstatistik (seit 1871) in den Veröffentlichungsreihen *Statistik des Deutschen Reichs*[30] und *Vierteljahreshefte*[31] hinsichtlich der Gestorbenen zunächst nach Geschlecht und ab 1901 nach Alter und Geschlecht. Die Daten wurden nach Bundesstaaten und nach gruppierten Landesteilen (für Preußen: sämtliche Provinzen; bei Bayern und Oldenburg jeweils drei Landesteile) nicht jedoch nach Regierungsbezirken gegliedert. Dieser Veröffentlichungsmodus blieb bis 1937 in Kraft. Vergleichende Daten zur altersspezifischen Mortalität sind in der vom Reichsgesundheitsamt erhobenen Todesursachenstatistik vorhanden.

Die Todesursachenstatistik[32] (seit 1892 durch das Reichsgesundheitsamt bearbeitet) ist in den *Medizinalstatistischen Mitteilungen* zwischen 1892 und 1904 nach Altersklassen und für alle größeren Verwaltungseinheiten publiziert; zwischen 1905 und 1913 sind geschlechts- und altersspezifische Zahlen ebenfalls auf der Ebene der Regierungsbezirke zusammengestellt. Danach, sowohl für den Zeitraum von 1914 bis 1924 (dem Jahr der Übernahme der Reichstodesursachenstatistik durch das Statistische Reichsamt) als auch für 1925 bis 1937, liegen in der *Statistik des Deutschen Reichs* Auswertungen nur in Form von Landesergebnissen vor. Die Daten weisen alle preußischen Provinzen, für Bayern und Oldenburg wieder jeweils drei Landesteile aus.

Umfassendere Datensätze sowohl zur Mortalitäts- als auch zur Todesursachenstatistik sind somit auf der Ebene der Regierungsbezirke ausschließlich zwischen 1892 und 1913 vorhanden; für den Zeitraum danach weisen beide genannten Reihen die Angaben nur auf Landesebene und nach Geschlecht differenziert aus.

3. Ausgewählte Länder

3.1. *Preussen*

In Preußen wurden von 1822 bis 1867 regelmäßige Erhebungen zu Themen der Gesundheitsstatistik im Rahmen der allgemeinen Verwaltungsberichterstattung durchgeführt[33]. Bis zur Aufnahme gesundheitsstatistischer Datensammlungen (1880) ergänzt in

---

30 *StDR, 1. Reihe* Bd. 1 (1873)-63 (1876), *NF* Bd. 1 (1877)-583 (1944); beide Reihen erschienen nicht vollständig.
31 *VjhS*, Jg. 1 (1873)-20 (1876), Nachf.: *Monatshefte zur Statistik des Deutschen Reichs*, Jg. 25 (1877)-59 (1891); Nachf.: *VjhS*, Jg. 1 (1892)-52 (1943).
32 Eine ärztliche Bestätigung der Todesursachen war für den gesamten Untersuchungszeitraum im Deutschen Reich nicht obligatorisch. Zur Zahl der von Ärzten bestätigten Todesursachen in den Jahren 1913 bis 1930 vgl. *StDR*, Bd. 423, S. 5-124, bes. S. 123 f. Konkordanzen, Register und weitere Literatur zu den Todesursachenverzeichnissen vgl. *VjhS*, Jg. 13 (1903), S. III.164-177; ebd. Jg. 35 (1926), S. I.3; ebd. Jg. 41 (1932), S. I.3; *Reichsgesundheitsblatt*, Jg. 11 (1936), statistische Sonderbeilage; *StDR*, Bd. 423, S. 5-124.
33 Vgl. R. Boeckh, *Übersicht* Anm. 15, S. 8; *Festschrift des Königlich Preußischen Statistischen Bureaus zur Jahrhundertfeier seines Bestehens*, Berlin 1905, S. 42-60, insbes. S. 49 f. Sehr instruktiv

der Hauptsache die Reichsstatistik fehlende Zahlen. Die veröffentlichten Quellen im einzelnen:

Regional differenzierte Angaben zum Heilpersonal für die Jahre 1824 bis 1860 bieten mehrere privatstatistische Arbeiten an[34]. Für 1849 bis 1858 liegen vollständige Datensätze alle drei Jahre in der Reihe *Tabellen und amtliche Nachrichten über den Preußischen Staat*[35] bereit. Weitere, zum Teil parallele Zahlenreihen veröffentlichte die *Zeitschrift des Königlich Preußischen Statistischen Bureaus*[36], die außerdem regelmäßig über das Krankenhauswesen berichtete.

ist folgende Mitteilung des Direktors des Statistischen Bureaus Hoffmann an den badischen Hofrat Prof. Wilhelm Ludwig Volz von 1835. Nach Darstellung der personellen, räumlichen und finanziellen Ausstattung geht er auf die Arbeitsweise des Statistischen Büros ein: "Eine Instruktion ist dem Bureau nie ertheilt, sondern dessen der Einsicht und Beurtheilung des Direktors überlassen worden, welche Nachrichten einzuziehen und was davon öffentlich bekannt zu machen ist. Wünschen die Ministerialbehörden bisher nicht eingesammelte oder wenigstens ihnen bisher nicht zugekommene Nachrichten durch das Bureau einzuziehen: so wenden sie sich deshalb an den Direktor, der die Einziehung mit dem kurrenten Tabellenwesen so zu verbinden sucht, daß die Provinzial-Regierungen möglichst wenig dadurch belästigt werden. Jährlich am Ende des Kalenderjahres wird die Bevölkerungsliste aufgenommen. Sie enthält nach dem mitgetheilten Schema
a) Die Zahl der Gebornen nach dem Geschlechte und ehelicher und unehelicher Geburt;
b) die Zahl der neugeschlossnen Ehen nach den Altersstufen des Bräutigams und der Braut;
c) die Zahl der Gestorbnen nach Geschlecht, Alter und den Todesursachen.
(...) Die Regierungen ziehen diese Nachrichten nach ihrer Anordnung theils durch die Kreislandräte, theils durch die geistlichen Behörden ein, und setzen daraus General-Tabellen, jede für ihren Verwaltungsbezirk dergestalt zusammen, daß daraus durch alle Rubriken zu ersehen ist, welche Zahlen jede einzelne Stadt und dem gesammten platten Lande - Flecken, Dörfer und einzelnen Etablissements - und einzelnen landräthlichen Kreises zusammengenommen, ein auch jeder einzelnen Religionsparthei insbesondere zu gehören. (...) Nachdem sie [die Berichtigung der Tabellen, d.V.] erfolgt ist, werden auf Uebersichten der durch die eingegangnen Tabellen festgestellten Verhältnisse für das Publikum ausgearbeitet, und seit einigen Jahren in der Staatszeitung bekannt gemacht. Auch für diese Bekanntmachungen bestehn keine Vorschriften, sondern ist der Beurtheilung und dem Fleiße des Direktors überlassen, was und wie viel bekannt gemacht werden soll." *Generallandesarchiv Karlsruhe*, Abt. 237/7119, Beilage III.
34 Auszug aus der Nachweisung sämtlicher Medicinal-Personen im Preußischen Staate vom Jahre 1850, Verein für Heilkunde in Preußen (Hrsg.), in: *Medicinische Zeitung*, Jg. 20, Nr. 53 (1851); J. L. Casper, Über die medicinisch-statistischen Verhältnisse der Medizinalpersonen zu der Bevölkerung im preußischen Staate im Jahre 1824, in: *Magazin für die gesamte Heilkunde*, Bd. 23 (1827); L. Krug, (Hrsg.), Ueber die Zahl der im preußischen Staate vorhandenen öffentlichen Beamten, nach ihrer verschiedenen Bestimmung, und über ihren jährlichen Abgang und Ersatz, in: *Staatswirtschaftliche Anzeigen*, Bd. 1, Heft 1, Berlin/Stettin 1826; S. Neumann, Die Krankenanstalten im Preußischen Staate, nach dem bisher vom Statistischen Bureau (...), in: *Archiv für Landeskunde der preußischen Monarchie*, Bd. 5 (1859), S. 345-388; ders., Summarische Nachweisung sämmtlicher Medizinal-Personen im Bereiche der Preußischen Monarchie für das Jahr 1848, in: *Medicinal-Kalender für den Preussischen Staat*, Jg. 1 (1850); ders., Die öffentlichen Krankenanstalten im preußischen Staate, zwei Rubriken der amtlichen Sanitätstabelle, in: *Monatshefte für die medizinische Statistik und öffentliche Gesundheitspflege*, Nr. 3 (1856); Carl M. Sponholz, *Allgemeine und spezielle Statistik der Medizinalpersonen der Preußischen Monarchie*, Stralsund 1845, S. 44-83.
35 *Tabellen und amtliche Nachrichten über den preußischen Staat für die Jahre 1849-58*, Königlich Preußisches Statistisches Bureau (Hrsg.), Berlin 1851-58.
36 *Zeitschrift des Königlich Preußischen Statistischen Bureaus*; Jg. 1 (1860/61)-44 (1904); Nachf.: *Zeitschrift des Königlich Preußischen Statistischen Landesamtes*, Jg. 45 (1905)-54 (1914).

Bis 1880 wurden in Preußen keine medizinischen Jahresberichte eingeholt; die erste Veröffentlichung aus dieser Quellengattung liegt für die Jahre 1889 bis 1891 vor: *Das Sanitätswesen im preußischen Staate*[37], die zentrale Publikation zur Statistik des Gesund heitswesens in Preußen. Sie bietet (ab 1889 alle drei Jahre, von 1900 bis 1914 schießlich jährlich) vollständige Datensätze bezüglich Ärzten, Apotheken, Zahnärzten und Hebammen. Die Krankenanstaltsstatistik, seit 1877 regelmäßig erhoben, ist von Beginn an bis 1914 in der *Preußischen Statistik*[38] auf den Ebenen Gesamtstaat, Provinzen und Regierungsbezirke ausgewiesen.

Für die Zeit der Weimarer Republik bis zur Auflösung des Preußischen Statistischen Landesamtes (1934) sind keine Zahlen zum Heilpersonal durch preußische Publikationen belegt. Zur Statistik der Krankenhäuser der Jahre 1920 bis 1928 enthalten die *Medizinalstatistischen Nachrichten*[39] differenzierte und vollständige Zahlen. Bezüglich der Gestorbenenzahlen sind mit der Reihe *Preußische Statistik* für den gesamten Untersuchungszeitraum lückenlose Nachweise auf allen drei Aggregationsebenen (Gesamtstaat/Provinzen/Regierungsbezirke) sowie alters- und geschlechtsspezifisch differenziert vorhanden. Diese gleiche Reihe bietet auch hinsichtlich der Todesursachenstatistik[40] eine breite Datenbasis: geschlechtsspezifische Todesursachen sind auf Landesebene seit 1816 erfaßt, ab 1865 auch für alle Verwaltungsbezirke, von 1875 bis 1907 in geschlechts- und altersspezifischer Differenzierung. Zwischen 1908 und 1928 sind die Ergebnisse in den *Medizinalstatistischen Nachrichten* veröffentlicht und ausschließlich geschlechtsspezifisch differenziert sowie auf Landesebene aggregiert.

3.2. Bayern

3.2.1. Unveröffentlichte Quellen im Staats- und Hauptstaatsarchiv München

Bayern verfügt über die ältesten Quellen zur Gesundheitsstatistik in Deutschland. Seit 1807 wurden im Rahmen der jährlichen Verwaltungsberichterstattung statistische Erhebungen durchgeführt[41], deren Ergebnisse immer in einem Textteil und einem stati-

---

37 *Das Sanitätswesen des preußischen Staates während der Jahre 1889* ff., Berlin 1889 ff.; Nachf.: *Das Gesundheitswesen des Preußischen Staates im Jahre 1901-1943* (ab 1922 in: Veröffentlichungen aus dem Gebiete der Medizinalverwaltung); Nachf.: *Der öffentliche Gesundheitsdienst im Deutschen Reich.* Parallele Datenreihen sind in der Preußischen Statistik vorhanden.
38 *Preußische Statistik*, Bd. 1 (1856)-304a (1933).
39 *Medizinalstatistische Nachrichten, im Auftrage des Ministers für Volkswohlfahrt*, Königlich Preußisches Statistisches Landesamt (Hrsg.), Jg. 1 (1909)-17 (1931).
40 Die Todesursachenstatistik ist für den gesamten Untersuchungszeitraum in Preußen sehr uneinheitlich erhoben. Die Aufnahme der Todesursache erfolgte ausschließlich in größeren Städten (Berlin, Breslau, Königsberg, Stettin und Frankfurt) durch einen Arzt. Während der Weimarer Republik erfaßte die ärztliche Leichenschau nur 75% der Städte. In den übrigen Städten und Gemeinden genügte die Bekanntgabe der Todesursache durch die Angehörigen; vgl. A. Kasten, *Gesundheitsstatistik* (Anm. 3), S. 129 u. 151, weitere Angaben vgl. StDR, Bd. 423, S. 123 f.
41 G. Döllinger, *Sammlung der im Gebiete der inneren Staats-Verwaltung des Königreichs Bayern bestehenden Verordnungen (...)*, Bd. 14, Abt. 14, München 1838; Hoffmann, *Zivil-Medizinal-*

stischen Anhang festgehalten wurden[42]. Das Urmaterial zur Bevölkerungsstatistik stellte der Ortsgeistliche, gesundheitsstatistische Gegenstände der Amtsarzt zusammen[43]. Die Fachkollegien der unteren Verwaltungsbehörden sammelten die Daten und leiteten sie an die Zentralen der einzelnen Regierungsbezirke weiter. Nach der Bearbeitung gelangten sie an das zuständige Fachministerium.

Zur Gesundheitsstatistik mußten jährlich folgende Tabellen zusammengestellt werden: die "Sterbelisten" und die Verzeichnisse der Gestorbenen nach Todesursachen[44] (nach Alter und Geschlecht differenziert), die Zahl des angestellten oder frei praktizierenden akademischen und nichtakademischen Heilpersonals sowie eine Tabelle mit Zahlen zu Apotheken und Krankenanstalten. Hinzu kamen weitere unregelmäßig durchgeführte Erhebungen[45].

Mit Rücksicht auf die Arbeitsüberlastung der erhebenden Amtsstellen wurden ab Mitte der 1820er Jahre die Berichtszeiträume immer wieder verlängert, bis schließlich in den 1840er Jahren offenbar keine Verwaltungsberichte mehr eingezogen wurden.

a)   Die Bestände des Statistischen Landesamtes und seiner Vorläufer

Der statistische Anhang der Jahresberichte wurde offensichtlich getrennt vom Textteil aufbewahrt. Von der Gründung des Statistischen Bureaus in Bayern (1833) bis in die 1840er Jahre bestand die Arbeit des Amtes ausschließlich aus der Abschrift aller Kreisergebnisse und der Zusammenstellung von Generallisten. Das erhobene Urmaterial wurde an die Kreisämter zurückgegeben und sollte dort in einem eigenen statistischen Archiv aufbewahrt werden[46].

Von diesen Generallisten verwahrt das heutige Statistische Landesamt in München nur noch zwei Übersichten zu Gestorbenenzahlen für den Zeitraum 1824/25 bis 1833. Weitere, bisher unveröffentlichte Daten, liegen dort nicht vor. Eigenen Recherchen zufolge gingen ältere Bestände des Statistischen Bureaus an die Handschriftenabteilung der Staatsbibliothek und an das Hauptstaatsarchiv in München. Die Staatsbibliothek beherbergt heute zwar statistische Quellenwerke, jedoch keine zur Medizinalstatistik[47].

Wesen (Anm. 4); J. Kleindinst, F. Zahn, Geschichte der neueren bayerischen Statistik, in: *Beiträge zur Statistik des Königreiches Bayern*, Heft 86 (1914), S. 1-212; F. Burgdörfer, Hundert Jahre Bayerisches Statistisches Landesamt, in: *Beiträge zur Statistik Bayerns*, H. 121, München 1933, S. 1-184.

42 Der statistische Anhang umfaßte 19 Tabellen, vgl. dazu Burgdörfer,*Hundert Jahre* (Anm. 41), S. 6.

43 Hoffmann, *Zivil-Medizinal-Wesen* (Anm. 4), Bd. 1, S. 10, Bd. 2, S. 32 f.

44 Ab 1839 obligatorische Leichenschau durch einen Arzt, vgl. G. Döllinger, *Das Medizinalwesen in Bayern*, Erlangen 1847.

45 G. Döllinger, *Sammlung* (Anm. 41), Bd. 14, Abt. 14, München 1838, S. 68-83.

46 Nach einem Bericht des badischen Hofrats Prof. Wilhelm Ludwig Volz über die Arbeitsweise des statistischen Bureaus im Bayern, *Generallandesarchiv Karlsruhe* 237/7119, Beilage 2.

47 Neben der umfangreichen Montgelas-Statistik für die Zeit 1809-1812 werden dort weitere Erhebungsoriginale zur Finanz- und Gewerbestatistik (1820-1840) aufbewahrt.

Im Bestand "Handelsministerium" des Hauptstaatsarchives[48] befanden sich ursprünglich die tabellarischen Übersichten und Statistiken der Jahres- und Verwaltungsberichte
für die Zeit 1808-1845. Nach einem Vermerk wurden alle "älteren Statistiken" 1926 der
Staatsbibliothek München übergeben. Dort sind die Quellen jedoch nicht vorhanden.

Die einzigen heute noch greifbaren Medizinalstatistiken aus der Frühzeit sind in den
Archiven der Kreisregierungen zu finden. So besitzt das Staatsarchiv München für den
Regierungsbezirk Oberbayern alle Konzepte der fraglichen Jahresberichte, sowohl mit
dem Textteil als auch mit dem statistischen Anhang. Diese umfassen die Jahre 1815 bis
1839 und enthalten in der Regel aggregierte Angaben zur Bevölkerungs- und Todesursachenstatistik[49]. Zum medizinischen Personal sowie zum Krankenhauswesen überliefern die Berichte nur wenig Zahlenmaterial, und wenn, dann meist in den textlichen
Ausführungen. Diese Quellenreihe bricht mit dem Verwaltungsbericht 1833-1839 ab.
Für einzelne Jahre sind Ärztezahlen nachzuweisen[50].

b)   Die Bestände des Obermedizinalkollegiums

Die archivierten Akten des Obermedizinalkollegiums (Hauptstaatsarchiv München)[51]
sind hinsichtlich statistischer Angaben wenig ergiebig. Abgelegt sind darin Gutachten,
der gesamte Schriftverkehr, Akten zu Disziplinarverfahren, Geschäftsakten und Appro-
bationsbestätigungen. Jahres- und Verwaltungsberichte (wahrscheinlich als Materialzu-
sammenstellungen für den Jahresendbericht) sind zwar für mehrere Jahre überliefert,
sie enthalten jedoch nur allgemeine Ausführungen zum Gesundheitswesen, zu rechtlichen oder organisatorischen Fragen sowie zum medizinischen Schul- und Ausbildungs-
wesen. Der tabellarische Anhang fehlt regelmäßig.

Nur einzelne Faszikel sind statistisch bedeutsam: Zahlen für das niedere Heilpersonal, wie sie anläßlich der Distrikteinteilung zu Beginn des Untersuchungszeitraums erhoben wurden; eine Bestandsaufnahme des gesamten medizinischen Personals für 1843;
die Heilpersonallisten der Regierungsberichte (1853 bis 1858). Die Akten anderer Ministerien waren hinsichtlich medizinalstatistischer Daten nicht ergiebig.

---

48 Verzeichnet im *Findbuch MH* unter den Nummern 781-821.
49 *Staatsarchiv München, RA* 15667-15723; die Jahresberichte für 1828/29 und 1829/30 (*RA*
    15698 und 15699) enthalten keine aggregierten Daten. Vorhanden sind alters- und ge-
    schlechtsspezifische Gestorbenenzahlen (differenziert in 10 Altersgruppen) und Todesursa-
    chenstatistiken (18 Krankheitsgruppen).
50 Angaben zum medizinischen Personal und zum Krankenhauswesen in den dreijährigen Ver-
    waltungsberichten von 1824 bis 1833; gefunden wurden: Zahlen zu Ärzten: 1832-1833 und
    1835; 1828 zu Landärzten.
51 Eine Übersicht über wichtigere Bestände zum Gesundheitswesen im Hauptstaatsarchiv Mün-
    chen bieten die Findbücher zu:
    Ministerium des Innern (61348-65930) *(MInn)* 20; *MInn* (43237-44012) 14; *MInn* (22780-23820)
    6; *MInn* (15262-19476) 5; *MInn* (13444-15262) 4. Vgl. auch die Bestandsübersicht am Ende
    dieses Beitrags.

3.2.2. Die veröffentlichten Quellen

Ab 1846 wurde eine eigene gesundheitsstatistische Berichtsreihe geschaffen, deren Ergebnisse im *Generalbericht über die Sanitätsverwaltung in Bayern* ab 1857/58 dokumentiert sind[52]. Damit sind differenzierte Daten zum bayerischen Gesundheitswesen in einer Publikation konzentriert, und zwar Angaben zum akademischen und nichtakademischen Heilpersonal sowie zum Krankenhauswesen auf der Ebene der Regierungsbezirke. Die Todesursachenstatistik wurde zwar seit Erscheinen dieser Reihe mit aufgenommen, doch liegen die Ergebnisse für die einzelnen Regierungsbezirke erst ab 1865 vor. Die Mortalitätsstatistik wird ausführlich in den *Beiträgen zur Statistik des Königreichs Bayern*[53] behandelt. In der Regel sind hierbei ab 1839/40 die Angaben nach allen Regierungsbezirken getrennt ausgewiesen[54].

3.3. Sachsen

Erste Einzelerhebungen zur Gesundheitsstatistik sind nach Gründung des Statistischen Vereins im Jahre 1836 vorhanden[55]. Ab 1867/68 ist die Berichterstattung der Gesundheitsämter in der *Zeitschrift des Sächsischen Statistischen Bureaus*[56] und im *Statistischen Jahrbuch*[57] ausgewertet. Damit liegen sämtliche Daten auf Jahresbasis von 1872 bis 1937 auf Regierungsbezirksebene vor. Für die Zeit davor sind in der *Zeitschrift des Sächsischen Statistischen Bureaus* Angaben zum Heilpersonal (Ärzte und Wundärzte ab 1845; Apotheken und Hebammen ab 1855) in fünfjährlichem Turnus veröffentlicht.

Zur Krankenanstaltsstatistik informieren die beiden Reihen abwechselnd: Ab 1876 sind die Daten auf der Ebene der Regierungsbezirke, für 1895 bis 1905 sowie 1930 bis 1938 jeweils nur für das Land insgesamt greifbar.

52 *General-Bericht über die Sanitäts-Verwaltung im Königreich Bayern*, Bd. 1 (1868)-Bd. 37 (1911), Nachf.: *Bericht über das Bayerische Gesundheitswesen*, Bd. 38 (1912)-Bd. 56 (1939) enthält weitere Angaben zum Heilpersonal für 1854, sowie 1858-67; bezüglich Krankenhäusern und Gestorbenenzahlen werden während des gesamten Erscheinungszeitraums Daten auf Regierungsbezirksebene veröffentlicht. Für die Jahre 1853-1857 teilweise vorhanden in: *Aerztliches Intelligenzblatt Bayern, Organ für Bayerns staatliche und öffentliche Heilkunde*, Jg. 1 (1854)-Jg. 17 (1870). In *Bayerns Entwicklung nach den Ergebnissen der amtlichen Statistik seit 1840*, Statistisches Landesamt Bayern (Hrsg.), München 1915, sind ab 1840 für alle Bereiche der Medizinalstatistik Daten auf Landesebene vorhanden.
53 *Beiträge zur Statistik des Königreichs Bayern*, Bd. 1 (1850)-88 (1918), Nachf.: *Beiträge zur Statistik Bayerns*, Bd. 89 (1918) ff.
54 Nach R. Boeckh, *Übersicht* (Anm. 15), S. 11, sind weitere Statistiken in den Beilagen zu den Ständeverhandlungen erschienen. Stichproben dieser umfangreichen Quellen ergaben jedoch keine Hinweise auf einschlägiges Zahlenmaterial.
55 A. Kasten, *Gesundheitsstatistik* (Anm. 3), S. 126 u. 146; R. Boeckh, *Übersicht* (Anm. 15), S. 11.
56 *Zeitschrift des Statistischen Bureaus Sachsen*, Jg. 1 (1855)-50 (1904), Nachf.: *Zeitschrift des sächsischen Statistischen Landesamtes Sachsen*; Jg. 51 (1905) ff.
57 *Jahrbuch für Statistik und Staatswissenschaft des Königreichs Sachsen*, (ohne Bandzählung) 1853-1870; Nachf.: *Kalender für das Kgr. Sachsen*, 1871-1872; Nachf.: *Kalender und statistisches Jahrbuch (...)*, 1873-1916/17 und 1921/23 bis 1938.

Die erste Bevölkerungsstatistik für die Zeit 1834 bis 1849 wurde 1852 durch den Leiter des Sächsischen Statistischen Bureaus, Ernst Engel, zusammengestellt. Dadurch sind für den Zeitraum von 1837 bis 1849 alters- und auch geschlechtsspezifische Gestorbenenzahlen für den Gesamtstaat, für 1847-1852 auch regional differenziert überliefert[58]. Regelmäßig erschienen in den oben genannten Reihen alters- und geschlechtsdifferenzierte Gestorbenenzahlen, ab 1862 für alle Regierungsbezirke.

Die Todesursachenstatistik ist von 1873 bis 1938 ausschließlich im *Jahrbuch* ohne weitere Differenzierungen publiziert, nur für die Zeit zwischen 1905 und 1931 sind die einzelnen Regierungsbezirke ausgewiesen. Die altersspezifische Todesursachenstatistik ist im gleichen Zeitraum ebenfalls in Landesergebnissen dokumentiert.

3.4. Württemberg

3.4.1. Unveröffentlichte Quellen im Hauptstaatsarchiv Stuttgart und im Staatsarchiv Ludwigsburg

Im Hauptstaatsarchiv Stuttgart lagern die Akten des Medizinalkollegiums und im Staatsarchiv Ludwigsburg die der Kreismedizinalämter. In beiden Archiven ist für die 1. Hälfte des 19. Jahrhunderts nur wenig Zahlenmaterial vorhanden[59]. Einzelne Ärzteverzeichnisse sind für den Zeitraum 1818-1822 überliefert. In Württemberg existierte zwar seit 1815 eine regelmäßige Medizinalberichterstattung, doch enthielt sie kein statistisches Material zum Heilpersonal und zum Krankenhauswesen. Die wenigen nachgewiesenen Verzeichnisse sind als statistische Quelle nur teilweise zu gebrauchen: so z.B. Listen zur Feststellung der Personalausgaben im Gesundheitswesen sowie Personalverzeichnisse, die anläßlich der Neueinteilung von Amtsbezirken erstellt wurden. Insgesamt ist für die erste Hälfte des 19. Jahrhunderts die Überlieferung sehr sporadisch und unvollständig sowie in der Erhebungsweise nicht einheitlich.

Erst mit Beginn der sog. Medizinalzustandsberichte (ab 1847/48) sind regelmäßig Zahlen zum Heilpersonal und Krankenhauswesen aufgenommen worden, allerdings existieren hierzu keine auf Kreis- oder Landesebene aggregierten Tabellen. Um sie zu erhalten, müßten die handschriftlich überlieferten Jahresberichte aller 64 Oberämter zusammengestellt werden.

Das Urmaterial zur Bevölkerungsstatistik erhoben die Kirchen- und Ortsvorstände aus den Familienbüchern. Die Daten wurden an die Oberämter weitergegeben, von dort aus gelangten sie über die Kreisverwaltungen an das Innenministerium, ab 1823 direkt an das statistisch-topographische Bureau[60].

58 E. Engel, *Die Bewegung der Bevölkerung im Königreich Sachsen in den Jahren 1834-1850*, Dresden 1852; ders., *Das Königreich Sachsen in statistischer und staatswissenschaftlicher Beziehung*, Bd. 1, Dresden 1853.
59 Vgl. dazu die Bestandsübersicht im Anhang.
60 Allgemeine (Haushalts-)Zählungen wurden erst in zehn, ab 1834 in zwölf Jahresabständen durchgeführt; die Ergebnisse des Zwischenzeitraumes wurden fortgeschrieben. Es kam zu größeren Abweichungen, da die Familienbücher von 1823 bis 1834 nach den Ortsangehörigen

3.4.2. Die veröffentlichten Quellen

Das *Medizinische Correspondenzblatt*[61] begann ab Mitte des 19. Jahrhunderts die Zahl der Ärzte und Wundärzte in den 4 Regierungsbezirken für 1853 und für 1858-1865 regelmäßig mitzuteilen. Das zentrale Werk zur Medizinalstatistik, der *Medizinalbericht von Württemberg*, erschien ab 1873. Zusammen mit den *Württembergischen Jahrbüchern*[62] sind damit Angaben für das gesamte Heilpersonal auf Regierungsbezirksebene vorhanden. Für die Zeit nach 1870 ist hinsichtlich des Krankenhauswesens, der Gestorbenenzahlen und der Todesursachenstatistik, die erst ab 1892 geführt wird, das *Statistische Handbuch für Württemberg*[63] ergiebiger. Hier sind nahezu lückenlose Nachweise der Landesergebnisse vorhanden. Die Bevölkerungsstatistik erfuhr durch Losch[64] in den *Württembergischen Jahrbüchern* eine eingehende Bearbeitung. Damit liegen geschlechtsspezifische Gestorbenenzahlen für alle Regierungsbezirke vor. Nach Alter und Geschlecht ausgewiesene Gestorbenenzahlen wurden in Form von Landesergebnissen erst ab 1875 regelmäßig veröffentlicht. Über die vier Regierungsbezirke informieren die *Württembergischen Jahrbücher* etwa im Zehnjahresabstand.

gegliedert waren und Wanderungsbewegungen nicht eindeutig erfaßt werden konnten (Doppelzählungen). Erst die Bestimmungen der Zollvereinsstatistik (1834) verlangten die Zählung der Ortsanwesenden, die Methode der Fortschreibung der Ergebnisse wurde beibehalten. Hinsichtlich der Gestorbenenzahlen ist deshalb für 1823 bis 1834 mit einer geringen Überhöhung der Ergebnisse zu rechnen; vgl. M. Schaab, Bevölkerungsstatistik in Württemberg und Baden, in: *ZWLG*, Jg. 30 (1971), S. 164-200. S. auch den Beitrag von U. Mocker in diesem Band.

61 *Medizinisches Correspondenzblatt* (im folgenden *MC*) *des württembergischen ärztlichen Vereins*; Bd. 1 (1832)-52 (1882); Nachf.: *MC des ärztlichen Landesvereins*; Bd. 53 (1883)-89 (1919); Nachf.: *MC für Württemberg*, Bd. 90 (1920)-103 (1933); Nachf.: *Ärzteblatt für Württemberg und Baden*, Bd. 1 (1933)-5 (1938).

62 *Württembergische Jahrbücher für Statistik und Landeskunde*, 1863-1884: Königlich Statistisch-Topographisches Bureau Württemberg (Hrsg.); 1885-1917: Königlich Statistisches Landesamt Württemberg (Hrsg.); 1918-35: Statistisches Landesamt Württemberg (Hrsg.), Stuttgart 1863-1935. Der "Medizinalbericht von Württemberg für das Jahr ..." erschien zwischen 1876 und 1893 in den Württembergischen Jahrbüchern, von 1896 bis 1939 als selbständige Reihe und wurde bis 1912 jährlich bearbeitet, vgl. A. Kasten, *Gesundheitsstatistik* (Anm. 3), S. 144.

63 *Statistisches Handbuch für das Königreich Württemberg*, Stuttgart 1885-1917; Nachf.: *Statistisches Handbuch für Württemberg*, Stuttgart 1918-35.

64 Losch, H., Die Bewegung der Bevölkerung Württembergs im 19. Jahrhundert und im Jahre 1899, in: *Württembergische Jahrbücher für Statistik und Landeskunde*, (1900), S. 55-165; ders., ebd., Die Bewegung der Bevölkerung Württembergs in den Jahren 1901-1905, ebd. (1906); ders., ebd., Die Bewegung der Bevölkerung Württembergs in den Jahren für die Jahre 1910, 1911, 1912, veröffentlicht ebd. (1913, 1914, 1915).

3.5. Baden

3.5.1. Unveröffentlichte Quellen im Generallandesarchiv Karlsruhe

In den Akten der badischen Sanitätskommission und des Innenministeriums finden sich nur gelegentlich Verzeichnisse zum Medizinalwesen. Einzelne Erhebungen von Apotheken, Krankenhäusern und Irrenanstalten sind erhalten. Regelmäßig geführte Personallisten konnten dagegen nicht gefunden werden[65]. Trotzdem enthalten diese Bestände, insbesondere die darin überlieferten Akten des badischen Innenministeriums, reichhaltiges Material zur medizinischen Topographie Badens.

Bezüglich der Krankenhäuser war bis 1880 keine regelmäßige Berichterstattung in Form von Tabellen vorgeschrieben. Für die Jahre 1838 und 1848 sowie für die Jahre 1852 bis 1855 konnten jedoch Angaben zum Krankenhauswesen aus Einzelerhebungen recherchiert werden.

Seit 1822 wurde für jeden Gestorbenen ein Sterbeschein vom Bezirkswundarzt ausgestellt. Die Angaben über Alter, Todestag und Todesursache mußten vom Bezirksarzt in eine Tabelle eingetragen und jährlich an die Sanitätskommission gesandt werden. Ein einzelner Akt dieser "Leichenschauberichte" konnte in dem neuerdings archivierten, jedoch noch nicht geordneten Bestand des Statistischen Amtes gefunden werden[66]. Dies ist auch ein Hinweis darauf, daß in Baden alle Statistiken nicht vom zuständigen Fachministerium, sondern von einer Zentralstelle aufbewahrt wurden, noch bevor ein statistisches Büro gegründet war[67].

Bevölkerungsstatistische Daten wurden in Baden seit 1810 erhoben. Wie in Württemberg stellten die Ortsgeistlichen das Urmaterial zusammen, das auf Bezirksebene aggregiert und ohne weitere Bearbeitung an das Innenministerium übersandt wurde. Die Anfertigung von Generaltabellen scheint jedoch nur ausnahmsweise erfolgt zu sein[68]. Die wenigen zeitgenössischen Bearbeitungen stammen aus privater Hand und liegen größtenteils nicht in veröffentlichter Form vor.

3.5.2. Veröffentlichte Quellen

1871 erschien im Jahresbericht des badischen Innenministeriums[69] eine tabellarische Übersicht über die Zahl der Ärzte und Wundärzte für die Zeit 1806 bis 1869. Ansonsten

---

65 *Generallandesarchiv Karlsruhe, Bestand 236 (Innenministerium).* Übersicht über diesen Bestand s. Verzeichnis im Anhang.
66 Gestorbenenverzeichnisse und Todesursachenstatistik zu Physikaten des Seekreises für die Jahre 1825-1851: Salem, Meßkirch, Emmendingen, Konstanz.
67 Weitere Statistiken: Erhebungen zu Wohltätigkeitsanstalten, 1855 und 1864.
68 M. Schaab, *Bevölkerungsstatistik* (Anm. 68), S. 180-196.
69 *Jahresbericht der Großherzoglich badischen Kommission des Innern*, Karlsruhe 1871.

Abb. 1: Verzeichnis der Spitäler und Versorgungshäuser im Großherzogtum Baden 1855 (mit Ausschluß der Staatsanstalten und der Militärspitäler)

Summarische Zusammenstellung

der Spitäler und Versorgungshäuser im Großherzogthum Baden mit beiläufiger Angabe der Anzahl der Betten, der jährlich verpflegten Pfründner, Armen und Kranken, sowie des Vermögens dieser Anstalten, nach dem Stande vom Jahre

1855.

Kreis	Anzahl der Spitäler und Versorgungshäuser	Anzahl der Betten	Zahl der Pfründner und Armen	Zahl der Kranken	Vermögen.
		circa	ca.	ca.	ca.
Seekreis	21.	1,000	454.	757.	4,700,000 fl.
Oberrheinkreis	24.	650.	463.	2754	1,700,000 „
Mittelrheinkreis	32.	900.	609.	5045.	1,600,000 „
Unterrheinkreis	25	900.	454.	5092.	1,500,000.
	102.	3450.	1980	13648	9,500,000 fl.

Quelle: Generallandesarchiv Karlsruhe, (Bestand "Statistisches Landesamt"); Nr. 434.

stellten für die erste Hälfte des 19. Jahrhunderts die *Medicinischen Annalen*[70] weitere Informationen zum Heilpersonal und zu geschlechtsspezifischen Gestorbenenzahlen bereit[71]. Ergänzende Angaben zu Ärzten und Wundärzten für die Jahre 1847 bis 1861 sind durch die *Mitteilungen des badischen ärztlichen Vereins*[72] publiziert. In der Regel wurden die Ergebnisse der einzelnen Regierungsbezirke in diesen Reihen nicht berücksichtigt.

Die Gesundheitsstatistik wurde nach 1870 in mehreren Reihen behandelt. Da Baden keine eigene medizinalstatistische Berichtsreihe kannte, liegen die Ergebnisse sowohl in den Schriftenreihen des Statistischen Amtes als auch in denen des Innenministeriums vor.

Das *Statistische Jahrbuch*[73] enthält für den Zeitraum 1870-1901 vollständige und auf der Ebene der Regierungsbezirke aggregierte Daten zum gesamten Heilpersonal (Ärzte; Apotheken; Zahnärzte; Hebammen) und zu Gestorbenenzahlen, nach Geschlecht differenziert. Die Ergebnisse der Todesursachenstatistik sind auf Landesebene und ohne weitere Differenzierung ebenfalls für den genannten Zeitraum vorhanden.

Die Krankenanstaltsstatistik der einzelnen Regierungsbezirke wurde sowohl im *Jahresbericht des Ministeriums des Innern* als auch in den *Statistischen Mitteilungen*[74] behandelt. Damit liegen zum Krankenhauswesen (Zahl der Allgemeinen und Fachkrankenhäuser) die Daten auf Jahresbasis zwischen 1880 und 1914 vor; ebenfalls in beiden Reihen sind nach Alter und Geschlecht differenzierte Gestorbenenzahlen ausgewiesen, von 1880 bis 1893 nur für den Gesamtstaat, von 1894 bis 1914 auch für Regierungsbezirke. Die Todesursachenstatistik wurde in gleicher Differenzierung herausgegeben.

In der Periode 1920 bis 1938 fehlen regelmäßige Veröffentlichungen des Statistischen Amtes und des Innenministeriums, so daß für diesen Zeitraum sowohl für das Heilpersonal und das Krankenhauswesen als auch für Gestorbenenzahlen und die Todesursachenstatistik neben den schon genannten Reihen in der Hauptsache nur noch die reichsstatistischen Veröffentlichungen zur Verfügung stehen.

---

70 *Medicinische Annalen*, Mitglieder der Großherzoglich Badischen Sanitätskommission in Carlsruhe und den Vorstehern der medicinischen Anstalten in Heidelberg, B. Puschelt, M. Chelius, Fr. Nägele (Hrsg.), Bd. 1 (1835)-13 (1848), Vorg.: *Annalen für die gesamte Heilkunde unter der Redaction der Mitglieder der Großherzoglich badischen Sanitätskommission*, Jg. I-IV, Bd. 1 (1824)-8 (1833).

71 Heilpersonalangaben für das Jahr 1835/36; geschlechtsspezifische Gestorbenenzahlen für die Jahre 1829 bis 1838.

72 *Mitteilungen des badischen ärztlichen Vereins*, Jg. 1 (1847)-16 (1862); Angaben zur Zahl der Krankenanstalten sind nur für 1856 belegt.

73 *Statistisches Jahrbuch für das Großherzogtum Baden*, Jg. 1 (1868)-41 (1914/15), Nachf.: *Statistisches Jahrbuch für das Land Baden*, Jg. 42 (1925)-Jg. 44 (1938), erscheint ab 1915 in unregelmäßiger Folge: 1924,1930 und 1938.

74 *Jahresbericht des Großherzoglich Badischen Ministerium des Innern*, Jg. 1 (1883)-14 (1896); 1894 bis 1917 in den *Statistischen Mitteilungen*.

3.6.. *Hessen*

Eine eigene medizinalstatistische Publikationsreihe existiert für Hessen nicht. Hinsichtlich der Angaben vor 1870 stellen die *Beiträge zur Statistik des Großherzogtums Hessen*[75] die einzigen Quellen dar. Auf der Ebene der Regierungsbezirke enthalten sie alters- und geschlechtsspezifische Gestorbenenzahlen von 1816 bis 1894. Die *Mitteilungen des großherzoglichen Centralbureaus für Statistik*[76] bilden in der Hauptsache die Ergebnisse der Reichsstatistik ab. Für das Heilpersonal (Ärzte; Apotheken; Zahnärzte; Hebammen) sind Zahlen auf Regierungsbezirksebene erst ab 1927 nahezu fortlaufend vorhanden, für die Zeit davor sind dagegen erhebliche Lücken festzustellen: Im Kaiserreich wurden neben den vier medizinalstatistischen Reichserhebungen die Jahre 1873, 1879 und 1880 sowie 1912 dokumentiert. Die Erhebungsjahre für Daten zum Krankenhauswesen decken sich völlig mit denen des Reichsgesundheitsamtes. Bis 1930 liegen Zahlen auf der Ebene der Regierungsbezirke, danach nur auf Landesebene vor. Gestorbenenzahlen sind ab 1863 nach Regierungsbezirken und Geschlecht, ab 1882 nach Alter, doch erst ab 1905 nach Alter und Geschlecht differenziert. Die Jahre 1931-1938 sind dagegen nur durch Landesergebnisse belegt. Zur Todesursachenstatistik sind in den *Mitteilungen* von 1882 bis 1931 Angaben auf Regierungsbezirksebene zu finden, ab 1905 auch nach Geschlecht und Alter getrennt. Für den nachfolgenden Zeitraum (1932-1938) erhält man ausschließlich auf das Gesamtland aggregierte Daten (nur geschlechtsspezifisch differenziert).

Anhang:

Archivbestände zur Statistik des Gesundheitswesens in Deutschland 1815-1938

Hauptstaatsarchiv München, Bestand Ministerium des Inneren:

61714	Jahresbericht 1815/16 (Mittelfranken ?); quartalsweise zusammengestellte Gestorbenenzahlen, Verzeichnisse zu Hebammen und Landärzten im Oberdonaukreis.
61717	Jahresberichte der Physikate: Instruktionen und Erhebungsformulare, 1818-1845.
61719-61722	Medizinalberichte 1853/54-55/56 für Oberbayern, ausschließlich textl. Darstellung, keine Tabellen.
44736	Verwaltungsbericht 1832/33-1834/35: beschreibender Teil, keine Tabellen, enthält Erhebungshinweise.
44730	Jahresberichte 1818/19-1819/20: geschlechtsspez. Gestorbenenzahlen.

---

75 *Beiträge zur Statistik des Großherzogtums Hessen*, Bd. 1 (1862)-66 (1920).
76 *Mitteilungen der (Großherzoglich) Hessischen Zentralstelle für die Landesstatistik*, Darmstadt Bd. 1 (1863)-58 (1928).

44704	Jahresbericht 1816/17-1817/18: Bevölkerungszahlen der Kreise, textl. Ausführungen zum Gesundheitswesen und Krankenanstalten in Bayern.
15349	Verwaltungsbericht 1830-1833: "Bevölkerung", Gestorbenenzahlen und Todesursachenstatistik zu einzelnen Kreisen (nicht vollständig) für 1830/31-1832/33.
15397-15406	Verwaltungsbericht 1830-1833, § E, "Medizinalwesen", Berichte der Kreise, ausschließlich beschreibender Teil, keine Tabellen.
15048	Jahres- und Sanitätsberichte 1811-1824, Bevölkerungstabellen zum Isar- und Obermainkreis (1814/15) und Verzeichnis des medizinischen Personals (Obermainkreis).
61454	Armenärzte in Bayern, ab 1824.
15095	Nomenklatur der Krankheiten für die statistischen Jahresberichte 1825.
15049	Krankenstand in Militärspitälern, 1818-1823/24: Quartals- und Jahrestabellen zur Morbidität.
	Zu den Schulen des niederen Heilpersonals: MInn 14982-14990; 14992-15015; 15024-15043.

Hauptstaatsarchiv München, Bestand Ministerium des Inneren:

15013	Einteilung der Hebammendistrikte, 1817-1825, zum Teil in Tabellenform.
14981	Wundärzteverzeichnis zum Untermainkreis 1821.
14991	Einteilung der Distrikte für Landärzte, 1812-1823, zum Teil in Tabellenform.

Hauptstaatsarchiv München, Ministerium des Inneren 61452, Bd. 1: Verzeichnis der Apotheken und des Heilpersonals von 1843.

Hauptstaatsarchiv München, Ministerium des Inneren:

| 44669-708 | Rechenschaftsberichte 1853/54-1856/57, Tabellen zum Heilpersonal in: MInn 44672, 44675, 44678, 44679, 44681, 44687. |

Weitere Bestände zur Statistik und zum Medizinalwesen im Hauptstaatsarchiv München:
Außenministerium (MA 26342-26346).
Die genannten Stücke enthalten das gesamte "statistische" Material des Außenministeriums, das sind: die Botschaftsberichte aus Staaten des Deutschen Bundes, Zeitungsausschnitte und Veröffentlichungen wie Flugblätter, Verordnungen etc.
Kultusministerium (MK 40538-40551)
In den Akten des Kultusministeriums sind Gegenstände des Medizinalwesen erst für die Zeit nach 1870 gesammelt. Es handelt sich dabei jedoch ausschließlich um Hochschul- bzw. Ausbildungsangelegenheiten des Heilpersonals.

Hauptstaatsarchiv Stuttgart, Bestand E 141:

232	Jahresbericht 1814/15, Verzeichnis der angestellten Ärzte (und Tierärzte) und Bericht über das Medizinalwesen.
234	Jahresbericht 1818, Tabelle zum Heilpersonal im Schwarzwaldkreis.
238	Jahresbericht 1821/22, altersspezifische Gestorbenenzahlen für den Jagstkreis.

Bestand E 146 alt:

| 1581 | Verzeichnis der Chirurgen I.-IV. Klasse von 1822. |

1756-1758	Medizinalvisitationen, Berichte an das Medizinalkollegium über durchgeführte Visitationen.
3337-3340	Bevölkerungstabellen, 1810-1851: geschlechtsspezifische Gestorbenenzahlen, Altersgliederung der Bevölkerung.
3234	Vorschriftensammlung über periodische Berichte der Oberämter, 1815-1821.
2222	Tabellenformularsammlungen, 1806-1870.

Staatsarchiv Ludwigsburg, Bestand E 162 I:

337-338	Verzeichnis freier und angestellter Ärzte 1812-1814.
341-346	Verzeichnis zum Heilpersonal aller vier Kreise 1823-1825, unvollständig bzgl. nichtakademischen Heilpersonals.
472	Verzeichnis homöopathischer Ärzte, 1840 (?).
1788	Verzeichnis epidemischer Krankheiten nach Ortschaften.

Staatsarchiv Ludwigsburg, E 162 I, Büschel 2223-2532: Medizinalzustandsberichte der einzelnen Oberämter 1847/48-1901.

Generallandesarchiv Karlsruhe, Bestand 236 (Innenministerium).

15520-15523	Apothekenverzeichnisse für 1826 und 1846, andere
15540	Verzeichnisse für einzelnen Kreise 1816 und 1826 nicht aggregiert.
15590	Dienerakten, Sanitätspersonal, keine Verzeichnisse
15598-15599	außer für 1888.
16005	
1895	Ein einzelnes Formular zur Erhebung des medizinischen Personals (1822).
15980	Geburtshilfe, Hebammenwesen; Bewerbungen und Unterlagen
16002-16003	zur Anstellung von Hebammen, keine Verzeichnisse.
1894	Heilkunde; "Übersichtstabellen über alle im Lande befindlichen Sanitätsbeamte": Sammlung von Erhebungsformularen und -vorschriften (1814-22).
544,549	Canzleisachen; Geschäftsberichte der Sanitätskom-
3602	mission, mit Zahlenglossen: Niederlassung als
3608	Arzt/Wundarzt; Konzepte zu den "Medizinischen Annalen".
2536-1537	Listen zur Bewegung der Bevölkerung (1810-1824), z.T. unvollständig; ansonsten hauptsächlich sozial-statistische Erhebungen sowie Berichte der Landeskommissäre.
2536-2539	Alters- und/oder geschlechtsspezifische Gestorbenenzahlen für einzelne Kreise, 1815-1824.
3603	Ärzte und Wundärzteverzeichnis nach Regierungsbezirken von 1823 (?).

In Baden hatte das gesamte Heilpersonal (das amtliche wie frei praktizierende, das akademische wie das nichtakademische Heilpersonal) halbjährlich (ab 1835 jährlich) "Semestralberichte" abzuliefern, bestehend aus einem tabellarischen Verzeichnis der behandelten Krankheiten und der Darstellung von Behandlungsmethoden. Auszüge aus den Semestralberichten finden sich in dem offiziellen Publikationsorgan der Sanitätskommission, den "Medizinischen Annalen". Sie bieten jedoch Behandlungsstatistiken nicht in aggregierter Form an.

1954-71	Semestralberichte, für die Jahre 1816 -1826.
1895,1940	Jahresberichte der Physikate, nur teilweise vollständig;
1944-50	keine Tabellen; z.T. mit medizinischen Topographien; (nur die Jahre 1822-1830 wurden aufgefunden).

Jeweils zusammen mit dem Hauptjahresbericht der Amtsärzte sollten die "topographisch-physikalischen Bezirksbeschreibungen" abgeliefert werden. Sie scheinen tatsächlich nur selten bearbeitet worden zu sein; medizinalstatistisches Material fand darin in der Regel keine Aufnahme.

Generallandesarchiv Karlsruhe, Bestand 236:

16191-16195	Zahl der Krankenhäuser und Betten, 1838/39 und
14775-14780	1846/47; einzelne Pflegeanstalten nach Kreisen geordnet, (2. Hälfte 19.Jahrhundert).

3656-3657	(staatl.) Irrenanstalten, (1820-1870) vollständige
3640, 938	Daten, vierteljährliche Berichterstattung, jedoch
3677-3678	keine aggregierten Zahlen.
1904	

544	Zahl der Irrenanstalten, Betten und Patienten (1824).

Generallandesarchiv Karlsruhe, Bestand 65, Nachlaß Heunisch, Adam Ignaz

790 A/B	Geschlechtsspezifische Gestorbenenzahlen nach Regierungsbezirken 1837-1841 und 791 Todesursachenstatistik 1837-1841.

Ralph Kube/Reinhard Spree

Quellen zur Statistik des Gesundheitswesens der Bundesrepublik Deutschland

1. Einleitung

1.1. Vorbemerkungen

Das Gesundheitswesen soll hier durch drei größere Variablengruppen repräsentiert werden. Die eine Seite bilden die Indikatoren für das *Heilpersonal* und die *Krankenhäuser*, die die langfristige Entwicklung des Leistungsangebots darstellen. Die *Sterblichkeitsdaten* auf der anderen Seite bieten Anhaltspunkte für die Einschätzung der Herausforderungen, die das Gesundheitswesen mit seinem Leistungsangebot zu bewältigen suchte, und für die Erfolge, die bei der Prävention und Kuration von Krankheiten erzielt wurden. Für alle drei Variablengruppen sind in der Nachkriegszeit Daten der amtlichen Statistik in ausreichendem Umfang und mit genügender Dichte verfügbar, die weitestgehend publiziert wurden – wenn auch in wechselnder Form und an sehr unterschiedlichen Orten[1]. Es können insofern ausschließlich veröffentlichte Quellen in Betracht gezogen werden. Im Zentrum der folgenden Darstellung steht das einschlägige Publikationsprogramm des Statistischen Bundesamts und der Landesämter. Eingegangen wird jedoch auch auf weitere amtliche und halbamtliche Quellen[2]. Dem sind einige Hinweise zu den Rechtsgrundlagen der Erhebungen, zu den Erhebungsinstanzen, zum Meldeweg und zur Art der Datenaufbereitung vorangestellt. Abschließend werden einige ausgewählte Ergebnisse des Forschungsprojekts diskutiert, aus dem dieser Bericht hervorgegangen ist[3].

1.2. Rechtsgrundlagen

Die jährliche Ermittlung der *im Gesundheitswesen tätigen Personen* beruht auf Paragraph 1, Abs. 1 der 3. Durchführungsverordnung vom 30. März 1935 zum *Gesetz über die*

---

1   Die veröffentlichten Daten genügen in zeitlicher Hinsicht, da sie zumindest jährlich vorgelegt werden, und in regionaler Hinsicht, da sie auf den Aggregationsebenen Bundesrepublik insgesamt, Bundesländer sowie Regierungsbezirke der Bundesländer verfügbar sind.
2   Veröffentlichungen von Ministerien, Ärzte- und Zahnärztekammern, Apothekerkammern, Kassenärztlichen Vereinigungen usw.
3   Es handelt sich um das Projekt *Informationssystem zur Medizinalstatistik der Bundesrepublik Deutschland*, das an der Universität Konstanz aus Mitteln einer Arbeitsbeschaffungsmaßnahme gefördert wird. Bearbeiter: Ralph Kube M.A., Mag. rer. publ.; Leitung: Prof. Dr. Reinhard Spree.

Vereinheitlichung des Gesundheitswesens vom 3. Juli 1934[4]. Danach hat jedes Gesundheitsamt über "diejenigen Personen, die in seinem Bezirk selbständig oder in abhängiger Stellung, Behandlung, Pflege oder gesundheitliche Fürsorge an Menschen ausüben" Listen bzw. Karteien zu führen.

Bei den *Krankenhäusern* basiert die Erhebung auf dem Beschluß des Reichsrats vom 17. September 1931[5], ebenfalls auf der 3. Durchführungsverordnung zum *Gesetz über die Vereinheitlichung des Gesundheitswesens* vom 30. März 1935[6] sowie auf dem *Gesetz zur wirtschaftlichen Sicherung der Krankenhäuser und Regelung der Krankenhauspflegesätze* vom 29. Juni 1972[7], zuletzt in der Fassung vom 23.12.1985[8].

Die Statistik der *Gestorbenen und der Todesursachen* wird derzeit durch das *Gesetz über die Statistik der Bevölkerungsbewegung und die Fortschreibung des Bevölkerungsstandes* in der Fassung vom 14. März 1980[9] begründet. Danach sind die für die Leichenschau zuständigen Ärzte bei Ausstellung der Todesbescheinigung zur Angabe der Todesursache verpflichtet. In Verbindung mit Paragraph 32 des *Personenstandsgesetzes* in der Fassung vom 8. August 1957 bildet dieses Gesetz die Rechtsgrundlage für die amtliche Todesursachenstatistik.

1.3.   Erhebende Instanzen, Meldeweg und Art der Aufbereitung

Die Statistiken über das Heilpersonal, die Krankenhäuser und die Todesursachen werden als *koordinierte Länderstatistik* geführt, das heißt, daß das Statistische Bundesamt von den Statistischen Landesämtern die zusammengefaßten Länderergebnisse in Tabellenform erhält und sie dann zu Bundesergebnissen aufbereitet (konzentriert). Die Datenerhebung ist also *föderativ* organisiert.

Für das *Heilpersonal* dienten als Grundlage der Erhebung bis 1984 die in den Gesundheitsämtern geführten Listen bzw. Karteien über die Ärzte, Zahnärzte und die in sonstigen Berufen des Gesundheitswesens tätigen Personen. Zur laufenden Ergänzung bzw. Berichtigung erhielten die Gesundheitsämter von den polizeilichen Meldestellen bzw. den Einwohnermeldeämtern die An- und Abmeldungen dieses Personenkreises. Da nach Erlaß der Landesmeldegesetze[10] die Gesundheitsämter in einigen Ländern nicht mehr in der Lage sind, die vorliegenden Informationen – wie bisher – mit Hilfe der Melderegister zu aktualisieren, werden die Ergebnisse dieser Statistik ab 1985 weitgehend aus anderen Quellen übernommen. So werden die Angaben über Ärzte, Zahnärzte und Apotheker seither den Statistischen Landesämtern und dem Statistischen

---

4 *Reichsministerialblatt I*, 1934, S. 327.
5 *Reichsgesundheitsblatt* vom 25. November 1931, 6. Jahrgang, Nr. 47, S. 741-742, Paragraph 402 der Niederschriften.
6 Paragraphen 49 und 79.
7 *Bundesgesetzblatt I*, 1972, S. 1009.
8 *Bundesgesetzblatt I*, 1985, S. 33.
9 *Bundesgesetzblatt I*, 1980, S. 308.
10 Grundlage: Melderechtsrahmengesetz des Bundes vom 16. August 1980 (*Bundesgesetzblatt I*, S. 1429).

Bundesamt von den für diese Berufe auf Landes- und Bundesebene bestehenden Kammern bzw. Dachorganisationen zur Verfügung gestellt[11].

Die *Krankenhausstatistik* entsteht aus den Meldungen der einzelnen Krankenhäuser. Diese gehen wiederum über die Gesundheitsämter und/oder die obersten Gesundheitsbehörden der Bundesländer an die Statistischen Landesämter, welche die Ergebnisse dem Statistischen Bundesamt jährlich übermitteln.

Bei den *Gestorbenenzahlen* und *Todesursachen* dienen als Grundlage der Erhebung die von Ärzten ausgestellten Leichenschauscheine (Todesbescheinigungen) sowie die von den Standesämtern ausgestellten Sterbefallzählkarten. In den Gesundheitsämtern sollen die Leichenschauscheine hinsichtlich der ordnungsgemäßen Eintragung der Todesursachen überprüft werden. Bei den Statistischen Landesämtern werden Sterbefallzählkarten und Leichenschauscheine zusammengeführt. Die Aufbereitung in den Statistischen Landesämtern erfolgt mittels eines bundeseinheitlichen Programms. Die aggregierten Zahlen werden monatlich, vierteljährlich und jährlich an das Statistische Bundesamt weitergeleitet.

2. Quellenveröffentlichungen auf Bundesebene

2.1. Statistisches Bundesamt

2.1.1. Die Situation ab 1975

Für die genannten drei Gruppen von Variablen auf den Aggregationsebenen Bund und Länder stehen als wichtigste publizierte Quellen ab 1975 jeweils drei verschiedene, jährlich erscheinende Reihen (4, 5, 6) der *Fachserie 12* des Statistischen Bundesamts zur Verfügung. Daneben hat ebenfalls Quellencharakter die *Reihe 1 Ausgewählte Zahlen für das Gesundheitswesen*, die als Querschnittsveröffentlichung einen Überblick über den gesamten Bereich des Gesundheitswesens[12] sowie über Ergebnisse aus fachübergreifenden Statistiken bietet[13]. Für einige wichtige Eckdaten werden Zeitreihen veröffentlicht.

Zu den Reihen der *Fachserie 12* im einzelnen:
    Die Zahlen des Heilpersonals enthält die *Reihe 5: Berufe des Gesundheitswesens*[14] mit Angaben zu den berufstätigen Ärzten und Zahnärzten[15] sowie zu den sonstigen im Ge-

---

11 Z.B. stammen in Baden-Württemberg ab 1985 die Zahlen der Ärzte und Zahnärzte von der Landesärztekammer, die der Apotheken und Apotheker von der Landesapothekerkammer; in Hessen seit 1984: Angaben über Ärzte von der Landesärztekammer Hessen.

12 Die wichtigsten Variablen sind: Kranke, Verletzte, Schwangerschaftsabbrüche, Todesursachen, Ärzte, Berufe des Gesundheitswesens, Krankenhäuser.

13 Gesetzliche Kranken-, Renten- und Unfallversicherung, Kriegsopferversorgung, Schulen des Gesundheitswesens u.a.

14 Statistisches Bundesamt: *Fachserie 12, Reihe 5*; Statistische Landesämter: *Statistische Berichte, Reihe Gesundheitswesen*, Kennziffer A IV 1.

15 Einschließlich Hinweise zur Art der Berufsausübung und zu den Fachgebietsbezeichnungen.

sundheitswesen tätigen Personen. Neben den Apotheken und deren Personal werden auch die Anzahl und der Personalbestand der Gesundheitsämter nachgewiesen.

In der *Reihe 6: Krankenhäuser*[16] werden die Ergebnisse der Krankenhausstatistik veröffentlicht. Sie weist Krankenhäuser und Betten nach Trägern, Zweckbestimmung, Krankenhausarten und Größenklassen aus. Außerdem wird die Krankenbewegung in Krankenhäusern (Krankenbestand, Zugang und Abgang, stationär behandelte Kranke, Zahl der Pflegetage, durchschnittliche Verweildauer, Bettenausnutzungsgrad) dargestellt und ein differenzierter Nachweis über das Personal geführt.

Die *Reihe 4: Todesursachen*[17] gibt schließlich die Sterbefälle nach Geschlecht und Todesursachen in detaillierter systematischer und altersmäßiger Gliederung wieder.

2.1.2. Die Situation vor 1975

Vor 1975 ist das Programm der Quellenpublikationen weniger differenziert. Von 1946-1958 informieren über die drei Variablengruppen die Jahresbände *Gesundheitswesen – Statistische Ergebnisse*, die ab dem Berichtsjahr 1959 als *Fachserie A, Bevölkerung und Kultur, Reihe 7: Gesundheitswesen* fortgesetzt werden. Die Publikationsreihe wurde 1975 durch die bereits erwähnte *Fachserie 12, Reihe 1* ersetzt.

Darüber hinaus existieren einige *Sonderbeiträge*, wie zum Beispiel *Sterbefälle nach Todesursachen 1952-1961* oder der Sonderband *Bevölkerung und Wirtschaft 1872-1972* mit einem Kapitel über das Gesundheitswesen (inklusive Zeitreihen)[18]. Neben dieser Festschrift ist als wichtigste *allgemeine Querschnittsveröffentlichung* das *Statistische Jahrbuch für die Bundesrepublik Deutschland* zu nennen, dessen Daten für den Bereich Gesundheitswesen jedoch im wesentlichen aus den Reihen der Fachserie 12 und aus den monatlich erscheinenden Heften der Zeitschrift *Wirtschaft und Statistik*, die in Wort, Zahl und Grafik über die gesamte Bandbreite des wirtschaftlichen und sozialen Lebens in der Bundesrepublik Deutschland informiert, übernommen werden.

2.2. *Bundesregierung und Bundesministerien*

Eine andere Art von Quellen sind von der *Bundesregierung* oder einzelnen *Ministerien* herausgegebene Serien, die aber weitgehend auf den Daten der amtlichen Statistik ba-

---

16 Statistisches Bundesamt: *Fachserie 12, Reihe 6*; Statistische Landesämter: *Statistische Berichte, Reihe Gesundheitswesen*, Kennziffer A IV 2.

17 Statistisches Bundesamt: *Fachserie 12, Reihe 4*; Statistische Landesämter: *Statistische Berichte, Reihe Gesundheitswesen*, Kennziffer A IV 3.

18 Herausgeber: Statistisches Bundesamt, Stuttgart und Mainz 1972, Kohlhammer Verlag. Ähnlich die ebenfalls vom Statistischen Bundesamt herausgegebene Querschnittsveröffentlichung *Von den zwanziger zu den achtziger Jahren - Ein Vergleich der Lebensverhältnisse der Menschen* - (Stuttgart 1987), die u.a. einen kleinen Abschnitt über das Gesundheitswesen (Gestorbene nach Todesursachen und medizinische Versorgung; knappe Zusammenfassung der Ergebnisse von Mitte der zwanziger, der fünfziger und der achtziger Jahre unseres Jahrhunderts) mit kommentierten Tabellen enthält.

sieren und zum Teil sogar in Zusammenarbeit mit dem Statistischen Bundesamt erscheinen. Auffällig ist die Vielzahl derartiger Publikationen, die jedoch sehr häufig Inhalt, Aufmachung, Publikationsfolge etc. wechseln und deshalb schwer zu ermitteln sind.
Auch hier lassen sich die thematisch ausschließlich auf das Gesundheitswesen konzentrierten Beiträge und Reihen von den allgemeinen Querschnittveröffentlichungen, die
viele Bereiche des sozialen Lebens streifen, unterscheiden.

Als nur auf den *medizinalstatistischen Bereich* beschränkte Veröffentlichung erschien
seit 1954 die vom Bundesministerium für das Gesundheitswesen herausgegebene und im
Statistischen Bundesamt, später im Bundesgesundheitsamt bearbeitete Reihe *Statistische
Berichte über das Gesundheitswesen*[19], die bis 1969[20] über aktuelle medizinische[21] und
demographische Entwicklungen unterrichtete und in der Anfangsphase bis zum Jahr
1960 mit *Gesundheitsstatistischer Bericht der Bundesrepublik Deutschland* betitelt war.
Eine Art Vorläufer und später Begleitserie – mit derselben optischen Aufmachung –
war die Publikation *Leben und Sterben in der Bundesrepublik Deutschland*[22], die im
Untertitel als *Merkheft für Ärzte* firmiert und in der ersten Ausgabe 1953 gesundheitssta-
tistische Zahlen (Krankheiten, Todesursachen) für die Periode ab 1946 enthält. Spätere
Ausgaben bis 1963 sind im Untertitel als *Merkheft für Ärzte zum vertraulichen
Leichenschauschein* deklariert und befassen sich auch vornehmlich mit dem korrekten
Ausfüllen von Leichenschauscheinen.

Im Jahr 1963 erschien der erste Band der Serie *Das Gesundheitswesen der Bundesrepublik Deutschland – Zahlen, Schaubilder, Übersichten*[23], die bis 1974 in unregelmäßigen
Abständen[24] herausgegeben wurde und bei der die Daten vom Typ her mit denen der
oben beschriebenen *Statistischen Berichte über das Gesundheitswesen* identisch sind[25],
abgesehen davon, daß der Zahlenumfang zugenommen hat und der Kommentarteil ausführlicher geworden ist. Neu ist aber der in jedem zweiten Band enthaltene internationale Vergleich (Ausgaben 1965, 1970)[26]. Diese Serie wurde 1977 durch die bisher vier-
mal[27] erschienenen *Daten des Gesundheitswesens*[28] abgelöst. Außer einigen geringfügi-

---

19 Veröffentlichungsort: Stuttgart u. Mainz, Kohlhammer Verlag.
20 Erscheinungsfolge bis 1962 jährlich, danach alle drei Jahre bis zur Einstellung der Serie 1969
    mit dem Band 11.
21 Kapitel über Todesursachen, Infektionskrankheiten, Sozialmedizin, Krankenanstalten, Heil-
    und Heilhilfspersonen.
22 Herausgeber: Bundesminister des Innern, Abteilung Gesundheitswesen, Veröffentlichungs-
    ort: Stuttgart und Köln, Kohlhammer Verlag.
23 Herausgegeben vom Bundesministerium für das Gesundheitswesen, bearbeitet im Statisti-
    schen Bundesamt, Veröffentlichungsort: Stuttgart und Mainz, Kohlhammer Verlag.
24 Ausgaben: 1963, 1965, 1968, 1970 und 1974.
25 Auch hier wurde versucht, "eine möglichst vollständige Dokumentation der engen Verflech-
    tungen zwischen medizinalstatistischen und demographischen Daten zu geben." (Ausgabe
    1963, Vorwort, S. 3) Daß dieser Versuch allerdings - wie ebenfalls im Vorwort vermerkt ist -
    "zum ersten Mal" unternommen worden sei, ist eine irreführende Aussage, da sich die Serie
    in Konzeption und Inhalt mit den früher erschienenen *Statistischen Berichten über das Ge-
    sundheitswesen der Bundesrepublik Deutschland* deckt.
26 In diesen Fällen lautet dann auch der Untertitel nicht *Zahlen, Schaubilder, Übersichten* son-
    dern *Im internationalen Vergleich*.
27 Ausgaben: 1977, 1980, 1983 und 1985. Der nächste Band erscheint voraussichtlich Ende 1989.

gen Erweiterungen wurde der inhaltliche Aufbau der Vorgängerpublikation beibehalten. Bei beiden Serien stammt das statistische Material überwiegend aus dem Statistischen Bundesamt. Es wird jedoch darauf verwiesen, daß auch Daten aus anderen Quellen übernommen wurden[29].

Quellen mit *Querschnittscharakter* stellen dagegen die beiden Serien *Gesellschaftliche Daten*[30] mit den Ausgaben 1973, 1977, 1979 sowie 1982 und – erstmalig 1983 – *Datenreport, Zahlen und Fakten über die Bundesrepublik Deutschland*[31] dar. Letztere erscheint in zweijährigem Abstand und wird gemeinsam von der Bundeszentrale für politische Bildung und dem Statistischen Bundesamt, in Zusammenarbeit mit dem SFB 3 Frankfurt/Mannheim, herausgegeben. Beiden Serien ist gemeinsam, daß sie als Sammelbände neben anderen auch Daten zum Gesundheitswesen – einschließlich der hier interessierenden Bereiche Sterblichkeit und medizinische Versorgung – enthalten, allerdings in knapper Auswahl, jedoch mit ausführlicher Kommentierung.

3. Quellenveröffentlichungen durch die Statistischen Landesämter

Es existiert ein bundeseinheitliches Mindestveröffentlichungsprogramm, das Angaben enthält, die alle Statistischen Landesämter unter der gleichen Kennziffer jährlich veröffentlichen. Dies sind für die hier interessierenden Variablengrupppen aus der *Reihe Gesundheitswesen* die *Statistischen Berichte A IV 1* (Heilpersonal, Im Gesundheitswesen tätige Personen und Apotheken), *A IV 2* (Krankenhäuser) und *A IV 3* (Gestorbene nach Todesursachen, Alter und Geschlecht). Diese Serie besteht in der Regel seit Ende der 1950er/Anfang der 1960er Jahre[32] und ist hinsichtlich der Systematik – von kleineren Abweichungen bei einigen Bezeichnungen abgesehen, z. B. innerhalb einer Berufsgruppe – mit den Reihen 4, 5 und 6 der *Fachserie 12* des Statistischen Bundesamts identisch. Die Daten werden allerdings sowohl auf Landesebene ausgewiesen als auch nach Regierungsbezirken und Kreisen differenziert[33].

Vorgänger dieser Serie waren in einzelnen Ländern unterschiedlich benannte Publikationen aus der *Reihe Beiträge zur Statistik (alte Folge)*, die überwiegend unregelmäßig

---

28 Herausgeber: Bundesminister für Jugend, Familie und Gesundheit, Veröffentlichungsort: Stuttgart/Berlin/Köln/Mainz, Verlag Kohlhammer.
29 Z.B. von anderen Bundesministerien, den Obersten Landesgesundheitsbehörden, der Bundesärztekammer, demoskopischen Instituten und der Kassenärztlichen Bundesvereinigung.
30 Herausgegeben vom Presse- und Informationsamt der Bundesregierung. Die Serie ist inzwischen eingestellt worden.
31 Fortsetzung des Bandes *Politik im Querschnitt: Zahlenspiegel '81/'82* (bis 1975/76 unter dem Titel *Zahlenspiegel zur Politik*). Eine Buchausgabe besorgt der Verlag Bonn Aktuell in Stuttgart.
32 Zum Beispiel in Berlin: A IV 1 und A IV 2 seit 1957; in Rheinland-Pfalz: A IV 1/2 seit 1961; in Hessen: A IV 1 seit 1957, A IV 2 seit 1958; im Saarland: A IV 1 seit 1959 (wurde 1982 eingestellt). In Nordrhein-Westfalen besteht die Serie sogar schon seit den frühen 50er Jahren: A IV 1 seit 1953, A IV 2 seit 1951, A IV 3 seit 1955.
33 In einigen Bundesländern, wie in Rheinland-Pfalz und Bremen, wurden die Reihen A IV 1 und A IV 2 bis zum Jahr 1985 in einem Band zusammengefaßt.

erschienen sind[34]. Ein einheitliches Mindestprogramm mit den koordinierten Landesstatistiken gibt es erst seit der Einführung der *Statistischen Berichte* Mitte der 1950er Jahre. Davor konnte es ohne weiteres vorkommen, daß auch häufig verlangte und allgemein interessierende Zahlen in manchen Bundesländern nicht veröffentlicht wurden oder in verkürzter Form nur in den allgemeinen Querschnittsveröffentlichungen zu finden sind[35].

Daneben gibt es in einigen Bundesländern *spezielle Veröffentlichungen*, so z. B. in *Bayern* den umfassenden *Bericht über das bayerische Gesundheitswesen*, der – in Fortführung der Vorkriegstradition – seit 1950 jährlich erscheint und von den Bayerischen Ministerien des Innern und für Arbeit und Sozialordnung herausgegeben wird. Ähnlich in *Baden-Württemberg* der Querschnittsband *Das Gesundheitswesen*, der seit 1968 in zwei- bzw. dreijährigem Abstand erscheint, herausgegeben vom Statistischen Landesamt. Auch für *Nordrhein-Westfalen* als bevölkerungsreichstes Bundesland erscheint seit 1965 ein *Jahresgesundheitsbericht*, für den der Minister für Arbeit, Gesundheit und Soziales in Zusammenarbeit mit dem Landesamt für Datenverarbeitung und Statistik Nordrhein-Westfalen (Herausgeber) verantwortlich zeichnen und der Daten aus praktisch allen Bereichen des Gesundheitswesens enthält, die in der Vorbemerkung kurz kommentiert werden.

Weitere *Sonderberichte* oder Sonderveröffentlichungen zu den drei Variablengruppen gibt es nach Auskunft der Statistischen Landesämter sehr selten oder gar nicht[36] –

34 Für Baden-Württemberg: *Ergebnisse aus der Medizinalstatistik Württemberg-Badens* (= Beiträge zur Statistik von Württemberg-Baden 1946 bis 1950, Band 23); für Hessen: *Ansteckende Krankheiten, Todesursachen Einrichtungen und Personen im Gesundheitsdienst in Hessen 1946 bis 1954 sowie 1955 bis 1956, Todesursachen (Haupt- und Nebenkrankheiten) der Verstorbenen in Hessen 1955, Das Gesundheitswesen in Hessen 1957-1959* (= Beiträge zur Statistik Hessens, Bände 79, 89, 95 und 137); für Nordrhein-Westfalen: *Die natürliche Bevölkerungsbewegung und die Todesursachen in NW*, Erscheinungsfolge: unregelmäßig von 1946-1963 (= Beiträge zur Statistik Nordrhein-Westfalens, Bände 37, 62, 107, 124, 168, 181 und 185); Für Berlin sind die Vorgängerpublikationen der Serie A IV schon ab 1956 unter dieser Kennziffer erschienen: *Die Kranken-, Heil- und Pflegeanstalten und die Anstalten für Altersschwache und Sieche 1950 und 1951, Neuerkrankungen an Tuberkulose, anzeigepflichtigen Krankheiten, Kranken-, Heil- und Pflegeanstalten und städtische Badeanstalten 1951-1958* (monatlich und jährlich).

35 Vgl. Friedrich Kaiser: Zehn Jahre Bemühungen um die Vereinheitlichung der Veröffentlichungen der Statistischen Landesämter, in: *Allgemeines Statistisches Archiv*, 45 (1961), S. 278-281.

36 Laut telefonischer Anfrage an die Statistischen Landesämter vom 1.6.89 gibt es keine Sonderveröffentlichungen für den Bereich Gesundheitswesen in Hamburg, Hessen, Niedersachsen und im Saarland.
In fast allen Bundesländern lassen sich jedoch allgemeine Querschnittsveröffentlichungen (in einigen Fällen mit Zeitreihen) finden, die zumeist in knapper Form über statistische Ergebnisse aus allen Bereichen der Landesstatistik, einschließlich der hier interessierenden Variablengruppen, informieren: Baden-Württemberg: Statistik von Baden-Württemberg, Band 258, *Lange Reihen zur demographischen, wirtschaftlichen und gesellschaftlichen Entwicklung 1950-1977*, Stuttgart 1979; Bayern: *Bayern-Daten von 1950 bis 1982* (Erscheinungsfolge: einmalig zum 150-jährigen Amtsjubiläum), *Kreisdaten und Gemeindedaten* (wechselweise jährlich); Berlin: *Berlin in Zahlen 1945, 1947, 1950, 1951* (Vorläufer des Statistischen Jahrbuchs, ab 1952); Bremen: *Bremen im statistischen Zeitvergleich 1950-1976, Bremen in Zahlen* (erscheint jährlich), *Statistische Mitteilungen (alte Folge) 1946-1969* (Sammelbände mit Monats-

abgesehen von gelegentlichen Aufsätzen, Tabellen oder Statistiken zu einzelnen Bereichen des Gesundheitswesens in den, zum Teil anders betitelten, *Statistischen Monats-
heften*[37]. Eine Ausnahme bildet – wegen der Vielzahl der Sonderveröffentlichungen –
Berlin mit den Sonderheften der Berliner Statistik *Die Sterbefälle nach Todesursachen*,
die seit 1946 erscheinen[38]. Auch für *Bremen* existiert aus diesem Bereich ein Sonderheft
mit dem Titel *Todesursachen im Lande Bremen 1968-1980 (Heft 56)*. Sonderberichte sind
außerdem – zumeist unter der Kennziffer *A IV/S* – in den Bundesländern *Baden-
Württemberg*[39], *Bayern*[40], *Nordrhein-Westfalen*[41] und *Schleswig-Holstein*[42] erschienen.

Ferner werden von manchen Statistischen Landesämtern noch sogenannte Verzeichnisse[43] herausgegeben, so in *Hessen* das *Verzeichnis der Krankenhäuser, der Ausbildungs-
stätten für nichtärztliche Heilberufe und der Gesundheitsämter*, das in zweijährigem Abstand erscheint. Für das *Saarland* existiert darüber hinaus ein *Krebsregister*, das vom Sta-

---

und Jahreszahlen aus allen Gebieten); Niedersachsen: *Niedersachsen - Das Jahr in Zahlen -*
(erscheint jährlich); Nordrhein-Westfalen: *Statistische Rundschau Ruhrgebiet* (seit 1967 jährlich erschienene Gemeinschaftsveröffentlichung des Landesamtes für Datenverarbeitung und
Statistik und des Kommunalverbandes Ruhrgebiet, mit der Ausgabe 1987 eingestellt), *Statistische Rundschau für den Regierungsbezirk* (unregelmäßige Erscheinungsfolge seit 1965, ab 1973
nicht mehr fortgeführt), *Entwicklungen in NW im Jahre 1988* (noch lieferbar für 1976-1981,
1983-1987); Rheinland-Pfalz: *Jahresergebnisse der Statistik in Rheinland-Pfalz* (jährlich von
1950-1957, Vorläufer des Statistischen Jahrbuchs, ab 1958), *Rheinland-Pfalz im Spiegel der
Statistik 1968* (Einzelveröffentlichung); Saarland: *Saarländische Gemeinde- und Kreiszahlen*
(zweijährlich); Schleswig-Holstein: *Lange Reihen zur Bevölkerungs- und Wirtschaftsentwicklung
Schleswig-Holsteins* (1950-1975).

37 Einige Beispiele aus Baden-Württemberg und Bremen. Baden-Württemberg: *Statistische Monatshefte* 1988, Heft 2, S. 43: *Entwicklungen im Krankenhausbereich*; Bremen: *Statistische Monatsberichte* 1975, Heft 8, S. 165: Die Ärzte in den Städten Bremen und Bremerhaven nach
Fachgebieten und Geschlecht 1974; 1976, Heft 6, S. 104-109: Sterblichkeit im Lande Bremen
(1950, 1960, 1970-1975); 1978, Heft 7, S. 158-164: Krankenhäuser im Lande Bremen (1970-
1977).

38 Dafür fehlt allerdings die Reihe A IV 3. Außerdem sind für Berlin unter der Kennziffer A
IV/S die folgenden Sonderberichte erschienen, die u.a. die Variablengruppe Krankenhäuser
betreffen: *Erst- und Wiedererkrankungen (Neuerkrankungen) an Tuberkulose, (anzeige-) mel-
depflichtige Krankheiten, Kranken-, Heil- und Pflegeanstalten (Krankenhäuser) und städtische
Badeanstalten (Bäder)* (1961-1972 jährlich, z.T. monatlich), *Erkrankungen an meldepflichtigen
Krankheiten, an aktiver Tuberkulose, Krankenhäuser, Krankenheime sowie städtische Bäder*
(1972-1979 monatlich), *Meldepflichtige Infektionskrankheiten, Krankenhäuser und städtische
Bäder* (1973-1979 jährlich).

39 *Rohe und standardisierte Sterbeziffern für ausgewählte Todesursachen in den Stadt- und Landkreisen 1978 bis 1981* (Kennziffer A IV 3/S).

40 *Säuglingssterblichkeit und Müttersterblichkeit in Bayern* (Erscheinungsfolge: unregelmäßig).

41 *Bevölkerung und Gesundheit in NW 1950-1964* (einmalige Sonderveröffentlichung). Auch die
Beiträge einer seit 1965 jährlich parallel zu den Reihen A IV 1, 2 und 3 erscheinenden zusätzlichen Serie mit dem Titel *Das Gesundheitswesen* sind zu den Sonderveröffentlichungen zu
zählen, obwohl sie nicht als solche deklariert werden.

42 *Daten aus den Gesundheitsämtern* (Kennziffer A IV/S, jährliche Erscheinungsweise bis zur
Einstellung der Serie 1985).

43 Niedersachsen: *Krankenhäuser* (Stand: 31.12.1986); Rheinland-Pfalz: *Krankenhäuser und
Heime der öffentlichen, freigemeinnützigen und privaten Träger* (alle drei Jahre); Saarland:
Krankenhäuser (jährlich); Schleswig Holstein: *Krankenhäuser* (jährlich). In Nordrhein-Westfalen gibt es neben dem *Verzeichnis der Krankenhäuser* noch einen *Krankenhausatlas Nordrhein-Westfalen 1969*, der - allerdings nur für den Zeitraum 1947-1967 - Karten und Karto-
gramme aus allen für die Krankenhausstatistik relevanten Themengebieten enthält.

tistischen Amt des Saarlands als für das Bundesgebiet einmalig bezeichnet wird[44] und neben Informationen über das Auftreten und den Verlauf bösartiger Geschwulsterkrankungen auch Mortalitätsdaten für diese Krankheitsgruppe liefert[45].

Schließlich finden sich einschlägige Angaben – jedoch weit weniger ausdifferenziert und größtenteils aus den Fachreihen übernommen – in den *Statistischen Taschen-, Hand- und Jahrbüchern* der Bundesländer, die in der Regel ebenfalls jährlich oder, oft im gegenseitigen Wechsel, zumindest jedes zweite Jahr erscheinen[46].

4. Quellenveröffentlichungen durch Kammern und Verbände

Vor allem für den Bereich medizinische Versorgung (Heilpersonal, Apotheken, Krankenhäuser) existieren zahlreiche *Verbands-Publikationen*[47], deren Datensammlungen – begründet durch das jeweilige Interessengebiet – stets sehr selektiv sind und zudem oft auf der amtlichen Statistik beruhen. Sie enthalten jedoch auch zusätzliches Material, denn immerhin ist die amtliche Statistik in letzter Zeit durch den Erlaß neuer Meldegesetze zunehmend auf die Sammlung und Zulieferung von Daten durch Organisationen wie die Ärzte- oder Apothekerkammern angewiesen[48]. *Exemplarisch* wird nun auf einige Organisationen und ihr Publikationsprogramm eingegangen. Die Auswahl der Beispiele soll auf die Dachorganisationen bzw. die Kammern auf Bundesebene beschränkt bleiben[49].

Gemeinsam mit der *Bundesärztekammer* verfügt die *Kassenärztliche Bundesvereinigung* mit dem Referat *Volkswirtschaft und Statistik* über eine eigene Forschungsabteilung und gibt seit Anfang der siebziger Jahre die *Blaue Reihe*[50] heraus. Kürzlich erschien in dieser Reihe die Broschüre mit dem Titel *Die ärztliche Versorgung in der Bundesrepublik Deutschland zum 31. Dezember 1988*[51]. Inhaltlich beschränkt sich die Veröffentlichung als Zusammenstellung der wichtigsten Statistiken von Bundesärztekammer und Kassenärztlicher Bundesvereinigung auf Ärztestatistiken[52], deren Grundlage die

---

44 Vgl. *Veröffentlichungsverzeichnis des Statistischen Amts des Saarlandes*, Ausgabe 1989, S. 4.

45 Hierzu erschienen in der Reihe *Saarland in Zahlen* die Sonderhefte *Morbidität und Mortalität an bösartigen Neubildungen im Saarland - Jahresbericht des Krebsregisters* - für die Jahre 1982-1986.

46 Mit Ausnahme von Bayern (Erscheinungsfolge: alle drei Jahre) und Bremen, wo das *Statistische Handbuch* nur in vier- bis siebenjährigem Abstand erscheint (Ausgaben 1961, 1967, 1971, 1975, 1982, 1987). Es existiert jedoch zusätzlich die Broschüre *Bremen in Zahlen*, die einen Querschnitt der statistischen Ergebnisse in Bremen bietet.

47 Ärztekammern, Zahnärztekammern, Kassenärztliche Vereinigungen, Apothekerkammern, Krankenkassen, Pharmaindustrie.

48 Siehe hierzu oben den Abschnitt *Erhebende Instanzen, Meldeweg und Art der Aufbereitung* sowie *Anmerkung 11*.

49 Für die Organisationen auf Landesebene (Landesärztekammern usw.) kann angenommen werden, daß die Datensammlung in gleicher Weise oder zumindest ähnlich erfolgt.

50 Veröffentlichungen mit wechselnder Thematik.

51 Untertitel: *Ergebnisse der Ärztestatistiken der Bundesärztekammer und der Kassenärztlichen Bundesvereinigung*, Blaue Reihe 41/89, Deutscher Ärzte-Verlag, Köln.

52 Entwicklung der Arztzahlen, Aufgliederung der Ärzte in Tätigkeitsbereiche, Lebensaltersgruppen und Staatsangehörigkeit, Übersicht über die Ärzte ohne Berufstätigkeit, Zahl der

jährlichen Meldungen der Ärztekammern an die Bundesärztekammer sowie die Eintragungen in das bei der Kassenärztlichen Bundesvereinigung geführte Bundesarztregister bilden. Die Daten sind also im wesentlichen selbst erhoben worden, obwohl auch Material aus der amtlichen Statistik verwendet wird[53]. Die Tabellen und Grafiken sind ausführlich kommentiert und häufig werden Zeitreihen ausgewiesen.

Daneben existiert der seit 1983 jährlich erscheinende Band *Grunddaten zur kassenärztlichen Versorgung in der Bundesrepublik Deutschland*[54] – sozusagen das Statistische Jahrbuch der Kassenärztlichen Bundesvereinigung –, der im Prinzip dieselben Ärztedaten wie die eben besprochene Broschüre enthält, jedoch unkommentiert. Darüber hinaus sind – neben den hier nicht interessierenden Informationen über Umfang, Leistungen und Kosten der kassenärztlichen Versorgung[55] – noch die ebenfalls in dem Band enthaltenen Krankenhaus- und Apothekenzahlen[56] beachtenswert. Als knappe Zusammenfassung ihrer statistischen Arbeit und ihrer Veröffentlichungen geben die Kassenärztliche Bundesvereinigung[57] und die Bundesärztekammer[58] schließlich regelmäßig *Faltblätter* mit den wichtigsten Daten (unkommentiert) heraus.

Bei den *Krankenkassen* erfolgt eine Beschränkung auf das Beispiel der *AOK* als größter gesetzlicher Krankenkasse mit über 23 Millionen Versicherten in der Bundesrepublik Deutschland[59]. Über eigene Statistiken im Bereich Personal oder Einrichtungen des Gesundheitswesens verfügt der AOK-Bundesverband nach seinen Angaben nicht und ist diesbezüglich auf andere Quellen angewiesen[60]. Auch für die Variablengruppe Sterblichkeit (Todesursachen) besitzt die AOK keine Zahlen, und es werden von ihr auch keine Daten auf diesem Gebiet erhoben. Einzig die *Krankheitsartenstatistik*[61], die der AOK-Bundesverband jährlich in zwei Bänden – zuletzt mit Zahlen für 1987[62] – publiziert, ist hier von bedingtem Interesse. Dort findet man nämlich unter anderem Angaben zu den Krankenhausfällen, die nach Dauer (Verpflegungstage), Krankheitsart und Alter der Patienten aufgeschlüsselt sind, allerdings nur für die Mitglieder der AOK und deren Familienangehörige.

Der *Bundesverband der Pharmazeutischen Industrie* veröffentlicht als Interessenvertretung von cirka fünfundneunzig Prozent der bundesdeutschen Arzneimittelhersteller

---

Studienanfänger und Approbationen. Der zweite Teil der Broschüre befaßt sich mit der Auswertung von Daten aus dem Bereich der kassenärztlichen Versorgung.
53 Statistisches Bundesamt und Bundesanstalt für Arbeit.
54 Herausgeber: Kassenärztliche Bundesvereinigung, Deutscher Ärzteverlag, Köln.
55 Kapitel über ärztliche Leistungen, Arzt-Abrechnungen, Honorar-Umsatz, Praxiskosten, Arzneimittel, Gesetzliche Krankenversicherung, Sozialbudget und zu volkswirtschaftlichen Rahmendaten.
56 Anzahl der öffentlichen Apotheken und der Krankenhäuser, Betten, Krankenhausärzte, Verweildauer der Patienten, Nutzungsgrad.
57 *Daten zur Kassenärztlichen Versorgung in der Bundesrepublik Deutschland.*
58 *Ausgewählte Daten zur Gesundheitspolitik.*
59 Vgl. *AOK Krankheitsartenstatistik 1987*, S. 131, Herausgeber: AOK-Bundesverband, Bonn.
60 Laut Schreiben vom 18.9.1989.
61 Aufgeschlüsselt nach den 999 Krankheitsarten der ICD, 9. Revision.
62 AOK-Bundesverband: *Krankheitsartenstatistik 1987 - Gesamt- und Regionalergebnisse*, Bonn 1989 - Arbeitsunfähigkeits- und Krankenhausfälle nach Krankheitsarten, Alter, Dauer; Krankheitsartenstatistik 1987.

jährlich die *Pharma-Daten*, die mit der Ausgabe 1989 bereits in der neunzehnten Auflage erscheinen und sich in erster Linie als Beitrag der Pharmaindustrie zur Diskussion des Arzneimittelwesens verstehen[63]. Im Kapitel Gesundheitswesen finden sich – auf wenige Seiten komprimiert – die wichtigsten Bundesdaten über Krankenhäuser, Betten, berufstätige Personen im Gesundheitswesen (einschl. Arztdichte), Apotheken und Sterbefälle nach ausgewählten Todesursachen. Das Zahlenmaterial dieser knappen Zusammenfassung stammt ausnahmslos vom Statistischen Bundesamt und der Bundesärztekammer. Wesentlich ausführlicher sind die ebenfalls vom Bundesverband der Pharmazeutischen Industrie (Abteilung Wirtschafts- und Sozialpolitik, Referat Statistik) herausgegebenen *Basisdaten des Gesundheitswesens*, mittlerweile in der neunten Jahresausgabe[64]. Hier findet man neben wenigen eigenen Erhebungen und Berechnungen eine Sammlung von differenzierten und kommentierten Daten aus den verschiedensten Quellen[65] zu den Bereichen Apotheken, Beschäftigte im Gesundheitswesen, Morbidität und Mortalität sowie für den Krankenhaussektor mit Zeitreihen ab 1960.

5. Ausgewählte Ergebnisse

Abschließend soll – als typisches Beispiel zur Veranschaulichung der dargestellten Quellenlage – eine ausgewählte Tabelle aus den besprochenen Publikationen hinsichtlich ihrer Aussagekraft diskutiert und mit den Ergebnissen der eigenen statistischen Arbeiten[66] verglichen werden.

Auf dem Gebiet des *Heilpersonals* wird häufig die *Anzahl der Ärzte* als der bedeutendste Indikator für die medizinische Versorgung angesehen. Deshalb betrifft das Beispiel die Zahl der berufstätigen Ärzte in der Bundesrepublik Deutschland. In dem Sonderband *Bevölkerung und Wirtschaft*[67], der anläßlich des hundertjährigen Bestehens der

---

63 Vgl. *Pharma-Daten* 1988, S. 2 f.
64 Untertitel: *Handbuch zur zahlenmäßigen Entwicklung der wesentlichen Teilbereiche des Gesundheitswesens in der Bundesrepublik Deutschland und Berlin (West)*, Frankfurt 1989.
65 U.a. Statistisches Bundesamt, Kassenärztliche Bundesvereinigung, Bundesministerien, Bundesvereinigung Deutscher Apothekenverbände.
66 Hierbei handelt es sich um das oben erwähnte Projekt *Informationssystem zur Medizinalstatistik der Bundesrepublik Deutschland* (vgl. Anm. 3), das voraussichtlich Ende 1990 abgeschlossen sein wird. Ziel dieser Grundlagenarbeit ist es, das vorhandene umfangreiche und heterogene Material für die drei Variablengruppen Heilpersonal (Ärzte nach Fachrichtungen, Zahnärzte, Apotheker, Krankenpflegepersonal), Krankenhäuser (nach Spezialisierung, Bettenzahl, Personal, Patienten und Verpflegungstagen) und Sterblichkeit (Gestorbene nach Geschlecht, Alter und Todesursachen) aus den verschiedenen einschlägigen Quellen in eine übersichtliche, sinnvoll strukturierte Form mit einheitlichen Bezeichnungen zu bringen und auf den Aggregationsebenen Bund, Länder und Regierungsbezirke für die Jahre 1950-1985 in Zeitreihen zusammenzustellen. Für Stichjahre werden die Daten pro Kopf der Bevölkerung umgerechnet. Dadurch werden sowohl unterschiedliche regionale Grade der medizinischen Versorgung als auch deren zeitliche Entwicklung sichtbar. Zugleich wird in differenzierter Form die Entwicklung der Sterblichkeit verdeutlicht. Damit können Vergleiche zwischen dem jeweiligen Grad der medizinischen Versorgung einerseits und der Sterblichkeit der Bevölkerung andererseits vorgenommen werden.
67 S. 124.

zentralen amtlichen Statistik herausgegeben wurde, und in der *Fachserie 12, Reihe 1*[68] des Statistischen Bundesamts ist die langfristige Entwicklung der Ärztezahl und der Arztdichte (pro 100.000 Einwohner) dargestellt[69]:

Tabelle 1: Berufstätige Ärzte in der Bundesrepublik Deutschland

Jahresende	Ärzte (Anzahl)	auf 100 000 Einwohner
1952 (a)	68 135	136
1953 (a)	69 411	137
1954 (a)	71 005	139
1955 (a)	71 967	139
1956	73 843	138
1957	75 138	139
1958	75 717	139
1959	77 644	141
1960	79 350	142
1961	80 825	143
1962	82 097	143
1963	83 025	143
1964	84 203	144
1965	85 801	145
1966	86 700	145
1967	88 559	145
1968	90 882	150
1969	93 934	154
1970	99 654	161
1971	103 910	169
1972	107 403	174
1973	110 980	179
1974	114 661	185
1975	118 726	193
1976	122 075	199
1977	125 274	204
1978	130 033	212
1979	135 711	221
1980	139 431	226
1981	142 934	232
1982	146 221	238
1983 (a)	147 467	245
1984 (a)	153 895	256
1985	160 902	264

a) Bundesgebiet ohne Saarland.

68 Ausgabe 1986, S. 40.
69 Sowohl Zeitreihen als auch Relativzahlen sind in der amtlichen Statistik für den Bereich Gesundheitswesen ziemlich selten ausgewiesen. Auf Bundesebene liefert im Prinzip nur die Fachserie 12, Reihe 1 *Ausgewählte Zahlen für das Gesundheitswesen* Zeitreihen für einige Grunddaten. Die Zahlen sind jedoch in sachlicher Hinsicht weniger ausdifferenziert als in den Spezialreihen 4, 5 und 6.

Man sieht, daß sich die Gesamtzahl der berufstätigen Ärzte im dargestellten Zeitraum bei einem gleichmäßigen Anstieg um fast das Zweieinhalbfache erhöhte (von 68.135 auf 160.902), während sich die Anzahl der Ärzte pro Kopf der Bevölkerung nur knapp verdoppelt hat. Diese Globalaussagen sind im folgenden zu differenzieren, indem zum Vergleich die Entwicklung der Ärztezahlen nach *Fachgebieten* betrachtet wird. Außerdem werden auch dafür die in der amtlichen Statistik nicht ausgewiesenen Relativzahlen als Indikator für die medizinische Versorgung berechnet. Die Ergebnisse sind in *Tabelle 2* dargestellt. Es zeigt sich, daß die Arztdichte nicht in allen Berufssparten gleichmäßig größer wurde, sondern bei einigen Fachgruppen[70], die zur Veranschaulichung speziell ausgewählt wurden, überproportional anstieg (z.B. Ärzte für Urologie), während sie bei anderen Fachgebieten in etwa gleich blieb (z.B. Mund- und Kieferchirurgie) oder – nach einer kurzen Phase der Erhöhung – sogar stark abnahm (z.B. Lungen- und Bronchialheilkunde), obwohl auch in diesen letzteren Fällen die Absolutzahlen zum Teil leicht anstiegen.

Tabelle 2: Ärzte nach ausgewählten Fachgebieten in der BRD

Jahres-ende	Frauen-heilkunde		Urologie		Lungen-/Bron-chialheilkunde		Mund-/Kiefer- und Gesichtschirurgie	
	Anzahl	Index	Anzahl	Index	Anzahl	Index	Anzahl	Index
1953	2 339	100	254	100	1 273	100	288	100
1960	3 371	144	508	200	1 740	137	393	136
1965	3 771	161	680	268	1 857	146	374	130
1970	4 378	187	930	366	1 633	128	368	128
1975	6 049	259	1 490	587	1 147	90	357	124
1980	7 296	312	1 968	775	988	78	385	134
1985	8 205	351	2 221	874	767	60	370	129
			auf 100 000 Einwohner					
1953	4.6	100	0.5	100	2.5	100	0.6	100
1960	6.1	133	0.9	180	3.1	124	0.7	117
1965	6.4	139	1.2	240	3.2	128	0.6	100
1970	7.2	157	1.5	300	2.7	108	0.6	100
1975	9.8	213	2.4	480	1.9	76	0.6	100
1980	11.9	259	3.2	640	1.6	64	0.6	100
1985	13.4	291	3.6	720	1.3	52	0.6	100

---

70 Im Projekt *Informationssystem zur Medizinalstatistik* werden die Ärzte nach insgesamt neunzehn Fachgebieten differenziert.

Die Zahlen in *Tabelle 2* veranschaulichen die Inhomogenität der Berufsgruppe Ärzte bzw. die unterschiedlichen Entwicklungstendenzen der einzelnen Berufssparten. Neben dieser sachlichen Differenzierung der Globalzahlen kann nun zweitens eine *regionale Aufgliederung* in Bundesländer und Regierungsbezirke vorgenommen werden. Im Freistaat Bayern (*Tabelle 3*) zum Beispiel war die Arztdichte 1985 annähernd gleich groß wie in der Bundesrepublik insgesamt (BRD: 264, Bayern: 252 berufstätige Ärzte je 100.000 Einwohner). Auf der Ebene der Regierungsbezirke ergibt sich aber ein ganz anderes Bild: In Oberbayern mit der Landeshauptstadt München hatten sich während des gesamten Untersuchungszeitraums überproportional viele Ärzte – gemessen am Landesdurchschnitt – niedergelassen, dagegen betrug die Arztdichte in strukturschwachen Räumen wie der Oberpfalz oder Oberfranken im Jahr 1985, trotz eines verstärkten Anstiegs in den Jahren ab 1970, nur etwas mehr als die Hälfte von der in Oberbayern (327 zu 183 Ärzte auf 100.000 Einwohner). Sie lag somit auch weit unter dem Landes- sowie dem bundesrepublikanischen Durchschnitt (252 bzw. 264).

Tabelle 3: Ärzte in Bayern und ausgewählten Regierungsbezirken

Jahres-ende	Ärzte in Bayern		Ober-bayern		Ober-franken		Ober-pfalz	
	Anzahl	Index	Anzahl	Index	Anzahl	Index	Anzahl	Index
1950	11 958	100	4 763	100	1 102	100	886	100
1955 (a)	14 044	117	5 812	122	1 249	113	994	112
1960	13 624	114	5 414	114	1 233	112	982	111
1965	14 945	125	6 254	131	1 260	114	992	112
1970	17 408	146	7 650	161	1 357	1231	138	128
1975	20 430	171	9 342	196	1 487	1351	296	146
1980	23 958	200	10 685	224	1 696	1541	545	174
1985	27 682	232	12 110	254	1 904	1731	846	208
			auf 100 000 Einwohner					
1950	130	100	194	100	99	100	99	100
1955	153	118	227	117	115	116	113	114
1960	143	110	196	101	114	115	112	113
1965	148	114	206	106	114	115	107	108
1970	166	128	236	122	122	123	119	120
1975	189	145	262	135	139	140	133	134
1980	219	169	292	151	161	163	160	162
1985	252	194	327	169	183	185	192	194

a) Einschl. Ärzte ohne Berufsausübung

Eine wesentlich höhere Arztdichte als die Flächenstaaten weisen – wie nicht anders zu erwarten – die *Stadtstaaten* der Bundesrepublik auf. Aus *Tabelle 4* wird am Beispiel Hamburgs ersichtlich, daß hier die ärztliche Versorgung im Vergleich zu Bayern praktisch während des gesamten Zeitraums gleichbleibend um ungefähr das Eineinhalbfache besser war und sich der Unterschied 1985 auf knapp 144 Ärzte je 100.000 Einwohner belief (396.0 zu 252.3).

Tabelle 4: Arztdichte in Hamburg und Bayern (ausgewählte Fachgebiete)

Jahres-ende	Ärzte insgesamt in Hamburg Bayern		Neurochirurgen Hamburg Bayern		Radiologen Hamburg Bayern	
					je 100 000 Einwohner	
1950	217.9	130.3	–	–	–	1.1
1955	203.6	142.7	–	0.0	5.6	1.4
1960	187.0	143.5	0.2	0.0	5.4	1.8
1965	215.9	148.0	(a)	0.0	(a)	2.1
1970	247.0	164.8	0.3	0.1	6.0	2.6
1975	301.2	189.0	0.6	0.3	9.3	3.3
1980	359.1	219.2	0.9	0.4	10.5	4.0
1985	396.0	252.3	1.2	0.5	10.6	4.3

– Nichts vorhanden
a) Keine Angabe

Während sich die Relation bei den Allgemeinmedizinern für Bayern etwas günstiger darstellt (z.B. 1985: Hamburg = 187.9, Bayern = 138.6 Ärzte je 100.000 Einwohner), bei dieser Berufssparte also die Differenz zwischen Flächen- und Stadtstaat in der ärztlichen Versorgung pro Kopf geringer ist, fällt der Unterschied bei manchen Spezialisten – wie den Neurochirurgen oder den Ärzten für Röntgen- und Strahlenheilkunde (Radiologen) – umso größer aus. In diesen medizinischen Spezialgebieten ist die Arztdichte im Bundesland Hamburg teilweise um mehr als das Zweieinhalbfache höher als in Bayern, wie die Gegenüberstellung in *Tabelle 4* zeigt.

Diese wenigen Zahlenbeispiele sollten abschließend deutlich machen, wie wenig aussagekräftig, oft sogar irreführend, doch die Globaldaten in *Tabelle 1* für sich genommen sein können und wie notwendig deshalb eine mehrdimensionale Differenzierung ist. Erst die regionale Aufgliederung in die Aggregationsebenen Bundesländer und Regierungsbezirke in Verbindung mit einer sachlichen Differenzierung verhelfen den Gesamtzahlen, die nun in Beziehung zu den aufgeschlüsselten Daten gesetzt werden können, zu größerem Aussagewert. Eine derartige Sammlung statistischer Daten vorzulegen ist eine der Aufgaben, die sich das Projekt *Informationssystem zur Medizinalstatistik der Bundes-republik Deutschland*[71] gesetzt hat.

71 Siehe Anm. 66 oben.

Rüdiger Hohls

Quellen zur Erwerbsstatistik Deutschlands im ausgehenden 19. und im 20. Jahrhundert

Der Bestand und die Struktur an Arbeitskräften in einem Land ist Gegenstand der Erwerbsstatistik. Traditionell ist sie methodisch und organisatorisch eng mit der Bevölkerungsstatistik verbunden und wird mit dieser meist in einem Atemzug genannt. Bevölkerungs-, Erwerbs-, Bildungs-, Gesundheits-, Rechtspflege- und Wahlstatistik werden zur Gruppe der Gesellschafts- oder Sozialstatistik gerechnet und gelegentlich von der sogenannten Wirtschaftsstatistik unterschieden. Daten über die Bevölkerungs- und Erwerbsstruktur sind für viele wirtschafts- und sozialpolitische Bereiche grundlegend, wie z.B. für den Arbeitsmarkt, für die Konjunktur- und Infrastrukturpolitik oder für die Sozialversicherungen, und stellen daher auch eine zentrale Quellenbasis moderner sozial- und wirtschaftsgeschichtlicher Forschung dar. Dieser Abschnitt behandelt somit die Entwicklung eines Kernbereichs der amtlichen Statistik in Deutschland seit Gründung des Kaiserlichen Statistischen Amtes im Jahre 1872[1].

Im Zentrum des vorliegenden Aufrisses und bibliographischen Anhangs stehen die Berufszählungen im Deutschen Reich und in der Bundesrepublik seit 1882, während die anderen Erwerbsstatistiken nur einführend behandelt werden. Zunächst werden allerdings die beiden grundsätzlichen Wege zur Erfassung der Erwerbstätigkeit, einmal von der erwerbstätigen Person und zum anderen von der Arbeitsstätte her, gegenübergestellt. Daran schließen sich Abschnitte über die aktuelle Erwerbsstatistik in der Bundesrepublik und über die Erhebungszeitpunkte der Volks-, Berufs- und Arbeitsstättenzählungen in den zurückliegenden hundert Jahren an. Die Wahl der Berufs- oder Arbeitsstättenzählungen als historische Quelle wird wegen der abweichenden Erfassungskonzepte von der Fragestellung vorgegeben und läßt sich nicht anhand genereller Aussagen über die 'statistische Qualität' der Zählungen entscheiden. In den sich anschließenden Abschnitten wird dann näher auf den Wandel einzelner Aspekte der Berufszählungen seit 1882 eingegangen, insbesondere auf die Grundgesamtheiten und Erhebungskonzepte, auf die unterschiedenen sozioökonomischen Merkmale, auf die sektorale Gliederung sowie abschließend auf die Veröffentlichungspraxis.

---

1 Zur Funktion und Bedeutung der Bevölkerungs- und Erwerbsstatistik vgl. Peter v. d. Lippe, *Wirtschaftsstatistik*, Stuttgart 1973, S. 21: Die Bevölkerungs- und Erwerbsstatistik ist, "schon wegen des damit verbundenen Erhebungsaufwandes, stets eine Domäne amtlicher gegenüber nicht-amtlicher Statistik gewesen. Ein Gegensatz zwischen Bevölkerungs- und Wirtschaftsstatistik besteht nicht, vielmehr nur ein vornehmlich demographischer statt volkswirtschaftlicher Fragestellung und Betrachtungsweisen." Vgl. auch das Kapitel 3: Erwerbstätigkeit bei Ilse Costas, *Grundlagen der Wirtschafts- und Sozialstatistik*, Frankfurt/New York 1985, S. 48-59.

1. Erwerbstätigkeit versus Beschäftigung

Innerhalb der Erwerbsstatistik werden grundsätzlich zwei Ansätze zur Erfassung der menschlichen Arbeitsleistung unterschieden, und zwar zum einen die Erfassung der Erwerbstätigkeit im Zusammenhang mit der Bevölkerung (als Aspekt der Bevölkerungsstatistik) und zum anderen die Untersuchung der Beschäftigung im wirtschaftlichen Kontext (als Kategorie der Wirtschaftsstatistik). "Diese beiden Ziele werden auf unterschiedlichen Wegen erreicht, nämlich in einem Fall von der Person und im anderen vom Betrieb (Arbeitsplatz) ausgehend. Trotz unterschiedlicher Ausgangspunkte haben beide Ansätze das gemeinsame Ziel, die menschliche Arbeitsleistung zu erfassen. Die gemeinsame Definition beruht auf der Arbeitsleistung als Beitrag zum Sozialprodukt – auch kleinsten Umfanges – in einer gegebenen Berichtsperiode[2]." Daher betrachten die Volks- und Berufszählungen die Erwerbstätigkeit von der Person bzw. vom Haushalt, respektive vom Wohnort her. In der Bundesrepublik liegt ihnen wie auch in entsprechenden internationalen Veröffentlichungen das allgemeine Erwerbspersonenkonzept zugrunde, das sowohl alle Erwerbstätigen als auch, wenn man von vernachlässigbaren Ausnahmen absieht, alle Erwerbslosen bzw. Arbeitslosen einbezieht. Im Unterschied dazu werden die Beschäftigten bei den Betriebs- oder Arbeitsstättenzählungen über die Betriebe und damit am Arbeitsplatz erfaßt, in dem Tätigkeits-/Beschäftigungsfälle bzw. besetzte Arbeitsplätze gezählt werden. Daher wird in der statistischen Literatur gelegentlich zwischen dem Wohnortkonzept der Volks- und Berufszählungen und dem Arbeitsortkonzept der Betriebs- und Arbeitsstättenzählungen unterschieden[3].

Durch das seit etwa 30 Jahren in der Bundesrepublik wie auch international gebräuchliche Erwerbspersonenkonzept der Volks- und Berufszählungen bzw. Mikrozensen wird der Umfang der Erwerbstätigen allerdings unscharf erfaßt, da jeder als erwerbstätig gezählt wird, der mit seiner Arbeit einen Beitrag zum Sozialprodukt geleistet hat. Zu den Erwerbstätigen zählen daher auch Personen, die nur in sehr geringem Umfang erwerbstätig sind und die hauptsächlich von Rente, Pensionen, Sozialleistungen

---

2 Lothar Herberger u.a., Das Gesamtsystem der Erwerbstätigkeitsstatistik, in: *Wirtschaft und Statistik*, Jg. 1975, S. 350.
3 Vgl. Dietrich Kunz, *Praktische Wirtschaftsstatistik*, Stuttgart 1987, S. 24: "Bei regionalen Gruppierungen können die Erwerbstätigen ihrem Wohnort oder ihrem Arbeitsort zugeordnet werden (Wohnort-Konzept, Arbeitsort-Konzept). Diese Unterscheidung ist wichtig, weil es für eine Gemeinde durchaus nicht gleichgültig ist, inwieweit 1000 Erwerbstätige für sie lediglich Arbeitsplätze oder lediglich Schlafplätze oder beides zugleich bedeuten."
   Unabhängig von diesen konzeptionellen Unterschieden wurde in den letzten Berufszählungen auch nach der Anschrift der Arbeitsstätte gefragt, so daß differenzierte Pendlerstatistiken zwischen Wohn- und Arbeitsorten erstellt werden konnten; vgl. z.B.: Statistisches Bundesamt (Hrsg.), Fachserie A: *Bevölkerung und Kultur, Volkszählung vom 27. Mai 1970*, Heft 21: Pendler, Stuttgart/Mainz 1975 oder: Hessisches Statistisches Landesamt (Hrsg.), *Statistische Berichte*, AO/VZ 1970-3/100: Aus- und Einpendler der hessischen Wohnbevölkerung in den kreisfreien Städten und Landkreisen, Wiesbaden 1973.

oder eigenem Vermögen leben oder überwiegend von Angehörigen unterhalten werden[4]. Dagegen dokumentieren die arbeitsplatzbezogenen Beschäftigtenstatistiken nie die gesamte Erwerbsbevölkerung, sondern konzeptbedingt immer nur den Beschäftigungsumfang in einzelnen Wirtschaftszweigen. Bei der Erfassung der Beschäftigten ist daher zu berücksichtigen, daß ein und dieselbe Person gegebenenfalls nebeneinander oder während eines Erfassungszeitraums nacheinander in mehreren Betrieben arbeitete. Daher führen Haupt- und Nebenerwerbstätigkeiten oder mehrere Teilzeitarbeitsverhältnisse häufig zu Doppelzählungen, mit der Folge, daß die Zahl der Erwerbspersonen eines Sektors nach den Berufszählungen im allgemeinen niedriger ausfällt als der Beschäftigungsumfang nach den Arbeitsstättenzählungen[5].

2. Die aktuelle Erwerbsstatistik der Bundesrepublik

Die Bedeutung der Volks- und Berufszählung innerhalb des Gesamtsystems der Erwerbsstatistiken besteht darin, "daß sie als einzige Informationsquelle alle Erwerbstätigen erfaßt und einen umfassenden Überblick über die Gesamterwerbstätigkeit der Bevölkerung in tiefer fachlicher und regionaler Gliederung gibt. Alle sonstigen in Betracht kommenden statistischen Quellen bilden entweder nur Teilausschnitte ab oder liegen nicht kleinräumlich untergliedert vor[6]." Diese Sonderstellung der Berufszählungen für die historische, ökonomische und soziologische Strukturforschung hat allerdings auch ihren Preis im doppelten Sinn des Wortes. Der tiefe fachliche und regionale Differenzierungsgrad der Berufszählungen wird bezahlt u.a. mit großen zeitlichen Lükken zwischen den Erhebungen. Ohne Zweifel müssen Erwerbstätigkeits- und Beschäftigungsstatistiken, die zur Untersuchung von Konjunkturlage und saisonalen Schwankungen dienen sollen, eine wesentlich höhere Aktualität bzw. zeitliche Abfolge haben als Statistiken zur Strukturanalyse. Diesen unterschiedlichen Anforderungen und Wünschen Rechnung tragend hat sich in den zurückliegenden Jahrzehnten in der Bundesrepublik ein differenziertes Programm fortlaufend veröffentlichter Erwerbstätigkeitsstatistiken jenseits der unregelmäßig durchgeführten Berufs- und Arbeitsstättenzählungen etabliert. In *Übersicht 1* werden die seitens der amtlichen Statistik 1988 veröffent-

---

4 Ein weiteres in der historisch jüngeren Erwerbsstatistik gebräuchliches Gliederungskonzept ist das sogenannte Unterhaltskonzept, das neben dem Labor-Force-Konzept in einem gewissen Sinne das in den 1950er Jahren aufgebene Hauptberufskonzept substituiert. Nach dem Unterhaltskonzept werden die erwerbstätigen Personen nach ihren Einkommensquellen unterschieden; insbesondere interessiert, ob der überwiegende Lebensunterhalt aus Erwerbstätigkeit oder aus übertragenen Einkommen, Vermögen, Renten bzw. sozialstaatlichen Transferleistungen erwirtschaftet wird; vgl. Herberger, *Gesamtsystem* (Anm. 2), 1975, S. 350.

5 Zur Erwerbsstatistik zählen weiterhin auch die Arbeitsmarktstatistiken der Arbeitsverwaltung bzw. der Bundesanstalt für Arbeit, die monatliche Daten zur Arbeitslosigkeit, offenen Stellen, Arbeitsvermittlung, Kurzarbeit, ausländischen Arbeitnehmern sowie über erfolgte Berufsberatung und Umschulungsmaßnahmen liefern, sowie die Statistik über Streiks und Aussperrung; vgl. Peter v.d. Lippe, *Wirtschaftsstatistik*, 3. neubearbt. Aufl., Stuttgart, New York 1985, S. 33.

6 Paul Breimaier, Ergebnisse der Volkszählung 1987 zur Erwerbstätigkeit im langfristigen Vergleich, in: *Wirtschaft und Statistik*, Jg. 1989, S. 499.

Übersicht 1

Fortlaufend veröffentlichte Erwerbstätigkeitsstatistiken in der Bundesrepublik   (Stand 1988)

Statistik:	Fundstelle: 1
Mikrozensus (bzw. Arbeitskräftestichprobe der EG) [2]	F.1-R.4.1
Beschäftigtenstatistik der sozialversicherungspflichtig [3] beschäftigten Arbeitnehmer	F.1-R.4.2
Arbeitsmarktstatistik der Bundesanstalt für Arbeit [4]	u.a. Wirtschaft u. Statistik; Hauptergebnisse der Arbeits- und Sozialstatistik; Publikationen des Inst. für Arbeitsmarkt u. Berufsforschung

Arbeitskräftestatistiken als Teil bereichsgebundener Berichtssysteme:

- Statistik der Arbeitskräfte in der **Landwirtschaft** [5]	F.3-R.2.2
- Beschäftigten nach der sogen. **Industrieberichterstattung** [6]	
- Energie- und Wasserversorgung	F.4-R.6.1
- Bergbau und Verarbeitendes Gewerbe	F.4-R.4.1
- Baugewerbe	F.4-R.5.1
- Beschäftigte nach der sogen. **Handwerkberichterstattung** [7]	F.4-R.7.1
- Beschäftigte im **Handel** und **Gastgewerbe** [8]	
- Großhandel	F.6-R.1.2
- Handelsvermittlung	F.6-R.2
- Einzelhandel	F.6-R.3.2
- Gastgewerbe	F.6-R.4.2
- lückenhafte Beschäftigtenstatistiken im **Verkehr** [9]	
- Statistik für den Straßen-Personenverkehr, die Binnenschiffahrt und den Luftverkehr	verschiedene Quellen
- Seemannsstatistik	
- Statistik des Güterkraftverkehrs	
- Bestandstatistiken von Bahn und Post	
- Personalstatistik des **öffentlichen Dienstes** [10]	F.14-R.6
- lückenhafte Beschäftigtenstatistiken in **sonstigen Dienstleistungsbranchen** und in den **Freien Berufen**, z.B.: [11]	
- Hochschulen	F.11-R.4.4
- Pressestatistik	F.11-R.5
- Statistik der Filmwirtschaft	F.11-R.6
- Beschäftigungsangaben als **'Nebenprodukt'** anderer Berichtssysteme, vor allem:	
- jährl. Verdiensterhebung in der Landwirtschaft (1957-1973)	F.16-R.1
- viertelj. Erhebung der Arbeitslöhne in der Industrie (seit 1949)	F.16-R.2.1
- viertelj. Erhebung der Angestelltengehälter in Industrie und Handel (seit 1957)	F.16-R.2.2
- halbj. Erhebung der Arbeiterlöhne im Handwerk (seit 1957)	F.16-R.3
laufende Schätzungen der Erwerbstätigen durch das Statistische Bundesamt [12] differenziert nach: - Geschlecht - Stellung im Beruf - Wirtschaftszweige	u.a. Statist. Jahrbücher; Wirtschaft u. Statistik

Quelle: eigene Zusammenstellung nach: Lippe, Wirtschaftsstatistik, 1985, S. 53-65; Herberger, Das Gesamtsystem der Erwerbstätig-keitsstatistik, 1975, S. 354-358; Kunz, Praktische Wirtschaftsstatistik, 1987, S. 31-33; Wolfgang Gerß, Lohnstatistik in Deutschland. Methodische, rechtliche und organisatorische Grundlagen seit Mitte des 19. Jahrhunderts, Berlin 1977, S. 306-308; Statistisches Bundesamt (Hrsg.), Das Arbeitsgebiet der Bundesstatistik 1988, Mainz 1988, S. 105f.

1   F.1-R.4.1 bedeutet: Statistisches Bundesamt (Hrsg.), Fachserie 1: Bevölkerung und Erwerbstätigkeit, Reihe 4.1: Struktur der Erwerbsbevölkerung.

2   Bei den Mikrozensen handelt es sich um seit 1957 jährlich im Frühjahr während einer Berichtswoche durchgeführte Repräsenta-tiverhebungen der Bevölkerung und des Erwerbslebens (Auswahlsatz: 1 % der Bevölkerung), die am ehesten mit den Volks und Berufszählungen vergleichbar sind und auch die Erhebung komplizierter Tatbestände im Rahmen von Zusatzerhebungen ein-schließt. Die Arbeitskräfte-Stichproben der EG sind in der Bundesrepublik in die Mikrozensen integriert.

3   Sekundärstatistik auf Grundlage des seit 1973 bestehenden Meldeverfahrens bei Aufnahme und Beendigung einer sozialversi-cherungspflichtigen Beschäftigung sowie einer Jahresmeldung durch alle Arbeitgeber. Nicht erfaßt werden: Selbständige, mit-helfende Familienangehörige, Beamte, geringfügig beschäftigte Arbeiter und Angestellte.

4   Arbeitsmarktstatistik ist die Sammelbezeichnung für die in monatlicher bis jährlicher Periodizität veröffentlichten (Geschäfts-) Statistiken der Bundesanstalt für Arbeit und ihrer nachgeordneten Behörden über Arbeitslosigkeit, offene Stellen, Arbeitsver-mittlung, Berufsberatung, berufliche Aus- und Umbildung, Arbeitslosengeld u.ä..

5   Als Teil der im ein- bis zweijährigen Abstand durchgeführten Agrarberichterstattung handelt es sich um eine Repräsentativer-hebung.

6   In der Regel werden von der monatlichen Industrie- und Bauberichterstattung nur Betriebe mit 10 bzw. mehr als 20 Beschäftig-ten berücksichtigt, die allerdings nach Einschätzung des Statist. Bundesamtes bis zu 98 % aller dort Beschäftigten einschließen. Das breite Berichtssystem wird ergänzt durch die jährliche Erhebung der Kleinbetriebe, so daß das Produzierende Gewerbe ins-gesamt wegen der kurzen zeitlichen Abfolge und tiefen fachlichen Gliederung differenzierter als alle anderen Wirtschaftszweige erfaßt wird. Diese industriezentrische Sichtweise der amtlichen Statistik ist wie in meisten Industriestaaten historisch bedingt.

7   Im Rahmen der vierteljährlichen Handwerksberichterstattung wird seit Mitte der 1970er Jahre eine geschichtete Stichprobe selbständiger Handwerksunternehmen in ausgewählten größeren Gewerbezweigen auch nach der Gesamtzahl der tätigen Perso-nen befragt.

8   Die monatlichen bis einjährigen Erhebungen nach einem Stichprobenverfahren (Auswahlsatz: 5-15 %) bei den Unternehmen im Handel und Gastgewerbe liefern seit 1978 kontinuierlich Daten zum Beschäftigungsumfang. Seit den 1960er Jahren liegen indi-zierte Maßzahlen zur Beschäftigungsentwicklung vor.

9   Beschäftigungsstatistiken für die Unternehmen des Verkehrssektors, wie sie im Produzierendem Gewerbe und im Handel von der amtlichen Statistik seit längerem erstellt werden, wurden im Verkehrsgewerbe erst in den letzten Jahren schrittweise und noch keineswegs einheitlich eingeführt.

10 Die jährliche bzw. dreijährige Personalstatistik gewährt einen (z.T. unvollständigen) Einblick in Entwicklung und Struktur des Personalbestandes der Gebietskörperschaften, öffentlichen Wirtschaftsunternehmen, Zweckverbände, Sozialversicherungsträ-ger usw. seit den 1950er Jahren.

11 Für den Bereich der sonstigen Dienstleistungen sowie Freien Berufe existieren nur Fragmente einer Beschäftigtenstatistik mit unterschiedlicher Periodizität (1 Jahr). Folgende Statistiken lassen sich anführen: jährliche Personalerhebungen im Hoch-schulbereich, Statistiken der allgemeinen und berufsbildenden Schulen, Statistik der Berufe des Gesundheitswesens, Statistik der Filmwirtschaft, Pressestatistik.

12 Die viertel-, halb- und jahresdurchschnittlichen Schätzungen der Erwerbstätigen durch das Stat. Bundesamt basieren auf den oben genannten Statistiken und dienen primär als Bezugszahlen für wichtige volkswirtschaftliche Größen (Bruttoinlandspro-dukt, Volkseinkommen, u.a.), für die die Daten des Mikrozensus zu sehr saisonal beeinflußt sind.

lichten Erwerbstätigkeitsstatistiken in der Bundesrepublik tabellarisch aufgelistet und die jeweiligen Fundstellen nachgewiesen.

Die verschiedenen aktuellen Erwerbstätigkeitsstatistiken in der Bundesrepublik lassen sich zum einen aus Veröffentlichungen des Bundesarbeitsministeriums bzw. der Bundesanstalt für Arbeit und zum anderen aus den Publikationen der statistischen Ämter einschließlich des Statistischen Bundesamtes erschließen[7]. Seitens des Statistischen Bundesamtes werden die Daten zusammengefaßt in allgemeinen Querschnittsveröffentlichungen wie dem *Statistischen Jahrbuch*, in *Wirtschaft und Statistik*, im *Statistischen Wochendienst* oder in den *Langen Reihen zur Wirtschaftsentwicklung* zugänglich gemacht, differenzierter sind die Daten in den *Fachserien* ausgewiesen. Nur aus wenigen dieser Teilstatistiken lassen sich für den Historiker interessante Zeitreihen zusammenstellen, da es zahlreiche Brüche in den Erhebungsverfahren, in den zugrundeliegenden Systematiken und in der Veröffentlichungspraxis gab und weil viele Berichtsbereiche erst in den letzten Jahren bzw. letzten zwei Jahrzehnten eingerichtet wurden[8].

Analog zur jüngeren Entwicklung existieren für das Deutschland der Vor- und Zwischenkriegszeit in Breite und Periodizität vergleichbare Erwerbs- und Beschäftigungsstatistiken noch viel weniger und können nur – wie im bekannten Handbuch Walther G. Hoffmanns – aus den Daten der Berufs- und Betriebszählungen sowie den für jedes Jahr seit den 1880er Jahren vorliegenden Versicherten- bzw. Vollarbeiterzahlen einzelner Sozialversicherungsträger hochgerechnet werden[9]. Auf Basis der *amtlichen* Erwerbsstatistik lassen sich daher für Deutschland wie auch für andere Staaten ohne komplementierende Schätzungen keine Zeitreihen mit Jahresangaben generieren.

3. Die klassischen Großzählungen

Abgesehen von den insbesondere in Preußen seit etwa 1800 vorgenommenen berufsstatistischen Zusammenstellungen, die unter den bekannten Statistikern Hoffmann,

---

7   Einen Überblick über die zu Beginn der 1980er Jahre zugänglichen Erwerbsstatistiken sowie Lücken bzw. Defizite der Arbeitsmarktstatistiken werden aufgezeigt bei Lothar Herberger u. Hans-Ludwig Mayer, Überblick über die derzeitigen Statistiken des Arbeitsmarktes und der Beschäftigung, in: Sonderdruck zum Thema: Statistiken des Arbeitsmarktes und der Beschäftigung anläßlich der 30. Tagung des Statistischen Beirats am 7. Juni 1983, Beilage zu *Wirtschaft und Statistik*, 1984, Heft 2.

8   Definitorische und methodische Unterschiede zwischen Beschäftigungsstatistik und Mikrozensus bzgl. der sozialversicherungspflichtigen Arbeitnehmer werden von Lothar Herberger u. Bernd Becker, Sozialversicherungspflichtige Beschäftigte in der Beschäftigtenstatistik und Mikrozensus, in: *Wirtschaft und Statistik*, 1983, H. 4, S. 290-304, herausgearbeitet.

9   Vgl. Walther G. Hoffmann, *Das Wachstum der deutschen Wirtschaft seit Mitte des 19. Jahrhunderts*, Berlin, Heidelberg, New York 1965. Eine kritische Abwägung der Berechnungen Hoffmanns zum Volkseinkommen und Beschäftigungsumfang unternimmt Rainer Fremdling, German national Accounts for the 19th and early 20th century. A critical assessment, in: *Vierteljahrsschrift für Sozial- und Wirtschaftsgeschichte*, Bd. 75, 1988, S. 339 ff. Allerdings sind die vorliegenden Versichertenzahlen der Sozialversicherungsträger nur bedingt repräsentativ für die gesamte Erwerbsbevölkerung, da sie jeweils unterschiedliche Segmente der Arbeitnehmer umfassen und häufig nur geschätzt wurden.

Diederici und Engel seit den 1830er Jahren verbessert und vervollständigt wurden[10], legte man in Deutschland erst mit der Gründung des Kaiserlichen Statistischen Amtes im Juni 1872 den institutionellen Grundstein für die Durchführung von Großzählungen wie der Volks- und Berufszählungen[11]. *Übersicht 2* gibt einen Überblick über die Erhebungszeitpunkte der Volks-, Berufs-, Gewerbe- und Arbeitsstättenzählungen sowie ergänzend über die der Landwirtschafts-, Gebäude- und Wohnungszählungen seit der Reichsgründung. Neben diesen klassischen Großzählungstypen, die in der Regel immer als Totalerhebungen durchgeführt wurden, gibt es in der Bundesrepublik komplementierende Zählungen innerhalb des Produzierenden Gewerbes und der Dienstleistungen[12].

Berufs- und gewerbliche Betriebszählungen wurden in Deutschland zehnmal parallel zueinander zwischen 1882 und 1987 durchgeführt. Dagegen werden die in der Bundesrepublik immer in einem Atemzug genannten Volks- und Berufszählungen, wie aus *Übersicht 2* ersichtlich, erst 1925 organisatorisch zusammengelegt. Auch im Rahmen der Volks- und gewerblichen Betriebszählung von 1875 wurden Berufsangaben erfragt, aber die berufsstatistische Auswertung unterblieb aufgrund nicht ausreichender finanzieller

10 Vgl. zur Entwicklung der (Gewerbe-)Statistik in der sog. vorstatistischen Zeit die Ausführungen von Wieland Sachse sowie Karl Heinrich Kaufhold in diesem Band. und die Einleitung des von Wolfgang Köllmann herausgegebenen Bandes *Quellen zur Bevölkerungs-, Sozial- und Wirtschaftsstatistik Deutschlands 1850-1875, Bd. II: Quellen zur Berufs- und Gewerbestatistik Deutschlands 1816-1875: Preußische Provinzen*, bearbeitet von Antje Kraus, Boppard 1988.

11 Schon vor 1872 wurden vom statistischen Büro (Centralbureau) des deutschen Zollvereins länderübergreifende Statistiken zu den Bereichen Bevölkerung, auswärtiger Handel, Zölle und Steuern sowie Bergwerke und Hütten betreut. Das Kaiserliche Statistische Amt ging aus dem Centralbureau des Zollvereins hervor; vgl. zur Entwicklung der amtlichen deutschen Statistik: Heinz Grohmann, Von der 'Kabinettsstatistik' zur 'Statistischen Infrastruktur'. Reflexionen über die Entwicklung einer Dienstleistung für die Gesellschaft, in: *Allgemeines Statistisches Archiv*, 1989, S. 1-15; Ulrich Roeske, Die amtliche Statistik des Deutschen Reichs 1872 bis 1939. Historische Entwicklung, Organisationsstruktur, Veröffentlichungen, in: *Jahrbuch für Wirtschaftsgeschichte*, 1978, Teil IV, S. 85-107; Gerhard Fürst, Wandlungen im Programm und in den Aufgaben der amtlichen Statistik in den letzten 100 Jahren, in: Statistisches Bundesamt (Hrsg.), *Bevölkerung und Wirtschaft 1872-1972*, Stuttgart, Mainz 1972, S. 15 f.; Charlotte Lorenz, Statistik I (Geschichte), in: *Handwörterbuch der Sozialwissenschaften*, Stuttgart, Tübingen, Göttingen 1959, Bd. 10, S. 29 f. und Adolf Günther, Geschichte der deutschen Statistik, in: Friedrich Zahn (Hrsg.), *Die Statistik in Deutschland nach ihrem heutigen Stand, Festschrift für Georg von Meyer*, München und Berlin 1911, Bd. I, S. 55 f.

12 Bei den komplementierenden Zensen des Produzierenden Gewerbes und innerhalb der Dienstleistungen handelt es sich nur z.T. um vollständige Erhebungen der betreffenden Wirtschaftszweige, teilweise wurden nur Betriebe mit mehr als 10 oder 20 Beschäftigten einbezogen. Sie bilden die Grundlage für strukturelle Analysen der wirtschaftlichen Entwicklung und für langfristige Vorausschätzungen sowohl für das Bundesgebiet als auch im Bereich der Regional- und Landesplanung. Zwar werden in diesem Kontext auch Angaben zum Beschäftigungsumfang nach Geschlecht sowie nach Stellung im Beruf erhoben, aber erwerbsstatistische Daten sind nicht der eigentliche Anlaß dieser Erhebungen; vgl. Herberger, Gesamtsystem (Anm. 2), S. 356-358 und Kunz, *Praktische Wirtschaftsstatistik* (Anm. 3) 1987, S. 196 ff. und 203 ff.

Übersicht 2

Die Zensusjahre der amtlichen Statistik im Deutschen Reich und in der Bundesrepublik[1]

Teil A: Vorkriegszeit

Jahr:	1871	1875	1880	**1882**	1885	1890	**1895**	1900	1905	**1907**	1910
Erhebungstermin:	1. Dez.	1. Dez.	1. Dez.	**5. Juni**	1. Dez.	2. Dez.	**14. Juni**	1. Dez.	1. Dez.	**12. Juni**	1. Dez.
Zählungstyp:	VZ	VZ GBZ	VZ		VZ	VZ	VZ[2]	VZ	VZ		VZ
				GBZ BZ LBZ			GBZ BZ LBZ			GBZ BZ LBZ	
Zeitspanne:		└──── 7 ────┘				13 ──┘		12		└── 18	-

Teil B: Zwischenkriegszeit

Jahr:	1918	1919	**1925**	1927	**1933**	**1939**
Erhebungstermin:	Mai	8. Okt.	**16. Juni**	Mai	**16. Juni**	**17. Mai**
Zählungstyp:		VZ GBZ BZ LBZ	VZ GBZ BZ LBZ		VZ GBZ BZ LBZ	VZ AZ BZ LBZ
	RWZ			RWZ		
Zeitraum:	--	18	──┘ 8 ──┘ 6 ──┘			

VZ	- Volkszählung
GBZ/AZ	- Gewerbliche Betriebszählung/ (nichtlandwirtschaftliche) Arbeitsstättenzählung
BZ	- Berufszählung
LBZ/LZ	- Landwirtschaftliche Betriebszählung/Landwirtschaftszählung
RWZ/WZ/ GWZ	- Reichswohnungszählung/Wohnungszählung/Gebäude- und Wohnungszählung

Teil C: Nachkriegszeit[3]

Jahr:	**1946**	1949	**1950**	1960	**1961**	1968	**1970**	1971	1979	**1987**
Erhebungstermin:	**29. Okt.**	22. Mai	**13. Sep.**	31. Mai	**6. Juni**	25. Okt.	**27. Mai**	Mai	Mai	**25. Mai**
Zählungstyp:	VZ		VZ		VZ		VZ			VZ
	BZ		AZ BZ		AZ BZ		AZ BZ			AZ BZ
		LBZ		LZ				LZ	LZ	
	WZ		GWZ		GWZ	GWZ				GWZ
Zeitraum:	7 ─┘	4 ──┘	11 ──┘		9 ──┘		17 ─────┘			

[1] Quellen der Zusammenstellung: a) Quellennachweis, Teil B, in: Statistisches Jahrbuch für das Deutsche Reich, Jg. 59, 1941/42, S. 21ff.; b) Die Bundesstatistik. Das Arbeitsgebiet des Statistischen Bundesamtes und die von den obersten Bundesbehörden bearbeiteten Statistiken. Stand 31.12.1953, hg. v. Statistischen Bundesamt, Stuttgart/Köln 1954 (= Statistik der Bundesrepublik Deutschland, Bd. 82); c) Das Arbeitsgebiet der Bundesstatistik. Stand Mitte 1966, hg. v. Statistischen Bundesamt, Stuttgart/Mainz 1966; d) Das Arbeitsgebiet der Bundesstatistik 1981, hg. v. Statistischen Bundesamt, Stuttgart/Mainz 1981; e) Veröffentlichungen des Landesamtes für Datenverarbeitung und Statistik Nordrhein-Westfalen, Stand: Juni 1987, hg. v. Landesamt für Datenverarbeitung und Statistik Nordrhein-Westfalen, Düsseldorf 1987; Veröffentlichungen des Statistischen Landesamtes Berlin seit 1945, Stand: Ende September 1986, hg. v. Statistischen Landesamt Berlin, Berlin 1986. Vgl. auch die leider unvollständige Zusammenstellung bei R. Stockmann / A. Willms-Herget, Erwerbsstatistik in Deutschland, Frankfurt/New York 1985, S. 16.

[2] 2. Dez. 1895

[3] Die Übersicht umfaßt nur die klassischen Großzählungstypen, unberücksichtigt blieben für die Bundesrepublik die komplementierenden Zählungen innerhalb des produzierenden Gewerbes und des Dienstleistungssektors: Handwerkszählungen 1949, 1956, 1963, 1968 und 1977; Handels- und Gaststättenzählungen 1960, 1968, 1979 und 1985; Verkehrszensus 1962; Industriezensus 1963 und 1967; Zensus im produzierenden Gewerbe 1979 und 1985.

Mittel zugunsten der Gewerbestatistik[13]. Große Zweifel hinsichtlich der Repräsentativität bestehen gegenüber der Berufszählung von 1946, der ersten und einzigen Gemeinschaftserhebung auf vierzonaler Basis, da zum einen die große Nachkriegswanderungswelle noch rollte und zum anderen die desolate Wirtschaftsverfassung dieser Jahre jede Bestandsanalyse fragwürdig erscheinen läßt. Weiterhin fällt an den Erhebungsterminen auf, daß sie teilweise auf Jahre fielen, die für sozial- und wirtschaftshistorische Analysen nicht gerade sonderlich geeignet sind. Außerdem klaffen zwischen den Zählungen von 1907 und 1925 sowie zwischen denen von 1970 und 1987 große Lücken, wodurch komplexere statistische Auswertungen, z.B. in Form einer Kohortensimulation, erschwert werden[14].

4. Berufs- oder Arbeitsstättenzählungen?

Von der Art und vom Ziel der Untersuchung, vom Erkenntnisinteresse des Forschers her, müssen die Vor- und Nachteile der Berufs- und Arbeitsstättenzählungen gegeneinander abgewogen werden, zumal die Publikationen beider Zählungen nur geringe Unterschiede in der fachlichen und regionalen Tiefe aufweisen. Für Regionaluntersuchungen kommen beide Zählungen unabhängig voneinander als Quelle in Frage. Die Arbeitsstättenzählungen zeigen den Wirtschaftshistorikern vor allem branchenmäßige und regionale Unterschiede der Arbeitsplätze, der gewerblichen Wirtschaftsstruktur, der Investitionen, der Betriebsgrößen und sind aufschlußreich für Branchenstudien oder für Studien über Typen regionaler Industrialisierung. Von Statistikern wird der Vorzug der Arbeitsstättenzählungen vor allem darin gesehen, daß Angaben über die Erwerbstätigkeit seitens des Arbeitgebers oft präziser sind und von den Zählern besser überprüft werden können als die in den Haushalten ausgefüllten Fragebögen der Berufszählungen. Auch Walther G. Hoffmann argumentiert zugunsten der Gewerbezählungen anhand eines in der Literatur häufiger benutzten Beispiels, indem er einen in der Metallindustrie beschäftigten Modelltischler anführt, der nach dem am Arbeitsplatz orientierten Betriebskonzept der Arbeitsstättenzählungen der Metallindustrie, bei den Berufszählungen hingegen den holzverarbeitenden Berufen zugerechnet wurde. Darüber hinaus seien vage Berufsangaben wie Ungelernte oder Kaufmann in den Betriebszählungen seltener und können nachträglich besser bestimmt werden, weil zumindest die Erwerbsbranche

---

13 Dazu schreibt Friedrich Zahn, Berufliche und soziale Gliederung des Deutschen Volkes, in: ders. (Hrsg.), *Die Statistik in Deutschland nach ihrem heutigen Stand, Festschrift für Georg von Meyer*, München und Berlin 1911, Bd. II, S. 9: "Bei der Volkszählung 1875 sollte eine verbesserte Berufsstatistik herbeigeführt werden aufgrund verbesserten Formulars; doch verzichtete man schließlich auf die Bearbeitung der bei dieser Zählung ermittelten Berufsangaben von Reichs wegen, da die Herstellung einer Gewerbestatistik dringlicher erschien und für gleichzeitige Bearbeitung beider Angaben nicht genügend Mittel vorhanden waren."

14 Als interessantes und gelungenes Beispiel für eine solche Kohortensimulation auf Basis der Berufszählungen läßt sich die Untersuchung von Wolfgang Kleber, Die sektorale und sozialrechtliche Umschichtung der Erwerbsstruktur in Deutschland 1882 bis 1970, in: Max Haller u. Walter Müller (Hrsg.), *Beschäftigungssystem im gesellschaftlichen Wandel*, Frankfurt, New York 1983, S. 24 ff. anführen.

der Arbeitsstätte bekannt ist. Gerade hinsichtlich dieses Punktes gehen aber die Bewertungen der Berufszählungen auseinander[15].

Die Bestandsaufnahme und Verteilung der Erwerbspersonen auf Wirtschaftszweige ist Gegenstand der Berufszählung seit 1882; die Ausweisung einer eigenständigen Berufsstatistik innerhalb der Berufszählung erfolgt zusätzlich erst seit 1925. Der von Hoffmann angeführte Modelltischler wurde aller Wahrscheinlichkeit nach in der branchenmäßigen Aufgliederung der Berufszählung immer der Metallindustrie zugerechnet. Durch die Entstehung industrieller Großbetriebe fielen Betriebszweck und ausgeübte Tätigkeit an vielen Arbeitsplätzen immer offensichtlicher auseinander, so daß die Statistiker die eindimensionale Beschränkung der Berufszählungen auf die sektorale Gliederung und die insbesondere im Rahmen der 1907er Zählung daraus erwachsenen Probleme bei der Zuordnung einzelner Tätigkeiten durch eine getrennte Berücksichtigung von Beruf und Wirtschaftszweig zu lösen trachteten. Die insbesondere von Soziologen herausgestellte gesellschaftliche Arbeitsteilung in produktive, distributive, planende und helfende Tätigkeiten in den verschiedenen Bereichen der Ökonomie läßt sich daher in Deutschland erst seit 1925 anhand der Berufsstatistiken verfolgen. Diese doppelte Funktion der Berufszählungen erweckt leicht Mißverständnisse und muß daher deutlich herausgestellt werden[16].

15 Vgl. die dazu immer wieder angeführte Kritik Hoffmanns, *Wachstum* (Anm. 9), S. 180 ff.; vgl. auch die Einführung zur Berufszählung 1925, in: *Statistik des Deutschen Reichs*, Bd. 402, S. 22 ff. sowie die Diskussion bei Reinhard Stockmann und Angelika Willms-Herget, *Erwerbsstatistik in Deutschland. Die Berufs- und Arbeitsstättenzählungen seit 1875 als Datenbasis der Sozialstrukturanalyse*, Frankfurt, New York 1985, S. 162 ff. Walther Hoffmann bemängelt u.a. auch die fehlerhafte Zuordnung der kaufmännischen Angestellten in den Berufszählungen (S. 182: "Besonders wichtig werden diese Abweichungen bei der Behandlung der kaufmännischen Angestellten, die in den Statistiken der Gewerbezählungen den einzelnen Wirtschaftsgruppen zugeordnet werden, nicht jedoch in den Ergebnissen der Berufszählung. Das ist der wichtigste Grund, weshalb bei den folgenden Schätzungen der Beschäftigten, wo immer es möglich ist, von den Ergebnissen der Gewerbezählung ausgegangen wird."). Diese Einschätzung Hoffmanns ist wahrscheinlich nicht zutreffend, da nach dem Urteil zeitgenössischer Kritiker die Angestellten, die ungelernten Arbeiter, Selbständigen etc. schon immer nach dem Betriebskonzept sortiert wurden. Divergierende Zuordnung kamen in erster Linie bei den gelernten Arbeitern vor; vgl. dazu Rudolf Meerwarth, Nationalökonomie und Statistik, in: *Handbuch der Wirtschafts- und Sozialwissenschaften in Einzelbänden*, Bd. 7, Berlin, Leipzig 1925, S. 87; Manfred Dietrich, *Die Entstehung der Angestelltenschaft in Deutschland von den Anfängen bis zum Jahre 1933*, Stuttgart, Berlin 1939, S. 33. Die Diskussion um diese Aspekte der Zuordnunsprinzipien ist nachzulesen bei Angelika Willms, Die Entwicklung der Frauenerwerbstätigkeit im Deutschen Reich 1882 bis 1939, in: *Beiträge zur Arbeitsmarkt und Berufsforschung*, Heft 50, Nürnberg 1980, S. 20*-34*.
16 Die seither in der Erwerbsstatistik übliche Trennung nach Wirtschaftszweig, ausgeübtem Beruf und Stellung im Beruf wurde erstmals in der Berufszählung 1925 vorgenommen. Dazu schreibt Fürst, *Wandlungen* (Anm. 11) 1972, S. 33: "Der wichtigste methodische Fortschritt lag darin, daß man von der Gleichsetzung Beruf = Erwerbszweig abging, die in einer sehr viel stärker industrialisierten Wirtschaft nicht mehr zutraf. An die Stelle der bisherigen Berufsverzeichnisse traten sachlich zwei Systematiken: eine Systematik der Wirtschaftszweige (mit 166 Positionen) und eine Berufsordnung ausgewählter, meist gelernter Berufe (mit 193 Positionen)." Dieser Differenzierung war eine langjährige Kontroverse der Statistiker über die Notwendigkeit einer Erneuerung der Berufsstatistik vorausgegangen; vgl. dazu Stockmann/Willms-Herget, *Erwerbsstatistik* (Anm. 15) 1985, S. 29 ff.

Wer an Unterschieden des Arbeitsmarktes, der Berufschancen, der Frauen- und Männerarbeit, der regionalen Konsumkraft, an regionalen Erwerbs- und Wohlstandsgefällen oder auch nur an der vollständigen Erfassung der gesamten Erwerbsbevölkerung interessiert ist, sollte sich auf die Berufszählungen stützen. Anders als die Arbeitsstättenzählungen, die bis 1933 kennzeichnenderweise auch Gewerbezählung genannt wurden, erfassen die Berufszählungen die *gesamte* Erwerbsbevölkerung. Vor allem die Agrarbevölkerung, die persönlichen Dienstleistungen und der Öffentliche Dienst blieben in den Gewerbezählungen ausgespart[17], andererseits sind Doppelzählungen häufig, weil die Gewerbe- und Landwirtschaftszählungen Haupt- und Nebenerwerbsbetriebe erfaßten mit der Folge, daß vor allem im Handel, in der Landwirtschaft und im Gast- und Beherbergungswesen, also in allen Branchen, in denen Familien und Kleinbetriebe vorherrschten, häufig Doppelzählungen von Teilzeit- und Aushilfskräften auftraten. Weiterhin blieben Erwerbslose in den Gewerbezählungen grundsätzlich ausgespart[18].

5. Grundgesamtheiten und Erhebungskonzepte

Gemeinsam ist den Gewerbe- und Berufszählungen das Problem der genauen Definition der Beschäftigten bzw. Erwerbspersonen. Unabhängig von der Wahl des Erfassungskonzeptes sind Unschärfen unvermeidlich, da grundsätzlich anhand verschiedener Kriterien entschieden werden kann, ob jemand zu den Erwerbspersonen zählt oder nicht. "Man unterscheidet dementsprechend verschiedene Konzepte zur Erfassung der Erwerbsbevölkerung, wobei Merkmale wie die Entgeltlichkeit einer Tätigkeit, die (geleistete, nicht aber die bezahlte) Arbeitszeit, die Art der Einkünfte oder das Alter zur Definition der Erwerbstätigkeit herangezogen werden[19]." In der statistischen Literatur werden meist vier Konzepte gegeneinander abgegrenzt, das Erwerbskonzept, das Labor-Force-Konzept, das Unterhaltskonzept sowie das Arbeitskräftepotentialkonzept; in historischer Perspektive muß in Deutschland das bis in die 1950er Jahre relevante Hauptberufskonzept hinzugefügt werden[20]. In der nachfolgenden *Übersicht 3* wird u.a. gezeigt,

---

17 Wie unzureichend die Gewerbezählungen bis in die Zwischenkriegszeit für eine flächendeckende Erwerbsstatistik sind, läßt sich schon allein daran abschätzen, daß 1882 noch fast die Hälfte und 1925 noch immer rund ein Viertel der Erwerbsbevölkerung in der Landwirtschaft arbeiteten.

18 Allerdings sollte die Abwägung der Vor- und Nachteile von Berufs- und Arbeitsstättenzählungen nicht überzogen werden. Unabhängig voneinander haben beide Zählungen gerade auch für Regionaluntersuchungen ihren Wert an sich. Als Beispiel für die intensive Nutzung beider Zählungen kann die Regionalstudie von Berthold Grzywatz, *Arbeit und Bevölkerung im Berlin der Weimarer Zeit. Eine historisch-statistische Untersuchung*, Berlin 1988, S. 6, 20 und 252, dienen, in der die Möglichkeiten und Grenzen der Zwischenkriegszählungen ausführlich diskutiert werden.

19 Lippe, Wirtschaftsstatistik (Anm. 5) S. 48.

20 Zum Unterhaltskonzept vgl. Anm. 4. Nach dem Labor-Force-Konzept (Arbeitskräftekonzept) zählt man als Erwerbsbevölkerung alle Personen, soweit sie im Berichtszeitraum mindestens ein Drittel der üblichen Arbeitszeit gearbeitet haben. Nach dem (Arbeitskräfte-) Potentialkonzept werden alle im erwerbsfähigen Alter (meist zwischen 15 und 65 Jahre) stehende Personen gezählt; vgl. zu den Erhebungskonzepten O. Anderson u. a. *Bevölkerungs- und Wirt-*

welche Grundgesamtheiten durch die Berufszählungen erfaßt wurden, ob Erwerbspersonen, Erwerbstätige oder Erwerbstätige einschließlich Arbeitslose in den amtlichen
Publikationen dokumentiert werden und welchem Erhebungskonzept die Berufszählungen genügten.

Übersicht 3:

Grundgesamtheiten und Erhebungskonzepte der Berufszählungen 1882 - 1987

Berufs- zählung:	Statistisch dokumentiert: a) Erwerbspersonen b) Erwerbstätige c) Erwerbstät./Arbeitslose	Erhebungskonzept: a) Hauptberufs- konzept b) Erwerbskonzept	Militär- personen:	Bevölkerung: a) ortsanwesende Bevölkerung b) Wohnbevölkerung
1882	a)	a)	einschließlich	a)
1895	a)	a)	einschließlich	a)
1907	a)	a)	einschließlich	a)
1925	a)	a)	einschließlich	b)
1933	c)	a)	einschließlich	b)
1939	a)	a)	einschließlich	b)
1950	c)	a)	ohne	b)
1961	a)	b)	ohne	b)
1970	b)[1]	b)	einschließlich	b)
1987	b)[1]	b)	einschließlich	b)[2]

[1] Erwerbspersonen werden insgesamt dokumentiert, aber nicht in wirtschaftlicher Gliederung.

[2] Neuer Bevölkerungsbegriff: Bevölkerung am Ort der Hauptwohnung. Diese Festlegung führt zu geringfügigen Änderungen gegenüber dem bisherigen Wohnbevölkerungsbegriff, insbesondere bzgl. Personen mit mehreren Wohnungen.

Mit der organisatorischen Zusammenlegung von Volks- und Berufszählung 1925 ver-
änderte sich auch die in der Berufszählung erfaßte Bevölkerungsgrundgesamtheit von
der sogenannten 'ortsanwesenden Bevölkerung' zur 'Wohnbevölkerung'. Unter der ortsanwesenden Bevölkerung einer Gemeinde ist die Bevölkerung zu verstehen, die sich unabhängig vom Wohnort zum Zeitpunkt der Zählung am Zählort aufhält. Besonders in

schaftsstatistik. *Aufgaben, Probleme und Beschreiben der Methoden*, Berlin, Heidelberg, New
York 1983, S. 259 f.; Costas, Grundlagen (Anm. 1) S. 48-52 und als vertiefender Überblick:
Gerhard Fürst (Hrsg.), Statistiken der Erwerbstätigkeit und Beschäftigung, Sonderheft zum
Allgemeinen Statistischen Archiv, 1977, Heft 11.

Urlaubsregionen oder Studienorten kann dieses Bevölkerungskonzept zu bestimmten Zeitpunkten erhebliche Verzerrungen der ortsansässigen Bevölkerungsstruktur hervorrufen. Dagegen zählen zur Wohnbevölkerung einer Gemeinde alle Personen, die am Zähltag ihre alleinige Wohnung in dieser Gemeinde haben, bzw. bei mehreren Wohnungen dort ihren Lebensunterhalt bestreiten, einer Ausbildung nachgehen oder sich vorwiegend aufhalten. Zur Wohnbevölkerung zählen damit auch Soldaten (außer den Grundwehrdienstleistenden, die am Hauptwohnort erfaßt werden), Anstaltsinsassen, Gefangene, Gastarbeiter, nicht jedoch Angehörige von Stationierungsstreitkräften sowie von diplomatischen oder konsularischen Vertretungen. Nach dem sogenannten Inländerkonzept zählen auch Deutsche, die sich vorübergehend im Ausland aufhalten, z.B. auf Montage, zur Wohnbevölkerung ihrer im Bundesgebiet gelegenen Heimatgemeinde[21].

Bis einschließlich der Berufszählung 1950 wurde die Erwerbsbevölkerung nach dem vergleichsweise engen Hauptberufskonzept definiert bzw. erfaßt[22]. Nach dem Hauptberufskonzept zählen die Befragten nur dann zu den Erwerbspersonen, wenn ihre Lebensstellung hauptsächlich auf Erwerbstätigkeit zurückzuführen ist. Maßgeblich ist die am Zähltag ausgeübte Tätigkeit, nicht ein früher erlernter, aber nicht mehr ausgeübter Beruf. Nebenberufliche oder ehrenamtliche sowie hausfrauliche Tätigkeiten führen nicht zur Klassifikation als Erwerbsperson, wohl aber die unentgeltliche dauernde Mithilfe als Familienangehöriger. Vorübergehende Arbeitslosigkeit oder Krankheit haben keinen Einfluß auf die Klassifikation als Erwerbsperson[23]. Nach dem moderneren Erwerbskonzept zählen alle Personen zu den Erwerbstätigen, die einem beliebigen Erwerb, sei es auch nur für wenige Wochenstunden, nachgehen. Dabei ist es gleichgültig, ob sie hieraus überwiegend ihren Lebensunterhalt bestreiten oder nicht (z.B. Studenten). Art, Dauer und Regelmäßigkeit spielen bei der Frage, wann eine Erwerbstätigkeit vorliegt, keine Rolle. Weiterhin werden jedoch ehrenamtliche und hausfrauliche Tätigkeiten nicht als Erwerbstätigkeit angesehen. Bei Einbeziehen der Erwerbslosen wird die zuletzt aus-

---

21 Zu den verschiedenen Bevölkerungsbegriffen vgl. Lippe, *Wirtschaftsstatistik* (Anm. 1) S. 45.
22 Allerdings gehen amtliche Statistiker für die Berufszählung 1950 davon aus, daß die Zählungsergebnisse nach dem Erwerbskonzept kaum anders ausgefallen wären, da wegen der hohen Arbeitslosigkeit zum Zählzeitpunkt kaum Nebenerwerbstätigkeiten (z.B. für Hausfrauen) zur Verfügung standen; vgl. Lothar Herberger, Quantitative Auswirkungen der Konzeptänderungen bei den Volks- und Berufszählungen von 1961 im Zeitvergleich 1950-1961, in: *Allgemeines Statistisches Archiv*, Bd. 48, 1964, S. 331-353.
23 Zu den Grundsätzen der Klassifikation nach dem Hauptberufskonzept wird anläßlich der Berufszählung 1895 in der Statistik des Deutschen Reichs, Bd. 111, S. 14 ausgeführt: "Natürlich kann das unterscheidende Merkmal dieser Gruppierung nicht jedwede Arbeit, nicht etwa die bloß vorübergehende Beschäftigung sondern nur diejenige Tätigkeit abgeben, auf der hauptsächlich die Lebensstellung beruht und von welcher der Erwerb oder dessen größter Teil herrührt, also der Hauptberuf (...). Demgemäß umfaßt die Gruppe der Erwerbstätigen alle Personen, deren hauptsächliche Tätigkeit auf dem Erwerb gerichtet ist oder doch ihrer Natur nach einen Erwerb mit sich führt, gleichviel in welcher Stellung (ob in der eines Selbständigen, Angestellten oder Arbeiters, eines Familienmitglieds oder Dienenden etc.) dies geschieht."

geübte Tätigkeit berücksichtigt, unabhängig davon, ob sie beim Arbeitsamt als arbeitslos gemeldet sind[24].

6. Sozioökonomische Merkmale

Durch die Berufszählungen wird die Bevölkerung nach ihrer Teilnahme am Erwerbsleben in zwei große Gruppen unterteilt: In Erwerbstätige und Erwerbslose auf der einen Seite, sowie in die Nichterwerbsbevölkerung. Während eine weitere Unterteilung der Nichterwerbsbevölkerung in den ersten Berufszählungen nur mangelhaft erfolgte[25], waren bei der Gruppierung der Erwerbsbevölkerung nach der Art ihrer Erwerbstätigkeit von Beginn an zwei Merkmale von zentraler Bedeutung: Die Stellung im Beruf sowie die Unterscheidung nach Wirtschaftszweigen, in denen die Tätigkeit ausgeübt wird. Als dritter zentraler Aspekt kam 1925 die Unterscheidung nach Berufen hinzu. Eine Unterscheidung von Frauen- und Männerarbeit wurde in allen Berufszählungen vorgenommen, meist liegen die Daten auch für einzelne Altersgruppen und getrennt nach dem Familienstand der Erwerbstätigen vor. In den Nachkriegszählungen wurden zusätzlich separate Tabellen über die Erwerbsbeteiligung von Vertriebenen, Flüchtlingen und Übersiedlern erstellt, in den beiden letzten Zählungen auch für die Gruppe der ausländischen Arbeitnehmer (Gastarbeiter). Welche der sogenannten ökonomischen Merkmale in Kombination ausgezählt und publiziert wurden, schwankt von Zählung zu Zählung, und es lassen sich darüber kaum generalisierende Aussagen treffen, insbesondere wenn die regionale Dimension berücksichtigt wird. In *Übersicht 4* wird die Unterteilung der Bevölkerung nach sozioökonomischen Gruppen graphisch veranschaulicht; allerdings gilt der abgebildete Differenzierungsgrad keineswegs für alle Berufszählungen.

Nach dem Kriterium der Stellung im Beruf werden in Deutschland seit hundert Jahren unterschieden: Selbständige[26], mithelfende Familienangehörige, Beamte, Angestellte und Arbeiter. Auszubildende bzw. Lehrlinge werden je nach Art des Lehrberufs den Angestellten oder Arbeitern zugerechnet. Meist werden auch die Erwerbslosen auf Grund der zuletzt ausgeübten Tätigkeit in dieses Schema eingeordnet. Die Gruppierung nach der Stellung im Beruf beruht im wesentlichen auf formalen Kriterien wie der rechtlichen Selbständigkeit (u.a. Hausgewerbetreibende), einem öffentlich-rechtlichen

---

24 Vgl. dazu die Einführung in die erwerbsstatistischen Begriffe und Merkmale anläßlich der Volkszählung 1970, in: Statistisches Bundesamt (Hrsg.), *Fachserie A: Bevölkerung und Kultur, Volkszählung vom 27.5.1970*, Heft 17: Erwerbstätige in wirtschaftlicher Gliederung nach Wochenarbeitszeit und weiterer Tätigkeit, Stuttgart/Mainz 1974, S. 11-15.

25 Z.B. wird in der Berufszählung 1895 die Nichterwerbsbevölkerung lediglich in zwei Untergruppen unterteilt: In die Gruppe der Angehörigen und in die Gruppe der berufslosen Selbständigen. Zu den berufslosen Selbständigen zählten Rentner, Pensionäre, Invalide, Anstaltsinsassen sowie Schüler und Studenten, soweit sie nicht bei ihrer Familie lebten.

26 Zu den Selbständigen zählen tätige Eigentümer, Pächter, selbständige Handwerker, selbständige Handelsvertreter usw., weiterhin die freiberuflich Tätigen, nicht jedoch Personen, die in einem arbeitsrechtlichen Verhältnis stehen und lediglich innerhalb eines Arbeitsbereichs selbständig disponieren können (z.B. Filialleiter). Gemäß dieser Definition zählen zu den Selbständigen auch die Hausgewerbetreibenden und Zwischenmeister.

Übersicht 4:
Unterteilung der Bevölkerung nach sozioökonomischen Gruppen in den Berufszählungen
(maximale Differenzierung)

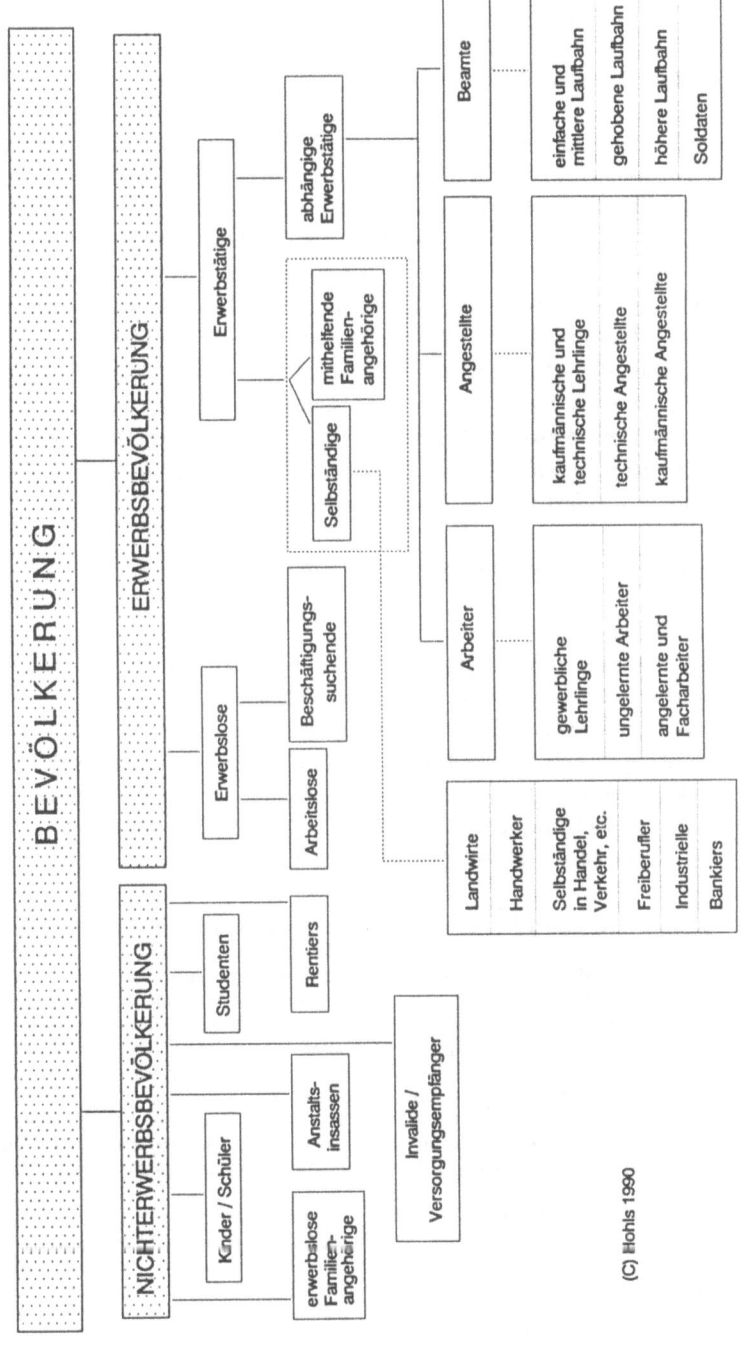

(C) Hohls 1990

Dienstverhältnis (Beamte, Soldaten, Pfarrer) oder der Zugehörigkeit zu einem Rentenversicherungszweig (Arbeiter, Angestellte). Zu den mithelfenden Familienangehörigen rechnen nur Personen, die ohne Lohn und Gehalt im Betrieb eines Familienmitgliedes beschäftigt sind. Auf Brüche in den Definitionen kann hier nicht näher eingegangen werden. Summa summarum sind die einzelnen Gruppen infolge dieser formalen Kriterien sehr heterogen zusammengesetzt, so daß ihr Erkenntniswert jenseits aller Brüche in den Definitionen vor dem Hintergrund der soziologischen Diskussion über die Herausbildung und den Wandel der Erwerbsklassen begrenzt ist[27]. In den meisten Berufszählungen wird eine weitergehende Binnendifferenzierung der beruflichen Stellung vorgenommen, die aber nur teilweise dem hier vorgestellten Muster entspricht. Beispielhaft sei dies an den Berufszählungen 1895 (für die Erwerbstätigen in der Landwirtschaft, Industrie und im Handwerk) sowie für 1925 veranschaulicht; zudem wurde für die Dienstleistungsbranchen 1895 eine z.T. abweichende Einteilung der berufliche Stellungen vorgenommen[28]:Schon diese beiden Beispiele verdeutlichen, daß standardisierte Daten zur sozialen Schichtung in Deutschland aus den Berufszählungen nur mit Mühe zu gewinnen sind. Allerdings hat sich seit der 1925er Zählung die Definition der beruflichen Stellungen nicht mehr so grundlegend verändert.

Systematische Gliederung nach Stellung im Beruf 1895:

Bezeichnung: *Gruppe:*

a   - Selbständige (einschl. leitende Beamte und Geschäftsführer)
afr - selbständige Hausgewerbetreibende (auf fremde Rechnung)
b   - Angestellte (wissenschaftliches, technisches oder kaufmännisches Verwaltungs-, Aufsichts- und Büropersonal einschl. Handlungsreisende,
      Schreiber, Rechner usw. ohne leitende Beamte und Geschäftsführer)
b1 - wissenschaftliche, technische Angestellte höherer Qualifikation
b2 - Aufsichtspersonal (Aufseher, Werkmeister, Steiger etc.)

27 In dieser Diskussion geht es um die soziale Verordnung einzelner Erwerbsklassen innerhalb soziologischer Ungleichheitstheorien vor dem Hintergrund zweier grundsätzlicher analytischer Perspektiven: Arbeit/Ökonomie versus Interaktion/sozio-kulturelle Schichtbildung; vgl. z.B. Max Haller, *Theorie der Klassenbildung und sozialen Schichtung*, Frankfurt, New York 1983; Hermann Strasser, Was Theorien der sozialen Ungleichheit wirklich erklären, in: Ders. und John H. Goldthrope (Hrsg.), *Die Analyse sozialer Ungleichheit. Kontinuität, Erneuerung, Innovation*, Opladen 1985; Peter A. Berger, Die Herstellung sozialer Klassifikationen: Methodische Probleme der Ungleichheitsforschung, in: *Leviathan*, Heft 4, 1988. In der sozialhistorischen Forschung nahm die Klassenbildungsdiskussion einen zentralen Platz in Untersuchungen zur inter- und intragenerationellen (beruflichen) Mobilität ein; vgl. Jürgen Kocka, *Lohnarbeit und Klassenbildung, Arbeiter und Arbeiterbewegung in Deutschland 1800-1875*, Berlin, Bonn 1983.
28 Vgl. für die Berufszählung 1895: *Statistik des Deutschen Reichs*, Bd. 111, S. 58-60. Unberücksichtigt bleibt in dieser Aufstellung weiterhin, daß das häusliche Dienstpersonal zum überwiegenden Teil, wie auch in den anderen Vorkriegszählungen, nicht zu den Erwerbstätigen gezählt wurde, da es im zeitgenössischen Verständnis wie die Hausfrauen keinen Beitrag zur allgemeinen Produktion leistete, auch wenn das Hausgesinde im privatrechtlichen Sinne durchaus als erwerbstätig galt; vgl. ebenda, S. 15. Vgl. für die Berufszählung 1925: *Statistik des Deutschen Reichs*, Bd. 402, Teil I, S. 10/11.

b3 - kaufmännische Angestellte (Prokuristen, Justitiare, Buchhalter, Rechner, Schreiber, Lehrlinge etc.)

c - Arbeiter und mithelfende Familienangehörige

c1 - mithelfende Familienangehörige

c1fr - mithelfende Familienangehörige bei selbständigen Hausgewerbetreibenden

c2 - gelernte Arbeiter, Gesellen, Knechte, Mägde, Lehrlinge und sonstige Arbeiter in Tätigkeiten, die eine Ausbildung erfordern

c2fr - qualifizierte mithelfende Familienangehörige bei selbständigen Hausgewerbetreibenden

c3 - ungelernte Arbeiter (Handarbeiter, Handlanger, Tagelöhner, Heizer, Fuhrleute, Hausdiener etc.)

Systematische Gliederung nach Stellung im Beruf 1925:

Bezeichnung: *Gruppe:*

a - Selbständige

a1 - Eigentümer, Inhaber, Handwerksmeister, Unternehmer

a2 - Pächter

a3 - Adminstratoren, Direktoren, Geschäftsführer, leitende Beamte

afr. - Hausgewerbetreibende

b - Angestellte und Beamte

b1 - Technische Angestellte und Beamte, Fachpersonal

b2 - Werkmeister und Aufsichtspersonal

b3 - Kaufmännische Angestellte und Verwaltungsbeamte, Büropersonal

c - Arbeiter

c1 - Arbeiter in den für den Wirtschaftszweig charakteristischen Berufen (Fach- und z.T. angelernte Arbeiter)

c2 - Betriebshandwerker und wichtige Hilfsberufe (Fach- und z.T. angelernte Arbeiter)

c3 - alle übrigen Arbeiter (überwiegend ungelernte Arbeiter)

m. - Mithelfende Familienangehörige

mfr.- Mithelfende Familienangehörige von Hausgewerbetreibenden Hausangestellte

Schon diese beiden Beispiele verdeutlichen, daß standardisierte Daten zur sozialen Schichtung in Deutschland aus den Berufszählungen nur mit Mühe zu gewinnen sind. Allerdings hat sich seit der 1925er Zählung die Definition der beruflichen Stellungen nicht mehr so grundlegend verändert.

7. Die sektorale Gliederung

Eine Hauptschwierigkeit bei der Nutzung der Daten der Berufs- und Arbeitsstättenzählung in wirtschaftlicher Gliederung besteht für den Historiker in der Überbrückung der Brüche in der Klassifikation der Erwerbsbranchen bzw. Wirtschaftszweige. Mit diesem Problem sehen sich auch Studien zu anderen Ländern konfrontiert[29]. Wie anderswo, sind auch in Deutschland die Konzeptionen von Beruf und Erwerb und die Definitionen der einzelnen Berufs- bzw. Erwerbsklassifikationen seit der Gründung des Statistischen Reichsamts recht häufig geändert worden. Die Brüche sind nur mit beträchtlichem Arbeitsaufwand zu überbrücken. Da jede personenbezogene Erwerbsstatistik gleichartige Einzelfälle zusammenfaßt, werden jeder Berufszählung klassifizierende Systematiken von Institutionen, Gütern, Tätigkeiten etc. vorangestellt, um die erhobenen Einzelfälle als gleichartig ansehen zu können. Als Beispiel für derartige Klassifizierungen kann die Systematik der Wirtschaftszweige für die Erwerbsstrukturstatistik der Bundesrepublik dienen. Dagegen wird die eigentliche Berufsstatistik entsprechend der Systematik der Berufsbenennungen klassifiziert[30]. Im allgemeinen berücksichtigt die Systematik der Wirtschaftszweige die in der Wirtschaftspraxis bzw. im praktischen Leben üblichen Zuordnungen der jeweiligen Zeit. Gemessen am äußeren Bild hat sich in den zurückliegenden einhundert Jahren vergleichsweise wenig an der grundsätzlichen Zuordnung vieler Wirtschaftszweige geändert, doch zeigt sich bei näherem Hinsehen, daß gerade die älteren Systematiken korrekturbedürftig sind.

Da sich die Gewichtung der verschiedenartigen Gruppierungsmerkmale, die nebeneinander Anwendung fanden, im Laufe der Zeit veränderten, unterlagen alle Systematiken einem historischen Wandel. Der Aufbau der Systematiken der Wirtschaftszweige bzw. der Klassifikation der Berufsarten, wie sie in der Vorkriegszeit hießen, erfolgte durchgängig hierarchisch, allerdings mit sich wandelnden Systemen der Durchnumerierung. Seit der Berufszählung 1950 ist die Systematik der Wirtschaftszweige dekadisch aufgebaut, d.h. die oberste Gliederungsstufe besteht aus zehn Wirtschaftsabteilungen, den sogenannten Einstellern. In der gegenwärtig Anwendung findenden Grundsystematik der Wirtschaftszweige aus dem Jahr 1979 stellen die zehn Abteilungen Zusammenfassungen von insgesamt vierzig Unterabteilungen, 209 Gruppen, 612 Untergruppen und 1064 Klassen dar. Für die jüngeren Berufszählungen wurde aber immer eine gestraffte

---

29 Vgl. Clive H. Lee, *British regional employment statistics, 1841-1971*, London, New York, Melbourne 1979 oder Paul Bairoch, *International historical statistics, Bd. I, The working population and his structure*, Brüssel, New York 1968.

30 Bei der Systematik der Wirtschaftszweige für die Erwerbsstrukturstatistik der Bundesrepublik handelt es sich um eine Teilsystematik der umfangreicheren Grundsystematik der Wirtschaftszweige, die für zahlreiche Aufgaben der amtlichen Statistik erstellt wurde. Die letzte revidierte Version der sogenannten Grundsystematik der Wirtschaftszweige wurde 1980 veröffentlicht; vgl. Statistisches Bundesamt (Hrsg.), *Systematik der Wirtschaftszweige mit Erläuterung – Ausgabe 1979*, Stuttgart, Mainz 1980. Das Statistische Bundesamt unterscheidet Unternehmens- und Betriebssystematiken (dazu zählt auch die Systematik der Wirtschaftszweige für die Erwerbsstrukturstatistik bzw. die Fassung für die Berufszählung oder für den Mikrozensus), Systematiken der öffentlichen Haushalte sowie der privaten Haushalte, Gütersystematiken, Personensystematiken (u.a. auch die Systematik der Berufsbenennung für die Berufszählung), Regionalsystematiken und sonstige Systematiken; vgl. Statistisches Bundesamt (Hrsg.), *Das Arbeitsgebiet der Bundesstatistik 1988*, Mainz 1988, S. 89-100. Die Daten der Berufszählungen werden seit der 1925er Zählung nach zwei grundverschiedenen Systematiken klassifiziert, die nicht miteinander verwechselt werden dürfen (Systematik der Wirtschaftszweige; Klassifizierung der Berufe).

bzw. gekürzte Systematik herangezogen, abgeleitet aus der allgemeinen Grundsystematik. Auf regionaler Ebene erfolgte die Veröffentlichung bzw. Aufbereitung der Daten keineswegs immer für alle Wirtschaftszweige der gestrafften Systematik, sondern entsprechend den finanziellen Möglichkeiten des Statistischen Reichsamtes bzw. entsprechend den Vorstellungen der einzelnen statistischen Landesämter in der Bundesrepublik, die für die Bereitstellung unterhalb der Ebene der Bundesländer zuständig sind. Der Aufbau und die Gliederungstiefe der bei den einzelnen Berufszählungen verwendeten Berufs- und Wirtschaftssystematiken läßt sich an *Übersicht 5* ablesen, die Gliederungstiefe in den Veröffentlichungen bzw. nutzbaren Aufbereitungen auf regionaler Ebene ist ebenfalls kenntlich gemacht.

Schon die Schwankungen der Gliederungstiefe der einzelnen Berufszählungen lassen erahnen, daß durch die langfristige Standardisierung der Erwerbsbranchen die Differenzierung besonders auf regionaler Ebene immer geringer wird. Reinhard Stockmann und Angelika Willms-Herget haben für Deutschland bzw. für die Bundesrepublik vereinheitlichte Klassifikationen veröffentlicht, die einmal aus 34 Erwerbsbranchen der Arbeitsstättenzählung von 1875 bis 1970 sowie zum anderen aus 103 Berufsfeldern der Berufszählungen von 1925 bis 1970 bestehen[31]. Von Hartmut Kaelble und mir wurde für die Berufszählungen 1882 bis 1970 eine auf 17 bzw. 19 größere Erwerbsbranchen reduzierte einheitliche Klassifikation erstellt, für die sich Daten auf regionaler Ebene (Regierungsbezirke) zusammenstellen lassen[32]. Da auf regionaler Ebene die Erwerbsstatistiken nur in vergröberter Form publiziert wurden, sind 19 bzw. für die Zählungen 1961 und 1970 nur 17 Erwerbsbranchen das Äußerste an Differenzierung, was in einer Regionaldokumentation für den Zeitraum 1895 bis 1970 möglich ist. Auf die Einbeziehung der Berufszählung 1882 mußte aus arbeitsökonomischen und finanziellen Erwägungen gänzlich verzichtet werden[33]. Gegenwärtig ist aus dem vorliegenden Tabellenprogramm für die Volks- und Berufszählung 1987 noch nicht ablesbar, ob eine Fortführung der langfristigen Statistik mit den erst in einigen Jahren vollständig vorliegenden Ergebnissen der 1987er Zählung auf regionaler Ebene möglich sein wird. Es ist vor allem offen, ob die

---

31 Vgl. Stockmann/Willms-Herget, Erwerbsstatistik (Anm. 15) S. 186 ff. und 210 ff.

32 Vgl. Rüdiger Hohls und Hartmut Kaelble, *Die regionale Erwerbsstruktur im Deutschen Reich und in der Bundesrepublik 1895-1970*, St. Katharinen 1989, S. 29-59. Natürlich wurden die Daten einzelner Zählungen, wie auch aus *Übersicht 5* ablesbar, in tieferer regionaler Differenzierung (Kreise) veröffentlicht, aber bei einer angestrebten Standardisierung der Regionen über die Zeit sind der branchenmäßigen Differenzierung enge Grenzen gesetzt. Die Tiefengliederung jeder einzelnen Dimension der Erwerbsstruktur läßt sich nur zu Lasten der anderen steigern.

33 Die Ergebnisse der Berufszählung von 1882 wurden ausschließlich für die 153 Berufsarten ohne kumulierte Zwischensummen (Berufsgruppen) auf regionaler Ebene veröffentlicht und somit in einer Form, die nur mit hohem Zeit- und Personalaufwand in standardisierte Regionaleinheiten, zudem ohne die Trennung von Frauen- und Männerarbeit, umwandelbar sind.

334 Rüdiger Hohls

Übersicht 5:

Aufbau und Gliederungstiefe der Systematiken der Berufsarten bzw. Wirtschaftszweige

Bezeichnungen: A) seit 1961 B) 1925-1950 C) bis 1907	Anzahl der unterschiedenen Wirtschaftszweige bei der Berufszählung:								
	1882[a]	1895	1907	1925	1933	1939	1950	1961	1970
A) Wirtschaftsabteilungen B) Wirtschaftsabteilungen C) Berufsabteilungen	6	6	6	7	6	6	10	11	10
A) Wirtschaftsunterabteilungen B) Wirtschaftsgruppen C) Berufsgruppen	24[b]	25[b]	26	27	33	33	74	39	35
A) Wirtschaftsgruppen B) Wirtschaftsarten C) Berufsarten	153[b]	207[b]	218	166	99	133	151	103[c]	68[c]
A) Wirtschaftsuntergruppen	--	--	--	--	--	--	--	31[c]	26[c]

a) Zusammengefaßte Angaben für die Berufsabteilungen bzw. Gruppen liegen nicht vor, diese müssen aus den Berufsarten jeweils zusammengesetzt werden.

b) Auf regionaler Ebene ohne Trennung der Geschlechter.

c) Diese Angaben sind nur als ungefähre Größen anzusehen, da Gruppen und Untergruppen zusammengefaßt wurden und weiterhin Untergruppen den Gruppen bzw. Gruppen den Unterabteilungen erhebungstechnisch gleichgestellt wurden.

▪▪❘ Markiert den Differenzierungsgrad in den Publikationen auf der Ebene der Regierungsbezirke.

Probleme der regionalen Grenzänderungen durch die Gebietsreformen der 1970er Jahre gelöst und die Regionen von 1970 mit den Regionen von 1987 verglichen werden können[34].

8. Die Veröffentlichungspraxis

Die Ergebnisse der Berufs- und Arbeitsstättenzählungen wurden im Deutschen Reich immer in Form mehrerer umfangreicher Bände innerhalb der *Statistik des Deutschen Reichs* veröffentlicht (vgl. die Zusammenstellung im Anhang). Zugleich liegen die Daten für die größeren Bundesstaaten in den Periodika der Statistischen Ämter der Bundesstaaten bzw. Länder vor. Die Reichsstatistik beinhaltet immer auch die regionalen Nachweise, die seitens der Statistischen Ämter nur selten differenzierter vorgenommen wurden[35]. Zumindest dem äußeren Anschein nach wurde dieses Veröffentlichungsprinzip auch für die Ergebnisse der Volks-, Berufs- und Arbeitsstättenzählung von 1950 in der Bundesrepublik angewandt, da deren Daten in mehreren Einzelbänden der *Statistik der Bundesrepublik Deutschland* zu finden sind. Allerdings sind seit Gründung der Bundesrepublik regionale Nachweise in größerer Tiefengliederung fast ausschließlich aus

34 Aus dem gegenwärtig anvisierten Tabellenprogramm für die Volkszählung 1987 ist in etwa der Bereitstellungsplan für die Erwerbsstrukturdaten ablesbar; vgl. Statistisches Bundesamt (Hrsg.), *Volkszählung 1987: Tabellenprogramm der Volks-, Berufs-, Gebäude- und Wohnungszählung, Stand: Oktober 1988*, Wiebaden 1988 (Arbeitsunterlage). Nicht in Erfahrung zu bringen ist dagegen, welche Tabellen aus dem 'Standardtabellenprogramm' auch veröffentlicht werden, geschweige denn wann und von wem (Bundesamt/Landesämter). Das Tabellenprogramm der Volks- und Berufszählung 1987 unterscheidet neben dem sogenannten Block- oder Kernprogramm (Primärergebnisse für viele Merkmale auf Bundesebene) zwei große Tabellengruppen, "nämlich das Regionaltabellenprogramm mit vergleichsweise nur wenigen Merkmalskombinationen und die sogenannten Sachgebietstabellen mit sehr weitgefächerten Kombinationsdarstellungen. Grundsätzlich nimmt die sachliche Gliederungstiefe der Ergebnisdarstellungen mit abnehmender regionaler Gliederungstiefe zu. Die Sachgebietsnachweisungen werden durch − entsprechend zum Landesergebnis hochverdichtete − Nachweisungen aus dem Regionalprogramm ergänzt" (ebenda, S. 7). Erwerbsstrukturdaten werden vor allem im VZ-Sachgebiet 2: 'Beteiligung am Erwerbsleben sowie wirtschaftliche, berufliche und soziale Gliederung' voraussichtlich ab März 1990 bereitgestellt werden; vgl. zur inhaltlichen Differenzierung und zu den Tabellennummern: ebenda, S. 268-287.

35 Zwar war die amtliche Statistik auch im Deutschen Reich förderalistisch organisiert, aber zum einen verfügten einige kleine Bundesstaaten im Kaiserreich nicht über eigenständige statistische Ämter und überließen daher die Aufbereitung von Erhebungen dem Kaiserlichen Statistischen Amt in Berlin und zum anderen wurde die einheitliche Veröffentlichung auch von den Ländern als Aufgabe der Reichsstatistik angesehen. So schreibt Hans Platzer, Organisation des statistischen Dienstes, in: Friedrich Zahn (Hrsg.), *Die Statistik in Deutschland nach ihrem heutigen Stand, Festschrift für Georg von Meyer*, München und Berlin 1911, Bd. I, S. 149/150: "Das Reich und seine Organe, Wissenschaft und Politik wollen auf möglichst allen Gebieten einheitliche und vergleichbare Angaben haben (...). Aber auch die Einzelstaaten haben Interesse daran, für die von ihnen bearbeiteten Zweige der zunächst partikularen Statistik Vergleichsziffern aus den anderen Teilen des Reichs zu erhalten und legen deshalb (...) auf eine einheitliche Bearbeitung mit den übrigen Staaten und eine gleichmäßige Veröffentlichung durch das Reich besonderen Wert." In der vom Zentralismus geprägten Zwischenkriegszeit verloren die Landesämter zusätzlich an Eigenständigkeit; vgl. Gerhard Fürst, 100 Jahre Reichs- und Bundesstatistik, Gedanken und Erinnerungen , in: *Allgemeines Statistisches Archiv*, Bd. 56, 1972, S. 348-354.

den Publikationen bzw. Archivtabellen der Statistischen Landesämter zu gewinnen, da sich, wegen des förderalistischen Staats- und Verwaltungsaufbaus Nachkriegsdeutschlands, Bund und Länder auch die Erfüllung statistischer Aufgaben einschl. der Datenbereitstellung teilen. Dies gilt in der Bundesrepublik neben der eigenständigen Landesstatistik auch für bundeseinheitliche Erhebungen (Bundesstatistik), die regional weitgehend dezentral aufgebaut, organisiert und bereitgestellt werden[36]. Daher wurden auch die Ergebnisse der Berufszählungen 1961 und 1970 sowie voraussichtlich 1987 nur für die Bundesrepublik als Ganzes als Sonderreihen der *Fachserie A* bzw. *Fachserie 1* veröffentlicht[37]. Zusammenfassende Daten für die Bundesländer weisen die Veröffentlichungen der Bundesstatistik ebenfalls noch aus, aber tiefer untergliederte Angaben für die Bundesländer und alle Daten für untergeordnete administrative Einheiten (Regierungsbezirke, Kreise, Gemeinden) sind, soweit sie die Erwerbstätigkeit betreffen, nur bei den jeweiligen Statistischen Landesämtern erhältlich. Während für 1950 und 1961 regionale Daten noch von allen Landesämtern publiziert wurden, haben einige Bundesländer für die 1970er Ergebnisse von dieser Praxis zugunsten einer verstärkten Archivierung Abschied genommen[38]. Die Daten sind in standardisierten Archivtabellen bei den Landesämtern einsehbar, liegen aber nicht maschinenlesbar vor. Als eine Ursache für diese Entwicklung lassen sich die durch die fortgeschrittene Datenverarbeitungstechnik ermöglichten und von der Sozialwissenschaft erwünschten Kombinationsauszählungen nach mehreren Merkmalen anführen, die die Zahl der bereitzustellenden Tabellen nachhaltig erhöhte. Für 1987 lassen sich auch in dieser Hinsicht noch keine endgültigen Feststellungen treffen, da beim Abschluß dieser Arbeit lediglich das vom Bundesamt und von den Landesämtern vereinbarte gemeinsame Tabellenprogramm vorliegt und nicht absehbar ist, welche Tabellen davon der Öffentlichkeit über Publikationen zugänglich gemacht werden[39].

36 Zu den statistischen Institutionen und zur Aufgabenteilung vgl. Statistisches Bundesamt (Hrsg.), *Das Arbeitsgebiet der Bundesstatistik 1988*, Mainz 1988, S. 13-19.
37 Seit der Einführung des Systems der Fachserien im Jahr 1957 erscheinen innerhalb der ersten Fachserie sämtliche Veröffentlichungen zum Gebietsstand, zur Bevölkerungs- und Erwerbsentwicklung, als Einzelveröffentlichungen auch die Ergebnisse der Volks- und Berufszählungen. Titel 1957 – 1975: *Fachserie A: Bevölkerung und Kultur*; Titel seit 1976: *Fachserie 1: Bevölkerung und Erwerbstätigkeit*. Als Sonderveröffentlichungen erscheinen gegenwärtig die ersten Hefte der Volks- und Berufszählung 1987.
38 Für die Berufszählungen 1946, 1950 und 1961 liegen Bibliographien vor, aus denen sich auch die Publikationen der Landesämter sowie zahlreicher Städte erschließen lassen; vgl. Ausschuß der Deutschen Statistiker für die Volks- und Berufszählung vom 29.10.1946, Berlin 1951; Statistisches Bundesamt (Hrsg.), *Statistik der Bundesrepublik*, Bd. 50: *Bibliographie zum Volkszählungswerk 1950*, Stuttgart/Köln 1956; Dass. (Hrsg.): *Bibliographie zum Volkszählungswerk 1961*, Stuttgart/Mainz 1969. Einen vollständigen Überblick über die anläßlich der Volks- und Berufszählung 1970 erstellten, archivierten und veröffentlichten Tabellen bzw. Schriften der Landesämter und des Bundesamtes vermittelt die im Bundesamt einsehbare (nicht veröffentlichte) Arbeitsunterlage: Statistisches Bundesamt (Hrsg.), *Tabellenprogramm der Volkszählung 1970 (Tabellenrahmen, Quellennachweis zu einzelnen Tabellen, Veröffentlichungen des Statistischen Bundesamtes und der Statistischen Landesämter)*, Wiesbaden o.J., S. 137-178.
39 Zum Tabellenprogramm vgl. die (nicht veröffentlichte) Arbeitsunterlage: Statistisches Bundesamt, Abt. VIII (Hrsg.), *Volkszählung 1987. Tabellenprogramm der Volks-, Berufs-, Gebäude- und Wohnungszählung*, Wiesbaden, Stand: Oktober 1988.

Anhang:

Quellennachweis zu den Berufszählungen in Deutschland 1882-1987

Im nachfolgenden Quellenverzeichnis werden die von der amtlichen Statistik publizierten oder archivierten Datenreihen und Kommentare/Textbände zu den Berufszählungen im Deutschen Reich und in der Bundesrepublik zwischen 1882 und 1987 in chronologischer Reihenfolge nachgewiesen. Für die Zählungen des Deutschen Reichs beschränken sich die Nachweise auf die bekannten Datenbände der *Statistik des Deutschen Reichs*, da in den Publikationen der Statistischen Ämter der einzelnen Bundesstaaten/Länder u.a. infolge einheitlicher Aufbereitungsrichtlinien nur in Ausnahmefällen eine regional tiefergehende Gliederung vorliegt. Zudem wurden für einige kleinere Länder, die die Kosten für ein eigenes statistisches Amt scheuten, die Erhebungen direkt vom Statistischen Reichsamt betreut und durchgeführt.

Trotz gemeinsamer (Mindest-) Tabellenprogramme änderte sich diese Praxis grundlegend in der Nachkriegszeit durch den gegenüber der Zwischenkriegszeit förderativeren Aufbau der bundesdeutschen Statistik. So obliegt es dem Statistischen Bundesamt nur noch in Ausnahmefällen, Daten der Bundesländer unterhalb der Landesebene in seinen Reihen bzw. Fachserien auszuweisen. Deshalb kann dem vermeintlichen Interessenten berufsstatistischer Daten auf Landes-, Regierungsbezirks-, Kreis-, Städte- oder Gemeindeebene nicht die Mühe erspart werden, sich für vergleichende Untersuchungen die Daten aus den zahlreichen Veröffentlichungen der einzelnen Statistischen Landesämter zusammenzustellen. Der Vergleichbarkeit der Daten tut diese Veröffentlichungspraxis allerdings infolge einheitlicher Systematiken, Klassifikationen und Aufbereitungsrichtlinien keinen Abbruch.

In das Verzeichnis wurden grundsätzlich nur Publikationen zu den Berufszählungen, nicht jedoch zu den Arbeitsstättenzählungen oder andere erwerbsstatistische Erhebungen aufgenommen, ohne dabei einen Anspruch auf Vollständigkeit zu erheben. Die zahlreichen Vorabveröffentlichungen und auswertenden bzw. kommentierenden Aufsätze einzelner Autoren in den Zeitschriften der Statistischen Ämter (z.B.: *Wirtschaft und Statistik, Statistische Rundschau für Nordrhein-Westfalen, Bayern in Zahlen, Statistische Monatshefte* ...) bleiben ebenfalls unberücksichtigt. Gleiches gilt mit wenigen Ausnahmen auch für die berufsstatistischen Nachweise und Zusammenstellungen im *Statistischen Jahrbuch des Deutschen Reichs*, dem *Statistischen Jahrbuch der Bundesrepublik Deutschland* sowie denen einzelner Länder, die meist in den auf die Berufszählungen folgenden Jahrgangsbänden entsprechende Zusammenstellungen enthalten. Um das Quellenverzeichnis für die Nachkriegszählungen nicht gänzlich ausufern zu lassen, blieben Publikationen zur Pendelwanderung, Sozialversicherungspflicht und zum Ausbildungsstand der Erwerbspersonen weitgehend unberücksichtigt. Aufgenommen wurden primär Publikationen, die die wirtschaftliche, berufliche und soziale Gliederung der Bevölkerung statistisch dokumentieren.

Berufszählung 1882

Statistik des Deutschen Reichs, Neue Folge, hrsg. v. Kaiserlichen Statistischen Amt,

a) Bd. 2: Berufsstatistik des Reichs und der kleineren Verwaltungsbezirke mit einer Einleitung, betreffend die gesammte in den Bänden 2 bis 4 der neuen Folge der Statistik des Deutschen Reichs enthaltene Berufsstatistik, und kartographischen Darstellungen, Berlin 1884.

b) Bd. 3: Berufsstatistik der deutschen Großstädte, Berlin 1884.

c) Bd. 4: Berufsstatistik der Staaten und größeren Verwaltungsbezirke, 3 Teilbde., Berlin 1884.

Berufszählung 1895

Statistik des Deutschen Reichs, Neue Folge, hrsg. v. Kaiserlichen Statistischen Amt,

a) Bd. 102: Berufsstatistik für das Reich im Ganzen, Erster Theil, Berlin 1897.

b) Bd. 103: Berufsstatistik für das Reich im Ganzen, Zweiter Theil, Berlin 1897.

c) Bd. 104: Berufsstatistik der Bundesstaaten, Erster Theil: Preußen, Berlin 1897.

d) Bd. 105: Berufsstatistik der Bundesstaaten, Zweiter Theil: Bundesstaaten außer Preußen, Berlin 1897.

e) Bd. 106: Berufsstatistik der Bundesstaaten, Dritter Theil, Berlin 1897.

f) Bd. 107: Berufsstatistik der deutschen Großstädte, Erster Theil, Berlin 1895.

g) Bd. 108: Berufsstatistik der deutschen Großstädte, Zweiter Theil, Berlin 1897.

h) Bd. 109: Berufsstatistik der kleineren Verwaltungsbezirke, Berlin 1897.

i) Bd. 110: Berufsstatistik nach Ortsgrößenklassen, Berlin 1897.

j) Bd. 111: Die berufliche und soziale Gliederung des Deutschen Volkes. Nach der Berufszählung vom 14. Juni 1895, Berlin 1899.

Berufszählung 1907

Statistik des Deutschen Reichs, hrsg. v. Kaiserlichen Statistischen Amt,

a) Bd. 202: Berufsstatistik, Abteilung I: Einführung. Die Reichsbevölkerung nach Haupt- und Nebenberuf, Berlin 1909.

b) Bd. 203: Berufsstatistik, Abteilung II: Die Reichsbevölkerung nach Alter, Familienstand, Religionsbekenntnis – Witwen und Waisen – Alter und Familienstand in einigen besonderen Berufen, Berlin 1910.

c) Bd. 204: Berufsstatistik, Abteilung III: Die Bevölkerung Preußens nach Haupt- und Nebenberuf, Berlin 1909.

d) Bd. 205: Berufsstatistik, Abteilung IV: Die Bevölkerung der Bundesstaaten außer Preußen nach Haupt- und Nebenberuf, Berlin 1910.

e) Bd. 206: Berufsstatistik, Abteilung V: Die Bevölkerung der Bundesstaaten nach Alter, Familienstand und Religionsbekenntnis, Berlin 1910.

f) Bd. 207: Berufsstatistik, Abteilung VI: Großstädte, Berlin 1910.

g) Bd. 208: Berufsstatistik, Abteilung VII: Gemeinden mit weniger als 2000 Einwohnern, Berlin 1910.

h) Bd. 209: Berufsstatistik, Abteilung VIII: Kleinere Verwaltungsbezirke, Berlin 1910.

i) Bd. 210: Berufsstatistik, Abteilung IX: Die Bevölkerung nach Hauptberuf und Gebürtigkeit, Teil 1: Landesteile, Teil 2: Großstädte, Berlin 1910.

j) Bd. 211: Berufsstatistik, Abteilung X: Die berufliche und soziale Gliederung des deutschen Volkes, Berlin 1913.

Berufszählung 1925

Statistik des Deutschen Reichs, hrsg. v. Statistischen Reichsamt,

a) Bd. 402: Berufszählung. Die berufliche und soziale Gliederung der Bevölkerung des Deutschen Reichs, Berlin 1929.

b) Bd. 403: Berufszählung. Die berufliche und soziale Gliederung der Bevölkerung in den Ländern und Landesteilen: Ost- und Mitteldeutschland, Berlin 1929.

c) Bd. 404: Berufszählung. Die berufliche und soziale Gliederung der Bevölkerung in den Ländern und Landesteilen: Der Norden und Westen Deutschlands, Berlin 1928.

d) Bd. 405: Berufszählung. Die berufliche und soziale Gliederung der Bevölkerung in den Ländern und Landesteilen: Süddeutschland und Hessen, Berlin 1928.

e) Bd. 406: Berufszählung. Die berufliche und soziale Gliederung der Bevölkerung in den Großstädten, Berlin 1929.

f) Bd. 407: Berufszählung. Die Haushaltungen und Familien nach ihrer beruflichen und sozialen Gliederung, Berlin 1930.

h) Bd. 408: Berufszählung. Die berufliche und soziale Gliederung des deutschen Volkes. Textliche Darstellung der Ergebnisse, Berlin 1931.

g) Volks-, Berufs- und Betriebszählung vom 19. Juli 1927. Band II: Berufszählung. Die berufliche und soziale Gliederung der Bevölkerung des Saargebietes. Nach den Ergebnissen der Berufszählung vom 19. Juli 1927, bearbt. u. hrsg. v. Statistischen Amt der Regierungskommission des Saargebietes, Saarbrücken 1931.

Berufszählung 1933

Statistik des Deutschen Reichs, hrsg. v. Statistischen Reichsamt,

a) Bd. 453: Berufszählung. Die berufliche und soziale Gliederung des Deutschen Reichs, Heft 1: Einführung in die Berufszählung. Systematische und alphabetische Verzeichnisse zur Berufszählung 1933; Heft 2: Die Erwerbstätigkeit der Reichsbevölkerung, Berlin 1936.

b) Bd. 454: Berufszählung. Die berufliche und soziale Gliederung der Bevölkerung in den Ländern und Landesteilen: Ost- und Mitteldeutschland, Berlin 1936.

c) Bd. 455: Berufszählung. Die berufliche und soziale Gliederung der Bevölkerung in den Ländern und Landesteilen: Nord- und Westdeutschland, Berlin 1936.

d) Bd. 456: Berufszählung. Die berufliche und soziale Gliederung der Bevölkerung in den Ländern und Landesteilen: Süddeutschland und Hessen, Berlin 1936.

e) Bd. 457: Berufszählung. Die berufliche und soziale Gliederung der Bevölkerung in den Großstädten, Berlin 1936

f) Bd. 458: Berufszählung. Die berufliche und soziale Gliederung des Deutschen Volkes. Textliche Darstellung der Ergebnisse, Berlin 1937.

g) Bd. 467: Erhebungs- und Bearbeitungsplan der Volks- und Berufs- und Betriebszählung 1933, Berlin 1933.

h) Bd. 469: Volks-, Berufs- und Betriebszählung im Saarland 1935, Berlin 1937.

i) Bd. 470: Die Hauptergebnisse der Volks-, Berufs- und Betriebszählung im Deutschen Reich (einschl. Saarland) auf Grund der Zählung vom 16. Juni 1933 und der Ergänzungszählung im Saarland vom 25. Juni 1935, Berlin 1937.

Berufszählung 1939

Statistik des Deutschen Reichs, hrsg. v. Statistischen Reichsamt,

a) Bd. 555: Berufszählung. Einführung in die Berufszählung, Berlin 1941.

b) Bd. 556: Berufszählung. Die Berufstätigkeit der Bevölkerung des Deutschen Reichs, Heft 1: Die Reichsbevölkerung nach Haupt- und Nebenberuf; Heft 2: Die Erwerbspersonen und die Selbständigen Berufslosen nach Alter und Familienstand, Berlin 1942..

c) Bd. 557: Berufszählung. Die Berufstätigkeit der Bevölkerung in den Reichsteilen, Heft 1-28, Berlin 1942-43.

d) Bd. 559: Ergebnisse der Volks-, Berufs- und landwirtschaftlichen Betriebszählung 1939 in den Gemeinden, Heft 1-13, Berlin 1943 (nur Heft 1-10 publiziert).

Berufszählung 1946

a) Ausschuß der deutschen Statistiker für die Volks- und Berufszählung 1946: Volks- und Berufszählung vom 29. Oktober 1946 in den vier Besatzungszonen und Groß-Berlin, Heft 1 u. 2: Tabellenteil, Heft 3: Textteil, Berlin/München 1949-1953.

b) Statistische Praxis, Monatsschrift des Statistischen Zentralamts, Beilagen zum Jg. 3, Heft 4-12: Endgültige Ergebnisse der Volks- und Berufszählung vom 29. Okt. 1946: Erwerbspersonen nach Wirtschaftsabteilungen und -gruppen, Stellung im Beruf und Altersgruppen in der sowjetischen Besatzungszone (Heft 8); Erwerbspersonen nach Wirtschaftsabteilungen und -zweigen und Stellung im Beruf in der sowjetischen Besatzungszone (Heft 11); Erwerbspersonen nach Berufsabteilungen, -gruppen und -zweigen in den Ländern der sowjetischen Besatzungszone (Heft 12), Berlin 1948.

c) Statistik der Britischen Besatzungszone, Bd. 1: Berufszählung. Die Bevölkerung der Britischen Besatzungszone nach den Ergebnissen der Berufszählung vom 29. Oktober 1946, Tabellenteil 1 u. 2, hrsg. v. Statistischen Amt für die Britische Besatzungszone, Lengerich 1950.

d) Statistik des Hamburgischen Staates, Heft 35: Ergebnisse der Volks- und Berufszählung in der Hansestadt Hamburg am 29. Oktober 1946, hrsg. v. Statistischen Landesamt, Hamburg 1950.

e) Statistische Mitteilungen aus Bremen, Sonderheft 2: Die Volks- und Berufszählung am 29.10.1946 im Lande Bremen, hrsg. v. Statistischen Landesamt Bremen, Bremen 1949.

f) Berliner Statistik, Sonderheft 7: Die Ergebnisse der Berufszählung vom 29. Oktober 1946 für Groß-Berlin, hrsg. v. Statistischen Landesamt Berlin, Berlin 1949. (Berliner Statistik, Sonderheft 5: Ergebnisse der Volks- und Berufszählung in Berlin am 12. August 1945, hrsg. v. Statistischen Landesamt Berlin, Berlin 1948.)

g) Beiträge zur Statistik des Landes Nordrhein-Westfalen, Heft 3: Landes- und Kreisergebnisse aus der Volks- und Berufszählung 1946, hrsg. v. Statistischen Landesamt Nordrhein-Westfalen, Düsseldorf 1949.

h) Beiträge zur Statistik Hessens, Nr. 18: Die Volks- und Berufszählung vom 29. Oktober 1946 in Hessen. Endgültige Ergebnisse, hrsg. v. Hessischen Statistischen Landesamt, Wiesbaden 1949.

i) Statistik von Rheinland-Pfalz, Bd. 2: Volks- und Berufszählung vom 29. Oktober 1946. Berufszählung, hrsg. v. Statistischen Landesamt Rheinland-Pfalz, Bad Ems 1949.

j) Statistische Monatshefte Württemberg-Badens, Jg. 1949, Sonderheft: Die Volks- und Berufszählung vom 29. Oktober 1946 in Württemberg-Baden. Mit einer Religionskarte des südwestdeutschen Raumes, hrsg. v. den Statistischen Landesämtern Stuttgart und Karlsruhe, 1949.

k) Württemberg-Hohenzollern in Zahlen, Jg. 4, Nr. 3/4: Die Berufszählung am 29.10.1946 in Württemberg-Hohenzollern und im Kreis Lindau, hrsg. v. Württembergischen Statistischen Landesamt, Tübingen 1949.

l) Beiträge zur Statistik Bayerns, Heft 146: Die Volks- und Berufszählung am 29.10.1946 in Bayern, Teil 2: Berufszählung, hrsg. v. Bayerischen Statistischen Landesamt, München 1949.

Berufszählung 1950

a) Statistik der Bundesrepublik Deutschland, hrsg. v. Statistischen Bundesamt,

- Bd. 34: Einführung in die methodischen und systematischen Grundlagen der Volks- und Berufszählung vom 13.9.1950, Stuttgart/Köln 1955.
- Bd. 36: Die berufliche und soziale Gliederung der Bevölkerung der Bundesrepublik Deutschland nach der Zählung vom 13.9.1950, Teil I, Heft 1: Die Bevölkerung nach der Erwerbstätigkeit, Heft 2: Die Erwerbspersonen in der beruflichen Gliederung nach Alter und Familienstand. Die Selbständigen Berufslosen nach Altersgruppen, Heft 3: Textheft zu Band 36, Stuttgart/Köln 1953.
- Bd. 37: Die berufliche und soziale Gliederung der Bevölkerung der Bundesrepublik Deutschland nach der Zählung vom 13.9.1950, Teil II, Heft 1: Die Erwerbspersonen nach Berufen, Stellung im Beruf und Wirtschaftszweigen, Heft 2: Die Erwerbspersonen nach Wirtschaftszweigen und Stellung im Beruf, Heft 3: Die Erwerbspersonen nach Berufsordnungen und der nebenberuflichen Erwerbstätigkeit, Heft 4: Die Erwerbspersonen und die Ehefrauen ohne Hauptberuf nach ihrer Sicherung bei Krankheit und nach der voraussichtlichen Altersversorgung, Heft 5: Textband zu Band 37, Stuttgart/Köln 1953.

b) Statistisches Taschenbuch über die Heimatvertriebenen, hrsg. v. Statistischen Bundesamt, Wiesbaden 1953, S. 48-58 (Erwerbstätigkeit der Heimatvertriebenen).

c) Statistik von Schleswig-Holstein, Heft 9: Die Erwerbstätigkeit in Schleswig-Holstein, Ergebnisse der Berufszählung vom 13. September 1950, hrsg. v. Statistischen Landesamt Schleswig-Holstein, Kiel 1953.

d) Statistisches Taschenbuch Schleswig-Holstein 1954, hrsg. v. Statistischen Landesamt Schleswig-Holstein, Kiel 1954, S. 11-14 (Wohnbevölkerung nach Erwerbstätigkeit).

e) Veröffentlichungen des Niedersächsischen Amtes für Landesplanung und Statistik, F 15: Zählung der Bevölkerung, Gebäude, Wohnungen und nichtlandwirtschaftlichen Arbeitsstätten 1950, Heft 2: Die wirtschaftliche Gliederung der Bevölkerung Niedersachsens nach den Ergebnissen der Berufszählung am 13. September 1950, A. Textteil, B. Tabellenteil, hrsg. v. Niedersächsischen Amt für Landesplanung und Statistik, Hannover 1953.

f) Statistisches Jahrbuch für Niedersachsen. 1952, hrsg. v. Niedersächsischen Amt für Landesplanung und Statistik, Hannover 1953, S. 47-60 (Wohnbevölkerung nach Erwerbstätigkeit).

g) Statistik des Hamburgischen Staates, Heft 37: Die Berufszählung in Hamburg am 13. September 1950, hrsg. v. Statistischen Landesamt der Freien und Hansestadt Hamburg, Hamburg 1952.

h) Statistisches Jahrbuch. 1952. Freie und Hansestadt Hamburg, hrsg. v. Statistischen Landesamt der Freien und Hansestadt Hamburg, Hamburg 1953, S. 37-44 sowie Statistisches Jahrbuch 1953/54, Hamburg 1954, S. 15-16 (Wohnbevölkerung nach Erwerbstätigkeit).

i) Statistischer Dienst Bremen, Reihe: Bevölkerung, Folge 1: Volkszählung, Nr. 2/52: Die Wirtschaftsstruktur des Landes Bremen, hrsg. v. Statistischen Landesamt Bremen, 1952, S. 2-21.

j) Berliner Statistik, Sonderheft 25: Berufszählung 1950, hrsg. v. Statistischen Landesamt Berlin, Berlin 1952.

k) Statistisches Jahrbuch Berlin. 1953, hrsg. v. Statistischen Landesamt Berlin, Berlin 1953, S. 37-49 (Wohnbevölkerung nach Erwerbstätigkeit).

l) Statistisches Jahrbuch Berlin. 1954, hrsg. v. Statistischen Landesamt Berlin, Berlin 1954, S. 36-43 (Wohnbevölkerung nach Erwerbstätigkeit).

m) Beiträge zur Statistik des Landes Nordrhein-Westfalen, Sonderreihe Volkszählung 1950, Heft 5a: (Heft 5b:) Die Wohnbevölkerung nach der Erwerbstätigkeit in Nordrhein-Westfalen - Landesteil Nordrhein - (- Landesteil Westfalen -), Ergebnisse der Berufszählung am 13. September 1950, hrsg. v. Statistischen Landesamt Nordrhein-Westfalen, Düsseldorf 1952.

n) Beiträge zur Statistik des Landes Nordrhein-Westfalen, Sonderreihe Volkszählung 1950, Heft 6, Teil 1: Die Erwerbspersonen nach der beruflichen Gliederung in Nordrhein-Westfalen (Landesergebnisse), Ergebnisse der Berufszählung am 13. September 1950, hrsg. v. Statistischen Landesamt Nordrhein-Westfalen, Düsseldorf 1952.

o) Beiträge zur Statistik des Landes Nordrhein-Westfalen, Sonderreihe Volkszählung 1950, Heft 7, Teil 2: Die Erwerbspersonen nach der beruflichen Gliederung in Nordrhein-Westfalen (Kreisergebnisse), Ergebnisse der Berufszählung am 13. September 1950, hrsg. v. Statistischen Landesamt Nordrhein-Westfalen, Düsseldorf 1952.

p) Statistisches Jahrbuch Nordrhein-Westfalen. 1952, hrsg. v. Statistischen Landesamt Nordrhein-Westfalen, Düsseldorf 1952, S. 20-46 (Wohnbevölkerung nach Erwerbstätigkeit).

q) Beiträge zur Statistik Hessens, Sonderreihe: Berufszählung 1950, Heft 1: Wirtschaftliche, berufliche und soziale Gliederung der Bevölkerung in Hessen. Ergebnisse der Berufszählung vom 13. September 1950, hrsg. v. Hessischen Statistischen Landesamt, Wiesbaden 1956.

r) Beiträge zur Statistik Hessens, Sonderreihe: Berufszählung 1950, Heft 2: Wirtschaftliche und soziale Gliederung der Bevölkerung in den hessischen Kreisen. Ergebnisse der Berufszählung vom 13. September 1950, hrsg. v. Hessischen Statistischen Landesamt, Wiesbaden 1952.

s) Statistisches Handbuch für das Land Hessen, hrsg. v. Hessischen Statistischen Landesamt, Wiesbaden 1953, S. 113-125 u. 473/474 (Wohnbevölkerung nach Erwerbstätigkeit).

t) Statistisches Taschenbuch für das Land Hessen, hrsg. v. Hessischen Statistischen Landesamt, Wiesbaden 1954, S. 47-51 (Wohnbevölkerung nach Erwerbstätigkeit).

u) Statistik von Rheinland-Pfalz, Bd. 13: Volkszählung am 13. September 1950. Die Berufszählung in Rheinland-Pfalz, Heft I: Regierungsbezirk Koblenz; Heft II: Regierungsbezirk Trier; Heft III: Regierungsbezirk Montabaur; Heft IV: Regierungsbezirk Rheinhessen; Heft V: Regierungsbezirk Pfalz, hrsg. v. Statistischen Landesamt Rheinland-Pfalz, Bad Ems 1952.

v) Statistik von Rheinland-Pfalz, Bd. 18: Volkszählung am 13. September 1950. Die Berufszählung in Rheinland-Pfalz (Landesergebnisse), hrsg. v. Statistischen Landesamt Rheinland-Pfalz, Bad Ems 1952.

w) Jahresergebnisse der Statistik 1951 in Rheinland-Pfalz, hrsg. v. Statistischen Landesamt Rheinland-Pfalz, Bad Ems 1952, S. 18-30 (Wohnbevölkerung nach Erwerbstätigkeit).

x) Neue Strukturdaten über Bevölkerung und Wirtschaft (Ergebnisse der Volks-, Berufs- und Arbeitsstättenzählung vom 14.11.1951), in: Saarländische Bevölkerungs- und Wirtschaftszahlen, 6. Jg., 1954, Heft 1/4, hrsg. v. Statistischen Landesamt des Saarlandes.

y) Die Erwerbspersonen im Saarland, in: Statistisches Amt des Saarlandes – Kurzbericht -, Jg. 5, Nr. II/6, Juli 1955.

z) Statistik von Baden-Württemberg, Bd. 5: Ergebnisse der Volks- und Berufszählung vom 13. September 1950 – Berufszählung -, I. Teil: Textband mit den Ergebnissen für das Land Baden-Württemberg einschl. der Berufszählungsergebnisse nach Naturräumen, Stuttgart 1956, II. Teil: Regierungsbezirke, Stadt- und Landkreise (Tabellenband), Stuttgart 1954, hrsg. v. Statistischen Landesamt Baden-Württemberg.

aa) Staatshandbuch für Württemberg-Baden. Wohnplatzverzeichnis, Teil Nordbaden, hrsg. v. Badischen Statistischen Landesamt, Karlsruhe 1952, S. 86-87 (Die Erwerbstätigkeit in Nordbaden).

bb) Staatshandbuch für Württemberg-Baden. Wohnplatzverzeichnis, Teil Württemberg, hrsg. v. Württembergischen Statistischen Landesamt, Stuttgart 1953, S. 198-199 (Die Erwerbstätigkeit im Landesbezirk Württemberg).

cc) Staatshandbuch für Südbaden. Wohnplatzverzeichnis, hrsg. v. Statistischen Landesamt Baden-Württemberg, Freiburg 1953, S. 236-237 (Die Erwerbstätigkeit in Südbaden).

dd) Staatshandbuch für Württemberg-Hohenzollern. Wohnplatzverzeichnis, hrsg. v. Statistischen Landesamt für Württemberg-Hohenzollern, Tübingen 1952, S. 248-249 (Die Erwerbstätigkeit in Württemberg-Hohenzollern).

ee) Reihe: Volkszählung, Heft 3: Die Wohnbevölkerung nach der Erwerbstätigkeit in Württemberg-Hohenzollern. Wirtschaftsabteilungen, Wirtschaftsgruppen und Stellung im Beruf. Volks-, Berufs-, Wohnungs- und Arbeitsstättenzählung am 13. September 1950, hrsg. v. Statistischen Landesamt für Württemberg-Hohenzollern, Tübingen 1953.

ff) Beiträge zur Statistik Bayerns, Heft 186: Volks- und Berufszählung am 13. September 1950 in Bayern. Berufszählung, Die Erwerbstätigkeit der Bevölkerung, hrsg. v. Bayerischen Statistischen Landesamt, München 1953.

gg) Beiträge zur Statistik Bayerns, Heft 187: Volks- und Berufszählung am 13. September 1950 in Bayern. Berufszählung, Die Berufe in den einzelnen Wirtschaftszweigen, hrsg. v. Bayerischen Statistischen Landesamt, München 1953.

hh) Statistisches Jahrbuch für Bayern. 1952, hrsg. v. Bayerischen Statistischen Landesamt, München 1952, S. 72-88 (Wohnbevölkerung nach Erwerbstätigkeit).

Berufszählung 1961

a) Fachserie A: Bevölkerung und Kultur, Volkszählung vom 6. Juni 1961, hrsg. v. Statistischen Bundesamt,

– Vorbericht 12: Wohnbevölkerung nach der Beteiligung am Erwerbsleben, Altersgruppen und überwiegendem Lebensunterhalt, Stuttgart, Mainz 1964.

– Vorbericht 16: Personen mit überwiegendem Lebensunterhalt durch Angehörige nach der Beteiligung am Erwerbsleben, Altersgruppen und dem überwiegendem Lebensunterhalt des Ernährers, Stuttgart, Mainz 1964.

– Vorbericht 17: Vertriebene und Deutsche aus der sowjetischen Besatzungszone und dem Sowjetsektor von Berlin unter den Erwerbstätigen, Stuttgart, Mainz 1964.

– Vorbericht 18: Erwerbspersonen in den kreisfreien Städten und Landkreisen nach Stellung im Beruf, Stuttgart, Mainz 1965.

– Heft 1: Die methodischen Grundlagen der Volks- und Berufszählung 1961, Stuttgart, Mainz 1965.

– Heft 10: Bevölkerung nach Lebensunterhalt und Beteiligung am Erwerbsleben, Stuttgart, Mainz 1966.

– Heft 11: Bevölkerung und Erwerbspersonen mit überwiegendem Lebensunterhalt durch Angehörige bzw. Rente u. dgl., Stuttgart, Mainz 1966.

– Heft 12: Erwerbspersonen in wirtschaftlicher und sozialer Gliederung, Stuttgart, Mainz 1967.

– Heft 13: Erwerbspersonen in beruflicher Gliederung, Stuttgart, Mainz 1967.

– Heft 14: Erwerbstätige nach Wochenarbeitszeit und weiterer Tätigkeit, Stuttgart, Mainz 1967.

b) Statistische Berichte des Statistischen Landesamtes Schleswig-Holstein. Sonderserie AO/VZ 1961 – Heft 9: Die Erwerbspersonen nach Wirtschaftsabteilungen und der Stellung im Beruf sowie die Wohnbevölkerung nach dem überwiegenden Lebensunterhalt nach der Volks- und Berufszählung am 6.6.1961 – Kreise und Gemeinden; Heft 12: Volks- und Berufszählung am 6. Juni 1961 in Schleswig-Holstein, Tabellenteil, Einheitliches Programm der Statistischen Landesämter, hrsg. v. Statistischen Landesamt Schleswig-Holstein, Kiel 1964.

c) Statistik von Niedersachsen, Bd. 61: Die wirtschaftliche Gliederung der Bevölkerung Niedersachsens am 6.6.1961, A. Textteil – Heft 2; Bd. 63: Wohnbevölkerung nach Beteiligung am Erwerbsleben und überwiegendem Lebensunterhalt in Niedersachsen am 6.6.1961, B. Tabellenteil – Heft 2; Bd. 64: Erwerbspersonen in sozialer, wirtschafts- und berufssystematischer Gliederung; Nichterwerbspersonen nach überwiegendem Lebensunterhalt in Niedersachsen am 6. Juni 1961. Ergebnisse der Volks- und Berufszählung 1961, B. Tabellenteil – Heft 3, hrsg. v. Niedersächsischen Landesverwaltungsamt – Statistik, Hannover 1965.

d) Statistische Berichte des Landes Niedersachsen. Sonderserie AO/VZ 1961 – Heft 8: Die Wohnbevölkerung nach dem überwiegenden Lebensunterhalt und nach der Beteiligung am Erwerbsleben am 6.6.1961; Heft 9: Die Erwerbspersonen am 6.6.1961 (Ergebnisse der Volkszählung 1961), hrsg. v. Niedersächsischen Landesverwaltungsamt – Statistik, Hannover.

e) Statistik des Hamburgischen Staates, Heft 72: Die Berufszählung in Hamburg am 6. Juni 1961, hrsg. v. Statistischen Landesamt der Freien und Hansestadt Hamburg, Hamburg 1965.

f) Statistische Berichte des Hamburgischen Staates. Sonderserie AO/VZ 1961 – Heft 8: Die Erwerbspersonen in Hamburg nach Geschlecht und Wirtschaftsabteilungen in den Bezirken, Stadtteilen und Ortsteilen am 6.6.1961; Heft 9: Die Wohnbevölkerung nach der Quelle des überwiegenden Lebensunterhalts in den Bezirken, Stadtteilen und Ortsteilen; Heft 10: Die Erwerbspersonen in Hamburg nach der Stellung im Beruf in den Bezirken, Stadtteilen und Ortsteilen am 6.6.1961, hrsg. v. Statistischen Landesamt der Freien und Hansestadt Hamburg.

g) Statistische Mitteilungen aus Bremen, Sonderheft 12: Die Volks- und Berufszählung am 6. Juni 1961 im Lande Bremen, hrsg. v. Statistischen Landesamt Bremen, Bremen 1964.

h) Statistische Berichte der Hansestadt Bremen. Sonderserie AO/VZ 1961 – Heft 4/63: Die Erwerbspersonen nach Wirtschaftsbereichen und Stellung im Beruf nach Ortsteilen der Städte Bremen und Bremerhaven; Heft 6/63: Die Erwerbspersonen nach Wirtschaftsabteilungen und -unterabteilungen in den Städten Bremen und Bremerhaven; Heft 1/64: Die Wohnbevölkerung nach dem überwiegenden Lebensunterhalt und der Stellung im Beruf des Ernährers in den Städten Bremen und Bremerhaven – auch nach Ortsteilen; Heft 2/64: Die Wohnbevölkerung nach dem überwiegenden Lebensunterhalt und der Wirtschaftsabteilung des überwiegend aus Erwerbstätigkeit oder Arbeitslosengeld/hilfe lebenden Ernährers in den Städten Bremen und Bremerhaven – auch nach Ortsteilen, hrsg. v. Statistischen Landesamt Bremen.

i) Berliner Statistik, Sonderheft 126: Ergebnisse der Volks- und Berufszählung in Berlin (West) am 6. Juni 1961, II. Teil: Mindestveröffentlichungsprogramm der Länder, Heft 2: Erwerbspersonen in sozialer und wirtschaftlicher Gliederung sowie nach der geleisteten Wochenarbeitszeit, Nichterwerbspersonen nach dem überwiegenden Lebensunterhalt, Pendler; Sonderheft 127: Ergebnisse der Volks- und Berufszählung in Berlin (West) am 6. Juni 1961, Heft 3: Erwerbspersonen in beruflicher Gliederung, hrsg. v. Statistischen Landesamt Berlin, Berlin 1965.

j) Beiträge zur Statistik des Landes Nordrhein-Westfalen, Sonderreihe Volkszählung 1961, Heft 7a: (Heft 7b:) Die Wohnbevölkerung in Nordrhein-Westfalen nach der überwiegenden Unterhaltsquelle – Landes- und Kreisergebnisse – (- Gemeindeergebnisse -); Heft 8a: (Heft 8b:) [Heft 8c:] Die Erwerbspersonen in Nordrhein-Westfalen nach der wirtschaftlichen Gliederung – Kreisergebnisse für den Landesteil Nordrhein – (- Kreisergebnisse für den Landesteil Westfalen -) [- Gemeindeergebnisse -]; Heft 9a: (Heft 9b:) Die Erwerbspersonen in Nordrhein-Westfalen nach der beruflichen Gliederung – Landesergebnisse – (-Ergebnisse für Großstädte -); Heft 10: Die Vertriebenen, die Deutschen aus der sowjetischen Besatzungszone und die Ausländer in Nordrhein-Westfalen nach der wirtschaftlichen Gliederung, Ergebnisse der Volkszählung am 6. Juni 1961, hrsg. v. Statistischen Landesamt Nordrhein-Westfalen, Düsseldorf 1964.

k) Beiträge zur Statistik Hessens, Neue Folge Nr. 5: Volks- und Berufszählung 1961, Heft 3: Erwerbsbeteiligung und überwiegender Lebensunterhalt der Bevölkerung; Heft 4: Wirtschaftliche und berufliche Gliederung der Erwerbspersonen, hrsg. v. Hessischen Statistischen Landesamt, Wiesbaden 1965.

l) Statistische Berichte des Landes Hessen. Sonderserie AO/VZ 1961 – Heft 4: Die Wohnbevölkerung nach dem überwiegenden Lebensunterhalt und der Wirtschaftsabteilung des Ernährers am 6.6.1961; Heft 5: Die Wohnbevölkerung nach dem überwiegenden Lebensunterhalt und der Stellung im Beruf des Ernährers am 6.6.1961; Heft 6I: Die Erwerbspersonen nach Wirtschaftsbereichen und -abteilungen und Stellung im Beruf am 6.6.1961, Teil I: In den hessischen Verwaltungsbezirken; Heft 6II: Die Erwerbspersonen nach Wirtschaftsbereichen und -abteilungen in den hessischen kreisangehörigen Gemeinden am 6.6.1961; Heft 11: Die Erwerbspersonen (ohne Soldaten) nach Wirtschaftsunterabteilungen und nach der Religionszugehörigkeit – auch Vertriebene und Deutsche aus der SBZ unter den Erwerbspersonen – am 6.6.1961; Heft 12: Die Wohnbevölkerung nach der Beteiligung am Erwerbsleben und nach dem überwiegenden Lebensunterhalt am 6.6.1961, hrsg. v. Hessischen Statistischen Landesamt, Wiesbaden.

m) Statistik von Rheinland-Pfalz, Bd. 115: Die wirtschaftliche und soziale Struktur der Bevölkerung von Rheinland-Pfalz im Jahre 1961; Bd. 116: Die wirtschaftliche, soziale und berufliche Gliederung der Erwerbspersonen in Rheinland-Pfalz im Jahre 1961. Ergebnisse der Volkszählung 1961, hrsg. v. Statistischen Landesamt Rheinland-Pfalz, Bad Ems 1965/66.

n) Einzelschriften zur Statistik des Saarlandes, Nr. 30/II: Volks- und Berufszählung im Saarland 1961 – Mindestveröffentlichungsprogramm der Statistischen Landesämter -, Tabellenteil, hrsg. v. Statistischen Landesamt des Saarlandes, Saarbrücken 1966.

o) Statistische Berichte des Saarlandes. Sonderserie AO/VZ 1961 – Heft 3: Die Erwerbspersonen im Saarland; Heft 8: Die Erwerbspersonen im Saarland (Endgültige Ergebnisse); Heft 9: Die Erwerbspersonen im Saarland nach Wirtschaftsabteilungen bzw. -unterabteilungen und nach der Stellung im Beruf am 6.6.1961; Heft 10: Die Wohnbevölkerung des Saarlandes nach dem überwiegenden Lebensunterhalt des Ernährers; Heft 12: Die Erwerbspersonen im Saarland nach Alter, Geschlecht und nach der Stellung im Beruf; Heft 15: Erwerbstätigkeit und überwiegender Lebensunterhalt der Wohnbevölkerung des Saarlandes am 6.6.1961; Heft 19: Berufliche Gliederung der Erwerbspersonen im Saarland am 6.6.1961, hrsg. v. Statistischen Landesamt des Saarlandes, Saarbrücken.

p) Statistik von Baden-Württemberg, Bd. 105: Ergebnisse der Volks- und Berufszählung am 6. Juni 1961, Heft 5: Wohnbevölkerung nach der Beteiligung am Erwerbsleben und nach dem Lebensunterhalt; Heft 6: Erwerbspersonen nach der wirtschaftlichen Gliederung; Heft 7: Erwerbspersonen nach der beruflichen Gliederung; Heft 8: Nichterwerbspersonen, hrsg. v. Statistischen Landesamt Baden-Württemberg, Stuttgart 1965.

q) Statistische Berichte des Landes Baden-Württemberg. Sonderserie AO/VZ 1961 – Heft 5: Wohnbevölkerung nach der Beteiligung am Erwerbsleben und nach dem überwiegenden Lebensunterhalt in den Kreisen; Heft 6: Wohnbevölkerung nach dem überwiegenden Lebensunterhalt des Ernährers in den Kreisen; Heft 8: Erwerbspersonen nach Stellung im Beruf und nach der wirtschaftlichen Gliederung in den Kreisen, hrsg. v. Statistischen Landesamt Baden-Württemberg.

r) Beiträge zur Statistik Bayerns, Bd. 254: Volks- und Berufszählung am 6. Juni 1961 in Bayern. Ergebnisse der Berufszählung: Teil 1: Land und Regierungsbezirke; Teil 2: Kreisfreie Städte und Landkreise, Bd. A und Bd. B, hrsg. v. Bayerischen Statistischen Landesamt, München 1965.

s) Statistische Berichte des Freistaates Bayern. Sonderserie AO/VZ 1961 – Heft 5: Die Erwerbspersonen Bayerns am 6.6.1961 nach der Stellung im Beruf sowie nach Wirtschaftsbereichen (Landkreise und kreisfreie Städte); Heft 6: Die Wohnbevölkerung Bayerns am 6.6.1961 nach dem überwiegenden Lebensunterhalt des Ernährers (Landkreise und kreisfreie Städte); Heft 9: Die Erwerbspersonen und die Nichterwerbspersonen Bayerns am 6.6.1961 nach dem überwiegenden Lebensunterhalt (Landkreise und kreisfreie Städte); Heft 10: Die Erwerbspersonen Bayerns am 6.6.1961 nach der Stellung im Beruf in den einzelnen Wirtschaftsunterabteilungen (Regierungsbezirke), hrsg. v. Bayerischen Statistischen Landesamt, München.

Berufszählung 1970

a) Fachserie A: Bevölkerung und Kultur, Volkszählung vom 27. Mai 1970, hrsg. v. Statistischen Bundesamt,

– Heft 3: Zusammengefaßte Daten über Bevölkerung und Erwerbstätigkeit für Bund und Länder, Stuttgart/Mainz 1974.

– Heft 4: Zusammengefaßte Daten über Bevölkerung und Erwerbstätigkeit für nichtadministrative Gebietseinheiten, Stuttgart/Mainz 1975.

– Heft 13: Bevölkerung nach dem Ausbildungsstand, demographischen Merkmalen und der Beteiligung am Erwerbsleben, Stuttgart/Mainz 1975.

– Heft 15: Bevölkerung nach überwiegendem Lebensunterhalt und Beteiligung am Erwerbsleben, Stuttgart/Mainz 1975.

– Heft 16: Erwerbstätigkeit von Frauen und Müttern, Stuttgart/Mainz 1975.

– Heft 17: Erwerbstätige in wirtschaftlicher Gliederung, nach Wochenarbeitszeit und weiterer Tätigkeit, Stuttgart/Mainz 1974.

– Heft 18: Erwerbstätige in wirtschaftlicher Gliederung und nach Nettoerwerbseinkommen, Stuttgart/Mainz 1975.

– Heft 19: Erwerbstätige in sozialer, sozio-ökonomischer und beruflicher Gliederung, Stuttgart/Mainz 1975.

– Heft 20: Erwerbstätige nach Beruf und Alter, Stuttgart/Mainz 1975.

– Heft 25: Methodische und praktische Vorbereitung sowie Durchführung der Volkszählung 1970, Stuttgart/Mainz 1975.

Innerhalb des gemeinsamen Tabellenprogramms des Statistischen Bundesamts und der Landesämter wird die Erwerbstätigkeit der Bevölkerung in den Tabellen folgender Sachgebiete dokumentiert. VII: Bevölkerung nach überwiegendem Lebensunterhalt und Beteiligung am Erwerbsleben; VIII: Erwerbstätigkeit von Frauen und Müttern; IX: Erwerbstätige nach wirtschaftlicher Gliederung, Wochenarbeitszeit und weiterer Tätigkeit und X: Erwerbstätige in sozialer, sozioökonomischer und beruflicher Gliederung. Innerhalb der Sachgebiete sind die Tabellen nach dem nachfolgend wiedergegebenen 'undurchsichtigen' Schema durchnummeriert und im Prinzip bei jedem Statistischen Landesamt in Veröffentlichungen oder Archivtabellen einsehbar. Tabellen, die aus dem repräsentativen Befragungsteil der Volks- und Berufszählung 1970 resultieren, sind mit einem in Klammern gefaßten (R) gekennzeichnet.

Sachgebiet VII:

LK 1 – Wohnbevölkerung nach Altersjahren, Beteiligung am Erwerbsleben und Familienstand

LK 2 – Wohnbevölkerung nach überwiegendem Lebensunterhalt, Beteiligung am Erwerbsleben sowie kreisfreien Städten und Landkreisen

LK 3 – Wohnbevölkerung nach Altersgruppen, Staatsangehörigkeit, Beteiligung am Erwerbsleben und überwiegendem Lebensunterhalt

LK 4 – Ernährer mit überwiegendem Lebensunterhalt durch Erwerbstätigkeit nach Wirtschaftsbereichen, Stellung im Beruf und von diesem Ernährte

LE 2 – Wohnbevölkerung nach Geburtsjahren, Beteiligung am Erwerbsleben und Familienstand

LE 3 – Wohnbevölkerung nach Altersgruppen, Familienstand (nur bei Frauen), Beteiligung am Erwerbsleben und Art des höchsten Abschlusses der Ausbildung

LE 4 – Wohnbevölkerung nach überwiegendem Lebensunterhalt, Alter, Beteiligung am Erwerbsleben und Familienstand

LE 8 – Ernährte nach Beteiligung am Erwerbsleben sowie Beteiligung am Erwerbsleben, überwiegendem Lebensunterhalt, Wirtschaftsabteilung und Stellung im Beruf des Ernährers

Sachgebiet VIII:

LK 4 – Erwerbsquoten der Ehefrauen und weiblichen Familienvorstände mit Kindern nach Geburtsjahrgangsgruppen (R)

LK 6 – Erwerbstätigenquoten der Frauen im Alter von 15 und mehr Jahren nach Wirtschaftsbereichen, Stellung im Beruf und Altersgruppen (R)

LK 7 – Erwerbstätige Ehefrauen und weibliche Familienvorstände mit Kindern nach Wirtschaftsbereichen, Stellung im Beruf und Altersgruppen (R)

LK 9 – Erwerbstätigenquoten der Frauen im Alter von 15 und mehr Jahren nach Wochenarbeitszeit und Zeitaufwand für den Hinweg zur Arbeitsstätte (R)

LK 10 – Erwerbstätigenquoten der Ehefrauen und weibliche Familienvorstände nach Altersgruppen und Familientypen in Prozent der Bevölkerung (R)

LK 12 – Mütter nach Zahl und Alter der Kinder in der Familie sowie nach Beteiligung am Erwerbsleben und Wirtschaftsbereichen (R)

LK 15 – Abhängig erwerbstätige Mütter mit Kindern unter 15 Jahren in der Familie nach Wochenarbeitszeit, Zeitaufwand für den Hinweg zur Arbeitsstätte und Familientypen (R)

LE 6 – Erwerbstätige Ehefrauen und weibliche Familienvorstände nach Stellung im Beruf, Wirtschaftsbereichen, Altersgruppen und Familientypen (R)

Sachgebiet IX:

LK 1 – Erwerbstätige nach Wirtschaftsgruppen und Zu- bzw. Abnahme in Prozent

LK 2 – Erwerbstätige nach Wirtschaftsgruppen, Stellung im Beruf und Altersgruppen

LK 3 – Erwerbstätige nach Wirtschaftsgruppen, Stellung im Beruf und überwiegendem Lebensunterhalt

LK 4 – Erwerbstätige nach Wirtschaftsbereichen, Altersgruppen und Stellung im Beruf

LK 5 – Erwerbstätige nach Wirtschaftsabteilungen, Stellung im Beruf und normalerweise geleisteter Wochenarbeitszeit

LK 6 – Erwerbstätige nach Wirtschaftsabteilungen, normalerweise geleisteter Wochenarbeitszeit und Zeitaufwand für den Weg zur Arbeitsstätte

LK 7 – Erwerbstätige nach kreisfreien Städten, Landkreisen, Wirtschaftsabteilungen und Stellung im Beruf

LK 8 – Deutsche Erwerbstätige außerhalb der Landwirtschaft nach Wirtschaftsabteilungen, Altersgruppen und Nettoerwerbseinkommen (R)

LK 9 – Deutsche Erwerbstätige außerhalb der Landwirtschaft nach Wirtschaftsabteilungen, Stellung im Beruf und Nettoerwerbseinkommen (R)

LE 1 – Erwerbstätige nach Wirtschaftsunterabteilungen, Stellung im Beruf und überwiegendem Lebensunterhalt

LE 2 – Erwerbstätige nach Wirtschaftsabteilungen, Stellung im Beruf, Altersgruppen, normalerweise geleisteter Wochenarbeitszeit und weiterer Tätigkeit

Sachgebiet X:

LK 1 – Deutsche Erwerbstätige nach Berufsordnungen, Berufsgruppen, Stellung im Beruf, Altersgruppen und überwiegendem Lebensunterhalt (R)

LK 2 – Deutsche Erwerbstätige nach Wirtschaftsgruppen, Berufsordnungen und Stellung im Beruf (R)

LK 4 – Deutsche Erwerbstätige nach Wirtschaftsbereichen, sozio-ökonomischen Gruppen und Altersgruppen (R)

LK 5 – Deutsche Erwerbstätige nach ausgewählten Berufsordnungen, Art des höchsten Schulabschlusses sowie praktischer Berufsausbildung (R)

LE 3 – Deutsche Erwerbstätige nach Berufsordnungen, Stellung im Beruf und Wirtschaftsabteilungen (R)

LE 12 – Deutsche Erwerbstätige nach sozio-ökonomischen Gruppen, Altersgruppen, überwiegendem Lebensunterhalt und Nettoerwerbseinkommen (R)

LE 13 – Deutsche Erwerbstätige nach sozio-ökonomischen Gruppen, Art des höchsten Schulabschlusses sowie praktischer Berufsausbildung (R)

LE 15 – Deutsche Selbständige nach sozio-ökonomischen Gruppen und Anzahl der Beschäftigten (R)

Zusätzliche Tabellen außerhalb der Sachgebiete:

KR 9 – Erwerbstätige nach Wirtschaftsabteilungen und Altersgruppen in den Bezirken

KR 10 – Erwerbstätige nach Stellung im Beruf und Altersgruppen in den Bezirken

KR 11 – Erwerbstätige nach Wirtschaftsunterabteilungen und Stellung im Beruf in den Bezirken

b) Statistischer Bericht des Statistischen Landesamtes Schleswig-Holstein, A/VZ 1970-3: Die Erwerbstätigen in wirtschaftlicher Gliederung in Schleswig-Holstein 1970 (Kreise) (Sachgebietstabellen: IX: LK1 – LK7, LE1, LE2); A/VZ 1970-9: Bevölkerung nach Ausbildungsstand, Beruf und überwiegendem Lebensunterhalt, Erwerbstätigkeit von Frauen und Müttern

(Sachgebietstabellen: VII: LK1, LK3, LK4, LE1; VIII: LK4, LK7; LK10 – LK15; X: LK1, LK4), Ergebnisse der Volks- und Berufszählung am 27.5.1970, hrsg. v. Statistischen Landesamt Schleswig-Holstein, Kiel 1973.

c) Archivtabellen des Statistischen Landesamtes Schleswig-Holstein KR 11 (Volkszählung vom 27. Mai 1970): Erwerbstätige nach Wirtschaftsunterabteilungen und Stellung im Beruf in den Kreisen Schleswig-Holsteins.

d) Statistik von Niedersachsen, Bd. 200, Heft 3: Wohnbevölkerung nach Beteiligung am Erwerbsleben und höchstem Schulabschluß am 27. Mai 1970 – Kreistabellen; Bd. 202, Heft 5: Erwerbstätige in wirtschaftlicher und sozialer Gliederung am 27. Mai 1970 – Kreistabellen; Bd. 236: Bevölkerung nach dem überwiegendem Lebensunterhalt und Beteiligung am Erwerbsleben. Ergebnisse der Volks- und Berufszählung 1970, Kernprogramm – Sachgebiet VII (Kreise) (Sachgebietstabellen: VII: LK1 – LK4); Bd. 248: Erwerbstätige in sozialer, sozio-ökonomischer und beruflicher Gliederung am 27. Mai 1970, Kernprogramm – Sachgebiet IX, X, VIII und XIc (Land, Kreise nur IX) (Sachgebietstabellen: VIII: LK4 – LK19; IX: LK1, LK3 bis LK9; X: LK2, LK4), hrsg. v. Niedersächsischen Landesverwaltungsamt – Statistik, Hannover 1973.

e) Archivtabellen des Niedersächsischen Landesverwaltungsamtes – Statistik – KR 11 (Volkszählung vom 27. Mai 1970): Erwerbstätige nach Wirtschaftsunterabteilungen und Stellung im Beruf im Land und in den kreisfreien Städten und Landkreisen Niedersachsens.

f) Statistik des Hamburgischen Staates, Heft 101: Die Volks- und Berufszählung in Hamburg am 27. Mai 1970 -Regionalstatistische Ergebnisse-; Heft 109: Die Volks- und Berufszählung in Hamburg am 27. Mai 1970 -Landesergebnisse- (Sachgebietstabellen: VII: LK1, LK3, LK4; IX: LK1 – LK8; X: LK1, LK4, LK5), hrsg. v. Statistischen Landesamt der Freien und Hansestadt Hamburg, Hamburg 1973.

g) Archivtabelle des Statischen Landesamtes der Freien und Hansestadt Hamburg IX/LE 1 (Volkszählung vom 27. Mai 1970): Erwerbstätige nach Wirtschaftsunterabteilungen, Stellung im Beruf und überwiegendem Lebensunterhalt in der Freien und Hansestadt Hamburg.

h) Archivtabellen des Statistischen Landesamtes der Freien Hansestadt Bremen KR 11 (Volkszählung vom 27. Mai 1970): Erwerbstätige nach Wirtschaftsunterabteilungen und Stellung im Beruf in den Städten Bremen und Bremerhaven.

i) Berliner Statistik, Sonderheft 229: Wohnbevölkerung nach Beteiligung am Erwerbsleben, überwiegendem Lebensunterhalt und Art des höchsten Schulabschlusses, Ausländer (= Heft 3) (Sachgebietstabellen: VII: LK1 – LE8); Sonderheft 230: Erwerbstätige nach Wirtschaftsgruppen, Stellung im Beruf, überwiegendem Lebensunterhalt, normalerweise geleisteter Wochenarbeitszeit sowie nach dem Zeitaufwand für den Weg zur Arbeitsstätte (= Heft 4) (Sachgebietstabellen: IX: LK1 – LK7, LE2), Ergebnisse der Volks- und Berufszählung in Berlin (West) am 27. Mai 1970, Totalteil der Zählung; Sonderheft 255: Deutsche Erwerbstätige nach dem Nettoerwerbseinkommen sowie in sozio-ökonomischer Gliederung (= Heft 2) (Sachgebietstabellen: IX: LK8, LK9; X: LK4); Sonderheft 256: Deutsche Erwerbstätige in beruflicher Gliederung (= Heft 3) (Sachgebietstabellen: X: LK1, LK5); Sonderheft 257: Haushalte und Familien, erwerbstätige Frauen und Mütter (= Heft 4) (Sachgebietstabellen: VIII: LK6 – LK10, LK15, LK16, LE6), Ergebnisse der Volks- und Berufszählung in Berlin (West) am 27. Mai 1970, Repräsentativteil der Zählung, hrsg. v. Statistischen Landesamt Berlin, Berlin 1974.

j) Beiträge zur Statistik des Landes Nordrhein-Westfalen, Sonderreihe Volkszählung 1970, Heft 8a: (Heft 8b:) [Heft 8c:] Die Erwerbstätigen in Nordrhein-Westfalen nach der wirtschaftlichen Gliederung am 27. Mai 1970, Landesergebnisse (Kreisergebnisse) [Gemeindeergebnisse] (Sachgebietstabellen: VIII: LK4 – LE6; IX: LK1 – LK9, LE1; X: LK4); Heft 9: Die Erwerbstätigen in Nordrhein-Westfalen nach der beruflichen Gliederung (Sachgebietstabellen: X: LK1, LK2, LK5), Ergebnisse der Volkszählung 1970, hrsg. v. Landesamt für Datenverarbeitung und Statistik Nordrhein-Westfalen, Düsseldorf 1973/74.

k) Beiträge zur Statistik Hessens, Neue Folge Nr. 66: Volks- und Berufszählung 1970, Heft 3: Haushalt und Familien, Frauen und Mütter, ältere Mitbürger, Vertriebene und Ausländer (Sachgebietstabellen: VIII: LK4 – LK19); Heft 5: Erwerbsbeteiligung und überwiegender Lebensunterhalt (Kreise) (Sachgebietstabellen: VII: LK1, LK3, LK 4; IX: LK1 – LK9; X: LK4); Heft 6: Deutsche Erwerbstätige nach wirtschaftlicher und beruflicher Gliederung (Land) (Sachgebietstabellen: X: LK1, LK2), hrsg. v. Hessischen Statistischen Landesamt, Wiesbaden 1973.

l) Archivtabellen des Statistischen Landesamtes Hessen KR 11 (Volkszählung vom 27. Mai 1970): Erwerbstätige nach Wirtschaftsunterabteilungen und Stellung im Beruf für das Land, die Regierungsbezirke und die Kreise des Landes Hessen.

m) Statistik von Rheinland-Pfalz, Bd. 229: Haushalts- und Familienstruktur in Rheinland-Pfalz 1970 (Kreise) (Sachgebietstabellen: VIII: LK4 – LK19); Bd. 230: Die wirtschaftliche und soziale Struktur der Bevölkerung von Rheinland-Pfalz 1970 (Kreise) (Sachgebietstabellen: VII: LK1 – LK4); Bd. 232: Wirtschaftliche, soziale und berufliche Gliederung der Erwerbstätigen in Rheinland-Pfalz 1970 (Kreise) (Sachgebietstabellen: IX: LK1 – LK9; X: LK1 – LK5), Ergebnisse der Volkszählung 1970, hrsg. v. Statistischen Landesamt Rheinland-Pfalz, Bad Ems 1973/74.

n) Archivtabellen des Statistischen Landesamtes Rheinland-Pfalz KR 11 (Volkszählung vom 27. Mai 1970): Erwerbstätige nach Wirtschaftsunterabteilungen und Stellung im Beruf in den kreisfreien Städten und Landkreisen des Landes Rheinland-Pfalz.

o) Einzelschriften zur Statistik des Saarlandes, Nr. 45: Volks- und Berufszählung 1970. Erwerbstätigkeit und Unterhalt der Bevölkerung im Saarland (Gemeinden), hrsg. v. Statistischen Amt des Saarlandes, Saarbrücken 1974 (Sachgebietstabellen: VII: LK1 – LK4; IX: LK2 – LK9; X: LK2 - LK5).

p) Statistik von Baden-Württemberg, Bd. 204: Volks- und Berufszählung 1970, Heft 1: Bevölkerung und Erwerbstätigkeit (Sachgebietstabellen: VII: LK1, LK3, LK4, LE1, LE3; IX: LK1 – LK6, LE1, LE2); Heft 2: Personen, Haushalte und Familien (Sachgebietstabellen: VII: LE2, LE4); Heft 3: Erwerbstätige (Sachgebietstabellen: VIII: LK4 – LE6; IX: LK7 – LK9; X: LK4, LK5, LE12 – LE15), Landesergebnisse aus dem Total- und Repräsentativteil der Zählung, hrsg. v. Statistischen Landesamt Baden-Württemberg, Stuttgart 1973.

q) Archivtabellen des Statistischen Landesamtes Baden-Württemberg KR 11 (Volkszählung vom 27. Mai 1970): Erwerbstätige nach Wirtschaftsunterabteilungen und Stellung im Beruf in den Regierungsbezirken Baden-Württembergs.

r) Beiträge zur Statistik Bayerns, Heft 328a: Unterhalt und Erwerbstätigkeit der Bevölkerung in Bayern. Volkszählung am 27. Mai 1970, Ergebnisse aus dem Totalteil der Zählung (Kreise) (Sachgebietstabellen: VII: LK1 – LK4, LE1, LE3; IX: LK1 – LK6, LE1, LE2); Heft 328b: Unterhalt und Erwerbstätigkeit der Bevölkerung in Bayern. Volkszählung am 27. Mai 1970, Ergebnisse aus dem Repräsentativteil der Zählung (Land) (Sachgebietstabellen: X: LK1 – LE3), hrsg. v. Bayerischen Statistischen Landesamt, München 1973/74.

Berufszählung 1987
Tabellen aus dem gemeinsamen Tabellenprogramm des Statistischen Bundesamts und der Landesämter innerhalb des Sachgebietes 2 für die Volks- und Berufszählung 1987 (Stand: Oktober 1989): Beteiligung am Erwerbsleben sowie wirtschaftliche, berufliche und soziale Gliederung:
Tab.-Nr. 1: Erwerbstätige und Erwerbsquoten, Deutsche/Ausländer, nach Altersgruppen und Familienstand
Tab.-Nr. 2: Erwerbstätige und erwerbstätige Ausländer nach Wirtschafts- und Altersgruppen
Tab.-Nr. 3: Erwerbstätige und erwerbstätige Ausländer nach Stellung im Beruf, Wochenarbeitszeit sowie Altersgruppen
Tab.-Nr. 4: Erwerbstätige insgesamt nach Berufsordnungen und Altersgruppen
Tab.-Nr. 4a: Erwerbstätige Ausländer nach Berufsordnungen und Altersgruppen

Tab.-Nr. 5: Erwerbstätige nach Berufsabschnitten sowie Wirtschaftsabteilungen

Tab.-Nr. 6: Erwerbstätige nach Wirtschaftsgruppen und Stellung im Beruf

Tab.-Nr. 7a: Erwerbstätige nach Berufsordnungen des erlernten und Berufsabschnitten des ausgeübten Berufs

Tab.-Nr. 7b: Erwerbstätige nach Berufsordnungen des ausgeübten und Berufsabschnitten des erlernten Berufs

Tab.-Nr. 8: Erwerbstätige nach praktischer Berufsausbildung, Berufsordnungen des erlernten und ausgeübten Berufs sowie Altersgruppen

Tab.-Nr. 9: Erwerbstätige Deutsche/Ausländer nach Berufsgruppen und Stellung im Beruf

Tab.-Nr. 10: Erwerbstätige nach Berufsordnungen, Dauer der praktischen Berufsausbildung und Altersgruppen

Tab.-Nr. 11: Erwerbstätige nach Stadt-/Landgliederung, Deutschen/Ausländern und Altersgruppen

Tab.-Nr. 12: Bevölkerung am Ort der Hauptwohnung nach Stadt-/Landgliederung, Beteiligung am Erwerbsleben und Wirtschaftsabteilungen

Tab.-Nr. 13: Erwerbstätige Personen, die überwiegend zum Unterhalt des Haushalts beitragen, nach sozio-ökonomischer Gliederung und Haushaltsgröße

Tab.-Nr. 14: Erwerbstätige nach sozio-ökonomischer Gliederung und Altersgruppen

Tab.-Nr. 15: Erwerbstätige nach sozio-ökonomischer Gliederung und höchstem Schulabschluß

Tab.-Nr. 16: Erwerbstätige nach Stadt-/Landgliederung und Stellung im Beruf

Hasso Spode

Quellen zur Statistik von Streiks und Aussperrungen in der Bundesrepublik Deutschland

Seit Bestehen der Bundesrepublik gibt es eine amtliche Streikstatistik. Daß diese erhebliche Mängel aufweist und für die Zwecke der vergleichenden und/oder historischen Arbeitskampfstatistik wenig geeignet ist, ist immer wieder kritisch vermerkt worden. Wer sich über das Arbeitskampfgeschehen ein realistisches Bild machen will, muß auf Informationen zurückgreifen, die über die amtliche Zählung hinausreichen. Die folgenden Ausführungen verstehen sich als eine Art Leitfaden der quellenbedingten Möglichkeiten und Grenzen einer Arbeitskampfstatistik für die Bundesrepublik; als ein Nebenprodukt der Quellendiskussion wird zugleich die amtliche Statistik – die wichtigste fortlaufende Erhebung – in ihrem Aufbau dargestellt. Für die vorliegenden Ausführungen kann auf die Erfahrungen einer zusammen mit Heinrich Volkmann durchgeführten Erhebung der Arbeitskämpfe 1949 bis 1980 zurückgegriffen werden[1]. Unter Bezug auf gängige Desiderate der quantitativen Arbeitskampfforschung[2] wurde hierbei nach folgenden Grundsätzen verfahren:

- Erhebungseinheit ist der einzelne Arbeitskampf.
- Unter Arbeitskampf wird lediglich Streik und Aussperrung verstanden; alle anderen, durch diesen Begriff abgedeckten Formen des Konfliktaustrags zwischen den Arbeitsmarktparteien bleiben außer Betracht.
- Ziel ist eine Totalerhebung; Zielgesamtheit sind also alle Arbeitskämpfe der Untersuchungszeit. Es werden keine Grenzen bzw. Stichproben definiert. Jeder Arbeitskampf, dessen Existenz zuverlässig bekannt ist, wird in die Erhebung aufgenommen.
- Das Material soll für Längs- und Querschnittsuntersuchungen geeignet sein: Zum einen wird die Vergleichbarkeit mit vor dem Erhebungszeitraum liegenden Zählungen (Bildung langer Reihen) angestrebt, sowie die Möglichkeit der Fortschreibung über den Erhebungszeitraum hinaus; zum anderen die Verknüpfung mit Merkmalen aus hier nicht erhobenen Bereichen, sowie der internationale Vergleich. Merkmalsdefinitionen und Organisation der Daten sollen also mit denen der älteren Streikstatistik wie der neueren Wirtschafts- und Sozialstatistik (Regional-, Branchen- und Gewerkschaftsgliederung usw.) möglichst kompatibel sein.

---

1 Spode 1991
2 Vgl. Shalev 1978a und b; Fisher 1973; zu Einzelaspekten der Quantifizierung siehe auch Bean 1985; Walsh 1983; Volkmann 1981; Spöhring 1980; Stern 1978; Shorter/Tilly 1974; Stearns 1974; Ashenfelder/Johnson 1969.

– Bei der Darstellung wird daher – zumindest für die zentralen Merkmale – eine möglichst tief gegliederte Form gewählt. Komplexe Merkmale werden möglichst nicht aufgenommen. Eine spätere Aggregierung durch den Benutzer (z.B. die Typenbildung) soll so wenig wie möglich vorstrukturiert werden.

Diese Ziele waren durch die Umarbeitung vorliegenden aggregierten Materials zu einer Sekundärstatistik nicht zu erreichen; einzig gangbarer Weg war eine Neuerhebung. Systematische Informationen über Arbeitskämpfe in der Bundesrepublik wurden im Untersuchungszeitraum an vielen Stellen gesammelt: von der Bundesanstalt für Arbeit, dem Statistischen Bundesamt, von einigen Einzelgewerkschaften und von einigen wissenschaftlichen Institutionen. Nur die Arbeitsverwaltung und einige Gewerkschaften erhoben jedoch Primärdaten. Daneben kommen als weitere Quellen vor allem Presseerzeugnisse und wissenschaftliche und nichtwissenschaftliche Publikationen in Betracht[3]. In den Abschnitten 1 bis 3 werden die Quellen vorgestellt, um anschließend – im Abschnitt 4 – ihren Stellenwert für eine Arbeitskampfstatistik der Bundesrepublik sowie deren mögliche Fehlerbreite zu ermessen.

1. Die amtliche Statistik

Von den Primärquellen ist an erster Stelle die laufende Registrierung von Streiks und Aussperrungen durch die Arbeitsverwaltung zu nennen. Die Registrierung soll zwei gänzlich verschiedene Zwecke erfüllen: Die Sicherstellung der Informationspflicht des Arbeitsamts bei einer Arbeitsvermittlung während Streik und Aussperrung und die Bereitstellung von Urmaterial für statistische Auswertungen. Die Kopplung von Arbeitsvermittlung und Streikstatistik hat eine lange Tradition. Sie geht auf das Jahr 1923 zurück, als die Erfassung von Arbeitskämpfen von der Polizei auf die Arbeitsvermittlungsbehörden überging.

1.1. Rechtliche Grundlagen

Die Rechtsgrundlage für die Erfassung von Arbeitskämpfen bietet heute (Stand 1990) § 17 AFG, wo es über die "Anzeigepflicht bei Arbeitskämpfen" heißt:
"(1) Bei Ausbruch und Beendigung eines Arbeitskampfes sind die Arbeitgeber verpflichtet und die Gewerkschaften berechtigt, dem für den Betrieb zuständigen Arbeitsamt schriftliche Anzeige zu erstatten ...
(2) Ist eine Anzeige über den Ausbruch eines Arbeitskampfes nach Absatz 1 erstattet worden, so hat die Bundesanstalt in dem durch den Arbeitskampf unmittelbar betroffenen Bereich nur dann

---

3 Für 1949-1968 liegt eine fundierte Untersuchung vor, deren Verfasser, Rainer Kalbitz, uns freundlicherweise einen Ausdruck seiner Datei zur Verfügung gestellt hatte; sie konnte in unsere Erhebung integriert werden. Um einen konsistenten Gesamtdatensatz zu erhalten, wurde die Fremderhebung neu organisiert und systematisch ergänzt.

zu vermitteln, wenn der Arbeitssuchende und der Arbeitgeber dies trotz eines Hinweises der Bundesanstalt auf den Arbeitskampf verlangen"[4].

Die doppelseitige Informationspflicht ist ein Ausfluß der Neutralitätspflicht der Bundesanstalt für Arbeit und als solche sicher unstrittig. Dennoch mutet der Aufwand beträchtlich an, der allein um einer Information willen getrieben werden muß, die häufig auch aus der Tagespresse zu erhalten wäre. Die Erklärung liegt in der zweiten, der statistischen Aufgabe. Diese aber ist dem § 17 nicht zu entnehmen. Zur Erfüllung der Informationspflicht würde überdies die Erfassung von Datum und Betrieb ausreichen; die Erhebung weiterer Variablen ist aus § 17 nicht ableitbar, die Registrierung von Kurzstreiks zumindest zweifelhaft. Dennoch hält die Bundesanstalt an dem Anspruch, die Meldepflicht gelte auch für Kurzstreiks, ausdrücklich fest, und es werden Meldevordrucke verwendet, auf denen weit mehr als Datum und Betrieb erfaßt wird. Die Verwendung dieser Meldevordrucke war durch die 6.DVO zum AVAVG geregelt; mit dem Inkrafttreten des AFG 1969 ist die 6.DVO aufgehoben worden, so daß seitdem für die Anzeige von Arbeitskämpfen lediglich die Schriftform zwingend vorgeschrieben ist, nicht die formale Ausgestaltung[5]. Daß es der Gesetzgeber bislang versäumt hat, für eine solidere Grundlage zu sorgen – anstatt als Geschäftsstatistik der Bundesanstalt für Arbeit könnten Arbeitskämpfe als Bundesstatistik erhoben werden -, kann hier nur festgestellt werden[6]. Die Vordrucke finden jedoch weiterhin Verwendung. Als Nebenprodukt der Arbeitsvermittlung steht die Arbeitskampfstatistik der Bundesrepublik jedenfalls auf unsicherem Boden. Ein Großteil ihrer Schwächen ist bereits in dieser rechtlichen Ausgangslage zu suchen.

4   Arbeitgeberverbände können eine Sammelmeldung erstatten. Vor Inkrafttreten des AFG im Jahr 1969 enthielten § 63 AVAVG bzw. § 41 AVAVG in Verbindung mit der 6. DVO zum AVAVG v. 22. 4. 1959 ähnliche Bestimmungen. Zur Neutralität der BA s. Kreuzer 1975.

5   Um die Erfassung von Arbeitskämpfen zu statistischen Zwecken auf eine Rechtsgrundlage zu stellen, bleibt der Rückgriff auf § 6 AFG (in Verbindung mit § 7). In Abs. 3 heißt es dort: "Die Bundesanstalt hat aus den in ihrem Bereich anfallenden Unterlagen Statistiken ... zu erstellen". Aus den zur Erfüllung der doppelseitigen Informationspflicht "anfallenden Unterlagen" wäre freilich allenfalls eine sehr beschränkte Statistik zu gewinnen. Die Aufhebung der 6. DVO ist nicht zu bezweifeln (vgl. AFG-Kommentare wie Schönfelder/Kranz/Wanka, § 17, Elg 6; bes. Schieckel/Grüner/Dalichau, § 17, Anm.); die BA muß das Gegenteil behaupten (zuletzt im RdErl. 254/82, Abs. 1).

6   Es bleibt eine lohnende Aufgabe, in genauer Kenntnis der behördlichen Traditionen und Konflikte und der politischen Entscheidungsfindung den Gründen hierfür nachzugehen. Eine Erklärung, die auf einem sozialen Harmoniebedürfnis im allgemeinen und der Perhorreszierung des Arbeitskampfs im besonderen basiert (so schon Sange 1962, 156; später Hautsch/Semmler 1979, 7; indirekt auch Kalbitz 1972a, 5 ff.; 1972b, 35 ff.) ist nicht zwingend. Mit dem Wunsch nach Störungsfreiheit ließe sich ebenso ein Interesse an genauester Vermessung der Konflikte begründen. Eine Erklärung hätte vielmehr auch dem Umstand Rechnung zu tragen, daß in der Bundesrepublik die Streikstatistik als Herrschaftswissen an Bedeutung verloren hat (so Volkmann 1978, 118).

1.2.   Die Erfassung und Aufbereitung der Daten durch die Behörden

Die Kritik an der deutschen Streikstatistik hat Tradition[7]. Auch zur intern als *Statistik Nr. 87* geführten Arbeitskampfstatistik der Bundesrepublik liegen ebenso deutliche wie kompetente Kommentare vor. Die folgenden Bemerkungen können sich daher auf den Kern der Kritik beschränken[8].

1.2.1.   Das Urmaterial

Die Sammlung der Anzeigen von Streiks und Aussperrungen erfolgt durch die lokalen Arbeitsämter, die sie an die Landesarbeitsämter zur Aufbereitung weiterleiten. Es finden zwei Meldebögen Verwendung: *Anzeige über den Beginn eines Streiks – einer Aussperrung* und *Anzeige über die Beendigung eines Streiks – einer Aussperrung* (Anlagen 1 und 2 zur 6. DVO zum AVAVG). Bei kurzen Arbeitsniederlegungen geht – sofern überhaupt eine Meldung erfolgt – z.T. nur die Beendigungsanzeige ein, die mit einer Ausnahme sämtliche Informationen der Beginnanzeige mit enthält. Für Streik und Aussperrung sind getrennte Meldungen einzureichen.

Es werden folgende Merkmale erfaßt:
- Name und Anschrift des betroffenen Betriebes (meist Firmenstempel)
- Betriebszweck (aus dem der Sachbearbeiter die Schlüsselnummer des Wirtschaftszweiges bildet)
- Zahl der beschäftigten Arbeitnehmer (getrennt nach Arbeitern und Angestellten)
- Zahl der Arbeitstage pro Woche
- Datum von Beginn und Ende der Arbeitseinstellung
- Ausfalltage ("verlorene Arbeitstage") als die Summe der je Streik- bzw. Aussperrungstag betroffenen Arbeitnehmer (getrennt nach Arbeitern und Angestellten).
- direkt beteiligte bzw. betroffene Arbeitnehmer (getrennt nach Arbeitern und Angestellten):
  a) am ersten Tag der Arbeitseinstellung: tatsächlicher Wert
  b) nach Beendigung der Arbeitseinstellung: Durchschnittswert aus Zahl der Ausfalltage, dividiert durch Zahl der Arbeitskampftage

---

7   Zur Streikstatistik vor 1933 siehe ebd., 116 f.
8   Zur Bundesstatistik s. besonders Kalbitz 1972a, 19 ff. (ähnlich 1972b, 469 ff. und 1973, 164 ff.); Kalbitz 1979, 12 ff. (ähnlich 1977, 334 ff.); Seifert 1983, 83 ff., 280 f., 357 ff.; vgl. auch Sange 1962, 153 ff.; Hagelstange 1978, 238 ff.; Müller-Jentsch 1979, 66 ff.; Bertelsmann 1979, 82 ff.; E. Schmidt 1973, 41 f.; Hautsch/Semmler 1979, 7 ff.; sowie die laufenden Kommentare in WiSta und den einschlägigen Fachserien des StBA. Sofern nicht anders angegeben, basieren die folgenden Ausführungen auf dem in den LAÄ unter dem Aktenzeichen St 87 [Schrägstrich Jahr; ggf. Quartal; ggf. Bandnummer] verwahrten Archivgut (Listen, Meldebögen, und verstreute Korrespondenzen, Rundschreiben und Presseausschnitte), sowie auf mündliche und schriftliche Mitteilungen von Mitarbeitern der LAÄ, der Hauptstelle der BA, der StLÄ Berlin, Bayern, NRW und des StBA.

- Abteilung oder Arbeitnehmergruppe, falls nicht der ganze Betrieb betroffen (häufig nicht ausgefüllt).

Erfolgt bei Flächenstreiks oder -aussperrungen die Anzeige mittels einer Sammelmeldung[9], beschränken sich die Angaben zumeist auf Firmenname, Datum, Beteiligte und Ausfalltage. Die Bundespost verwendet eigene Meldeformulare, mit ebenfalls reduziertem Informationsgehalt.

Diese seit 1959 verwendeten Meldebögen sind in der Vollständigkeit der erfaßten Merkmale ein deutlicher Rückschritt gegenüber ihren Vorgängern. So fehlen Angaben zum Anlaß und Erfolg des Arbeitskampfs, der mittelbar Betroffenen oder der Beteiligung der Gewerkschaften – sämtlich Merkmale, wie sie die Reichsstatistik detailliert ausweist und die in der bundesdeutschen Statistik bis 1957 immerhin noch summarisch enthalten sind. Bei den verbliebenen Kategorien – die wichtigsten sind: betroffene Betriebe, Beteiligte und Ausfalltage – zeigen sich systematische Fehler und Schwächen.

Eine trennscharfe Definition der Begriffe Unternehmen, örtlicher Betrieb und Betriebsteil (technische Einheit) ist nicht vorgegeben, so daß hier teilweise verschiedene Zählweisen vorkommen. Vom Bearbeiter werden Betriebsteile innerhalb eines Ortes meist zu einem Betrieb zusammengezählt, Betriebe desselben Unternehmens in verschiedenen Orten getrennt gerechnet.

Die Ausfalltage werden als die "Summe der an den einzelnen Tagen streikenden oder ausgesperrten Arbeitnehmern insgesamt" bestimmt. Das ist – ersetzt man die Zeiteinheit Tag bedarfsweise durch Bruchteile eines Arbeitstages[10] – die einzig exakte Berechnungsmethode. In der Praxis verfahren die Firmen bei längeren Arbeitskämpfen aber zum Teil anders. Es werden die Tage mit einem vereinfachten Durchschnitt der Beteiligten multipliziert, wobei dieser Durchschnitt dem Mittelwert aus den Beteiligten zu Beginn und am Ende des Arbeitskampfs entspricht. Die in dem Meldeformular enthaltene Vorschrift, bei jedem Wechsel der Beteiligtenzahl – bei "Ausdehnung" und bei "teilweiser Beendigung" des Arbeitskampfs – eine neue Anzeige einzureichen, wird nicht selten ignoriert. Eine spätere Neuberechnung ist hier schwer möglich. Ist die Beteiligtenzahl während eines Arbeitskampfs nicht konstant, treten daher Fehler auf.

Analoge Probleme gelten für die Zahl der Beteiligten bzw. Betroffenen eines Arbeitskampfs. Sie ist nicht – wie bis 1933 – als Höchstzahl anzugeben, sondern als Durchschnitt, der aus den Werten der einzelnen Tage gebildet wird: Summe der Ausfalltage geteilt durch Dauer des Arbeitskampfs in Tagen. Die Basisgröße wird also etwas

---

9 Bei einigen großen Arbeitskämpfen in der Druck- und der Metallindustrie, sowie einigen kleineren Streiks in handwerklich strukturierten Branchen.

10 Für Arbeitskämpfe, die keinen vollen Arbeitstag andauern, wäre das Ergebnis anderenfalls zu hoch. Träten z.B. 1000 Beschäftigte für 2 Std. in den Ausstand, wären 1000, statt recte 250 Ausfalltage zu berechnen. Analoge Probleme ergeben sich bei Vorliegen von Schichtarbeit. In der Praxis führte die definitorische Ungenauigkeit des Formulars aber kaum zu Fehlern. Häufig berechneten die Firmen die Ausfalltage auf Schicht-, Stunden- oder gar Minutenbasis. Im LAA wurden die Angaben im Zweifel neu kalkuliert; die von uns durchgeführte, dritte Kalkulation ergab nur eine geringe - allerdings nach LAA unterschiedliche - Fehlerquote.

umständlich, aber – sofern man Mittelwerte ausweisen will – korrekt aus der zusammengesetzten Größe wieder herausgerechnet. Wie ausgeführt, werden die Ausfalltage bei längeren Arbeitskämpfen nun bisweilen nicht als Summe sondern als Produkt aus Dauer und vereinfachtem Durchschnitt der Beteiligten angegeben. Eine fehlerhafte Zahl der Ausfalltage führt zu einer fehlerhaften Zahl der Beteiligten und umgekehrt. Da hierbei Abweichungen nach beiden Seiten hin möglich sind, dürften sich diese im langen Mittel zumindest teilweise kompensieren, wobei ein Bias "nach unten" anzunehmen ist[11]. Zu beachten ist, daß auch eine korrekte Berechnung der Beteiligtenzahl bei wechselnder Beteiligung immer ein Ergebnis liefert, das unter der Höchstzahl liegt.

Dennoch kann gesagt werden: Die *vorgeschriebene Methode* ist ausreichend exakt aber aufwendig; ihre teilweise *vereinfachte Anwendung* liefert in der Praxis immerhin noch hinreichend genaue Schätzwerte[12]. Im Einzelfall kann das vereinfachte Verfahren allerdings zu erheblichen Abweichungen führen. Liegen die Minima der Beteiligten am ersten und am letzten Tag des Arbeitskampfs, was bei Sukzessivstreiks und längeren spontanen Streiks zutreffen kann, dann werden deutlich zu niedrige Angaben gemacht[13]. Der Fehler ist zwar nicht "durch die Erhebungsmethode erzwungen"[14], sondern ihrer Handhabung durch anzeigende Betriebe zuzurechnen. Er wäre aber durch sinnvollere Vorschriften und wirksame Kontrolle zu vermeiden. Hier sind wiederum die Rechtsgrundlagen der Arbeitskampfstatistik wirksam: sie ist auf die Unterstützung des Arbeitgebers angewiesen; nicht formgerechte oder teilweise fehlerhafte Angaben bleiben folgenlos. Das in einem solchen Fall vorgesehene Ordnungsgeld von bis zu 1000 DM wird nicht erhoben[15].

In diesem Zusammenhang ist auch die bei weitem größte Fehlerquelle der amtlichen Arbeitskampfstatistik zu sehen: Nur ein Bruchteil der tatsächlich stattfindenden Arbeitskämpfe wird den Arbeitsämtern angezeigt. Gemessen an der Frage der Vollstän-

---

11   Ein fiktives Beispiel zur Verdeutlichung: Für einen Streik, bei dem am 1. Tag 200, am 2. Tag 1000, am 3. Tag 800 Beteiligte im Ausstand sind, ergäben sich 1500 Ausfalltage und 500 Beteiligte. Lauteten die Beteiligtenziffern dagegen 1. Tag 1000, 2. Tag 200, 3. Tag 800, ergäben sich 2700 Ausfalltage und 900 Beteiligte. Bei korrekter Berechnung wären in jedem Fall 2000 Ausfalltage u. durchschnittlich 667 Beteiligte einzutragen. Kalbitz (1972a, 21 ff.) überschätzt vielleicht die Bedeutung solcher Berechnungsfehler; die Behauptung von Mitarbeitern der BA, daß sie gar nicht vorkommen (lt. Bertelsmann 1979, 84) ist freilich unzutreffend.
12   Auch international gilt: "In practice proxy methods will be used" (Fisher 1973, 65).
13   Der umgekehrte Fall, daß bei schwankender Beteiligung beide Maxima zu Beginn und Ende liegen, ist extrem unwahrscheinlich. Geht *ein* Maximum in die Durchschnittsbildung ein, sind allerdings auch Abweichungen nach oben möglich. Der Ansicht von Kalbitz (1972a, 243), solche Abweichungen seien lediglich hypothetisch, ist nicht zuzustimmen; es gibt aber die Tendenz des Bias richtig wieder. Auffallend ist, daß damit der durch die Berechnungsmethoden bedingte *positive* Bias der Reichsstatistik umgekehrt wurde. Dort wurden für Beteiligte Höchstzahlen und (bis 1922) für Ausfalltage sog. "Rechnungsziffern" (Beteiligte mal Dauer minus Eins) erhoben.
14   So Kalbitz 1972a, 22.
15   Im Falle des Widerspruchs müßte die BA eine richterliche Entscheidung über das Meldeverfahren fürchten. Von den Mitarbeitern wurde uns dagegen meist mitgeteilt, das Ordnungsgeld werde nicht erhoben, da man, um Arbeit zu vermitteln, auf Kooperation mit den Betrieben angewiesen sei. Immerhin ist die Bundesrepublik das einzige wichtige OECD-Mitglied, das zumindest theoretisch die Nichtanzeige unter Strafandrohung stellt. Vgl. Walsh 1983, 43.

digkeit sind Probleme der Zählweise von Merkmalen angezeigter Arbeitskämpfe – wie Beteiligte und Ausfalltage – zweitrangig. Es liegt auf der Hand, daß die nicht erfaßten Arbeitskämpfe vor allem kurze Streiks betreffen; die Beteiligten können dabei durchaus nach Tausenden zählen.

Der Bezug auf die doppelseitige Informationspflicht nach § 17 AFG ist schließlich fragwürdig, wenn in einem Betrieb nur ein kurzer, z.B. halbstündiger Ausstand stattgefunden hat. In den meisten Fällen wird ein solcher Streik daher nicht gemeldet. Erfährt die Bundesanstalt von einem Kurzstreik durch Dritte[16], so kann sie die betreffende Firma bitten, ihr eine Anzeige zuzuschicken, oder wenigstens telefonisch Auskunft zu erteilen. Kommt sie dieser Bitte nach, so liegt die Meldung günstigstenfalls einige Tage nach Beendigung des Streiks vor – die Informationspflicht ist längst gegenstandslos geworden. Kommt sie der Bitte nicht nach – bleibt es also bei einer informellen Kenntnis des Arbeitskampfes – hat er für die Statistik auch nicht stattgefunden[17]. Obwohl sich solche Nachfragen aus Eigeninitiative von Sachbearbeitern mehrfach in den Akten finden, sind sie doch die Ausnahme. Bei größeren Streikwellen wäre ein solches Verfahren völlig unpraktikabel. Gerade in Zeiträumen mit einer hohen Anzahl von Arbeitskämpfen und/oder betroffenen Betrieben, ist deshalb die Erfassung besonders lückenhaft[18]. Das gilt auch für kürzere gewerkschaftlich organisierte Flächenstreiks, selbst wenn sie ein großes Echo in der Presse finden[19]. Auch länger andauernde Arbeitskämpfe können der Erfassung entgehen, und zwar vor allem dann, wenn sie in Branchen mit geringer Betriebsgröße stattfinden. Von solchen Arbeitskämpfen nimmt die Tagespresse nicht immer Notiz. Melden die Betriebe nicht unaufgefordert, erhält die Behörde keine Kenntnis.

Zusammenfassend ist über die Erhebung von Arbeitskämpfen durch die Bundesanstalt festzuhalten:

– Der verwendete Meldebogen zeichnet sich durch eine vergleichsweise Armut an erhobenen Merkmalen aus.
– Für die zentralen Meßgrößen des Arbeitskampfs liefert er ausreichend genaue Werte. Im Falle von Arbeitskämpfen mit nicht konstanter Beteiligtenzahl gelten hierbei zwei Einschränkungen: Erstens werden die Beteiligten als arithmetisches Mittel und nicht als Höchstwert bestimmt. Zweitens bedingt die z.T. vereinfachte

16 Da die Gewerkschaften von ihrem Melderecht nur sehr zurückhaltend Gebrauch machen, kommt hier vor allem die Tagespresse in Betracht.
17 In den 50er Jahren wurden bei fehlenden Meldungen bisweilen noch Schätzungen durchgeführt, die im Fall von Generalstreiks sogar vorgeschrieben waren. Vgl. *WiSta* 4 (1952), 112. Dennoch wies die Erfassung, auch bei politischen Streiks, große Lücken auf.
18 Im April 1972 kam es in acht Bundesländern zu spontanen Arbeitsniederlegungen im Zusammenhang mit dem Mißtrauensantrag gegen die Regierung Brandt, an denen mindestens 132.000 Arbeiter und Angestellte teilnahmen; gemeldet wurden 6%, nämlich 7500.
19 1980 führte die GTB einen bundesweiten Warnstreik für ein neues Welttextilabkommen durch. Nach vorsichtiger Schätzung, die deutlich unter den Gewerkschaftsangaben bleibt, nahmen daran 232.000 Beschäftigte aus 1760 Betrieben teil. Bundesweit angezeigt hatte 1 Betrieb, der 82 Beteiligte meldete. Weitere Beispiele: Kalbitz 1972a, 23 ff.

Anwendung der Meldevorschriften in der Praxis, daß für die Merkmale Beteiligte
und Ausfalltage bei einigen Verlaufsformen von Streiks eine Abweichung nach "unten" produziert wird.

- Die Relation von erfaßten und tatsächlich stattgefundenen Arbeitskämpfen kann
  nur als mangelhaft bezeichnet werden. Was aber schon bei der Datenaufnahme an
  Arbeitskampfgeschehen übersehen worden ist, kann keine spätere Aufbereitung dieses Materials mehr korrigieren.
- Bei der Erklärung der angeführten Mängel und weiterer, unsystematischer Ungenauigkeiten ist vor allem der Charakter der Erhebung als Nebenprodukt der Arbeitsvermittlung in Betracht zu ziehen. Hinzu kommt die eingeschränkte Funktion
  der Statistik, die vorrangig branchenspezifische Daten über "durch Arbeitskämpfe
  verursachte Verluste" zu liefern hat.

Die Erhebungspraxis läßt damit für Aufbereitungen, die allein auf diesem Urmaterial
beruhen, folgenden Befund erwarten:

- Je mehr Arbeitskämpfe in Branchen mit geringer Betriebsgröße stattfinden, desto
  unwahrscheinlicher vollständige Erfassung: besonders die Zahl der Betriebe fällt zu
  niedrig aus.
- Je kürzer und je häufiger die Arbeitskämpfe, desto geringer die Erfassungschance:
  besonders die Zahl der Beteiligten fällt zu niedrig aus.
- Relativ gut erfaßt werden längere Arbeitskämpfe (meist gewerkschaftlich organisierte Streiks oder Verbandsaussperrungen), am besten solche, die in Branchen mit
  großen Betriebseinheiten stattfinden, und bei denen eventuelle Änderungen in der
  Beteiligtenzahl mit der Heraus- oder Hineinnahme ganzer Betriebe einhergehen.
- Je mehr Arbeitskämpfe mit wechselnder Beteiligungszahl je Betrieb, desto größer
  die Chance rechnerischer Fehler: Ausfalltage und – gemessen an der Höchstzahl
  noch stärker – Beteiligte fallen zu niedrig aus. (Dies ist ein spezifisches Problem
  der amtlichen – allerdings nicht nur der bundesdeutschen – Statistik, während die
  anderen Punkte prinzipiell für jede Arbeitskampfstatistik gelten und hier nur durch
  die Erfassungsmethoden besonderes Gewicht erlangen.)

1.2.2. Aufbereitung des Materials

Wie sind die erfaßten Arbeitskämpfe statistisch aufbereitet und ausgewiesen worden?
Der Berichtsweg ist seit 1949 mehrfach abgeändert worden und soll hier nur in groben
Zügen nachgezeichnet werden[20]. Bis 1981 wurde das Material durch zwei verschiedene
Bundesbehörden parallel bearbeitet: Die Anzeigen über Beginn und Beendigung eines

---

20 Vgl. auch RdErl. 156/59; 210/81; 254/82 d. BA; RdSchr. 5/1959 d. StBA; sowie die Darstel-
    lung von Seifert 1983, 84 ff. Eine genaue Rekonstruktion des Berichtsweges ist besonders für
    die frühen Jahre so schwierig, weil in der Praxis kein bundeseinheitliches Verfahren durchge-
    setzt werden konnte.

Arbeitskampfs wurden von den Betrieben an die örtlichen Arbeitsämter geschickt, die sie an die Landesarbeitsämter (LAÄ) weiterleiteten. Von da an verzweigte sich der Weg: Eine Ausfertigung der Meldungen verblieb – zumindest seit 1957 – bei den LAÄ. Dort wurden die Meldungen in "Quartalslisten" zusammengefaßt. Eine weitere Ausfertigung ging an die Statistischen Ämter der Länder (StLÄ), die ihrerseits ihre vierteljährlichen Ergebnisse an das Statistische Bundesamt (StBA, bis 1950: Statistisches Amt für das Vereinigte Wirtschaftsgebiet) leiteten, von dem dann eine Länderzusammenstellung, die amtliche Streikstatistik, herausgegeben wurde. Einige StLÄ veröffentlichten in den Statistischen Jahr- bzw. Handbüchern der Länder eigene Übersichten. Eine Durchschrift der Quartalslisten ging von den LAÄ an die Hauptstelle der Bundesanstalt für Arbeit (BA, bis 1968: Bundesanstalt für Arbeitsvermittlung und Arbeitslosenversicherung), wo eine Statistik für den internen Gebrauch aufgestellt wurde[21]. In den 60er Jahren leiteten die LAÄ an die StLÄ lediglich die Quartalslisten weiter. Seit 1970 kehrte man zur älteren Regelung zurück; von beiden Behörden wurden die Meldebögen wieder unabhängig zu Quartals- bzw. seit Mitte der 70er Jahre zu Monatslisten aufbereitet, die an die Hauptstelle der BA bzw. das StBA gingen[22]. Aufgrund von Anordnungen des Datenschutzbeauftragten der BA ist 1982 eine Auswertung der Meldebögen durch die StLÄ unmöglich gemacht worden, die parallele Bearbeitung endete somit. Erhebung und Aufbereitung des Materials obliegt nun einzig der Arbeitsverwaltung, die dabei bislang (Stand 1990) keine Verfahrensänderung vorgenommen hat.

Wenn im folgenden die amtliche Arbeitskampfstatistik betrachtet wird, beziehen wir uns auf die vom Statistischen Bundesamt in *Wirtschaft und Statistik* (*WiSta*) und in den *Fachserien* (*FS*) ausgewiesenen Zahlen (die seit 1983 von der BA übernommen werden)[23]. Im In- und Ausland sind diese bislang die einzig maßgeblichen. Sie haben überdies gegenüber den Länderstatistiken den Vorteil der größeren Vollständigkeit und gegenüber der älteren internen Statistik der BA den Vorteil, den gesamten Untersuchungszeitraum abzudecken und eine tiefere Gliederung auf Länderbasis aufzuweisen.

Als erster Bearbeitungsschritt wird die Schlüsselnummer des Wirtschaftszweigs auf dem Meldebogen eingetragen. Die statistischen Ämter und die BA verwendeten hierbei jeweils verschiedene, fortgeschriebene Systematiken[24]. Ihre Kontinuität und Vergleich-

21 Veröffentlicht für die Jahre 1966-1977 in *ANBA* 22 (1974) - 25 (1977); für 1982 eingestellt; 1983 wieder aufgenommen und veröffentlicht. In einigen Ländern wurden Kopien von Meldungen und Zusammenstellungen auch an den Arbeitsminister weitergeleitet, wo sie ebenfalls für den internen Gebrauch aufbereitet wurden.

22 Eine ländereinheitliche Regelung ist jedoch nicht erreicht worden. Einige StLÄ übernahmen weiterhin lediglich die Zusammenstellungen der LAÄ.

23 Ab 1949: *WiSta* (für 1963-1975 nur Übersichtstabellen). Ab 1961 auch: *FS A*, R. 6. 3.; = ab 1977: *FS 1*, R. 4. 3). Weitere Ausdrucke von Teil- und Hauptergebnissen in *Stat. Jb. BRD* ; *Stat. Berichte d. StBA* (VI.18); *Arbeits- und sozialstatist. Mitteilungen d. BMA* ; *Arbeits- u. Sozialstatistik d. BA*; sowie in Statist. Jahr- bzw. Handbüchern der Länder.

24 "Verzeichnis der Wirtschaftszweige für die Arbeitseinsatzstatistik" v. 1943; "Systematisches Verzeichnis der Arbeitsstätten" des StBA v. 1950 (seit 1959 verwendet); "Systematik der Wirtschaftszweige" des StBA 1961; "Verzeichnis der Wirtschaftszweige" der BA in Anlehnung an die Systematik der Wirtschaftszweige des StBA (1973 neu gefaßt).

barkeit sind für die Zwecke einer Arbeitskampfstatistik ausreichend. Der zweite – und entscheidende – Schritt der Aufbereitung ist die Zusammenfassung der auf den Meldebögen enthaltenen Daten in vierteljährlichen (bzw. später monatlichen) Aufstellungen ("Quartalslisten" bzw. "Monatslisten"). Darin werden – getrennt nach Streik und Aussperrung – seit 1959 unter der jeweiligen Schlüsselnummer der Wirtschaftsgruppe folgende Summen ausgewiesen:

- betroffene Betriebe
- darin beschäftigte Arbeiter
- davon durchschnittlich am Arbeitskampf Beteiligte
- darunter Angestellte
- Beteiligte Arbeitnehmer, unterteilt nach der Dauer des Arbeitskampfs (weniger als 7, 7 bis 24, über 24 Arbeitstage)
- Ausfalltage

Die Quartalsliste bezieht sich in der Regel auf je ein Bundesland[25]. Bis 1959 wurden zusätzlich registriert: Indirekt Betroffene und die durch sie verursachten Ausfalltage, Ausfalltage direkt Beteiligter, unterteilt nach Ursache (Lohnstreitigkeiten, sonstige Arbeitsstreitigkeiten, andere Gründe) und Ergebnis (voller, teilweiser, kein Erfolg).

Das auffallendste Merkmal der Quartalsliste ist negativ bestimmt: es fehlt eine Angabe zur Anzahl der Arbeitskämpfe. Von den mit den Meldebögen erfaßten Informationen gehen somit nicht nur die beschäftigten Angestellten, die von Angestellten verursachten Ausfalltage und eine mögliche tiefere regionale Gliederung verloren. Anders als in der Reichsstatistik und den meisten gegenwärtigen Statistiken des Auslands wurde auf die Erhebung der – neben Beteiligten und Ausfalltagen – wichtigsten Meßgröße verzichtet[26]. Für Berechnungen und Vergleiche muß ersatzweise die Zahl der betroffenen Betriebe herangezogen werden. Diese führt aber bei strukturellen und komparativen Fragestellungen zwangsläufig zu erheblichen Fehlinterpretationen. Die tatsächlichen Muster des Arbeitskampfverhaltens werden so eher verdeckt als aufgedeckt. Bereits eine so einfache Frage wie die nach der durchschnittlichen Streikgröße muß unbeantwortet bleiben; griffe man hierbei auf die Zahl der Betriebe zurück, erhielte man eher eine Aussage über die Branchen- als über die Arbeitskampfstruktur.

Allerdings gibt es für den Verzicht auf die Zählung der Fälle auch gute Gründe. Erstens umgeht man das Problem der Operationalisierung, d.h. festlegen zu müssen, was denn überhaupt als *ein* Arbeitskampf anzusehen sei. Bei gewerkschaftlich organisierten Streiks und bei Aussperrungen ist die Bestimmung relativ eindeutig. Insbesondere bei

25 Die Grenzen der Landesarbeitsamtsbezirke sind mit denen der Länder identisch, außer: Nord- und Südbayern; Schleswig-Holstein/Hamburg; Rheinland-Pfalz/Saarland (die auch getrennt auswiesen); problematisch jedoch einzig Niedersachsen/Bremen, da dort die beiden Länder zeitweise nur zusammen ausgewiesen wurden. Jedes Bundesland hat ein eigenes Statistisches Amt. Betriebe im Kreis Neuwied wurden vereinzelt sowohl vom LAA Rheinland-Pfalz/Saarland als auch vom LAA NRW registriert.
26 In seiner komparativen Darstellung ist Fisher (1973, 149) daher auch der Fehler unterlaufen, die Zahl der betroffenen Betriebe mit der der Fälle gleichzusetzen.

spontanen Ausständen, die eine Vielzahl von Betrieben erfassen, ist die Festlegung der Grenzen jedoch problematisch. Verzichtet man auf eine Zählung der Arbeitskämpfe, vermeidet man auch arbiträre Definitionen[27]. Zweitens bietet das Urmaterial nur wenig Anhaltspunkte für eine Fallbestimmung. Da in den Anzeigen Angaben über Gewerkschaftsbeteiligung und Ziele fehlen, hätte der Bearbeiter zusätzliche Informationen heranzuziehen (es sei denn, man würde die Fallgrenzen allein aus Datum, Branche und Region bilden wollen). Drittens schließlich erlaubt der Verzicht auf die Zusammenfassung mehrerer betroffener Betriebe zu einem Fall eine genaue Branchengliederung. Enthalten die Meldungen der Betriebe nämlich unterschiedliche Schlüsselnummern – was besonders für politische Streiks zutrifft -, kann die Tiefe der Branchengliederung ohne zusätzlichen Aufwand beibehalten werden.

Freilich wiegen diese Einwände, gemessen an den Defiziten einer Arbeitskampfstatistik, die keine Angabe zur Fallzahl enthält, gering. Eine solche Statistik ist – unabhängig von ihren sonstigen Mängeln oder Vorzügen – nur sehr eingeschränkt benutzbar; die Wirklichkeit des Arbeitskampfgeschehens kann sie nicht abbilden. Die Entität *Arbeitskampf* ist für die Statistik unverzichtbar[28]. Darüber dürfte auch bei den erhebenden Stellen kein Zweifel bestehen: Beiläufig, gleichsam versteckt, und ohne daß hierzu klare Definitionen vorgegeben sind, wurde durchaus mit dieser Kategorie gearbeitet. Ein "Tatbestand, der sich" – so die Tabellenkommentare – "wegen seiner Vielschichtigkeit nicht eindeutig erfassen läßt"[29], wurde im Prozeß der Aufbereitung dennoch gemessen – nur: das Ergebnis wurde nicht ausgewiesen. Zum Verständnis dieses Phänomens ist zuvor ein weiteres Defizit der Quartalsliste zu erläutern.

Die Statistischen Ämter der Länder waren angehalten, in ihre Aufstellungen sogenannte "Bagatellfälle" nicht aufzunehmen. Wie der Name sagt, ist hier von einem Fall, wenn auch nur einem geringfügigen, die Rede, von einem "Tatbestand" also, der erkannt werden muß, obwohl er wegen seiner "Vielschichtigkeit" nicht meßbar sein soll. Die Bestimmung dessen, was als Bagatelle zu gelten habe, wurde im Untersuchungszeitraum mehrfach geändert. In die Tabellen der Jahre 1952 bis 1966 wurden nur solche Arbeitskämpfe aufgenommen, "an denen mindestens 10 Arbeitnehmer beteiligt waren oder die einen Verlust von mehr als 100 Arbeitstagen verursacht hatten"[30]. 1967 wurde die Untergrenze angehoben. Fortan wurden nur "diejenigen Arbeitskämpfe einbezogen, an denen mindestens 10 Arbeitnehmer beteiligt waren und die mindestens einen Tag dauerten oder durch die ein Verlust von mehr als 100 Arbeitstagen ... entstanden ist"[31]. Ein

---

27 Siehe auch Anm. 64 unten.
28 Shalev (1978b, 326) nennt die Häufigkeit von Arbeitskämpfen "the most sensitive index to the climate of employment relations and to economic and political conditions", ohne den überdies klare Angaben zur Arbeitskampfstruktur nicht möglich seien.
29 Z.B. *WiSta* 31 (1979), 106 und *FS 1*, R. 4. 3 (1979), 4 (ähnlich).
30 *WiSta* 8 (1956), 150. Für 1950: mindestens 10 Arbeitnehmer oder mindestens 100 Ausfalltage; für 1949 und 1951: wie 1967-1975 (siehe folgende Anmerkung). Vgl. *WiSta* 2 (1950), 156 und 4 (1952), 112. Die Untergrenze wurde aus der englischen Streikstatistik übernommen.
31 *WiSta* 31 (1979), 106. Für 1967-1975 wurde formuliert: es werden Fälle, "an denen weniger als 10 Arbeitnehmer beteiligt waren oder die weniger als einen Tag dauerten, nicht einbezogen, es sei denn, daß dadurch insgesamt mehr als 100 Arbeitstage verloren gingen": *WiSta* 20 (1968), 92. Diese Definition ist logisch eindeutig, während in der 1976-1981 gültigen (im Text)

Ausstand, bei dem z.B. 1500 Beteiligte für eine halbe Stunde die Arbeit niederlegen, wurde nun nicht mehr in die Tabellen aufgenommen.

Insbesondere die seit 1967 gültige Untergrenze, mit der sowohl Kurzstreiks mit Tausenden Beteiligten als auch tagelange Ausstände in Kleinbetrieben abgeschnitten wurden, blendete weite Bereiche des Arbeitskampfgeschehens aus[32]. Naturgemäß ist der dadurch verursachte Fehlbestand bei den Ausfalltagen weit geringer als bei den Beteiligten und bei der Anzahl der Fälle. Zu beachten ist, daß für Bagatellstreiks der Fall und nicht der betroffene Betrieb die Erhebungseinheit bildete. Im Tabellentext hieß es ausdrücklich: "Solche [Bagatell-] Streiks werden nur dann in die Statistik aufgenommen, wenn sie verstärkt auftreten." Unter verstärktem Auftreten dürfte zu verstehen sein, daß, wenn die Summe aus mehreren Betrieben die Untergrenze überschreitet, Einzelbetriebe, die unterhalb dieser Grenze liegen, dennoch erfaßt werden[33]. Da eine exakte Bestimmung, was als ein Arbeitskampffall zu gelten habe, fehlte, blieb die Entstehung über Aufnahme oder Nichtaufnahme eines Betriebs allerdings dem jeweiligen Bearbeiter überlassen. Warum die Statistik des StBA eine zentrale Kategorie, die in der Aufbereitung verwendet wurde, nicht auswies, bleibt unverständlich. Die Meldebögen wurden von den Bearbeitern ohnehin meist nach Arbeitskämpfen getrennt abgelegt[34].

Die Unterschreitung der Grenze des Bagatellfalls ist nicht der einzige Grund des nachträglichen Ausschlusses von Arbeitskämpfen. Statistisch nicht stattgefunden haben auch Streiks, bei denen die Ausfallzeit bezahlt oder nachgearbeitet worden war. Ein mit einem entsprechenden Vermerk versehenes Meldeformular ging nicht in die Quartalsli-

---

die Hierarchie der Konjunktionen nicht erkennbar ist. (Wenn z.B. 9 Arbeitnehmer 10 Wochen lang streiken, ist das nach der ersten Lesart ein Bagatellfall, nach der zweiten nicht.) Mag diese Unklarheit auch von geringer statistischer Bedeutung sein, so wirft sie doch ein bezeichnendes Licht auf die Sorgfalt, mit der Arbeitskämpfe gezählt wurden. Erst 1982 hat der RdErl. 254/82 d. BA hier weiter Klarheit geschaffen.

32 Hierfür gab das StBA eine konfuse Begründung (z.B. *FS 1* , R.4.3 (1978), 4): Noch nachvollziehbar - wenn auch die Grenze hoch angesetzt war - ist das Argument, alle Streiks könnten ohnehin nicht erfaßt werden. Die Behauptung, dank der Untergrenze hätte "nur eine verhältnismäßig geringe Zahl von Betrieben eine Meldung (...) abzugeben" aber ist in zweifacher Hinsicht merkwürdig: Zum einen wurde ausgeführt, daß "verstärkt auftreten(de)" Bagatellstreiks dennoch aufgenommen würden. Das StBA mutete somit dem Arbeitgeber zu, festzustellen, ob der Betrieb als Einzelfall oder als Teil eines Flächenstreiks, einer Streikwelle etc. bestreikt wurde. Zum anderen suggerierte der Tabellentext eine amtliche Auslegung des § 17 AFG, nach der Bagatellstreiks nicht meldepflichtig wären. Für eine solche Auslegung bot der Gesetzestext keinerlei Anhaltspunkt. Bei der Meldepflicht, die ja der doppelten Informationspflicht im Falle der Vermittlung von Arbeit dient, könnte allenfalls eine zeitliche Untergrenze begründbar sein, nicht aber eine der Beteiligten und der Ausfalltage. Zudem war das StBA für eine Interpretation nicht zuständig, die Erhebung war immer, im Gegensatz zur Auswertung, alleinige Angelegenheit der BA. Die Argumentation des StBA ist als Antwort auf massive Beschwerden der Verbände wegen des angeblich zu hohen Aufwands der Betriebe für Statistiken des StBA zu verstehen; die schlechte "Meldemoral" vieler Großbetriebe sollte damit nachträglich gebilligt werden. Dagegen hat die BA immer an die Meldepflicht von Bagatellstreiks festgehalten, erneuert zuletzt im RdErl. 254/82.

33 Ebd. Die Ansicht von Kalbitz (1972a, 19 f.), daß Einzelbetriebe, die unterhalb der Grenze liegen, grundsätzlich nicht erfaßt wurden, kann nicht bestätigt werden.

34 Hinzuzufügen ist, daß offenbar auch der Gesetzgeber von der Tatsache eines abgrenzbaren, ggf. mehrere Betriebe umfassenden Arbeitskampffalls ausgeht, wenn er in § 17 AFG die Möglichkeit einer Sammelmeldung durch die Arbeitgeberverbände zuläßt.

ste ein. Auch Aussperrungen, deren rechtliche Würdigung den Bearbeitern strittig schien, wurden nicht aufgenommen[35]. Grundsätzlich galten Aussperrungen, die in Form von fristlosen Kündigungen verhängt wurden, nicht als Arbeitskampf, selbst wenn beide Tarifparteien von Aussperrung sprachen. In einigen Fällen wurde diese Regel zwar nicht befolgt; im Zweifel hielt man sich aber an die Einordnung der Arbeitgeber. So kam es, daß Aussperrungen sogar in späteren Tabellenausdrucken wieder gelöscht wurden[36]. Umgekehrt wurden allerdings selbst höchstrichterliche Entscheidungen nicht nachträglich in die Tabellen eingearbeitet, wenn sie eine Kollektivkündigung als Aussperrung werteten.

Als Zwischenergebnis ist festzuhalten, daß die Quartalslisten der StLÄ – bzw. die späteren Monatslisten – den Wert des ohnehin problematischen Urmaterials insbesondere durch Auslassung der Fallzahl und der Bagatellfälle und durch nachträglichen Ausschluß bestimmter Arbeitskämpfe zusätzlich minderten. Diese Kritik am Informationsgehalt der amtlichen Statistik ist im Kern eine Kritik ihrer Aufgabenstellung. Während die Streikforschung ganz verschiedene Fragestellungen zu ihrem Gegenstand entwickelt hat, eignet sich die Bundesstatistik vorrangig nur zur Messung wirtschaftlicher "Schäden" (s.u.).

Die Aufbereitung durch die StLÄ beschränkte sich hauptsächlich auf die Umcodierung des Branchenschlüssels und die Streichung der Bagatellfälle[37]. Aus diesen Listen wurde – wie oben ausgeführt – durch das Statistische Bundesamt die amtliche Statistik für die Bundesrepublik erstellt. In Quartals- und Jahresergebnissen wies diese auch – getrennt nach Ländern – dieselben Kategorien aus, mit Ausnahme der Beschäftigten insgesamt und der beteiligten Angestellten. Der Verlust dieser für die Streikforschung nicht uninteressanten Merkmale ist freilich nicht das einzige Manko der Ausweisung des StBA.

Bis 1962 bezogen sich die Tabellen lediglich auf Streiks, d.h. es gab nur eine Streik- und keine Arbeitskampfstatistik. Aussperrungsdaten wurden im Textteil oder in Fußnoten versteckt. Erst seit der sogenannten Schleyer-Aussperrung in der Metallindustrie Baden- Württembergs 1963 – damals die bislang größte in der Geschichte der Bundesrepublik – wurden Arbeitskämpfe getrennt nach Streiks und Aussperrungen ausgewiesen. Zusätzlich wurde bei Beteiligten und Ausfalltagen eine dritte, fiktive Rubrik eingeführt: sie umfaßte diejenigen Arbeitnehmer und Ausfalltage, bei denen "gleichzeitig der Tatbestand des Streiks und der Aussperrung" vorgelegen hatte, und die daher in jeder der beiden Tabellen, also doppelt, erfaßt wurden. Dieser Tatbestand wurde immer dann angenommen, wenn bereits Streikende ausgesperrt wurden. Auf diese Weise ließ sich die Zahl der Beteiligten bzw. Betroffenen und der Ausfalltage

---

35 Siehe hierzu auch Kalbitz 1977, 335, 338; ders. 1979, 14 f.; Bertelsmann 1979, 84 f.
36 Nachträglich gelöscht wurde z.B. die richterlich für rechtswidrig erkannte Aussperrung in der Zementfabrik Seibel & Söhne in Erwitte, die 1975/76 fast 40.000 Ausfalltage verursachte.
37 Auf den Listen der LAÄ waren Bagatellstreiks - soweit gemeldet - stets ausgewiesen. Seit die St 87 allein in den Händen der BA liegt, werden sie gesondert aufbereitet.

sowohl für Streik und Aussperrung getrennt, als auch für Arbeitskämpfe insgesamt den Tabellen entnehmen[38].

Es erwies sich rasch, daß diese Verbesserung des Informationsgehalts nicht im Interesse der Arbeitgeber lag. Bereits für 1963 wurde ein deutliches Übergewicht der Aussperrungs- über die Streikziffern ausgewiesen. Als es 1971 in Baden-Württemberg erneut zu einer umfangreichen Aussperrung kam, und *WiSta* zum Jahresergebnis feststellte, daß durch Aussperrung "größere Verluste an Arbeitstagen" als durch Streik entstanden seien, intervenierte der Arbeitgeberverband Gesamtmetall[39]: Die doppelte Erfassung widerspräche der Realität, da Aussperrungen nur als Folge von Streiks verhängt würden und bei Beendigung des Streiks auch die Aussperrung aufgehoben werde; überdies seien bereits Streikende von einer Aussperrung nicht tatsächlich betroffen. Folglich seien diese allein in die Streiktabelle aufzunehmen, oder aber auf eine getrennte Darstellung von Streiks und Aussperrungen gänzlich zu verzichten. Der Intervention des Arbeitgeberverbands war ein Teilerfolg beschieden: Die an ein breiteres Publikum gerichtete *WiSta* enthielt fortan nur noch Angaben über Arbeitskämpfe insgesamt. Eine Trennung von Streiks und Aussperrungen wurde nur noch in den Tabellen und Schaubildern der *Fachserie* vorgenommen – ein fragwürdiger Kompromiß, der immerhin Einflußmöglichkeit und -grenze der Verbände offenbarte[40]. Zu den bislang diskutierten Unzulänglichkeiten der amtlichen Statistik, die sich – so Rainer Kalbitz – in der Summation als "Irrtum mit Tendenz" darstellen[41], tritt somit noch die Zensur hinzu. Die getrennt erhobenen Rubriken wurden nachträglich zusammengelegt und unkenntlich gemacht; selbst in den von *WiSta* aus der *Fachserie* übernommenen Schaubildern wurde die nach Streik und Aussperrung verschiedene Balkenschraffur wegretuschiert.

Abschließend sei noch auf ein technisches Problem der tabellarischen Präsentation hingewiesen, das jenem "Irrtum mit Tendenz" zur Unterbewertung der Arbeitskampfzahlen entgegenläuft. Bis zum Jahre 1958 wurden Arbeitskämpfe, die über die Jahreswende andauerten, zur Gänze dem Jahr zugerechnet, in dem sie beendet wurden. Seit 1959 wurden solche Fälle sowohl für das Jahr des Beginns als auch für das der Beendigung ausgewiesen, wobei die Ausfalltage anteilig zugemessen wurden[42]. Da jedoch die Zahlen der Beteiligten und der Betriebe nicht in gleicher Weise sinnvoll geteilt werden können, wurden sie zweimal gezählt[43].

---

38 Vgl. die ausführliche Darstellung im RdErl. 254/82 d. BA, Anl. 1. Vereinzelt wurde dieses Verfahren bereits seit 1959 angewandt; zum Teil wurden kleinere Aussperrungen auch den Streiks hinzuaddiert.
39 *WiSta* 24 (1972), 284; ähnlich schon *WiSta* 16 (1964), 97. Vgl auch Seifert 1983, 88 f.
40 Entweder die Argumente von Gesamtmetall waren stichhaltig - dann wären in jedem Fall nur Arbeitskämpfe insgesamt auszuweisen -, oder nicht stichhaltig - dann wären in jedem Fall getrennte Tabellen zu erstellen. Der gänzliche Fortfall der getrennten Ausweisung wurde durch Einspruch des BMA verhindert.
41 Kalbitz 1972a, 32; 1972b, 505. Diese Feststellung ist auch dann zutreffend, wenn man den von Kalbitz angeführten Gründen im Detail nicht immer zustimmen kann.
42 *WiSta* 12 (1960), 164.
43 So liegen 1978/79 wegen des Arbeitskampfs in der Stahlindustrie vom 28. Nov. bis 11. Jan. die rechnerischen Werte um ca. 57.000 Beteiligte zu hoch.

Diejenigen Fehler und Schwächen der amtlichen Statistik, die nicht durch den Meldebogen und die Meldepraxis, sondern erst in der Auswertung bzw. Ausweisung entstanden waren, können durch Neuauswertung des Urmaterials weitgehend beseitigt werden. So lassen sich Einzelbetriebe zu Fällen zusammenfassen, der Ausschluß von erhobenen Variablen und von Bagatellfällen rückgängig machen usf. Liegen weitere Quellen vor, können die Informationen abgeglichen, resp. ergänzt und korrigiert werden. Das bei den LAÄ lagernde Material ist der einzige bundes- und branchenweit flächendeckende Bestand. Trotz ihrer Schwächen bildeten die Beginn- und Beendigungsanzeigen daher den Grundstock der Eigenerhebung[44]. Neben den erörterten systematischen Schwächen offenbarte die Auswertung der Akten unsystematische Fehler. Einige Landesarbeitsämter wiesen (auch innerhalb der Aufbewahrungsfrist) größere Bestandslücken auf. Auch wo die Bestände komplett schienen, ließen sich vereinzelt Arbeitskämpfe nachweisen, die zwar in der Statistik des StBA aufgeführt sind, für die sich jedoch keine Originalmeldungen mehr in den Akten fanden[45]. Wo die Meldebögen fehlten, konnte ersatzweise meist auf Quartalslisten zurückgegriffen werden. In Zeiten hoher Streikaktivität bereitete dann allerdings die Identifizierung der einzelnen Fälle, bzw. der Abgleich mit Informationen anderer Herkunft, einige Schwierigkeiten[46].

Eine Hauptfehlerquelle dürfte im komplizierten und häufig geänderten Berichtsweg liegen, in dessen Verlauf offenbar Anzeigen verspätet weitergeleitet wurden oder verloren gingen. Auch scheint eine bundeseinheitliche Durchführung der wechselnden Verfahren erhebliche Probleme bereitet zu haben. Für die verantwortlichen Fachleute in StBA und BA war die Statistik der Arbeitskämpfe ein ständiges Sorgenkind. Mangelhafte Rechtsgrundlagen und die problematische Kompetenzverteilung führten immer wieder zu Konflikten zwischen beiden Institutionen, insbesondere dann, wenn öffentliche Kritik an der Streikstatistik laut wurde. Auf den unteren Ebenen nahm man die Sa-

---

44 Sie wurden ausschließlich bei den LAÄ - und nicht auch bei den parallel aufbereitenden StLÄ - eingesehen (Ausnahmen: Arbeitsmin. NRW 1978 u. 1979; Stichprobe beim StLA Berlin). Vor der Einsichtnahme waren hohe datenschutzrechtliche Hürden zu überwinden, da die Anzeigen nicht dem Bundesdatenschutzgesetz. sondern den weit enger gefaßten Bestimmungen des Sozialgesetzbuches unterliegen, die wegen der Verquickung von Arbeitsvermittlung und Arbeitskampfstatistik unbeschadet ihrer eigentlichen Zwecke hier Anwendung fanden. Wir danken dem statistischen Referat der Hauptstelle der BA - insbesondere Herrn Braun - für die freundliche Unterstützung.

45 Umgekehrt wurden auch Anzeigen (oberhalb der Bagatellgrenze) gefunden, die in die Ausweisungen des StBA nicht eingegangen sind oder anders berechnet wurden.

46 Liste der größeren Bestandslücken an Meldebögen der LAÄ 1969-80: (Aktenzeichen jeweils St 87; röm. Ziffer = Quartal; Aufbewahrungsfrist: 7 Jahre; Stand: 1984) LAA Schleswig-Holstein/Hamburg: 1973 I-IV; LAA Hessen: 1969 I - 1973 I, 1976 II-IV, 1977 II - 1978 III; LAA Rheinland-Pfalz/Saarland: 1969 I - 1975 III, 1976 I; LAA Baden-Württemberg: 1969 I - 1971 III (1969 u.1970 Sammelmeldungen vorhanden), 1974 II-IV; LAA Nordbayern: 1969 I - 1973 IV; LAA Berlin: 1969 I - 1973 IV. Ein eigenständiges Verfahren wurde im LAA NRW praktiziert: Anstelle der Originale wurden "Zählzettel" archiviert, und zwar lückenhaft: Es fehlte 1969 I - 1971 I; 1973 IV - 1975 II; 1978 I. Zum Teil waren Kurzbriefe vorhanden, aus denen lediglich der Betrieb und das Datum hervorgingen. Korrektur und Abgleich war hier nur teilweise möglich. Für einige Jahre konnte allerdings auf die beim Landesarbeitsmin. verwahrten Kopien der Anzeigen zurückgegriffen werden (1978 u. 1979; Monatsaufstellungen 1975-1980; keine Aktenzeichen). Insgesamt wies NRW die größte Quote von Problemfällen auf.

che weniger schwer: Da die Statistik ein Nebenprodukt der Arbeitsvermittlung war, geriet in den Arbeitsämtern das Nebenprodukt leicht zur "Nebensache"[47].

Die Qualitätsmängel der Statistik wurden nicht nur bei der Akteneinsicht deutlich, sondern auch beim Vergleich der von verschiedenen Stellen publizierten Zahlen. Zwischen der amtlichen Statistik des StBA und den Ausweisungen der BA bestehen teilweise erhebliche Differenzen[48]. Kleinere Abweichungen ergeben sich auch beim Vergleich der Landesstatistiken mit der Bundesstatistik[49].

2. Materialien der Tarifparteien

Wer glaubt, die Tarifparteien hätten als unmittelbar Betroffene ein besonderes Interesse an der genauen Vermessung von Arbeitskämpfen, sieht sich getäuscht. Zahlen scheinen vor allem als Munition im Propagandakrieg betrachtet zu werden.

2.1. Arbeitgeber

Eine Umfrage bei den wichtigsten Arbeitgeberorganisationen ergab, daß eigene Erhebungen nicht durchgeführt wurden. Eine Ausnahme bildeten lediglich jene Fälle, in denen Sammelmeldungen nach § 17 AFG erstellt wurden. Da diese zu den Akten der LAÄ gingen, erübrigte sich eine gesonderte Aufnahme.

2.2. Arbeitnehmer

Bei den Gewerkschaften hat die Kenntnis gesicherter Arbeitskampfdaten offenbar einen höheren Stellenwert als bei den Arbeitgeberverbänden. In Anbetracht der Bedeutung von Streik und Aussperrung für die Handlungschancen einer kollektiven Interessenvertretung der Arbeitnehmer, ist das Interesse aber teilweise ebenfalls erstaunlich gering. Auch hier scheint der propagandistische Wert von Zahlen den analytischen zu übersteigen. Allerdings bestehen zwischen den einzelnen Gewerkschaften erhebliche Unterschiede. Zum Glück für die Arbeitskampfstatistik sind es meist die großen Gewerkschaf-

---

47 Vgl. Kalbitz 1979, 13.
48 So wies das StBA für 1976 87.480 Beteiligte und 113.772 Ausfalltage weniger aus als die BA, obwohl wiederum mindestens ein größerer Ausstand in der BA-Veröffentlichung fehlt, den das StBA registriert hatte. Vgl. auch für andere Jahre *ANBA* 25 (1977), 158 und *FS 1*, R. 4. 3 (1982), 9. Für diese Abweichungen hatten die beteiligten Stellen keine Erklärung. Selbst innerhalb der BA wurde mit divergierenden Zahlen gearbeitet. Vgl. auch Bertelsmann 1979, 85.
49 Statistische Jahr- bzw. Handbücher der Länder (verschiedene Titel); vgl. Kalbitz 1979, 20 ff. Die Differenzen ließen sich für die Komplettierung des Datensatzes nutzbar machen, indem die Tabellen des StBA auch als Quelle verwendet wurden. Dabei wurde so vorgegangen, daß nach Abschluß der Auswertung sämtlicher anderer Quellen hieraus erstellte Tabellen systematisch mit denen des StBA auf niedrigster Aggregatebene verglichen wurden. In unseren Tabellen eindeutig nicht enthaltene Daten wurden eingefügt, bzw. ergänzt, wenn sich einzelne Aktionen identifizieren ließen und wenn Zuordnungs- und Berechnungsfehler des StBA ausgeschlossen werden konnten.

ten, die um eine Registrierung der in ihrem Organisationsbereich stattgefundenen Streiks bemüht und auch bereit sind, ihre Daten zur Verfügung zu stellen. Im folgenden soll die Materiallage kurz beschrieben werden. Unser Versuch, die Bestände der Einzelgewerkschaften zu erschließen, beschränkte sich auf die Hauptverwaltungen; Materialien regionaler Gliederungen wurden nur in Ausnahmefällen zur Klärung einzelner Aktionen herangezogen.

2.2.1. IG Metall

Die IG Metall ist nicht nur die bei weitem größte Gewerkschaft, sondern auch die einzige, die über längere Zeit systematisch Streikdaten gesammelt hat. Seit Ende der 60er Jahre wurden für diesen Zweck Erfassungsbögen verwendet, die von den örtlichen Geschäftsstellen an die Hauptverwaltung weitergeleitet und dort ausgewertet und archiviert wurden (Ergebnisse werden veröffentlicht in den Geschäftsberichten des Vorstands der IG Metall). Dieses Material wurde uns freundlicherweise zur Auswertung überlassen.

Einen mit einer Behörde vergleichbaren Berichtsweg gab es nicht. Die Bögen wurden entweder von den Verwaltungsstellen nach Angaben der betrieblichen Vertrauensleute oder von diesen selbst ausgefüllt. Von dort gelangten sie an die Hauptverwaltung. Mit den im Untersuchungszeitraum verwendeten "Berichtsbögen über Arbeitsausfälle durch Arbeitsniederlegungen" wurden folgende Merkmale erhoben:

- IGM-Verwaltungsstelle und -Bezirk
- Name des Betriebs (z.T.wurde die Ortsangabe hinzugefügt)
- Beschäftigte (nach Arbeitern, Angestellten und Auszubildenden; häufig nur pauschal geschätzt)
- Beteiligte (ebenso aufgeteilt; häufig nur die Summe angegeben)
- Dauer der Aktion (Datum und Uhrzeit)
- Ausfalltage (zu errechnen als Beteiligte mal Stunden, geteilt durch acht)
- Anlaß der Aktion (acht Möglichkeiten anzukreuzen; z.T. Mehrfachnennungen, z.B. "Beseitigung von Entlohnungsschwierigkeiten" und "Streik bei Tarifbewegung")
- Zu drei weiteren Kategorien – "besondere Vorkommnisse, Grund, Ergebnis" – fanden sich nur selten Eintragungen.

Nicht vorgesehen waren also Angaben über Branche, Bundesland, Zahl der Gewerkschaftsmitglieder und die Haltung der IG Metall zu der Arbeitsniederlegung. Wie bei der amtlichen Statistik war die kleinste Erhebungseinheit nicht der Arbeitskampffall, sondern der Betrieb. (In den Ausweisungen der IG Metall wurden die Daten allerdings in den Textbeiträgen teilweise nach Arbeitskampffällen gruppiert.) Regionale Berichtseinheit für die Tabellen war nicht das Bundesland, sondern der Tarifbezirk. Daß eine Angabe zur Rolle der Gewerkschaft fehlt, erklärt sich aus der Funktion des Berichtsbogens. Er sollte lediglich der Erfassung nicht gewerkschaftlich organisierter Streiks dienen. Gewerkschaftliche Aktionen wurden z.T. dennoch eingetragen, wenn-

gleich fast immer unvollständig. 1983 wurde das Verfahren klarer geregelt und das einheitliche Formular ersetzt durch *einen Bericht über Warnstreiks ... während der Tarifbewegung* und einen *Bericht über Arbeitsniederlegungen außerhalb von Tarifbewegungen*;
beide Formulare erfassen in etwa dieselben Merkmale wie das alte Formular. Aussperrungen werden nicht systematisch registriert.

Für die gewerkschaftlichen Streiks erwiesen sich die bei den Landesarbeitsämtern
verwahrten Meldungen der Arbeitgeber meist als vollständiger. Umgekehrt waren die
Materialien der IG Metall bezüglich kurzer, "spontaner" Streiks weit ergiebiger. Waren
die Fälle sowohl in den LAA- als auch den IGM-Meldungen vorhanden, konnten meist
Ergänzungen – insbesondere bei Anlaß und Branche – vorgenommen werden. Wichen
Beteiligtenzahlen von einander ab, wurde versucht, weitere Quellen heranzuziehen.
Gelang dies nicht oder waren die Differenzen relativ oder absolut gering, wurden im
Grundsatz die Zahlen der Arbeitgeber (Beendigungsanzeigen) verwendet. Bei längeren
Streiks jedoch wurden meist die Gewerkschaftsdaten vorgezogen, da sie Höchst- und
nicht Durchschnittswerte darstellten, – dies natürlich nur, wenn kein Verdacht bestand,
der Berichtsbogen sei fehlerhaft ausgefüllt worden. Bei näherer Beschäftigung mit den
Bögen zeigte sich eine gewisse Tendenz zu großzügigen Beteiligungsangaben. Runde
Schätzwerte – wie 1000 – gingen daher mit einem Abschlag von zehn Prozent in den
Datensatz ein, sofern die Zahlen nicht durch LAA-Meldungen oder andere Quellen ersetzt oder bestätigt wurden. Als "Beteiligtenzahl unbekannt" wurden zudem einige Fälle
codiert, die offensichtlich fehlerhaft waren[50]. Der Bestand an Berichtsbögen im Tarifar-
chiv der IGM- Hauptverwaltung ist teilweise lückenhaft; von März 1977 bis Dezember
1980 fehlen sämtliche Unterlagen[51]. Die ältesten archivierten Streikmeldungen stammen
aus dem Jahr 1968. Erst durch die Septemberstreiks 1969, die die Gewerkschaft als
"Ordnungsfaktor" bedrohten, ist die systematische Erfassung spontaner Arbeitskämpfe
forciert worden[52].

2.2.2. Die anderen Gewerkschaften

Berichtsbögen, wie sie die IG Metall benutzte, wurden u.W. von den übrigen Gewerkschaften mit Ausnahme der IG Bau-Steine-Erden nicht verwendet. Bei den meisten
Hauptvorständen wurden Streikdaten in Form von Listen gesammelt, wobei gewerkschaftliche Streiks meist besser erfaßt wurden als "spontane". Daneben verfügen die

---

50 Schreibfehler, sowie absichtliche Übertreibungen meist bei Warnstreiks während laufender
    Tarifverhandlungen, wo es galt, Unmut und Kampfbereitschaft der Belegschaften zu demon-
    strieren.
51 Recherchen blieben erfolglos. Im Geschäftsbericht 1977-1979 des Vorstands der IGM (1980,
    502 ff.) werden anstelle der eigenen die amtlichen Streikzahlen publiziert.
52 Bestandsübersicht für den Zeitraum 1969-1980: Gesamtbestand ohne Kopien: 12 Ordner
    (kein Aktenzeichen; Stand: 1984). Lücken: 1969: meist nur Begleitbriefe vorhanden; 1973:
    Vwst. Bremen fehlt (Liste vorhanden); 1974: Vwst. Bremen fehlt, sowie kleinere Fehlbe-
    stände (nur Kopien bzw. Zweitausfertigungen archiviert); 1975 u. 1976: ebenso; 1977: März -
    Dez. fehlt; 1978 bis 1980: fehlt.

meisten Gewerkschaften über eine Sammlung von Druckschriften (Dokumentationen, Flugblätter, Zeitungen, Geschäftsberichte etc.). Nicht alle Gewerkschaften wollten sich in die Karten sehen lassen. Neben der IG Metall stellten uns Material zur Verfügung[53]: Die Hauptvorstände bzw. Bundesvorstände der IG Bergbau und Energie; der IG Chemie-Papier-Keramik, der IG Druck und Papier; der Gewerkschaft Textil-Bekleidung; der Gewerkschaft Nahrung, Genuß, Gaststätten; der Gewerkschaft Handel, Banken, Versicherungen; der IG Bau-Steine-Erden und der Gewerkschaft Kunst, sowie die Landesverbände der Gewerkschaft Erziehung und Wissenschaft. Abschlägigen Bescheid erhielten wir von der Gewerkschaft Holz und Kunststoff und der Gewerkschaft Leder, sowie von denjenigen größeren DGB-Gewerkschaften, die schwerpunktmäßig Beschäftigte im öffentlichen Dienst vertreten. Die Hauptvorstände der ÖTV und der Postgewerkschaft gaben an, eigene Streikdaten nicht systematisch zu erheben und auch kein sonstiges Material zu Arbeitskämpfen zu besitzen. Die Gewerkschaft der Eisenbahner Deutschlands und die Gewerkschaft Gartenbau, Land- und Forstwirtschaft teilten mit, es hätten keine Streiks in ihrem Bereich stattgefunden[54].

Ebenso wie die Bereitschaft, Streikdaten offen zu legen, differierten Methode und Aufwand, mit der Arbeitskämpfe registriert wurden, z.T. erheblich. So verfügte insbesondere die IG Druck und Papier über eine recht präzise Kenntnis des Streikgeschehens, die sie auch der Öffentlichkeit zugänglich machte, während die ÖTV oder die IG Bau- Steine-Erden[55] keine oder nur vage Angaben machen konnten oder wollten.

Für die Arbeitskampfstatistik der Bundesrepublik war die möglichst vollständige Erfassung aller Arbeitskämpfe eine zentrale Zielvorgabe. Der Organisationsbereich der IG Metall, der größten Einzelgewerkschaft der Welt, deckte gut ein Fünftel der unselbständig Beschäftigten – und mehr als die Hälfte der Beschäftigten in der Industrie – in der Bundesrepublik ab. Da zudem viele der nicht zum Metallbereich gehörenden Wirtschaftszweige als streikarm zu gelten haben, wird der hohe Stellenwert deutlich, den die Materialien der IG Metall – trotz der erwähnten Schwachpunkte – für die Arbeitskampfstatistik haben. Daß einige der anderen DGB- Gewerkschaften eine vergleichbare Sammlung nicht zur Verfügung stellen konnten oder wollten, bedeutet daher keine gravierende Erhöhung der "Dunkelziffer" von Beteiligten und Ausfalltagen innerhalb der Gesamterhebung. Allerdings ist eine geringe Überrepräsentanz des ohnehin größten Gewerkschaftsbereichs bei spontanen Streiks zu vermuten. Auch ist dort der Anteil der vollständig und mehrfach dokumentierten Fälle höher. Umgekehrt gilt insbe-

---

53 Die Erhebung durch uns erfolgte teils vor Ort, teils schriftlich mittels Fragebögen. Als einzige nicht dem DGB angehörende Gewerkschaft wurde die DAG befragt. Das dortige Material war für statistische Zwecke ungeeignet. Der DGB als Dachorganisation führte keine eigenen Erhebungen durch.

54 Im Bereich der GdED hatten jedoch im Zeitraum 1969-80 kleinere (nicht offizielle) Streiks stattgefunden; offiziell hatte man sich am Warnstreik d.J. 1974 im öffentlichen Dienst beteiligt.

55 Die zumindest beim bundesweiten Bauarbeiterstreik 1978 verwendeten Berichtsbögen blieben Verschlußsache - ein starkes Indiz, die publizierten Streikzahlen mit Vorbehalt zu betrachten.

sondere für die Organisationsbereiche der ÖTV, der Postgewerkschaft und der Gewerkschaft Bau-Steine-Erden, daß deren tatsächlicher Streikanteil nicht voll erfaßt sein dürfte. Im Bereich des öffentlichen Dienstes, der nach Beschäftigten – etwa ein Fünftel der unselbständig Beschäftigten – und Streikhäufigkeit von großer Bedeutung ist, konnte der Ausfall von Gewerkschaftsmaterialien jedoch teilweise kompensiert werden: Anders als in der Privatwirtschaft wurden hier auch kleinere Aktionen von der Öffentlichkeit häufig aufmerksam registriert. Die durch die Beeinträchtigung von Versorgungsleistungen bewirkte Publizität stellte geradezu ein konstitutives Element der Streiktaktik dar. Zeitungen sind hier also eine recht ergiebige Quelle[56].

3. Gedrucktes Material

Bei unserer Erhebung von Arbeitskampfdaten wurde auf eine systematische Auswertung von Presse- und anderen Druckerzeugnissen großer Wert gelegt. Auf Material jüngeren Datums stößt man bei den meisten Tarifabteilungen der Hauptvorstände und Landesverbände der DGB-Gewerkschaften; für eine systematische Erfassung sind diese Stellen jedoch wenig geeignet. Systematisch wurden zunächst Presseausschnittsarchive bearbeitet, und zwar beim Otto-Suhr-Institut sowie beim Verbändearchiv des Zentralinstituts für sozialwissenschaftliche Forschung, beides Institute an der Freien Universität Berlin. Sodann wurden weitere kleinere Sammlungen zu Arbeitskämpfen ausgewertet: Über den Zeitraum seit Gründung der Bundesrepublik erstreckt sich das von Klaus Dammann an der Universität Bielefeld zusammengetragene Material über Streiks im öffentlichen Dienst. Es basiert überwiegend auf Presseausschnitten, wobei auch die Regional- und Gewerkschaftspresse einbezogen wurde. Ebenfalls aus Presseausschnitten, teils auch aus betrieblichen und gewerkschaftlichen Materialien, besteht die Sammlung des DKP-nahen Instituts für marxistische Studien und Forschungen (IMSF) in Frankfurt, die Mitte der 70er Jahre aufgebaut worden ist. Gewerkschaftsnahes Material, insbesondere auch "graue" Literatur, wird auch im Archiv für soziale Demokratie der Friedrich-Ebert-Stiftung, Bonn-Bad Godesberg, gesammelt.

3.1. Zeitungen und Zeitschriften

Da diese Stellen nur ein begrenztes und zudem teils wechselndes Spektrum an Druckerzeugnissen sammelten, wurden zusätzlich einige Zeitschriften und Zeitungen durchgängig nach Meldungen über Arbeitskämpfe geprüft. Als besonders ergiebig erwiesen sich hier das DKP-Organ *Unsere Zeit* und der linkssozialistische *express*, die auch über eigene, von Agenturen und Gewerkschaften unabhängige Informationsquellen verfüg-

---

56 Den Arbeitsämtern wurde von den kommunalen Arbeitgebern nur ein Bruchteil der (Warn-) Streiks gemeldet; besser war die "Meldemoral" im Bereich der Bundespost.

ten[57]. Auch hier war zu berücksichtigen, daß Beteiligtenzahlen zuweilen überhöht angegeben wurden[58]. Bei Problemfällen wurde schließlich als dritter Schritt versucht, auf die Gewerkschafts- und Regionalpresse zurückzugreifen, sofern sie mit vertretbarem Aufwand zugänglich zu machen war[59].

Zeitungen und Zeitschriften (ohne Fachzeitschriften) sind allgemein als die ungenaueste Quelle bezüglich Beteiligter und Ausfalltage zu betrachten. Auch gleichlautende Daten und Sachverhalte in mehreren Zeitungen sind kein sicheres Indiz für die Richtigkeit der Angabe. Von Ausnahmen abgesehen, wurde jedoch angenommen, daß einem Streikbericht auch tatsächlich ein Arbeitskampf zugrunde gelegen hat. Manche Fälle, über die lediglich Pressemeldungen vorhanden waren, mußten allerdings mit "Beteiligtenzahl unbekannt" vercodet werden. Der Nutzen einer Presseauswertung besteht vor allem in dem Gewinn einer großen Zahl von Arbeitskämpfen, über die aus anderen Quellen keine oder lückenhafte Informationen vorliegen, d.h. in der Erhöhung der Vollständigkeit bei der Erfassung von Fällen[60].

3.2. Literatur

Nachdem der Arbeitskampf in der wissenschaftlichen und nichtwissenschaftlichen Literatur – mit Ausnahme rechtswissenschaftlicher Abhandlungen – lange Zeit wenig Beachtung gefunden hatte, nahm im Zuge der akademischen Hinwendung zur Arbeiterbewegung Ende der 60er Jahre die Zahl der Publikationen sprunghaft zu. Hierbei spielte besonders die spontane Streikwelle im Herbst 1969 eine wichtige Rolle. Der Löwenanteil der Publikationen entstand im Umkreis der Studentenbewegung und ihrer späteren Fraktionierungen. In zweiter Linie – und teils in Personalunion – stammten sie von gewerkschaftlichen Gruppierungen. Parallel zum Abflauen der spontanen Streiks – jedoch mit zeitlicher Verzögerung – ging in der zweiten Hälfte der 70er Jahre das Interesse am Streik als Indikator des Klassenkampfs allmählich wieder zurück. Bei den von uns erfaßten Publikationen sind zu unterscheiden:

- Dokumentationen und Berichte zu einzelnen Aktionen, die häufig von Beteiligten erstellt wurden. Sie zielten auf öffentliche Wirkung und erhoben keinen wissenschaftlichen Anspruch.
- tabellarische Übersichten, in denen versucht wurde, sämtliche oder bestimmte Arten der Arbeitskämpfe eines Zeitraums zu erfassen.
- Literatur mit wissenschaftlichem Anspruch.

---

57 Durchgängig für die Erscheinungsjahre wurden ausgewertet: *express, Unsere Zeit, Frankfurter Allgemeine Zeitung, Frankfurter Rundschau, Süddeutsche Zeitung* und der hauptsächlich auf einer Auswertung der Gewerkschaftspresse beruhende *Gewerkschafts-Spiegel*; weitere 34 Periodika wurden sporadisch herangezogen.
58 Besonders beim *Gewerkschafts-Spiegel* .
59 Neben den erwähnten Sammlungen: Zeitungsarchiv Dortmund; Institut für Publizistik der FU Berlin.
60 Insbesondere im Bereich des öffentlichen Dienstes und bei Streikwellen.

Als Quelle für die Arbeitskampfstatistik war die Literatur erwartungsgemäß von sehr unterschiedlicher Qualität, auch innerhalb eines Typs. Dokumentationen und Berichte waren die am wenigsten ergiebige Quelle für die in der Erhebung gemessenen Variablen; das Verhältnis von Aufwand und Ertrag war am ungünstigsten. Bei manchen Fällen konnten jedoch Korrekturen und Ergänzungen angebracht, einige Arbeitskämpfe auch zusätzlich in den Datensatz aufgenommen werden. Von Nutzen vor allem für eine ergänzende Auswertung waren die tabellarischen Übersichten in Form von Jahrsrückblicken, wie sie seit den späten 60er Jahren von verschiedenen Seiten publiziert werden[61]. Aus dem Bereich der wissenschaftlichen Literatur sind reine Sekundäranalysen, wie streiktheoretische oder juristische Untersuchungen, ohne Wert für die Statistik; auch von der übrigen wissenschaftlichen Literatur war nur ein Teil für eine quantitative Auswertung geeignet. Hervorzuheben sind hier die Arbeiten von Kalbitz – hier konnten wir den zugrundeliegenden Datensatz in die eigene Erhebung einarbeiten – sowie von Dammann und Bertelsmann[62].

4. Schlußfolgerungen für die historische Statistik der Arbeitskämpfe in der Bundesrepublik

Abschließend soll zusammenfassend die Bedeutung der beschriebenen Quellen für eine statistische Erfassung von Streik und Aussperrung dargestellt werden, und kurz auf die zu erwartende Qualität des Zahlenmaterials eingegangen werden. Hierbei wird auf Ergebnisse des von uns erstellten Datensatz der Arbeitskämpfe Bezug genommen.

4.1. Die Zusammensetzung der Daten

Bezogen auf die gesamte Bundesrepublik wurden im Untersuchungszeitraum 1949 bis 1980 2725 Streiks und 113 Aussperrungen registriert. Davon sind 19 Streiks und 14 Aussperrungen nicht in die Auswertungen eingegangen, bei denen die Datenbasis zu schmal war[63]. Rechnet man nach Bundesländern getrennt, ergeben sich an ausgewerteten Fällen

---

61 Die Aktionstabellen des IMSF sind in der Reihe "Soziale Bewegungen" bzw. "nachrichtenreihe" erschienen (verschiedene Titel). Weitere (jährlich-aktuelle) Zusammenstellungen finden sich in dem oben erwähnten *Gewerkschafts-Spiegel* (lfd.), sowie in *Gewerkschaften und Klassenkampf* (lfd.); Duhm/Mückenberger 1977; *Kritisches Gewerkschaftsjahrbuch* (lfd.); Schäfer 1973; *express* (lfd.); Redaktionskollektiv "express" 1974; *Konsequent* (1979-80, nur Berlin); Rische u.a. 1979; Wieser 1973; *Marxistische Blätter* 6 (1968) 1 und 4. Langzeitreihen bzw. -listen enthalten die erwähnten Arbeiten von Kalbitz (Streiks u. Aussperrungen), Dammann (Streiks im öffentlichen Dienst), Bertelsmann (Aussperrungen) und weitere, die jedoch auf den vorgenannten basieren oder von geringerer Qualität sind (z.B. Hagelstange, Schneider, Müller-Jentsch, Jacobi).
62 Kalbitz 1972a und 1979; Dammann 1977a und 1977b; Bertelsmann 1979.
63 Häufig war hierbei nicht zu klären, ob bzw. in welchem Außmaß die Aktion während der Arbeitszeit stattgefunden hatte. (Die bei weitem größten waren die Protestaktionen um die Mitbestimmungsfrage 1952 und um die Krankenversicherungsreform 1960.)

3076 Streiks und 126 Aussperrungen[64], von denen 53% zugleich Streikende betrafen ("Doppelerfassung"). Der Erhebungsbogen enthielt 35 Variablen (wie Branche, Streikziel, Beschäftigte in den Betrieben, Beteiligung von Angestellten etc.), die hier nicht im Einzelnen diskutiert werden; die Internationale Arbeitsorganisation und die OECD haben Empfehlungen zur Arbeitskampfstatistik herausgegeben, die – soweit möglich und sinnvoll – berücksichtigt wurden[65]. Die zentralen Meßgrößen sind Fallzahl, Beteiligte und Ausfalltage ("man days lost"), mit denen Häufigkeit, Größe und Intensität von Arbeitskämpfen abgebildet werden[66].

Welches Gewicht ergab sich nun für die einzelnen Provenienzgruppen innerhalb des neuerhobenen Datensatzes der Arbeitskämpfe? Bezogen auf die *Größe* und besonders die *Intensität* waren die Materialien der Landesarbeitsämter die wichtigste Quelle der Erhebung. Nach der *Häufigkeit* waren Gewerkschaften, Literatur und Arbeitsverwaltung annähernd gleichrangig. Die Tabelle auf Seite 360 zeigt die Herkunft der wichtigsten Informationen im Datensatz 1969-1980[67].

Für die 60 *Aussperrungen* des Zeitraums waren die Landesarbeitsämter in 55% der Fälle die wichtigste Provenienz; in diesen waren fast sämtliche Betroffenen und Ausfalltage (98,9 bzw. 99,3%) enthalten.

"Maßgeblich" heißt nicht, daß die Daten allein diesem Quellentyp entnommen wurden, sondern daß die erhobenen Werte für Beteiligte und Ausfalltage den dort verzeichneten am nächsten kommen. War ein Arbeitskampf in mehreren Quellentypen dokumentiert, wurde er zur Gänze demjenigen zugeordnet, dem der überwiegende Anteil der summierten Werte entnommen wurde. Die aus der Arbeitsverwaltung stammenden

---

64 Davon entstammen 918 Streiks und 30 Aussperrungen der von Rainer Kalbitz erstellten Erhebung 1949-1968. Hiervon wurden korrigiert, d.h. zentrale Meßgrößen neu erhoben: 8% der Arbeitskampffälle mit 14% der Beteiligten; bezieht man auch andere Variablen ein (ohne programmtechnische Transformationen), wurden bei 23% der Fälle der Fremderhebung (mit 68% der Beteiligten) Änderungen vorgenommen.

65 Vgl. Fisher 1973, 56 ff., 221 ff. Die Empfehlungen der IAO sind bereits 1926 verabschiedet worden; zuletzt in: International Labour Office 1976, 121; siehe auch Walsh 1983, 9 ff. Die gemessenen Merkmale werden ausführlich im Textteil des Tabellenwerks behandelt (Spode 1991). Zum Fallbegriff sei jedoch angemerkt: Die Häufigkeit von Arbeitskämpfen (und damit auch andere Maßzahlen) ist nur bedingt quellenseitig vorgegeben; sie ist - wenn der Arbeitskampf länger andauert und/oder mehr als ein Betrieb betroffen ist - zum einen abhängig von definitorischen Vorgaben (z.B. über das Zeitintervall), zum anderen ergibt sie sich auch aus der jeweils betrachteten Grundgesamtheit: Die Fallzahl erhöht sich rein rechnerisch (durchschnittliche Größe und Intensität sinken), wenn anstelle des Gebiets der Bundesrepublik nach Bundesländern getrennt ausgewiesen wird. Ebenfalls differierende Fallzahlen erhält man natürlich, wenn nach den Kategorien Streik, Aussperrung und - als Oberbegriff - Arbeitskampf gefragt wird. Größe und Intensität von Streiks können überdies durch die Entscheidung beeinflußt werden, die zugleich von einer Aussperrung betroffenen Arbeitnehmer herauszurechnen oder einzubeziehen (letzteres ist im allgemeinen die angemessene Lösung).

66 Volkmann 1981, 141 ff.; siehe auch Fisher 1973, 58 ff.; Walsh 1983, 22 ff.

67 Für den Zeitraum 1949-1968 kann keine genaue Angabe gemacht werden, da die von Kalbitz übernommenen Daten keine entsprechende Variable enthielten. Es ist von einer ähnlichen Quellenstruktur auszugehen, wobei die Konzentration auf das Material der amtlichen Statistik noch höher liegen dürfte.

Zahlen wurden häufig durch zusätzlich aufgenommene Betriebe, Neuberechnungen und Schätzungen erhöht[68].

Tabelle 1: Anteil der maßgeblichen Quellentypen an den 2096 Streiks 1969-1980

QUELLE	FÄLLE	BETEILIGTE	AUSFALL-TAGE
	(bezog. auf Länder)		
	%	%	%
Arbeitsverwaltung (St 87)	26,7	43,1	91,8
Gewerkschaften (Listen,Bögen)	28,9	23,8	2,2
Sekundärliteratur	27,3	13,9	2,5
Presseerzeugnisse	15,8	18,6	3,1
Sonstiges	1,3	0,6	0,4
	100,0	100,0	100,0

4.2. Fehlerdiskussion

Nur zu oft erwecken auf zwei Kommastellen genaue Zahlenangaben einen Eindruck strenger Exaktheit, der durch die Quellen in keiner Weise gedeckt ist. Um dem Leser die Möglichkeit zu geben, die Aussagefähigkeit einer auf den oben dargestellten Materialien beruhenden Arbeitskampfstatistik einzuschätzen, wird hier versucht, die Fehlerbreite genauer zu bestimmen. Es werden nur die Parameter Häufigkeit, Größe und Intensität betrachtet.

Wie wohl in den meisten EDV-lesbaren Primärerhebungen zur historischen Statistik, sind auch bei der Neuerhebung von Arbeitskämpfen im wesentlichen drei Fehlertypen zu erwarten:

1. Übertragungs-, bzw. Eingabefehler;
2. Aufnahme fehlerhafter Informationen, bzw. – bei unvollständiger oder widersprüchlicher Information – Schätzfehler;
3. Nichtaufnahme eines Falles, da er in den ausgewerteten Quellen nicht enthalten ist oder übersehen wurde.

Technische Fehler sind mittels Prüfprogrammen weitgehend eliminierbar. Auf die Fehlertypen 2 und 3 ist detaillierter einzugehen.

---

68 Die Anteilswerte entsprechen also nicht den Anteilen der Ausweisungen der amtlichen Statistik bezogen auf die Ausweisungen der Neuerhebung.

4.2.1. Meßfehler

Was fehlerhafte, unvollständige und widersprüchliche Urdaten betrifft, so war es zumindest bei den größeren Arbeitskämpfen fast immer möglich, durch Abgleich verschiedener Quellen zu hinreichend gesicherten Ergebnissen zu kommen. Denn es besteht im allgemeinen ein deutlicher Zusammenhang zwischen der Publizität eines Arbeitskampfs – und damit der Chance ihn in den Quellen aufzufinden – und seiner Intensität und Größe. In Zahlen ausgedrückt: Im Zeitraum 1969 – 1980 waren 52% der ausgewerteten Streiks[69] nur in einem der vier Quellentypen – Arbeitsverwaltung, Gewerkschaften, Sekundärliteratur, Presseerzeugnisse – dokumentiert. Sie repräsentieren jedoch nur 12% der Beteiligten und 3% der Ausfalltage. Bei den Aussperrungen lautet das Verhältnis: 37% der Fälle sind nur in einem Quellentyp dokumentiert, sie repräsentieren ganze 0,4% der Betroffenen und 0,1% der Ausfalltage.

Wichen Angaben über Betriebe, Beteiligte oder Ausfalltage in verschiedenen Quellen voneinander ab, wurden gewöhnlich die Angaben der Arbeitsverwaltung den gewerkschaftlichen, diese der Sekundärliteratur und diese wiederum den Pressemeldungen vorgezogen. Ein schematisches Verfahren wäre hier allerdings unsinnig; die Quellenkritik konnte auch zu einer anderen Rangfolge führen. Vereinzelt mußte auch gemittelt oder die Information als "unbekannt" aufgenommen werden. In Fällen solcher Abweichungen soll hier – sofern es sich um die Variablen Betriebe, Beteiligte und/oder Ausfalltage handelt – von einer Schätzung gesprochen werden. Eine Schätzung lag auch vor, wenn offensichtlich zu hohe Werte eines nur einmal dokumentierten Falls reduziert wurden und wenn ein Fall eine Vielzahl von Betrieben umfaßte, von denen einer oder mehrere unvollständig dokumentiert waren.

Für in die Auswertung aufgenommene Fälle, von denen lediglich bekannt war, daß es sich um kleinere Aktionen handelte, wurden Beteiligte und/oder Ausfalltage mittels Konstanten automatisch berechnet. Während diese nur einen geringen Anteil am Gesamtdatensatz ausmachen, ist die Zahl der Fälle, bei denen im Prozeß der Erhebung ein oder mehrere zentrale Parameter geschätzt wurden, oder in die zumindest Schätzungen eingingen, nicht unbeträchtlich. Ob ein Fall in irgendeiner Form eigene Schätzungen enthält, wurde in einer entsprechenden Variable eingetragen; danach sind – bezogen auf Bundesländer – bei einem Siebentel der Streik- und Aussperrungsfälle solche Ungenauigkeiten enthalten. Die Fälle betreffen ein Viertel der ausgewiesenen Beteiligten und ein Zehntel der Ausfalltage[70].

---

69 Nach Bundesländern. Für 1949-1968 ist hierzu keine Quantifizierung möglich.

70 Der Datensatz enthält (bezogen auf Bundesländer) 389 Streiks und Aussperrungen, bei denen die Variablen Betriebe, Beteiligte und/oder Ausfalltage mittels Quellenabgleich, Fortschreibung oder anderen Verfahren geschätzt wurden. Das sind 12,1% aller ausgewerteten Fälle; auf diesen sind 24,3% der Beteiligten und 9,6% der Ausfalltage verzeichnet. Für weitere 15 Fälle, d.s. 0,5% mit 0,1% der Beteiligten, bestanden andere Unsicherheiten (überwiegend bereitete die Bestimmung der Fallgrenze Probleme). Überdies "vom Computer" geschätzt wurden 65 Fälle, d.s. 2,0% mit 0,1% der Beteiligten; hierbei wurden die fehlenden Werte durch Konstanten ersetzt. Zu einem ähnlichen Vorgehen vgl. Machtan 1984, 488.

Bei den geschätzten Fällen ist für Beteiligte und Ausfalltage mit einer Fehlerbreite in der Größenordnung von zehn Prozent zu rechnen[71]. Anders als in der amtlichen Statistik erzeugen die Abweichungen jedoch – soweit erkennbar – keinen systematischen Bias und dürften sich im Mittel bei genügend großer Fallzahl in etwa aufheben. Als Schätzung gilt nur eine von uns vorgenommene Abgleichung oder Ergänzung der den Quellen entnommenen Informationen über die zentralen Parameter. Keine Schätzung in diesem Sinne ist es mithin, wenn bereits das Urmaterial Nährungswerte enthält – was bei den großen Arbeitskämpfen nicht selten zutreffen dürfte. Hier ist die Fehlerbreite allerdings relativ geringer; Abweichungen nach oben dürften kaum vorkommen. Für die Gesamtheit der ausgewerteten Fälle ist bei den Beteiligten und Ausfalltagen daher von Mindestgrößen auszugehen. Berücksichtigt man auch diese verdeckten Ungenauigkeiten, ist anzunehmen, daß eine Mehrzahl der Fälle (mit einer großen Mehrheit der ausgewiesenen Beteiligten) Werte enthält, die nicht genau mit den tatsächlichen übereinstimmen. Gemessen an allgemeinen statistischen Standards ist dieser Anteil sehr hoch; gemessen an allen billigerweise zu stellenden Anforderungen an eine Arbeitskampfstatistik, die es mit einem exakt nur schwer meßbaren Mengenphänomen zu tun hat, liegt dieser Anteil am unteren Ende der möglichen Fehlerbreite.

4.2.2. "Dunkelziffer"

Eine wichtige methodische Vorgabe der Erhebung war das Prinzip der Vollständigkeit. Es stellt sich die Frage nach dem dritten Fehlertyp, dem Ausmaß der nicht erfaßten Arbeitskämpfe. Es liegt auf der Hand, daß nicht alle Arbeitskämpfe, die im Untersuchungszeitraum stattgefunden haben, im Datensatz enthalten sein können. Eine statistisch korrekte Schätzung der "Dunkelziffer" ist nicht möglich[72]. Allerdings lassen sich plausible Annahmen über die Differenzen zu einer – nur hypothetisch möglichen – Totalerhebung treffen: Die vorhandene Grundgesamtheit kann als eine Stichprobe aus der sämtliche Arbeitskämpfe umfassenden Zielgesamtheit betrachtet werden, die nach dem Konzentrationsprinzip ausgewählt wurde. Hierfür spricht sowohl die Verteilung der Bestandsmassen als auch die Tatsache, daß Größe und Intensität eines Arbeitskampfs sich in der Zahl der Quellen, in denen er dokumentiert ist, niederschlagen. In mehreren Quellentypen enthaltene Arbeitskämpfe waren durchschnittlich neun mal so groß wie die nur in einem enthaltenen. Der Datensatz dürfte die größeren und intensiveren Arbeitskämpfe, die im Untersuchungszeitraum stattgefunden haben, fast ausnahmslos enthalten. Als ungefährer Richtwert kann als Untergrenze eines "größeren" Arbeitskampfs eine Zahl von 500 Beteiligten angenommen werden. Wie hoch die Zahl der kleineren

---

71 Wobei die Möglichkeit einzelner "Ausrutscher" nicht ausgeschlossen werden kann. Die Fehlertoleranz ergab sich aus dem Vergleich ursprünglich geschätzter Werte mit erst später aufgenommenen, genauen Informationen.

72 Hierzu müßte man über eine quotierte Stichprobe verfügen, für die eine Totalerhebung garantiert werden kann.

Streiks wirklich war, ist dagegen schwer abschätzbar[73]; daher ist auch ihre relative Häufigkeit im Datensatz kaum mehr als eine grobe Annäherung an die empirische Verteilung.

Mit der gebotenen Vorsicht kann dennoch eine Angabe der Ober- und Untergrenzen der relativen Stichprobengröße gewagt werden: Die Erfassungsquote der Fälle – der unsichersten Größe – dürfte innerhalb eines Intervalls von 50 bis 95% liegen, die der Beteiligten zwischen 80 und 99%, die der Ausfalltage zwischen 95 und fast 100%[74]. Als gesichert kann gelten, daß die Grundgesamtheit – auch in der relativ am schwächsten repräsentierten Gruppe der kleineren Arbeitskämpfe – tragfähige Aussagen über strukturelle Faktoren erlaubt, sowie daß eine weitergehende Erfassung keine gravierenden Veränderungen in den Randverteilungen der wichtigsten Meßgrößen – Beteiligte und Ausfalltage – bewirken würde. Der ausgewertete Datensatz enthält 1003 Streiks mit maximal 100 Beteiligten. Sie machen 37% aller Streiks aus; die 1948 Streiks mit maximal 500 Beteiligten 72%. An den Streiks mit bis 100 Beteiligten aber hatten lediglich 0,7% aller Streikenden teilgenommen, an den mit bis 500 Beteiligten 4,1%[75] – Größe und Intensität von Arbeitskämpfen sind extrem hoch konzentriert. Auf die fünf größten Streiks (d.h. 0,2% aller Streikfälle) entfallen 21% der Streikenden des Untersuchungszeitraums, auf die fünf intensivsten Streiks 40% aller Ausfalltage. Die Aussperrung in der Metallindustrie Baden-Württembergs 1971, die größte und zugleich intensivste des Untersuchungszeitraums (1% aller Aussperrungsfälle), enthält allein 29% der Ausgesperrten und ein Drittel der Ausfalltage aller in die Auswertungen aufgenommenen Aussperrungen. Die möglichst vollständige Erfassung auch der kleineren Aktionen kann daher nur in zweiter Linie der Komplettierung der Gesamtzahlen dienen. In erster Linie erlaubt sie, Ausmaß und Struktur der alltäglichen Konflikte und ihre Beziehung zu den großen, spektakulären Arbeitskämpfen der Streikforschung zugänglich zu machen. Dieses stete, mal lautere mal leisere Hintergrundrauschen der Arbeitsbeziehungen verlohnt allemal der Mühe statistischer Aufzeichnung – durchschnittlich fand in der als streikarm geltenden Bundesrepublik mindestens an jedem dritten Werktag eine Arbeitsniederlegung statt.

---

73 Die Annahme von Kalbitz (1972a, 186), kurze, spontane Streiks blieben "in der Regel ... unbemerkt" ist schon aus logischen Gründen weder zu beweisen noch zu widerlegen. Auch kleinere Aktionen dringen über Lokalredaktionen und Gewerkschaftsbüros an die Öffentlichkeit; das Problem verschiebt sich dann von der Nichtexistenz von Informationen auf ihre mangelnde Erschließbarkeit und Zuverlässigkeit.

74 Unter der plausiblen Annahme, daß die Zahl nicht registrierter Streiks mit mehr als 500 Beteiligten zu vernachlässigen ist, lassen sich diese Bandbreiten für drei hypothetische Erfassungsquoten noch weiter bestimmen: Ist die tatsächliche Zahl der kleineren Aktionen um 10% höher als die erhobene, enthält der Datensatz 93% aller Streiks. Ist sie um 25% höher, sind 85% erfaßt. Ist sie um 50% höher, sind 74% erfaßt; bezogen auf die Beteiligten läge dann der Fehlbestand unter 2%, bei den Ausfalltagen unter 1%. (Die zwar registrierten, aber nicht ausgewerteten Fälle im Datensatz sind hierbei allerdings nicht berücksichtigt, könnten sie sämtlich verifiziert werden - was unwahrscheinlich ist -, erhöhte sich der Fehlbestand bei den Beteiligten auf über 10%, bei den Ausfalltagen auf gut 1%.)

75 Aussperrungen: bis 100 = 42% der Fälle mit 0,2% der Betroffenen; bis 500 = 72% der Fälle mit 0,8% der Betroffenen.

Die relative Stichprobengröße ist leider nicht für alle Jahre des Untersuchungszeitraums konstant. Bei Ausfalltagen und – mit Abstrichen – Beteiligten, sind die Schwankungen in der Erfassungsquote gering. Bei der Fallzahl bestehen für verschiedene
Zeiträume verschieden große Lücken, die vor allem in nicht mehr behebbaren Defiziten
der quellenmäßigen Überlieferung ihre Ursache finden[76]. Es lassen sich drei Phasen unterscheiden:

– Die relativ größte "Dunkelziffer" besteht für die ersten Jahre der Erhebung. Die Arbeitskämpfe der Frühphase der Bundesrepublik sind am unvollständigsten erfaßt[77];
  die teils Traditionen vor 1933 aufgreifenden, teils in den spezifischen Konfliktlagen
  des Neuaufbaus gründenden Streikmuster werden in den Tabellen nur in groben
  Umrissen sichtbar.

– In der Folgezeit wurden Arbeitskämpfe mehr und mehr zu einer Anomalie im industriellen System, bis in der ersten Hälfte der 60er Jahre die Streikhäufigkeit auf extrem niedrige Werte zurückging[78]. Die Gesamtzahl der Beteiligten und Ausfalltage
  konzentrierte sich überdurchschnittlich stark auf eine geringe Zahl von Arbeitskämpfen. In dem streikarmen Jahrzehnt von Mitte der 50er bis Mitte der 60er Jahre
  dürften nur wenige Fälle der Erfassung entgehen.

– Ebenfalls gut erfaßbar ist der Wiederanstieg der Streikaktivität seit der zweiten
  Hälfte der 60er Jahre; der höchste Grad an Vollständigkeit dürfte für die 70er Jahre
  zu erreichen sein. Gewisse Abstriche sind bei den Metallbranchen für 1967-69 und
  1977-80 zu machen (s. Abs. 2.2.1). Mit der zunächst stark zunehmenden
  Streikhäufigkeit[79] – 1973 wurde ihr Spitzenwert im Untersuchungszeitraum erreicht

76 Für den Zeitraum 1949-1968 insgesamt ist von einem etwas geringeren Grad an Vollständig-
    keit bei der Erfassung kleiner Aktionen auszugehen. Die Quellenbasis der von Kalbitz erstell-
    ten Fremderhebung war etwas schmaler; zudem hatte er z.T. strengere Maßstäbe für Verifi-
    zierung und Informationsmenge gewählt, d.h. eine größere Zahl von registrierten Fällen nicht
    aufgenommen. Angaben zur Repräsentativität seiner Erhebung werden nicht näher begrün-
    det und sind widersprüchlich: Einerseits sollten ungefähr 80% aller tatsächlich stattgefun-
    denen Arbeitskämpfe im Datensatz enthalten sein, andererseits heißt es, daß von den nicht
    gewerkschaftlichen Streiks nur der kleinere Teil erfaßt worden sei, woraus sich eine nach un-
    ten offene Quote von maximal 64% errechnet. Vgl. Kalbitz 1972b, 496 vs. 1972a, 186.
77 Die relativ hohe Streikaktivität der Nachkriegsjahre ebbte erst Mitte der 50er Jahre ab. Im
    Datensatz ist der unterdurchschnittliche Anteil von Streiks kurzer Dauer, geringer Beteili-
    gung und von nicht gewerkschaftlichen Streiks der Jahre 1949-1956 Folge der geringen Er-
    fassungsquote dieser Streiktypen. Ebenso die überdurchschnittlich hohen Mittelwerte in die-
    sem Zeitraum. Am deutlichsten die Dauer der erfaßten Streiks (Median): 1949-52 = 3; 1953-
    56 = 5; 1957-64 = 2; 1965-68 = 0,5; 1969-80 = 0,25 Tage. Während 1949-1956 über die Hälfte
    der registrierten Streiks gewerkschaftlich organisiert waren, liegt der Anteil in den folgenden
    Jahren deutlich unter 50% (Minimum 1973 = 2%); tatsächlich jedoch dürften auch in der
    Frühphase die nicht gewerkschaftlichen Aktionen nach Zahl und Umfang einen weit größeren
    Anteil ausmachen.
78 Der Tiefstand der Streikaktivität wurde 1965 mit 15 Streiks und ca. 6000 Beteiligten erreicht,
    das entsprach einer Quote von 0,003% der abhängig Beschäftigten; die durchschnittliche
    Streikdauer pro Arbeitnehmer betrug eine Minute im Jahr.
79 Wohl ist mit Kalbitz (1972a, 186 ff.) zu betonen, daß die spontanen Aktionen im Herbst 1969
    eine lange Vorgeschichte hatten, dennoch stellen sie nach Qualität und Quantität eine Zäsur

– ging auch ein zunehmendes Interesse der Öffentlichkeit einher, so daß die Quellenlage als überdurchschnittlich gut zu bezeichnen ist.

4.2.3. Zusammenfassung

Sieht man die Fehler durch Eingabe, Schätzung und Auslassung im Zusammenhang, wird deutlich, daß es von den Zeiträumen und den jeweils untersuchten Parametern abhängt, welcher Fehlertyp für Auswertungen "gefährlich" werden kann: Schätzfehler (und wohl nur in geringem Ausmaß Eingabefehler) wirken sich auf die Summenangaben über die Beteiligten und Ausfalltage aus. Bei einem großen Streik beträgt eine fünfprozentige Abweichung leicht ein Vielfaches der Werte kleinerer – registrierter oder nicht registrierter – Aktionen. Ist die betrachtete Gesamtheit groß genug, sind die Abweichungen kaum problematisch. Auslassungsfehler wirken sich auf die relative und absolute Häufigkeit der kleineren Arbeitskämpfe aus und schlagen stärker auf Lage- und Dispersionsmaße durch. Betrachtet man – wie ausgeführt – die Erhebung von Arbeitskämpfen als nach dem Konzentrationsprinzip ausgewählte Stichprobe, und beachtet man die unterschiedlichen Erfassungschancen, können Fehlinterpretationen der Daten relativ zuverlässig ausgeschlossen werden.

5. Schlußbemerkung

Wie in vielen Bereichen der Sozialstatistik kann das Verhältnis von Aufwand und Ertrag bei der Erfassung von Arbeitskämpfen als logarythmische Funktion gedacht werden, wobei die vorgestellte X-Achse den "Aufwand", die Y-Achse den "Ertrag" angibt. Für Häufigkeit, Größe und Intensität ergeben sich dann verschiedene, in der Reihenfolge zunehmend steile Kurven, die sich asymptotisch der Grenze der vollständigen Erfassung nähern (und bei unendlich großem Aufwand berühren würden). Der Punkt, an dem das Aufwand-Ertrag-Verhältnis als ausreichend angesehen und die Datenaufnahme abgebrochen wird, ergibt sich aus den gewählten Zwecken und den vorhandenen Ressourcen der Erhebung. So ist die von der amtlichen Statistik verwendete Untergrenze für eine Erhebung, die vor allem auf wirtschaftliche "Schäden" und "Verluste" abhebt, durchaus vertretbar. Bereits mit relativ geringem Aufwand ist ein hoher Ertrag bei der Erfassung der Intensität zu erzielen[80]. Vergleicht man die Zahlen der Neuerhebung mit denen der amtlichen Bundesstatistik, so zeigt sich, daß letztere nur einen Bruchteil der Beteiligten,

---

dar, die den Zeitgenossen zu recht als Ausbruch längst überwunden geglaubter Konfliktmuster erschien.

80 Eliminierte man alle Fälle aus der Neuerhebung, die die Kriterien eines "Bagatellfalls" (nach der 1952-66 gültigen, weniger restriktiven Definition) erfüllen, reduzierte sich die Zahl der Streiks zwar um 45%, die der Betriebe jedoch nur um 4%, der Beteiligten um 3%, der Ausfalltage um 0,2%.

aber die große Mehrzahl der Ausfalltage enthält[81]; im Gegensatz zu vielen strukturellen Merkmalen wurden die wirtschaftlichen "Verluste" recht gut erfaßt.

Der Hauptzweck einer Neuerhebung der Arbeitskämpfe in der Bundesrepublik kann allerdings nicht in der bloßen Korrektur der amtlichen Zählung liegen. Eine bessere Kenntnis der Gesamtzahl der Beteiligten und Ausfalltage ist zwar ein wichtiges Ergebnis, vor allem aber kommt es darauf an, die enge, für die Arbeitskampfforschung und die historische Sozialwissenschaft weithin ungeeignete Perspektive der amtlichen Statistik zu überwinden. Die hierfür erforderlichen Mittel – Erweiterung des Kanons der Meßgrößen, Offenheit der Ausweisungen für Vergleiche, Erhöhung von Vollständigkeit und Genauigkeit, Transparenz der quellenseitigen und methodischen Grundlagen – sind nur mit einem Aufwand zu erreichen, der von einer amtlichen Erhebung in einer demokratisch verfaßten Gesellschaft nicht erwartet werden kann[82].

Literatur

Ambs, Friedrich u.a.: *Gemeinschaftskommentar zum Arbeitsförderungsgesetz (GK-AFG)*, 1.-62. Lieferung, Darmstadt/Neuwied (1984).

Anonym: Industrial Disputes, in: *Yearbook of Labour Statistics*, 44/1984.

Ashenfelder, O./Johnson, G. E.: Bargaining Theory, Trade Unions, and Industrial Strike Activity, in: *American Economic Review*, 59/1969.

AVAVG. Gesetz über Arbeitsvermittlung und Arbeitslosenversicherung (...), 6. Aufl., München/Berlin 1966.

Bean, Ron: *Comparative industrial relations: an introduction to cross-national perspectives*, Bd. 1, London 1985.

Bertelsmann, Klaus: *Aussperrung. Eine Untersuchung iher Zulässigkeit unter besonderer Berücksichtigung ihrer geschichtlichen Entwicklung und Handhabung in der Praxis*, Berlin 1979 (Schriften zum Sozial- und Arbeitsrecht 45).

Brox, Hans/Rüthers, Bernd: *Arbeitskampfrecht. Ein Handbuch für die Praxis*, Stuttgart 1965.

Dammann, Klaus: *Organisierung und Kämpfe staatlicher Lohnabeiter in der BRD und Westberlin*, unveröffentl. Manuskript, Bielefeld 1977(a).

Dammann, Klaus: Gewerkschaftliche Organisierung und Kämpfe staatlicher Lohnarbeiter in der BRD, in: Armanski, Gerhard/Penth, Boris (Hrsg.): *Klassenbewegung, Staat und Krise. Konflikte im öffentlichen Dienst Westeuropas und den USA*, Berlin 1977(b).

Duhm Rainer/Mückenberger, Ulrich (Hrsg.): *Arbeitskampf im Krisenalltag. Wie man sich wehrt und warum*, Berlin 1977.

---

81 Insgesamt liegen die ausgewerteten Arbeitskämpfe der Neuerhebung 1949-1980 um fast 16.000 Betriebe (bzw. 80%), 3,8 Mill. Beteiligte (bzw. 90%) und 2,2 Mill. Ausfalltage (bzw. 9%) höher als in der Bundesstatistik angegeben. Mit 490 Betrieben, 120.000 Beteiligten und 67.000 Ausfalltagen ist der durchschnittliche Fehlbestand der Bundesstatistik somit größer als die Jahresgesamtzahlen in ca. einem Drittel der 32 untersuchten Jahre.
82 Vgl. Shalev 1978b, 321.

Fisher, Malcolm R.: *Masurement of Labour Disputes and their Economic Effects*, Paris 1973.

Hagelstange, Thomas: *Der Einfluß der ökonomischen Konjunktur auf die Streiktätigkeit und die Mitgliederstärke der Gewerkschaften in der BRD von 1950-1975*, Diss. Berlin 1978.

Hautsch, Gert/Bernd Semmler: *Stahlstreik und Tarifrunde 78/79*, Frankfurt a.M. 1979 (Soziale Bewegungen 7).

International Labour Office (Hrsg.): *International recommendations on labour statistics*, Genf 1976.

Jacobi, Otto: Streik der Chemiearbeiter 1971, in: *Gewerkschaften und Klassenkampf*, 1/1972.

Kalbitz, Rainer: *Die Arbeitskämpfe in der Bundesrepublik. Aussperrung und Streik 1948-1968*, Diss. Bochum 1972(a).

Kalbitz, Rainer: Die Streikstatistik der Bundesrepublik, in: *Gewerkschaftliche Monatshefte*, 23/1972(b).

Kalbitz, Rainer: Die amtliche Aussperrungsstatistik als objektive Orientierungsmöglichkeit?, in: *Arbeit und Recht*, 11/1977.

Kalbitz, Rainer: *Aussperrungen in der Bundesrepublik. Die vergessenen Konflikte*, Köln/Frankfurt a.M. 1979 (Schriftenreihe der Otto-Brenner-Stiftung 14).

Klees, Bernd: *Arbeitsförderungsgesetz. Textausgabe*. Stand 1. Januar 1978, mit einer Einführung, Darmstadt/Neuwied 1978.

Kreuzer, Klaus: *Die Neutralität der Bundesanstalt für Arbeit*, Baden-Baden 1975.

Machtan, Lothar: *Streiks und Aussperrungen im Deutschen Kaiserreich. Eine sozialgeschichtliche Dokumentation für die Jahre 1871 bis 1875*, Berlin 1984 (IWK Beiheft 9).

Müller-Jentsch, Walther/Hans-Joachim Sperling: Ecomomic Development, Labour Conflict and the Industrial Relations System im West Germany, in: Crouch, Collin/Alessandro Pizzorno (Hrsg.): *The Resurgence of Class Conflict in Western Europe since 1968*, Bd. 1, London usw. 1978.

Müller-Jentsch, Walther: Streiks und Streikbewegungen in der BRD 1950-1978, in: Bergmann, Joachim (Hrsg.): *Beiträge zur Soziologie der Gewerkschaften*, Frankfurt a.M. 1979.

Pickshaus, Klaus: Streiks und gewerkschaftliche Gegenmacht. Funktion und Entwicklungstendenzen von Streiks in der Bundesrepublik, in: *Marxistische Studien, Jahrbuch des IMSF*, 4/1981.

Redaktionskollektiv "express": *Spontane Streiks 1973. Krise der Gewerkschaftspolitik*, Offenbach 1974.

Rische, D. u.a. (Hrsg.): *Arbeitskämpfe 1978. Dokumente und Materialien*, Offenbach 1979 (Reihe Betrieb und Gewerkschaft).

Sange, Heinz: *Probleme des Streikkampfes unter den Bedingungen des staatsmonopolistischen Kapitalismus in Westdeutschland*, Diss. Berlin (DDR) 1962.

Schäfer, Heinz: Merkmale und Lehren der Lohnkämpfe 1970/72, in: *Marxistische Blätter*, 11/1973.

Schiekel, H./Grüner, H./Dalichau, G.: *Arbeitsförderungsgesetz (AFG)*. Vom 25. Juni 1969 (BGBl. I S.582). Kommentar, 1.-93. Lieferung, Percha (1987).

Schmidt, Eberhard: Spontane Streiks 1972/73, in: *Gewerkschaften und Klassenkampf*, 2/1973.

Schneider, Michael: *Aussperrung. Ihre Geschichte und Funktion vom Kaiserreich bis heute*, Köln 1980 (Schriftenreihe der Otto-Brenner-Stiftung 15).

Schönfelder, Erwin/Kranz, Günter/Wanka, Richard: *Kommentar zum Arbeitsförderungsgesetz - AFG -* vom 25. Juni 1969. Mit Änderungen, 1.-10. Lieferung, Stuttgart usw. (1984).

Seifert, Eberhard: *Inventarisierung und Evaluation amtlicher und privater Statistiken zur Erfassung von Arbeitszeitangaben nach heutigem Stand*, Paderborn 1983 (SAMF-Arbeitspapier 1983-4).

Shalev, Michael: Lies, Damned Lies and Strike Statistics: the Masurement of Trends in Industrial Conflict, in: Crouch, Collin/Pizzorno, Alessandro (Hrsg.): *The Resurgence of Class Conflict in Western Europe since 1968*, Bd. 1, London usw. 1978(a).

Shalev, Michael: Problems of Strike Masurement (Appendix II), in: Crouch, Collin/Alessandro Pizzorno (Hrsg.): *The Resurgence of Class Conflict in Western Europe since 1968*, Bd. 1, London usw. 1978(b).

Shorter, Edward/Charles Tilly: *Strikes in France 1830-1968*, London/New York 1974.

Spode, Hasso u.a.: *Statistik der Streiks und Aussperrungen in Deutschland 1933-1945*, (Arbeitstitel), St.Katharinen (voraus. 1991).

Spöhring, Walter: *Streiks im internationalen Vergleich. Eine theoretisch-methodische Literaturstudie über die Merkmale und Bedingungen der Streikmuster in vier westeuropäischen Ländern* (...), Diss. Göttingen 1980.

Stearns, Peter N.: Masuring the Evolution of Strike Movements, in: *International Review of Social History*, 19/1974.

Stern, R.N.: Methodological Issues in Quantitative Strike Analysis, in: *International Relations*, 17/1978.

Volkmann, Heinrich: Modernisierung des Arbeitskampfs? Zum Formwandel von Streik und Aussperrung in Deutschland 1864-1975, in: Kaelble, Hartmut u.a.: *Probleme der Modernisierung in Deutschland. Sozialhistorische Studien zum 19. und 20. Jahrhundert*, Opladen 1978.

Volkmann, Heinrich: Zur Entwicklung von Streik und Aussperrung in Deutschland 1899-1975, in: *Gewerkschaftliche Monatshefte*, 30/1979.

Volkmann, Heinrich: Möglichkeiten und Aufgaben quantitativer Arbeitskampfforschung in Deutschland, in: *IWK*, 17/1981.

Walsh, Kenneth: *Strikes in Europe and the Unites States, Masurement and Incidence*, London 1983.

Wieser, Harald (Hrsg.): *Jahrbuch zum Klassenkampf 1973* (...), Berlin 1973 (Rotbuch 103).

Verzeichnis der Archive

Archiv	Abkürzung
Bundesarchiv Koblenz	BA Koblenz
Geheimes Staatsarchiv Berlin Dahlem	GStA Berlin Dahlem
Zentrales Staatsarchiv Merseburg *(jetzt: Geheimes Staatsarchiv, Abtlg. Merseburg)*	ZStA Merseburg
Bayerisches Hauptstaatsarchiv München	HStA München
Hauptstaatsarchiv Düsseldorf	HStA Düsseldorf
Hauptstaatsarchiv Stuttgart	HStA Stuttgart
Landeshauptarchiv Koblenz	LHA Koblenz
Landesarchiv Saarbrücken	LA Saarbrücken
Landesarchiv Schleswig-Holstein	LSA Schleswig
Niedersächsisches Staatsarchiv Aurich	StA Aurich
Niedersächsisches Staatsarchiv Wolfenbüttel	StA Wolfenbüttel
Niedersächsisches Staatsarchiv Osnabrück	StA Osnabrück
Staatsarchiv Bremen	StAB
Staatsarchiv Dresden	St.A.D.
Staatsarchiv Hamburg	StAH
Staatsarchiv Ludwigsburg	StA Ludwigsburg
Staatsarchiv Magdeburg *(jetzt: Landeshauptarchiv Sachsen Anhalt)*	StA Magdeburg
Staatsarchiv Münster	StA Münster

Staatsarchiv Nürnberg   StA Nürnberg

Westfälisches Wirtschaftsarchiv Dortmund   WW Dortmund

Rheinisch-Westfälisches Wirtschaftsarchiv   RWWA

Generallandesarchiv Karlsruhe   GLA Karlsruhe

Stadtarchiv Nürnberg

Stadtarchiv Kiel

Historisches Archiv Köln

Archives Étrangers Paris

Public Record Office London/Richmond   PRO
                                                London/Richmond

Autorenverzeichnis

Ulrike Albrecht ist wissenschaftliche Angestellte am Institut für Wirtschafts- und Sozialgeschichte der Universität Göttingen, wo sie gemeinsam mit K. H. Kaufhold ein Projekt zur Gewerbestatistik Preußens vor 1850 leitet. Neben einer Reihe von Aufsätzen, u.a. zum EDV-Einsatz in der historischen Statistik, ist sie Mitherausgeberin eines Datenhandbuchs zur Statistik des preußischen Textilgewerbes vor 1850. Ihre derzeitigen Forschungsinteressen konzentrieren sich auf die Gewerbegeschichte Preußens und Schleswig-Holsteins im 18. und 19. Jahrhundert.

Yvonne Bathow ist als wissenschaftliche Mitarbeiterin im Rahmen des DFG-Projekts "Gewerbestatistik Preußens vor 1850" am Institut für Wirtschafts- und Sozialgeschichte der Universität Göttingen tätig. Daneben arbeitet sie an einer Geschichte der kommunalen Versorgungsbetriebe in Norddeutschland während des 19. Jahrhunderts.

Manfred Ehling, Dr. phil., ist Referatsleiter im Statistischen Bundesamt, Wiesbaden. Er koordiniert dort u.a. die Arbeiten des Amtes zur historischen Statistik. Sein spezielles Forschungsinteresse ist die Entwicklung langer Reihen mit Daten der amtlichen Statistik.

Ruth Federspiel, M.A., ist als wissenschaftliche Mitarbeiterin am Arbeitsbereich Wirtschafts- und Sozialgeschichte der Freien Universität Berlin tätig. Sie hat, gemeinsam mit H. Kaelble, einen Band zur sozialen Mobilität in Berlin 1825-1957 vorgelegt und bereitet derzeit als Mitherausgeberin ein Datenhandbuch zur Statistik der deutschen Eisenbahnen im 19. und 20. Jahrhundert vor. Neben der Verkehrsgeschichte gilt ihr Interesse der sozialen Mobilitätsforschung.

Philipp Fehrenbach ist als wissenschaftlicher Mitarbeiter im Rahmen eines Projekts zur deutschen Montanstatistik seit 1914 tätig. Er ist Bearbeiter eines Bandes zur Produktionsstatistik des deutschen Bergbaus 1850-1914 und hat darüber hinaus Beiträge zur historischen Energiestatistik mitverfaßt. Neben der Historischen Statistik beschäftigt er sich mit Problemen der Sozial- und Agrargeschichte des Spätmittelalters.

Wolfram Fischer, Dr. phil. und Dr. rer. pol., ist Professor für Wirtschaftsgeschichte am Fachbereich Wirtschaftswissenschaften der Freien Universität Berlin und Mitglied des Direktoriums des Zentralinstituts für Sozialwissenschaftliche Forschung. Er hat als Koordinator den DFG-Forschungsschwerpunkt "Quellen und Forschungen zur Historischen Statistik von Deutschland" betreut und im Rahmen des Schwerpunktprogramms eigene Forschungsprojekte zur Montanstatistik seit 1850 geleitet. Er ist Mitherausgeber der Reihe *Quellen und Forschungen zur Historischen Statistik von Deutschland (QFHS)* sowie Herausgeber mehrerer Bände innerhalb dieser Reihe.

Rainer Gömmel, Dr. phil., Professor für Wirtschaftsgeschichte an der Universität Regensburg, hat ein Projekt zur Entwicklung von Preisen und Löhnen in Nürnberg vom 16. bis zum 18. Jahrhundert durchgeführt. Daneben hat er sich mit Problemen der Reallohnentwicklung Deutschlands im 19. Jahrhundert und Fragen der vorindustriellen Bauwirtschaft in der Frühneuzeit beschäftigt. Sein derzeitiges Forschungsinteresse gilt vor allem der deutschen Wirtschaftsgeschichte 1620-1800, darin insbesondere Aspekten des Frühkapitalismus.

Rüdiger Hohls, M.A., ist wissenschaftlicher Mitarbeiter am Arbeitsbereich Wirtschafts- und Sozialgeschichte der Freien Universität Berlin und, gemeinsam mit H. Kaelble, Herausgeber einer Reihe von Aufsätzen sowie eines Datenhandbuchs zur regionalen Erwerbsstruktur Deutschlands seit 1890 (*QFHS* 9). Sein spezielles Forschungsgebiet ist die Geschichte des Arbeitsmarktes in Deutschland seit dem ausgehenden 19. Jahrhundert.

Egon Hölder ist Präsident des Statistischen Bundesamts in Wiesbaden und einer der Herausgeber des in der Reihe *Forum der Bundesstatistik* erschienenen Bandes *Historische Statistik in der Bundesrepublik Deutschland*, Stuttgart 1990.

Dietlind Hüchtker, M.A., ist als wissenschaftliche Mitarbeiterin am DFG-Projekt "Historischen Verkehrsstatistik Deutschlands seit 1835" an der Freien Universität Berlin beschäftigt, in dessen Rahmen sie speziell den Themenbereich "öffentlicher Nahverkehr seit 1880" bearbeitet.

Karl Heinrich Kaufhold, Dr. rer. pol., ist Professor für Wirtschafts- und Sozialgeschichte an der Universität Göttingen. Als stellvertretender Koordinator war er maßgeblich an der Einrichtung und Durchführung des DFG-Schwerpunktes "Historische Statistik" beteiligt, in dessen Rahmen er auch ein größeres Projekt zur "Gewerbestatistik Preußens vor 1850" leitet. Er ist Mitherausgeber der Reihe *QFHS*. Neben Arbeiten zur preußischen Gewerbegeschichte und zur Verkehrsgeschichte hat er (zus. mit W. Sachse) einen Band zur Statistik des preußischen Berg-, Hütten- und Salinenwesens vorgelegt (*QFHS* 5); ein weiterer Band, der die Statistik des preußischen Textilgewerbes behandeln wird (*QFHS* 6), steht vor dem Erscheinen.

Hubert Kiesewetter, Dr. phil., ist Professor für Wirtschafts- und Sozialgeschichte an der Katholischen Universität Eichstätt. Er hat sich im Rahmen seiner Forschungen zur Industrialisierung Sachsens und zur Geschichte der Industriellen Revolution in Deutschland auch mit Problemen der Historischen Statistik beschäftigt. Sein derzeitiges Forschungsinteresse gilt einer vergleichenden regionalen Wirtschaftsgeschichte Europas sowie der Geschichte deutscher und amerikanischer Unternehmen.

Walter F. Kohler, M.A., war längere Zeit als wissenschaftlicher Mitarbeiter am DFG-Projekt "Statistik des Gesundheitswesens in Deutschland" an der Universiät Konstanz tätig und arbeitet jetzt als EDV-Trainer. Er ist Bearbeiter eines Bandes zur Statistik des Gesundheitswesens in Deutschland 1815-1938, der demnächst in der Reihe *QFHS* erscheinen wird.

Otto-Ernst Krawehl, Dr. rer. pol., ist Bibliothekar an der Staatsbibliothek in Hamburg. Er hat mehrere Jahre ein Projekt zur Handelsstatistik Hamburgs im 18. Jahrhundert bearbeitet, dessen Ergebnisse in der Reihe *QFHS* erscheinen werden.

Ralph Kube, M.A., ist als wissenschaftlicher Angestellter an der Universität Konstanz tätig und dort mit der Erstellung eines Informationssystems zur Medizinalstatistik der Bundesrepublik Deutschland beauftragt.

Uwe Kühl ist als wissenschaftlicher Mitarbeiter am Lehrstuhl für Wirtschafts- und Sozialgeschichte der Universität Freiburg tätig und bearbeitet dort im Rahmen eines von Hugo Ott geleiteten Projekts zur Historischen Energiestatistik die Statistik der öffentlichen Elektrizitätsversorgung Deutschlands 1914-1948. Er hat sich daneben mit der Statistik und der Wirtschafts- und Sozialgeschichte Lübecks im 19. und 20. Jahrhundert sowie mit Problemen der Regionalgeschichte des Oberrheins und der Umweltgeschichte beschäftigt.

Andreas Kunz, Ph.D., ist wissenschaftlicher Angestellter und stellvertretender Direktor der Abteilung Universalgeschichte am Institut für Europäische Geschichte in Mainz. Als Gastforscher am Zentralinstitut für Sozialwissenschaftliche Forschung der Freien Universität Berlin leitet er dort gemeinsam mit R. Fremdling (Groningen) ein Projekt zur Historischen Verkehrsstatistik Deutschlands seit 1835. Er ist Verfasser einer Reihe von Aufsätzen zu Problemen des EDV-Einsatzes in der Wirtschafts- und Sozialgeschichte und Mitherausgeber des Sammelbandes *Historische Statistik in der Bundesrepublik Deutschland*, Stuttgart 1990. Sein derzeitiges Arbeitsgebiet ist neben der Historischen Statistik die Verkehrsgeschichte Deutschlands im 19. und 20. Jahrhundert.

Johannes Laufer, M.A., ist Mitarbeiter am DFG-Projekt "Gewerbestatistik Preußens vor 1850" am Institut für Wirtschafts- und Sozialgeschichte der Universität Göttingen. Neben der preußischen Gewerbestatistik beschäftigt er sich mit der Sozialgeschichte des Harzer Bergbaus im 18. und 19. Jahrhundert und schreibt an einer Unternehmensgeschichte der Deutschen Spiegelglas AG.

Ute Mocker war längere Zeit als Mitarbeiterin an dem DFG-Projekt "Historische Statistik des Herzogtums Württemberg" an der Universität Mannheim tätig. Sie arbeitet inzwischen als EDV-Beraterin in der freien Wirtschaft.

Wieland Sachse, Dr. phil., ist als wissenschaftlicher Assistent an der Universität Göttingen tätig, wo er ein DFG-Projekt zu "Wirtschaft und Gesellschaft des Königreichs Hannover" leitet. Er hat mehrere Arbeiten zur Geschichte der Statistik sowie eine Bibliographie zur preußischen Gewerbestatistik 1750-1850 vorgelegt. Zusammen mit K. H. Kaufhold hat er den ersten Band der preußischen Gewerbestatistik vor 1850 zur Statistik des Berg-, Hütten- und Salinenwesens (*QFHS* 5) herausgegeben.

Petra Schnelzer, Diplom-Sozialwirtin, ist wissenschaftliche Hilfskraft am DFG-Projekt "Statistik der Geld und Wechselkurse" an der Universität Bamberg. Sie beschäftigt sich außerdem mit Problemen der Handels- und Unternehmensgeschichte Nürnbergs im 19. und 20. Jahrhundert.

Oskar Schwarzer, Dr. phil., ist als wissenschaftlicher Assistent am Lehrstuhl für Wirtschafts- und Sozialgeschichte der Universität Bamberg tätig. Er hat gemeinsam mit J. Schneider ein Projekt zur Statistik der Geld- und Wechselkurse in Deutschland 1815-1913 durchgeführt (*QFHS* 11), und befaßt sich auch weiterhin mit Problemen europäischer und transatlantischer Devisenkurse seit dem 18. Jahrhundert. Daneben hat er Beiträge zu Problemen des EDV-Einsatzes in der Wirtschaftsgeschichte sowie zur räumlichen Ordnung der deutschen Wirtschaft um 1910 vorgelegt.

Hasso Spode, Dr. phil., derzeit wissenschaftlicher Mitarbeiter am Institut für Tourismus der Freien Universität Berlin, hat längere Zeit an dem DFG-Projekt "Statistik der Streiks in Deutschland nach 1945" am Arbeitsbereich Wirtschafts- und Sozialgeschichte der FU Berlin mitgearbeitet und gemeinsam mit H. Volkmann die Herausgabe des Datenhandbuchs zur Streikstatistik nach 1945 (*QFHS* 15) vorbereitet.

Reinhard Spree, Dr. rer. pol., ist Professor für Wirtschaftsgeschichte an der Universität Konstanz. Er hat sich insbesondere mit der Analyse von Wachstumszyklen der deutschen Wirtschaft im 19. Jahrhundert sowie mit Problemen der Demographie und der Geschichte des Gesundheitswesens im 19. und 20. Jahrhundert beschäftigt. Im Zusammenhang mit dem letztgenannten Schwerpunkt hat er ein Forschungsprojekt zur Statistik des Gesundheitswesens in Deutschland im 19. und 20. Jahrhundert geleitet, dessen Ergebnisse teilweise in der Reihe *QFHS* vorgelegt werden sollen. Weitere Forschungsinteressen sind die Sozialgeschichte der Medizin und des Gesundheitswesens in der Neuzeit sowie die historische Epidemiologie.

MIX
Papier aus verantwortungsvollen Quellen
Paper from responsible sources
FSC® C105338

If you have any concerns about our products,
you can contact us on
ProductSafety@springernature.com

In case Publisher is established outside the EU,
the EU authorized representative is:
Springer Nature Customer Service Center GmbH
Europaplatz 3, 69115 Heidelberg, Germany

Printed by Libri Plureos GmbH
in Hamburg, Germany